편집진행 장민영·이수지 | **표지디자인** 조혜령 | **본문디자인** 유가영·고현준

머리말

2026 시대에듀 Win-Q 인간공학기사 필기 단기합격

김 훈 리스크랩 연구소장

주요이력

- 서울과학기술대 공학박사(안전공학)
- 리스크랩 연구소장
- 소방청 화재감식 자문위원
- 한국화재폭발조사협회 이사
- 한국화재감식학회 정보이사
- 고용노동부 산업안전표준 제정위원
- 한국지역정보개발원(KLID) 평가위원
- 한국산업기술진흥원(KIAT) 평가위원
- 국립재난안전연구원(NDMRI) 평가위원
- 한국산업기술평가관리원(KEIT) 평가위원
- 한국에너지기술평가원(KETEP) 평가위원
- 소방방재신문, 세닷뉴스 칼럼리스트
- Crane & Construction 칼럼리스트
- 안전보건전문가, 재난관리전문가, 기업재난관리사
- 기술사(국제기술사, 기계안전기술사, 인간공학기술사)
- 위험관리전문가(ARM), 화재폭발조사관(CFEI)
- 작가 : 저서 – 호모인사피엔스(2024), 대한민국을 뒤흔든 대형재난사고(2019) 외 다수

증기의 힘을 이용한 1차 산업혁명, 전기에너지를 이용한 2차 산업혁명, 정보기술을 이용한 3차 산업혁명에 이어서 지금 우리는 4차 산업혁명시대에 살고 있습니다. 4차 산업혁명은 인간공학과 매우 밀접한 관계를 가지고 있습니다.

지금까지 공학의 발전이 경제성과 기술에 초점을 맞추고 진행되었다면 앞으로의 기술 발전은 인간을 초점에 두고 진행될 것입니다. 그러한 의미에서 지금 이 책을 접하고 있는 여러분들은 행운아임이 틀림없습니다. 인간공학을 공부한 여러분들은 4차 산업혁명시대의 주역이 될 것이기 때문입니다.

스티브 잡스는 생전에 이러한 말을 했다고 합니다. "나에게 소크라테스와 한 끼 식사할 기회를 준다면 애플이 가진 모든 기술을 그 식사와 바꾸겠다." 그는 왜 이러한 말을 했을까요? 그 이유는 애플이 인간중심적인 기기를 만들고 싶었기 때문입니다. 그러기 위해서는 인간이라는 존재에 대해 더 깊게 성찰하고자 하는 철학적 접근이 필요했던 것입니다.

애플의 제품들은 삼성과 비교했을 때 기술적으로 큰 차이가 없습니다. 하지만 기기를 사용하는 사람들의 심미적인 특성까지 고려한 감성적인 차원은 많이 다릅니다. 삼성이 애플의 스마트폰을 따라가기 위해 기술적인 접근에 초점에 맞추었다면, 애플은 기술을 넘어 인간의 감성·미적인 감각·디자인에 초점을 맞추고 있습니다. 지금은 스마트폰뿐만이 아니라 우리가 사용하는 모든 기기와 사물들이 인간을 중심에 둔 디자인(Human Centered Design)에 초점을 맞추고 있습니다.

Always **with you**

사람의 인연은 길에서 우연하게 만나거나 함께 살아가는 것만을 의미하지는 않습니다.
책을 펴내는 출판사와 그 책을 읽는 독자의 만남도 소중한 인연입니다.
시대에듀는 항상 독자의 마음을 헤아리기 위해 노력하고 있습니다. 늘 독자와 함께하겠습니다.

소비자가 사용하는 기기들뿐만 아니라 산업현장에서 근로자들이 사용하는 산업기계나 공구들도 마찬가지입니다. 산업현장에서 품위있는 노동을 실현할 수 있는, 인간을 중심에 둔 생산설비와 도구들이 개발되고 있으며, 작업현장도 인간중심의 안전하며 쾌적하고, 편안하면서도 효율성이 높은 작업장으로 변모해가고 있습니다. 이 모든 변화들이 인간공학으로부터 출발했습니다.

제레미 리프킨은 20년 전에 노동의 종말이라는 책을 통해 인간의 노동은 점차 기계와 로봇들로 대체되어 가고 있고, 곧 인간의 창의적인 사고가 필요한 직업까지 AI로 대체될 것이라고 이야기했습니다. 그의 예견은 지금에서야 현실화되고 있는데, 그만큼 과학기술의 발전은 인류에게 큰 변화를 가져왔습니다. 이 시대의 과학은 또 다른 종교입니다. 기술결정론에 의하면 사회와 문명의 발전은 인간이 아닌 오로지 기술에 의해서만 이루어집니다. 사회체계는 기술체계의 반작용일 뿐이어서 기술이 주체가 되고 사회는 객체가 됩니다. 그러한 문명의 흐름에 대한 두려움으로 인해 테크놀로지의 계시록과 같은 영화들인 매트릭스나 터미네이터가 탄생하였습니다. 만약에 과학기술의 발전에 있어서 인간공학이 고려되지 않는다면 인류의 미래는 영화가 그렸던 디스토피아적 세계가 될지도 모릅니다.

벌이 식물 번식의 매개체 역할을 수행하듯, 인간도 그저 기계문명의 발달에 매개자 역할만 수행하는 존재로 전락하지 않기 위해서는 인간에 대한 이해가 필요합니다. 그렇기 때문에 인간공학이 중요한 것입니다. 인간공학은 공학과 인문학이 합쳐진 융복합학문입니다. 요즘 기업경영의 화두는 ESG입니다. 인간을 중심에 두고 있지 않는 기업은 망할 수밖에 없습니다. 아무리 값싸고 질 좋은 제품을 만들어도 인간의 가치를 향상시키지 못하는 제품은 퇴출당할 것입니다. 공학자뿐만 아니라 기업가들도 인간을 중심에 둔 기업경영이 필요합니다. 그렇게 공학의 패러다임이 인간중심으로 바뀌어 간다면 산재공화국이라는 한국의 오명도 벗을 수 있을 것입니다.

이 책은 인간공학기사를 위한 수험서에 불과하지만, 다르게 생각해보면 인간공학이라는 학문을 접할 수 있는 입문서이기도 합니다. 전문적인 지식이 없어도 내용과 문제풀이만으로도 쉽게 이해할 수 있도록 도서를 압축적으로 구성하였습니다. 많이 미흡하고 부족한 점들이 많았지만 초판에 이어 개정판을 낼 수 있게 된 것은 모두 인간공학을 공부하는 여러분 덕분입니다. 개정판은 이전판의 부족한 점과 오류들을 수정하였고, 기출문제 해설은 좀 더 쉽게 서술하고자 노력했습니다.

이 책을 통해 많은 인간공학자들이 배출되고 인간공학이 우리 사회 전반에 확대되어, 산업현장에서 좀 더 품위있는 노동을 할 수 있도록 작업환경이 개선되기를 꿈꾸어 봅니다.

2021년 9월 1일 광화문 인왕산 자락에서

공학박사 김훈

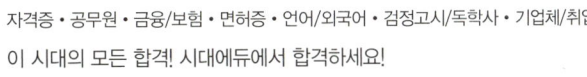
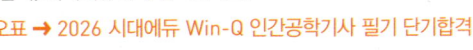

이 책의 구성과 특징 STRUCTURES

핵심이론

출제경향에 맞춰 출제 빈도가 높은 이론을 중심으로 구성함으로써 수험 적합성을 높이고 효율적인 학습을 도울 수 있도록 구성하였습니다.

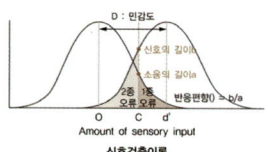

핵심예제

기출문제로 구성한 핵심예제를 핵심이론 바로 뒤편에 배치하여 배운 내용을 효과적으로 복습할 수 있습니다.

8개년 기출(복원)문제

2018년부터 2025년까지 시행된 기출(복원)문제를 수록하여 최신 출제경향을 파악할 수 있도록 하였습니다.

명쾌하고 깔끔한 해설

문제 바로 아래 위치한 깔끔한 해설을 통해 효율적인 복습과 자신의 현재 실력 점검이 가능합니다.

시험안내 INFORMATION

◇ 개요

국내의 산업재해율 증가에 있어 근골격계질환, 뇌심혈관질환 등 작업관련성 질환의 증가현상이 뚜렷하며, 특히 단순반복작업, 중량물 취급작업, 부적절한 작업자세 등에 의하여 신체에 과도한 부담을 주었을 때 나타나는 요통, 경견완장해 등 근골격계질환은 매년 급증하고 있다. 향후에도 해당 질환의 지속적인 증가가 예상됨에 따라 예방을 위해 사업장·관련 예방전문기관 및 연구소 등에 인간공학전문가 배치의 필요성이 대두되어 자격제도를 제정하였다.

◇ 시행처

한국산업인력공단

◇ 시험과목

구분	내용
필기	인간공학개론, 작업생리학, 산업심리학 및 관계법규, 근골격계질환 예방을 위한 작업관리
실기	인간공학실무

◇ 검정방법

구분	내용
필기	객관식 4지 택일형, 과목당 20문항(과목당 30분)
실기	필답형(2시간 30분, 100점)

◇ 합격기준

구분	내용
필기	100점을 만점으로 하여 과목당 40점 이상, 전과목 평균 60점 이상
실기	100점을 만점으로 하여 60점 이상

◈ 응시자격

구 분	내 용
기술자격 소지자	• 동일(유사)분야 기사 취득자 • 산업기사 취득 후 1년 이상 실무종사자 • 기능사 취득 후 3년 이상 실무종사자 • 동일종목의 외국자격취득자
관련학과 졸업자	• 대졸(졸업예정자) • 3년제 전문대 졸업 후 1년 이상 실무종사자 • 2년제 전문대 졸업 후 2년 이상 실무종사자
순수 경력자	• 4년 이상 실무종사자 • 산업기사 수준 훈련과정 이수 후 2년 이상 실무종사자 • 기사 수준 훈련과정 이수자

※ 국가기술자격법 시행령 별표 4의 2 참조

◈ 2025년 시험일정

구 분	정기기사 제1회	정기기사 제2회	정기기사 제3회
필기원서접수(인터넷)	01.13(월)~01.16(목)	04.14(월)~04.17(목)	07.21(월)~07.24(목)
필기시험	02.07(금)~03.04(화)	05.10(토)~05.30(금)	08.09(토)~09.01(월)
필기합격(예정자) 발표	03.12(수)	06.11(수)	09.10(수)
실기원서접수	03.24(월)~03.27(목)	06.23(월)~06.26(목)	09.22(월)~09.25(목)
실기시험	04.19(토)~05.09(금)	07.19(토)~08.06(수)	11.01(토)~11.21(금)
최종 합격 발표일	1차 : 06.05(목) 2차 : 06.13(금)	1차 : 09.05(금) 2차 : 09.12(금)	1차 : 12.05(금) 2차 : 12.24(수)

※ '2025년도 국가기술자격 검정 시행계획 공고'를 바탕으로 작성되었으며, 시행처의 사정에 따라 변경될 수 있습니다.
※ 시험일정은 종목별·지역별로 상이할 수 있으므로, 시험 전 반드시 큐넷 홈페이지를 방문하시어 최종 일정 및 장소를 확인하시기 바랍니다.

시험안내 INFORMATION

◇ **필기시험 검정현황**

연도	필기시험		
	응시자(명)	합격자(명)	합격률
2024	8,182	5,686	69.5%
2023	5,494	4,129	75.2%
2022	2,129	1,490	70.0%
2021	1,573	1,288	81.9%
2020	967	666	68.9%
2019	1,109	741	66.8%
2018	782	523	66.9%

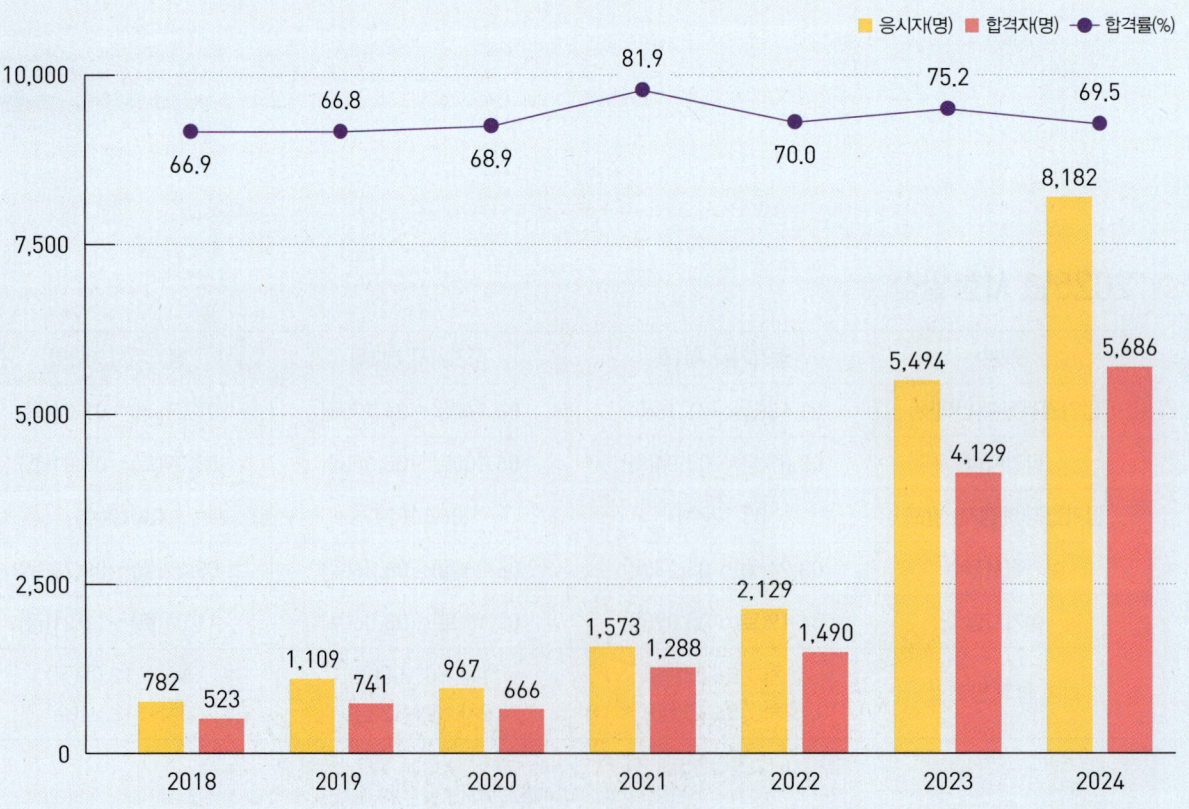

◈ 실기시험 검정현황

연 도	실기시험		
	응시자(명)	합격자(명)	합격률
2024	6,166	3,674	59.6%
2023	3,829	2,837	74.1%
2022	1,511	1,159	76.7%
2021	1,113	698	62.7%
2020	904	607	67.1%
2019	791	243	30.7%
2018	531	256	48.2%

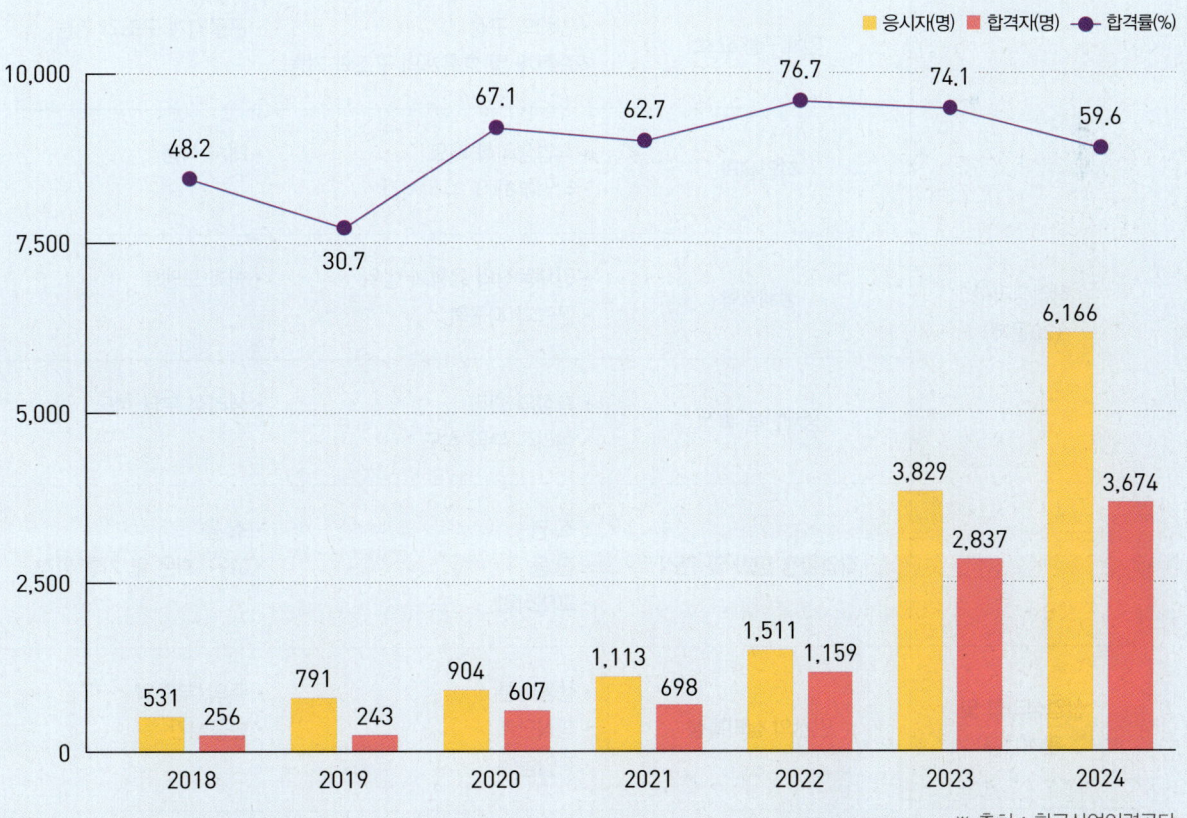

※ 출처 : 한국산업인력공단

시험안내 INFORMATION

◆ **출제기준[필기]**

연 도	주요항목	세부항목	
인간공학개론 (20문제)	인간공학적 접근	• 인간공학의 정의	• 연구절차 및 방법론
	인간의 감각기능	• 시각기능 • 촉각 및 후각기능	• 청각기능
	인간의 정보처리	• 정보처리과정 • 신호검출이론	• 정보이론
	인간기계 시스템	• 인간기계 시스템의 개요 • 조종장치(Control)	• 표시장치(Display)
	인체측정 및 응용	• 인체측정 개요	• 인체측정 자료의 응용원칙
작업생리학 (20문제)	인체구성 요소	• 인체의 구성 • 순환계 및 호흡계의 구조와 기능	• 근골격계 구조와 기능
	작업생리	• 작업생리학 개요 • 작업부하 및 휴식시간	• 대사 작용
	생체역학	• 인체동작의 유형과 범위 • 근력과 지구력	• 힘과 모멘트
	생체반응 측정	• 측정의 원리 • 심리적 부담 척도	• 생리적 부담 척도
	작업환경 평가 및 관리	• 조 명 • 진 동 • 교대작업	• 소 음 • 고온, 저온 및 기후 환경
산업심리학 및 관계법규	인간의 심리특성	• 행동이론 • 의식단계 • 작업동기	• 주의/부주의 • 반응시간

과목	중분류	세부 항목	
산업심리학 및 관계법규 (20문제)	휴먼에러	• 휴먼에러 유형 • 휴먼에러 예방대책	• 휴먼에러 분석기법
	집단, 조직 및 리더십	• 조직이론 • 리더십 관련 이론	• 집단역학 및 갈등 • 리더십의 유형 및 기능
	직무 스트레스	• 직무 스트레스 개요	• 직무 스트레스 요인 및 관리
	관계 법규	• 산업안전보건법의 이해	• 제조물 책임법의 이해
	안전보건관리	• 안전보건관리의 원리 • 위험성 평가 및 관리	• 재해조사 및 원인분석 • 안전보건실무
근골격질환 예방을 위한 작업관리 (20문제)	근골격계 질환 개요	• 근골격계 질환의 종류 • 근골격계 질환의 관리 방안	• 근골격계 질환의 원인
	작업관리 개요	• 작업관리의 정의 • 작업개선원리	• 작업관리절차
	작업분석	• 문제분석도구 • 동작분석	• 공정분석
	작업측정	• 작업측정의 개요 • 표준자료	• Work Sampling
	유해요인 평가	• 유해요인 평가 원리 • 유해요인 평가방법	• 중량물취급 작업 • 사무/VDT 작업
	작업설계 및 개선	• 작업방법 • 작업설비/도구 • 작업공간 설계	• 작업대 및 작업공간 • 관리적 개선
	예방관리 프로그램	• 예방관리 프로그램 구성요소	

이 책의 목차 CONTENTS

제1편 핵심이론 + 핵심예제

1과목 인간공학개론
- 제1절 인간공학적 접근 — 3
- 제2절 인간의 감각기능 — 7
- 제3절 인간의 정보처리 — 15
- 제4절 인간기계 시스템 — 21
- 제5절 인체측정 및 응용 — 33

2과목 작업생리학
- 제1절 인체구성 요소 — 36
- 제2절 작업생리 — 41
- 제3절 생체역학 — 47
- 제4절 생체반응 측정 — 52
- 제5절 작업환경 평가 및 관리 — 59

3과목 산업심리학 및 관계법규
- 제1절 인간의 심리특성 — 73
- 제2절 휴먼 에러 — 85
- 제3절 집단, 조직 및 리더십 — 92
- 제4절 직무 스트레스 — 100
- 제5절 관계법규 — 103
- 제6절 유해요인 안전보건관리평가 — 105

4과목 근골격계질환 예방을 위한 작업관리
- 제1절 근골격계질환 — 118
- 제2절 작업관리 개요 — 123
- 제3절 작업분석 — 127
- 제4절 작업측정 — 135
- 제5절 유해요인 평가 — 146
- 제6절 작업설계 및 개선 — 157
- 제7절 예방관리 프로그램 — 163

제2편 8개년 기출문제

- 2018년 제1회 기출문제 — 171
- 제3회 기출문제 — 187
- 2019년 제1회 기출문제 — 202
- 제3회 기출문제 — 217
- 2020년 제1회 기출문제 — 233
- 제3회 기출문제 — 248
- 2021년 제1회 기출문제 — 263
- 제3회 기출문제 — 278
- 2022년 제1회 기출문제 — 293
- 2023년 제3회 기출복원문제 — 309
- 2024년 제1회 기출복원문제 — 323
- 2025년 제1회 기출복원문제 — 339

CHAPTER 01 인간공학개론
CHAPTER 02 작업생리학
CHAPTER 03 산업심리학 및 관계법규
CHAPTER 04 근골격계질환 예방을 위한 작업관리

핵심이론 + 핵심예제

Win-Q
인간공학기사

끝까지 책임진다! 시대에듀!

QR코드를 통해 도서 출간 이후 발견된 오류나 개정법령, 변경된 시험 정보, 최신기출문제, 도서 업데이트 자료 등이 있는지 확인해 보세요! 시대에듀 합격 스마트 앱을 통해서도 알려 드리고 있으니 구글 플레이나 앱 스토어에서 다운받아 사용하세요. 또한, 파본 도서인 경우에는 구입하신 곳에서 교환해 드립니다.

CHAPTER 01 인간공학개론

PART 01 핵심이론 + 핵심예제

제1절 | 인간공학적 접근

1. 인간공학의 정의

핵심이론 01 정 의

① 김훈 : 공학, 의학, 인지과학, 생리학, 인체측정학, 심리학 등 다양한 학문 분야에서 얻어진 데이터와 과학적인 원리와 방법을 이용하여 사람에게 효율적이면서도 편리하게 일을 할 수 있는 시스템을 개발하는 학문

② 크로머(K. Kroemer) : 다양한 학문 분야에서 얻어진 과학적인 원리, 방법, 데이터를 사람이 담당하는 공학시스템의 개발에 적용하는 학문

③ 미국 산업안전보건청(OSHA ; Occupational Safety and Health Administration) : 사람에게 적합하도록 일을 맞춰가는 과학

④ 매코믹(E. J. McCormick) : 작업과 작업환경을 사람의 정신적·신체적 능력에 적용시키는 것을 목적으로 하는 학문

⑤ 유럽 인간공학회(The Ergonomics Society Europe) : 일과 사용하는 물건, 환경을 사람에게 맞추는 것

⑥ Sanders & McCormick : 인간의 신체적·생리적·심리적 능력과 특성, 한계 등을 고려하여 장비, 시스템, 환경 등을 설계하여 인간의 복리증진을 추구하는 학문

⑦ 차페니스(A. Chapanis) : 기계와 그 조작 및 환경조건을 인간의 특성 및 능력과 한계에 잘 조화되도록 설계하는 수단을 연구하는 학문

핵심예제

1-1. 다음 중 인간공학에 관한 설명으로 가장 적절하지 않은 것은? [13년 1회]

① 인간의 특성 및 한계를 고려한다.
② 인간을 기계와 작업에 맞추는 학문이다.
③ 인간 활동의 최적화를 연구하는 학문이다.
④ 편리성, 안정성, 효율성을 제고하는 학문이다.

1-2. 다음 중 인간공학에 관한 설명으로 가장 적절하지 않은 것은? [15년 3회]

① 인간을 둘러싸고 있는 환경적 요인을 고려한다.
② 인간의 특성이나 행동에 관한 적절한 정보를 활용한다.
③ 비용절감 위주로 인간의 행동을 관찰하고 시스템을 설계한다.
④ 인간이 조작하기 쉬운 사용자 인터페이스를 고려하여 설계한다.

|해설|
1-1
기계와 작업을 인간에 맞추는 학문이다.
1-2
비용절감 위주가 아닌 인간 위주이다.

정답 1-1 ② 1-2 ③

핵심이론 02 목적 및 필요성

① 인간공학의 목적
  ㉠ 작업자의 안전, 작업능률을 향상
  ㉡ 품위 있는 노동, 인간의 가치 및 안전성 향상
  ㉢ 기계조작의 능률성과 생산성 향상
  ㉣ 인간과 사물의 설계가 인간에게 미치는 영향에 중점
  ㉤ 인간의 행동, 능력, 한계, 특성에 관한 정보를 발견
  ㉥ 인간의 특성에 적합한 기계나 도구를 설계
  ㉦ 인간의 특성에 적합한 작업환경, 작업방법 설계

② 인간공학의 목표
  ㉠ 효율성 제고
  ㉡ 쾌적성 제고
  ㉢ 편리성 제고
  ㉣ 안전성 제고

③ 인간공학의 필요성
  ㉠ 성능 향상, 사용편의성 증대, 오류 감소, 생산성 향상
  ㉡ 훈련비용의 절감, 인력이용률의 향상
  ㉢ 사고 및 오용에 의한 손실 감소
  ㉣ 생산 및 정비유지의 경제성 증대
  ㉤ 사용자의 수용도 향상

④ 인간공학의 역사
  ㉠ 1900년대 테일러의 작업연구와 길브레스의 동작연구에서 시작
  ㉡ 1945~1960년대 2차 대전을 계기로 인간공학의 전문분야의 탄생
  ㉢ 1960~1980년대 인간공학의 급성장
  ㉣ 1980년대 대한인간공학회 설립
  ㉤ 2007년대 한국에 근골격계질환자 급증을 계기로 인간공학기사, 인간공학기술사제도 시행

핵심예제

2-1. 다음 중 인간공학이 추구하는 목표로 가장 적절한 것은?
[14년 3회]

① 인간의 기능 향상
② 설비의 생산성 증가
③ 제품 이미지와 판매량 제고
④ 기능적 효율과 인간 가치(Human Value) 향상

2-2. 인간공학의 연구 목적으로 가장 옳지 않은 것은?
[21년 3회]

① 인간오류의 특성을 연구하여 사고를 예방한다.
② 인간의 특성에 적합한 기계나 도구를 설계한다.
③ 병리학을 연구하여 인간의 질병퇴치에 기여한다.
④ 인간의 특성에 맞는 작업환경 및 작업방법을 설계한다.

|해설|

2-1
인간공학이 추구하는 목적은 기능적 효율성과 인간의 가치향상이다.

2-2
인간공학의 목적은 인간에 적합한 기계나 도구를 설계, 인간의 특성에 맞는 작업환경의 설계 등을 통해 휴먼 에러를 줄이고, 인간의 가치를 향상시키는 데 있다.

정답 2-1 ④ 2-2 ③

2. 연구절차 및 방법론

핵심이론 01 연구변수 유형 및 선정 기준

① 연구변수의 유형
- ㉠ 독립변수(Independent Variable) : 종속변수에 원인을 제공하는 변수(원인변수, 설명변수)
- ㉡ 종속변수(Dependent Variable) : 독립변수의 변화에 따라서 예측되는 변수(결과변수, 피설명변수)
- ㉢ 매개변수(Intervening Variable)
  - 독립변수에 영향을 받고 동시에 종속변수에 영향을 주는 변수
  - 매개변수를 통제하면 독립변수와 종속변수의 관계는 소멸되거나 약화됨
- ㉣ 선행변수(Antecedent Variable)
  - 독립변수보다 선행하여 작용하는 변수
  - 선행변수를 통제하여도 독립변수와 종속변수 사이의 관계는 사라지지 않음
  - 독립변인이 통제되면 선행변수와 종속변수 간의 아무런 인과관계가 없어야 함
- ㉤ 변수의 흐름도 : 선행변수 → 독립변수 → 매개변수 → 종속변수

② 인간공학연구에 사용되는 기준
- ㉠ 인간기준의 종류(시스템의 평가척도 유형)
  - 인간의 성능 : 인간의 감각활동, 정신활동, 근육활동
  - 주관적 반응 : 인간의 주관적 지각도, 감각기관을 통한 정보의 판단
  - 생리학적 지표 : 심박수, 혈압, 호흡수, 피부반응, 피부온도
  - 사고빈도 : 사고나 상해의 적절한 발생빈도
- ㉡ 시스템 기준
  - 시스템이 원래 의도하는 바를 얼마나 달성했는가를 나타냄
  - 시스템의 성능과 결과물에 대해 관련되는 기준들 : 수명, 신뢰도, 정비도, 가용도, 운용비, 소요인력 등
- ㉢ 작업성능 기준 : 작업의 결과에 관한 효율을 나타냄

핵심예제

1-1. 인간공학 연구에 사용되는 기준(Criterion, 종속변수) 중 인적 기준(Human Criterion)에 해당하지 않는 것은? [19년 1회]

① 체계(System) 기준
② 인간성능
③ 주관적 반응
④ 사고빈도

1-2. 다음 중 인간공학 연구에 사용되는 기준에서 성격이 다른 하나는? [15년 3회]

① 생리학적 지표
② 기계 신뢰도
③ 인간 성능 척도
④ 주관적 반응

|해설|

1-1
인간공학에서 시스템이 얼마나 효율적으로 목표를 수행할 수 있는가를 평가하는 3가지 기준은 인적 기준, 시스템 기준, 작업성능 기준이고 인간기준의 종류로는 인간성능, 주관적 반응, 사고빈도가 있다.

1-2
인간기준의 종류(시스템의 평가척도 유형)
- 인간 성능 : 인간의 감각활동, 정신활동, 근육활동
- 주관적 반응 : 인간의 주관적 지각도, 감각기관을 통한 정보의 판단
- 생리학적 지표 : 심박수, 혈압, 호흡수, 피부반응, 피부온도
- 사고빈도 : 사고나 상해의 적절한 발생빈도

정답 1-1 ① 1-2 ②

핵심이론 02 연구개요 및 절차

① 연구개요
- ㉠ 조사연구(Descriptive Study) : 집단의 속성 등에 관한 특성을 탐구
- ㉡ 실험연구(Experimental Research) : 실험을 통하여 관심이 되는 현상을 관찰하고 현상과 관련이 되는 요소들 간의 인과관계 분석
  - 현장연구
    - 현실성이 있어 일반화가 가능함
    - 실험단위가 큼
    - 시간이 많이 소요
    - 많은 실험을 할 수 없음
    - 실험조건을 균일하게 할 수 없음
    - 실험에 관련된 인자수가 많아짐
    - 실험조건의 조절이 어려워 실험조건과 절차 등의 관리에 특별히 주의해야 함
  - 실험실연구
    - 현실성과 일반성이 떨어짐
    - 실험이 용이하고 반복횟수를 늘릴 수 있음
    - 연구의 한계점이 있어 현실에서의 적용가능성에 대한 검토가 선행되어야 함

② 연구절차 : 문제의 정의 → 연구계획·설계 → 자료수집 → 자료분석 → 결과해석·보고

③ 피험자 간 설계와 피험자 내 설계 : 심리학의 실험연구방법, 조사분석 방법에 있어서 피험자를 할당하는 방법 2가지
- ㉠ 피험자 간 설계 : 독립변수의 각 수준에 서로 다른 참가자들을 활용
- ㉡ 피험자 내 설계 : 단일 참가자들에게 독립변수의 각 수준을 처치

피험자 간 설계 (Between-Subjects Design)	피험자 내 설계 (Within-Subjects Design)
• 10명을 뽑아 5명에게는 A를, 5명에게는 B를 시연 • 10명 각각의 개인차, 두 집단 간의 차가 존재 • 각 집단은 서로에게 영향을 주지 않음 • 고려하는 독립변수가 많은 경우 사용	• 5명에게 A를 하고, 다시 B를 시연 • 집단차가 없이 오직 개인차만이 존재(동일한 사람들이 반복 실험) • 고려하는 독립변수가 적은 경우 사용
장 점	장 점
• 참가자들은 서로에게 영향을 주지 않음 • 한 수준에서 많은 자료의 수집이 가능 • 참가자가 많아 총 실험시간을 줄일 수 있음	• 통계적 측면(집단 간의 차이가 없음) • 실용적 측면(참가자 수가 적어도 됨) • 피험자 간 설계보다 실험조건들 사이의 통계적 유의미한 차이를 더 쉽고 더 민감하게 찾을 수 있음
단 점	단 점
집단 간이 동등하지 않을 가능성이 존재	• 한 수준의 독립변수에 노출 시 회복 불가 (사전 노출이 참가자에게 영향을 미치는 것이 불가피) • 이월효과, 순서효과가 불가피 (각 수준에 노출되는 순서에 따라 결과가 달라짐) • 참가자에게 서로 영향을 줄수 있음

핵심예제

2-1. 피험자 간 설계(Between-Subjects Design)에 대한 설명 중 틀린 것은? [16년 1회]

① 피험자 간 설계는 독립변인의 다른 수준들이 서로 다른 피험자 집단을 사용하여 평가하는 것을 말한다.
② 피험자 간 설계는 피험자 내 설계보다 실험조건들 사이의 통계적 유의미한 차이를 더 쉽고 더 민감하게 찾을 수 있다.
③ 자동차 운전 훈련에서 시뮬레이터를 사용하는 경우와 실제 자동차를 사용하는 경우의 효과를 비교하려고 한다면, 피험자 간 설계가 필요하다.
④ 교통이 혼잡한 지역에서 휴대폰을 사용한 피험자 집단과 교통 소통이 원활한 지역에서 휴대폰을 사용하는 또 다른 피험자 집단으로 구분하여 실험하는 것을 피험자 간 설계라 한다.

2-2. 다음 중 실험실이 아닌 현장에서 실시되는 인간공학 연구의 일반적인 특징에 해당하는 것은? [13년 1회]

① 실험 변수 제어가 용이하다.
② 많은 횟수의 반복적 실험이 가능하다.
③ 좀 더 정확한 자료를 수집할 수 있다.
④ 연구결과를 현실 세계의 작업 환경에 일반화시키기가 용이하다.

|해설|

2-1
피험자 내 설계는 피험자 간 설계보다 실험조건들 사이의 통계적 유의미한 차이를 더 쉽고 더 민감하게 찾을 수 있다.

2-2
연구결과를 현실 세계의 작업 환경에 일반화시키기가 용이하지 않다.

정답 2-1 ② 2-2 ④

제2절 | 인간의 감각기능

1. 시각기능

핵심이론 01 시각과정

① 눈의 구조
  ㉠ 각막 : 눈의 가장 바깥쪽에 있는 투명한 무혈관 조직으로 흔히 검은 동자로 안구를 보호하는 방어막의 역할과 광선을 굴절시켜 망막으로 도달시키는 창의 역할을 함
  ㉡ 수정체 : 빛을 모아주는 렌즈의 역할로 모양체근에 의해 두께가 조절됨. 모양체가 긴장하면 수정체가 두꺼워지고, 이완되면 수정체가 얇아짐
  ㉢ 홍채 : 각막과 수정체 사이에 위치하고 있으며, 눈동자의 색깔을 결정하며 빛의 양을 조절하는 조리개 역할
  ㉣ 모양체 : 수정체를 두껍게 또는 얇게 변화시켜 빛의 굴절 정도를 적당하게 조절
  ㉤ 동공 : 들어오는 빛의 양을 조절, 조도가 낮을 때는 많은 빛을 통과시키기 위해 확대됨
  ㉥ 망막 : 카메라의 필름처럼 상이 맺혀지는 곳으로 표면에 원추체와 간상체가 분포
  ㉦ 황반 : 시력이 가장 예민하여 초점이 가장 선명하게 맺히는 부위
  ㉧ 시신경 : 망막에 들어온 신호를 뇌로 전달하는 역할
  ㉨ 맹점 : 망막 안에 있는 시신경이 모여서 빠져나가는 점으로 시각세포가 없어 상이 맺히지 않음

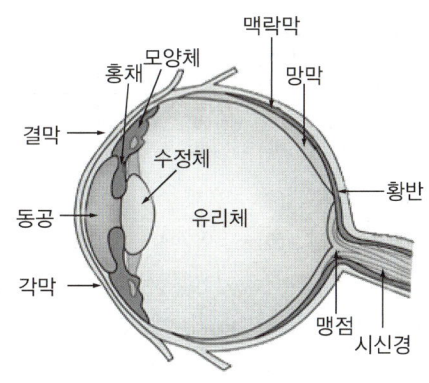

눈의 구조

② 시각과정
　㉠ 인간의 감각기관 중 가장 많이 사용, 눈을 통해 정보의 80%를 수집
　㉡ 전달과정 : 반사광 → 각막 → 동공 → 수정체 → 망막 → 시신경 → 뇌
　㉢ 각막을 통해 빛이 들어오면 홍채가 빛의 양을 조절하고, 모양체근이 수정체를 조절하여 빛을 굴절시켜 망막에 올바른 상이 맺히게 함
　㉣ 수정체는 먼 거리를 볼 때는 얇아지고, 가까운 거리를 볼 때는 두꺼워짐
　㉤ 근시 : 수정체가 두꺼운 상태로 유지되어 상이 망막 앞에 맺힘
　㉥ 원시 : 수정체가 얇은 상태로 유지되어 상이 망막 뒤에 맺힘

③ 시 력
　㉠ 세부적인 내용을 시각적으로 식별할 수 있는 능력
　㉡ 시력은 상이 망막 위에 맺히도록 하는 수정체의 두께를 조절하는 능력에 달려 있음
　㉢ 최소분분시력(Minimum Separable Acuity)
　　• 눈이 파악할 수 있는 표적의 최소 공간
　　• 시각(Visual Angle)의 역수
　㉣ 시각(Visual Angle) = 180/π × 60 × [물체의 크기(D)/물체와의 거리(L)] : 표적두께를 표적까지의 거리로 나누어 계산

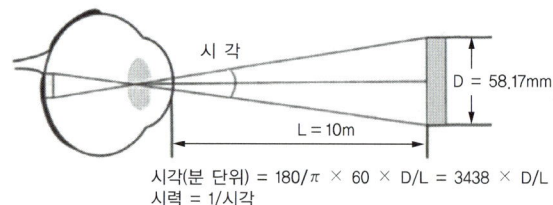

시각(분 단위) = 180/π × 60 × D/L = 3438 × D/L
시력 = 1/시각

　㉤ 시계의 눈금 적정 간격
　　• 정상 조명 : 71cm 거리에서 1.3mm
　　• 낮은 조명 : 71cm 거리에서 1.8mm
　㉥ 디옵터(Diopter) : 1m 거리에 있는 물체를 보기 위해 요구되는 조절능력. 수정체를 조절하지 않은 상태에서 망막에 상을 정확히 맺히게 할 수 있는 물체의 거리(초점거리)를 미터로 표시한 수치의 역수

핵심예제

1-1. 멀리 있는 물체를 선명하게 보기 위해 눈에서 일어나는 현상으로 옳은 것은? [21년 3회]

① 홍채가 이완한다.
② 수정체가 얇아진다.
③ 동공이 커진다.
④ 모양체근이 수축한다.

1-2. 다음 중 인간의 나이가 많아짐에 따라 시각 능력이 쇠퇴하여 근시력이 나빠지는 이유로 가장 적절한 것은? [11년 3회]

① 수정체의 유연성이 감소하기 때문
② 시신경의 둔화로 동공의 반응이 느려지기 때문
③ 세포의 위축으로 인하여 망막에 이상이 발생하기 때문
④ 안구 내의 공막이 얇아져 안구 내의 영양 공급이 잘되지 않기 때문

1-3. 다음 중 눈의 구조에 관한 설명으로 옳은 것은? [15년 1회]

① 망막은 카메라의 필름처럼 상이 맺혀지는 곳이다.
② 수정체는 눈에 들어오는 빛의 양을 조절한다.
③ 동공은 홍채의 중심에 있는 부위로 시신경세포가 분포한다.
④ 각막은 카메라의 렌즈와 같은 역할을 한다.

|해설|

1-1
빛이 강할 때에는 홍채가 이완되고 동공은 작아져서 빛이 적게 들어오며, 빛이 약할 때에는 눈으로 들어오는 빛을 확보하기 위해 홍채가 수축하고 동공은 커지게 된다. 멀리 있는 물체를 볼 때에는 수정체를 얇게 만들기 위해 모양체근이 이완된다.

1-2
모양체가 노화되어 수정체 조절능력이 떨어지기 때문이다.

1-3
② 동공은 눈에 들어오는 빛의 양을 조절한다.
③ 망막은 홍채의 중심에 있는 부위로 시신경세포가 분포한다.
④ 수정체는 카메라의 렌즈와 같은 역할을 한다.

정답 1-1 ② 1-2 ① 1-3 ①

핵심이론 02 빛과 조명

① 빛
- ㉠ 가시광선 : 눈으로 지각할 수 있는 빛의 영역으로 380~780nm의 범위
- ㉡ 색체의 기능 : 조도조절, 온도조절, 명시도조절, 욕구조절
- ㉢ 색의 식별 : 망막의 원추세포의 작용으로 삼원색(RGB)에 대응하는 빛의 파장범위에 민감
- ㉣ 푸르키네 효과 : 조명수준이 감소하면 장파장에 대한 시감도가 감소하는 현상으로 밤에 적색보다 청색이 더 잘 보이는 현상

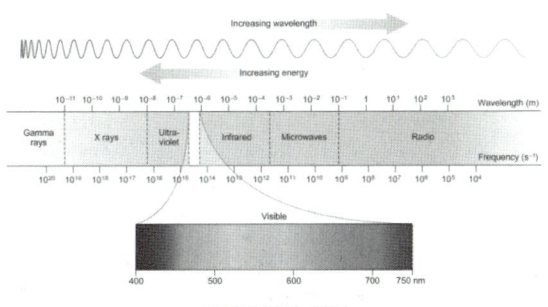

가시광선의 영역

② 순응
- ㉠ 암순응
  - 밝은 곳에서 어두운 곳으로 이동할 때의 눈의 순응(동공확대)
  - 암순응의 단계 : 원추세포의 순응(5분) → 간상세포의 순응(30~35분)
  - 어두운 곳에서는 원추세포의 색의 감지는 불가하고 간상세포에 의해서만 보게 됨
- ㉡ 명순응
  - 어두운 곳에서 밝은 곳으로 이동할 때의 눈의 순응(동공축소)
  - 암순응과 달리 속도가 빨라 1~2분이면 충분함

핵심예제

2-1. 다음 중 눈의 구조와 관련된 시각기능에 대한 설명으로 올바르지 않은 것은? [14년 1회]

① 빛에 대한 감도변화를 '조응'이라 한다.
② 디옵터(Diopter)는 '1/초점거리(m)'로 정의된다.
③ 정상인에게 정상 시각에서의 원점은 거의 무한하다.
④ 암순응은 명순응보다 빨리 진행되어 1분 정도에 끝난다.

2-2. 인간의 눈이 완전 암조응(암순응) 되기까지 소요되는 시간은 어느 정도인가? [13년 3회]

① 1~3분
② 10~20분
③ 30~40분
④ 60~90분

|해설|

2-1
명순응은 암순응보다 빨리 진행되어 1분 정도에 끝난다.

2-2
암순응의 단계 : 원추세포의 순응(5분) → 간상세포의 순응(30~35분)

정답 2-1 ④ 2-2 ③

핵심이론 03 시식별 요소

① 조도(Illuminance)
  ㉠ 어떤 물체의 표면에 도달하는 빛의 밀도(lm/m^2)
  ㉡ 광도/거리^2(Cd/m^2)
  ㉢ 단위 : 룩스(lux, lx)

② 광도(Luminous Intensity)
  ㉠ 광원에서 특정 방향으로 발하는 빛의 세기
  ㉡ (lm/Sr)
  ㉢ 단위 : 칸델라(Candela, Cd)

③ 휘도(Luminance)
  ㉠ 어떤 물체 표면에서 반사되어 나온 빛의 양
  ㉡ 광도/광원면적(Cd/m^2)
  ㉢ 단위 : 니트(Nit)

④ 광속(Luminous Flux)
  ㉠ 광원으로부터 나오는 빛의 총량
  ㉡ 광속발산도 × 발산면적(Cd × Sr)
  ㉢ 단위 : 루멘(lumen, lm)

⑤ 반사율(Reflectance)
  ㉠ 표면으로부터 반사되는 비율
  ㉡ 표면에서 반사되는 빛의 양(휘도)/표면에 비치는 빛의 양(조도)
  ㉢ 빛을 완전히 반사하면 반사율은 100%
    • 천장의 추천반사율 : 80~90%
    • 벽의 추천반사율 : 40~60%
    • 바닥의 추천반사율 : 20~40%

⑥ 대비(Contrast) = (배경의 휘도 - 표적의 휘도)/배경의 휘도

⑦ 노출시간(Exposure Time) : 조도가 큰 조건에서는 노출시간이 클수록(100~200ms까지는 개선) 식별력이 커지지만 그 이상에서는 같음

⑧ 광도비(Luminance Ratio) : 시야 내에 있는 주시 영역과 주변 영역 사이의 광도의 비율을 뜻하며 사무실 및 산업현장에서의 추천 광도비는 보통 3:1

⑨ 과녁의 이동(Movement)
  ㉠ 과녁이나 관측자(또는 양자)가 움직일 경우에는 시력이 감소
  ㉡ 이런 상황에서의 시식별 능력을 동적 시력(Dynamic Visual Acuity)이라 함

⑩ 휘광(Glare)
  ㉠ 휘광(눈부심)은 눈이 적응된 휘도보다 훨씬 밝은 광원이나 반사광으로 인해 생겨 가시도(Visibility)와 시성능(Visual Performance)을 저하시킴
  ㉡ 휘광에는 직사 휘광과 반사 휘광이 있음

⑪ 연령(Age)
  ㉠ 나이가 들면 시력과 대비감도가 나빠짐
  ㉡ 노안은 40세를 넘어서면서부터 발생
  ㉢ 고령자가 사용하는 표시장치는 이를 고려하여 과녁과 조도를 설계

⑫ 훈련(Training) : 초점을 조절하는 훈련이나 실습으로 시력을 개선

핵심예제

3-1. 반사경 없이 모든 방향으로 빛을 발하는 점광원에서 2m 떨어진 곳의 조도가 100lux라면, 3m 떨어진 곳에서의 조도는 약 얼마인가? [13년 1회]

① 44.4lux   ② 66.7lux
③ 100lux   ④ 150lux

3-2. 종이의 반사율이 70%이고, 인쇄된 글자의 반사율이 15%일 경우 대비(Contrast)는? [06년 3회]

① 15%   ② 21%
③ 70%   ④ 79%

|해설|

3-1
조도 = 광도/거리^2 = 광도/2^2 = 100lux. → 광도 = 400
∴ $400/3^2$ = 44.4lux

3-2
대비 = (배경의 휘도 - 표적의 휘도)/배경의 휘도
    = (70 - 15)/70 = 0.7857
    = 0.7857 × 100 = 78.57%

정답 3-1 ① 3-2 ④

2. 청각기능

핵심이론 01 청각과정

① 반응시간이 가장 빠른 감각기관
② 전달과정 : 공기전도 → 액체전도 → 신경전도
　㉠ 공기전도 : 사람이 말을 하면 성대의 울림이 공기를 진동시키고 공기의 진동은 다른 사람의 고막에 전달되어 고막의 진동이 미소골을 진동시킴
　㉡ 액체전도 : 미소골은 달팽이관을 진동시키고 달팽이관의 액체가 진동하면 달팽이관의 유모세포(털세포)가 흔들림
　㉢ 신경전도 : 유모세포가 열려 이온이 이동하여 전기신호가 발생하게 되고 이를 뇌가 인지

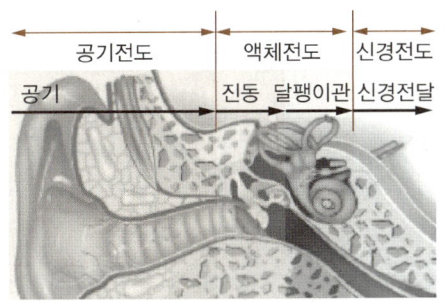

소리의 전달과정

③ 은폐효과(Masking Effect)
　㉠ 2개의 소음이 동시에 존재할 때 낮은 음의 소음이 높은 음에 가려 들리지 않는 현상
　㉡ 복합 소음 : 소음 수준이 같은 2대의 기계가 공존할 때 3dB 증가함
　㉢ 합성소음식(SPL_0)

$$SPL_0 = 10\log\left(\sum_{i=1}^{n} 10^{\frac{li}{10}}\right),\ \frac{li}{10} = \frac{a}{10} + \frac{b}{10} + \cdots$$

[예] 소음이 80dB인 2대의 기계가 공존 시 합성소음(SPL)은?
$$SPL = 10\log(10^{\frac{80}{10}} + 10^{\frac{80}{10}}) = 83.01(dB)$$

④ 소음계
　㉠ 소음계는 주파수에 따른 사람의 느낌을 감안하여 세 가지 특성인 A, B, C로 나눔
　㉡ A는 대략 40phon, B는 70phon, C는 100phon의 등감곡선과 비슷하게 주파수의 반응을 보정하여 측정한 음압수준을 의미하며 각각 dB(A), dB(B), dB(C)로 표시하며 소음규제법에서는 dB(A)를 사용

핵심예제

1-1. 다음 중 소리의 은폐효과(Masking Effect)에 관한 설명으로 옳은 것은? [10년 1회]

① 주파수별로 같은 소리의 크기를 표시한 개념
② 내이(Inner Ear)의 달팽이관(Cochlea) 안에 있는 섬모(Fiber)가 소리의 주파수에 따라 민감하게 반응하는 현상
③ 하나의 소리의 크기가 다른 소리에 비해 몇 배나 크게(또는 작게) 느껴지는지를 기준으로 소리의 크기를 표시하는 개념
④ 하나의 소리가 다른 소리의 판별에 방해를 주는 현상

1-2. 작업환경 측정법이나 소음 규제법에서 사용되는 음의 강도의 척도는? [18년 3회]

① dB(A)　　② dB(B)
③ sone　　　④ phon

|해설|

1-1
은폐효과(Masking Effect) : 2개의 소음이 동시에 존재할 때 낮은 음의 소음이 높은 음에 가려 들리지 않는 현상

1-2
소음규제법에서는 dB(A)를 사용

정답 1-1 ④　1-2 ①

핵심이론 02 음량의 측정

① 음압(SPL ; Sound Pressure Level)
  ㉠ 음의 강도 : (W/m²)
  ㉡ Bell[B : 두 음의 강도비(로그값 사용)], dB(Decibel)
  ㉢ 음압은 음압비의 제곱에 비례
  ㉣ SPL = $10\log(P_1/P_0)^2$ = $20\log(P_1/P_0)$ [P_0 : 기준음압(20μ N/m²), P_1 : 측정하고자 하는 음압]
  ㉤ $SPL_2 - SPL_1 = 20\log(P_2/P_0) - 20\log(P_1/P_0)$
   = $20\log(P_2/P_1) = -20\log(d_2/d_1)$
   (거리에 따른 음의 강도변화 : $P_2/P_1 = d_1/d_2$이므로)
   $SPL_2 = SPL_1 - 20\log(d_2/d_1)$

  > [예] 덤프트럭에서 5m 떨어진 곳의 음압수준이 140dB이면 50m 떨어진 곳의 음압수준은 얼마인가?
  > $SPL_2 = SPL_1 - 20\log(d_2/d_1)$
  > $SPL_2 = 140 - 20\log(50/5) = 120$dB

② 진동수
  ㉠ 피아노의 도는 256Hz, 음이 한 옥타브[f=$\log_2(f2/f1)$] 높아질 때마다 진동수는 2배씩 증가
  ㉡ 가청주파수 : 20~20,000Hz
  ㉢ 진동수(1,500Hz) 이하 : 음파가 쉽게 머리를 돌아가기 때문에 위치추정이 어려움
  ㉣ 진동수가 높을 때(3,000Hz 이상)는 강도차이가 뚜렷해져 위치추정이 쉬움
  ㉤ JND(Just Noticeable Difference)가 작을수록 차원의 변화를 쉽게 검출할 수 있음
  ㉥ 1,000Hz 이하 : JND는 작음
  ㉦ 1,000Hz 이상 : JND는 급격하게 커짐
  ㉧ 진동수에 의해서 신호를 구별할 때 : 낮은 진동수의 신호를 사용하여 JND를 낮춰야 함
  ㉨ 신호와 잡음이 섞인 경우 : 잡음 중의 일부를 Filtering하여 신호의 검출성을 향상시켜야 함

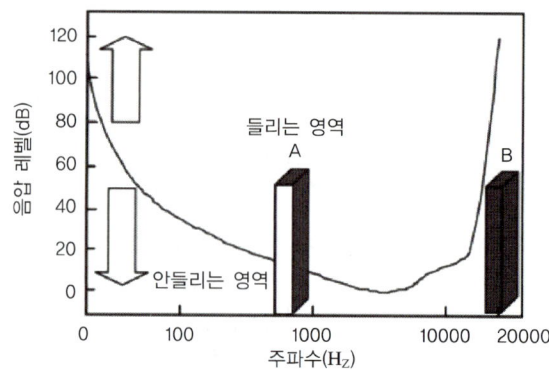

소리가 들리는 영역과 들리지 않는 영역

③ phon
  ㉠ 1,000Hz의 주파수를 기준으로 각 주파수별 동일한 음량을 주는 음압을 평가하는 척도
  [예] 1,000Hz 대의 20dB 크기의 소리는 20phon
  ㉡ 사람의 가청한계 : 0~130phon
  ㉢ 상이한 음의 상대적인 크기에 대한 정보는 표시할 수 없음 → sone을 사용해야 함

④ sone
  ㉠ 상대적으로 느끼는 주관적 소리크기를 나타낸 단위
  ㉡ 1sone = 40phon
  ㉢ sone = $2^{(phon-40)/10}$

phon과 sone의 관계

phon	sone	증 가
40	$2^0 = 1$	1
50	$2^1 = 2$	2배
60	$2^2 = 4$	4배
70	$2^3 = 8$	8배
80	$2^4 = 16$	16배

핵심예제

2-1. 다음 중 음량 기본속성에 관한 척도인 phon과 sone에 관한 설명으로 틀린 것은? [12년 3회]
① 1,000Hz의 20dB의 20phon이다.
② sone은 40dB의 1,000Hz의 순음을 기준으로 하여 다른 음의 상대적인 크기를 설정하는 척도의 단위이다.
③ phon은 1,000Hz의 음의 강도를 기준으로 각 주파수별 동일한 음량을 주는 음압을 평가하는 척도의 단위이다.
④ sone은 여러 음의 주관적인 크기만을 말할 뿐 다른 음과의 상대적인 주관적 크기에 대해서는 말하는 바가 없다.

2-2. 1,000Hz, 20dB 음에 비하여 1,000Hz, 80dB 음의 음량은 몇 배가 되는가? [10년 1회]
① 8배 ② 16배
③ 32배 ④ 64배

2-3. 1,000Hz, 40dB을 기준으로 음의 상대적인 주관적 크기를 나타내는 단위로 옳은 것은? [21년 3회]
① sone
② siemens
③ bell
④ phon

|해설|

2-1
sone은 상대적으로 느끼는 주관적 소리 크기를 나타낸 단위이다.

2-2
- sone = $2^{(20-40)/10}$ = 2^{-2} = 1/4
- sone = $2^{(80-40)/10}$ = 2^4 = 16
∴ 16/(1/4) = 64

2-3
sone은 상대적으로 느끼는 주관적 소리 크기를 나타내는 단위이다. 1,000Hz의 주파수를 기준으로 각 주파수별 동일한 음량을 주는 음압을 평가하는 척도를 phon이라 하며, 40phon을 1sone이라 한다.

정답 2-1 ④ 2-2 ④ 2-3 ①

3. 촉각 및 후각기능

핵심이론 01 피부 감각

① 피부감각의 종류(감각소체)
   ㉠ 통각 : 자유신경종말
   ㉡ 압각 : 파시니 소체
   ㉢ 온각 : 루피니 소체
   ㉣ 냉각 : 크라우제 소체
   ㉤ 진동 : 마이스너 소체
   ㉥ 피부감수성이 제일 높은 순서 : 통각 > 압각 > 촉각 > 냉각 > 온각

② 촉각 표시장치
   ㉠ 시각, 청각 표시장치를 대체하는 장치로 사용
   ㉡ 세밀한 식별이 필요한 경우 손바닥보다는 손가락이 유리
   ㉢ 촉감은 피부온도가 낮아지면 나빠짐
   ㉣ 저온환경에서 촉감 표시장치를 사용할 때는 주의가 필요

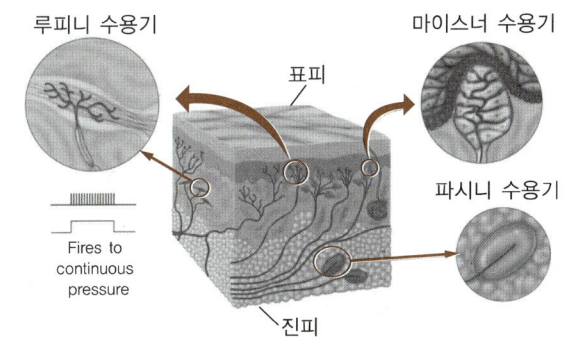

피부감각 수용체

핵심예제

1-1. 다음 중 촉각적 감각과 피부에 있는 소체와의 연결이 틀린 것은?
[07년 3회]

① 통각 – 마이스너 소체
② 압각 – 파시니 소체
③ 온각 – 루피니 소체
④ 냉각 – 크라우제 소체

1-2. 다음 중 촉각적 표시장치에 대한 설명으로 옳은 것은?
[09년 1회]

① 시각 및 청각 표시장치를 대체하는 장치로 사용할 수 없다.
② 촉감은 피부온도가 낮아지면 나빠지므로, 저온 환경에서 촉감 표시장치를 사용할 때에는 아주 주의하여야 한다.
③ 세밀한 식별이 필요한 경우 손가락보다 손바닥 사용을 유도해야 한다.
④ 촉감의 일반적인 척도를 판별한계(Just-Noticeable Difference)를 사용한다.

|해설|

1-1
통각은 자유신경종말과 연결되어 있다.

1-2
② 피부온도가 낮아지면 촉각능력은 감소한다.
① 대체하는 장치로 사용할 수 있다.
③ 손바닥보다 손가락을 사용한다.
④ 촉감의 일반적인 척도로 JND의 사용이 불가능하다.

정답 1-1 ① 1-2 ②

핵심이론 02 후 각

① 특정 물질이나 개인에 따라 민감도에 차이가 있음
② 특정 냄새에 대한 절대적 식별능력은 떨어지나 상대적 식별능력은 우수
③ 식별능력 훈련을 통해 60종까지도 식별가능
④ 특정 자극을 식별하는 데 사용하기보다는 냄새의 존재 여부를 탐지하는 데 효과적
⑤ 후각의 순응은 빠른 편임. 감각기관 중 가장 예민하나 빨리 피로해지기 쉬움
⑥ 전달경로 : 기체의 화학물질 → 후각상피세포 → 후신경 → 대뇌

핵심예제

2-1. 다음 중 인간의 후각 특성에 관한 설명으로 틀린 것은?
[15년 3회]

① 훈련을 통하면 식별 능력을 향상시킬 수 있다.
② 특정한 냄새에 대한 절대적 식별 능력은 떨어진다.
③ 후각은 특정 물질이나 개인에 따라 민감도의 차이가 있다.
④ 훈련을 통하여 식별이 가능한 일상적인 냄새의 수는 최대 7가지 종류이다.

2-2. 인체의 감각기능 중 후각에 대한 설명으로 옳은 것은?
[12년 1회]

① 후각에 대한 순응은 느린 편이다.
② 후각은 훈련을 통해 식별 능력을 기르지 못한다.
③ 후각은 냄새 존재 여부보다 특정 자극을 식별하는 데 효과적이다.
④ 특정 냄새의 절대적 식별 능력은 떨어지나 상대적 식별 능력은 우수한 편이다.

|해설|

2-1
후각은 훈련을 통해 60종까지도 식별가능하다.

2-2
① 후각에 대한 순응은 빠른 편이다.
② 후각은 훈련을 통해 60종까지도 식별이 가능하다.
③ 특정 자극을 식별하는 데 사용하기보다는 냄새의 존재 여부를 탐지하는 데 효과적이다.

정답 2-1 ④ 2-2 ④

제3절 | 인간의 정보처리

1. 정보처리과정

핵심이론 01 정보처리과정

① 위켄(Wickens)의 인간 정보처리체계(Human Information Processing)
  ㉠ 정보처리과정 : 감각 → 지각 → 정보처리(선택 → 조직화 → 해석 → 의사결정) → 실행
    • 감각(Sensing) : 물리적 자극을 감각기관을 통해서 받아들이는 과정
    • 지각(Perception) : 감각기관을 거쳐 들어온 신호를 장기기억 속에 담긴 기존 기억과 비교
    • 선택 : 여러가지 물리적 자극 중 인간이 필요한 것을 골라냄
    • 조직화 : 선택된 자극은 게슈탈트과정을 거쳐 조직화됨
    • 해석 : 감각 현상이 하나의 전체적이고 의미 있는 내용으로 체계화되는 과정
    • 의사결정 : 지각된 정보는 어떻게 행동할 것인지 결정
    • 실행 : 의사결정에 의해 목표가 수립되면 이를 달성하기 위해 행동이 이루어짐

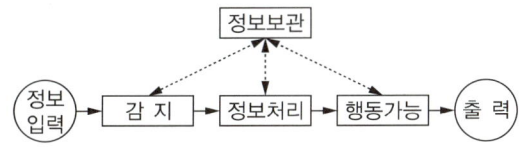

정보처리의 기본기능

  ㉡ 시배분(Time Sharing)
    • 두 가지 일을 함께 수행할 때 매우 빠르게 주위를 번갈아가며 일을 수행하는 것
    • 인간은 여러 감각양식을 동시에 주의를 기울일 수 없고 한 곳에서 다른 곳으로 번갈아가며 주의를 기울여야 함
    • 시각과 청각 등 두 가지 이상을 돌봐야 하는 상황에서는 청각이 시각보다 우월함
    • 시배분 작업은 처리해야 하는 정보의 가짓수와 속도에 의하여 영향을 받음
    • 시배분이 요구되는 경우 인간의 작업능률 저하

  ㉢ 주의력(Attention)
    • 정보처리를 직접 담당하지는 않으나 정보처리단계에 관여함
    • 정보를 받아들일 때 충분히 주의를 기울이지 않으면 지각하지 못함
    • 분산주의 : 주의를 분할하여 각 대상에 할당하여 다중정보를 병렬처리함
    • 주의력의 특성
      - 방향성 : 주의가 집중되는 방향의 자극과 정보에는 높은 주의력이 배분되나 그 방향에서 멀어질수록 주의력이 떨어짐
      - 선택성 : 여러 작업을 동시에 수행할 때는 주의를 적절히 배분해야 하며, 이 배분은 선택적으로 이루어짐
      - 변동성 : 주의력의 수준이 주기적으로 높아졌다 낮아졌다가 반복되는 현상(주기는 40~50분)
    • 주의력의 종류
      - 분할주의(Divided Attention) : 동시에 다양한 자극과 활동에 주의를 기울일 수 있는 능력
      - 초점주의(Focused Attention) : 한 자극에 집중적으로 주의를 시키는 능력
      - 선택적 주의(Selective Attention) : 정신을 산만하게 하는 여러 자극 중에서 구체적인 활동 또는 자극에 집중하는 능력

핵심예제

1-1. 그림은 인간-기계 통합 체계의 인간 또는 기계에 의해서 수행되는 기본 기능의 유형이다. 다음 중 그림의 A 부분에 가장 적합한 내용은?   [12년 3회]

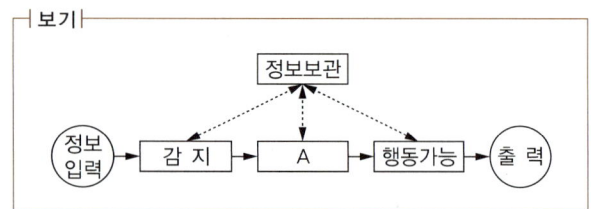

① 확 인
② 정보처리
③ 통 신
④ 정보수용

1-2. 다음 중 시배분(Time-sharing)에 대한 설명으로 적절하지 않은 것은?   [08년 3회]

① 음악을 들으며 책을 읽는 것처럼 주의를 번갈아가며 2가지 이상을 돌보아야 하는 상황을 말한다.
② 시배분이 필요한 경우 인간의 작업능률은 떨어진다.
③ 청각과 시각이 시배분되는 경우에는 보통 시각이 우월하다.
④ 시배분 작업은 처리해야 하는 정보의 가짓수와 속도에 의하여 영향을 받는다.

|해설|

1-1
인간의 정보처리과정 : 감각 → 지각 → 정보처리(선택 → 조직화 → 해석 → 의사결정) → 실행

1-2
청각과 시각이 시배분되는 경우에는 보통 청각이 우월하다.

정답 1-1 ② 1-2 ③

핵심이론 02 인간의 기억체계

① 감각기억(SM ; Sensory Memory) : 자극이 사라진 후에도 잠시 동안 감각이 지속되는 임시 보관장치

② 단기기억(STM ; Short-Term Memory) 또는 작업기억(Work Memory)

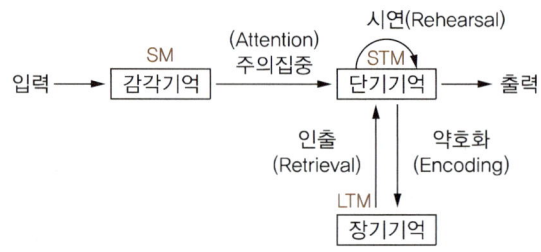

㉠ 작업에 필요한 기억이라 해서 단기기억을 작업기억이라고도 함
㉡ 감각기억은 주의집중을 통해 단기기억으로 저장됨
㉢ 단기기억은 감각저장소로부터 암호화되어 전이된 정보를 잠시 보관하기 위한 저장소
㉣ 단기기억에 유지할 수 있는 최대항목수(경로용량)는 7±2로 밀러(Miller)의 매직넘버(Magic Number)라고 함

③ 장기기억(LTM ; Long-Term Memory)
㉠ 단기기억 내 정보에 의미를 부여하면 장기기억으로 저장됨
㉡ 장기기억의 용량은 무한대로 장기기억의 문제는 용량이 아니라 조직화의 문제
㉢ 정보가 초기에 잘 정리되어 있을수록 인출(Retrieval)이 쉬워짐

④ 상대식별과 절대식별
㉠ 상대식별 : 베버의 법칙(Weber's Law)
 • 베버(Weber)비 = JND/기준자극크기
 • 변화감지역(JND ; Just Noticeable Difference) : 자극 사이의 변화 여부를 감지할 수 있는 최소의 자극범위
 • 베버(Weber)비가 작을수록 분별력이 민감하며, Weber비가 클수록 분별력이 둔감
 • 베버(Weber)비가 작은 순서 : 시각 < 근감각(무게) < 청각 < 후각 < 미각

ⓛ 절대식별
- 절대식별능력은 상대식별능력(두 자극을 비교하고 그 상대적 위치를 판단)보다 떨어짐
- 정보처리과정에서 정보전달의 신뢰성을 높이기 위해서는 가급적 절대식별을 줄이는 방향으로 설계하는 것이 중요함(절대식별에 의해 판별하는 가짓수는 5 이하로 할 것)
- 청킹(Chunking) : 몇 가지 입력단위를 묶어서 새로운 기억단위로 암호화
- 정보의 의미 단위인 청크(Chunk)수가 많은 것은 암기에 좋지 않음

핵심예제

2-1. 다음 중 인간의 작업 기억(Working Memory)에 관한 설명으로 틀린 것은? [14년 1회]

① 정보를 감지하여 작업 기억으로 이전하기 위해서 주의(Attention) 자원이 필요하다.
② 청각정보보다 시각정보를 작업 기억 내에 더 오래 기억할 수 있다.
③ 작업 기억에 저장할 수 있는 정보량의 한계는 베버의 법칙(Weber's Law)에 따른다.
④ 작업 기억 내에 정보의 의미 있는 단위(Chunk)로 저장이 가능하다.

2-2. 인간 기억의 여러 가지 형태에 대한 설명으로 옳지 않은 것은? [21년 3회]

① 단기기억의 용량은 보통 7청크(Chunk)이며 학습에 의해 무한히 커질 수 있다.
② 단기기억에 있는 내용을 반복하여 학습(Research)하면 장기기억으로 저장된다.
③ 일반적으로 작업기억의 정보는 시각(Visual), 음성(Phonetic), 의미(Semantic) 코드의 3가지로 코드화된다.
④ 자극을 받은 후 단기기억에 저장되기 전에 시각적인 정보는 아이코닉 기억(Iconic Memory)에 잠시 저장된다.

2-3. 다음 중 변화감지역(JND)과 베버(Weber)의 법칙에 관한 설명으로 틀린 것은? [11년 3회]

① 물리적 자극을 상대적으로 판단하는 데 있어 특정감각의 변화감지역으로 사용되는 표준 자극에 비례한다.
② 동일한 양의 인식(감각)의 증가를 얻기 위해서는 자극을 지수적으로 증가해야 한다.
③ 베버(Weber)비는 분별의 질을 나타내며, 비가 작을수록 분별력이 떨어진다.
④ 변화감지역은 동기, 적응, 연습, 피로 등의 요소에 의해서도 좌우된다.

|해설|

2-1
작업 기억에 저장할 수 있는 정보량의 한계는 밀러의 매직넘버에 따른다.

2-2
단기기억의 용량은 7±2청크이며, 학습에 의해서도 증가하기 힘들다.

2-3
베버(Weber)비가 작을수록 분별력이 높아진다.

정답 2-1 ③ 2-2 ① 2-3 ③

2. 정보이론

핵심이론 01 정 보

① 정 보
- ㉠ 불확실성을 감소시켜 주는 지식이나 소식
- ㉡ 단위 : 비트(bit ; Binary Digit)
- ㉢ 1bit : 동일하게 나타낼 수 있는 2가지 대안 중에서 한 가지 대안이 명시되었을 때 얻을 수 있는 정보량
- ㉣ 1Byte = 8bit(2^8 = 256)

② 인간기억의 정보량
- ㉠ 단위시간 당 영구 보관(기억)할 수 있는 정보량 : 0.7bit/sec
- ㉡ 인간의 기억 속에 보관할 수 있는 총 용량 : 약 1억bit/sec
- ㉢ 신체 반응의 정보량(인간이 신체적 반응을 통하여 전송할 수 있는 정보량) : 10bit/sec

③ 정보량의 종류
- ㉠ 대안의 수가 N개이고 그 발생확률이 모두 동일한 경우 정보량(H) = $\log_2 N$
- ㉡ 발생확률이 동일하지 않는 사건에 대한 정보량(Hi) = $\log_2(1/pi)$, (Hi : 각 대안에 대한 정보량, pi : 대안의 발생확률)
- ㉢ 실현 확률이 다른 일련의 사건이 가지는 평균정보량(Ha) = $\sum pi \times hi$ = $\sum pi \times \log_2(1/pi)$ = $-\sum pi \times \log_2 pi$
  - 예) 두 대안의 발생확률이 0.9, 0.1인 경우 평균정보량 = $0.9 \times 0.15 + 0.1 \times 3.32 = 0.47$bit

④ 중복률(Redundancy)
- ㉠ 대안의 발생확률이 같지 않기 때문에 정보량의 최대치로부터 정보량이 감소하는 비율
- ㉡ 중복률 = (1 − 평균 정보량/최대 정보량) × 100% = (1−Ha/Hmax) × 100%
- ㉢ Ha(평균정보량) = $-\sum pi \times \log_2 pi$
- ㉣ Hmax(최대정보량) = $\log_2 N$

⑤ 피츠의 법칙(Fitts's Law)
- ㉠ 표적이 작을수록, 이동거리가 길수록 작업의 난이도와 소요 이동시간이 증가한다는 법칙
- ㉡ MT(Movement Time) = a + $b\log_2(2D/W)$ (a : 준비시간 상수, b : 로그함수 상수, D : 목표물까지의 거리, W : 목표물의 폭)

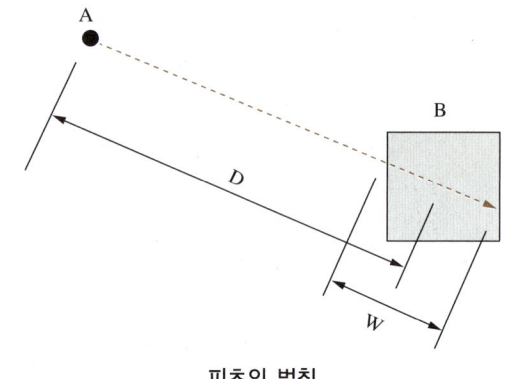

피츠의 법칙

⑥ 힉의 법칙(Hick's Law)
- ㉠ 선택반응시간은 선택지의 가짓수에 따라 결정된다는 법칙
- ㉡ 선택반응시간(Choice Response Time) = a + $b\log_2(n+1)$ (a, b : 경험적 상수로 인식의 어려움을 느끼게 옵션배열 시 커짐, n : 가능한 옵션의 수)

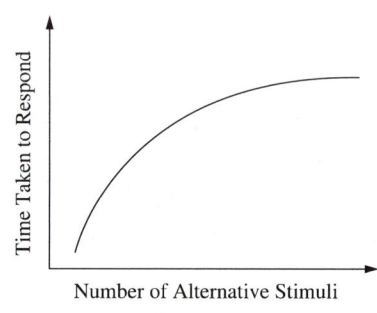

힉의 법칙

선택지(n)	시간(T)
1	1.0
2	1.6
3	2.0
10	3.5
20	4.3
100	6.6

핵심예제

1-1. 다음 중 정보이론에 관한 설명으로 옳은 것은?
[21년 3회]

① 정보를 정량적으로 측정할 수 있다.
② 정보의 기본단위는 바이트(byte)이다.
③ 확실한 사건의 출현에는 많은 정보가 담겨있다.
④ 정보란 불확실성의 증가(Addition of Uncertainty)라 정의한다.

1-2. 계기판에 등이 8개가 있고, 그 중 하나에만 불이 켜지는 경우에 정보량은 몇 bit인가?
[09년 1회]

① 2   ② 3
③ 4   ④ 8

1-3. 4가지 대안이 일어날 확률이 다음과 같을 때 평균정보량(Bit)은 약 얼마인가?
[11년 3회]

┌보기┐
0.5, 0.25, 0.125, 0.125

① 1.00   ② 1.75
③ 2.00   ④ 2.25

1-4. 다음과 같은 확률로 발생하는 4가지 대안에 대한 중복률을 계산하라.
[12년 1회]

결과	확률(p)	$-\log_2 p$
A	0.1	3.32
B	0.3	1.74
C	0.4	1.32
D	0.2	2.32

① 1.8   ② 2.0
③ 7.7   ④ 8.7

1-5. 너비가 2cm인 버튼을 누르기 위해 손가락을 8cm 이동시키려고 한다. Fitt's Law에서 로그함수의 상수가 10이고, 이동을 위한 준비시간과 관련된 상수가 5이다. 이동시간(ms)은 얼마인가?
[14년 3회]

① 10ms   ② 15ms
③ 35ms   ④ 55ms

|해설|

1-1
② 정보의 기본단위는 bit이다.
③ 불확실한 사건의 출현에는 많은 정보가 담겨있다.
④ 정보란 불확실성을 감소시켜 주는 소식이다.

1-2
$H = \log_2 8 = 3$

1-3
평균정보량 $(Ha) = \Sigma pi \times hi = \Sigma pi \times \log_2(1/pi) = -\Sigma pi \times \log_2 pi = 0.5 \times \log_2(1/0.5) + 0.25 \times \log_2(1/0.25) + 0.125 \times \log_2(1/0.125) + 0.125 \times \log_2(1/0.125)$
$= 0.5 \times 1 + 0.25 \times 2 + 0.125 \times 3 + 0.125 \times 3 = 1.75$

1-4
- $Ha = \Sigma pi \times \log_2(1/pi) = -\Sigma pi \times \log_2 pi$
- $Ha = 0.1 \times 3.32 + 0.3 \times 1.74 + 0.4 \times 1.32 + 0.2 \times 2.32 = 1.846$
- $Hmax = H = \log_2 4 = 2$
- 중복률 $= (1-Ha/Hmax) \times 100\% = 1-1.846/2 = 7.7\%$
∴ 즉, 실현 확률의 차이로 인해 최대 정보량 2로부터 7.7% 정보량이 감소

1-5
$MT(Movement\ Time) = a + b\log_2(2D/W) = 5 + 10\log_2(2 \times 8/2) = 35$

정답 1-1 ① 1-2 ② 1-3 ② 1-4 ③ 1-5 ③

3. 신호검출이론

핵심이론 01 신호검출모형

① 어떤 불확실한 상황에서 결정을 내리는 방법으로 청각적, 지각적 자극에 적용됨

② 신호의 탐지는 관찰자의 민감도와 반응편향에 달려 있다는 이론

③ False Alarm = Commission Error

④ 자극 : 보낸 신호가 올바른 것이면 (Signal), 보낸 신호가 틀린 신호이면 (Noise)

⑤ 판정 : 관찰자의 반응으로 신호가 올바르다고 답하는 경우 (S), 신호가 틀렸다고 답하는 경우 (N)

⑥ Hit 확률 : P(H) = Yes의 수/Signal의 수

⑦ Miss확률 : 1 - P(H)

판 정	신호(Signal)	소음(Noise)
신호발생(S)	Hit : P(S/S)	1종 오류(False Alarm) : P(S/N)
신호없음(N)	2종 오류(Miss) : P(N/S)	Correct Rejection : P(N/N)

㉠ 정확한 판정(Hit) : 신호를 신호라고 판단
㉡ 허위경보(False Alarm) : 소음을 신호로 판단(1종 오류)
㉢ 신호검출실패(Miss) : 신호를 소음으로 판단(2종 오류)
㉣ 소음을 제대로 판정(Correct Rejection) : 소음을 소음으로 판단

⑧ 민감도(Sensitivity) : (d')
㉠ 신호와 소음분포 간의 평균거리 d' = Z(Hit Rate) - Z(False Alarm)
㉡ 잡음이 많고, 신호가 약할수록 d'값이 작아지고 d'값이 클수록 민감도 증가
㉢ 민감도지표는 각각의 정규분포 상의 Z값의 차이로 나타낼 수 있음
㉣ 교육훈련, 결과피드백, 비신호구별성 증가로 민감도를 높여야 함

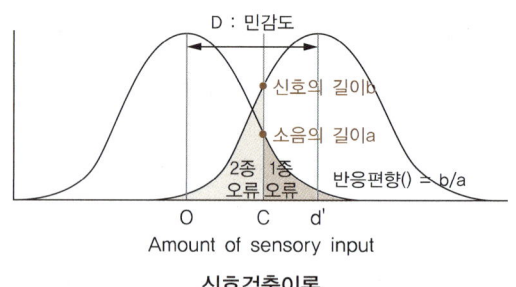

신호검출이론

핵심예제

1-1. 다음 중 신호검출이론(SDT)과 관련이 없는 것은?

[13년 3회]

① 민감도는 신호와 소음분포의 평균 간의 거리이다.
② 신호검출이론 응용분야의 하나는 품질검사 능력의 측정이다.
③ 신호검출이론이 적용될 수 있는 자극은 시각적 자극에 국한된다.
④ 신호검출이론은 신호와 잡음을 구별할 수 있는 능력을 측정하기 위한 이론의 하나이다.

1-2. 다음 중 신호검출이론에 대한 설명으로 옳은 것은?

[11년 1회]

① 잡음에 실린 신호의 분포는 잡음만의 분포와 구분되지 않아야 한다.
② 신호의 유무를 판정함에 있어 반응대안은 2가지뿐이다.
③ 판정기준은 B(신호/노이즈)이며, B > 1 이면 보수적이고, B < 1 이면 자유적이다.
④ 신호검출의 민감도에서 신호와 잡음 간의 두 분포가 가까울수록 판정자는 신호와 잡음을 정확하게 판별하기 쉽다.

|해설|
1-1
시각적 자극뿐만 아니라 청각적, 지각적 자극에도 적용된다.
1-2
① 신호검출이론은 신호와 잡음을 구별해 내는 이론이다.
② 신호의 유무를 판정함에 있어 반응대안은 4가지이다.
④ 민감도가 클수록 신호를 구별하기 쉽다.

정답 1-1 ③ 1-2 ③

핵심이론 02 판단기준

① 반응기준보다 자극의 강도가 클 경우에 신호가 나타난 것으로 판정

② 반응기준보다 자극의 강도가 작을 경우에 없는 것으로 판정

③ 반응기준을 나타내는 값을 반응편향(β)이라 하고 반응기준 점에서의 두 분포의 높이비로 나타냄

④ 반응편향(β) (Response Bias)
  ㉠ β = 2종 오류 확률/1종 오류 확률
    = 신호의 길이/소음의 길이
  ㉡ 반응기준점에서 두 곡선이 교차할 경우 $\beta=1$
   - $\beta > 1$: 반응기준이 오른쪽으로 이동, 판정자는 신호로 판정되는 기회가 줄어들며 신호가 나타났을 때 신호의 정확한 판정은 적어지나 허위경보는 덜하게 됨(보수적)
   - $\beta < 1$: 반응기준이 왼쪽으로 이동, 신호로 판정하는 기회가 많아지므로 신호의 판정은 많아지나 허위경보도 증가(모험적)

핵심예제

다음 중 신호검출이론(SDT)에서 반응기준을 구하는 식으로 옳은 것은? [12년 3회]

① (소음 분포의 높이) × (신호 분포의 높이)
② (소음 분포의 높이) ÷ (신호 분포의 높이)
③ (신호 분포의 높이) ÷ (소음 분포의 높이)
④ (신호 분포의 높이) ÷ (소음 분포의 높이)^2

|해설|
반응기준을 나타내는 것을 반응편향(β)이라 하며 신호의 길이/소음의 길이로 나타낸다.

정답 ③

제4절 | 인간기계 시스템

1. 인간기계 시스템의 개요

핵심이론 01 시스템 정의와 분류

① 인간기계 시스템(MMS ; Man Machine System)
  ㉠ 인간공학의 중요한 과제 중 하나임
  ㉡ 원하는 결과를 얻기 위해 상호작용하는 인간과 기계의 유기적인 결합
  ㉢ 인간과 물리적 요소가 주어진 입력에 대하여 원하는 출력을 내도록 결합하여 상호작용하는 집합체
  ㉣ MMS의 기본적인 기능 : 정보의 수용, 저장, 정보처리, 결정
  ㉤ 인간-기계 시스템의 설계원칙
   - 인간특성 : 인간의 신체적 특성에 적합
   - 기계특성 : 인간의 기계적 성능에 적합
   - 사용환경특성 : 사용환경의 특성을 고려해야 함
   - 시스템은 인간의 예상과 양립해야 함
  ㉥ 배치의 원칙 : 계기판이나 제어장치는 중요도 → 사용빈도 → 사용순서 → 일관성 → 양립성 → 기능성 순으로 배치가 이루어져야 함
   - 중요도 : 시스템 목표 달성에 중요한 구성요소를 편리한 위치에 두어야 한다.
   - 사용빈도 : 자주 사용되는 구성요소를 편리한 위치에 두어야 한다.
   - 사용순서 : 구성 요소들 간의 관련 순서나 사용 패턴에 따라 배치해야 한다.
   - 일관성 : 동일한 구성요소들은 기억이나 찾는 것을 줄이기 위하여 같은 지점에 위치한다.
   - 양립성 : 조종장치와 표시장치들의 관계를 쉽게 알아볼 수 있도록 배열 형태를 반영한다.
   - 기능성 : 비슷한 기능을 갖는 구성요소들끼리 한데 모아서 서로 가까운 곳에 위치한다.

② 시스템 설계 시 인간성능을 고려하기 위한 기본단계 목표 및 성능명세 결정 → 체계의 정의 → 기본설계 → 계면설계 → 촉진물 설계 → 시험 및 평가

③ 인간기계 시스템의 분류
  ㉠ 정보의 피드백 여부에 따른 분류
    • 개회로(Open-Loop) 시스템 : 일단 작동되면 더 이상 제어가 안 되거나 제어할 필요가 없는 미리 정해진 절차에 의해 진행되는 시스템
    • 폐회로(Closed-Loop) 시스템 : 출력과 시스템 목표와의 오차를 주기적으로 피드백 받아 시스템의 목적을 달성할 때까지 제어하는 시스템(차량운전과 같이 연속적인 제어가 필요한 것)
  ㉡ 인간에 의한 제어정도에 따른 분류
    • 수동 시스템(Manual System)
      - 인간 자신의 신체적인 에너지를 동력원으로 사용
      - 수공구나 다른 보조기구에 힘을 가하여 작업
    • 기계화 시스템(Mechanical System, 반자동 시스템 Semiautomatic System)
      - 여러 종류의 동력 공작기계와 같이 고도로 통합된 부품들로 구성
      - 동력은 기계가 제공하고, 운전자는 조종장치를 사용하여 통제
      - 인간은 표시장치를 통하여 체계의 상태에 대한 정보를 받고 정보처리 및 의사결정
    • 자동화 시스템(Automated System)
      - 자동화 시스템은 인간의 개입이 불필요
      - 장비는 감지, 의사 결정, 행동의 모든 기능들을 수행
      - 모든 가능한 우발상황에 대해서 적절한 행동을 취하기 위해 완전하게 프로그램화되어 있어야 함

수동 시스템	기계 시스템	자동 시스템
• 수공구나 보조물을 통한 기계조작 • 자신의 힘을 이용한 작업통제	• 동력장치를 통한 기능 수행 • 동력은 기계가 전달, 운전자는 기능을 조정, 통제하는 시스템 • 동력기계화시스템과 고도로 통합된 부품들로 구성	• 인간은 감시 및 장비기능만 유지 • 센서를 통한 기계의 자동작동시스템 • 인간요소를 고려해야 함

  ㉢ 자동화의 정도에 따른 분류
    • 수동제어 시스템 : 컴퓨터의 도움 없이 제어에 관한 모든 의사결정을 인간에게 완전히 의존
    • 감시제어 시스템
      - 제어에 있어서 인간과 컴퓨터의 의사결정에 관한 역할 분담
      - 인간이 대부분의 의사결정을 하는 경우와 컴퓨터에 의해 제어의 의사결정이 이루어지고, 인간은 단지 보조역할을 하는 경우가 있음
    • 자동제어 시스템 : 인간은 시스템의 구동조건을 준비하고, 모든 의사결정이 컴퓨터에 의하여 이루어짐

④ 시스템의 평가척도
  ㉠ 적절성 : 기준이 의도된 목적에 적당하다고 판단되는 정도를 말함
  ㉡ 무오염성 : 기준 척도는 측정하고자 하는 변수 외의 다른 변수들의 영향을 받아서는 안됨
  ㉢ 신뢰성 : 평가를 반복할 경우 일정한 결과를 얻을 수 있음
  ㉣ 실제성 : 현실성을 가지며, 실질적으로 이용하기 쉬움
  ㉤ 타당성 : 신장을 측정하는 데 체중계가 아닌 줄자를 사용

⑤ 인간과 기계의 기능 비교

인간의 장점	인간의 단점
• 오감의 작은 자극도 감지가능 • 각각으로 변화하는 자극 패턴을 인지 • 예기치 못한 자극을 탐지 • 기억에서 적절한 정보를 꺼냄 • 결정 시에 여러가지 경험을 꺼내 맞춤 • 귀납적으로 추리, 관찰을 통한 일반화 • 원리를 여러 문제 해결에 응용 • 주관적인 평가를 함 • 아주 새로운 해결책을 생각 • 조작이 다른 방식에도 몸으로 순응	• 어떤 한정된 범위 내에서만 자극을 감지 • 드물게 일어나는 현상을 감지할 수 없음 • 수 계산을 하는 데 한계 • 신속 고도의 신뢰도로 대량의 정보를 꺼낼 수 없음 • 운전작업을 정확히 일정한 힘으로 할 수 없음 • 반복작업을 확실하게 할 수 없음 • 자극에 신속일관된 반응을 할 수 없음 • 장시간 연속해서 작업을 수행할 수 없음

기계의 장점	기계의 단점
• 인간의 감각범위를 넘어서는 구역도 감지 가능 • 드물게 일어나는 현상을 감지 가능 • 신속하면서 대량의 정보를 기억할 수 있음 • 신속정확하게 정보를 꺼냄 • 특정 프로그램에 대해서 수량적 정보를 처리 • 입력신호에 신속하고 일관된 반응 • 연역적인 추리 • 반복 동작을 확실히 함 • 명령대로 작동 • 동시에 여러가지 활동을 함 • 물리량을 셈하거나 측정이 가능	• 미리 정해놓은 활동만 할 수 있음 • 학습을 한다든가 행동을 바꿀 수 없음 • 추리를 하거나 주관적인 평가를 할 수 없음 • 즉석에서 적응할 수 없음 • 기계에 적합한 부호화된 정보만 처리

| 해설 |

1-1
외적 변수에 영향을 받아서는 안된다.

1-2
시스템의 평가척도로는 적절성, 무오염성, 신뢰성, 실제성이 있으며, 사용성은 시스템의 평가척도에 해당되지 않는다.

1-3
인간-기계 통합체계의 유형은 수동 시스템, 기계 시스템, 자동화 시스템이다.

1-4
부품배치의 4원칙은 중요성의 원칙, 사용빈도의 원칙, 기능별 배치의 원칙, 사용순서의 원칙이다.

정답 1-1 ② 1-2 ② 1-3 ③ 1-4 ①

핵심예제

1-1. 다음 중 시스템의 평가척도의 요건에 대한 설명으로 적절하지 않은 것은? [14년 1회]

① 실제성 – 현실성을 가지며, 실질적으로 이용하기 쉽다.
② 무오염성 – 측정하고자 하는 변수 이외의 외적 변수에 영향을 받는다.
③ 신뢰성 – 평가를 반복할 경우 일정한 결과를 얻을 수 있다.
④ 타당성 – 측정하고자 하는 평가척도가 시스템의 목표를 반영한다.

1-2. 일반적으로 연구 조사에 사용되는 기준(Criterion)의 요건으로 볼 수 없는 것은? [21년 3회]

① 적절성
② 사용성
③ 신뢰성
④ 무오염성

1-3. 인간-기계 통합체계의 유형으로 볼 수 없는 것은? [16년 1회]

① 수동 시스템
② 자동화 시스템
③ 정보 시스템
④ 기계화 시스템

1-4. 다음 중 부품배치의 원칙이 아닌 것은? [09년 1회]

① 치수별 배치의 원칙
② 중요성의 원칙
③ 기능별 배치의 원칙
④ 사용빈도의 원칙

핵심이론 02 인터페이스(Interface)

① 인터페이스
  ㉠ 사용자의 관점에서 제품을 설계하는 것을 사용자 중심 설계라고 하고 이를 위해서는 인터페이스가 좋아야 함
  ㉡ 사용자가 어떤 장비를 사용하여 작업할 경우 정보의 상호전달이 이루어지는 부분을 사용자 인터페이스라고 함
  ㉢ 사용자의 사용성은 학습용이성, 효율성, 기억용이성, 에러 빈도, 주관적 만족도와 관련이 큼

② 사용성 평가(Usability Testing)
  ㉠ 사용자의 입장에서 사용환경을 고려해 사용성을 향상시키는 공학적인 활동
  ㉡ 사용성 평가대상 3가지
    • 시스템이 제공하는 서비스
    • 사용자의 인터페이스에 의한 상호작용
    • 사용자가 표면적으로 지각하는 요소
  ㉢ 사용성 평가척도 3가지
    • 에러의 빈도
    • 과제의 수행시간
    • 사용자들의 주관적인 만족도

③ 인간-기계 인터페이스(MMI ; Man-Machine Interface)
  ㉠ 인간과 기계의 접합면
  ㉡ 인간과 기계 사이에 정보전달과 조정이 실질적으로 행해지는 접합면
  ㉢ 설계 시 고려해야 할 점 : 사용자특성, 사용환경특성, 기계적 특성(이중 가장 우선되는 것은 사용자 특성)

④ 인터페이스의 설계요소(신체, 인지, 감성)
  ㉠ 신체적 인터페이스(Solid Interface) : 사용자의 신체특성을 고려(신체역학적 특성, 인체측정학적 특성)
  ㉡ 사용자 인터페이스(User Interface)
    • 지적 인터페이스라고도 함
    • 사용자의 행동에 관한 특성을 고려(물건을 사용하는 순서나 방법 등)
  ㉢ 감성적 인터페이스(Emotional Interface)
    • 즐거움이나 기쁨을 느끼게 하는 감성 특성에 관한 정보를 고려
    • 소비자의 정서에 관심

⑤ Norman이 제시한 사용자 인터페이스 설계원칙
  ㉠ 가시성(Visibility)의 원칙 : 현재 상태를 명확하게 표시
  ㉡ 대응의 원칙, 양립성(Compatibility)의 원칙 : 인간의 기대와 일치시킴
  ㉢ 행동유도성(Affordance)의 원칙 : 행동의 제약을 줌
  ㉣ 피드백(Feedback)의 원칙 : 조작결과가 표시되도록 함

⑥ 고령자를 위한 정보설계원칙
  ㉠ 불필요한 이중 과업을 줄임
  ㉡ 학습 및 적응시간을 늘림
  ㉢ 신호의 강도와 크기를 보다 강하게 함
  ㉣ 가능한 간략한 묘사와 간략한 정보를 제공

핵심예제

2-1. 인간-기계 시스템에서 정보 전달과 조종이 이루어지는 접합면인 인간-기계 인터페이스(Man-Machine Interface)의 종류에 해당하지 않는 것은? [14년 1회]

① 지적 인터페이스
② 역학적 인터페이스
③ 감성적 인터페이스
④ 신체적 인터페이스

2-2. 다음 중 사용자 인터페이스에 대한 정의로 가장 적절하지 않은 것은? [13년 1회]

① 사용성이란 사용자가 의도한 대로 제품을 사용할 수 있는 정도이다.
② 최고경영자의 관점에서 제품을 설계하는 것을 사용자 중심 설계라고 한다.
③ 사용성은 학습용이성, 효율성, 기억용이성, 주관적 만족도와 관련이 크다.
④ 사용자가 어떤 장비를 사용하여 작업할 경우 정보의 상호전달이 이루어지는 부분을 사용자 인터페이스라고 한다.

|해설|

2-1
역학적 인터페이스는 MMI 종류에 해당되지 않는다.

2-2
사용자 중심 설계는 최고경영자가 아니라 제품을 사용하는 사람의 관점에서 제품을 설계하는 것을 말한다.

정답 2-1 ② 2-2 ②

핵심이론 03 신뢰도

① 신뢰도
- ㉠ 직렬시스템의 신뢰도 : R = a×b×c
- ㉡ 병렬시스템의 신뢰도 : R = 1 - (1 - a)(1 - b)

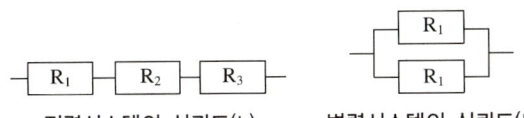

직렬시스템의 신뢰도(L)   병렬시스템의 신뢰도(R)

② 신뢰도 평가지수
- ㉠ 신뢰도(Reliability) : 의도하는 기간에, 정해진 기능을 수행할 확률(고장 나지 않을 확률)
  - 신뢰도 $R(t) = e^{-\lambda t}$
  - 불신뢰도 $F(t) = 1 - R(t) = 1 - e^{-\lambda t}$
- ㉡ 가용도(Availability) : 시스템이 어떤 기간 중에 성능을 발휘하고 있을 확률(MTTF/MTBF)
- ㉢ 정비도(Maintainability) : 고장난 시스템이 일정한 시간 내에 수리될 확률
- ㉣ 고장률(Failure Rate) : 단위시간 내에 고장을 일으킬 수 있는 확률(단위시간 당 빈도)
- ㉤ 고장밀도함수(Failure Densisty Function) : 단위 시간 당 어떤 비율로 고장이 발생하는 체계의 비율
- ㉥ 가속수명시험(Accelerated Life Test) : 사용조건을 정상 사용조건보다 강화하여 적용함으로써 고장발생시간을 단축하고, 검사비용의 절감효과를 얻고자 하는 수명시험
- ㉦ 평균고장간격(MTBF ; Mean Time Between Failure)
  - MTBF = 총동작시간/고장횟수 = $1/\lambda$
  - 평균고장간격(MTBF) = 평균수리시간(MTTR) + 평균수명(MTTF)
  - 가용도(Availability) = 평균수명(MTTF)/평균고장간격(MTBF) = MTTF/(MTTR + MTTF)
- ㉧ 평균수명(MTTF ; Mean Time To Failure)
  - 총동작시간/기간 중 총고장건수
  - 직렬계 시스템의 수명 = MTTF/n = $1/\lambda$
  - 병렬계 시스템의 수명 = MTTF(1+1/2+1/3+…+1/n)

  λ : 고장률 = 기간 중 총고장건수/총동작시간
  n : 직렬 또는 병렬계의 요소

- ㉨ 평균수리시간(MTTR ; Mean Time To Repair) : 총수리시간/수리횟수

핵심예제

3-1. 각각의 신뢰도가 0.85인 기계 3대가 병렬로 되어 있을 경우 이 시스템의 신뢰도는 약 얼마인가? [08년]
① 0.614
② 0.850
③ 0.992
④ 0.997

3-2. 다음 중 직렬시스템과 병렬시스템의 특성에 대한 설명으로 옳은 것은? [21년 3회]
① 직렬시스템에서 요소의 개수가 증가하면 시스템의 신뢰도 증가한다.
② 병렬시스템에서 요소의 개수가 증가하면 시스템의 신뢰도도 감소한다.
③ 시스템의 높은 신뢰도를 안정적으로 유지하기 위해서는 병렬시스템으로 설계하여야 한다.
④ 일반적으로 병렬시스템으로 구성된 시스템은 직렬시스템으로 구성된 시스템보다 비용이 감소한다.

3-3. 다음 중 시스템의 고장률이 지시함수를 따를 때 이 시스템의 신뢰도를 올바르게 표시한 것은? (단, 고장률은 λ, 가동시간은 t, 신뢰도는 R(t)로 표시한다) [11년 3회]

① $R(t) = e^{-\lambda t}$
② $R(t) = e^{-\lambda t^2}$
③ $R(t) = e^{\frac{\lambda}{t}}$
④ $R(t) = e^{-\frac{\lambda}{t}}$

|해설|

3-1
R = 1 - (1 - a)(1 - b) = 1 - (1 - 0.85)(1 - 0.85)(1 - 0.85) = 0.997

3-2
직렬시스템에서는 요소의 개수가 증가하면 시스템의 신뢰도는 감소하고, 병렬시스템에서는 요소의 개수가 증가하면 시스템의 신뢰도도 증가한다. 따라서 높은 시스템 신뢰도를 구성하기 위해서는 병렬시스템으로 설계해야 하며, 병렬시스템으로 구성된 시스템은 직렬시스템보다 비용이 증가한다.

3-3
- 신뢰도 $R(t) = e^{-\lambda t}$
- 불신뢰도 $F(t) = 1 - R(t) = 1 - e^{-\lambda t}$

정답 3-1 ④ 3-2 ③ 3-3 ①

2. 표시장치(Display)

핵심이론 01 시각적 표시장치

① 정량적(Quantitative) 표시장치
  ㉠ 동침형(Moving Pointer) : 눈금(Scale)이 고정되고 지침(Pointer)이 움직이는 형(나타내고자 하는 값의 범위가 작을 때)
  ㉡ 동목형(Moving Scale) : 지침이 고정되고 눈금이 움직이는 형(나타내고자 하는 값의 범위가 클때)
  ㉢ 계수형(Digital) : 택시요금 미터기와 같이 숫자가 표시되는 형으로 수치를 정확하게 읽고자 할 때 사용

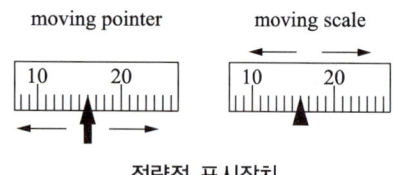
정량적 표시장치

② 정성적(Qualitive) 표시장치
  ㉠ 연속적으로 변하는 변수의 대략적인 값이나 변화추세를 알고자 할 때 이용
  ㉡ 색을 이용하여 각 범위 값들을 암호화하여 설계
  ㉢ 색체암호가 부적합 시 구간을 형상 암호화할 수 있음
  ㉣ 나타내는 값이 주로 정상상태인지 여부를 판정할 때 사용

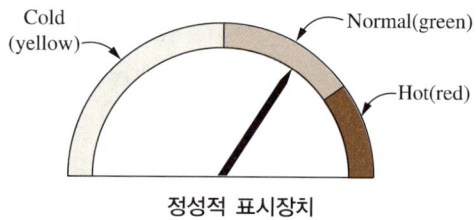
정성적 표시장치

③ 상태정보(Status Information)
  ㉠ 어떤 시스템의 위치나 상태를 나타내는 정보
  ㉡ On/off 표시, 어떤 제한된 수의 상태(교통신호 등)
  ㉢ 정량적 계기가 상태점검 목적으로만 사용 시 눈금 대신에 사용

④ 확인정보(Identification Information) : 어떤 정적 상태, 상황 또는 사물의 식별용

⑤ 경보 및 신호정보(Warning & Signal Information)
  ㉠ 어떤 상황의 유무를 알림
  ㉡ 긴급상태, 위험상태
  ㉢ 검출성에 따라 신호와 경보효과가 달라짐
  ㉣ 빛의 검출성에 영향을 주는 인자
    • 광원의 크기와 광속발산도
    • 색광 : 효과척도가 빠른 순서는 백색, 황색, 녹색, 등색, 자색, 적색, 청색, 흑색순임
    • 점멸속도 : 점멸속도는 불빛이 계속 켜진 것처럼 보이게 하는 점멸융합주파수보다 훨씬 작아야 하며 주의를 끌기 쉬운 속도는 초당 3~10회의 점멸속도에 지속시간 0.05초가 적당
    • 배경광 : 배경광이 신호등과 비슷하여 식별이 힘듦, 점멸 배경광의 비율은 1/10 이상이 적합

⑥ 문자, 숫자 및 부호 정보(Alphanumeric & Symbolic Information)
  ㉠ 구두, 문자, 숫자 및 관련된 여러 형태의 암호와 정보
  ㉡ 글자체, 내용, 단어의 선택, 문체 등이 중요함
  ㉢ 가시성(Visibility) : 멀리서도 잘 보임, 명도차가 클수록 잘 보임
  ㉣ 판독성(Legibility) : 글자가 눈에 잘 띔
    [예] 산세리프체(고딕체)
  ㉤ 가독성(Readability) : 글자를 읽기 쉬움
    [예] 세리프체(명조체)
    • 글자의 높이, 너비, 획 굵기가 가독성에 영향을 끼침
    • 종횡비(Width-Height Ratio) : 한글은 1 : 1, 영어 3 : 5, 숫자 3 : 5
    • 획폭비(Stroke Width) : 글자의 굵기와 글자의 높이
      - 양각(흰 바탕에 검은 글씨) : 1 : 6 ~ 1 : 8
      - 음각(검은 바탕에 흰 글씨) : 1 : 8 ~ 1 : 10 (광삼현상 때문에 가늘어도 됨)

> 광삼현상(Irradiation) : 검은 바탕에 흰 글씨가 있는 경우 글씨가 번져 보이는 현상으로 검은 바탕에 흰 글자의 획폭은 흰 바탕의 검은 글자보다 가늘게 할 수 있음

셰리프와 산셰리프

⑦ 묘사적 정보(Representational Information)
  ㉠ 어떤 물체나 지역 또는 정보를 그림이나 그래프로 나타냄
  ㉡ 사물, 지역, 구성 등을 사진 그림 혹은 그래프로 묘사
  ㉢ 조작자의 상황파악을 향상
  ㉣ 항공기 이동 표시장치, 추적 표시장치
    • 외견형(Outside-in) : 항공기 이동형, 지평선은 고정
    • 내견형(Inside-in) : 항공기 고정형, 지평선이 움직임

외견형　　　　　내견형

⑧ 시차적 정보(Time-phased Information)
  ㉠ 펄스화되었거나 혹은 시차적인 신호, 즉 신호의 지속시간 간격 및 이들의 조합에 의해 결정되는 신호
  ㉡ 모르스 부호, 점멸신호

핵심예제

1-1. 시각적 표시장치에 관한 설명으로 옳은 것은? [21년 3회]

① 정확한 수치를 필요로 하는 경우에는 디지털 표시장치보다 아날로그 표시장치가 더 우수하다.
② 온도, 압력과 같이 연속적으로 변하는 변수의 변화경향, 변화율 등을 알고자 할 때는 정량적 표시장치를 사용하는 것이 좋다.
③ 정성적 표시장치는 동침형(Moving Pointer), 동목형(Moving Scale) 등의 형태로 구분할 수 있다.
④ 정량적 눈금을 식별하는 데에 영향을 미치는 요소는 눈금 단위의 길이, 눈금의 수열 등이 있다.

1-2. 동목정침형(Moving Scale and Fixed Pointer) 표시장치가 정목동침형(Moving Pointer and Fixed Scale) 표시장치에 비하여 더 좋은 경우는? [06년 3회]

① 나타내고자 하는 값의 범위가 큰 경우에 유리하다.
② 정량적인 눈금을 정성적으로도 사용할 수 있다.
③ 기계의 표시장치 공간이 협소한 경우에 유리하다.
④ 특정 값을 신속, 정확하게 제공할 수 있다.

1-3. 글자체의 인간공학적 설계에 관한 설명으로 적합하지 않은 것은? [14년 1회]

① 문자나 숫자의 높이에 대한 획 굵기의 비를 획폭비라 한다.
② 흰 숫자의 경우, 최적 독해성을 주는 획폭비는 1:3 정도이다.
③ 흰 모양이 주위의 검은 배경으로 번지어 보이는 현상을 광삼(Irradiation) 현상이라 한다.
④ 숫자의 경우, 표준 종횡비로 약 3:5를 권장하고 있다.

|해설|
1-1
① 정확한 수치를 필요로 하는 경우에는 아날로그 표시장치보다 디지털 표시장치가 더 우수하다.
② 온도, 압력과 같이 연속적으로 변하는 변수의 변화경향, 변화율 등을 알고자 할 때는 정성적 표시장치를 사용하는 것이 좋다.
③ 정량적 표시장치는 동침형(Moving Pointer), 동목형(Moving Scale) 등의 형태로 구분할 수 있다.

1-2
동목정침형 지침이 고정되고 눈금이 움직이는 형으로 나타내고자 하는 값의 범위가 클 때 유리

1-3
획폭비는 광삼현상 때문에 가늘어도 된다. 1:8 ~ 1:10

정답 1-1 ④　1-2 ①　1-3 ②

핵심이론 02 청각적 표시장치

① 청각적 표시장치
- ㉠ 귀는 중음역에 가장 민감하므로 500~3,000Hz의 진동수를 사용
- ㉡ 고음은 멀리 가지 못하므로 300m 이상 장거리용으로는 1,000Hz 이하의 진동수 사용
- ㉢ 신호가 장애물을 돌아가거나 칸막이를 통과해야 할 때는 500Hz 이하의 진동수 사용
- ㉣ 주의를 끌기 위해서는 초당 1~8번 나는 소리나 초당 1~3번 오르내리는 변조된 신호를 사용
- ㉤ 배경소음의 진동수와 다른 신호를 사용하고 신호는 최소한 0.5~1초 동안 지속
- ㉥ 경보 효과를 높이기 위해서 개시 시간이 짧은 고강도 신호 사용
- ㉦ 주변 소음에 대한 은폐효과를 막기 위해 500~1,000Hz 신호를 사용하여, 적어도 30dB 이상 차이가 나야 함
- ㉧ 울림(beat) 진동은 2개의 주파수가 서로 근접하여 있거나, 단일 주파수에서 진폭과 주파수가 연속적으로 변화할 때 발생함
- ㉨ 청각의 특성 중 울림(beat)으로 들리지 않고 두 개의 음으로 들리기 위해서는 두 음의 주파수 차이가 충분히 커야 함
- ㉩ 20Hz 이하의 주파수 차이는 울림(beat)으로 인식되나 33Hz 이상의 주파수 차이는 울림으로 인식되지 않음

② 시각적 표시장치와 청각적 표시장치의 비교

시각적 표시장치	청각적 표시장치
• 메시지가 길고 복잡한 경우 • 메시지가 공간적 위치를 다루는 경우 • 메시지를 나중에 참고할 필요가 있는 경우 • 소음이 과도한 경우 • 작업자의 이동이 적은 경우 • 즉각적인 행동 불필요한 경우 • 수신자의 청각계통이 과부하 상태인 경우	• 메시지가 짧고 단순한 경우 • 메시지가 시간상의 사건을 다루는 경우(무선거리신호, 항로정보 등과 같이 연속적으로 변하는 정보를 제시할 때) • 메시지가 일시적으로 나중에 참고할 필요가 없는 경우 • 수신장소가 너무 밝거나 암조응 유지가 필요한 경우 • 수신자가 자주 움직이는 경우 • 즉각적인 행동이 필요한 경우 • 수신자의 시각계통이 과부하 상태인 경우

핵심예제

2-1. 다음 중 시각적 표시장치보다 청각적 표시장치를 사용해야 유리한 경우는? [14년 1회]
① 정보의 내용이 긴 경우
② 정보의 내용이 복잡한 경우
③ 정보의 내용이 후에 재참조되는 경우
④ 정보의 내용이 시간적 사상을 다루는 경우

2-2. 다음 중 정보가 시각적 표시장치보다 청각적 표시장치로 전달될 경우 더 효과적인 것은? [10년 3회]
① 정보가 즉각적인 행동을 요구하는 경우
② 정보가 복잡하고 추상적일 때
③ 정보가 후에 재참조되는 경우
④ 직무상 수신자가 한 곳에 머무르는 경우

2-3. 다음 중 반응시간이 가장 빠른 감각으로 옳은 것은? [21년 3회]
① 청 각
② 미 각
③ 시 각
④ 후 각

|해설|

2-1
①·②·③ 모두 시각적 표시장치를 사용하는 경우이다.

2-2
청각적 표시장치는 즉각적인 행동이 필요한 경우에 더 효과적이다.

2-3
눈은 속여도 귀는 못 속인다는 말이 있듯이 청각은 시각보다 반응시간이 빨라 시각은 초당 15~25번의 변화만 인식할 수 있지만, 청각적 정보는 초당 200회 이상의 변화도 쉽게 알아차릴 수 있다.

정답 2-1 ④ 2-2 ① 2-3 ①

3. 조종장치

핵심이론 01 조종장치 요소 및 유형

① 조종장치는 이산적 정보, 연속적 정보, Cursor Positioning 정보를 전달하는 장치로 구분됨
  ㉠ 이산적 정보(Discrete Information) : 분산적 정보
    • 한정된 수의 상태나 문자/숫자 중 하나만을 나타내는 정보
    • on/off, 상중하
    • 상태의 일정수준 중 하나로 설정
    • 이산적 제어의 수가 적을 때 사용

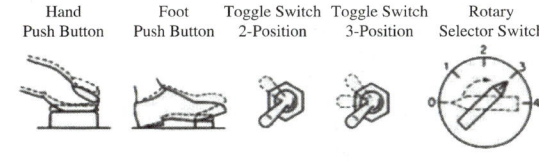

이산적 정보를 다루는 조종장치의 유형

  ㉡ 연속적 정보(Continuous Information)
    • 연속체중의 어떤 것을 나타내는 것
    • 속도, 압력, 밸브의 위치, VDT에서 커서의 위치 조정
    • 근대 기술의 발달로 제어장치와 표시장치의 구분이 없어져 가고 있음
    • Dimmer 스위치
    • 제어상태가 연속체이거나 이산적 제어 상태의 수가 클 경우 적당

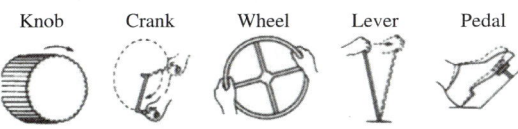

연속적 정보를 다루는 조종장치의 유형

  ㉢ Cursor Positioning 정보 : 화면좌표에서 마우스의 포인터나 커서의 위치를 나타냄

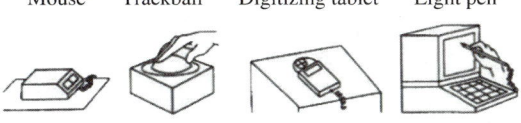

Cursor Positioning 정보를 다루는 조종장치의 유형

② 조종장치에 있어 인간의 제어기능을 향상시키기 위해서는 양립성, 추적작업, 감독제어가 있어야 함
  ㉠ 양립성(Compatibility) : 자극들 간의, 반응들 간의 혹은 자극-반응 간의 관계가 인간의 기대에 일치하는 정도
    • 공간적 양립성(Spatial) : 물리적 형태나 공간적 배치가 사용자의 기대와 일치
      [예] 조종장치가 왼쪽에 있으면 왼쪽에 장치를 배치
    • 개념적 양립성(Conceptual) : 인간이 가지고 있는 개념적 연상(의미)에 관한 기대와 일치
      [예] 빨간색-온수, 파랑색-냉수
    • 운동적 양립성(Movement) : 조종장치의 방향과 표시장치의 움직이는 방향이 일치
      [예] 조종장치를 시계방향으로 돌리면 표시장치도 우측으로 이동
    • 양식적 양립성(Modality)
      - 자극을 제시하는 감각양식과 반응하는 양식이 얼마나 잘 어울리는가를 나타냄
      - 화면에 불이 들어오는 것과 같은 시각자극은 손으로 버튼을 누르는 것이 자연스러움
      - 경고음과 같은 청각자극은 듣고 음성으로 대답하는 것이 자연스러움
      - 이처럼 자극과 반응 간의 감각양식이 논리적으로 대응될 때 오류가 줄고 반응속도가 증가
      [예] 시각적 자극을 수동동작으로 반응하는 것
      [예] 청각적 자극을 음성응답으로 반응하는 것

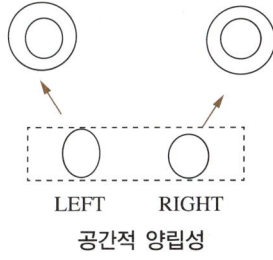

공간적 양립성

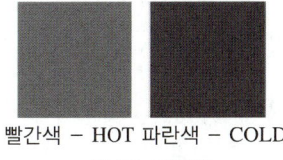

개념적 양립성

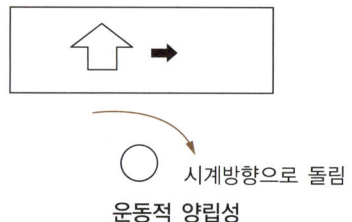
운동적 양립성

ⓒ 이동 부분의 원칙
- 이동 부분(이동 물체를 나타내는 부호)의 영상은 고정된 눈금이나 좌표계에다 나타내는 것이 좋음
- 외견형(Outside-in)보다는 내견형(Inside-in)이 더 우수함

ⓔ 추종추적의 원칙
- 추종추적에서는 원하는 성능의 지표(목표)와 실제 성능의 지표가 공통 눈금이나 좌표계 상에서 이동함
- 보정추적(Compensatory Tracking) 표시장치보다는 추종추적(Pursuit Tracking) 표시장치가 더 우수함

ⓜ 빈도 분리의 원칙 : 장치에 나타나는 표시의 상대적 이동 속도에 관한 것으로 높은 빈도의 정보를 제공할 경우 이동 요소는 기대되는 방향으로 반응해야 함(이동의 양립성이 중요)

ⓗ 최적 축척의 원칙 : 정확도를 고려하여 최적 축척을 결정해야 함

ⓛ 추적 작업(Tracking Task)
- 체계의 목표를 달성하기 위해 인간이 체계를 제어해 가는 과정
- 보정추적 표시장치(Compensatory Tracking) : 목표와 추종요소의 상대적 위치의 오차만 표시
- 추종추적 표시장치(Pursuit Tracking) : 목표와 추종요소의 이동을 모두 공통좌표계에 표시(추종추적의 원칙에 의하면 추종추적 표시장치가 더 우월함)

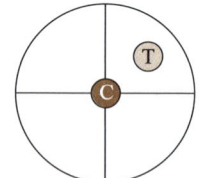
보정추적 표시장치
목표와 추종요소의 상대적 위치의 오차만 표시

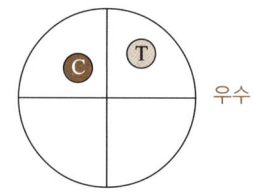
추종추적 표시장치
목표와 추종요소의 이동을 모두 공통 좌표계에 표시
우수

보정추적과 추종추적

ⓒ 감독제어(Supervisory Control) : 과녁과 피제어요소 사이의 오차를 찾아내어 이를 줄이기 위해 운동반응을 하는 등 시스템의 직접제어자로 개입

③ 제어장치가 가지는 저항의 종류
㉠ 탄성 저항(Elastic Resistance)
㉡ 관성 저항(Inertia Resistance)
㉢ 점성 저항(Viscous Resistance)
㉣ 정지 및 미끄럼 마찰

④ 비행자세 표시장치 설계의 원칙
㉠ 표시장치 통합의 원칙 : 관련된 제반정보는 상호 관계를 직접 인식할 수 있도록 공동표시 장치계에 나타냄
㉡ 회화적 사실성의 원칙 : 도식적으로 관계를 나타낼 경우, 암호표시가 나타내는 바를 쉽게 알 수 있어야 함

핵심예제

1-1. 다음 중 양립성에 적합하게 조종장치와 표시장치를 설계할 때 얻는 효과로 볼 수 없는 것은? [12년 1회]

① 반응시간의 감소
② 학습시간의 단축
③ 사용자 만족도 향상
④ 인간실수 증가

1-2. 다음 중 인간의 정보처리 과정에서 중요한 역할을 하는 양립성(Compatibility)에 관한 설명으로 옳은 것은? [14년 3회]

① 인간이 사용할 코드와 기호가 얼마나 의미를 가진 것인가를 다루는 것은 공간적 양립성이다.
② 표시장치와 제어장치의 움직임, 사용 시스템의 반응 등과 관련된 것은 개념적 양립성이라 한다.
③ 제어장치와 표시장치의 공간적 배열에 관한 것을 운동 양립성이라 한다.
④ 직무에 알맞은 자극과 응답 양식의 존재에 대한 것을 양식 양립성이라 한다.

| 해설 |

1-1
인간실수가 감소한다.

1-2
① 개념적 양립성에 대한 설명이다.
② 운동적 양립성에 대한 설명이다.
③ 공간적 양립성에 대한 설명이다.

정답 1-1 ④ 1-2 ④

핵심이론 02 조종-반응비율(C/R비, Control/Response비)

① 낮은 C/R비 : 조금만 움직여도 반응이 큼, 이동시간 최소화, 원하는 위치에 갖다놓기 힘듦, 민감한 장치로 조종시간이 증가

② 높은 C/R비 : 많이 움직여도 반응이 작음, 미세조정이 가능, 정확하게 맞출 수 있음, 둔감한 장치로 이동시간이 증가

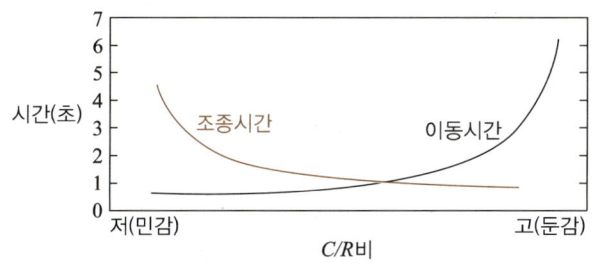

C/R비가 클수록 이동시간이 증가,
작을수록 조종시간이 증가

③ 회전운동하는 레버의 C/R비 = [조종장치가 움직인 각도/360) × 2π × L(원주)]/(표시장치의 이동거리)

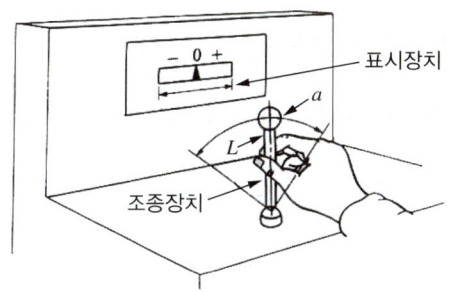

회전운동하는 레버의 C/R비

④ 최적비
  ㉠ Jenkins & Connor : 0.2~0.8
  ㉡ Chapanis & Kinkade : 2.5~4.0

핵심예제

2-1. 조종-반응 비율(C/R Ratio)에 관한 설명으로 옳지 않은 것은?
[21년 3회]

① C/R비가 증가하면 이동시간도 증가한다.
② C/R비가 작으면(낮으면) 민감한 장치이다.
③ C/R비는 조종장치의 이동거리를 표시장치의 반응거리로 나눈 값이다.
④ C/R비가 감소함에 따라 조종시간은 상대적으로 작아진다.

2-2. 다음 중 최적의 C/R비 설계 시 고려사항으로 틀린 것은?
[14년 1회]

① 계기의 조절시간이 가장 짧게 소요되는 크기를 선택한다.
② 짧은 주행시간 내에서 공차의 안전범위를 초과하지 않는 계기를 마련한다.
③ 작업자의 눈과 표시장치의 거리는 주행과 조절에 크게 관계된다.
④ 조종장치의 조작시간 지연은 직접적으로 C/R비와 관계 없다.

2-3. 회전운동을 하는 조종장치의 레버를 25° 움직였을 때 표시장치의 커서는 1.5cm 이동하였다. 레버의 길이가 15cm일 때 이 조종장치의 C/R비는 약 얼마인가?
[12년 3회]

① 2.09 ② 3.49
③ 4.36 ④ 5.23

|해설|

2-1
C/R비가 작으면 조금만 조종해도 크게 움직이므로 원하는 위치에 갖다놓기 힘들기 때문에 조종시간이 증가한다.

2-2
조종장치의 조작시간은 C/R비와 관계가 깊다.

2-3
C/R비 = [조정장치가 움직인 각도/360) × 2π × L(원주)] / (표시장치의 이동거리) = 25/360 × 2π × 15/1.5 = 4.36

정답 2-1 ④ 2-2 ④ 2-3 ③

핵심이론 03 조종장치의 설계

① 암호화(코딩, Coding)
  ㉠ 암호화 원칙
   - 암호의 검출성 : 정보를 코드화한 자극은 식별이 용이하고 검출이 가능해야 한다.
   - 다차원 암호의 사용 : 2가지 이상의 코드차원을 조합해서 사용하면 정보전달이 촉진된다.
   - 부호의 양립성 : 자극과 반응 간의 관계가 인간의 기대와 모순되지 않아야 한다.
   - 암호의 변별성 : 모든 코드 표시는 감지장치에 의하여 다른 코드 표시와 구별되어야 한다.
   - 암호의 표준화 : 암호는 일관성을 위해 반드시 표준화해야 한다.
   - 부호의 의미 : 사용자가 그 뜻을 분명히 알아야 한다.
  ㉡ 청각적 암호화
   - 진동수가 적은 저주파가 좋음
   - 음의 방향은 두 귀 간의 강도차를 확실하게 해야 함
   - 강도(순음)의 경우는 1,000~4,000Hz로 한정할 필요가 있음
   - 지속시간은 0.5초 이상 지속시키고, 확실한 차이를 두어야 함
  ㉢ 시각적 암호화 설계 시 고려사항
   - 사용될 정보의 종류
   - 수행될 과제의 성격과 수행조건
   - 코딩의 중복 또는 결합에 대한 필요성
  ㉣ 촉각적 암호화 : 위험기계의 조종장치를 암호화할 수 있는 3가지 차원
   - 위치(크기)암호
   - 형상암호
   - 표면상태암호

핵심예제

3-1. 코드화(Coding) 시스템 사용상의 일반적 지침으로 적합하지 않은 것은? [17년 1회]

① 양립성이 준수되어야 한다.
② 차원의 수를 최소화해야 한다.
③ 자극은 검출이 가능하여야 한다.
④ 다른 코드 표시와 구별되어야 한다.

3-2. 코드화 시스템 사용상의 일반적인 지침과 가장 거리가 먼 것은? [17년 3회]

① 정보를 코드화한 자극은 검출이 가능해야 한다.
② 2가지 이상의 코드차원을 조합해서 사용하면 정보전달이 촉진된다.
③ 자극과 반응 간의 관계가 인간의 기대와 모순되지 않아야 한다.
④ 모든 코드 표시는 감지장치에 의하여 다른 코드 표시와 구별되어서는 안된다.

|해설|

3-1
차원의 수를 최대화해야 검출이 용이하다.

3-2
암호화 원칙
모든 코드 표시는 감지장치에 의하여 다른 코드 표시와 구별되어야 한다.

정답 3-1 ② 3-2 ④

제5절 | 인체측정 및 응용

1. 인체측정 개요

핵심이론 01 인체치수 분류 및 측정원리

① 인체측정학
  ㉠ 신체의 치수, 부피, 질량, 무게중심 등의 물리적 특성을 다루는 학문
  ㉡ 구조적 인체치수 : 고정자세에서 측정
  ㉢ 기능적 인체치수 : 활동자세에서 측정
  • 퍼센타일(%tile, 백분위수) : 측정한 특성치를 순서대로 나열했을 때 백분율로 나타낸 순서 수 개념
  예 10퍼센타일 = 순서대로 나열했을 때 100명 중 10번째에 해당하는 수치
  • %tile = 평균치수 ± (표준편차 × %tile계수)
  • 5%tile = 평균 − 1.645 × 표준편차
  • 95%tile = 평균 + 1.645 × 표준편차
  • 퍼센타일 적용 사례
    – 의자의 깊이는 작은 사람에게 맞춤
      (5퍼센타일-최소치 설계)
    – 지하철 손잡이의 높이는 작은 사람에게 맞춤
      (5퍼센타일-최소치 설계)
    – 비상버튼까지의 거리는 작은 사람에게 맞춤
      (5퍼센타일-최소치 설계)
    – 의자의 너비는 큰 사람에게 맞춤
      (95퍼센타일-최대치 설계)
    – 침대의 길이는 큰 사람에게 맞춤
      (95퍼센타일-최대치 설계)

② 설계 종류
  ㉠ 조절식 설계(Design for Adjustable Range)
    • 사용자 개인에 따라 장치나 설비의 특정 차원들이 조절될 수 있도록 설계
    • 조절 가능한 제품을 설계할 때에는 통상 5~95퍼센타일까지를 수용대상으로 설계
    • 자동차 좌석의 전후 조절, 사무실 의자의 상하 조절

- ⓒ 극단치 설계(Design for Extremes)
  - 작업장이나 생활환경의 설계에 극단적인 개인의 인체측정 자료를 사용하는 방법으로 극단치 설계를 하면 모든 사람을 수용할 수 있음
  - 최대치 설계
    - 대부분의 사람들이 사용할 수 있도록 치수들의 최댓값으로 설정
    - 통상 대상 집단에 대한 관련 인체 계측 변수의 상위 퍼센타일을 기준으로 하여 90, 95 혹은 99퍼센타일까지 사용
    - [예] 공공장소에 설치된 의자의 너비, 문의 높이
  - 최소치 설계
    - 사람들이 사용할 수 있도록 치수의 최솟값을 적용
    - 통상 대상 집단에 대한 관련 인체 계측 변수의 하위 백분위수를 기준으로 하여 1, 5, 10퍼센타일까지 사용
    - [예] 계단의 높이 또는 의자의 깊이, 버스나 지하철 손잡이 높이
    - [예] 지지장치(Supporting Devices)의 강도

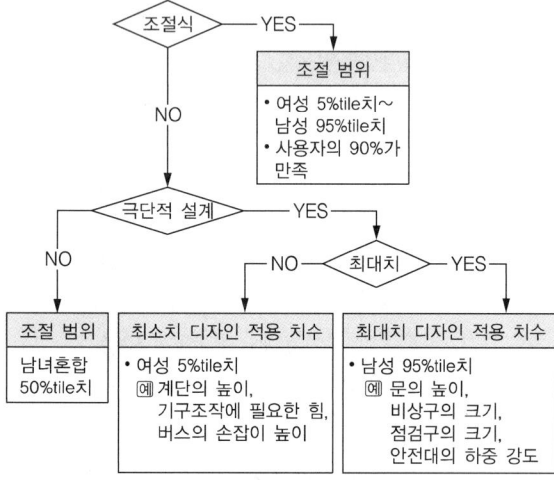

설계 종류

- ⓒ 평균치를 기준으로 설계(Design for the Average) : 조절식, 극단치 설계 접근법을 사용하기 어려울 때, 평균적인 인체측정 자료들을 설계
  - [예] 백화점이나 대형 매장의 계산대

③ 정적인체측정 자료를 동적 자료로 변환할 때 활용될 수 있는 크로머(Kroemer)의 경험 법칙
  - ⓐ 키, 눈, 어깨, 엉덩이 등의 높이는 3% 정도 줄어듦
  - ⓑ 팔꿈치 높이는 대개 변화가 없지만, 작업 중 5%까지 증가하는 경우가 있음
  - ⓒ 앉은 무릎높이 또는 오금높이는 굽 높은 구두를 신지 않는 한 변화가 없음
  - ⓓ 전방 및 측방 팔길이는 편안한 자세에서 30% 정도 줄고, 어깨와 몸통을 심하게 돌리면 20% 정도 늘어남

④ 인체측정치의 적용절차
  - ⓐ 설계에 필요한 인체 치수의 결정
    - 부품상자의 손잡이 크기는 손바닥의 너비
    - 손의 두께, 잡았을 때 여유 공간 등을 필요로 함
  - ⓑ 설비를 사용할 집단을 정의 : 성인, 아동
  - ⓒ 적용할 인체자료 응용원리를 결정 : 조절식 설계 → 극단치 설계 → 평균치 설계
  - ⓓ 적절한 인체측정자료의 선택
    - 사용자 집단의 설계에 필요한 인체치수자료를 선택
    - 평균과 표준편차 추출
    - 추출한 평균과 표준편차를 이용하여 적당한 퍼센타일 값을 구함
  - ⓔ 특수복장 착용에 대한 적절한 여유 고려 : 구두를 신고 사용하는 경우에 의자와 책상높이는 구두높이를 고려함
  - ⓕ 설계할 치수의 결정
  - ⓖ 모형을 제작하여 모의실험

⑤ 평균치의 모순(Average Person Fallacy)
  - ⓐ 인체측정치의 응용 시 중요한 개념은 평균치란 존재하지 않음
  - ⓑ 모든 치수가 평균범위에 드는 평균치 인간은 없음

핵심예제

1-1. 어떤 인체측정 데이터가 정규분포를 따른다고 한다. 제50백분위수(Percentile)가 100mm이고, 표준편차가 5mm일 때 정규분포곡선에서 제95백분위수는 얼마인가? [14년 1회]

구 분	1%tile	5%tile	10%tile
F	-2.326	-1.645	-1.2821

① 88.37mm ② 91.775mm
③ 106.41mm ④ 108.225mm

1-2. 은행이나 관공서의 접수창구의 높이를 설계하는 기준으로 옳은 것은? [21년 3회]
① 조절식 설계
② 최소집단치 설계
③ 최대집단치 설계
④ 평균치 설계

1-3. 인체측정을 구조적 치수와 기능적 치수로 구분할 때, 기능적 치수 측정에 대한 설명으로 옳은 것은? [21년 3회]
① 형태학적 측정을 의미한다.
② 나체 측정을 원칙으로 한다.
③ 마틴식 인체측정 장치를 사용한다.
④ 상지나 하지의 운동범위를 측정한다.

| 해설 |

1-1
95%tile = 평균 + 1.645 × 표준편차 = 100 + 1.645 × 5 = 108.225

1-2
평균치 설계란 평균적인 인체측정 자료들을 토대로 설계하는 것이다. 백화점이나 관공서의 접수창구는 불특정 다수의 사람들이 이용하므로 조절식, 극단치 설계 방법을 사용하기 어렵기 때문에 평균치 설계를 해야 한다.

1-3
구조적 치수는 고정자세를, 기능적 치수는 활동자세를 측정하므로 운동범위를 측정할 때에는 기능적 치수측정이 필요하다.

정답 1-1 ④ 1-2 ④ 1-3 ④

핵심이론 02 인체측정자료의 응용원칙

① 인체측정치의 응용원리 : 조절식 설계 → 극단치 설계 → 평균치 설계
  ㉠ 조절식 설계 : 제일 먼저 고려해야 할 개념(5~95%값까지의 범위)
  ㉡ 극단치 설계 : 극단에 속하는 사람을 대상으로 하면 모든 사람을 수용할 수 있는 경우
  ㉢ 평균치 설계 : 다른 기준이 적용되기 어려운 경우 마지막으로 적용되는 기준

핵심예제

평균치기준의 설계원칙에서는 조절식 설계가 바람직한데, 이 때의 조절 범위는? [06년]
① 1~99% ② 5~95%
③ 5~90% ④ 10~90%

| 해설 |

조절식 설계는 5~95%값까지의 범위이다.

정답 ②

CHAPTER 02 작업생리학

PART 01 핵심이론 + 핵심예제

제1절 | 인체구성 요소

1. 근골격계 구조와 기능

핵심이론 01 골격계

① 개 요
- ㉠ 인체의 뼈는 총 206개로 구성
- ㉡ 뼈, 연골, 관절, 인대로 구성
- ㉢ 뼈는 골질(Bone Substance), 연골막(Cartilage Substance), 골막과 골수의 4부분으로 구성

② 골격계의 역할
- ㉠ 신체 중요 부분 보호(내부 장기를 보호)
- ㉡ 신체지지 및 형상유지
- ㉢ 근육을 부착시켜 신체활동 수행
- ㉣ 신체에 필요한 칼슘을 저장하고 피를 만드는 조혈기능

③ 인대와 건
- ㉠ 인대(Ligament) : 뼈를 연결
- ㉡ 건(Tendon) : 뼈와 근육을 연결, 힘줄이라고 함

④ 척 추
- ㉠ 경추 : 목뼈, 7개로 구성
- ㉡ 흉추 : 등뼈, 12개로 구성
- ㉢ 요추 : 허리뼈, 5개로 구성
- ㉣ 천골 : 골반뼈
- ㉤ 미골 : 꼬리뼈

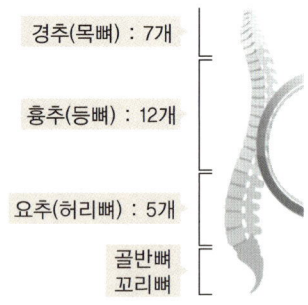

척추의 구조

핵심예제

1-1. 인체의 골격에 관한 설명 중 옳지 않은 것은? [05년]

① 전신의 뼈의 수는 관절 등의 결합에 의해 형성된 대소 206개로 구성되어 있으며, 이들이 모여서 골격 계통을 구성하고 있다.
② 인체의 골격계는 전신의 뼈, 연골, 관절 및 인대로 구성되어 있다.
③ 뼈는 다시 골질(Bone Substance), 연골막(Cartilage Substance), 골막과 골수의 4부분으로 구성되어 있다.
④ 인대는 뼈와 뼈를 연결하는 것으로 자세교정과 신경보호라는 매우 중요한 역할을 한다.

1-2. 다음 중 뼈와 근육을 연결하며 근육에서 발휘된 힘을 뼈에 전달하는 근골격계 조직은? [15년 3회]

① 건   ② 혈 관
③ 인 대   ④ 신 경

|해설|

1-1
인대는 뼈와 뼈를 연결하나 자세교정과 신경보호 역할은 척추이다.

1-2
인대와 건
- 인대(Ligament) : 뼈를 연결
- 건(Tendon) : 뼈와 근육을 연결, 힘줄이라고 함

정답 1-1 ④ 1-2 ①

핵심이론 02 근육계

① 수의근(Voluntary Muscle) : 중추신경계의 지배(자의적으로 움직임), 골격근

② 불수의근(Involuntary)
- ㉠ 자율신경계(교감+부교감)의 지배(자의적으로 움직이지 못함), 심장근, 내장근
- ㉡ 골격근 : 운동신경의 지배를 받음, 본인의 의지대로 움직일 수 있는 수의근으로 되어 있음
- ㉢ 평활근 : 자율신경계, 호르몬, 화학신호의 지배를 받음, 위장·장기에 붙어 있는 근육
- ㉣ 가로무늬근 : 줄무늬가 있음(뼈대근, 심장근)
- ㉤ 민무늬근 : 줄무늬가 없음(평활근, 내장근)
- ㉥ 심장근 : 심장에 있는 근세포 조직
- ㉦ 내장근 : 피로 없이 지속적으로 운동을 함으로써 소화·분비 등의 중요한 역할
- ㉧ 백근 : 수축속도가 빠르고 피로해지기 쉬움
- ㉨ 적근 : 수축속도가 느리고 잘 피로해지지 않음

핵심예제

2-1. 다음 중 평활근과 관련이 없는 것은? [14년 1회]
① 민무늬근
② 내장근
③ 불수의근
④ 골격근

2-2. 다음 중 근육계에 관한 설명으로 옳은 것은? [14년 3회]
① 수의근은 자율신경계의 지배를 받는다.
② 골격근은 줄무늬가 없는 민무늬근이다.
③ 불수의근과 심장근은 중추신경계의 지배를 받는다.
④ 내장근은 피로 없이 지속적으로 운동을 함으로써 소화, 분비 등 신체 내부 환경의 조절에 중요한 역할을 한다.

|해설|

2-1
평활근은 장기에 붙어 있는 근육으로 골격근과는 관련이 없다.

2-2
① 수의근은 중추신경계의 지배를 받는다.
② 줄무늬가 없는 민무늬근은 평활근이다.
③ 불수의근과 심장근은 자율신경계의 지배를 받는다.

정답 2-1 ④ 2-2 ④

핵심이론 03 관절

① 가동관절(Synovial) : 자유로운 운동이 가능한 관절(윤활, 활액관절)
- ㉠ 구상관절(절구관절, Ball & Socket) : 운동범위가 가장 크고, 3개의 운동축을 가진 관절로 어깨, 고관절 등
- ㉡ 경첩관절(Hinge) : 하나의 축 주위의 제한된 회전운동만 가능, 팔굽관절, 무릎관절, 손가락 뼈 사이의 관절 등
- ㉢ 안장관절(Saddle) : 수근중수관절(엄지손가락 아랫부분과 손목이 만나는 부분의 관절)
- ㉣ 타원관절(Ellipsoidal) : 손목관절, 후두관절, 턱관절
- ㉤ 중쇠관절(차축관절, Pivot) : 팔꿈치, 목(회전이 가능함)
- ㉥ 평면관절(Plane) : 손목뼈 사이의 관절

② 부동관절(Synarthrodial)
- ㉠ 움직이지 않는 관절
- ㉡ 섬유관절 : 맞닿은 두 뼈 사이에 섬유조직에 의해 연결된 구조, 두개골 등

③ 부분운동관절
- ㉠ 움직임이 제한적
- ㉡ 연골관절 : 맞닿은 두 뼈 사이에 연골이 끼어있는 구조, 척추 등

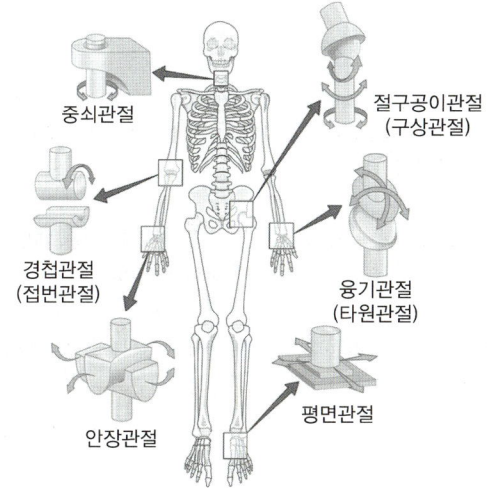

관절의 종류

핵심예제

3-1. 다음 중 가동성 관절의 종류와 그 예가 잘못 연결된 것은? [16년 3회]

① 중쇠 관절(pivit joint) - 수근중수 관절
② 타원 관절(elipsoid joint) - 손목뼈 관절
③ 절구 관절(ball-and-socket joint) - 대퇴 관절
④ 경첩 관절(hinge joint) - 손가락 뼈 사이

3-2. 다음 중 운동범위가 가장 크며 세 개의 운동축을 가진 관절은? [12년 1회]

① 구상관절 ② 접번관절
③ 차축관절 ④ 평면관절

3-3. 다음 중 관절의 연결형태가 안장관절(Saddle Joint)에 해당하는 것은? [13년 1회]

①  ②

③  ④

|해설|

3-1
중쇠관절(Pivot) : 팔꿈치, 목 뼈
안장관절(Saddle) : 수근중수관절(엄지손가락 아랫부분과 손목이 만나는 부분의 관절)

3-2
구상관절(Ball & Socket Joint) : 운동범위가 가장 크고, 3개의 운동축을 가진 관절로 어깨, 고관절 등이 있음

3-3
안장관절(Saddle Joint) : 수근중수관절(엄지손가락 아랫부분과 손목이 만나는 부분의 관절)

정답 3-1 ① 3-2 ① 3-3 ③

핵심이론 04 신경계

① **신경계(Nervous System)**
 ㉠ 신체의 여러가지 정보를 전달
 ㉡ 신경계는 뇌, 척수, 신경으로 구성됨
 ㉢ 뇌와 척수를 중추신경계(CNS)라 하고, 이외의 신경은 말초신경계(PNS)라 함
 ㉣ 뇌 : 감각기관으로부터 정보를 받아 정보를 처리
 ㉤ 척수 : 신경과 뇌를 잇는 케이블로 척추 중앙의 빈 공간에 위치
 ㉥ 신경계 : 자율신경계와 체성신경계로 구분

② **자율신경계(Autonomic Nervous System)**
 ㉠ 위, 폐, 심장 등과 같이 의식적으로 제어하지 못하고 자동적으로 제어되는 신경계
 ㉡ 교감신경계(Sympathetic Nervous System) : 작업 시 활성화(동공확대, 심장박동 촉진)
 ㉢ 부교감신경계(Parasympathetic Nervous System) : 휴식 시 활성화(소화운동 촉진)
 ㉣ 평활근, 내장근, 심장근에 분포(불수의근)

③ **체성신경계(Somatic Nervous System)**
 ㉠ 감각신경계(Sensory Nerve) : 외부에서 받아들인 정보를 뇌로 보냄
 ㉡ 운동신경계(Motor Nerve) : 뇌로부터 전달받는 지령을 운동기관으로 전달
 ㉢ 피부, 골격근, 뼈에 분포(수의근)

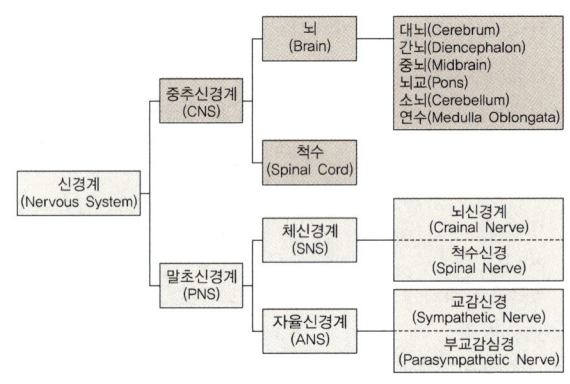

신경계의 구분

④ 체내 항상성 조절
  ㉠ 신경성 조절(신경계)
    • 특수감각장치에 의해 감지된 정보를 시상하부에 보내어 조절
    • 조절이 빠르고 효과가 짧음
  ㉡ 체액성 조절(내분비계)
    • 내분비 기관에서 생성된 호르몬 등을 통해 이루어지는 조절
    • 지속적이고 장기적으로 이루어짐

핵심예제

4-1. 다음 중 신경계에 관한 설명으로 틀린 것은? [12년 3회]

① 체성신경계는 피부, 골격근, 뼈 등에 분포한다.
② 중추신경계는 척수신경과 말초신경으로 이루어진다.
③ 자율신경계는 교감신경계와 부교감신경계로 세분된다.
④ 기능적으로는 체성신경계와 자율신경계로 나눌 수 있다.

4-2. 다음 중 신경계에 대한 설명으로 틀린 것은? [11년 1회]

① 체성신경계는 평활근, 심장근에 분포한다.
② 기능적으로는 체성신경계와 자율신경계로 나눌 수 있다.
③ 자율신경계는 교감신경계와 부교감신경계로 세분된다.
④ 신경계는 구조적으로 중추신경계와 말초신경계로 나눌 수 있다.

4-3. 유세포 기능이 정상적으로 움직이기 위해서는 내부 환경이 적정한 범위 내에서 조절되어야 하는데 이는 자율신경계에 의한 신경성 조절과 내분비계에 의한 체액성 조절에 의해서 유지되고 있다. 다음 중 그 특징으로 옳은 것은? [14년 1회]

① 신경성 조절은 조절속도가 빠르고 효과가 길다.
② 신경성 조절은 조절속도가 빠르고 효과가 짧다.
③ 내분비계 조절은 조절속도가 빠르고 효과가 짧다.
④ 내분비계 조절은 조절속도가 빠르고 효과가 길다.

|해설|

4-1
중추신경계는 뇌와 척수로 이루어져 있다.

4-2
체성신경계는 피부, 골격근, 뼈에 분포한다.

4-3
체내 항상성 조절
• 신경성 조절(신경계)
  - 특수감각장치에 의해 감지된 정보를 시상하부에 보내어 조절
  - 조절이 빠르고 효과가 짧음
• 체액성 조절(내분비계)
  - 내분비 기관에서 생성된 호르몬 등을 통해 이루어지는 조절
  - 지속적이고 장기적으로 이루어짐

정답 4-1 ② 4-2 ① 4-3 ②

2. 순환계 및 호흡계의 구조와 기능

핵심이론 01 순환계(Circulatory System)

① 물질의 운반을 담당하여 산소, 영양소, 호르몬을 공급함
　㉠ 동맥 : 심장으로부터 말초로 혈액을 운반, 맥관계에서 가장 높은 압력을 유지
　㉡ 정맥 : 조직에서 심장으로 혈액을 운반, 팽창력이 가장 큼
　㉢ 모세혈관 : 소동맥과 소정맥을 연결하는 혈관으로 총 단면적이 가장 넓음, 삼투압의 차이로 물질이 이동됨
② 폐순환(소순환) : 우심실 → 폐동맥 → 폐 → 폐정맥 → 좌심방(폐에서 CO_2 배출, 산소 획득)
③ 전신순환(대순환, 체순환) : 좌심실 → 대동맥 → 물질교환 → 대정맥 → 우심방(산소를 동맥, 모세혈관, 체세포까지 공급)

핵심예제

1-1. 다음 중 순환계의 기능 및 특성에 관한 설명으로 옳은 것은? [15년 1회]

① 혈압은 좌심실에서 멀어질수록 높아진다.
② 동맥, 정맥, 모세혈관 중 혈관의 단면적은 모세혈관이 가장 작다.
③ 모세혈관 내외의 물질(산소, 이산화탄소 등) 이동은 혈압과 혈장 삼투압의 차이에 의해 이루어진다.
④ 체순환(Systemic Circulation)은 우심실, 폐동맥, 폐포모세혈관, 우심방 순의 경로로 혈액이 흐르는 것을 말한다.

1-2. 육체적 작업강도가 증가함에 따른 순환계(Circulatory System)의 반응으로 옳지 않은 것은? [21년 3회]

① 혈압 상승　　　　② 백혈구 감소
③ 근혈류의 증가　　④ 심박출량 증가

|해설|
1-1
모세혈관 : 소동맥과 소정맥을 연결하는 혈관으로 단면적은 동맥·정맥보다 작으나 총 면적이 가장 넓음, 삼투압의 차이로 물질이 이동됨
1-2
백혈구 감소는 약물복용, 혈액질환, 영양결핍, 자가면역질환 등으로 생기는 것으로 육체적 작업강도와는 관련이 없다.

정답 1-1 ③　1-2 ②

핵심이론 02 호흡계(Respiratory System)

① 기능 : 가스교환(산소공급, CO_2 제거), 영양물질 운반, 흡입된 이물질 제거
② 외호흡(허파호흡) : 허파에서 공기와 혈액 사이에서 일어나는 기체 교환(폐호흡)
③ 내호흡(조직호흡) : 혈액과 조직세포 사이에서 일어나는 기체 교환
④ 호흡계는 전도부(코, 비강, 인두, 후두, 기관, 기관지)와 호흡부(호흡세기관지, 폐포관, 폐포)로 구분할 수 있다.

핵심예제

호흡계의 기본적인 기능과 가장 거리가 먼 것은? [17년 3회]

① 가스교환 기능
② 산-염기조절 기능
③ 영양물질 운반 기능
④ 흡입된 이물질 제거 기능

|해설|

호흡계의 기능 : 가스교환(산소공급, CO_2 제거), 영양물질 운반, 흡입된 이물질 제거

정답 ②

제2절 | 작업생리

1. 작업생리학 개요

핵심이론 01 작업생리학의 정의 및 요소

① 생리학 : 신체기관의 기능을 다루는 학문
② 작업생리학 : 작업과 관련된 신체기관의 기능을 다룸
  ㉠ 작업 및 작업환경이 작업을 수행하는 작업자에게 미치는 영향을 분석
  ㉡ 사람의 작업능력은 어느 정도인가?
  ㉢ 어떤 작업과 행동에서 피로를 느끼는가?
  ㉣ 신체 기능에 영향을 끼치는 작업환경조건은 무엇인가?
  ㉤ 작업에 필요한 에너지를 조달하기 위해 어떤 생리적 체계들이 협응하는가?
  ㉥ 에너지 요구량이 육체적 작업의 분석에서 어떻게 측정되고 평가되는가?
  ㉦ 육체작업에 영향을 주는 요소들은 무엇인가?
③ 신체활동의 부하를 측정하는 생리적 반응치 : 심박수, 혈류량, 산소소비량

핵심예제

작업생리학 분야에서 신체활동의 부하를 측정하는 생리적 반응치가 아닌 것은?   [16년 1회]

① 심박수(Heart Rate)
② 혈류량(Blood Flow)
③ 폐활량(Lung Capacity)
④ 산소소비량(Oxygen Consumption)

|해설|
폐활량은 신체활동의 부하를 측정하는 생리적 반응치가 아니다.

정답 ③

2. 대사작용(Metabolism)

핵심이론 01 근육의 구조 및 활동

① 근육(Muscle)
  ㉠ 골격근 : 신체에서 가장 큰 조직으로 40%를 차지하며 건에 의해 뼈에 붙어 있음
  ㉡ 근육의 수축을 통해 신체가 움직임
  ㉢ 근육이 수축하려면 에너지가 필요(에너지는 탄수화물과 지방에서 조달)
  ㉣ 탄수화물 : 근육의 기본 에너지원으로 간에서 포도당으로 전환됨
  ㉤ 근육에서 포도당이 분해되면서 근육수축에 필요한 ATP가 방출됨
② 근육(Muscle)의 구성
  ㉠ 근섬유(Muscle Fiber)는 원주형의 근원섬유(Myofibrils)로 구성
  ㉡ 근원섬유(Myofibrils)는 수많은 근섬유분절(Sarcomere)로 되어 있음
  ㉢ 근섬유 > 근원섬유 > 근섬유분절

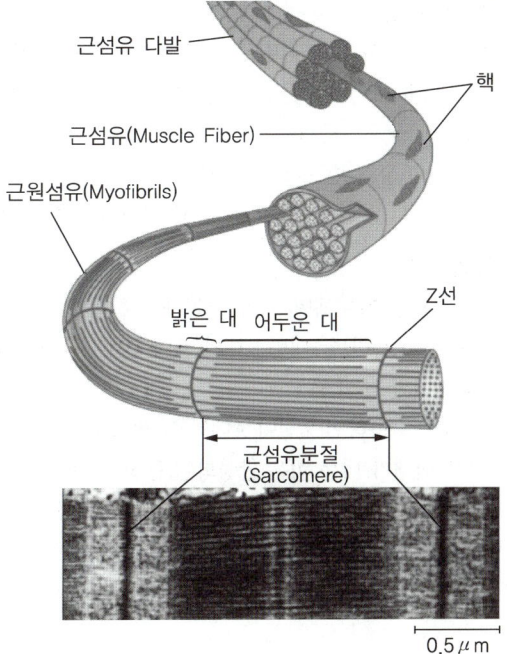

근육의 구성

③ 근육의 미세구조
  ㉠ 근초(Sarcolemma) : 근섬유의 형질막(근섬유막)
  ㉡ 근섬유속(Fasciculus) : 근섬유 다발
  ㉢ 가로세관(Transverse Tubules) : 근세포막에 전달된 흥분을 근세포 내부로 전달하는 통로 역할
  ㉣ 근형질세망(Sarcoplasmic Reticulum) : 칼슘의 저장 장소

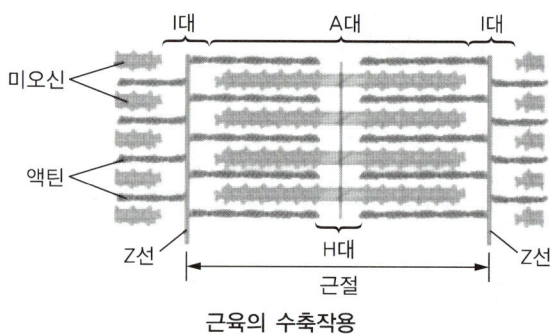

근육의 수축작용

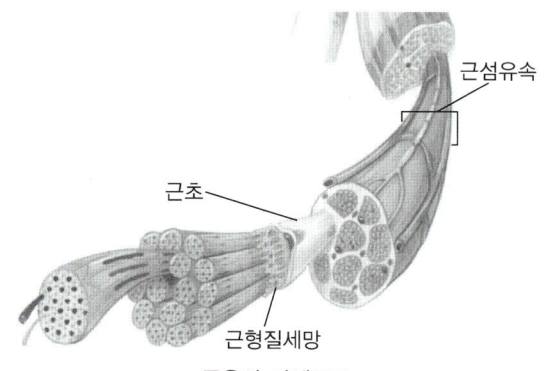

근육의 미세구조

④ 근섬유분절(Sarcomere)
  ㉠ 장력이 생기는 근육의 실질적인 수축성 단위(Contractility Unit)로 근의 기본구조가 됨
  ㉡ 2가지의 단백질 필라멘트로 구성됨(미오신과 액틴)
  ㉢ 미오신(Myosin) : 근섬유 분절의 가운데에 위치함
  ㉣ 액틴(Actin) : 근섬유 분절의 양쪽 끝부분에 위치함
  ㉤ 근섬유분절은 반 정도 길이까지 수축될 수 있음
  ㉥ 미오신의 길이는 변화하지 않고 일정하게 유지됨

⑤ 근육의 수축
  ㉠ 근육의 수축은 액틴이 미오신 사이로 미끄러져 들어감
  ㉡ 근육이 수축하면 I대와 H대 짧아져서 Z선과 Z선 사이의 거리가 짧아짐
  ㉢ 최대로 수축하면 Z선이 A대와 맞닿고 I대는 사라짐
  ㉣ 근육 전체가 내는 힘은 활성화된 근섬유 수에 의해 결정
  ㉤ ATP의 분해 시 유리된 에너지가 근육에 이용됨
  ㉥ 근전도(EMG ; Electromyogram) : 근육에서의 전기적 신호를 기록, 국부근육활동의 척도

⑥ 운동단위(Motor Unit)
  ㉠ 하나의 신경세포와 그 신경세포가 지배하는 근육섬유(Muscle Fiber)군을 총칭
  ㉡ 활동단위라고도 함

⑦ 연축(Twitch)
  ㉠ 단일자극에 의해 발생하는 1회의 수축과 이완 과정으로 근육수축의 가장 간단한 형태
  ㉡ 연축과정 : 근섬유의 자극 → 활동전압 → 흥분수축연결 → 근원섬유의 수축

핵심예제

1-1. 다음 중 근육이 움직일 때 나오는 미세한 전기신호를 측정하여 근육의 활동 정도를 나타낼 수 있는 것으로 옳은 것은?   [21년 3회]

① ECG
② EMG
③ GSR
④ EEG

1-2. 다음 중 단일자극에 의해 발생하는 1회의 수축과 이완 과정을 무엇이라 하는가?   [13년 1회]

① 강축(Tetanus)
② 연축(Twitch)
③ 긴장(Tones)
④ 강직(Rigor)

|해설|

1-1
근전도(EMG ; Electromyogram) : 근육에서의 전기적 신호를 기록, 국부근육활동의 척도

1-2
연축은 단일자극에 의해 발생하는 1회의 수축과 이완 과정을 말한다.

정답 1-1 ② 1-2 ②

핵심이론 02 대 사

① 체내에서 일어나는 여러가지 연쇄적인 화학반응
② 음식물을 섭취하여 기계적인 일과 열로 전환되는 화학과정
③ 활동수준이 높아지면 순환계통은 이에 맞추어 호흡과 맥박 수를 증가시킴
④ 대사과정에서 산소의 공급이 충분하지 못하면 젖산(Latic Acid)이 생성
⑤ 산소가 필요한 호기성(유산소) 대사와 필요 없는 혐기성(무산소) 대사가 있음
   ㉠ 호기성(Aerobic) 대사(유산소 대사)
     • 포도당이 산소와 결합하여 물과 이산화탄소를 배출하고 열에너지를 발생
     • 피로물질이 생성되지 않음
   ㉡ 혐기성(Anaerobic) 대사(무기성 대사)
     • 인체활동수준이 너무 높아 근육에 공급되는 산소가 부족할 경우 발생
     • 포도당이 분해될 때 물과 이산화탄소 외에 젖산(Latic Acid)이 발생
⑥ 근육의 대사작용
   ㉠ 탄수화물은 분해되어 포도당이 되고, 쓰고 남은 포도당은 조직 내 축적되어 당원이 됨
   ㉡ 탄수화물 → 포도당(Glucose) → 당원(Glycogen)
   ㉢ 포도당이 분해되어 에너지를 공급하는 ATP가 만들어지고, ATP는 근육 내 혐기성 대사에서 가장 먼저 사용됨
   ㉣ ATP 이외에 ATP 생성을 위한 에너지 저장소인 CP(Creatine Phosphate)가 있음
   ㉤ ATP는 에너지를 방출하며 ADP로 전환되고 ADP는 ATP-PC시스템을 통해 ATP로 재합성
   ㉥ 근육수축 시 에너지원 : 글리코겐(Glycogen), 크레아틴산(CP), 아데노신삼인산(ATP)

핵심예제

2-1. 다음 중 운동을 시작한 직후의 근육 내 혐기성 대사에서 가장 먼저 사용되는 것은? [15년 3회]

① CP
② ATP
③ 글리코겐
④ 포도당

2-2. 다음 중 근육 수축 또는 이완시 생성 및 소모되는 물질(에너지원)이 아닌 것은? [13년 1회]

① ATP(Adenosine Triphosphate)
② CP(Creatine Phosphate)
③ 글리콜리시스(Glycolysis)
④ 글리코겐(Glycogen)

|해설|

2-1
포도당이 분해되어 에너지를 공급하는 ATP가 만들어지고, ATP는 근육 내 혐기성 대사에서 가장 먼저 사용된다.

2-2
글리콜리시스는 인체에서 일어나는 당분해과정이 아니다.

정답 2-1 ② 2-2 ③

핵심이론 03 에너지 소비량

① 기초대사율(BMR ; Basic Metabolic Rate)
  ㉠ 생명을 유지하는 데 필요한 최소한의 에너지량
  ㉡ 개인차가 심하며 체중, 나이, 성별에 따라 다름
  ㉢ 체격이 크고 젊을수록 큼(남자 1kcal/kg·h, 여자 0.9kcal/kg·h)
  ㉣ 공복상태로 쾌적한 온도에서 신체적 휴식을 취하는 조건에서 측정(누운 자세)
  ㉤ 1리터의 산소는 5kcal/min의 에너지를 소비

② 에너지 대사율(RMR ; Relative Metabolic Rate)
  ㉠ 에너지 대사율 = 노동 시 대사율/기초대사율
    = (작업 시 소비에너지 – 안정 시 소비에너지)/기초대사율
  ㉡ 산소소모량으로 에너지 소비량을 결정(산소 1리터당 5kcal의 에너지가 소모) : 육체적 작업을 위해 휴식시간을 산정할 때 많이 사용
    • 경(輕)작업 : 1~2 RMR
    • 중(中)작업 : 2~4 RMR
    • 중(重)작업 : 4~7 RMR
    • 초중(超重)작업 : 7 RMR 이상

구 분	에너지 소비량
수면 시	1.3 kcal/min
앉아있기	1.6 kcal/min
서있기	2.25 kcal/min
걷 기	2.1 kcal/min
자전거타기	5.2 kcal/min

③ 에너지 소비율
  ㉠ 매우 가벼운 작업 : 2.5kcal/min 이하
  ㉡ 보통 작업 : 5~7.5kcal/min
  ㉢ 힘든 작업 : 10~12.5kcal/min
  ㉣ 견디기 힘든 작업 : 12.5kcal/min 이상

④ 에너지 소비량에 미치는 요인
  ㉠ 작업방법 : 같은 작업도 작업방법에 따라 에너지 소비량이 달라짐
  ㉡ 작업자세 : 손을 받치면서 무릎을 바닥에 댄 자세와 쪼그려 앉은 자세는 무릎을 펴고 허리를 굽힌 자세에 비해 에너지 소비가 작음
  ㉢ 작업속도 : 빠른 작업속도는 심박수를 증가시키고, 생리적 부담을 가중
  ㉣ 도구설계 : 작업도구 설계에 따라 에너지 소비량과 작업수행량이 달라짐

신체활동에 따른 에너지 소비량(kcal/min)

핵심예제

3-1. 다음 중 기초대사율(BMR)에 관한 설명으로 틀린 것은? [11년 1회]

① 생명유지에 필요한 단위 시간당 에너지량이다.
② 일반적으로 신체가 크고 젊은 남성의 BMR이 크다.
③ BMR은 개인차가 심하며 체중, 나이, 성별에 따라 달라진다.
④ 성인 BMR은 대략 5~10kcal/h 정도이다.

3-2. 다음 중 기초대사율(BMR)에 관한 설명으로 틀린 것은? [10년 1회]

① 일상생활을 하는 데 필요한 단위 시간당 에너지양이다.
② 성인의 기초대사율은 대략 1.0~1.2kcal/h 정도이다.
③ 일반적으로 신체가 크고 젊은 남성의 기초대사율이 크다.
④ 기초대사율은 개인차가 심하여 체중, 나이, 성별에 따라 달라진다.

3-3. 작업의 효율은 작업의 출력 대비 에너지소비량의 비율을 말하는데, 다음 중 에너지소비량에 영향을 가장 적게 미치는 요인은? [12년 3회]

① 작업장소 ② 작업방법
③ 작업도구 ④ 작업자세

3-4. 다음 중 에너지대사율(RMR)을 올바르게 정의한 식은? [07년]

① RMR = 기초대사량/작업대사량
② RMR = (작업시간 × 소비에너지)/작업대사량
③ RMR = (작업 시 소비에너지 - 안정 시 소비에너지)/기초대사량
④ RMR = 작업대사량/소비에너지량

3-5. 남성근로자의 육체작업에 대한 에너지대사량을 측정한 결과 분당 작업 시 산소소비량이 1.2L/min, 안정 시 산소소비량이 0.5L/min, 기초대사량이 1.5kcal/min이었다. 이 작업에 대한 에너지대사율(RMR)은 약 얼마인가? (단, 권장평균에너지소비량은 5kcal/min이다)

① 0.47 ② 0.80
③ 1.25 ④ 2.33

3-6. 다음 중 작업부하량에 따라 휴식시간을 산정할 때 가장 관련이 깊은 지수는? [12년 3회]

① 눈 깜박임 수(Blink Rate)
② 점멸 융합 주파수(Flicker Test)
③ 부정맥 지수(Cardiac Arrhythmia)
④ 에너지 대사율(Relative Metabolic Rate)

| 해설 |

3-1
• 성인 남성의 BMR은 1kcal/h
• 성인 여성의 BMR은 0.9kcal/h

3-2
기초대사율(BMR ; Basic Metabolic Rate)
• 생명을 유지하는 데 필요한 최소한의 에너지량
• 개인차가 심하며 체중, 나이, 성별에 따라 다름
• 남자 1kcal/h, 여자 0.9kcal/h

3-3
에너지소비량에 영향을 미치는 요인으로는 작업방법, 작업자세, 작업속도, 도구설계 등이 있다.

3-4
RMR = 노동 시 대사율/기초대사율
    = (작업 시 소비에너지 - 안정 시 소비에너지)/기초대사율

3-5
RMR = 5kcal/ℓ × (1.2−0.5)ℓ/min ÷ 1.5kcal/min = 2.33

3-6
에너지 대사율(RMR ; Relative Metabolic Rate)
• 산소소모량으로 에너지소비량을 결정하는 방식으로 휴식시간 산정 시 많이 사용
• 산소 1리터당 5kcal의 에너지가 소모
• RMR = 노동 시 대사율/기초대사율
    = (작업 시 소비에너지 - 안정 시 소비에너지)/기초대사율

정답 3-1 ④ 3-2 ① 3-3 ① 3-4 ③ 3-5 ④ 3-6 ④

3. 작업부하 및 휴식시간

핵심이론 01 작업부하 측정

① 작업부하 측정
  ㉠ 작업부하는 작업자의 능력에 따라 상이함
  ㉡ 산소소모량으로 에너지소비량을 결정하는 방식으로 산정
  ㉢ 정신적인 권태감도 휴식시간 산정 시 고려해야 함
  ㉣ 작업방법의 변경, 공학적 대책 등으로 작업부하를 감소
  ㉤ 장기적인 전신피로는 직무만족감을 낮추고 위험을 증가시키는 요인이 됨

② 작업부하 측정방법
  ㉠ 생체역학적 방법 : 정역학적 측정, 동역학적 측정
  ㉡ 주관적 방법 : RPE척도, NASA-TLX, SWAT
  ㉢ 생리학적 방법 : 심박수, 산소소모량, 근전도

③ 인체활동부하 측정
  ㉠ 산소소비량
    • 1리터의 산소가 소비될 때 5kcal의 에너지가 방출
    • 작업속도 증가 시 일정시간 동안 산소소비량이 선형적으로 증가
    • 작업속도가 일정한 수준에 오르면 산소소비량은 더 이상 증가하지 않음
    • 산소부채 : 강도 높은 작업을 일정시간 수행한 후 회복기에서 추가로 산소가 소비되는 것
  ㉡ 심박수
    • 심장에서 혈액을 통해 산소를 운반하므로 산소소비량과 심박수에는 선형관계가 있음
    • 심박수는 산소소모량에 비해 측정이 용이함
    • 최대심박수는 사람에 따라 다르며, 최대심박수에 미치는 영향으로는 연령, 성별, 건강상태가 있음
  ㉢ 심박출량
    • 1분 동안에 박출하는 혈액의 양으로 표시함
    • 심박출량(㎖) = 심박수 × 1회 박출량

④ 육체적 작업능력
  ㉠ 작업을 할 수 있는 개인의 능력으로 최대산소소비량을 측정함으로써 평가
  ㉡ NIOSH에서는 직무설계 시 육체적 작업능력의 33%보다 높은 조건에서 8시간 이상 계속작업을 하지 않도록 권장

핵심예제

1-1. 다음 중 작업부하 및 휴식시간 결정에 관한 설명으로 옳은 것은? [15년 1회]

① 작업부하는 작업자의 능력과 관계없이 절대적으로 산출된다.
② 정신적인 권태감은 주관적인 요소이므로 휴식시간 산정 시 고려할 필요가 없다.
③ 친교를 위한 작업자들 간의 대화시간도 휴식시간 산정 시 반드시 고려되어야 한다.
④ 조명 및 소음과 같은 환경적 요소도 작업부하 및 휴식시간 산정 시 고려해야 한다.

1-2. 강도 높은 작업을 일정시간 동안 수행한 후 회복기에서 근육에 추가로 산소가 소비되는 것을 무엇이라 하는가? [08년]

① 산소결손   ② 산소소비량
③ 산소부채   ④ 산소요구량

1-3. 산소소비량에 관한 설명으로 옳지 않은 것은? [21년 3회]

① 산소소비량과 심박수 사이에는 밀접한 관련이 있다.
② 산소소비량은 에너지 소비와 직접적인 관련이 있다.
③ 산소소비량은 단위 시간당 흡기량만 측정한 것이다.
④ 심박수와 산소소비량 사이의 관계는 개인에 따라 차이가 있다.

|해설|

1-1
① 작업부하는 작업자의 능력에 따라 상이하다.
② 정신적인 권태감도 휴식시간 산정 시 고려해야 한다.
③ 휴식시간 산정 시 대화시간은 고려대상이 아니다.

1-2
산소부채
강도 높은 작업을 일정시간 수행한 후 회복 시 추가로 산소가 소비되는 것이다.

1-3
산소소비량을 측정하기 위해서는 흡기량과 배기량을 모두 측정해야 한다.

정답 1-1 ④ 1-2 ③ 1-3 ③

핵심이론 02 휴식시간의 산정

① 작업의 에너지요구량이 작업자의 최대 신체작업능력의 40% 초과 시 작업자는 작업의 종료시점에 전신피로를 경험

② 전신피로를 줄이기 위해서는 작업방법, 설비들을 재설계하는 공학적 대책을 제공

③ 휴식시간
  ㉠ 에너지소비량 측정 : 산소 1리터가 몸속에서 소비될 때 5kcal의 에너지가 소모됨
  ㉡ 표준에너지소비량 × 총작업시간 = 작업에너지 × 작업시간 + 휴식에너지 × 휴식시간
  ㉢ 에너지소비량에 영향을 미치는 인자 : 작업속도, 작업자세, 작업방법

④ 휴식시간(R) = $T \times \dfrac{E-S}{E-1.5}$
  E : 작업 중 에너지 소비량
  S : 표준 에너지 소비량(남성 5kcal/min, 여성 3.5kcal/min)
  1.5kcal/min : 휴식 중 에너지소비량

핵심예제

건강한 근로자가 부품 조립작업을 8시간 동안 수행하고, 대사량을 측정한 결과 산소소비량이 분당 1.5L였다. 이 작업에 대하여 8시간의 총 작업 시간 내에 포함되어야 하는 휴식시간은 몇 분인가? (단, 이 작업의 권장평균에너지소모량은 5kcal/min, 휴식 시의 에너지소비량은 1.5kcal/min이며, Murrell의 방법을 적용한다) [10년 1회]

① 60분 ② 72분
③ 144분 ④ 200분

|해설|
- 에너지소비량 = 5kcal/min × 1.5L/min = 7.5kcal/min
- 휴식시간(R) = T × (E − 5)/(E − 1.5) = 총작업시간 × (작업 중 E소비량 − 표준 E소비량)/(작업 중 E소비량 − 휴식 중 E소비량) = 8 × (7.5 − 5)/(7.5 − 1.5) = 3.33h = 200min

정답 ④

제3절 | 생체역학

1. 인체동작의 유형과 범위

핵심이론 01 신체부위의 동작유형

① 관상면(Frontal Plane)
  ㉠ 신체를 전후로 양분하는 면
  ㉡ 신체는 전측과 후측으로 구분됨
  ㉢ 외전(Abduction) : 벌리기, 몸의 중심선으로부터 바깥쪽으로 이동
  ㉣ 내전(Adduction) : 모으기, 몸의 중심선으로 이동
  ㉤ Z축 중심으로 회전

② 시상면(Sagittal Plane)
  ㉠ 신체를 좌우로 양분하는 면
  ㉡ 신체를 내측(Medial)과 외측(Lateral)으로 구분
  ㉢ 굴곡(Flexion) : 굽히기, 부위 간의 각도가 감소
  ㉣ 신전(Extension) : 펴기, 부위 간의 각도가 증가
  ㉤ X축 중심으로 회전

③ 수평면(Transverse Plane)
  ㉠ 신체를 상하로 양분하는 면
  ㉡ 신체를 상부와 하부로 양분
  ㉢ Internal(Medial) Rotation : 신체를 앞쪽으로 향하는 회전운동
  ㉣ External(Lateral) Rotation : 신체를 뒤쪽으로 향하는 회전운동

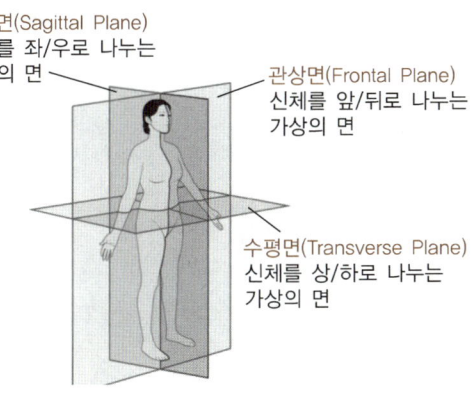

관상면, 시상면, 수평면

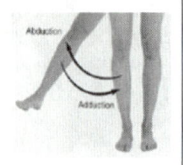	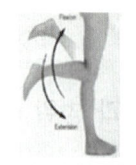	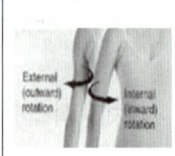
관상면 (Frontal Plane)	시상면 (Sagittal Plane)	수평면 (Transverse Plane)

신체부위의 동작유형

핵심예제

1-1. 다음 중 신체를 전·후로 나누는 면을 무엇이라 하는가?
[15년 3회]

① 시상면　　② 관상면
③ 정중면　　④ 횡단면

1-2. 다음 중 인체의 해부학적 자세에 있어 인체를 좌우로 수직 이등분한 면을 무엇이라 하는가? [13년 3회]

① 시상면(Sagittal Plane)
② 관상면(Frontal Plane)
③ 횡단면(Transverse Plane)
④ 수직면(Vertical Plane)

1-3. 다음 중 관상면을 따라 일어나는 운동으로 인체의 중심선에서 멀어지는 관절 운동을 무엇이라 하는가?
[11년 3회]

① 굴곡(Flexion)　　② 신전(Extension)
③ 외전(Abduction)　　④ 내전(Adduction)

|해설|

1-1
관상면(Frontal Plane) : 신체를 전후로 양분하는 면

1-2
시상면(Sagittal Plane) : 신체를 좌우로 양분하는 면

1-3
외전(Abduction) : 관상면을 따라 일어나는 운동으로 벌리기, 몸의 중심선으로부터 이동한다.

정답 1-1 ② 1-2 ① 1-3 ③

2. 힘과 모멘트

핵심이론 01 힘과 모멘트

① 힘
- ㉠ 힘의 3요소 : 크기, 방향, 작용점
- ㉡ 벡터 : 크기와 방향을 갖는 물리량
- ㉢ 스칼라 : 크기만 있고 방향이 없는 물리량
- ㉣ 모멘트 : 변형시킬 수 있거나 회전시킬 수 있는 힘
- ㉤ 자유물체도(FBD ; Free Body Diagram)
  - 물체에 작용하는 모든 힘을 나타내는 물체의 개략도
  - 구조물이 외적 하중을 받을 때 그 지점의 내적 하중을 결정하는 기법으로 사용
- ㉥ 생체역학 모델(Biomechanical Model) : 작업 조건에 따른 역학적 부하 추정에 사용
- ㉦ 정적평형(Static Equilibrium)
  - 물체가 정지하고 있는 상태
  - 물체가 일정한 속도로 직선운동을 하고 있는 상태
  - 물체가 회전하고 있지 않는 상태
  - 물체가 일정한 각속도로 회전하고 있는 상태
  - 정적평형을 유지하기 위한 조건 : 힘의 총합과 모멘트의 총합이 Zero(0)

② 모멘트
- ㉠ 특정한 축에 관하여 회전을 일으키는 힘
- ㉡ 모멘트의 크기는 힘의 크기와 회전축으로부터 작용점까지의 거리의 곱
- ㉢ 모멘트의 평형
  - 작용하고 있는 외부 모멘트의 총합이 0
  - 힘의 평형(F) : $W_1 + W_2 - W = 0$
  - 모멘트 평형(M) : $a \times W_1 - d \times W = 0$
  - $W = W_1 + W_2$, $d = a \times W_1/W = a \times W_1/(W_1 + W_2)$

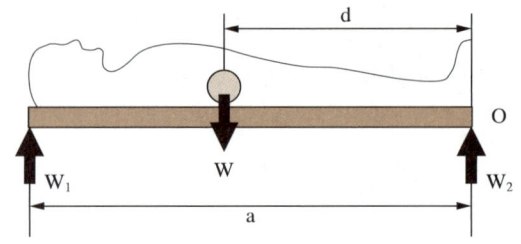

핵심예제

1-1. 생체역학 용어에 대한 설명으로 틀린 것은? [18년 3회]

① 힘의 3요소는 크기, 방향, 작용점이다.
② 벡터(Vector)는 크기와 방향을 갖는 양이다.
③ 스칼라(Scalar)는 벡터량과 유사하나 방향이 다르다.
④ 모멘트(Moment)란 변형시킬 수 있거나 회전시킬 수 있는 관절에 가해지는 힘이다.

1-2. 생체역학적 모형의 효용성으로 가장 적합한 것은? [16년 3회]

① 작업 시 사용되는 근육 파악
② 작업에 대한 생리적 부하 평가
③ 작업의 병리학적 영향 요소 파악
④ 작업 조건에 따른 역학적 부하 추정

1-3. 다음 중 생체역학에 활용되는 자유물체도(FBD)의 정의로 가장 적절하지 않은 것은? [13년 3회]

① 구조물이 외적 하중을 받을 때 그 지점의 내적 하중을 결정하는 기법이다.
② 시스템의 전체 구성요소에 작용하는 힘만을 파악하기 위하여 그리는 것이다.
③ 모든 해석 대상물체에 대하여 작용하는 힘과 물체의 일부를 분리된 선도로 나타낸 그림이다.
④ 해당 대상물체를 이상화시켜 물체에 작용하고 있는 기지의 힘과 미지의 힘 모두를 상세히 기술하는 최상의 방법이다.

1-4. 정적평형상태에 대한 설명으로 틀린 것은? [13년 1회]

① 힘이 거리에 반비례하여 발생한다.
② 물체나 신체가 움직이지 않는 상태이다.
③ 작용하는 모든 힘의 총합이 0인 상태이다.
④ 작용하는 모든 모멘트의 총합이 0인 상태이다.

|해설|

1-1
스칼라 : 크기만 있고 방향이 없는 물리량

1-2
생체역학 : 작업조건에 따른 역학적 부하를 추정한다.

1-3
자유물체도(FBD)
• 물체에 작용하는 모든 힘을 나타내는 물체의 개략도
• 구조물이 외적 하중을 받을 때 그 지점의 내적 하중을 결정하는 기법으로 사용

1-4
정적평형상태
• 물체가 정지하고 있는 상태
• 물체가 일정한 속도로 직선운동을 하고 있는 상태
• 물체가 회전하고 있지 않는 상태
• 물체가 일정한 각속도로 회전하고 있는 상태

정답 1-1 ③ 1-2 ④ 1-3 ② 1-4 ①

3. 근력과 지구력

핵심이론 01 근 력

① 근력(Strength)
　㉠ 한 번의 수의적인 노력에 의하여 근육이 등척성(Isometric)으로 낼 수 있는 힘의 최댓값
　㉡ 여성의 평균 근력은 남성의 약 65% 정도
　㉢ 성별에 관계없이 25~35세에서 근력이 최고에 도달하고 40세 이후에 서서히 감소
　㉣ 운동을 통해서 약 30~40%의 근력증가 효과를 얻을 수 있음
　㉤ 근육이 발휘할 수 있는 최대힘은 약 30초 정도, 50%에서는 1분 정도

② 근력의 크기
　㉠ 근육의 단면적에 비례
　㉡ 근섬유의 수, 배열 형태
　㉢ 근육의 최대길이에 대한 비율적 길이
　㉣ 근육 본래의 길이에서 수축이 일어나는 것이 근육이 줄어든 상태에서 수축하는 것보다 큰 힘을 발휘
　㉤ 근육의 수축정도 : 수축속도가 빠르면 힘은 적게 나타남(사용되는 근섬유가 적기 때문)
　㉥ 수축각도 : 분절각도가 90도일 때 최대이며, 90도보다 크거나 작으면 감소함

정적근력(Static Strength)	동적근력(Dynamic Strength)
• 신체를 움직이지 않으면서(근육의 수축 및 이완작용이 없음) 고정적 물체에 힘을 가할 때 발생 • 고정된 물체에 대해 최대힘을 발휘하도록 하고, 일정 시간 휴식하는 과정을 반복하여 처음 3초 동안 발휘된 근력의 평균을 계산하여 측정 • 동작은 정지한 상태에서 이루어짐	• 근육의 수축 및 이완작업에 의해 근육의 힘을 자발적으로 발휘할 때의 최대근력 • 운동속도는 동적근력 측정에서 중요한 인자로 동적근력 측정에 이용 • 가속도와 관절 각도의 변화가 힘의 발휘와 측정에 영향을 미쳐서 측정이 곤란함 • 동작은 관절의 가동영역 안에서 동적으로 이루어짐

③ 등척성 수축(Isometric Contraction)
　㉠ 등척이란 길이가 같다는 의미
　㉡ 관절의 각도나 근육의 길이가 변하지 않고 근육이 수축하는 것
　㉢ 근육의 길이가 일정한 상태에서 힘을 발휘
　㉣ 신체부위를 움직이지 않으면서 고정된 물체에 힘을 가함
　㉤ 벽밀기, 오래버티기

④ 등장성 수축(Isotonic Contraction)
　㉠ 등장이란 힘이 같다는 의미
　㉡ 근육의 길이가 길어졌다, 줄어들었다하는 운동
　㉢ 구심성 수축(Concentric Contraction) : 몸에서 가까워지는 수축으로 근육의 길이가 짧아지기 때문에 단축성 수축이라 함
　㉣ 원심성 수축(Eccentric Contraction) : 몸에서 멀어지는 수축으로 근육의 길이가 길어지기 때문에 신장성 수축이라 함

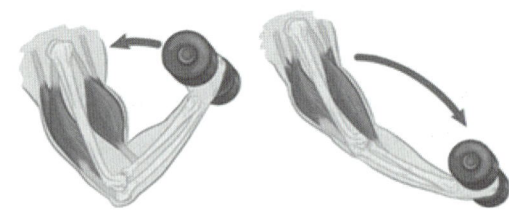

구심성 수축(좌), 원심성 수축(우)

⑤ 등속성 수축(Isokinetic Contraction)
　㉠ 등속이란 속도가 같다는 의미
　㉡ 근육이 정해진 각속도 내에서 일정한 속도로 수축(60deg/sec, 180deg/sec)
　㉢ 정해진 각속도 내에서는 힘을 많이 쓰건 적게 쓰건 속도는 변하지 않음
　㉣ 구심성 수축(Concentric Contraction)과 같이 근육이 짧아지는 것은 같음
　㉤ 특수한 기기를 사용하지 않으면 정확히 시행하기 어려움

등속성 측정장비

핵심예제

1-1. 근력(Strength)과 지구력(Endurance)에 대한 설명으로 옳지 않은 것은? [21년 3회]

① 동적근력(Dynamic Strength)을 등속력(Isokinetic Strength)이라 한다.
② 지구력(Endurance)이란 등척적으로 근육이 낼 수 있는 최대힘을 말한다.
③ 정적근력(Static Strength)을 등척력(Isometric Strength)이라 한다.
④ 근육이 발휘하는 힘은 근육의 최대자율수축(MVC ; Maximum Voluntary Contraction)에 대한 백분율로 나타낸다.

1-2. 다음 중 근력에 관한 설명으로 틀린 것은? [10년 1회]

① 정적근력은 신체를 움직이지 않으면서 자발적으로 가할 수 있는 최대힘이다.
② 동적근력은 등척력(Isometric Strength)으로 근육이 낼 수 있는 최대힘이다.
③ 근력은 힘을 발휘하는 조건에 따라 정적근력과 동적근력으로 구분한다.
④ 정적근력의 측정은 고정된 물체에 대해 최대힘을 발휘하고, 일정 시간 휴식하는 과정을 반복하여 처음 3초 동안 발휘된 근력의 평균을 계산하여 측정한다.

|해설|

1-1
지구력이 아니라 정적근력이다. 정적근력이란 등척적으로 근육이 낼 수 있는 최대 힘을 말한다.

1-2
정적근력은 등척력(Isometric Strength)으로 근육이 낼 수 있는 최대 힘이다.

정답 1-1 ② 1-2 ②

핵심이론 02 지구력

① 지구력(Endurance)
  ㉠ 근력을 사용하여 특정 힘을 지속적으로 유지할 수 있는 능력
  ㉡ 인간은 단시간 동안에만 최대 근력을 유지할 수 있음(정적근력은 최대근력의 20%, 동적근력은 30% 정도)
  ㉢ 근육이 발휘되는 힘은 근육의 최대자율수축(MVC ; Maximum Voluntary Contraction)에 대한 백분율로 나타냄
  ㉣ 근육이 발휘할 수 있는 최대힘은 약 30초 정도, 50%에서는 1분 정도이며, 15% 이하에서는 상당히 오래 유지할 수 있고 10% 미만에서는 무한하게 유지될 수 있음
  ㉤ 지구력의 종류에는 오래매달리기와 같은 정적근지구력과 턱걸이와 같은 동적근지구력이 있음

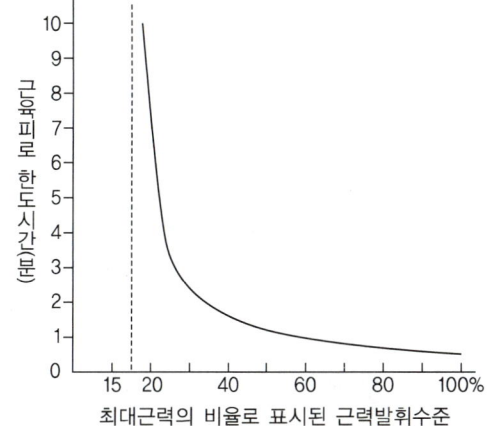

② 안정길이(Resting Length)
  ㉠ 근섬유를 외력의 작용이 없는 상태에서 측정했을 때의 길이
  ㉡ 안정길이에서는 장력이 발생하지 않으며 장력도 측정되지 않음
  ㉢ 능동적 힘은 근수축에 의해서 발생하며 안정길이보다 짧아진 상태에서 발생
  ㉣ 수동적 힘은 관절 주변의 결합조직에 의해 생성되며 안정길이보다 길어진 상태에서 발생

③ 주동근과 길항근
  ㉠ 주동근(Agonistic Muscle) : 수축하여 동작을 만들어 내는 근육
  ㉡ 길항근(Antagonistic Muscle) : 주동근이 동작할 때 반대에서 늘어나는 근육

핵심예제

2-1. 다음 중 근력 및 지구력에 대한 설명으로 틀린 것은?
[09년 1회]

① 근력 측정치는 작업 조건뿐만 아니라 검사자의 지시내용, 측정방법 등에 의해서도 달라진다.
② 등척력(Isometric Strength)은 신체를 움직이지 않으면서 자발적으로 가할 수 있는 힘의 최댓값이다.
③ 정적인 근력 측정치로부터 동적 작업에서 발휘할 수 있는 최대 힘을 정확히 추정할 수 있다.
④ 근육이 발휘할 수 있는 힘은 근육의 최대자율수축(MVC)에 대한 백분율로 나타내어진다.

2-2. 다음 중 근력(Strength)과 지구력(Endurance)에 대한 설명으로 틀린 것은?
[13년 1회]

① 동적근력(Dynamic Strength)을 등속력(Isokinetic Strength)이라 한다.
② 정적근력(Static Strength)을 등척력(Isometric Strength)이라 한다.
③ 지구력(Endurance)이란 근육을 사용하여 간헐적인 힘을 유지할 수 있는 활동을 말한다.
④ 근육이 발휘하는 힘은 근육의 최대자율수축(MVC ; Maximum Voluntary Contraction)에 대한 백분율로 나타낸다.

2-3 동일한 관절운동을 일으키는 주동근(Agonists)과 반대되는 작용을 하는 근육으로 옳은 것은?
[21년 3회]

① 박근(Gracilis)
② 장요근(Iliopsoas)
③ 길항근(Antagonists)
④ 대퇴직근(Rectus Femoris)

|해설|

2-1
정적근력 측정치로는 동적근력을 측정할 수 없다.

2-2
지구력이란 근력을 사용하여 특정한 힘을 간헐적이 아니라 지속적으로 유지할 수 있는 능력이다.

2-3
주동근은 수축하여 동작을 만들어내는 근육이고, 길항근은 주동근이 동작할 때 반대편에서 늘어나는 근육이다.

정답 2-1 ③ 2-2 ③ 2-3 ③

제4절 | 생체반응 측정

1. 측정의 원리

핵심이론 01 인체활동의 측정 원리

① 스트레스(Stress)
  ㉠ 개인에게 부과되는 바람직하지 않은 상태, 상황, 과업 등
  ㉡ 작업관련 인자 중에는 누구에게나 스트레스의 원인이 되는 것이 있음

② 스트레인(Strain)
  ㉠ 스트레스로 인해 우리 몸에 나타나는 현상
  ㉡ 혈액의 화학적 변화, 산소소비량, 근육이나 뇌의 전기적 활동, 심박수와 체온의 변화

③ 생체신호와 측정장비
  ㉠ 생체신호의 측정은 사람의 신체가 가지고 있는 전기적·물리적·화학적 속성을 이용
  ㉡ 전기적 신호 : 뇌파, 근전도, 심전도
  ㉢ 물리적 신호 : 혈압, 호흡, 온도
  ㉣ 화학적 신호 : 혈액성분, 요성분, 산소소비량, 열량

뇌파의 종류

구 분	주파수 대역	뇌파의 형태	뇌의 상태
δ (Delta)	0.5~4Hz		숙면상태
θ (Theta)	4~7Hz		졸린 상태, 산만함, 백일몽 상태
α (Alpha)	8~12Hz		편안한 상태, 외부 집중력이 느슨함
SMR (Sensory Motor Rhythm)	12~15Hz		움직이지 않는 상태에서 집중력 유지
β (Beta)	15~18Hz		사고를 하며, 활동적인 상태에서 집중력 유지
High Beta	18Hz 이상		긴장, 불안

핵심예제

1-1. 뇌파와 관련된 내용이 맞게 연결된 것은? [12년 3회]
① α파 – 2~5Hz로 얕은 수면상태에서 증가한다.
② β파 – 5~10Hz로 불규칙적인 파동이다.
③ θ파 – 14~30Hz로 고(高)진폭파를 의미한다.
④ δ파 – 4Hz 미만으로 깊은 수면상태에서 나타난다.

1-2. 다음 중 의식이 멍하고, 졸음이 심하게 와서 오류를 일으키기 쉬운 경우에 나타나는 뇌파의 파형은? [11년 3회]
① α파
② β파
③ δ파
④ θ파

|해설|

1-1
52페이지 〈뇌파의 종류〉 표 참조

1-2
세타파는 졸리는 상태, 산만함, 백일몽 상태에서 발생한다.

정답 1-1 ④ 1-2 ④

2. 생리적 부담척도

핵심이론 01 심장활동 측정

① 심박수(Heart Rate) : 1분 간의 심장의 박동수로, 단위는 beat/min
  ㉠ 수축기(0.3초) + 확장기(0.5초) = 0.8초
  ㉡ 심박수(HR) = 60초/0.8초 = 75회

② 심박수와 산소소비량은 비례, 평상시 70bpm, 운동 시 120~150bpm

③ 최대심박수는 연령, 성별, 체질, 건강상태에 따라 다름, 최대심박수 = 220 – 나이

④ 심전도(ECG ; Electrocardiogram) : 심전계로 심장활동을 측정

⑤ 심장활동 측정
  ㉠ 심장박동을 통해 전신으로 나가는 혈액의 양
  ㉡ 심박출량(ℓ/min) = 심박수(Heart Rate) × 박출량(Stroke Volume)
  ㉢ 심박출량 : 1분 동안에 좌심실이 박출해낸 혈액의 총량(안정 시 5ℓ/min, 운동 시 30ℓ/min)
  ㉣ 심박수 : 심장수축에 의해 일어나는 박동수(안정 70bpm, 서맥 60bpm, 빈맥 90bpm 이상)

핵심예제

1-1. 어떤 작업자의 5분 작업에 대한 전체 심박수는 400회, 일박출량은 65mL/회로 측정되었다면 이 작업자의 분당 심박출량(L/min)은? [19년 1회]

① 4.5L/min   ② 4.8L/min
③ 5.0L/min   ④ 5.2L/min

1-2. 심박출량을 증가시키는 요인으로 볼 수 없는 것은? [16년 3회]

① 휴식시간
② 근육활동의 증가
③ 덥거나 습한 작업환경
④ 흥분된 상태나 스트레스

|해설|

1-1
심박출량 = 심박수 × 박출량
∴ 분당 심박출량(L/min) = 400(회) × 65(mL/회) ÷ 5(분)
                    = 5,200mL/min
단위를 L로 바꾸면 5.2L/min

1-2
휴식은 심박출량을 감소시킨다.

정답 1-1 ④ 1-2 ①

핵심이론 02 산소소비량

① 산소 1리터당 5kcal의 에너지가 소모

② 흡기량 = 배기량 × $(100\% - O_2\% - CO_2\%)/79\%$

③ 산소소비량 = 21% × 흡기부피 − O_2% × 배기부피

④ 산소소비량으로 에너지 소비량을 측정

⑤ 신체활동이 증가하면 산소소비량도 증가하나 일정수준에 이르면 더 이상 증가하지 않음

⑥ 산소소비량 = (흡기 시 산소농도 × 흡기량) − (배기 시 산소농도 × 배기량)

⑦ 작업에너지(kcal) = 산소소모량 × 5kcal

⑧ 작업에너지가(kcal/min) = 분당 산소소모량 × 5kcal

⑨ 최대산소소비능력(MAP ; Maximal Aerobic Power)
   ㉠ 운동이 최대치에 도달했을 때 분당 소비되는 산소의 최대량
   ㉡ 흡기량 = 배기량 × $(100\% - O_2\% - CO_2\%)/79\%$
   ㉢ 최고기량의 운동선수의 MAP는 83㎖/(kg×min), 일반인은 44㎖/(kg×min)
   ㉣ 젊은 여성의 MAP는 남성의 65~75% 정도
   ㉤ 트레드밀(Treadmill)이나 자전거 에르고미터(Ergometer)를 활용하여 측정

⑩ 산소부채
   ㉠ 강도높은 운동 시 산소섭취량이 산소수요량보다 적어지게 되므로 체내에 쌓인 젖산을 제거하기 위해 산소가 더 필요한 현상
   ㉡ 신체는 무산소적 경로를 이용하여 에너지를 생산하고 젖산(Lactic Acid)이 급격히 축적됨
   ㉢ 최대산소부채량 : 신체가 감당해 낼 수 있는 산소부채의 최댓값은 일반인 5ℓ, 운동선수는 10~15ℓ

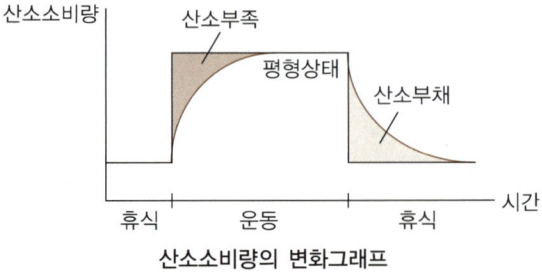

산소소비량의 변화그래프

핵심예제

2-1. 다음 중 산소소비량에 관한 설명으로 틀린 것은?
[17년 1회]

① 산소소비량은 단위 시간당 호흡량을 측정한 것이다.
② 산소소비량과 심박수 사이에는 밀접한 관련이 있다.
③ 심박수와 산소소비량 사이는 선형관계이나 개인에 따른 차이가 있다.
④ 산소소비량은 에너지 소비와 직접적인 관련이 있다.

2-2. 다음 중 최대산소소비능력(MAP)에 관한 설명으로 틀린 것은?
[12년 3회・11년 1회]

① 산소섭취량이 지속적으로 증가하는 수준을 말한다.
② 사춘기 이후 여성의 MAP는 남성의 65~75% 정도이다.
③ 최대산소소비능력은 개인의 운동역량을 평가하는데 활용된다.
④ MAP를 측정하기 위해서 주로 트레드밀(Treadmill)이나 자전거 에르고미터(Ergometer)를 활용한다.

|해설|

2-1
산소소비량은 분당 호흡량이다.

2-2
산소소비량이 더는 증가하지 않는 수준을 말한다.

정답 2-1 ① 2-2 ①

핵심이론 03 근육활동

① 근전도(EMG ; Electromyogram)
  ㉠ 근육활동의 전위차 측정, 수의근의 활동정도를 파악
  ㉡ 신체의 특정 부위의 스트레스 또는 피로를 측정
  ㉢ 근육이나 근육의 생리적 Strain을 측정하는 방법
  ㉣ 전극을 부착하는 방법에 따라 표면근전도, 근육근전도
  ㉤ 근육의 피로가 증가하면 신호의 저주파 영역의 활성이 증가, 고주파 영역의 활성이 감소

핵심예제

3-1. 작업 중 근육을 사용하는 육체적 작업에 따른 생리적 반응에 대한 설명으로 틀린 것은?
[08년]

① 호흡기 반응에 의해 호흡속도와 흡기량이 증가한다.
② 작업 중 각 기관에 흐르는 혈류량은 항상 일정하다.
③ 심박출량은 작업 초기부터 증가한 후 최대 작업능력의 일정 수준에서 안정된다.
④ 심박수는 작업 초기부터 증가한 후 최대 작업능력의 일정 수준에서도 계속 증가한다.

3-2. 육체적 작업과 신체에 대한 스트레스의 수준을 측정하는 방법 중 근육이 수축할 때 발생하는 전기적 활성을 기록하는 방법을 무엇이라 하는가?
[09년 1회]

① ECG(심전도) ② EEG(뇌전도)
③ EMG(근전도) ④ EOG(안전도)

3-3. 근력의 측정에 있어 동적근력 측정에 관한 설명으로 옳은 것은?
[11년 1회]

① 피검자가 고정물체에 대하여 최대 힘을 내도록 하여 평가한다.
② 근육의 피로를 피하기 위하여 지속시간은 10초 미만으로 한다.
③ 4~6초 동안 힘을 발휘하게 하면서 순간 최대 힘과 3초 동안의 평균 힘을 기록한다.
④ 가속도와 관절 각도의 변화가 힘의 발휘와 측정에 영향을 미쳐서 측정이 어렵다.

| 해설 |

3-1
작업의 강도가 증가하면 기관에 흐르는 혈류량은 증가한다. 운동 중에는 골격근과 피부의 혈류량이 증가하고, 휴식 시에는 소화기관의 혈류량이 증가한다.

3-2
근전도(EMG ; Electromyogram)
- 근육이 수축할 때 발생하는 전기적 활성을 기록
- 신체의 특정 부위의 스트레스 또는 피로를 측정
- 근육이나 근육의 생리적 Strain을 측정하는 방법
- 전극을 부착하는 방법에 따라 표면근전도, 근육근전도
- 근육의 피로가 증가하면 신호의 저주파 영역의 활성이 증가, 고주파 영역의 활성이 감소

3-3
①・②・③ 정적근력에 대한 설명이다.

정답 3-1 ② 3-2 ③ 3-3 ④

3. 심리적 부담척도

핵심이론 01 정신활동 측정

① 정신적 부하 척도 요건
  ㉠ 선택성 : 정신적 부하가 아닌 것에 영향을 받지 않는 척도
  ㉡ 신뢰성 : 시간의 경과에 관계없이 재현성이 있는 결과
  ㉢ 수용성 : 측정대상자가 수용하는 것이어야 함
  ㉣ 간섭성 : 측정작업이 방해를 받지 않아야 함
  ㉤ 감도 : 필요한 정신적 작업부하의 수준이 다른 과업 상황을 직관적으로도 구별할 수 있는 척도이어야 함

② 정신적 부하측정 방법
  ㉠ 주관적 평가법(Subjective Ratings)
    - 단일요인측정 : OW(Overall Workload), MCH(Modified Cooper-Harper Scale)
    - 다요인측정 : SWAT(Subjective Workload Assessment Technique), NASA-TLX
    - NASA-TLX(Task Load Index)
      - 미 항공우주국(NASA)이 개발한 주관적 직무난이도 측정방법
      - 주관적 직무난이도 측정방법 중 가장 안정적인 것으로 인정됨
      - 6개의 설문항목(정신적부하, 신체적부하, 시간적욕구, 수행도, 노력, 좌절수준)에 대해 0에서 100점 사이의 점수를 임의로 할당
  ㉡ 생리적 측정법(Physiological Measures)
    - 정신적 작업부하에 따른 작업자의 자율신경계, 중추신경계의 생리적 변화를 측정
    - 부정맥(Sinus Arrhythmia) : 심장 활동의 불규칙성의 척도로 일반적으로 정신부하가 증가하면 부정맥점수가 감소
    - 전기피부반응(GSR ; Galvanic Skin Response) : 피부의 전기저항값이 자극에 의해서 감소하는 현상으로, 고도의 긴장이나 흥분으로 인한 정신적 발한이 원인
    - 눈깜박임(Eye Blink) : 눈깜박임은 평균 매 5초마다 작용, 눈깜박거림으로 시각정보의 3%를 손실, 정신부하 증가 시 눈깜박거림 횟수 감소

- 정신적 작업부하에 따른 두뇌활동측정법으로 뇌파(EEG ; Electro Encephalo Graphy)가 있음
- 뇌파(EEG) : 뇌가 수면, 휴식, 활동 상태에 따라서 뇌파가 변하는 것을 측정
- 점멸융합주파수(FFF ; Flicker Fusion Frequency) : 중추신경계의 정신피로척도로 사용
  - CFF(Critical Flicker Fusion Frequency), VFF(Visual Flicker Fusion Frequency)라고도 함
  - 빛을 일정한 속도로 점멸시키면 깜박거려 보이나 점멸의 속도를 빨리하면 융합된 연속된 광으로 보이는 현상
  - 중추신경계의 피로(정신피로)를 측정(피로 시 주파수값이 내려감), 휴식 시 80Hz 정도
  - 시각연구에 오랫동안 사용, 망막의 함수로 정신피로의 척도로 사용
- 점멸융합주파수에 영향을 주는 변수
  - VFF는 조명 강도의 대수치에 선형적으로 비례
  - 시표와 주변의 휘도가 같을 때에 VFF는 최대
  - 휘도만 같으면 색은 VFF에 영향을 주지 않음
  - 암조응 시는 VFF가 감소
  - VFF는 사람들 간에는 큰 차이가 있으나, 개인의 경우 일관성이 있음
  - 연습의 효과는 아주 적음

ⓒ 수행도 평가법(Performance Based Measures)
- 주임무척도(Primary Task) : 작업자의 직무수행을 관찰하고 직무부하의 변화에 따른 수행도의 변화를 측정, 정신적 작업부하가 낮으면 측정결과의 신뢰성이 낮아지는 단점이 있음
- 부임무척도(Secondary Task) : 1차 과제법에서 이용되지 않은 잔여 자원을 측정하기 위해 사용, 작업자에게 1차 과제와 2차 과제를 동시에 수행토록 함

③ 육체적 부하측정 방법
  ㉠ 전신작업부하(동적) : 산소소비량, 심박수, 주관적평가(Borg Scale)
    - 산소소비량 : 산소 1리터에 5kcal의 에너지를 사용
    - 심박수 : 1분 간의 심장박동수로 산소소비량과 비례
    - Borg Scale : 보그(Borg)는 Borg-RPE와 Borg CR10 두 가지 주관적 평가척도를 제안함

Borg-RPE(Ratings of Perceived Exertion)	Borg CR10
• 생리적 측정을 주관적 평정등급으로 대체하기 위해 개발 • 신체의 작업부하에 대하여 작업자들이 주관적으로 지각한 신체적 노력의 정도를 측정 • 작업자들이 주관적으로 지각한 신체적 노력의 정도를 6~20 사이의 척도로 평가 • 척도의 양끝은 최소 심장박동률과 최대심장박동률을 나타냄 • 생리적(육체적), 심리적(정신적) 작업부하 모두 측정	• 고통(Pain), 작업의 인지 강도(Perceived Exertion)를 평가하기 위해 강도와 비선형적으로 증가하도록 개발된 Category-Ratio 척도 • CR-10 척도는 0에서부터 시작하고, 소수점으로도 평가 가능 • 최고 점수에 제한이 없음

  ㉡ 국소작업부하(정적) : 근전도(EMG), 동작분석
    - 근전도(EMG ; Electromyogram)
      - 근육이 운동하기 위해 수축하기 이전에 일어나는 운동단위의 전기적인 활동을 기록한 것
      - 사람의 근육에서 측정되는 근전도는 진폭이 0.01~5mV, 주파수는 1~3,000Hz의 특성을 갖는 신호
    - 동작분석 : 육체적 활동량을 분석

심리적 · 생리적 부담작업 측정방법의 종류

정신적 부하측정	• 뇌파(EEG ; Electro Encephalo Gram) • 점멸융합주파수(FFF ; Flicker Fusion Frequency) • 부정맥지수 • 동공지름 • 눈깜박임(Blink Rate), Pupil Diameter • 전기피부반응(GSR ; Galvanic Skin Response) • NASA-TLX(설문지조사)
육체적 부하측정	• 에너지량, 에너지 대사율 • 산소섭취량, 호흡량 • CO_2배출량 • 심박수 • 근전도(EMG)
정신적 · 육체적 양쪽 모두 측정	RPE(Rating of Perceived Exertion)

핵심예제

1-1. 신체의 작업부하에 대하여 작업자들이 주관적으로 지각한 신체적 노력의 정도를 6~20의 값으로 평가한 척도는 무엇인가? [18년 1회]

① 부정맥지수
② 점멸융합주파수(VFF)
③ 운동자각도(Borg-RPE)
④ 최대산소소비능력(Maximum Aerobic Power)

1-2. 정신적 부담작업과 육체적 부담작업 양쪽 모두에 사용할 수 있는 생리적 부하 측정 방법은? [07년]

① EEG
② RPE(Rating of Perceived Exertion)
③ 점멸융합주파수
④ 에너지 소모량(Metabolic Energy Expenditure)

1-3. 생리적 활동의 척도 중 Borg RPE(Ratings of Perceived Exertion)척도에 대한 설명으로 적절하지 않은 것은?

① 육체적 작업부하의 주관적 평가방법이다.
② NASA-TLX와 동일한 평가척도를 사용한다.
③ 척도의 양끝은 최소 심장 박동률과 최대 심장 박동률을 나타낸다.
④ 작업자들이 주관적으로 지각한 신체적 노력의 정도를 6~20 사이의 척도로 평정한다.

1-4. 정신피로의 척도로 사용되는 시각적 점멸융합주파수(VFF)에 영향을 주는 변수에 관한 내용으로 옳지 않은 것은? [21년 3회]

① 암조응 시 VFF는 증가한다.
② 휘도만 같으면 색은 VFF에 영향을 주지 않는다.
③ 조명 강도의 대수치에 선형적으로 비례한다.
④ 사람들 간에는 큰 차이가 있으나, 개인의 경우 일관성이 있다.

|해설|

1-1
Borg-RPE(Ratings of Perceived Exertion) Scale
• 주관적 부하측정
• 자신의 작업부하가 어느 정도 힘든지를 주관적으로 평가하여 언어적으로 표현할 수 있도록 척도화한 것
• 작업자들이 주관적으로 지각한 신체적 노력의 정도를 6~20 사이의 척도로 평가
• 척도의 양끝은 최소 심장박동률과 최대심장박동률을 나타냄
• 생리적(육체적)・심리적(정신적) 작업부하 모두 측정

1-2
운동자각도(RPE ; Ratings of Perceived Exertion)
• 작업자들이 주관적으로 지각한 신체적 노력의 정도를 6~20 사이의 척도로 평정
• 정신적・육체적 작업부하 모두 측정

1-3
NASA-TLX는 0~100점 척도를 사용, Borg RPE는 6~20점 척도를 사용한다.

1-4
암조응 시 VFF는 감소한다.

정답 1-1 ③ 1-2 ② 1-3 ② 1-4 ①

제5절 | 작업환경 평가 및 관리

1. 조명

핵심이론 01 빛과 조명

① 적정조명의 수준
  ㉠ 초정밀작업 750lux
  ㉡ 정밀작업 300lux
  ㉢ 보통작업 150lux
  ㉣ 기타작업 75lux

② 반사율(Reflectance)
  ㉠ 반사율(%) = 휘도/조도 = 표면에서 반사되는 빛의 양/표면에 비치는 빛의 양
  ㉡ 빛을 완전히 반사하면 반사율은 100%
  ㉢ 천장의 추천반사율 : 80~90%
  ㉣ 벽의 추천반사율 : 40~60%
  ㉤ 바닥의 추천반사율 : 20~40%
  ㉥ 천장과 바닥의 반사비율은 최소 3:1을 유지
  ㉦ 추천반사율이 높은 순서 : 천장 > 벽 > 가구 > 바닥

③ 휘광(Glare)
  ㉠ 눈에 적응된 휘도보다 더 밝은 광원이나 반사광에 의해 생김
  ㉡ 가시도와 시력의 성능을 저하시키는 시력의 감소현상

직사휘광의 처리방법	• 광원의 휘도를 줄이고, 광원의 수를 높임 • 광원을 시선에서 멀리 위치시킴 • 휘광원 주위를 밝게 하여 광속 발산비(휘도)를 줄임 • 가리개나 갓, 차양 등을 사용
창문으로부터 직사휘광의 처리	• 창문을 높이 설치 • 창의 바깥쪽에 가리개를 설치 • 창의 안쪽에 수직날개를 설치 • 차양의 사용
반사휘광의 처리방법	• 발광체의 휘도를 줄임 • 간접조명의 수준을 높임(간접조명은 조도가 균일하고, 눈부심이 적음) • 산란광, 간접광 사용 • 창문에 조절판이나 차양을 설치 • 반사광이 눈에 비치지 않게 광원을 위치 • 무광택 도료, 빛을 산란시키지 않는 재질을 사용

④ 조명의 단위
  ㉠ 조도(Illuminance)
    • 어떤 물체의 표면에 도달하는 빛의 밀도(lm/m^2)
    • 광도/거리^2(Cd/m^2)
    • 단위 : 룩스(lux, lx)
  ㉡ 광도(Luminous Intensity)
    • 광원에서 특정 방향으로 발하는 빛의 세기
    • 광속/단위면적(lm/Sr)
    • 단위 : 칸델라(Candela, Cd)
    • 1Cd = 촛불 하나의 밝기
  ㉢ 광속(Luminous Flux)
    • 광원으로부터 나오는 빛의 총량
    • 광속발산도 × 발산면적(Cd × Sr)
    • 단위 : 루멘(lumen, lm)
    • 1lm = 초 하나를 켜두고 1m 거리에서 느끼는 빛의 양
  ㉣ 휘도(Luminance)
    • 어떤 물체 표면에서 반사되어 나온 빛의 양
    • 광도/광원면적(Cd/m^2)
    • 단위 : 니트(Nit)

핵심예제

1-1. 다음 중 조명에 관한 용어의 설명으로 틀린 것은?

[13년 3회]

① 조도는 광도에 비례하고, 광원으로부터의 거리의 제곱에 반비례한다.
② 휘도는 단위 면적당 표면에 반사 또는 방출되는 빛의 양을 말한다.
③ 조도는 점광원에서 어떤 물체나 표면에 도달하는 빛의 양을 말한다.
④ 광도(Luminous Intensity)는 단위 입체각당 물체나 표면에 도달하는 광속으로 측정하며, 단위는 램버트(Lambert)이다.

1-2. 다음 중 반사 휘광의 처리 방법으로 적절하지 않은 것은?

[11년 3회]

① 간접 조명 수준을 높인다.
② 무광택 도료 등을 사용한다.
③ 창문에 차양 등을 사용한다.
④ 휘광원 주위를 밝게 하여 광도를 줄인다.

1-3. 다음 중 실내의 면에서 추천 반사율(IES)이 가장 낮은 곳으로 옳은 것은?

[21년 3회]

① 벽
② 천 장
③ 가 구
④ 바 닥

|해설|

1-1
광 도
- 단위 면적당 표면에서 반사 또는 방출되는 광량(Luminous Intensity)
- 단위 시간당 한 발광점으로부터 투광되는 빛의 에너지양
- 칸델라(Candela)로 표기하며 1칸델라(Candela)는 촛불 하나의 밝기

1-2
휘광원 주위를 밝게 하여 광속 발산비를 줄인다.

1-3
반사율은 휘도 ÷ 조도 × 100으로 구하며, 여기서 휘도는 대상면에서 반사되는 빛의 양을 말한다. 실내의 반사율은 위는 밝게 하고 아래는 어둡게 해야 한다(천장 > 벽 > 가구 > 바닥).

정답 1-1 ④ 1-2 ④ 1-3 ④

핵심이론 02 작업장 조명 관리

① VDT 취급 작업 시 조명과 채광
  ㉠ 창과 벽면은 반사되지 않는 재질을 사용
  ㉡ 창문에 차광망, 커튼 등을 설치하여 밝기 조절이 가능하도록 함
  ㉢ 조명은 화면과 명암의 대조가 심하지 않도록 함
  ㉣ 화면의 바탕 색상이 검정색 계통일 때 300~500lux를 유지
  ㉤ 화면의 바탕 색상이 흰색 계통일 때 500~700lux를 유지
  ㉥ 화면, 키보드, 서류 등의 주요 표면 밝기를 가능한 한 같도록 유지

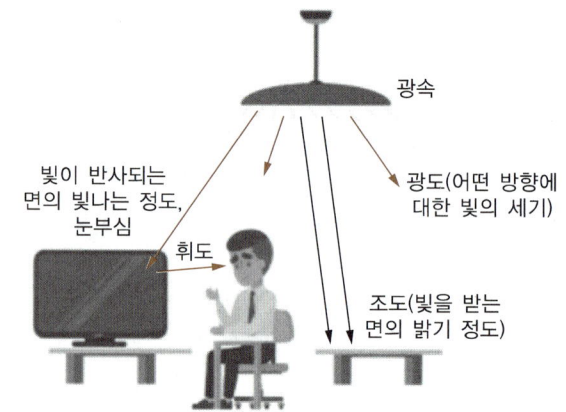

핵심예제

2-1. 다음 중 반사 눈부심의 처리로서 적절하지 않은 것은?
[12년 1회]

① 휘도 수준을 낮게 유지한다.
② 간접조명 수준을 좋게 한다.
③ 창문을 높이 설치한다.
④ 조절판, 차양 등을 사용한다.

2-2. 다음 중 VDT 취급 작업 시 조명에 관한 설명으로 틀린 것은?
[10년 3회]

① 조명은 화면과 명암의 대조가 심하지 않도록 하여야 한다.
② 화면의 바탕 색상이 흰색 계통일 때 100~300lux를 유지하도록 하여야 한다.
③ 화면의 바탕 색상이 검정색 계통일 때 300~500lux를 유지하도록 하여야 한다.
④ 시야에 들어오는 화면·키보드·서류 등의 주요 표면 밝기를 가능한 한 같도록 유지하여야 한다.

|해설|

2-1
창문에 조절판이나 차양을 설치

2-2
화면의 바탕 색상이 흰색 계통일 때 500~700lux를 유지

정답 2-1 ③ 2-2 ②

2. 소 음

핵심이론 01 소음의 수준

① 소음의 물리적 특성
  ㉠ 가청주파수 : 20~20,000Hz, 저주파 : 20Hz~70KHz, 초저주파 : 20Hz 이하
  ㉡ 사람의 가청음압 범위 : 0.00002~20N/m²(0~120dB) : 음압이 20N/m² 이상이 되면 귀에 통증
  ㉢ 음압레벨 : 어떤 음의 음압과 기준 음압(20μPa)의 비율을 상용로그의 20배로 나타낸 단위(dB)
  ㉣ $SPL(dB) = 10\log(P_1/P_0)$: P_1은 측정하고자 하는 음압이고, P_0는 기준음압(20μN/m²)
  ㉤ 주기 : 한 파장이 전파되는데 걸리는 시간
  ㉥ 파장 : 위상차가 360도가 되는 거리(m)
  ㉦ 주파수 : 주기적인 현상이 1초 동안에 반복되는 횟수(Hz)
  ㉧ 소음작업 : 1일 8시간 작업을 기준으로 85 데시벨 이상의 소음이 발생하는 작업
  ㉨ 은폐효과(Masking Effect) : 2개의 소음이 동시에 존재할 때 낮은 음의 소음이 높은 음에 가려 들리지 않는 현상

② 소음의 영향
  ㉠ 맥박수가 증가
  ㉡ 12Hz에서는 발성에 영향을 줌
  ㉢ 1~3Hz에서 호흡이 힘들고 O_2의 소비가 증가
  ㉣ 앉아 있을 때가 서있을 때보다 심함

③ 소음계와 A, B, C 특성
  ㉠ 소음계는 주파수에 따른 사람의 느낌을 감안하여 세 가지 특성인 A, B, C로 나눔
  ㉡ A는 대략 40phon, B는 70phon, C는 100phon의 등감곡선과 비슷하게 주파수의 반응을 보정하여 측정한 음압수준을 의미하며 각각 dBA, dBB, dBC로 표시
  ㉢ A특성치는 인간의 감각과 가장 비슷한 반응치로 국제적으로 가장 널리 사용하며 노출기준도 이것을 이용
  ㉣ A특성치와 C특성치를 측정하여 그 차이가 크면(8~11dB) 저주파 음이 주를 이루고 작으면(0~2dB) 고주파 음이 주를 이룸

핵심예제

1-1. 주파수가 가청영역 이하인 소음을 무엇이라고 하는가?
[18년 1회]

① 충격 소음 ② 초음파 소음
③ 간헐 소음 ④ 초저주파 소음

1-2. 소리의 은폐효과(Masking)를 나타내는 말로 옳은 것은?
[21년 3회]

① 주파수별로 같은 소리의 크기를 표시한 개념
② 하나의 소리가 다른 소리의 판별에 방해를 주는 현상
③ 내이(Inner Ear)의 달팽이관(Cochlea) 안에 있는 섬모(Fiber)가 소리의 주파수에 따라 민감하게 반응하는 현상
④ 하나의 소리의 크기가 다른 소리에 비해 몇 배나 크게(또는 작게) 느껴지는 지를 기준으로 소리의 크기를 표시하는 개념

1-3. 산업안전보건법령상 소음작업이란 1일 8시간 작업을 기준으로 얼마 이상의 소음(dB)이 발생하는 작업을 말하는가?
[21년 3회]

① 80   ② 85
③ 90   ④ 100

|해설|

1-1
• 가청주파수 : 20~20,000Hz
• 저주파 : 20Hz~70KHz
• 초저주파 : 20Hz 이하

1-2
은폐효과란 2개의 소음이 동시에 존재할 때 낮은 음의 소음이 들리지 않는 현상이다.

1-3
산업안전보건기준에 관한 규칙 제512조에 의하면, 소음작업이란 1일 8시간 작업을 기준으로 85데시벨 이상의 소음이 발생하는 작업을 말한다.

정답 1-1 ④ 1-2 ② 1-3 ②

핵심이론 02 노출기준

① 소음의 허용노출기준(강렬한 소음작업 : 허용노출시간 이상)

구 분	dB	허용노출시간(hr/day)
강렬한 소음작업	90dB	8
	95dB	4
	100dB	2
	105dB	1
	110dB	30분
	115dB	15분

② 충격소음

충격소음	1초 간격으로 발생하는 다음 작업
120dB	1만회 이상/day
130dB	1천회 이상/day
140dB	1백회 이상/day

③ 소음노출지수
  ㉠ 소음노출지수 : 여러 종류의 소음이 여러 시간동안 복합적으로 노출된 경우의 소음지수
  ㉡ 소음노출지수(%) = $C_1/T_1 + C_2/T_2 + \cdots + C_n/t_n$ (C_i : 노출된 시간, T_i : 허용노출기준)
  ㉢ 시간가중평가지수 $TWA(dB) = 16.61 \log(D/100) + 90$ (D : 누적소음노출지수)
  ㉣ TWA(Time-Weighted Average) : 누적소음노출지수를 8시간 동안의 평균소음 수준값으로 변환한 것
  ㉤ 소음노출기준을 정할 때 고려대상
    • 소음의 크기
    • 소음의 높낮이
    • 소음의 지속시간

④ 청력손실
  ㉠ 일시적 청력손실(TTS ; Temporary Threshold Shift) : 4,000~6,000Hz
  ㉡ 영구적 청력손실(PTS ; Permanent Threshold Shift) : 3,000~6,000Hz(4,000Hz 부근이 심각 - 사람의 귀는 4,000Hz에서 가장 민감함)
  ㉢ C5 dip 현상 : 감음난청으로 초기에는 4000Hz에서 청력이 저하되는 현상

핵심예제

2-1. 작업장의 소음 노출정도를 측정한 결과가 다음과 같다면 이 작업장 근로자의 소음노출지수는 얼마인가?

[19년 3회]

소음수준[dB(A)]	노출시간(h)	허용시간(h)
80	3	64
90	4	8
100	1	2

① 1.00
② 1.05
③ 1.10
④ 1.15

2-2. 소음에 의한 청력손실이 가장 크게 발생하는 주파수 대역은?

[19년 1회]

① 1,000Hz
② 2,000Hz
③ 4,000Hz
④ 10,000Hz

|해설|

2-1
소음노출지수(%) = $C_1/T_1 + C_2/T_2 + \cdots + C_n/t_n$ (C_i : 노출된 시간, T_i : 허용노출기준)
= 4/8 + 1/2 = 1

2-2
청력손실
- 일시적 청력손실(TTS ; Temporary Threshold Shift) : 4,000~6,000Hz
- 영구적 청력손실(PTS ; Permanent Threshold Shift) : 3,000~6,000Hz(4,000Hz 부근이 심각 – 사람의 귀는 4,000Hz에서 가장 민감함)

정답 2-1 ① 2-2 ③

핵심이론 03 소음관리

① 소음원 대책
  ㉠ 소음원의 제거 : 가장 효과적이고 적극적인 대책
  ㉡ 음향적 설계
   • 진동시스템의 에너지를 줄임
   • 에너지와 소음발산 시스템과의 조합을 줄임
   • 구조를 바꿔서 적은 소음이 노출되게 함
  ㉢ 저소음 기계로 교체
  ㉣ 작업방법의 변경
  ㉤ 소음 발생원의 유속저감, 마찰력감소, 충돌방지, 공명방지
  ㉥ 급・배기구에 팽창형 소음기 설치
  ㉦ 흡음재로 소음원 밀폐
  ㉧ 방진재를 통한 진동감소
  ㉨ 밸런싱을 통해 구동부품의 불균형에 의한 소음 감소
  ㉩ 능동제어 : 감쇠대상의 음파와 동위상인 신호를 보내어 음파 간에 간섭현상을 일으켜 소음을 저감

② 전파경로의 대책
  ㉠ 근로자와 소음원과의 거리를 멀게 함
  ㉡ 천정, 벽, 바닥이 소음을 흡수하고 반향을 줄임
  ㉢ 기전파경로와 고체전파경로상에 흡음장치, 차음장치를 설치, 진동전파경로는 절연
  ㉣ 소음원을 밀폐함. 소음원과 인접한 벽체에 차음성을 높임
  ㉤ 차음벽을 설치
  ㉥ 차음상자로 소음원을 격리
  ㉦ 고소음장비에 소음기 설치
  ㉧ 공조덕트에 흡・차음제를 부착한 소음기 부착
  ㉨ 소음장비의 탄성지지로 구조물로 전달되는 에너지양 감소

③ 수음측의 대책
  ㉠ 건물과 그 안의 각실의 차음성능을 높임
  ㉡ 작업자측을 밀폐
  ㉢ 작업시간을 변경
  ㉣ 교대근무를 통해 소음노출시간을 줄임
  ㉤ 개인보호구를 착용(적합하지 않은 방법으로 최후수단으로 사용해야 함)

④ 소음관리 대책 적용순서
  소음원의 제거 → 소음의 차단 → 소음수준의 저감 → 개인보호구 착용
⑤ 청력보존 프로그램
  ㉠ 청력보존 프로그램 시행대상
    • 작업환경측정결과 소음수준이 90dB(A) 초과
    • 소음으로 인하여 근로자에게 건강장해 발생
  ㉡ 청력보존 프로그램 내용
    • 노출평가, 노출기준 초과에 따른 공학적 대책
    • 청력보호구의 지급과 착용
    • 소음의 유해성과 예방에 관한 교육
    • 정기적 청력검사
    • 기록, 관리사항 등
  ㉢ 소음측정 : 소음발생시간을 등간격으로 나누어 4회 이상 측정

핵심예제

3-1. 소음방지대책 중 다음과 같은 기법을 무엇이라 하는가? [19년 1회]

┤보기├
감쇠대상의 음파와 동위상인 신호를 보내어 음파 간에 간섭현상을 일으키면서 소음이 저감되도록 하는 기법

① 음원 대책
② 능동제어 대책
③ 수음자 대책
④ 전파경로 대책

3-2. 소음에 대한 대책으로 가장 효과적이고 적극적인 방법은? [17년 1회]

① 칸막이 설치
② 소음원의 제거
③ 보호구 착용
④ 소음원의 격리

3-3. 다음 중 소음관리 대책의 단계로 가장 적절한 것은? [15년 1회]

① 소음원의 제거 → 개인보호구 착용 → 소음수준의 저감 → 소음의 차단
② 개인보호구 착용 → 소음원이 제거 → 소음수준의 저감 → 소음의 차단
③ 소음원의 제거 → 소음의 차단 → 소음수준의 저감 → 개인보호구 착용
④ 소음의 차단 → 소음원의 제거 → 조음수준의 저감 → 개인보호구 착용

3-4. 작업환경측정결과 청력보존 프로그램을 수립하여 시행하여야 하는 기준이 되는 소음수준은? [17년 1회]

① 80dB 초과
② 85dB 초과
③ 90dB 초과
④ 95dB 초과

3-5. 소음 측정의 기준에 있어서 단위 작업장에서 소음 발생시간이 6시간 이내인 경우 발생시간 동안 등간격으로 나누어 몇 회 이상 측정하여야 하는가? [11년 3회]

① 2회
② 3회
③ 4회
④ 6회

| 해설 |

3-1
① 음원 대책 : 소음원 제거, 경감
③ 수음자 대책 : 귀마개 착용
④ 전파경로 대책 : 소음원을 흡음재로 감쌈 등

3-2
소음원의 제거 : 가장 효과적이고 적극적인 대책

3-3
소음관리 대책 적용순서
소음원의 제거 → 소음의 차단 → 소음수준의 저감 → 개인보호구 착용

3-4
청력보존 프로그램 시행대상 : 작업환경측정결과 소음수준이 90dB(A) 초과

3-5
단위작업장소에서 소음수준은 규정된 측정위치 및 지점에서 1일 작업시간 동안 6시간 이상 연속 측정하거나 작업시간을 1시간 간격으로 나누어 6회 이상 측정하여야 한다. 다만 소음발생시간이 6시간 이내인 경우나 소음발생원에서의 발생시간이 간헐적인 경우에는 발생시간 동안 연속 측정하거나 등간격으로 나누어 4회 이상 측정하여야 한다.

정답 3-1 ② 3-2 ② 3-3 ③ 3-4 ③ 3-5 ③

3. 진 동

핵심이론 01 진 동

① 진동의 영향
   ㉠ 단기노출 시 : 호흡량 상승, 심박수 증가, 근장력 증가, 스트레스 유발
   ㉡ 장기노출 시
      • 전신진동, 안정감 저하, 활동의 방해, 건강의 약화, 과민반응, 멀미, 순환계, 수면장애
      • 순환계, 자율신경계, 내분비계 등에 생리적 문제 유발, 심리적 문제 유발

② 전신진동 : 주로 운송수단과 중장비 등에서 발견되는 형태로서 바닥, 좌석의 좌판, 등받이와 같이 몸을 받치고 있는 구조물을 통하여 몸 전체에 전해지는 진동
   ㉠ 진동수 5Hz 이하 : 운동성능이 가장 저하됨
   ㉡ 진동수 5~10Hz : 흉부와 복부의 고통
   ㉢ 진동수 10~25Hz : 시성능이 가장 저하됨
   ㉣ 진동수 20~30Hz : 두개골이 공명하기 시작하여 시력 및 청력장애를 초래
   ㉤ 진동수 60~90Hz : 안구의 공명유발
   ㉥ 전신진동은 진폭에 비례하여 추적작업에 대한 효율을 떨어뜨림
   ㉦ 전신진동은 차량, 선박, 항공기 등에서 발생하며 어깨 뭉침, 요통, 관절통증을 유발
   ㉧ 중앙신경계의 처리과정과 관련되는 과업의 성능은 진동의 영향을 비교적 덜 받음

일일노출시간	초과해서는 안 되는 주요 가속도값	
	(m/s^2)	중력가속도(g)
4 ~ 8h 이하	4	0.4
2 ~ 4h 이하	6	0.61
1 ~ 2h 이하	8	0.81
1h 이하	12	1.22

③ 국소진동 : 주로 동력 수공구를 잡고 일할 때 손과 팔을 통해 진동이 전달되는 경우로 수완진동이라고 함
  ㉠ 레이노 현상(Raynaud's Phenomenon)
    - 압축공기를 이용한 진동공구를 사용하는 근로자의 손가락에서 흔히 발생
    - 손가락에 있는 말초혈관 운동의 장애로 인하여 혈액순환이 저해됨
    - 손가락이 창백해지고 동통을 느끼게 됨
    - 한랭한 환경에서 더욱 악화되며 이를 Dead Finger, White Finger 이라고도 부름
    - 발생원인으로 공구의 사용법, 진동수, 진폭, 노출시간, 개인의 감수성 등이 관계함
  ㉡ 뼈 및 관절의 장애
    - 심한 진동을 받으면 뼈, 관절 및 신경, 근육, 건인대, 혈관 등 연부조직에 병변이 나타남
    - 심한 경우 관절연골의 괴저, 천공 등 기형성 관절염, 이단성 골연골염, 가성관절염과 점액낭염, 건초염, 건의 비후, 근위축 등이 생김

진동노출시간	진동실효치(m/s²)
8 ~ 16h	2.2
4 ~ 8h	3.4
2.5 ~ 4h	4.8
1 ~ 2.5h	8.1
25min ~ 1h	12.1
10 ~ 25min	14.4
1 ~ 16min	19.2

핵심예제

1-1. 다음 중 조명 또는 진동에 관한 설명으로 틀린 것은? [14년 1회]

① 산업안전보건법령상 상시 작업하는 장소와 초정밀작업 시 작업면의 조도는 750룩스 이상으로 한다.
② 전신진동은 진폭에 반비례하여 추적 작업에 대한 효율을 떨어뜨리며, 20~25Hz 범위에서 심해진다.
③ 진동을 측정하는 방법은 주파수 분석계, 가속도계 등이 있다.
④ 반사휘광의 처리 방법으로는 간접 조명 수준을 높이고 발광체의 강도를 줄인다.

1-2. 신체에 전달되는 진동은 전신진동과 국소진동으로 구분되는데, 다음 중 진동원의 성격이 다른 것은? [09년 3회]

① 크레인   ② 지게차
③ 그라인더   ④ 대형 운송차량

1-3. 진동에 의한 인체의 영향으로 옳지 않은 것은? [21년 3회]

① 심박수가 감소한다.
② 약간의 과도 호흡이 일어난다.
③ 장시간 노출 시 근육 긴장을 증가시킨다.
④ 혈액이나 내분비의 화학적 성질이 변하지 않는다.

1-4. 전신 진동의 진동수가 어느 정도일 때 흉부와 복부의 고통을 호소하게 되는가? [05년]

① 4~10Hz   ② 8~12Hz
③ 10~20Hz   ④ 20~30Hz

|해설|

1-1
전신진동은 진폭에 비례한다.

1-2
그라인더는 국소진동에 해당한다.

1-3
진동은 심박수 감소가 아닌 심박수 증가를 유발한다.

1-4
진동수 5~10Hz : 흉부와 복부의 고통

정답 1-1 ② 1-2 ③ 1-3 ① 1-4 ①

핵심이론 02 관리방법 및 대책

① 공학적 대책
  ㉠ 진동댐핑 : 탄성을 가진 진동흡수재(고무)를 부착하여 진동을 최소화
  ㉡ 진동격리 : 진동발생원과 작업자 사이의 진동 경로를 차단

② 조직적 대책
  ㉠ 전동 수공구는 적절하게 유지 보수하고 진동이 많이 발생되는 기구는 교체
  ㉡ 작업시간은 매 1시간 연속 진동노출에 대하여 10분 휴식
  ㉢ 지지대를 설치하는 등의 방법으로 작업자가 작업공구를 가능한 적게 접촉
  ㉣ 작업자가 적정한 체온을 유지할 수 있게 관리
  ㉤ 손은 따뜻하고 건조한 상태를 유지
  ㉥ 공구는 가능한 한 낮은 속력에서 작동될 수 있는 것을 선택
  ㉦ 방진장갑 등 진동보호구를 착용하여 작업
  ㉧ 니코틴은 혈관을 수축시키기 때문에 진동공구를 조작하는 동안 금연
  ㉨ 관리자와 작업자는 국소진동에 대하여 건강상 위험성을 충분히 알고 있어야 함
  ㉩ 손가락의 진통, 무감각, 창백화 현상이 발생하면 즉각 전문의료인에게 상담

③ 진동의 유해성 주지
  ㉠ 진동이 인체에 미치는 영향과 증상
  ㉡ 보호구의 선정과 착용 방법
  ㉢ 진동 기계·기구 관리 방법
  ㉣ 진동장해 예방 방법 등

④ 진동기계, 기구의 관리
  ㉠ 해당 진동 기계·기구의 사용설명서 등을 작업장 내에 비치
  ㉡ 진동 기계·기구가 정상적으로 유지될 수 있도록 상시 점검, 보수

핵심예제

다음 중 진동방지 대책으로 적합하지 않은 것은? [07년 3회]
① 공장에서 진동 발생원을 기계적으로 격리한다.
② 작업자에게 방진 장갑을 착용하도록 한다.
③ 진동을 줄일 수 있는 충격흡수장치들을 장착한다.
④ 진동의 강도를 일정하게 유지한다.

|해설|
진동의 강도를 감소시킨다.

정답 ④

4. 고온, 저온 및 기후환경

핵심이론 01 열 스트레스 및 평가

① 체온조절
  ㉠ 항온동물은 체내에서 열을 생산하는 화학적 조절기능과 외부로 열을 방출하는 이학적 조절기능을 가지고 있음
  ㉡ 사람은 주위환경의 변화에 관계없이 항상 심부온도를 일정한 수준(37±1℃)으로 유지해야 함
  ㉢ 화학적·이학적 조절기능이 외부의 기후조건에 따라 적절히 균형을 이룸으로써 일정한 체온을 유지하며, 이들의 균형적 조절은 체온조절 중추에서 이루어짐
  ㉣ 여성은 남성보다 심박수가 크기 때문에 피부온도가 높고, 체지방이 많아 고온환경에 약함

② 실효온도(체감온도, 감각온도)
  ㉠ 온도, 습도, 공기유동이 인체에 미치는 열효과를 하나의 수치로 통합한 것
  ㉡ 상대습도 100%일 때의 건구온도에서 느끼는 것과 동일한 온감
  ㉢ 체감온도에 영향을 주는 요인 : 온도, 습도, 기류
  ㉣ 사무작업의 허용한계 : 15~17℃
  ㉤ 경작업의 허용한계 : 12~15℃
  ㉥ 중작업의 허용한계 : 10~12℃
  ㉦ 보온율(clo단위) : 보온효과는 clo단위로 측정
  ㉧ 열교환에 영향을 주는 4요소 : 온도, 습도, 복사온도, 대류

③ 열손실 및 열평형
  ㉠ 인체 내의 근육조직에서 생산된 열은 피부표면으로 운반되며 대류, 복사, 증발, 전도에 의하여 주위로 방출
  ㉡ 전도에 의한 열 손실이 없는 경우 인체의 열손실
    • 복사(Radiation) : 45%
    • 대류(Convection) : 30%
    • 증발(Evaporation) : 25%
  ㉢ 열평형 : S = M − W ± Cnd ± Cnv ± R − E
    (S : 열축적, M : 대사, E : 증발, R : 복사, Cnd : 전도, Cnv : 대류, W : 일)
    • 열평형 : S = 0
    • 열이득 : S > 0
    • 열손실 : S < 0

④ 대류, 복사, 증발
  ㉠ 대류 : 고온의 액체나 기체가 이동하면서 일어나는 열전달
  ㉡ 복사 : 광속으로 공간을 퍼져나가는 전자기파 에너지
  ㉢ 증발 : 인체의 정상체온 37℃에서 물 1g을 증발시키는 데 필요한 에너지는 2.4kJ/g

⑤ 건습지수(Oxford 지수)
  ㉠ 습건(WD)지수라고도 하며 습구, 건구 온도의 가중 평균치로서 나타냄
  ㉡ WD = 0.85W(습구온도) + 0.15D(건구온도)

⑥ 불쾌지수
  ㉠ 기온과 습도에 의하여 체감온도의 개략적 단위로 사용
  ㉡ 불쾌지수 = 섭씨(건구온도 + 습구온도) × 0.72 ± 40.6
  ㉢ 불쾌지수 = 화씨(건구온도 + 습구온도) × 0.4 + 15
    • 불쾌지수 70 이하 : 모든 사람이 불쾌감을 느끼지 않음
    • 불쾌지수 70~75 이하 : 10명 중 2~3명이 불쾌감을 느낌
    • 불쾌지수 76~80 이하 : 10명 중 5명 이상이 불쾌감을 느낌
    • 불쾌지수 80 이상 : 모든 사람이 불쾌감을 느낌

⑦ 고열장해
  ㉠ 강도순서 : 열사병 > 열소모 > 열경련 > 열발진
  ㉡ 열사병 : 고온작업 시 체온조절계통의 기능이 상실되어 갑자기 의식상실에 빠지고 심하면 사망에 이름
  ㉢ 열소모 : 땀을 많이 흘려 수분과 염분손실이 많음, 두통·구역질·현기증·무기력증·갈증
  ㉣ 열경련 : 고열의 작업환경에서 심한 근육작업 후 발생, 근육수축이 일어나고 탈수와 체내염분농도 부족
  ㉤ 열발진 : 열로 인해 발생하는 피부장해(땀띠)
  ㉥ 산업안전보건법령상 작업환경 측정에 사용되는 고열의 평가는 습구흑구온도지수(WBGT)로 함

핵심예제

1-1. 고온 스트레스의 개인차에 대한 설명 중 틀린 것은?
[19년 1회]

① 나이가 들수록 고온 스트레스에 적응하기 힘들다.
② 남자가 여자보다 고온에 적응하는 것이 어렵다.
③ 체지방이 많은 사람일수록 고온에 견디기 어렵다.
④ 체력이 좋은 사람일수록 고온 환경에서 작업할 때 잘 견딘다.

1-2. 다음 중 고온 작업장에서의 작업 시 신체 내부의 체온 조절 계통의 기능이 상실되어 발생하며, 체온이 과도하게 오를 경우 사망에 이를 수 있는 고열장해를 무엇이라 하는가?
[12년 1회]

① 열소모　　　　② 열사병
③ 열발진　　　　④ 참호족

1-3. 다음 중 고열환경을 종합적으로 평가할 수 있는 지수로 사용되는 것은?
[15년 3회]

① 실효온도(ET)
② 열스트레스지수(HSI)
③ 습구흑구온도지수(WBGT)
④ 옥스퍼드지수(Oxford Index)

1-4. 다음 중 산업 현장에서 열 스트레스(Heat Stress)를 결정하는 주요 요소가 아닌 것은?
[12년 3회]

① 전도(Conduction)　　② 대류(Convection)
③ 복사(Radiation)　　　④ 증발(Evaporation)

|해설|

1-1
체지방이 많은 여자가 고온에 적응하기 힘들다.

1-2
② 열사병 : 체온조절계통의 기능이 상실되어 갑자기 의식상실에 빠지고 심하면 사망에 이름
① 열소모 : 고온에 노출된 후 발생할 수 있는 온도와 관련된 질병(혼동, 탈수증, 현기증, 졸도, 두통 등)
③ 열발진 : 땀관이나 땀관 구멍의 일부가 막혀서 땀이 원활히 표피로 배출되지 못하고 축적되어 작은 발진과 물집이 발생하는 질환
④ 참호족 : 발을 오랜 시간에 걸쳐 축축하고, 비위생적이며 차가운 상태에 노출함으로써 일어나는 질병

1-3
③ 산업안전보건법령상 지정된 고열평가는 습구흑구온도지수(WBGT)로 함
① 체감온도, 감각온도라고도 함
② 열평형식을 근거로 고안한 지수 = 필요증산량/최대증산량
④ 습건지수라고도 함

1-4
열 스트레스를 결정하는 요소는 대류, 복사, 증발이다. 산업현장에서 전도가 일어날 일은 없다.
• 대류 : 고온의 액체나 기체가 이동하면서 일어나는 열전달
• 복사 : 광속으로 공간을 퍼져나가는 전자기파 에너지
• 증발 : 인체의 정상체온 37℃에서 물 1g을 증발시키는 데 필요한 에너지는 2.4kJ/g

정답 1-1 ②　1-2 ②　1-3 ③　1-4 ①

핵심이론 02 고열 및 한랭작업

① 고열작업
- ㉠ 고열발생원에 대한 대책
  - 열물체 방열 : 통상 표면온도가 낮은 물체에 대해서만 실효성이 있음
  - 환 기
    - 밖으로부터 들어오는 시원한 공기는 고열물체에 닿기 전에 작업자에게 불어오도록 함
    - 고열물체 상부에 환기구를 설치하여 더운 공기가 배기되도록 함
    - 환기구에 Fan을 설치하여 환기를 촉진
    - 작업자에게 시원한 바람으로 국소적인 송풍을 시킴
    - 공기정화시설을 갖춘 사무실의 환기기준 : 근로자 1인당 필요한 최소 외기량은 분당 0.57㎥ 이상이며, 환기횟수 4회/h 이상
  - 냉방 : 제한된 공간이 아니면 시설비와 유지비가 많이 드는 것이 단점
  - 통풍방열복 : 극심한 더위에 대해서는 통풍방열복을 착용

② 한랭작업
- ㉠ 적용범위
  - 다량의 액체공기·드라이아이스 등을 취급하는 장소
  - 냉장고·제빙고·저빙고 또는 냉동고 등의 내부
  - 그밖에 법에 따라 노동부장관이 인정하는 장소, 또는 한랭작업으로 인해 근로자의 건강에 이상이 초래될 우려가 있는 장소
  - 한랭작업시 체온을 유지하기 위해 근육활동이 증가
- ㉡ 한랭대책
  - 과음을 피할 것
  - 더운 물과 더운 음식을 섭취할 것
  - 얼음 위에서 오랫동안 작업하지 말 것
- ㉢ 한랭작업 시 신체반응
  - 체표면적이 감소
  - 피부의 혈관이 수축
  - 화학적 대사작용이 증가
  - 근육긴장의 증가와 떨림이 발생

핵심예제

2-1. 다음 중 고열발생원에 대한 대책으로 볼 수 없는 것은? [14년 3회]

① 고온 순환   ② 전체 환기
③ 복사열 차단 ④ 방열제 사용

2-2. 한랭대책에 해당되지 않는 사항은? [21년 3회]
① 과음을 피할 것
② 식염을 많이 섭취할 것
③ 더운 물과 더운 음식을 섭취할 것
④ 얼음 위에서 오랫동안 작업하지 말 것

|해설|

2-1
고열발생원 대책 : 방열, 환기, 냉방, 방열복 착용

2-2
식염섭취는 고열대책이다.
한랭대책
- 과음을 피할 것
- 더운 물과 더운 음식을 섭취할 것
- 얼음 위에서 오랫동안 작업하지 말 것

정답 2-1 ① 2-2 ②

5. 교대작업

핵심이론 01 교대작업

① 교대방향
  ㉠ 전진근무방식이 좋음(주간 → 저녁 → 야간 → 주간)
  ㉡ 야간근무의 교대는 자정 이전에 하고 심야에 하지 않도록 함

② 교대시간
  ㉠ 7시 전 이른 아침교대는 바이오리듬의 장애를 가져옴
  ㉡ 야간반 교대는 자정 이전으로 함
  ㉢ 아침반 교대는 오전 7시 이후로 함

③ 고정적·연속적 야간근무 자제
  ㉠ 연속 3일 이상의 야간작업 자제
  ㉡ 고정교대작업, 상시야간작업 자제

④ 2교대 근무 최소화
  ㉠ 격일제, 2조 2교대, 3조 2교대 자제
  ㉡ 3조 3교대, 4조 3교대 근무가 바람직(8시간 교대제가 적정)
  ㉢ 1일 2교대 근무 시 연속 근무일이 2~3일을 넘지 않아야 함
  ㉣ 교대작업주기를 자주 바꾸는 것은 근무자의 건강에 좋지 않음

⑤ 교대일정은 정기적이고, 근로자가 예측 가능하도록 해야 함

⑥ 가급적 고령자는 교대작업에서 제외

⑦ 근무시간은 8시간씩 교대, 야근을 짧게 함

⑧ 야간근무
  ㉠ 민첩성 감소, 사고발생률 증가
  ㉡ 힘든 작업, 정신적인 노동, 지루한 일은 가급적 주간에 실시하고 가벼운 작업을 야간근무조에 배치
  ㉢ 야간근무는 2~3일 이상 연속하지 않음
  ㉣ 야간근무의 교대는 심야에 하지 않도록 함
  ㉤ 야간근무 종료 후에는 48시간 이상의 휴식을 가짐
  ㉥ 야간작업 시 충분한 양의 조도를 적절한 수준으로 유지

⑨ 휴 식
  ㉠ 야간근무를 마친 후 아침반 근무에 들어가기 전 최소한 24시간 이상 휴식
  ㉡ 야간작업자는 주간작업자보다 연간 쉬는 날이 더 많아야 함
  ㉢ 주중에 쉬는 것보다 주말에 쉴 수 있도록 함
  ㉣ 야간작업 시 03~05시가 가장 피로감을 많이 느끼므로 이 시간에 휴식을 갖도록 함

⑩ 교대작업의 위험요인
  ㉠ 생체주기의 변화와 일주기 리듬의 교란
    • 생체주기 변화로 인체의 호르몬과 대사작용, 세포증식, 인지적 기능 등에 영향
    • 만성피로, 수면장애, 각종 암 등의 건강 문제가 발생
  ㉡ 수면장애 : 야간이나 새벽에 출근하는 노동자에게 흔히 발생
  ㉢ 뇌심혈관 질환 : 생체리듬의 변화로 인한 고혈압, 이상지질혈증, 각종 심혈관 질환이 발생
  ㉣ 유방암을 포함한 각종 암 : 야간작업 시 밝은 조명으로 인해 뇌의 멜라토닌 분비가 억제됨으로써 암 발생 위험이 증가
  ㉤ 소화기계 질환 : 교대작업은 소화성궤양 발병의 주요 인자인 가스트린 및 펩시노겐의 분비를 촉진시킴으로써 소화기계 질환 발생
  ㉥ 골밀도 저하 : 교대작업 종사원의 혈청 비타민 D수준과 골밀도는 주간 근무자에 비해서 낮음

⑪ 교대근무제 관리원칙
  ㉠ 근무시간의 간격은 15~16시간 이상으로 실시
  ㉡ 교대작업의 주기는 2~3일로 실시하고, 차선책으로 2~3주 간격이 좋음
  ㉢ 신체적응을 위해 야간근무의 연속일수는 2~3일로 함
  ㉣ 야근 후 다음 반으로 가는 간격은 48시간 이상 휴식을 취한 후가 적합
  ㉤ 야간 교대시간은 상호 0시 이전에 실시
  ㉥ 야근 시 가(假)수면은 반드시 필요, 보통 2~4시간이 적합
  ㉦ 야근 시 가(假)수면은 90분 이상이 되어야 효과
  ㉧ 체중이 3kg 이상 감소 시 정밀검사 실시

핵심예제

1-1. 교대작업에 관한 설명으로 옳은 것은? [16년 1회]

① 교대작업은 야간 → 저녁 → 주간 순으로 하는 것이 좋다.
② 교대일정은 정기적이고, 근로자가 예측 가능하도록 해야 한다.
③ 신체의 적응을 위하여 야간근무는 7일 정도로 지속되어야 한다.
④ 야간 교대시간은 가급적 자정 이후로 하고, 아침 교대시간은 오전 5~6시 이전에 하는 것이 좋다.

1-2. 교대작업의 주의사항에 관한 설명으로 옳지 않은 것은? [21년 3회]

① 12시간 교대제가 적정하다.
② 야간근무는 2~3일 이상 연속하지 않는다.
③ 야간근무의 교대는 심야에 하지 않도록 한다.
④ 야간근무 종료 후에는 48시간 이상의 휴식을 갖도록 한다.

1-3. 다음 중 교대작업 설계 시 주의할 사항으로 거리가 먼 것은? [15년 3회]

① 교대주기는 3~4개월 단위로 적용한다.
② 가능한 한 고령의 작업자는 교대 작업에서 제외한다.
③ 교대 순서는 주간 → 야간 → 심야의 순서로 교대한다.
④ 작업자가 예측할 수 있는 단순한 교대작업계획을 수립한다.

|해설|

1-1
① 교대작업은 전진근무방식이 좋다(주간 → 저녁 → 야간 → 주간).
③ 신체적응을 위해 야근근무의 연속일수는 2~3일로 한다.
④ 야간 교대시간은 0시 이전, 아침 교대시간은 7시 이후가 좋다.

1-2
8시간 교대제가 적정하다.

1-3
교대작업의 주기는 2~3일로 실시하고 차선책으로 2~3주 간격이 좋다.

정답 1-1 ② 1-2 ① 1-3 ①

CHAPTER 03 산업심리학 및 관계법규

PART 01 핵심이론 + 핵심예제

제1절 | 인간의 심리특성

1. 행동이론

핵심이론 01 집단행동

① 통제적 집단행동
  - ㉠ 제도적 집단행동 : 합리적으로 구성원의 행동을 통제하고 표준화
  - ㉡ 관습 : 풍습, 관례, 관행, 금기
  - ㉢ 유행 : 공통적인 행동양식이나 태도

② 비통제적 집단행동
  - ㉠ 군중(Crowd) : 구성원 사이에 지위나 역할의 분화가 없고, 구성원 각자는 책임감과 비판력을 가지지 않음
  - ㉡ 모브(Mob) : 군중보다 합의성이 없고, 감정에 의해 행동하는 폭동
  - ㉢ 패닉(Panic) : 모브가 공격적이라면 패닉은 방어적
  - ㉣ 심리적 전염 : 유행과 비슷하면서 행동양식이 이상적이며, 비합리성이 강함

핵심예제

1-1. 다음 중 비통제적 집단행동에 해당하지 않는 것은? [10년 1회]

① 군중(Crowd)
② 패닉(Panic)
③ 모브(Mob)
④ 유행(Fashion)

1-2. 다음 중 통제적 집단행동이 아닌 것은? [21년 3회]

① 모브(Mob)
② 관습(Custom)
③ 유행(Fashion)
④ 제도적 행동(Institutional Behavior)

|해설|

1-1
비통제적 집단행동에는 군중, 패닉, 모브, 심리적 전염이 있다.

1-2
모브는 비통제적 집단행동에 속한다. 비통제적 집단행동으로는 군중, 모브, 패닉, 심리적 전염이 있는데, 그 중 모브는 군중보다 합의성이 없고, 감정에 의해 행동하는 폭동이다.

정답 1-1 ④ 1-2 ①

핵심이론 02 인간의 행동특성

① 인간의 성격유형

A형 성격(Type A Personality)	B형 성격(Type B Personality)
• 참을성이 없음 • 성취욕망이 크고 완벽주의 특징 • 언제나 뭔가 하고 있음 • 성격이 급하고 시간에 쫓김 • 한 번에 많은 계획을 세우고 많은 일을 함 • 경쟁적이고 조급함 • 부하직원들에게 위임하기보다는 자신이 스스로 일처리를 함 • 경쟁적이어서 팀의 화합을 도출하기 어려움 • 시간적 제약이 있거나 복수의 상충된 요구가 있는 일을 독자적으로 수행할 경우에 성과가 높음	• 언제나 차분하게 있음 • 유유자적하고 시간에 무관심함 • 한 번에 한 가지씩 계획하고 처리함 • 협조적이고 서두르지 않음 • 부하직원들을 신뢰하며 부하직원들에게 일을 위임함 • 부하직원을 배려하여 팀의 화합을 도출 • 시간이 걸리더라도 정확성이 요구되는 일이나 많은 변수들을 고려해야 하는 일에 성과가 높음

② 인간의 행동수준
  ㉠ 라스무센의 3가지 인간행동수준
    • 지식기반 행동(Knowledge-Based Behavior) : 인지 → 해석 → 사고/결정 → 행동
    • 규칙기반 행동(Rule-Based Behavior) : 인지 → 유추 → 행동
    • 숙련기반 행동(Skill-Based Behavior) : 인지 → 행동
  ㉡ 레빈의 법칙
    • B = f(P,E) [B : 행동(Behavior), P : 개성(Personality), E : 환경(Environment)]
    • 인간의 행동은 개성과 환경의 함수
      - P : 개성(Personality) : 연령, 성격, 경험, 지능, 심신상태
      - E : 환경(Environment) : 인간관계, 작업환경

핵심예제

2-1. 개인의 성격을 건강과 관련하여 연구하는 성격 유형 중 사람의 특성이 공격성, 지나친 경쟁, 시간에 대한 압박감, 쉽게 분출하는 적개심, 안절부절 못함 등의 성격을 가지는 행동 양식은? [11년 1회]

① A형 행동양식
② B형 행동양식
③ C형 행동양식
④ D형 행동양식

2-2. 라스무센(Rasmussen)은 인간 행동의 종류 또는 수준에 따라 휴먼 에러를 3가지로 분류하였는데 이에 속하지 않는 것은? [11년 3회]

① 숙련기반 에러(Skill-Based Error)
② 기억기반 에러(Memory-Based Error)
③ 규칙기반 에러(Rule-Based Error)
④ 지식기반 에러(Knowledge-Based Error)

|해설|

2-1
A형 성격에 대한 설명이다.

2-2
라스무센의 3가지 인간행동수준으로는 지식기반 행동, 규칙기반 행동, 숙련기반 행동이 있다.

정답 2-1 ① 2-2 ②

2. 주의/부주의

핵심이론 01 부주의 원인과 대책

① 주의 특징
  ㉠ 선택성 : 주의는 동시에 2개의 방향에 집중할 수 없음
  ㉡ 방향성 : 한 지점에 집중하면 다른 곳에서는 약해짐
  ㉢ 변동성 : 주의는 장시간 지속할 수 없음, 리듬이 존재

② 부주의 원인과 대책
  ㉠ 외적 원인
    • 작업 환경 조건 불량 : 환경 정비
    • 작업 순서에 부적당 : 작업 순서 정비
  ㉡ 내적 원인
    • 소질적 문제 : 적성 배치
    • 의식의 우회 : 카운슬링
    • 경험과 미경험 : 교육, 훈련
  ㉢ 정신적 원인
    • 주의력 집중 훈련
    • 스트레스 해소 대책
    • 안전 의식의 재고
    • 작업 의욕의 고취
  ㉣ 기능 및 작업적 원인
    • 표준 작업의 습관화
    • 안전 작업 방법 습득
    • 작업 조건의 개선
    • 적성 배치
  ㉤ 설비 및 환경적 원인
    • 표준 작업 제도 도입
    • 작업 환경과 설비의 안전화
    • 긴급 시 안전 작업 대책 수립

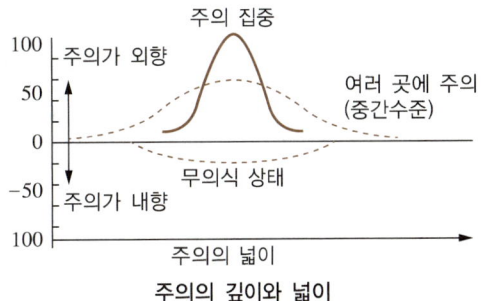

주의의 깊이와 넓이

③ 부주의의 심리적 요인
  ㉠ 망각 : 건망증, 작업 중 망각은 사고와 연결
  ㉡ 소실적 결함 : 신체적 결함(간질의 지병, 심장 질환 등)의 소유자, 작업 배치가 중요
  ㉢ 주변적 동작 : 주위 상황을 보지 않고 작업에만 몰두
  ㉣ 무의식 행동 : 주변적 동작에 의해 행해지는 동작
  ㉤ 의식의 우회 : 개인적 고민거리, 가정불화 등으로 집중곤란
  ㉥ 생략 : 작업자가 피로하거나 작업이 급할 때, 작업 시 침착성과 피로회복이 중요
  ㉦ 억측 판단 : 자기 멋대로의 주관적인 판단이나 희망적인 관찰에 의한 행위
  ㉧ 걱정거리 : 작업 외의 문제 때문에 발생되는 각종 고민거리에 의한 불안전 행동

핵심예제

1-1. 주의력 수준은 주의의 넓이와 깊이에 따라 달라지는데 다음 [그림]의 A, B, C에 들어갈 가장 알맞은 내용은?
[09년 3회]

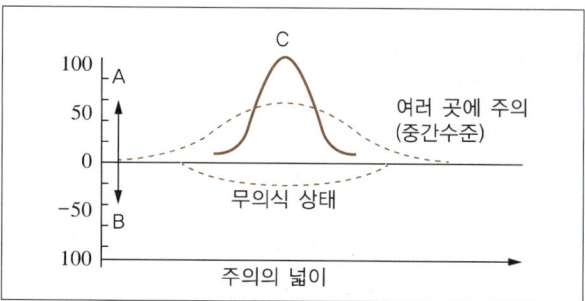

① A : 주의가 내향, B : 주의가 외향, C : 주의 집중
② A : 주의가 외향, B : 주의가 내향, C : 주의 집중
③ A : 주의 집중, B : 주의가 내향, C : 주의가 외향
④ A : 주의가 내향, B : 주의 집중, C : 주의가 외향

1-2. 다음 중 부주의에 대한 사고방지 대책으로 적절하지 않은 것은?
[15년 1회]

① 적성배치 ② 작업의 표준화
③ 주의력 분산훈련 ④ 스트레스 해소대책

1-3. 부주의의 발생원인 중 내적 요인이 아닌 것은? [05년]

① 소질적 문제 ② 작업순서의 부자연성
③ 의식의 우회 ④ 경험부족

|해설|

1-1
주의의 깊이와 넓이에 대한 설명이다. 그래프에서 y축 주의의 깊이에서 외향이란 주의를 기울여 사물을 관찰하는 상태이고, 내향은 신경계가 활동하지 않는 공상이나 잡념을 가지고 있는 상태이다. x축의 주의의 넓이에서 넓게 퍼져 있는 것은 주의력이 분산되어 있음을 의미한다.

1-2
주의력 집중훈련이 필요하다.

1-3
작업순서의 부자연성은 외적 요인이다.

정답 1-1 ② 1-2 ③ 1-3 ②

3. 의식단계

핵심이론 01 의식의 특성

① 의식수준

구 분	의식모드	주의의 작용모드	행동 수준	신뢰성
0 (δ파)	무의식, 실신	Zero	수 면	0
I (θ파)	의식몽롱, 피로, 단조	활발하지 않음(부주의)	과로, 졸음	낮음 (0.9 이하)
II (α파)	정상(느긋), 안전, 휴식, 정상작업시	수동적(Passive, 마음의 내측으로 작동)	안정, 휴식	높음 (0.99 ~ 0.99999)
III (β파)	정상(분명한 의식)	적극적(Active)	적극 활동	매우 높음 (0.999999 이상)
IV (β파, 간질파)	과긴장, 흥분, 패닉	주의과다 (일점에만 고집)	당 황	매우 낮음 (0.9 미만)

㉠ phase 0 : 무의식 상태(수면상태, 실신한 상태 등)이기 때문에, 작업 중에는 있을 수 없는 상태

㉡ phase I
- 뇌파에서는 θ파가 스트레스 수준과 성과 수준과의 관계로 우세한 상태로서 술에 취해 있거나 망연히 하고 있는 때 또는 앉아서 졸고 있는 때와 같은 의식상태
- 의식이 둔하고 강한 부주의 상태가 계속되며, 깜박 잊는 일과 실수가 많음

㉢ phase II
- α파에 대응하는 의식수준이고 보통의 의식 상태
- 단순한 일을 하고 있는 때와 같이 마음이 편안한 상태
- 예측기능이 활발하지 않고 사태를 분석하는 능력이 발휘되지 않는 상태
- 휴식 시의 편안한 상태, 전두엽은 그다지 활동하고 있지 않아 깜박하는 실수를 하기 쉬움

② phase Ⅲ
  - β파의 의식수준으로서, 적당한 긴장감과 주의력이 작동하고 있음
  - 의식수준이 명료하고 가장 적극적인 활동이 이루어짐
  - 사태의 분석, 예측능력이 가장 잘 발휘되고 있는 상태로 의식은 밝고 맑음
  - 전두엽이 완전히(활발히) 활동하고 있고, 실수를 하는 일도 거의 없음
⑩ phase Ⅳ
  - 긴장의 과대 또는 정동(情動)흥분 시의 상태
  - 대뇌의 에너지 수준은 매우 높지만, 주의가 눈앞의 한 점에 집중되어 사고협착에 빠져 있음
  - 냉정한 분석이나 올바른 판단에 의한 임기응변의 대응이 불가능
  - 실수를 범하기 쉽게 되고, 심하면 패닉상태가 되어 당황하거나 공포감이 엄습하여 대외의 정보처리기능이 분열상태에 빠짐
  - 신뢰도는 phase Ⅰ 보다 더 낮음(phase Ⅲ > phase Ⅱ > phase Ⅰ > phase Ⅳ > phase 0)

② 부주의 종류
  ㉠ 의식의 단절(의식수준 : phase 0 상태)
    - 의식의 공백상태로 인지와 판단이 불가능
    - 지속적인 의식의 흐름에 단절이 생기고 공백의 상태가 나타남
  ㉡ 의식의 우회(의식수준 : phase 0 상태)
    - 작업도중의 걱정, 고뇌, 욕구불만
    - 의식이 내면으로 향하면 주의력도 내부로 향하게 되고 외부의 정보를 받아들이는 데 소홀
  ㉢ 의식수준의 저하(의식수준 : phase Ⅰ 이하 상태)
    - 의식수준을 긴장한 상태로 장시간 유지할 수 없어 발생
    - 혼미한 정신상태에서 심신이 피로할 경우나 단조로운 작업 등의 경우에 일어나기 쉬움
  ㉣ 의식의 과잉(의식수준 : phase Ⅳ 상태, 주의의 일점 집중 현상)
    - 주의력이 한 곳에만 집중되어 넓게 생각하고 판단하기 어렵게 됨
    - 지나친 의욕에 의해서 생기는 부주의 현상
    - 돌발사태 및 긴급이상 사태 시 순간적으로 긴장, 의식이 한 방향으로만 쏠리게 됨
  ㉤ 의식의 혼란(의식수준 : phase Ⅱ 상태)
    - 외부 자극이 너무 약하거나 너무 강할 때 또는 외적 자극에 문제가 있을 때
    - 외적 자극 의식이 분산, 작업이 잠재되어 있는 위험요인에 대응할 수 없음

핵심예제

1-1. 다음 중 과도로 긴장하거나 감정 흥분 시의 의식수준단계로 대외의 활동력은 높지만 냉정함이 결여되어 판단이 둔화되는 의식수준 단계는? [15년 1회]

① phase Ⅰ ② phase Ⅱ
③ phase Ⅲ ④ phase Ⅳ

1-2. 뇌파의 유형에 따라 인간의 의식수준을 단계별로 분류할 수 있다. 다음 중 의식이 명료하며 가장 적극적인 활동이 이루어지고 실수의 확률이 가장 낮은 단계는? [14년 1회]

① Ⅰ단계 ② Ⅱ단계
③ Ⅲ단계 ④ Ⅳ단계

|해설|

1-1
phase Ⅳ : 긴장의 과대 또는 정동(情動)흥분 시의 상태

1-2
phase Ⅲ
- β파의 의식수준으로서, 적당한 긴장감과 주의력이 작동하고 있음
- 의식수준이 명료하고 가장 적극적인 활동이 이루어짐
- 사태의 분석, 예측능력이 가장 잘 발휘되고 있는 상태로 의식은 밝고 맑음

정답 1-1 ④ 1-2 ③

핵심이론 02 피 로

① 피로의 종류
  ㉠ 정신적 피로 : 정신적 긴장에 의한 중추신경계의 피로
  ㉡ 육체적 피로 : 육체적 근육에서 일어나는 피로이며 일종의 신체 피로

② 생화학적 검사를 통한 피로 측정방법
  ㉠ 근기능 검사
  ㉡ 호흡기능 검사
  ㉢ 순환기능 검사
  ㉣ 자율신경기능 검사
  ㉤ 감각기능 검사
  ㉥ 심적기능 검사

③ 피로의 요인

기계적 요인	인간적 요인
• 기계의 종류 • 조작부분의 배치 • 조작부분의 감촉 • 기계이해의 난이도 • 기계의 색채	• 생체적 리듬 • 정신적·신체적 상태 • 작업시간과 시각, 속도, 강도 • 작업내용, 작업태도, 작업숙련도 • 작업환경, 사회적 환경

④ 피로의 3대 특징
  ㉠ 능률의 저하
  ㉡ 생체의 다각적인 기능의 변화
  ㉢ 피로의 지각 등의 변화

⑤ 피로의 측정방법
  ㉠ 생리학적 방법
  ㉡ 생화학적 방법
  ㉢ 심리학적 방법

생리학적 측정	생화학적 측정	심리학적 측정
• 근전도(EMG ; Electro Myo Gram) • 심전도(ECG ; Electro Cardio Gram) • 안전도(EOG ; Electro Oculo Gram) • 전기피부반응(GSR ; Galvanic Skin Response) • 점멸융합주파수(FFF ; Flicker-Fusion Frequency) • 산소소비량 • 에너지소비량 • 인지역치 측정	• 혈액 수분 • 혈색소 농도 • 응혈 시간 • 요중 스테로이드양 • 아드레날린 배설량	• 주의력 테스트 • 집중력 테스트 • 플리커법 • 연속색명 호칭법 • 뇌파측정법(EEG) • 변별역치 측정

⑥ 피로의 예방과 대책
  ㉠ 조직적 대책
    • 동적인 작업을 늘리고, 정적인 작업을 줄임
    • 작업부하 측면의 개선, 작업환경 정비, 정돈
    • 작업편성의 자율화, 작업시간 조절
    • 작업과정에 적절한 휴식시간을 삽입
    • 불필요한 동작을 피하고 에너지 소모를 줄임
    • 힘든 노동은 가능한 한 기계화
    • 너무 정적인 작업은 동적인 작업으로 전환
    • 작업속도를 너무 빠르게, 느리게 하지 않음
    • 개인에 따라 작업속도와 작업량 조절
    • 장시간 한 번의 휴식보다 단시간씩 여러 번 나누어 휴식
    • 작업시간 전후, 작업도중에 체조 또는 오락시간을 가짐
    • 작업공구, 기계, 작업자세가 인간공학적으로 고안되어야 함
    • 교대제 등이 노동생리적으로 보아 적합하게 이루어져야 함
    • 충분한 수면, 충분한 영양을 공급받음

ⓒ 개인적 대책
- 자기 능력에 맞는 작업
- 작업 도중에 충분한 휴식
- 작업의 구획이 정연한 작업
- 휴식 등을 이용한 적절한 시각의 전환
- 작업의 순서를 고려
- 용이한 작업대상물의 조작
- 충분한 수면
- 영양보급
- 적절한 기분전환
- 적극적으로 여가를 활용

ⓒ 집단적 대책
- 빠른 속도의 작업은 완충방안을 삽입
- 적절한 작업내용의 변화나 교대
- 자연스러운 작업자세를 취할 수 있을 것
- 적절한 작업량, 책임의 분담
- 가능한 한 규칙적 생활리듬을 유지할 수 있는 근무시간제를 운영
- 평온한 휴일, 휴가를 가질 수 있도록 할 것

ⓔ 회복대책
- 충분한 영양섭취
- 커피, 홍차, 엽차, 특히 비타민 B1이 피로회복에 도움이 됨
- 작업 후의 목욕, 마사지를 하여 혈액순환을 원활하게 함
- 커피, 코코아, 홍차, 엽차 등의 섭취는 카페인, 데오브로민 물질이 심장활동을 자극하여 피로회복에 도움을 줌
- 중추신경의 흥분작용이 큰 순서 : 카페인 > 데오피린 > 데오브로민
- 이뇨작용, 혈관확대작용이 큰 순서 : 데오피린 > 데오브로민 > 카페인(커피에는 카페인만, 코코아에는 데오브로민만 들어 있음)
- 약물은 습관성이므로 주의를 요함

핵심예제

2-1. 다음 중 작업에 수반되는 피로를 줄이기 위한 대책으로 적절하지 않은 것은? [21년 3회]

① 작업부하의 경감
② 작업속도의 조절
③ 동적 동작의 제거
④ 작업 및 휴식시간의 조절

2-2. 피로의 원인은 기계적 요인과 인간적 요인으로 나눌 수 있다. 피로를 발생시키는 인간적인 요인이 아닌 것은? [05년 3회]

① 정신적인 상태
② 작업시간과 속도
③ 작업숙련도
④ 경제적 조건

2-3. 다음 중 피로의 측정대상 항목에 있어 플리커, 반응시간, 안구운동, 뇌파 등을 측정하는 검사방법은? [11년 3회]

① 정신·신경기능검사
② 순환기능검사
③ 자율신경검사
④ 운동기능검사

|해설|

2-1
작업에 수반되는 피로를 줄이기 위해서는 동적 동작을 늘리고 정적 동작을 줄여야 한다.

2-2

기계적 요인	인간적 요인
• 기계의 종류 • 조작부분의 배치 • 조작부분의 감촉 • 기계이해의 난이도 • 기계의 색채	• 생체적 리듬 • 정신적·신체적 상태 • 작업시간과 시각, 속도, 강도 • 작업내용, 작업태도, 작업숙련도 • 작업환경, 사회적 환경

2-3
플리커, 반응시간, 안구운동, 뇌파 등의 검사는 피로측정을 위한 정신·신경기능검사이다.

정답 2-1 ③ 2-2 ④ 2-3 ①

4. 반응시간

핵심이론 01 반응시간

① 정 의
  ㉠ 외부에서 받은 자극을 감각, 지각하여 이에 대하여 동작을 시작하기까지 걸리는 시간
  ㉡ 총반응시간(Response Time) = 반응시간(Reaction Time) + 동작시간(Movement Time)
    • 반응시간 : 머릿속에서만 자극의 내용을 알아차리는 시간
    • 총반응시간 : 머릿속에서 이해한 후 이에 대한 동작으로 반응한 동작시간까지 더한 시간
  ㉢ 신체반응시간이 빠른 순서 : 청각 > 시각 > 미각 > 통각

② 자극과 요구되는 반응의 수에 따른 반응시간
  ㉠ 단순반응시간(Simple RT) - A 반응시간
    • 하나의 자극 신호에 대하여 하나의 반응만을 요구할 때 측정되는 반응시간
    • 영향을 미치는 변수로 자극 양식, 자극의 특성, 자극 위치, 연령 등이 있음
  ㉡ 선택반응시간(Choice RT) - B 반응시간
    • 두 개 이상의 자극이 제시되고 각각의 자극에 대하여 다른 반응이 요구될 때 측정되는 반응시간
    • 적색 · 청색 · 황색 불빛이 제시되는 경우, 각각의 자극에 대한 서로 다른 세 가지의 반응 버튼을 누르는 과제
    • Choice RT = $a + b\log_2 N$ [a, b는 경험적인 상수, N은 자극과 반응의 대안 수(Hick's Law)]
  ㉢ 변별반응시간(Discrimination RT) - C 반응시간
    • 두 개 이상의 자극이 제시되고 어느 특정한 자극에 대해서만 반응할 때 측정되는 반응시간
    • 특정한 자극 이외의 다른 자극에 대해서는 아무런 반응을 하지 않음

③ 피츠의 법칙(Fitts's Law)
  ㉠ 이동시간은 이동길이가 클수록, 폭이 작을수록 오래 걸린다는 법칙
  ㉡ MT(Movement Time) = $a + b\log_2(2D/W)$ (D : 목표물까지의 거리, W : 목표물의 폭)
  ㉢ 인간의 행동에 대해 속도와 정확성 간의 관계를 설명하는 기본법칙
  ㉣ 시작점에서 목표로 하는 지역에 얼마나 빠르게 닿을 수 있는지 예측
  ㉤ 목표물에 도달하기까지의 시간은 목표물과의 거리와 크기에 의해 결정
  ㉥ 도달시간은 목표물의 크기가 작아질수록, 속도와 정확도가 나빠짐
  ㉦ 도달시간은 목표물과의 거리가 멀어질수록 더 걸림
  ㉧ 손과 발의 동작시간(이동시간)은 목표지점까지의 손, 발의 이동거리와 목표물의 거리, 크기에 영향을 받음

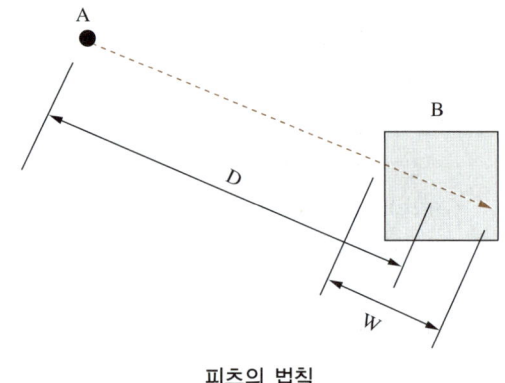

피츠의 법칙

  ㉨ 난이도지수(Index of Difficulty ; ID) = $\log_2(2D/W)$

④ 힉의 법칙(Hick's Law)
  ㉠ 선택반응시간은 선택지의 가짓수에 따라 결정된다는 법칙
  ㉡ RT(Response Time) = $a + b\log_2 N$ (a, b는 경험적인 상수, N은 자극과 반응의 대안 수)
  ㉢ 자극의 수가 2개이면 : RT = $a + b\log_2 2 = a + b$
  ㉣ 자극의 수가 4개이면 : RT = $a + b\log_2 4 = a + 2b$
  ㉤ 반응은 단순반응, 변별반응, 선택반응이 있음
    • 단순반응 : 주어지는 자극이 1개이고 이에 대해 무조건 1개의 반응
    • 변별반응 : 자극의 종류가 2개인데 오직 1개의 정해진 자극에 대해서만 반응
    • 선택반응 : 자극의 종류가 2개 이상, 반응도 2개 이상
  ㉥ 선택지가 많아지면 시간이 기하급수적으로 증가할 것으로 생각되나 힉의 법칙에 의하면 그렇지 않음
  ㉦ 선택지가 1에서 100까지 늘어나도 시간은 1에서 6.6 밖에 증가하지 않음

- ◎ 인간은 매우 단순하고 단일한 선택을 함
- ㅈ 선택지가 100개가 있다면 우선 반으로 나누고 다시 반으로 나누는 일을 되풀이 함
- ㅊ 선택지가 100개든 10개든 시간은 그리 큰 차이를 보이지 않음
- ㅋ 이러한 과정을 Binary Search, Binary Elimination이라 함

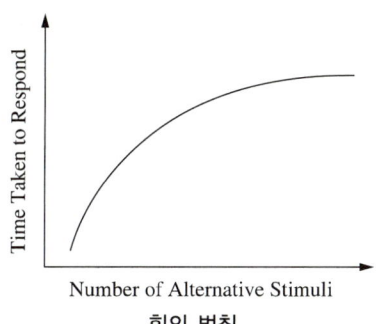

힉의 법칙

선택지(n)	시간(T)
1	1.0
2	1.6
3	2.0
10	3.5
20	4.3
100	6.6

핵심예제

1-1. 다음 중 반응시간에 관한 설명으로 옳은 것은?
[11년 3회]

① 자극이 요구하는 반응을 행하는데 걸리는 시간을 말한다.
② 반응해야 할 신호가 발생한 때부터 반응이 종료될 때까지의 시간을 말한다.
③ 단순반응시간에 영향을 미치는 변수로는 자극 양식, 자극의 특성, 자극 위치, 연령 등이 있다.
④ 여러 개의 자극을 제시하고, 각각에 대한 서로 다른 반응을 과제로 준 후에 자극이 제시되어 반응할 때까지의 시간을 단순반응시간이라 한다.

1-2. 많은 동작들이, 바뀌는 신호등이나 청각적 경계신호와 같은 외부자극을 계기로 하여 개시된다. 자극이 있은 후 동작을 개시하기까지 걸리는 시간을 무엇이라 하는가?
[10년 1회]

① 동작시간 ② 반응시간
③ 감지시간 ④ 정보처리시간

1-3. Hick-Hyman의 법칙에 의하면, 인간의 반응시간(RT)은 자극 정보의 양에 비례한다고 한다. 자극정보의 개수가 2개에서 8개로 증가한다면 반응시간은 몇 배로 증가하겠는가?
[21년 3회]

① 3배 ② 4배
③ 16배 ④ 32배

1-4. Hick's Law에 따르면, 인간의 반응시간은 정보량에 비례한다. 단순반응에 소요되는 시간이 150ms이고, 단위 정보량당 증가되는 반응시간이 200ms라고 한다면, 2bits의 정보량을 요구하는 작업에서의 예상반응시간은 몇 mms인가?
[11년 1회]

① 400 ② 500
③ 550 ④ 700

1-5. 다음 중 선택반응시간(Hick의 법칙)과 동작시간(Fitts의 법칙)의 공식에 대한 설명으로 옳은 것은?

[14년 1회]

┌─보기─────────────────────────┐
선택반응시간 = a + b$\log_2 N$
동작시간 = a + b$\log_2(\frac{2A}{W})$
└──────────────────────────────┘

① N은 감각기관의 수, A는 목표물의 너비, W는 움직인 거리를 나타낸다.
② N은 자극과 반응의 수, A는 목표물의 너비, W는 움직인 거리를 나타낸다.
③ N은 감각기관의 수, A는 움직인 거리, W는 목표물의 너비를 나타낸다.
④ N은 자극과 반응의 수, A는 움직인 거리, W는 목표물의 너비를 나타낸다.

해설

1-1
①·② 외부에서 받은 자극을 감각, 지각하여 이에 대하여 동작을 시작하기까지 걸리는 시간
④ 하나의 자극 신호에 대하여 하나의 반응만을 요구할 때 측정되는 반응시간으로 영향을 미치는 변수로 자극 양식, 자극의 특성, 자극 위치, 연령 등이 있음

1-2
반응시간 : 외부에서 받은 자극을 감각, 지각하여 이에 대하여 동작을 시작하기까지 걸리는 시간

1-3
힉-하이만(Hick-Hyman)의 법칙은 반응시간은 자극의 정보량에 로그에 비례하여 증가한다는 법칙이다. 힉-하이만의 법칙에서 RT(Response Time) = a + b$\log_2 N$이므로, 정보의 개수가 2개일 때는 $\log_2 2$, 정보의 개수가 8개일 때는 $\log_2 8$이다. $\log_2 8/\log_2 2$ = 3이므로 정답은 3배이다(a, b는 상수).

1-4
• 정보량(H) = $\log_2 N$ = $\log_2 2$ = 1bit
• RT = a + b$\log_2 N$에서, RT = 150 + 200 $\log_2 4$ = 150 + 400 = 550

1-5
피츠의 법칙(Fitts's Law)
• 이동시간은 이동길이가 클수록, 폭이 작을수록 오래 걸린다는 법칙
• MT(Movement Time) = a + b$\log_2(2A/W)$ (A : 목표물까지의 거리, W : 목표물의 폭)

정답 1-1 ③ 1-2 ② 1-3 ① 1-4 ③ 1-5 ④

5. 작업동기

핵심이론 01 동기부여이론

내용이론 : 무엇이 동기를 유발시키는가?	과정이론 : 어떤과정을 거쳐 동기부여가 되는가?	강화이론 : 무엇이 동기부여 수준을 지속시키는가?
• 매슬로우의 욕구단계이론 • 허즈버그의 2요인이론 • 알더퍼의 ERG이론 • 맥클랜드의 성취동기이론(성취, 친교, 권력) • 맥그리거(MCGregor)의 X,Y이론	• 브룸의 기대이론 • 아담스의 공정성이론 • 로크의 목표설정이론	스키너의 강화이론

① 내용이론
  ㉠ 매슬로우(Maslow)의 욕구단계이론
    • 욕구의 강도와 충족 측면에서 계층적 구조로 표현
    • 하위욕구가 만족되어야 상위욕구 수준으로 높아짐
    • 매슬로우의 욕구 6단계
      – 1단계 : 생리적 욕구(Physiological Needs)
      – 2단계 : 안전의 욕구(Safety Security Needs)
      – 3단계 : 사회적 욕구(Acceptance Needs)
      – 4단계 : 존경의 욕구(Self-Esteem Needs)
      – 5단계 : 자아실현의 욕구(Self-Actualization)
      – 6단계 : 자아초월의 욕구(Self-Transcendence) = 자아초월 = 이타정신 = 남을 배려하는 마음
  ㉡ 허즈버그(Herzberg)의 2요인이론
    • 직무만족과 직무불만족은 서로 다른 독립된 차원이며, 직무만족을 높이기 위해서는 동기요인을 강화해야 함
    • 위생요인(유지욕구) : 개인적 불만족을 방지해주지만 동기부여가 안 되는 요인으로 임금, 작업환경, 보상, 지위, 정책 등의 환경적인 요소들을 말함
    • 동기요인(만족욕구) : 개인으로 하여금 열심히 일하게 하고, 성과도 높여주는 요인으로 성장, 성취감, 책임감 등이 있음
    • 동기부여방법
      – 새롭고 힘든 과정을 부여
      – 불필요한 통제를 제거

- 자연스러운 단위의 도급작업을 부여할 수 있도록 일을 조정
- 자기과업을 위한 책임감 증대
- 정기보고서를 통한 직접적인 정보제공
- 특정작업을 할 기회를 부여

위생요인(직무환경)	동기요인(직무내용)
• 회사정책 및 관리 • 개인상호 간의 관계 • 임금, 보수, 작업조건 • 지위, 안전	• 성취감 • 안정감 • 성장과 발전 • 도전감, 일 그 자체

ⓒ 알더퍼(Alderfer)의 ERG이론
- 매슬로우와 달리 동시에 두 가지 이상의 욕구가 작용할 수 있다고 주장
  - 생존이론(Existence) : 유기체의 생존과 유지에 관한 욕구
  - 관계이론(Relatedness) : 대인욕구
  - 성장이론(Growth) : 개인발전과 증진에 관한 욕구

ⓓ 맥클랜드(Mcclelland)의 성취동기이론
- 성취욕구가 높은 사람들은 위험을 즐김
- 성공에서 얻어지는 보수보다는 성취 그 자체와 그 과정에 보다 더 많은 관심을 기울임
- 과업에 전념하여 그 목표가 달성될 때까지 자신의 노력을 경주

ⓔ 맥그리거(McGregor)의 X, Y이론
- 환경개선보다는 일의 자유화 추구 및 불필요한 통제를 없앰
- 인간의 본질에 대한 기본적인 가정을 부정론과 긍정론으로 구분
- X이론 : 인간불신감, 성악설, 물질욕구(저차원욕구), 명령 및 통제에 의한 관리, 저개발국형
- Y이론 : 상호신뢰감, 성선설, 정신욕구(고차원욕구), 자율관리, 선진국형

X이론(악)	Y이론(선)
인간 불신감	상호 신뢰감
성악설	성선설
인간은 원래 게으르고 태만하여 남의 지배를 받기를 즐김	인간은 부지런하고 근면 적극적이며 자주적
물질 욕구(저차원 욕구)	정신 욕구(고차원 욕구)
명령 통제에 의한 관리	목표 통합과 자기통제에 의한 자율관리
저개발국형	선진국형
수직적 리더십	수평적 리더십
금전적 보상	정신적 보상
직무의 단순화	직무의 정교화

② 과정이론
ⓐ 브룸(Vroom)의 기대이론
- 개인의 동기부여 정도가 행동양식을 결정(기대감, 수단성, 유의성)
- 기대감(Expectancy) : 열심히 일하면 높은 성과를 올릴 것이라고 생각하는 정도
- 유의성(Valence) : 직무 결과에 대해 개인이 느끼는 가치
- 수단성(Instrumentality) : 직무 수행의 결과로써 보상이 주어질 것이라고 믿는 정도
- 자신이 바라는 것을 얻을 확률이 큰 방향으로 행동
- 여러 대안들 중에서 가장 이익이 되는 방향으로 행동

ⓑ 아담스(Adams)의 공정성 이론
- 인지부조화 이론에 기초
- 개인이 다른 사람들과 비교하여 얼마나 공정한 대우를 받는가 하는 느낌을 중요시하는 이론
- 동기부여 과정은 자신의 투입 대 산출비율과 타인의 투입 대 산출비율의 비교로 불공정성을 지각

ⓒ 로크(Locke)의 목표설정 이론
- 종업원이 직무를 수행함에 있어 달성해야 할 목표를 분명히 설정
- 작업상황에서의 일차적 동기를 특정목표를 성취하려는 욕망으로 설명
- 목표가 수용가능한 것이라면 동기가 유발된다는 이론
- 목표에 의한 관리(MBO)의 이론적 모태가 됨
- 목표가 조직 구성원의 동기와 행동에 영향을 미친다고 봄

③ 강화이론
ⓐ 스키너(Skinner)의 강화이론
- 자극, 반응, 보상의 3가지 핵심변인을 가지고 있으며, 표출된 행동에 따라 보상을 주는 방식에 기초한 동기이론
- 사람들이 바람직한 결과를 이끌어 내기 위해 단지 어떤 자극에 대해 수동적으로 반응하는 것이 아니라 환경상의 어떤 능동적인 행위를 한다는 이론

- 강화의 원칙은 손다이크의 "결과의 법칙"에 근거를 둠
- 결과의 법칙 : 유쾌한 결과를 가져오는 행위는 장래에 반복될 가능성이 높다는 것을 의미하며 효과의 법칙이라고도 함

④ 기 타
  ㉠ 자기조절이론 : 바람직한 상태와 현재 상태 간의 차이를 피드백을 통해 자기 행동조절을 하게 됨
  ㉡ 작업설계이론
    - 동기를 유발하는 근원이 개인 내에 있는 것이 아니라 작업이 수행되는 환경에 있음
    - 직무가 적절하게 설계되어 있다면 작업 자체가 개인의 동기를 촉진시킬 수 있음
    - 직무환경요인을 중시함
  ㉢ 데이비스(Davis)의 동기부여이론
    - 경영의 성과 = 인간의 성과 × 물질의 성과
    - 인간의 성과 = 능력(Ability) × 동기(Motivation)
      - 능력 = 지식(Knowledge) × 기술(Skill)
      - 동기 = 상황(Situation) × 태도(Attitude)

동기 및 욕구이론의 비교

매슬로우(Maslow) 욕구 6단계설	알더퍼(Alderfer) ERG이론	허즈버그(Herzberg) 2요인론	맥그리거(McGregor) X, Y이론	데이비스(K. Davis) 동기부여이론
자아초월의 욕구 (Self-Transendence)	Growth (성장 욕구)	동기요인 (만족 욕구)	Y이론	경영의 성과 = 인간의 성과 × 물질의 성과
자아실현 욕구 (Self-Actualization)				
존경의 욕구 (Self-Esteem Needs)				
사회적 욕구 (Acceptance Needs)	Relatedness (관계 욕구)	위생요인 (유지 욕구)	X이론	인간의 성과 = 능력 × 동기유발
안전의 욕구 (Safety Security Needs)				능력 = 지식 × 기술
생리적 욕구 (Physiological Needs)	Existence (생존 욕구)			동기유발 = 상황 × 태도

핵심예제

1-1. 다음 중 매슬로우(A. H. Maslow)의 인간욕구 5단계를 올바르게 나열한 것은? [15년 1회]

① 생리적 욕구 → 사회적 욕구 → 안전 욕구 → 자아실현의 욕구 → 존경의 욕구
② 생리적 욕구 → 안전 욕구 → 사회적 욕구 → 자아실현의 욕구 → 존경의 욕구
③ 생리적 욕구 → 안전 욕구 → 사회적 욕구 → 존경의 욕구 → 자아실현의 욕구
④ 생리적 욕구 → 사회적 욕구 → 안전 욕구 → 존경의 욕구 → 자아실현의 욕구

1-2. 다음 중 알더퍼(P. Alderfer)의 ERG이론에서 3단계로 나눈 욕구 유형에 속하지 않는 것은? [13년 3회]

① 성장 욕구
② 존재 욕구
③ 관계 욕구
④ 성취 욕구

1-3. 다음 중 직무만족과 직무불만족은 서로 다른 독립된 차원이며, 직무만족을 높이기 위해서는 동기 요인을 강화해야 한다고 설명하는 이론은? [13년 1회]

① Alderfer의 ERG이론
② McGregor의 X, Y이론
③ Herzberg의 2요인이론
④ Maslow의 욕구위계이론

1-4. 다음 중 맥그리거(McGregor)가 주장한 Y이론의 관리처방에 해당되지 않은 것은? [12년 3회]

① 목표에 의한 관리
② 민주적 리더십의 확립
③ 분권화와 권한의 위임
④ 경제적 보상체제의 강화

| 해설 |

1-1

매슬로우(Maslow)의 욕구 6단계
- 1단계 : 생리적 욕구(Physiological Needs)
- 2단계 : 안전의 욕구(Safety Security Needs)
- 3단계 : 사회적 욕구(Acceptance Needs)
- 4단계 : 존경의 욕구(Self-Esteem Needs)
- 5단계 : 자아실현의 욕구(Self-Actualization)
- 6단계 : 자아초월의 욕구(Self-Transcendence) = 자아초월 = 이타정신 = 남을 배려하는 마음

1-2

알더퍼(Alderfer)의 ERG이론
- 생존이론(Existence) : 유기체의 생존과 유지에 관한 욕구
- 관계이론(Relatedness) : 대인욕구
- 성장이론(Growth) : 개인발전과 증진에 관한 욕구

1-3

허즈버그(Herzberg)의 2요인 이론
직무만족과 직무불만족은 서로 다른 독립된 차원이며, 직무만족을 높이기 위해서는 동기요인을 강화해야 함

1-4

경제적 보상체제의 강화는 X이론에 해당한다.

정답 1-1 ③ 1-2 ④ 1-3 ③ 1-4 ④

제2절 | 휴먼 에러

1. 휴먼 에러 유형

핵심이론 01 오류 모형

① 휴먼 에러의 종류
  ㉠ Swain과 Guttman의 분류(심리적 측면에서의 분류)
   - 실행 에러(Commission Error) : 작업 내지 단계는 수행하였으나 잘못한 에러
   - 생략 에러(Omission Error) : 필요한 작업 내지 단계를 수행하지 않은 에러
   - 순서 에러(Sequential Error) : 작업수행의 순서를 잘못한 에러
   - 시간 에러(Timing Error) : 주어진 시간 내에 동작을 수행하지 못하거나 너무 빠르게 또는 너무 느리게 수행하였을 때 생긴 에러
   - 불필요한 행동 에러(Extraneous Act Error) : 해서는 안 될 불필요한 작업의 행동을 수행한 에러
  ㉡ 차페니스(A. Chapanis)에 의한 분류
   - 연락 에러
   - 작업공간 에러
   - 지시 에러
   - 시간 에러
   - 예측 에러
   - 연속응답 에러
  ㉢ 라스무센의 행동기반 오류를 기반으로 한 휴먼 에러
   - 지식기반 착오(Knowledge-Based Mistake) : 무지로 발생하는 착오
   - 규칙기반 착오(Rule-Based Mistake) : 규칙을 알지 못해 발생하는 착오
   - 숙련기반 착오(Skill-Based Mistake) : 숙련되지 못해 발생하는 착오
  ㉣ 원인에 의한 분류
   - Primary Error : 작업자 자신으로부터 발생한 오류
   - Secondary Error : 작업조건 중에 문제가 생겨 발생한 오류
   - Command Error : 작업자가 움직이려 해도 움직일 수 없어 발생한 오류(정보, 에너지, 물건공급이 안 됨)

ⓜ 정보처리과정의 오류
- 입력오류 : 외부정보를 받아들이는 과정에서 인간의 감각기능의 한계
- 정보처리오류 : 입력정보는 올바르나 처리과정에서 기억, 추론, 판단의 오류
- 출력오류 : 신체적 반응에서 제대로 수행하지 못함

ⓑ 작업별 오류
- 설계오류 : 인간의 신체적·정신적 특성을 충분히 고려하지 않음
- 제조오류 : 제조상 오차
- 설치오류 : 설치과정에서 오류
- 조작오류(운용오류) : 사용방법, 절차 미준수

ⓢ 정보처리 단계에서의 휴먼 에러
- 지식기반의 에러(Knowledge-Based Error) : 상황이나 자극에 대해서 정보가 없어 발생
- 규칙기반의 에러(Rule-Based Error) : 상황이나 자극에 대해서 형성된 자신만의 규칙을 사용하여 발생
  - 착오(Mistake) : 실수나 망각과는 달리 착오는 부적합한 의도를 가지고 행동에 옮긴 것으로 발견하기가 힘들어 더 큰 위험을 초래
  - 위반(Violation) : 지식을 갖고 있고, 이에 알맞는 행동을 할 수 있음에도 나쁜 의도를 가지고 행동
- 숙련기반 에러(Skill-Based Error) : 상황이나 자극에서 자동적으로 반응하여 발생
  - 실수(Slip) : 행동의 실패, 상황이나 목표해석은 제대로 하였으나 의도와는 다르게 행동
  - 망각(Lapse) : 기억의 실패, 여러 과정이 연계적으로 일어나는 행동 중에서 일부를 잊어버림

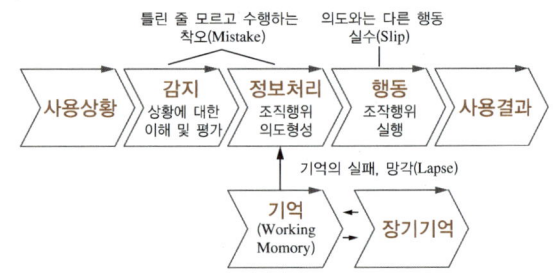

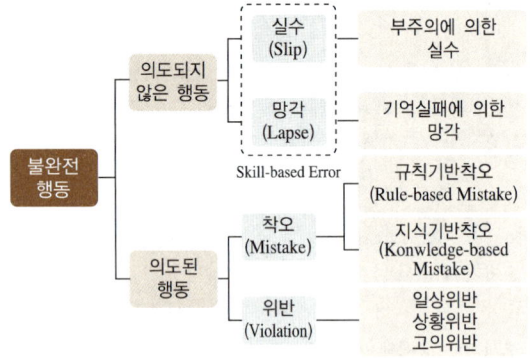

정보처리단계에서의 인간의 오류

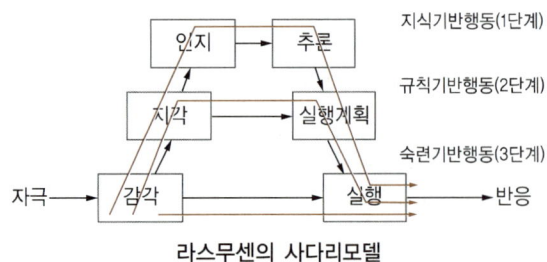

라스무센의 사다리모델

② 휴먼 에러의 요인
  ㉠ 휴먼 에러의 배후요인 4가지(4M)

구 분	배후요인	대응방안
Man	• 생리적 원인 : 수면부족, 피로, 질병 • 심리적 원인 : 걱정거리 • 작업 부적응 : 지식과 기능부족 • 의사소통 : 커뮤니케이션이 나쁨 • 인간관계 : 불협, 갈등	• 건강진단 실시 • 적당한 스트레스로 긴장유지 • 채용 시 교육 • 위험예지활동, TBM, 지적호칭 • 의사소통창구 마련
Machine	• 부적절한 기계설비 • 기계적 결함 • 정비, 점검 부족	• 현장상황에 적합한 기계설치 • 방호장치, Fail Safe, Fool Proof 설계 • 정비, 점검의 충실
Media	• 청소 불량, 정리정돈 불량 • 작업환경 불량 • 작업자세, 작업방법, 작업순서	• 5S(정리, 정돈, 청소, 청결, 습관)활동 • 작업환경 개선
Management	• 규칙 미준수 • 매뉴얼, 절차서 부적합 • 교육훈련 부족 • 안전점검, 안전순찰 부족 • 관리감독자의 지도 감독 부족	• 규칙 준수 • 매뉴얼, 절차서 현장에 맞게 개정 • 교육훈련 철저 • 안전미팅 • 관리감독자의 능력 향상

  ㉡ 내적 요인(심리적 요인)
    • 지식부족, 의욕결여, 절박한 상황, 체험적 습관
    • 선입견, 부주의, 과대자극, 피로
  ㉢ 외적 요인(물리적 요인)
    • 단조로운 작업, 복잡한 작업
    • 지나친 생산성의 강조, 재촉
    • 유사형상의 배열, 양립성 불일치
    • 공간적 배치 원칙의 위배

③ 안전수단을 생략하는 원인
  ㉠ 의식과잉
  ㉡ 주변의 영향
  ㉢ 피로 및 과로

핵심예제

1-1. 다음 중 휴먼 에러의 배후요인 4가지(4M)에 속하지 않는 것은? [11년 3회]

① Man ② Machine
③ Motive ④ Management

1-2. 다음 중 휴먼 에러와 기계의 고장과의 차이점을 설명한 것으로 틀린 것은? [10년 3회]

① 인간의 실수는 우발적으로 재발하는 유형이다.
② 기계와 설비의 고장조건은 저절로 복구되지 않는다.
③ 인간은 기계와는 달리 학습에 의해 계속적으로 성능을 향상시킨다.
④ 인간 성능과 압박(Stress)은 선형관계를 가져 압박이 중간 정도일 때 성능수준이 가장 높다.

1-3. 근로자 A는 작업공정 중 불필요한 작업을 수행함으로써 실수(에러)를 범하였다. 다음 중 이러한 휴먼 에러에 해당하는 것은? [13년 1회]

① Ommission Error ② Time Error
③ Extraneous Error ④ Sequential Error

1-4. 심리적 측면에서 분류한 휴먼 에러의 분류에 속하는 것은? [21년 3회]

① 입력오류 ② 정보처리오류
③ 의사결정오류 ④ 생략오류

|해설|

1-1
휴먼 에러의 배후요인 4가지(4M) : Man, Machine, Media, Management

1-2
인간의 성능은 스트레스와 선형관계를 가지지 않아서 스트레스가 아주 없거나 너무 많은 경우 휴먼 에러가 발생할 수 있다.

1-3
불필요한 행동에러(Extraneous Act Error) : 해서는 안 될 불필요한 작업의 행동을 수행한 에러

1-4
입력오류, 정보처리오류, 의사결정오류는 정보처리과정상의 오류이다.

정답 1-1 ③ 1-2 ④ 1-3 ③ 1-4 ④

2. 휴먼 에러 분석기법

핵심이론 01 인간신뢰도

① 신뢰도
  ㉠ 시스템의 신뢰도
   • 직렬시스템의 신뢰도 : R = a × b × c
   • 병렬시스템의 신뢰도 : R = 1 − (1 − a)(1 − b)
  ㉡ 이산적 직무에서의 인간 신뢰도
   • 인간신뢰도 : 인간이 특정한 작업을 수행하는 동안 에러를 범하지 않고 작업을 수행할 확률
   • HEP(Human Error Probability) : 주어진 작업을 수행하는 동안 발생하는 오류의 확률
   • 인간신뢰도 : R = 1 − HEP
   • 휴먼 에러 확률 = 오류의 수/전체 오류발생 기회의 수
   • 연속적 직무를 성공적으로 수행할 확률 : R(n)
     = (1 − HEP)^n
     예) 레이더 감지작업자는 가끔 부주의로 레이더 표시장치에 나타나는 영상을 제대로 탐지하지 못한다. 작업자의 시간에 따른 실수율 h(t)이 0.01로 일정하다면, 8시간 동안 에러 없이 임무를 수행할 확률은 얼마인가?
     R(n) = (1 − HEP)^n = (1 − 0.01)^8 = 0.923
   • 인간의 실수율이 불변이고 실수과정이 과거와 무관하다면 실수과정은 베르누이 과정으로 묘사됨(Cacciabue, 1988)
  ㉢ 연속적 직무에서 인간 신뢰도
   • R(t) = $e^{-\lambda t}$
   • 고장률(λ) = 기간 중 총고장건수/총동작시간
     = 1/평균수명

핵심예제

1-1. 작업자의 휴먼 에러 발생확률이 0.05로 일정하고, 다른 작업과 독립적으로 실수를 한다고 가정할 때, 8시간 동안 에러의 발생없이 작업을 수행할 확률은 약 얼마인가? [08년 3회]

① 0.60　　② 0.67
③ 0.86　　④ 0.95

1-2. 어떤 사업장의 생산라인에서 완제품을 검사하고 있는데, 어느 날 5,000개의 제품을 검사하여 200개를 불량품으로 처리하였으나 이 로트에는 실제로 1,000개의 불량품이 있었을 때 로트당 휴먼 에러를 범하지 않을 확률은? [09년 1회]

① 0.16　　② 0.2
③ 0.8　　④ 0.84

1-3. 인간의 신뢰도가 70%, 기계의 신뢰도가 90%이면 인간과 기계가 직렬체계로 작업할 때의 신뢰도로 옳은 것은? [21년 3회]

① 30%　　② 54%
③ 63%　　④ 98%

|해설|

1-1
연속적 직무를 성공적으로 수행할 확률 = R(n) = (1 − HEP)^n
= (1 − 0.05)^8 ≒ 0.67

1-2
• 이산적 직무에서의 인간신뢰도(R)
  = 1 − HEP = 1 − 0.16 = 0.84
• HEP = 오류의 수/전체 오류발생 기회의 수
  = 800/5000 = 0.16

1-3
직렬시스템의 신뢰도(R)는 a × b × c로 계산한다. 따라서 R = 0.7 × 0.9 = 0.63이다.

정답 1-1 ②　1-2 ④　1-3 ③

핵심이론 02 시스템 분석기법

① 정성적 분석기법
  ㉠ 예비위험분석(PHA ; Preliminary Hazard Analysis) : 복잡한 시스템을 설계, 가동하기 전의 구상단계에서 시스템의 근본적인 위험성을 평가
  ㉡ 인간오류분석(HEA ; Human Error Analysis) : 설비 운전원 등의 실수에 의한 사고를 분석하여 실수의 원인을 파악하고, 실수의 상대적 순위를 결정
  ㉢ Checklist : 목록 확인의 간단한 형식으로 공정 및 설비의 오류, 결함상태, 위험상황을 경험적으로 비교하여 위험을 확인
  ㉣ What if(사고예상질문 분석법) : 공정에 내재되어 있는 위험으로 인해 일어날 수 있는 사고를 예상질문을 통해 사전에 확인하고 예측
  ㉤ FMEA(Failure Mode & Effect Analysis)
    • 정성적, 귀납적 분석법
    • 부품 등이 고장 났을 경우 그것이 전체제품에 미치는 영향을 분석
    • 공정이나 장치에서 일어나는 오류와 이에 따른 영향을 파악하는 기법
  ㉥ HAZOP(Hazard and Operability Study) : 여러 전문가들이 모여서 공정에 관련된 자료를 토대로 정해진 연구방법에 의해 위험요소들과 문제점을 찾아내어 그 원인을 제거

② 정량적 분석기법
  ㉠ 결함트리분석(FTA ; Fault Tree Analysis)
    • 사고의 원인을 찾아가는 연역적 톱다운(Top-Down) 방식의 분석기법
    • 각 사상이 발생할 확률에 기반하여 정상사상이 발생할 가능성을 평가하는 기법
    • 의도하지 않은 사건이나 상황을 만들 수 있는 과정을 그림과 논리도로 표시
    • OR Gate : 입력사상 중 어느 하나라도 발생하면 출력사상이 발생
    • AND Gate : 입력사상 중 모두 발생해야 출력사상이 발생

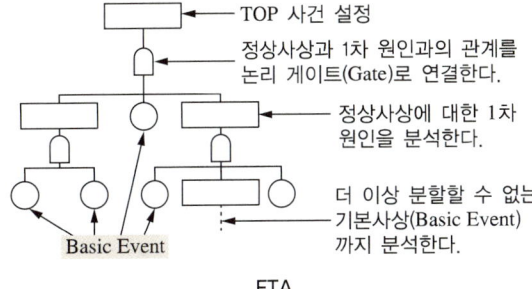

FTA

  ㉡ 사건트리분석(ETA ; Event Tree Analysis)
    • 의사결정나무를 작성하여 재해사고를 분석하는 방법
    • 문제가 되는 초기사항을 기준으로 확률론적 분석이 가능
    • 문제가 되는 초기사항을 기준으로 파생되는 결과를 귀납적으로 분석

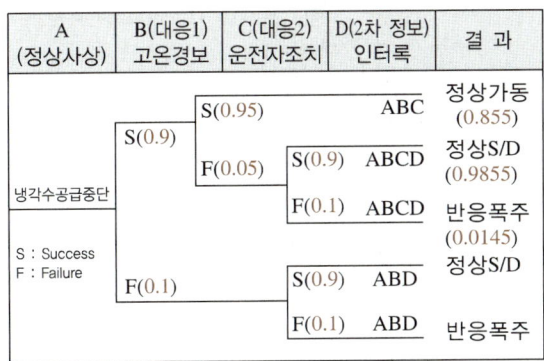

ETA

ⓒ 인간 에러율 예측기법(THERP ; Technique for Human Error Rate Prediction)
- Swain을 대표로 하는 미국 샌디아 국립연구소 연구팀에 의하여 개발된 정량적 분석기법
- $P(E) = P(A_1)P(A_2/A_1) \cdots P(A_n, \cdots, A_{n-1})$
- 확률론적 안전기법으로 인간의 과오율 추정법은 5개의 단계로 구성
- 인간-기계시스템(MMS)에서 인간의 에러와 이에 의해 발생할 수 있는 위험성의 예측과 개선을 위한 기법
- 분석하고자 하는 작업을 기본적 행위로 분할하여 각 행위의 성공 또는 실패 확률을 결합함으로써 작업의 성공 확률을 추정
- 작업의 각 단계를 생각하고 거기에서 발생할 수 있는 인간의 행동을 상호 배반적 사상으로 나누어 사상나무를 작성
- 초기 사건을 이원적 의사결정 가지들로 모형화하고, 이 이후의 사건들의 확률은 모두 선행 사건에 대한 조건부 확률을 부여하여 이원적 의사결정 가지들로 분지해나가는 방법
- 사상나무가 작성되고 각 행위의 성공 혹은 실패확률의 추정치가 각 가지에 부여되면 나무를 통한 각 경로의 확률을 계산 가능

ⓓ 인간신뢰도분석(HRA ; Human Reliability Analysis)
- 기계신뢰도 : 어떤 부품, 기계, 설비 등이 일정한 시간 동안 고장나지 않고 작동할 확률
- 인간신뢰도 : 인간의 성능이 특정한 기간 동안 실수를 범하지 않을 확률
- 인간-기계시스템에서 기계신뢰도와 함께 전체 시스템의 신뢰도를 추정하기 위해 사용

ⓔ 조작자행동나무(OAT ; Operation Action Tree) : 위급 직무의 순서에 초점을 맞추어 조작자행동나무를 구성하고, 이를 사용하여 사건의 위급경로에서 조작자의 역할을 분석하는 기법

핵심예제

2-1. 다음 중 휴먼 에러(Human Error)를 예방하기 위한 시스템 분석기법의 설명으로 옳지 않은 것은? [21년 3회]

① 예비위험분석(PHA) - 모든 시스템 안전프로그램의 최초 단계의 분석으로서 시스템 내의 위험요소가 얼마나 위험상태에 있는가를 정성적으로 평가하는 것이다.
② 고장형태와 영향분석(FMEA) - 시스템에 영향을 미치는 모든 요소의 고장을 형태별로 분석하여 그 영향을 검토하는 것이다.
③ 작업자공정도 - 위급직무의 순서에 초점을 맞추어 조작자 행동나무를 구성하고, 이를 사용하여 사건의 위급경로에서의 조작자의 역할을 분석하는 기법이다.
④ 결함나무분석(FTA) - 기계설비 또는 인간-기계시스템의 고장이나 재해발생요인을 Fault Tree 도표에 의하여 분석하는 방법이다.

2-2. 의사결정나무를 작성하여 재해 사고를 분석하는 방법으로 문제가 되는 초기사항을 기준으로 확률적 분석이 가능하며, 문제가 되는 초기사항을 기준으로 파생되는 결과를 귀납적으로 분석하는 방법은? [15년 1회]

① THERP
② ETA
③ FTA
④ FMEA

|해설|

2-1
작업자공정도가 아니라 조작자행동나무(OAT ; Operator Action Tree)에 대한 설명이다. 작업자공정도(Operator Process Chart)는 수작업을 대상으로 양손의 움직임을 관찰하여 작업을 분석하는 것으로 휴먼 에러가 아니라 동작분석연구에 사용된다.

2-2
ETA(Event Tree Analysis)
- 의사결정나무를 작성하여 재해사고를 분석하는 방법
- 문제가 되는 초기사항을 기준으로 확률론적 분석이 가능
- 문제가 되는 초기사항을 기준으로 파생되는 결과를 귀납적으로 분석

정답 2-1 ③ 2-2 ②

3. 휴먼 에러 예방대책

핵심이론 01 휴먼 에러 원인 및 예방대책

① 일반적인 대책
  ㉠ 작업 특성을 고려한 작업자 선발
  ㉡ 휴먼 에러에 관한 정보를 획득하여 동종이나 유사 에러를 범하지 않도록 훈련
  ㉢ 안전에 대한 중요성을 인식하기 위한 동기 부여
  ㉣ 작업자가 보기 좋고, 듣기 좋으며, 쉽게 작업할 수 있도록 작업 설계
  ㉤ 휴먼 에러를 예방하기 위한 근원적 안전설계

② 설비 및 작업환경적인 요인에 대한 대책
  ㉠ 위험요인의 제거
  ㉡ Fool-proof, Fail-safe 등의 안전 설계
  ㉢ 정보의 피드백
  ㉣ 경보 시스템의 정비
  ㉤ 양립성을 고려한 설계
  ㉥ 가시성을 고려한 설계
  ㉦ 인체 측정치의 고려

③ 인적 요인에 대한 대책
  ㉠ 작업의 모의 훈련
  ㉡ 작업에 관한 교육훈련과 작업 전 회의
  ㉢ 소집단 활동으로 휴먼 에러에 관한 훈련 및 예방활동을 지속적으로 수행

④ 관리적 대책
  ㉠ 안전에 대한 분위기 조성
  ㉡ 작업자의 특성과 작업설비와의 적합성을 사전에 점검하고 개선 및 유지하는 활동

⑤ 휴먼 에러의 3가지 설계기법
  ㉠ 배타설계(Exclusion Design) : 휴먼 에러의 가능성을 근원적으로 제거
  ㉡ 예방(보호)설계(Preventive Design) : Fool-proof 설계, 사람의 부주의로 인한 실수를 미연에 방지하도록 설계
  ㉢ 안전설계(Fail-safe Design) : 기계나 그 부품에 고장이나 기능불량이 생겨도 항상 안전하게 작동하도록 설계

핵심예제

1-1. 휴먼 에러 방지대책을 설비 요인 대책, 인적 요인 대책, 관리 요인 대책으로 구분할 때 다음 중 인적 요인에 관한 대책으로 볼 수 없는 것은? [12년 1회]

① 소집단 활동
② 작업의 모의훈련
③ 인체측정치의 적합화
④ 작업에 관한 교육훈련과 작업 전 회의

1-2. 휴먼 에러의 예방대책 중 회전하는 모터의 덮개를 벗기면 모터가 정지하는 방식에 해당하는 것은? [11년 1회]

① 정보의 피드백
② 경보시스템의 정비
③ 대중의 선호도 활용
④ 풀 푸르프(Fool-proof) 시스템 도입

1-3. 인간-기계 시스템에서 인간의 과오나 동작상의 실패가 있어도 안전사고를 발생시키지 않도록 하는 설계 시스템으로 옳은 것은? [21년 3회]

① Lock System
② Fail-safe System
③ Fool-proof System
④ Accident-check System

|해설|

1-1
인적 요인에 대한 대책
• 모의 훈련
• 작업에 관한 교육훈련과 작업 전 회의
• 소집단 활동으로 휴먼 에러에 관한 훈련 및 예방활동을 지속적으로 수행

1-2
• Fool-proof : 사람의 부주의로 인한 실수를 미연에 방지하도록 설계
• Fail-safe : 기계나 그 부품에 고장이나 기능불량이 생겨도 항상 안전하게 작동하도록 설계

1-3
Fool-proof란 사람의 부주의로 인한 실수를 미연에 방지하거나, 발생된 실수를 검출해내어 주로 작업의 안전성을 유지하기 위해 고안된 방법을 말한다. Fool-proof의 2가지 기본원칙은 누가 하더라도 절대로 잘못되는 일이 없는 자연스러운 작업이 되는 것과 만일 잘못되어도 그것을 깨닫도록만 하고 그 영향이 나타나지 않도록 하는 것이다.

정답 1-1 ③ 1-2 ④ 1-3 ③

제3절 | 집단, 조직 및 리더십

1. 조직이론

핵심이론 01 집단 및 조직의 특성

① 집단
  ㉠ 공동목표를 달성하기 위해 모인 상호의존적인 둘 이상의 사람들의 집합체
  ㉡ 집단의 특징으로는 공동목표, 상호작용, 상호의존적

② 공식집단과 비공식집단
  ㉠ 공식집단 : 목표를 달성하기 위해 공식적인 권한으로부터 형성된 집단
    • 명령집단 : 어떤 특정의 상사와 그에게 직접 보고하도록 되어 있는 하위자로 구성
    • 과업집단
      - 직무상의 과업을 수행하기 위하여 협력하는 사람들로 구성
      - 과업집단의 경계는 계층상의 직속 상하위자에 한정되지는 않고 신제품 개발을 위해 각 부서의 전문가가 모인 프로젝트 집단이 이에 속함
      - 모든 명령집단은 과업집단이나 그 역은 아님
  ㉡ 비공식집단 : 비공식적으로 발생하며, 조직의 한 부분으로 공식적으로 형성되지 않은 집단
    • 이해집단 : 명령, 과업에 관계없이 각자가 관심을 가지고 있는 특정의 목적을 달성하기 위해 모인 집단
    • 우호집단
      - 서로 유사한 성격을 갖는 사람들이 모여 형성하는 집단
      - 동창들의 모임이나 비슷한 나이끼리 모인 사교모임

③ 집단의 형성 이유
  ㉠ 개인의 욕구 만족
    • 생존의 욕구 : 진화론적 관점, 생존과 관련하여 집단이 더 효과적
    • 소속에 대한 욕구 : 사회적 소속의 욕구, 타인과 교제가 없으면 심리적 문제 야기
    • 권력과 통제욕구 : 집단에 합류하여 힘과 영향을 행사할 수 있는 리더 위치를 차지하려 함
  ㉡ 더 큰 목표성취의 기회 : 목표성취, 더 높은 목적을 위해 집단행동의 힘을 사용
  ㉢ 위안과 지지 : 걱정이나 스트레스 경험 시 격려가 됨

④ 전통적 관리조직이론
  ㉠ 과학적 관리론, 인간관계론, 관리과정론 등
  ㉡ 베버(Max Weber)의 관료제론
    • 규모가 크면서 복잡하고 합리적인 조직
    • 노동의 분업화를 가정으로 조직을 구성
    • 부서장들의 권한 일부를 수직적으로 위임
    • 산업화 초기의 비규범적 조직운영을 체계화하는 역할을 수행
    • 관료주의 4원칙
      - 노동의 분업 : 작업의 단순화, 전문화
      - 권한의 위임 : 관리자를 소단위로 분산
      - 통제의 범위 : 관리자가 통제할 수 있는 작업자의 수
      - 구조 : 조직의 높이와 폭
    • 관료주의가 강하면 창의력은 소멸됨

⑤ 근대적 관리조직이론
  ㉠ 의사결정론
  ㉡ 시스템이론
  ㉢ 행동과학론

⑥ 레빈(K.Lewin)의 법칙
  ㉠ 인간의 행동(B)은 개체(P)와 심리적 환경(E)과의 상호 함수 관계 : $B = f(P,E)$
    • 개체(P) : 연령, 경험, 심신상태, 성격, 지능, 소질
    • 환경(E) : 인간관계, 작업환경
  ㉡ 인간의 행동(B)은 생활공간(L)과 상황(S), 리더(L)와의 함수관계 : $B = f(L,S,L)$

⑦ 조직의 종류
  ㉠ 직계참모 조직 : 직능별 전문화의 원리와 명령 일원화의 원리를 조화시킬 목적으로 형성한 조직
  ㉡ 위원회 조직 : 공동의사를 결정하는 회의체로서 현대에 많은 기업체에서 경영의 실천과정으로 도입하고 있는 조직
  ㉢ 직능식 조직 : 테일러(F. W. Taylor)에 의해 주장된 조직형태로서 관리자가 일정한 관리기능을 담당하도록 기능별 전문화가 이루어진 조직
  ㉣ 직계식 조직 : 최고 상위에서부터 최하위의 단계에 이르는 모든 직위가 단일 명령권한의 라인으로 연결된 조직

> 핵심예제

1-1. 베버(Max Weber)가 제창한 관료주의에 관한 설명과 관계가 먼 것은? [12년 1회]

① 단순한 계층구조로 상위리더의 의사결정이 독단화되기 쉽다.
② 노동의 분업화를 가정으로 조직을 구성한다.
③ 부서장들의 권한 일부를 수직적으로 위임하도록 했다.
④ 산업화 초기의 비규범적 조직운영을 체계화시키는 역할을 했다.

1-2. 막스 베버(Max Weber)의 관료주의에서 주장하는 4가지 원칙이 아닌 것은? [21년 3회]

① 노동의 분업
② 창의력 중시
③ 통제의 범위
④ 권한의 위임

1-3. 다음 중 막스 베버(Max Weber)에 의해 제시된 관료주의의 특징과 가장 거리가 먼 것은? [10년 1회]

① 수직적으로 하부조직에 적절한 권한 위임을 가정한다.
② 조직 구조에 있어 노동의 통합화를 가정한다.
③ 법과 규정에 의한 운영으로 예측 가능한 조직운영을 가정한다.
④ 하부조직과 인원을 적절한 크기가 되도록 가정한다.

|해설|

1-1
관료주의는 규모가 크면서 복잡하고 합리적인 관리조직이다.

1-2
베버의 관료제론에서 관료주의 4원칙은 노동의 분업, 권한의 위임, 통제의 범위, 구조이다. 관료주의가 강하면 창의력은 소멸된다.

1-3
노동의 분업화를 전제로 조직을 구성한다.

정답 1-1 ① 1-2 ② 1-3 ②

2. 집단역학 및 갈등

핵심이론 01 집 단

① 집단의 응집력(Group Cohesiveness)
  ㉠ 구성원들이 서로에게 매력적으로 끌리어 목표를 효율적으로 달성하는 정도
  ㉡ 집단 내부로부터 생기는 힘으로 응집성이 높은 집단일수록 결근율, 이직률이 낮음
  ㉢ 집단 응집력은 절대적인 것은 아니며 구성원이 많을수록 응집력은 떨어짐
  ㉣ 집단의 사기, 정신, 구성원들에게 주는 매력의 정도, 과업에 대한 구성원의 관심도
  ㉤ 응집성지수 = 실제 상호선호관계의 수/가능한 상호선호관계의 총 수(= nC_2)
  ㉥ 응집성지수란 구성원들의 친밀도를 나타내는 척도로, 응집성지수가 높은 집단은 효율성과 성과가 높음
  ㉦ 선호신분지수(Choice Status Index)
    = 선호총계/(구성원 수 − 1)

② 소시오메트리(Sociometry)
  ㉠ 구성원 상호 간의 신뢰도를 기초로 집단 내부의 동태적 상호관계를 분석하는 기법
  ㉡ 구성원들 간의 좋고 싫은 감정을 관찰, 검사, 면접 등을 통해 분석
  ㉢ Sociometry 연구조사에서 수집된 자료들은 Sociogram, Sociometrix 등으로 분석하여 집단 구성원간의 상호관계 유형과 집결유형, 선호인물 등을 도출할 수 있음
  ㉣ 구성원들의 선호도를 나타냄
  ㉤ 가장 높은 점수를 얻는 구성원은 집단의 자생적 리더

③ 집단 내 역할
  ㉠ 역 할
    • 역할분석 : 개인의 역할을 명확히 해줌으로써 스트레스의 발생원인을 제거
    • 역할지각 : 특정상황에서 어떻게 행동할지에 대한 자신의 생각
    • 역할기대 : 특정상황에서 어떻게 행동할지에 대한 타인의 생각
    • 역할갈등 : 역할과 관련된 기대의 불일치, 양립될 수 없는 두 가지 이상의 행위가 동시에 기대될 때 발생

- ⓒ 역할갈등의 원인 : 역할모호성, 역할무능력, 역할부적합
  - 역할모호성 : 자신의 직무에 대한 책임영역과 직무목표를 명확하게 인식하지 못할 때 발생
  - 역할무능력 : 능력이 부족한 사람이 높은 자리를 차지함
  - 역할부적합 : 역할부하가 너무 커도 안되고, 너무 적어도 스트레스가 발생
- ⓓ 역할과부하 : 요구가 개인의 능력을 초과, 급하게 하거나 부주의하도록 강요당하는 상황
  - 양적 과부하 : 주어진 시간동안 할 수 있는 업무량 이상을 요구받음
  - 질적 과부하 : 자신의 능력, 재능, 지식한계를 넘어선 역할을 요구받음(직무기술서가 분명치 않은 관리직, 전문직에서 많이 나타남)
  - 역할과소 : 직무에서 너무 할 일이 없거나 일의 변화가 거의 없는 상황

④ 메이요(E. Mayo) 교수의 호손(Hawthorne) 공장실험
  - ⓐ 인간관계 관리의 개선의 중요성을 발견함
  - ⓑ 작업능률을 좌우하는 것은 임금, 노동시간, 조명 등 작업환경으로서의 물적 요건보다 종업원의 태도, 즉 심리적, 내적 양심과 감정이 중요함
  - ⓒ 물적 조건도 그 개선에 의하여 효과를 가져올 수 있으나 종업원의 심리적 요소가 더욱 중요
  - ⓓ 물적 조건보다 인간관계 등의 심리적 조건이 작업에 더 큰 영향을 주는 것이 밝혀짐

⑤ 감정노동(정서노동, Emotional Labor)
  - ⓐ 자신이 느끼는 원래 정서와는 다른 정서를 고객에게 의무적으로 표현해야 하는 노동
  - ⓑ 감정노동의 표현양식을 표면행위와 내면행위로 나눔
    - 표면행위 : 언어적 혹은 비언어적 표현수단을 통하여 실제와 다른 감정을 위장하여 표현하고 실제의 감정 표현을 의도적으로 자제하는 행위(직접적으로 감정을 압박하고 다스림)
    - 내면행위 : 자신이 보이고 싶어 하는 감정을 실제로 표현하려고 노력하는 것으로 자신이 표현하기 원하는 감정을 실제로 느끼거나 경험하는 것(간접적으로 이미지 훈련을 통해 본인이 느끼고자 하는 감정을 유발)
  - ⓒ 감정노동의 부정적 결과 : 직무 소진(Burnout), 스트레스, 자부심(Self-esteem)의 저하, 우울증, 냉소주의(Cynicism), 자기소외(Self-alienation), 역할소외(Role Alienation), 감정적 일탈(Emotional Deviation) 등

핵심예제

1-1. 10명으로 구성된 집단에서 소시오메트리(Sociometry) 연구를 사용하여 조사한 결과 긍정적인 상호작용을 맺고 있는 것이 16쌍일 때 이 집단의 응집성지수는 약 얼마인가?
[21년 3회]

① 0.222 ② 0.356
③ 0.401 ④ 0.504

1-2. 다음 소시오그램에서 B의 선호신분지수로 옳은 것은?
[21년 3회]

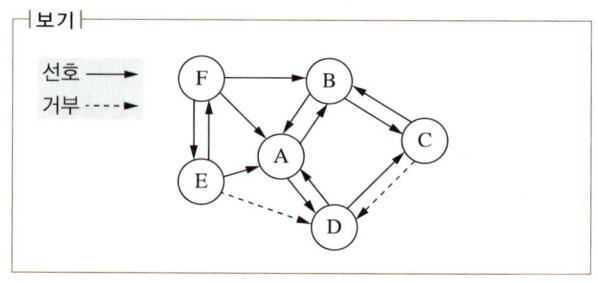

① 4/10 ② 3/6
③ 4/15 ④ 3/5

1-3. 다음 중 직무 기술서의 내용이 분명하지 않거나 직무내용이 명확히 전달되지 않음으로 인해 발생될 수 있는 역할 갈등의 원인은?
[13년 3회]

① 역할 간 마찰 ② 역할 내 마찰
③ 역할부적합   ④ 역할모호성

| 해설 |

1-1
- 응집성지수 = 실제 상호선호관계의 수/가능한 상호선호관계의 총 수(= nC_2)
- $10C_2 = 10 \times 9/2 \times 1 = 45$
- ∴ $16/10C_2 = 16/45 = 0.356$

1-2
선호신분지수(Choice Status Index) = 선호총계/(구성원 수 - 1)
= 3/(6-1) = 3/5

1-3
역 할
- 역할지각 : 특정상황에서 어떻게 행동할지에 대한 자신의 생각
- 역할기대 : 특정상황에서 어떻게 행동할지에 대한 타인의 생각
- 역할갈등 : 한 역할을 수행하게 되면 다른 역할을 수행할 수 없을 경우 발생
- 역할모호성 : 개인이 특정상황에서 어떤 역할을 해야 할지 모를 경우 발생

정답 1-1 ② 1-2 ④ 1-3 ④

핵심이론 02 집단갈등

① 집단갈등의 종류
- ㉠ 계층적 갈등 : 조직체의 계층 간에 발생하는 갈등
- ㉡ 기능적 갈등 : 부서 간, 팀 간 업무기능상의 역할 차
- ㉢ 라인 스태프 : 실무라인과 전문 스태프 부서 간의 갈등
- ㉣ 문화적 차이에 의한 갈등 : 성, 연고관계, 종교측면에서 구성원들의 다양한 배경 차에서 발생

② 집단 간 갈등요인
- ㉠ 집단 간의 목표차이
- ㉡ 제한된 자원
- ㉢ 동일한 사안을 바라보는 집단 간의 인식, 지각 차이
- ㉣ 과업목적과 기능에 따른 집단 간 견해와 행동 경향의 차이

집단 간 갈등이 심할 때	집단 간 갈등이 너무 없을 때
• 갈등관계에 있는 당사자들이 함께 추구해야 할 새로운 상위목표의 설정 • 갈등의 원인을 찾아 공동으로 문제를 해결 • 집단 간 접촉기회 증대 • 갈등관계에 있는 집단들의 구성원들의 직무순환 • 집단통합, 조직개편으로 갈등원인 제거(갈등해결 및 갈등촉진의 가장 좋은 방법)	• 새로운 구성원을 투입하여 혁신적인 과업을 담당하게 함 • 새로운 분위기를 조성, 조직구조를 개편, 직무를 새로이 설계 • 포상, 상여금 이용, 집단별로 경쟁유도

③ Thomas-Kilmann의 갈등해결의 유형
- ㉠ 타협 : 자신과 상대가 서로 양보하여 최적은 아니지만 부분적 만족을 취하는 방식
- ㉡ 순응 : 자신의 욕구 충족을 포기함으로써 갈등을 해결하는 소극적 방식
- ㉢ 회피 : 자신과 상대방 모두를 무시함으로써 갈등 관계에서 탈출하고자 하는 방식
- ㉣ 협조 : 문제 해결을 통해 쌍방 모두 이득을 보게 하려는 윈-윈(Win-Win) 전략
- ㉤ 경쟁 : 상대방을 좌절시키고 자신의 욕구를 만족시키려는 적극적 전략

핵심예제

2-1. 갈등 해결방안 중 자신의 이익이나 상대방의 이익에 모두 무관심한 것은? [10년 3회]

① 경 쟁   ② 순 응
③ 타 협   ④ 회 피

2-2. 다음 중 집단 간의 갈등 해결기법으로 가장 적절하지 않은 것은? [15년 3회]

① 자원의 지원을 제한한다.
② 집단 구성원들 간의 직무를 순환한다.
③ 갈등 집단의 통합이나 조직 구조를 개편한다.
④ 갈등관계에 있는 당사자들이 함께 추구하여야 할 새로운 상위의 목표를 제시한다.

|해설|

2-1
Thomas-Kilmann의 갈등해결의 유형에서 회피에 해당하는 방식이다.

2-2
자원지원 제한은 해결책이 아니다.

정답 2-1 ④ 2-2 ①

3. 리더십

핵심이론 01 리더십 이론

① 리더십과 헤드십
  ㉠ 리더십
   - 집단구성원에 의해 내부적으로 선출된 지도자로 권한을 행사함
   - 집단목표를 위해 스스로 노력하도록 영향력을 행사
   - 선출된 지도자의 권한으로 조직의 공통된 목표달성을 지향하도록 사람들에게 영향을 끼침
   - 책임이 지도자와 부하에게 귀속
  ㉡ 헤드십
   - 외부로부터 임명된 헤드가 조직 체계나 직위를 이용하여 권한을 행사하는 것
   - 지도자와 집단구성원 간에 사회적 간격이 넓고, 공통의 감정이 생기기 어려움
   - 임명된 지도자의 권한으로 부하직원의 활동을 감독
   - 상사와 부하와의 관계가 종속적이고 지위형태는 권위적
   - 자발적인 참여의 발생이 어려움
   - 책임이 지도자에게 귀속

② 리더십에 있어서 권한의 역할
  ㉠ 수단에 의한 복종
   - 보상적 권한 : 보상자원을 행사할 수 있는 능력에 근거하며, 보상받고자 하는 욕망 때문에 복종
   - 강압적 권한 : 처벌을 할 수 있는 능력에 근거하며, 처벌에 대한 두려움 때문에 복종
   - 정보적 권한 : 정보를 갖고 있는 능력에 근거함
  ㉡ 동일시
   - 준거적 권한 : 개인적인 매력에 근거하며, 권력소유자를 존경하고 좋아하기 때문에 복종
  ㉢ 내면화
   - 전문적 권한 : 과업과 관련된 지식·기술에 근거하며, 권력소유자에게 의존적일 때 복종
   - 합법적 권한 : 공식적인 지위에 근거하며, 권력 소유자의 합법성 또는 정통성에 대한 믿음 때문에 복종

③ 리더가 구성원에 영향력을 행사하기 위한 9가지 전략
　㉠ 합리적 설득 : 일을 지시할 때 왜 그 일을 지시하는지에 대해 논리적으로 설명
　㉡ 고무적 호소 : 종업원의 가치나 이상에 호소하고 종업원 자신이 어떤 것을 이루어 낼 수 있는 능력이 있는지 설득
　㉢ 자문 : 부하들의 참여가 중요한 일에 관해 부하의 도움을 구함
　㉣ 아부 : 리더가 어떤 요구를 하기 전에 부하들의 기분을 좋게 함
　㉤ 교환 : 부하들이 리더의 요구에 응할 경우 대가를 제공
　㉥ 개인적 호소 : 특정 부하의 개인적 충성심이나 우정과 같은 개인적 친밀관계에 호소
　㉦ 동맹 : 부하들이 요구에 응하도록 설득하기 위해 다른 사람을 동원하거나, 그런 요구를 받는 것이 얼마나 영광스러운 것인지를 다른 사람의 예를 통해 설명
　㉧ 합법화 : 자신이 요구를 할 수 있는 타당한 권위를 가지고 있음을 강조
　㉨ 압력 : 명령·협박 또는 감시·확인

④ 대인지각오류
　㉠ 후광효과(Halo Effect)
　　• 특정인이 가진 지엽적인 특성과 제한된 지식만을 가지고 그 사람의 모든 측면을 긍정적 혹은 부정적으로 평가하는 오류
　　• 한 개인의 특정 부분에 대한 인상으로 여러 특성을 전반적으로 파악하려고 함(한 부분에 뛰어나면 다른 부분도 뛰어날 것이라고 생각)
　㉡ 대비효과(Contrast Effect)
　　• 주어진 자극이나 사람에 대한 반응이 이전에 당면했던 자극이나 사람에게 종종 영향을 줌
　　• 시간적, 공간적으로 가까이 있는 대상과 비교하면서 평가하는 것
　㉢ 주관의 객관화(Projection)
　　• 자신의 특성이나 관점을 타인에게 전가시키는 경향(투사)
　　• 판단을 함에 있어 자신과 비교하여 남을 평가하려는 경향
　　• 자신이 도전적이고 책임감 있는 직무수행자가 되기 원할 경우 다른 사람도 그럴 것이라고 가정

　㉣ 상동적 태도(Stereotyping)
　　• 타인이 속한 집단에 대한 고정관념이나 집단의 특성으로 그 사람을 평가
　　• 개인 간의 차이를 충분히 고려하지 않은 채, 타인의 행동이나 성격을 그 개인이 속한 집단의 속성으로 범주화시키는 경향
　　• 개인이 특정집단의 구성원이라는 이유로 그 특정집단이 가지는 모든 특성을 다 가지고 있을 것이라고 가정하고 평가하는 오류
　㉤ 관대화(Leniency) : 피평가자들을 모두 좋게 평가하려는 경향

핵심예제

1-1. 다음 중 헤드십(Headship)과 리더십(Leadership)을 상대적으로 비교·설명한 것으로, 헤드십의 특징에 해당되는 것은? [21년 3회]

① 민주주의적 지휘형태이다.
② 구성원과의 사회적 간격이 넓다.
③ 권한의 근거는 개인의 능력에 따른다.
④ 집단의 구성원들에 의해 선출된 지도자이다.

1-2. 조직을 유지하고 성장시키기 위한 평가를 실행함에 있어서 평가자가 저지르기 쉬운 과오 중 어떤 사람에 관한 평가자의 개인적 인상이 피평가자 개개인의 특징에 관한 평가에 영향을 미치는 것을 설명하는 이론으로 옳은 것은? [21년 3회]

① 할로 효과(Halo Effect)
② 대비오차(Contrast Error)
③ 근접오차(Proximity Error)
④ 관대화 경향(Centralization Tendency)

|해설|

1-1
헤드십 : 지도자와 집단구성원 간에 사회적 간격이 넓고, 공통의 감정이 생기기 어려움

1-2
할로 효과에서 할로(Halo)는 사람의 머리나 몸 주위에 둥그렇게 그려진 후광을 말한다. 할로 효과(후광 효과)는 그 사람의 특정 부분이 뛰어나면 다른 부분들도 뛰어날 것이라고 생각하는 지각오류이다.

정답 1-1 ② 1-2 ①

핵심이론 02 리더십 이론의 유형

① 특성이론(Traits Theory)
  ㉠ 성공적인 리더의 개인적 특질, 특성을 찾아내려는 연구
  ㉡ 강한 출세욕, 현실지향적, 정서적 독립, 부하직원에 대한 관심
  ㉢ 보통 사람들과 구별되는 지도자의 공통적 특성을 찾으려 함
  ㉣ 리더는 선천적으로 타고난 용모, 성격, 자질, 지능 등과 같은 고유의 개인적 특성을 갖고 있음
  ㉤ 연구자에 따라 리더십을 구성하는 특성 또는 자질을 다르게 제시
  ㉥ 특성 간의 우선순위를 정할 수가 없다는 한계점

② 행동이론(Behavioral Approach)
  ㉠ 리더의 효과성은 집단에서의 리더의 행동 패턴에 의해 결정됨
  ㉡ 리더가 어떠한 사람인가보다는 리더가 어떠한 '행동'을 하느냐를 분석하는 것
  ㉢ 리더의 실제 행동에 대한 연구를 수행
  ㉣ 성공적인 리더들이 지니고 있는 행동유형 분석
  ㉤ 블레이크와 머튼(Blake & Mouton)의 관리그리드 이론
    • 무관심형(1.1) : 인간과 과업 모두에 매우 낮은 관심, 자유방임, 포기형
    • 인기형(1.9) : 인간에 대한 관심은 높은데 과업에 대한 관심은 낮은 유형
    • 중간형(5.5) : 과업과 인간관계 모두 적당한 정도의 관심, 과업과 인간관계를 절충
    • 과업형(9.1) : 과업에 대한 관심은 높은데 인간에 대한 관심은 낮음, 과업상의 능력우선
    • 팀형(9.9) : 인간과 과업 모두에 매우 높은 관심, 리더는 상호의존관계 및 공동목표를 강조

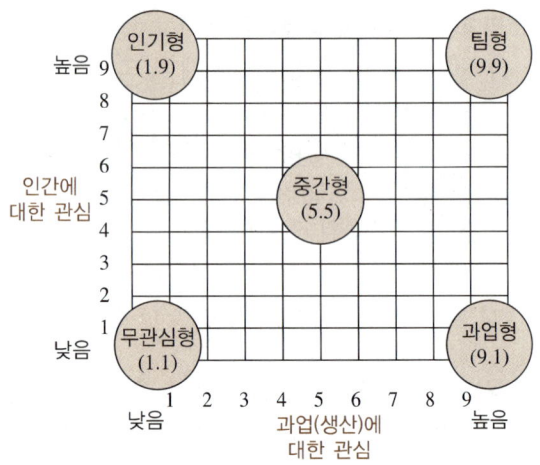

블레이크와 머튼의 관리격자 이론

③ 상황이론(Contingency Theory)
  ㉠ 조직이 처한 상황에 따라 리더십의 효과성이 결정됨
  ㉡ 리더십이란 사회적 상황과의 관계의 산물, 상황이 다르면 리더특성도 다름
  ㉢ 허쉬와 블랜차드(Hersy & Blanchard)
    • 지시적(Telling) 리더십
    • 설득적(Selling) 리더십
    • 참가적(Participating) 리더십
    • 위임적(Delegating) 리더십
  ㉣ 피들러의 상황적 리더십
    • 과제의 구조화
    • 리더의 직위상 권한
    • 리더와 부하 간의 관계
    • LPC(Least Preferred Coworker)척도를 기준으로 리더의 유형을 분류
      – LPC가 높으면 관계중심형 리더
      – LPC가 낮으면 과업중심형 리더

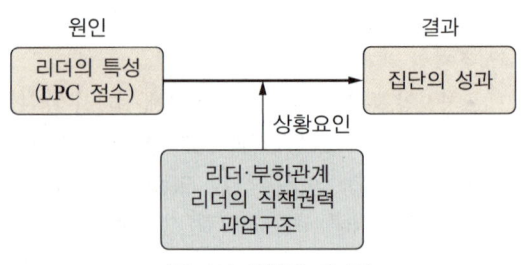

피들러의 상황적 리더십

- ⑫ 하우스의 경로-목표이론(Path-Goal Theory)
  - 지시적 리더십(Directive)
    - 부하들이 해야 할 일이 무엇인지 분명히 알려주고 구체적인 지시를 하달
    - 규칙과 절차를 준수요구, 직무를 명확히 해주는 리더의 행동
    - 구조주도 또는 과업지향적 리더십과 유사
  - 후원적 리더십(Supportive)
    - 부하의 욕구를 배려하고, 복지에 관심을 가짐
    - 만족스러운 인간관계를 강조하면서 후원적 분위기 조성에 노력하는 리더의 행동
    - 배려적, 인간지향적 리더십과 유사함
  - 참여적 리더십(Participative)
    - 부하 문제에 관하여 협의, 부하의 의견과 제안을 고려하고 의사결정하는 리더의 행동
    - 부하의 의사결정에 참여
    - 조직을 둘러싸고 있는 환경상태가 불확실할 때 적합
  - 성취지향적 리더십(Achievement Oriented)
    - 도전적 목표를 설정하고, 탁월한 성과의 달성을 강조함
    - 부하들의 능력 발휘를 격려하고 자율적 실행기회를 부여하는 리더의 행동
④ 권위적(독재적)-민주적 리더십(Autocratic-Democratic Leadership), 자유방임적 리더십
  - ㉠ 권위적(독재적) 리더십
    - 권위, 지시, 명령, 과업에 높은 관심, 맥그리거의 X이론에 근거
    - 리더가 모든 정책을 결정
  - ㉡ 민주적 리더십
    - 책임공유, 인간에게 높은 관심, 맥그리거의 Y이론에 근거
    - 목표에 의한 관리, 분권화와 권한의 위임, 집단토론식 결정
    - 집단 구성원의 교육수준이 높을수록 적합함
  - ㉢ 자유방임적 리더십
    - 최대한의 자유 허용, 리더십기능이 발휘되지 않는 상태
    - 리더의 최소개입

핵심예제

2-1. 다음 중 민주적 리더십의 발휘와 관련된 적절한 이론이나 조직형태는? [09년 3회]

① X이론 ② Y이론
③ 관료주의 조직 ④ 라인형 조직

2-2. 다음 중 오하이오 주립대학의 리더십 연구에서 주장하는 구조주도적(Initiating Structure) 리더와 배려적(Consideration) 리더에 관한 설명으로 틀린 것은? [15년 3회]

① 배려적 리더는 관계지향적, 인간중심적으로 인간에 관심을 가지고 있다.
② 구조주도적 리더십은 구성원들의 성과환경을 구조화하는 리더십 행동이다.
③ 구조적 리더십은 성과를 구체적으로 정확하게 평가하는 행동 유형을 말한다.
④ 배려적 리더는 구성원의 과업을 설정, 배정하고 구성원과의 의사소통 네트워크를 명백히 한다.

|해설|

2-1
민주적 리더십은 맥그리거의 Y 이론에 근거에 근거한다.

2-2
구조주의적 리더는 구성원의 과업을 설정, 배정하고 구성원과의 의사소통 네트워크를 명백히 한다.

정답 2-1 ② 2-2 ④

제4절 | 직무 스트레스

1. 직무 스트레스 개요

핵심이론 01 스트레스 이론

① 스트레스
   ㉠ 위협적인 환경특성에 대한 개인적 반응
   ㉡ 환경의 요구가 지나쳐 개인의 능력한계를 벗어날 때 발생
   ㉢ 지나친 스트레스를 지속적으로 받으면 자기조절능력이 상실됨
   ㉣ 스트레스 요인 : 환경영향(소음, 진동), 심리적 요인(근심, 걱정)
   ㉤ 스트레스는 작업성과와 정비례하지 않음(스트레스는 너무 많아도 문제, 적어도 문제)
   ㉥ 적정수준의 스트레스가 유지되어야 스트레스의 순기능이 발현됨
   ㉦ 코티졸 : 스트레스를 받을 때 생성되는 호르몬으로 스트레스 정도를 파악하는 데 이용
   ㉧ 카라섹(Karasek) : 직무 스트레스의 발생은 직무요구도와 직무재량의 불일치로 비롯됨
   ㉨ 직무행동의 결정요인 : 능력, 성격, 상황적 제약

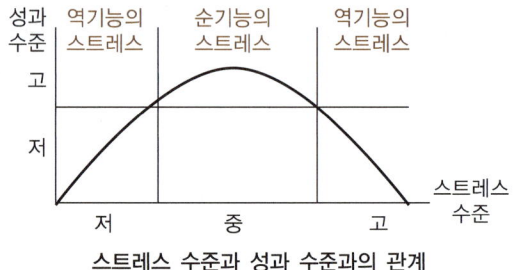

스트레스 수준과 성과 수준과의 관계

② 스트레스에 대한 반응
   ㉠ 신체적 증상 : 동공확대, 생리적 변화(심박증가, 혈압증가, 피로, 두통, 불면증, 근육통, 땀)
   ㉡ 행동적 증상 : 안절부절, 손톱 깨물기, 과식, 흡연, 욕설, 폭력
   ㉢ 인지적 증상 : 정보처리 능력저하, 집중력 및 기억력 감소
   ㉣ 정서적 증상 : 불안, 예민해짐, 우울, 분노, 근심
   ㉤ 스트레스 반응의 개인 차이
      • 성의 차이
      • 강인성의 차이
      • 자기 존중감의 차이

핵심예제

1-1. 스트레스 상황에서 일어나는 현상으로 옳지 않은 것은?
[21년 3회]

① 동공이 수축된다.
② 혈당, 호흡이 증가하고 감각기관과 신경이 예민해진다.
③ 스트레스 상황에서 심장 박동수는 증가하나, 혈압은 내려간다.
④ 스트레스를 지속적으로 받게 되면 자기조절능력을 상실하게 되고 체내 항상성이 깨진다.

1-2. 다음 중 스트레스에 관한 설명으로 틀린 것은?
[12년 3회]

① 스트레스 수준은 작업 성과와 정비례의 관계에 있다.
② 위협적인 환경특성에 대한 개인의 반응이라고 볼 수 있다.
③ 지나친 스트레스를 지속적으로 받으면 인체는 자기조절 능력을 상실할 수 있다.
④ 적정수준의 스트레스는 작업성과에 긍정적으로 작용할 수 있다.

|해설|
1-1
스트레스가 발생하면 교감신경계가 활성화되어 동공은 확대되고, 호흡이 증가하며, 혈압과 심박수가 증가한다.
1-2
스트레스는 작업부하와 성과에 정비례하지 않아 적정수준의 부하가 필요하다.

정답 1-1 ①, ③ 1-2 ①

핵심이론 02 직무 스트레스 요인

① 스트레스의 자극요인
  ㉠ 자존심의 손상 : 내적 요인
  ㉡ 업무상의 죄책감 : 내적 요인
  ㉢ 현실에서의 부적응 : 내적 요인

② 스트레스의 통재소재(Locus of Control)
  ㉠ 내적 통제
    • 자신에게 일어나는 사건을 스스로 예측·통제할 수 있다고 지각하면서 행동의 결과에 대한 원인을 자신의 능력이나 노력과 같은 내부 요인으로 지각
    • 내적 통제자는 사고발생방지에 더 적극적
  ㉡ 외적 통제
    • 자신에게 일어나는 사건을 스스로 예측하거나 통제할 수 없다고 자각하면서 그 원인을 재수, 운, 타인이나 환경과 같은 외적 요인으로 자각
    • 외적 통제자는 사건 발생에 미치는 자신의 영향력이 적다고 지각함
    • 외적 통제자는 사고의 위험성이 높음
  ㉢ 우연 통제 : 자신이나 타자에 의해서 결과나 사건이 영향을 받는 것이 아니라 우연에 의한 것이라고 믿음

③ 스트레스의 요인
  ㉠ 역할 갈등 : 역할과 관련된 기대의 불일치, 양립될 수 없는 두 가지 이상의 행위가 동시에 기대될 때 발생하는 스트레스
  ㉡ 과업 요구 : 급속한 기술의 변화에 대한 적응이 요구되는 직무나 직무의 난이도나 속도를 요구하는 특성을 가진 업무와 관련하여 역할이 과부하되어 받게 되는 스트레스
  ㉢ 집단 압력 : 조직 내 존재하는 집단들이 구성원에게 집단 압력이나 행동적 규범에 가하여 발생하는 스트레스
  ㉣ 역할 모호성 : 자신의 직무에 대한 책임영역과 직무목표를 명확하게 인식하지 못할 때 발생하는 스트레스

④ 스트레스의 대책
  ㉠ 개인적 대책
    • 근육이나 정신을 이완시킴으로써 스트레스를 통제함 (긴장 이완법)
    • 규칙적인 운동과 식사를 통하여 근육긴장과 고조된 정신 긴장을 경감
    • 동료와의 대화를 통해 감정의 방출과 원만한 대인관계 유지
    • 긴장이완법 : 스트레스가 강하면 자율신경계의 교감신경이 흥분하므로 긴장을 이완시켜 스트레스에 잘 대응하도록 함
    • 협력관계 유지 : 일을 분담, 정보교환, 친목도모, 인간적 협력관계 유지
  ㉡ 조직적 대책(디자인 해결법)
    • 직무 재설계 : 개인의 기술과 능력에 맞게 직무를 할당하고 작업환경 개선
    • 참여관리 : 권한 분권화, 의사결정 참여, 우호적인 직장 분위기 조성
    • 목표설정 : 융통성 있는 작업계획
    • 경력계획과 개발 : 경력을 개발할 수 있도록 경력프로그램의 제공
    • 역할분석, 과업변경, 팀 형성
    • 체력증진계획의 활성화
    • 전문조언과 상담의 실시
  ㉢ 사회적 대책(지원) : 스트레스의 상태에 있는 사람을 정서적 또는 물질적으로 지원
    • 정보적 지원 : 정보 제공
    • 정서적 지원 : 동정, 애정, 신뢰
    • 도구적 지원 : 직무의 수행지원, 보살핌, 금전적 지원
    • 평가적 지원 : 구체적 평가정보 제공

⑤ 갈등과 분노관리
  ㉠ 집단 간 갈등이 심할 때
    • 갈등관계에 있는 당사자들이 함께 추구해야 할 새로운 상위목표의 설정
    • 갈등의 원인을 찾아 공동으로 문제를 해결
    • 집단 간 접촉기회 증대
    • 갈등관계에 있는 집단들의 구성원들의 직무순환
    • 집단통합, 조직개편으로 갈등원인 제거(갈등해결 및 갈등촉진의 가장 좋은 방법)

ⓒ 분노관리 방법
- 분노를 한꺼번에 표현하지 말 것
- 분노를 상대방에게 표현할 때에는 가능한 한 상대방에 존경심을 보일 것
- 분노를 억제하지 말고 표현하되 분노에 휩싸이지 말 것
- 분노를 표현하기 위해서 적절한 시간과 장소를 선택할 것

⑥ NIOSH의 직무 스트레스 모형
㉠ 요인
- 작업 요인 : 작업부하, 작업속도, 교대근무
- 조직 요인 : 역할갈등, 관리유형, 의사결정참여도, 승진, 직무 불안정성
- 환경 요인 : 조명, 소음, 진동, 고열, 한랭
㉡ 간접적 요인(중재요인 : 개인들이 지각하고 상황에 반응하는 방식의 차이)
- 개인적 요인 : 연령, 성별, 경력
- 비직무적 요인 : 가족상황, 교육상태, 결혼상태
- 완충요인 : 사회적 지지, 업무숙달정도, 대응노력
㉢ 급성반응 : 직무상 고충, 정신적 반응, 신체적 반응, 행동적 반응
㉣ 질병 : 급성반응이 지속되면 질병에 노출가능성 증대(근골격계질환, 알코올중독, 정신질환)

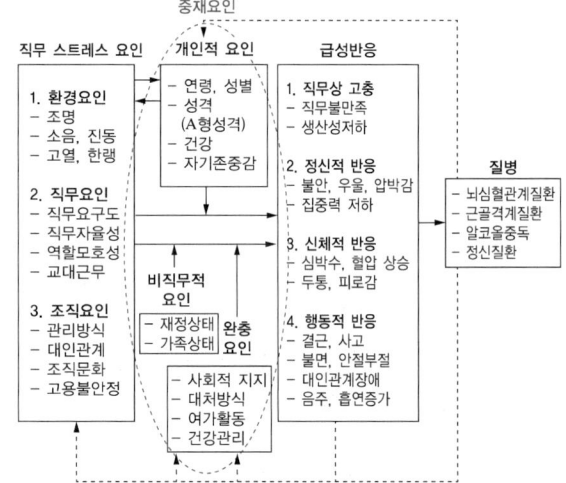

NIOSH의 직무 스트레스 모형

핵심예제

2-1. 다음 중 스트레스를 조직 수준에서 관리하는 방안으로 적절하지 않은 것은? [11년 1회]

① 참여 관리
② 경력 개발
③ 직무 재설계
④ 도구적 지원

2-2. 개인의 기술과 능력에 맞게 직무를 할당하고 작업환경 개선을 통하여 안심하고 작업할 수 있도록 하는 스트레스 관리 대책은? [10년 1회]

① 경력계획과 개발
② 직무 재설계
③ 협력관계 유지
④ 긴장 이완법

2-3. 다음 중 NIOSH의 직무 스트레스 관리 모형의 연결이 잘못된 것은? [13년 1회]

① 조직 요인 - 교대근무
② 조직 외 요인 - 가족상황
③ 개인적인 요인 - 성격경향
④ 완충작용 요인 - 대처능력

2-4. 다음 중 스트레스 요인에 관한 설명으로 옳지 않은 것은? [13년 3회]

① 성격유형에 있어 A형 성격은 B형 성격보다 스트레스를 많이 받는다.
② 일반적으로 내적 통제자들은 외적 통제자들보다 스트레스를 많이 받는다.
③ 역할 과부하는 직무기술서가 분명치 않은 관리직이나 전문직에서 더욱 많이 나타난다.
④ 조직 내에 존재하는 집단들은 조직 구성원에게 집단의 압력이나 행동적 규범에 의하여 스트레스와 긴장의 원인으로 작용할 수 있다.

2-5. 다음 중 NIOSH의 직무 스트레스 모형에서 직무 스트레스 요인과 성격이 다른 한 가지는? [21년 3회]

① 작업 요인
② 조직 요인
③ 환경 요인
④ 상황 요인

| 해설 |

2-1
도구적 지원은 사회적 대책이다.

2-2
② 직무 재설계 : 개인의 기술과 능력에 맞게 직무를 할당하고 작업환경 개선
① 경력계획과 개발 : 경력을 개발할 수 있도록 경력프로그램의 제공
③ 협력관계유지 : 일의 분담, 정보교환, 친목도모, 인간적 협력관계 유지
④ 긴장이완법 : 스트레스가 강하면 자율신경계의 교감신경이 흥분하므로 긴장을 이완시켜 스트레스에 잘 대응하도록 함

2-3
교대근무는 조직 요인이 아니라 작업 요인이다.

2-4
외적 통제자들은 중요한 사건들이 주로 타인이나 외부에 의해 결정된다고 보기 때문에 스트레스의 영향력을 감소시키려는 노력을 하지 않는 편이다.

2-5
NIOSH 직무 스트레스 모형은 스트레스의 요인을 직접 요인, 간접 요인(중재 요인), 급성반응으로 분류하는데 작업 요인·조직 요인·환경 요인은 직접 요인에 해당하고, 상황 요인은 간접 요인에 해당한다.

정답 2-1 ④ 2-2 ② 2-3 ① 2-4 ② 2-5 ④

제5절 | 관계법규

1. 법의 이해

핵심이론 01 제조물 책임법의 이해

① 정 의
  ㉠ 결함이 있는 제품에 의하여 소비자 또는 제3자의 신체상·재산상의 손해가 발생한 경우, 제조자, 판매자 등 그 제조물의 제조 판매의 일련 과정에 관여한 자가 부담하여야 하는 손해배상책임
  ㉡ 제조물 책임법상의 결함
    • 제조물의 품질이 나쁘다는 것과는 관계가 없음
    • 인적 손해나 당해 제조물 이외의 물적 손해를 초래하는 것과 같이 제조물의 안전성에 문제가 있는 경우에 결함 인정
  ㉢ 입증책임의 완화 : 고도의 기술이 집약되어 있는 제품의 경우 소비자가 결함의 여부를 입증하기 어려우므로 제조업자가 제품의 결함 없음을 입증하지 못하면 제품에 결함이 존재하는 것으로 봄

② 제조물 결함의 분류

결함의 분류		세부내용
제품자체의 결함	설계상의 결함	안전설계결함, 안전장치 미비결함, 주요 부품 제작기준 불량, 기술수준 미달
	제조상의 결함	원재료 및 부품불량, 가공 및 조립상태 불량, 안전장치고장, 품질관리 불량
표시·경고상의 결함		• 취급사용설명서 및 경고사항 미비 • 팜플렛, 광고선전, 판매원의 설명위반 • 약속위반

  ㉠ 설계상의 결함
    • 제조업자가 합리적인 대체설계를 채용하였더라면 피해나 위험을 줄이거나 피할 수 있었음에도 대체설계를 채용하지 아니함
    • 제조물의 설계단계에서 안전성에 대한 배려가 결여되어 있기 때문에 안전성이 결여됨

- 제조업자는 제조물의 효용성, 안전성, 경제성, 소비자의 기호 등 다양한 요소를 고려하여 기획 설계
- 제조업자의 안전성에 관한 요소의 선택이 적당한 것인지 여부가 설계상의 결함을 판단하는 요소가 됨
- 판단은 최종적으로 법관이 하게 되지만 법관은 통상인의 입장에서 안전성을 판단

ⓒ 제조상의 결함
- 제조과정에서 부주의로 인해서 제품의 설계사양이나 제조방법에 따르지 않고 제품이 제조되어 안전성이 결여된 경우
- 이러한 결함은 제품의 제조, 관리단계에서의 인적, 기술적 부주의에 기인
- 아무리 품질관리를 철저하게 한다 하더라도 현대의 대량생산체계에서 생산되는 제품의 불량률을 볼 때 빈도수는 낮지만 불가피하게 발생할 수밖에 없는 결함

ⓒ 표시, 경고상의 결함
- 소비자가 사용 또는 취급상의 일정한 주의를 하지 않거나 부적당한 사용을 할 때, 발생할 수 있는 위험에 대비한 적절한 주의나 경고를 하지 않은 경우를 말함
- 제품의 설계제조과정 등에서 제거할 수 없는 위험성이 존재하는 경우 제조자는 그 위험성의 발현에 의한 사고를 방지·회피할 수 있도록 사용자 측에 정보를 제공하여야 하나 이를 이행하지 않아서 발생한 결함

③ 표시상의 결함이 문제될 수 있는 경우
㉠ 경고해야 할 위험성이나 설명해야 할 지시가 표시되지 않은 경우
㉡ 표시된 경고 내지 지시의 내용이 불충분한 경우
㉢ 경고표시의 부착방법이나 지시의 기재방법 등이 부적절한 경우

④ 면책사유
㉠ 손해배상책임을 지는 자가 손해배상책임을 면하는 경우
- 제조업자가 해당 제조물을 공급하지 아니하였다는 사실
- 제조업자가 해당 제조물을 공급한 당시의 과학·기술 수준으로는 결함의 존재를 발견할 수 없었다는 사실
- 제조물의 결함이 제조업자가 해당 제조물을 공급한 당시의 법령에서 정하는 기준을 준수함으로써 발생하였다는 사실
- 원재료나 부품의 경우에는 그 원재료나 부품을 사용한 제조물 제조업자의 설계 또는 제작에 관한 지시로 인하여 결함이 발생하였다는 사실

⑤ 제조업자가 제조물의 결함을 알면서도 그 결함에 대하여 필요한 조치를 취하지 않은 결과로 생명 또는 신체에 중대한 손해를 입은 자가 있는 경우에는 그 자에게 발생한 손해의 3배를 넘지 않는 범위에서 배상책임을 진다(「제조물 책임법」 제3조 제2항 전단).

⑥ **리콜제도** : 소비자의 생명이나 신체, 재산상의 피해를 끼치거나 끼칠 우려가 있는 제품에 대하여 제조업자 또는 유통업자가 자발적 또는 의무적으로 대상 제품의 위험성을 소비자에게 알리고 제품을 회수하여 수리, 교환, 환불 등의 적절한 시정조치를 해주는 제도

⑦ **소멸시효** : 손해배상청구권의 소멸시효는 그 손해 및 가해자를 안 날로부터 3년, 불법행위를 한 날로부터 10년 이내에 행사하지 아니하면 소멸한다.

핵심예제

1-1. 오토바이 판매광고 방송에서 모델이 안전모를 착용하지 않은 채 머플러를 휘날리면서 오토바이를 타는 모습을 보고 따라하다가 머플러가 바퀴에 감겨 사고를 당하였을 때, 이는 제조물 책임법상 어떠한 결함에 해당하는가? [15년 1회]

① 표시상의 결함 ② 책임상의 결함
③ 제조상의 결함 ④ 설계상의 결함

1-2. 제조, 유통, 판매된 제조물의 경향으로 인해 발생한 사고에 의해 소비자나 사용자 또는 제3자의 생명, 신체, 재산 등에 손해가 발생한 경우에 그 제조물을 제조, 판매한 공급업자가 법률상의 손해배상 책임을 지도록 하는 것은? [14년 1회]

① 제조물 기술 ② 제조물 결함
③ 제조물 배상 ④ 제조물 책임

1-3. 다음 중 제조물 책임법에서의 결함의 유형에 해당하지 않는 것은? [16년 3회]

① 제조상의 결함 ② 설계상의 결함
③ 구매상의 결함 ④ 표시상의 결함

|해설|

1-1
소비자가 사용 또는 취급상의 일정한 주의를 하지 않거나 부적당한 사용을 할 때 발생할 수 있는 위험에 대비한 적절한 주의나 경고를 하지 않은 경우를 말하는 것으로 표시상의 결함에 해당한다.

1-2
제조물 책임법에 대한 설명이다.

1-3
제조물 책임법에 의한 결함의 분류로는 제조상의 결함, 설계상 결함과 표시상의 결함이 있다.

정답 1-1 ① 1-2 ④ 1-3 ③

제6절 | 유해요인 안전보건관리평가

1. 안전보건관리의 원리

핵심이론 01 안전보건관리 개요

① 라인(Line)형 조직
 ㉠ 소규모 사업장(100명 이하)에 적합
 ㉡ 안전관리 계획에서 실시에 이르기까지 모든 업무를 생산라인을 통해 직선적으로 이루어지도록 편성

장 점	단 점
• 안전에 관한 지시 및 명령 계통이 철저 • 안전대책의 실시가 신속하고 정확함 • 명령과 보고가 상하관계뿐으로 간단 명료	• 안전에 대한 지식 및 기술축적이 어려움 • 안전에 대한 정보수집, 신기술개발이 어려움 • 생산라인에 과도한 책임을 지우기 쉬움

② 스탭(Staff)형 조직
 ㉠ 중규모 사업장(100~1,000명 이하)에 적합
 ㉡ 안전업무를 담당하는 안전담당 참모(Staff)가 있음
 ㉢ 안전담당 참모가 경영자에게 안전관리에 관한 조언과 자문
 ㉣ 생산은 안전에 대한 권한, 책임이 없음
 ㉤ 안전과 생산을 별개로 취급

장 점	단 점
• 사업장 특성에 맞는 전문적인 기술연구가 가능 • 경영자에게 조언과 자문역할을 할 수 있음 • 안전정보 수집이 빠름	• 안전지시나 명령이 작업자에게까지 신속·정확하게 전달되지 못함 • 생산부분은 안전에 대한 책임과 권한이 없음 • 권한다툼이나 조정 때문에 시간과 노력이 소모

③ 라인스탭(Line-Staff, 직계참모조직)형
 ㉠ 대규모 사업장(1,000명 이상)에 적합
 ㉡ 라인형과 스탭형의 장점만을 채택한 형태로 안전에 대한 책임과 권한이 라인 관리감독자에게도 부여됨
 ㉢ 안전업무를 전담하는 스탭을 두고 생산라인의 각 계층에서도 각 부서장으로 하여금 안전업무를 수행하게 함

ⓔ 라인과 스탭이 협조를 이루어 나갈 수 있고, 라인은 생산과 안전보건에 관한 책임을 동시에 부담함
ⓜ 안전보건업무와 생산업무가 균형을 유지할 수 있는 이상적인 조직
ⓗ 직능별 전문화의 원리와 명령 일원화의 원리를 조화시킬 수 있음

장 점	단 점
• 안전에 대한 기술 및 경험축적이 용이 • 사업장에 맞는 독자적인 안전개선책 수립이 가능 • 안전지시나 안전대책이 신속하고 정확하게 전달	• 명령과 권고가 혼동되기 쉬움 • 스탭의 월권행위가 발생가능 • 라인이 스탭을 활용하지 않을 가능성 존재

핵심예제

1-1. 조직에서 직능별 전문화의 원리와 명령 일원화의 원리를 조화시킬 목적으로 형성한 조직은? [15년 3회]

① 직계참모 조직
② 위원회 조직
③ 직능식 조직
④ 직계식 조직

1-2. 안전에 대한 책임과 권한이 라인 관리감독자에게도 부여되며, 대규모 사업장에 적합한 조직 형태는? [17년 1회]

① 라인형(Line) 조직
② 스탭형(Staff) 조직
③ 라인-스탭형(Line-Staff) 조직
④ 프로젝트(Project Team Work) 조직

|해설|

1-1
Line-Staff형 조직(직계참모 조직) : 직능별 전문화의 원리와 명령 일원화의 원리를 조화시킬 수 있음

1-2
라인-스탭형(Line-Staff) 조직 : 라인형과 스탭형의 장점만을 채택한 형태로 안전에 대한 책임과 권한이 라인 관리감독자에게도 부여됨

정답 1-1 ① 1-2 ③

핵심이론 02 재해발생 및 예방원리

① 재해발생이론
　㉠ 하인리히(Heinrich)의 도미노 이론
　　• 1단계 - 사회적 환경, 유전적 요소(기초원인)
　　• 2단계 - 개인의 결함(2차원인)
　　• 3단계 - 불안전한 행동, 불안전한 상태(1차원인, 직접원인)
　　• 4단계 - 사고
　　• 5단계 - 재해
　　• 하인리히는 직접원인을 제거하면 사고와 재해로 이어지지 않는다고 보았음

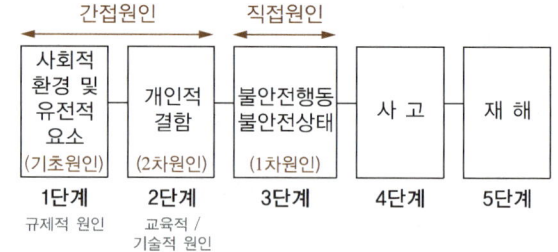

하인리히(Heinrich)의 도미노 이론

불안전한 행동 - 인적요인	불안전한 상태 - 물적요인
• 위험한 장소의 접근 • 안전장치의 기능제거 • 복장·보호구의 미착용, 잘못 착용 • 기계기구의 잘못 사용 • 운전 중인 기계의 손질 • 불안전 속도조작 • 위험물 취급부주의 • 불안전한 상태 방치 • 감독 및 연락 불충분 • 정리정돈 미실시 • 잡담, 장난	• 방호 미비, 방호조치결함 • 보호구의 결함 • 불안전한 방호장치(부적절한 설치) • 결함 있는 기계 설비 및 장비 • 부적절한 작업환경 • 숙련도 부족 • 불량상태(미끄러움, 날카로움, 거칠음, 깨짐, 부식됨 등)

　㉡ 버드의 수정도미노 이론
　　• 1단계 - 통제의 부족(관리적 원인, 4M, 근원적 원인, 기초원인)
　　• 2단계 - 기본원인, 개인적 또는 작업상의 요인
　　• 3단계 - 불안전한 행동, 불안전한 상태 (직접원인)
　　• 4단계 - 사고(접촉)
　　• 5단계 - 상해(손해)

- 하인리히는 개인의 결함이 사고의 근원적 원인이라 하였지만, 버드는 사업주의 관리(Management)의 부재를 사고의 근원적 원인으로 봄으로써 오늘날의 산업안전의 기틀을 마련함
- 버드의 사고예방연쇄이론 : 제어(관리)부족 → 기본원인 → 직접원인 → 사고 → 재해
- 버드의 법칙 – 1 : 10 : 30 : 600(사망/중상 : 경상 : 물적사고 : 무상해무사고)

안전관리 활동	인간적 요인(Man) 설비적 요인(Machine) 작업적 요인(Media) 관리적 요인(Management)	불안전 상태 불안전 행동	사 고	재 해
(근본원인)	(기본원인)	(직접원인)	(이상)	(피해)

버드의 수정도미노 이론

- 불안전한 행동의 배후요인

인적 요인	심리적 요인	망각, 의식의 우회, 억측판단, 착오, 성격
	생리적 요인	피로, 영양과 에너지 대사, 적성과 작업의 종류
외적 요인 (환경적)	설비적 요인	설비 취급상의 문제, 유지관리의 문제
	작업적 요인	작업자세, 작업속도, 작업강도, 근로시간, 휴식시간, 작업공간, 조명, 색채, 소음, 온열조건
	관리적 요인	교육훈련의 부족, 감독지도 불충분, 작성배치 불충분

  – 하인리히의 이론을 수정하여 재해의 직접원인인 불안전한 상태와 행동을 발생시키는 기본원인이 있으며 이를 4M(Man, Machine, Media, Management)이라고 하여 오늘날 산업안전관리의 기틀을 마련함
  – 불안전한 상태와 불안전한 행동의 근원적 원인은 관리(Management)에 있음
ⓒ 기타 재해발생이론
- 아담스의 연쇄성이론
  관리구조 결함 → 작전적 에러(경영자, 감독자 행동) → 전술적 에러(불안전한 행동) → 사고(물적사고) → 재해(상해, 손실)

- 하비(Harvey)의 3E(산업재해를 위한 안전대책)
  – Education(안전교육)
  – Engineering(안전기술)
  – Enforcement(안전독려)

② 재해의 구성비율

하인리히	1 : 29 : 300(사망/중상 : 경상 : 무상해사고)
버 드	1 : 10 : 30 : 600 (사망/중상 : 경상 : 물적사고 : 무상해무사고)

③ 재해발생 형태
  ㉠ 집중형(단순자극형) : 상호자극에 의해 순간적으로 재해가 발생, 사고 원인이 독립적으로 재해 발생 장소에 일시적으로 집중되는 형태
  ㉡ 연쇄형 : 하나의 사고요인이 또 다른 사고요인이 되면서 재해를 발생시키는 유형으로 단순연쇄형과 복합연쇄형이 있음
  ㉢ 혼합형(복합형) : 연쇄형과 단순자극형의 복합적인 발생 유형 재해에 해당함

집중형 연쇄형 혼합형

④ 재해예방
  ㉠ 하인리히의 재해예방 4원칙
   - 손실우연의 법칙 : 손실의 크기와 대소는 예측이 안되고 우연에 의해 발생하므로, 사고 자체 발생의 방지 예방이 중요
   - 원인연계의 원칙 : 사고는 항상 원인이 있고, 원인은 대부분 복합적임
   - 예방가능의 원칙 : 천재지변을 제외하고 모든 사고와 재해는 원칙적으로 원인만 제거되면 예방이 가능
   - 대책선정의 원칙 : 사고의 원인이나 불안전요소가 발견되면 반드시 대책을 선정하여 실시함

ⓒ 하인리히의 사고예방대책 5단계
- 1단계 : 안전관리조직(Organization)
  경영자는 안전관리조직을 구성하여 안전활동 방침 및 계획을 수립하고 안전활동을 전개함으로써 근로자의 참여하에 집단의 목표를 달성
- 2단계 : 사실의 발견(Fact Finding)
  조직편성을 완료하면 각종 안전사고 및 안전활동에 대한 기록을 검토하고 작업을 분석하여 불안전요소를 발견
  - 사고조사
  - 점검 및 검사
  - 작업공정분석
  - 자료수집, 작업분석
  - 사고 및 활동기록의 검토
  - 각종 안전회의 및 토의
  - 관찰 및 보고서의 연구
- 3단계 : 분석평가(Analysis)
  - 불안전요소를 토대로 사고를 발생시킨 직접 및 간접적 원인을 찾아내는 것
  - 현장조사 결과의 분석, 사고보고서의 분석, 환경조건의 분석 및 작업공정의 분석, 교육과 훈련의 분석 등을 통하여 이루어 짐
- 4단계 : 대책수립(Selection of Remedy), 시정방법의 선정
  - 분석을 통하여 도출된 원인을 토대로 효과적인 개선방법을 선정
  - 개선방안에는 기술적 개선, 인사조정, 교육 및 훈련의 개선, 안전행정의 개선, 규정 및 수칙의 개선과 이행 독려의 체제강화 등이 있음
- 5단계 : 대책의 적용(Application of Remedy)
  - 시정방법이 선정된 것만으로 문제가 해결되는 것은 아니고 반드시 적용되어야 함
  - 목표를 설정하여 실시하고 결과를 재평가하여 불합리한 점은 재조정하여 실시되어야 함

핵심예제

2-1. 다음 중 하인리히(Heinrich)의 재해발생 이론에 관한 설명으로 틀린 것은? [10년 1회]

① 일련의 재해요인들이 연쇄적으로 발생한다는 도미노 이론이다.
② 일련의 재해요인들 중 어느 하나라도 제거하면 재해 예방이 가능하다.
③ 불안전한 행동 및 상태는 사고 및 재해의 간접원인으로 작용한다.
④ 개인적 결함은 인간의 결함을 의미하며 5단계 요인 중 제2단계 요인이다.

2-2. 재해예방의 4원칙으로 옳지 않은 것은? [21년 3회]

① 예방 가능의 원칙   ② 보상 분배의 원칙
③ 손실 우연의 원칙   ④ 대책 선정의 원칙

2-3. 다음 중 [보기]의 각 단계를 하인리히의 재해발생이론 (도미노 이론)에 적합하도록 나열한 것은? [10년 3회]

|보기|
① 개인적 결함
② 불안전한 행동 및 불안전한 상태
③ 재 해
④ 사회적 환경 및 유전적 요소
⑤ 사 고

① ① → ④ → ② → ③ → ⑤
② ④ → ① → ② → ⑤ → ③
③ ④ → ② → ① → ③ → ⑤
④ ⑤ → ① → ④ → ② → ③

|해설|

2-1
불안전한 행동 및 상태는 직접원인이다.

2-2
재해예방의 4원칙은 손실 우연의 원칙, 원인 연계의 원칙, 예방 가능의 원칙, 대책 선정의 원칙이다.

2-3
유전적 요인, 사회적 환경(Ancestry & Social Environment) → 개인적인 결함(Personal Faults) → 불안전한 행동 및 불안전한 상태(Unsafe Act & Condition) → 사고(Accident) → 상해(Injury)

정답 2-1 ③ 2-2 ② 2-3 ②

핵심이론 03 사업장 안전보건교육

① 근로자 안전보건교육

교육과정	교육대상		교육시간
정기교육	사무직 종사 근로자		매반기 6시간 이상
	사무직 종사 근로자 외의 근로자	판매업무에 직접 종사하는 근로자	매반기 6시간 이상
		판매업무에 직접 종사하는 근로자 외의 근로자	매반기 12시간 이상
채용 시 교육	일용근로자 및 근로계약 기간이 1주일 이하인 기간제근로자		1시간 이상
	근로계약 기간이 1주일 초과 1개월 이하인 기간제근로자		4시간 이상
	그 밖의 근로자		8시간 이상
작업내용 변경 시 교육	일용근로자 및 근로계약 기간이 1주일 이하인 기간제근로자		1시간 이상
	그 밖의 근로자		2시간 이상
특별교육	일용근로자 및 근로계약 기간이 1주일 이하인 기간제근로자 : 별표 5 제1호 라목(제39호는 제외)에 해당하는 작업에 종사하는 근로자에 한정		2시간 이상
	일용근로자 및 근로계약 기간이 1주일 이하인 기간제근로자 : 별표 5 제1호 라목 제39호에 해당하는 작업에 종사하는 근로자에 한정		8시간 이상
	일용근로자 및 근로계약 기간이 1주일 이하인 기간제근로자를 제외한 근로자 : 별표 5 제1호 라목에 해당하는 작업에 종사하는 근로자에 한정		• 16시간 이상(최초 작업에 종사하기 전 4시간 이상 실시하고, 12시간은 3개월 이내에서 분할하여 실시 가능) • 단기간 작업 또는 간헐적 작업인 경우에는 2시간 이상
건설업 기초안전·보건교육	건설 일용근로자		4시간 이상

② 관리감독자 안전보건교육

교육과정	교육시간
정기교육	연간 16시간 이상
채용 시 교육	8시간 이상
작업내용 변경 시 교육	2시간 이상
특별교육	16시간 이상(최초 작업에 종사하기 전 4시간 이상 실시, 12시간은 3개월 이내에서 분할하여 실시 가능)
	단기간 작업 또는 간헐적 작업인 경우에는 2시간 이상

③ 안전보건관리책임자 등에 대한 교육

교육대상	교육시간	
	신규교육	보수교육
안전보건관리책임자	6시간 이상	6시간 이상
안전관리자, 안전관리전문기관의 종사자	34시간 이상	24시간 이상
보건관리자, 보건관리전문기관의 종사자	34시간 이상	24시간 이상
건설재해예방전문지도기관의 종사자	34시간 이상	24시간 이상
석면조사기관의 종사자	34시간 이상	24시간 이상
안전보건관리담당자	–	8시간 이상
안전검사기관, 자율안전검사기관의 종사자	34시간 이상	24시간 이상

④ 특수형태근로종사자에 대한 안전보건교육

교육과정	교육시간
최초 노무제공 시 교육	2시간 이상(단기간 작업 또는 간헐적 작업에 노무를 제공하는 경우에는 1시간 이상 실시하고, 특별교육을 실시한 경우는 면제)
특별교육	16시간 이상(최초 작업에 종사하기 전 4시간 이상 실시하고 12시간은 3개월 이내에서 분할하여 실시가능)
	단기간 작업 또는 간헐적 작업인 경우에는 2시간 이상

⑤ 검사원 성능검사 교육

교육과정	교육대상	교육시간
성능검사 교육	–	28시간 이상

⑥ 교육 프로그램에 대한 평가 준거
  ㉠ 반응준거
    • 훈련참가자들의 훈련 프로그램에 대한 즉각적인 반응
    • 프로그램에 대해 받은 인상은 무엇인지, 어느 정도 만족을 느꼈는지, 프로그램은 유용했는지와 같은 반응을 알아보는 것
  ㉡ 학습준거 : 참가자들이 훈련기간 동안 훈련받은 내용이나 지식을 얼마나 습득하고 이해하고 있는지를 알아보는 것
  ㉢ 행동준거 : 훈련을 받고 난 후 실제 직무행동에서 변화가 있었는지를 알아보는 것
  ㉣ 결과준거 : 훈련을 통해 얼마만큼의 생산량이 증가되었는지, 제품의 불량은 감소했는지, 출근율은 높아졌는지, 이직률은 줄어들었는지, 안전사고율이 감소했는지 등을 알아보는 것

2. 재해조사 및 원인분석

핵심이론 01 재해조사

① 목적 : 재해원인과 결함을 규명하여 동종재해, 유사재해의 재발방지

② 재해조사의 방향
  ㉠ 사고의 순수한 원인을 규명
  ㉡ 재발방지를 위한 노력
  ㉢ 생산성 저해요인을 제거
  ㉣ 관리, 조직상의 장애요인 제거

③ 재해조사 방법
  ㉠ 현장보존을 위해 재해발생 직후에 실시
  ㉡ 현장의 물적 증거를 수집
  ㉢ 현장을 사진 촬영하여 보관하고 기록
  ㉣ 목격자, 현장책임자 등에게 사고 상황을 들음
  ㉤ 특수재해, 중대재해는 전문가에게 조사를 의뢰

④ 재해조사 단계 : 사실의 확인 → 직접원인과 문제점 발견 → 기본원인과 근본적 문제의 결정 → 대책수립

사실의 확인	• 육하원칙 의거, 현장에 대한 구체적인 조사 실시 • 작업시작부터 재해발생까지의 사실관계를 명확히 밝힘 • Man : 작업내용, 성별, 연령, 직종, 소속, 경험, 연수, 자격, 면허, 불안전한 행동 등을 조사 • Machine : 기계, 설비, 치공구, 안전장치, 방호설비, 물질, 재료 등 불안전한 상태의 유무 조사 • Media : 명령, 지시, 연락, 정보유무, 사전협의, 작업방법, 작업조건, 작업순서, 작업환경 조사 • Management : 관련법규, 규정, 교육 및 훈련, 순시, 점검, 확인, 보고 등에 대한 조사
직접원인과 문제점의 발견	• 사실의 확인을 통해 재해의 직접원인 확정 • 그 직접원인이 제반기준과 어긋난 것이 없는가 확인
기본원인과 근본적 문제의 결정	직접원인에 해당하는 불안전한 행동 및 상태를 유발시키는 기본원인을 4M에 의거하여 분석하고 결정
대책수립	• 사실확인, 직접원인 발견, 기본원인 분석 등의 절차를 통해 밝혀진 문제점으로부터 방지대책 수립 • 대책은 구체적으로 실시 가능한 것이어야 함 • 산업안전보건위원회의 심의를 거침 • 시정해야 할 대책 중 순위를 결정 • 대책수립 후 실시계획 수립 • 유사재해 방지대책 수립

⑤ 재해발생의 처리순서

긴급조치 → 재해조사 → 원인분석 → 대책수립 → 대책실시계획 → 실시 → 평가

긴급조치	• 피재기계의 정지 • 피재자의 구조 • 피재자의 응급처치 • 관계자에게 통보 • 2차 재해방지 • 현장보존
재해조사	• 재해조사의 순서 중 제1단계인 사실의 확인, 즉 4M에 의거, 재해요인을 도출 • 육하원칙에 의거 시계열적으로 정리
원인분석	• 원인의 결정 • 직접원인(인적원인, 물적원인) • 간접원인(4M)
대책수립	• 대책의 수립(재해조사의 순서 중 제4단계의 4M분석) • 동종재해의 방지대책 • 유사재해의 방지대책
대책실시 계획	각각의 대책 내용마다 육하원칙에 의거 실시계획을 명확히 설정
실 시	계획된 사항을 현실에 맞도록 실시
평 가	실시한 결과가 효과가 있는지 평가

⑥ 재해 조사자의 유의사항

㉠ 조사는 2인 이상이 실시, 객관적 입장을 유지하고 사실수집에 집중

㉡ 조사는 가능한 한 빨리 현장이 변경되기 전에 실시하며, 2차 재해방지를 도모

㉢ 사고 직후 진술, 목격자의 주관적 진술을 구별하여 참고자료로 기록

㉣ 목격자의 설명을 듣고 피해자로부터 상황설명 청취

㉤ 현장상황에 대하여 사진이나 도면을 작성하고 기록

㉥ 책임추궁은 사실을 은폐하게 하므로 재발방지에 목적을 두고 조사

⑦ 중대재해의 범위

㉠ 사망자가 1명 이상 발생한 재해

㉡ 3개월 이상의 요양이 필요한 부상자가 동시에 2명 이상 발생한 재해

㉢ 부상자 또는 직업성 질병자가 동시에 10명 이상 발생한 재해

⑧ 산업재해 발생보고 : 산업재해 발생 시 사업주는 1개월 이내에 산업재해조사표 제출해야 함

⑨ 중대재해 발생보고 : 중대재해 발생 시 사업주는 즉시 사업장을 관할하는 지방고용노동관서의 장에게 보고해야 한다.

핵심예제

1-1. 산업재해조사에 관한 설명으로 옳은 것은? [16년 1회]

① 사업주는 사망자가 발생했을 때에는 재해가 발생한 날로부터 10일 이내에 산업재해 조사표를 작성하여 관할 지방노동관서의 장에게 제출해야 한다.
② 3개월 이상의 요양이 필요한 부상자가 2인 이상 발생했을 때 중대재해로 분류한 후 피해자의 상병의 정도를 중상해로 기록한다.
③ 재해 발생 시 제일 먼저 조치해야 할 사항은 직접원인, 간접원인 등 재해원인을 조사하는 것이다.
④ 재해조사의 목적은 인적, 물적 피해 상황을 알아내고 사고의 책임자를 밝히는 데 있다.

1-2. 산업안전보건법령에서 정의한 중대재해의 범위 기준으로 옳지 않은 것은? [21년 3회]

① 사망자가 1인 이상 발생한 재해
② 부상자가 동시에 10인 이상 발생한 재해
③ 직업성 질병자가 동시에 5인 이상 발생한 재해
④ 3개월 이상 요양이 필요한 부상자가 동시에 2인 이상 발생한 재해

|해설|

1-1, 1-2
중대재해의 범위는 1, 32, 10으로 암기하면 된다.

중대재해의 범위(산업안전보건법 시행규칙 제3조)
• 사망자가 1명 이상 발생한 재해
• 3개월 이상의 요양이 필요한 부상자가 동시에 2명 이상 발생한 재해
• 부상자 또는 직업성 질병자가 동시에 10명 이상 발생한 재해

정답 1-1 ② 1-2 ③

핵심이론 02 재해원인 분석

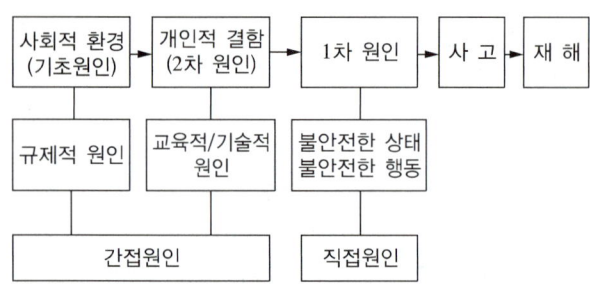

산업재해의 원인

① 산업재해의 직접원인

인적원인	물적원인
• 위험장소의 접근 • 안전 장치의 기능 제거 • 보호구의 미착용, 잘못착용 • 기계, 기구의 잘못 사용 • 운전 중인 기계장치의 손실 • 불안전한 속도 조작 • 위험물 취급 부주의 • 불안전한 상태 방치 • 불안전한 자세·동작	• 물 자체의 결함 • 안전방호장치의 결함 • 보호구의 결함 • 기계의 배치 및 작업장소의 결함 • 작업환경의 결함 : 조명, 온도, 습도, 소음, 환기 • 생산공정의 결함 • 경계 표시 및 설비의 결함

② 산업재해의 간접원인

사회적 환경(기초원인)	개인적 결함 (2차 원인)
• 기술적 원인(10%) : 건물, 기계장치의 설계불량, 구조 및 재료의 부적합, 생산방법의 부적합, 점검 및 정비, 보존불량 • 교육적 원인(70%) : 학교 교육적 원인(조직적 차원의 교육), 작업방법교육 부족, 훈련미숙, 유해위험작업 교육부족 • 관리적 원인(20%) : 안전관리조직의 결함, 안전수칙이 미제정, 작업준비 불충분, 인원배치 부적당, 작업지시 부적당	• 신체적 원인 : 신체적인 원인에 의한 결함 • 정신적 원인 : 안전교육적 원인(개인적 차원의 교육)

③ 사고의 본질적 특성
  ㉠ 사고의 시간성 : 사고의 본질은 공간적인 것이 아니라 시간적임
  ㉡ 우연성 중의 법칙성 : 모든 사고는 우연처럼 보이지만 엄연한 법칙에 따라 발생되기도 하고 미연에 방지되기도 함
  ㉢ 필연성 중의 우연성 : 인간 시스템은 복잡하고 행동의 자유성이 있기 때문에 착오를 일으켜 사고의 기회를 조성하며, 외적 조건 의지를 가진 자일 경우에 우연성은 복합형태가 되어 사고의 기회는 더 많아짐
  ㉣ 사고의 재현 불가능설 : 사고는 돌연히 인간의 의지에 반하여 발생되는 사건이라고 할 수 있으며 지나가 버린 시간을 되돌려 상황을 원상태로 재현할 수는 없음
  ㉤ 사고의 무작위성 : 사고는 전혀 예상치 못하게 일어남
  ㉥ 산업재해의 원인 : 산업재해는 불안전한 상태와 불안전한 행동이 단독 또는 중복되어 발생

④ 재해발생의 분석
  ㉠ 기인물 : 불안전한 상태에 있는 물체(환경포함)
  ㉡ 가해물 : 직접 사람에게 접촉되어 위해를 가한 물체
  ㉢ 사고의 형태 : 물체와 사람과의 접촉현상

⑤ 상해의 종류별 분류
  ㉠ 재해로 발생된 신체적 특성 또는 상해 형태를 말함
  ㉡ 예시 : 골절, 절단, 타박상, 찰과상, 중독·질식, 화상, 감전, 뇌진탕, 고혈압, 뇌졸중, 피부염, 진폐, 수근관증후군 등

⑥ 산업재해발생 형태별 분류 : 재해 및 질병이 발생된 형태 또는 사람에게 상해를 입힌 기인물과 상관된 현상을 말하는 것으로, 기존의 한자 중심의 산업재해 명칭을 알기 쉬운 우리말 중심으로 용어를 변경하였음

한자 중심의 산업재해 명칭	우리말 중심의 산업재해 명칭
추 락	"떨어짐(높이가 있는 곳에서 사람이 떨어짐)"이라 함은 사람이 인력(중력)에 의하여 건축물, 구조물, 가설물, 수목, 사다리 등의 높은 장소에서 떨어지는 것

전도	"넘어짐(사람이 미끄러지거나 넘어짐)"이라 함은 사람이 거의 평면 또는 경사면, 층계 등에서 구르거나 넘어지는 경우 "깔림・뒤집힘(물체의 쓰러짐이나 뒤집힘)"이라 함은 기대어져 있거나 세워져 있는 물체 등이 쓰러져 깔린 경우 및 지게차 등의 건설기계 등이 운행 또는 작업 중 뒤집어진 경우
충돌	"부딪힘(물체에 부딪힘)・접촉"이라 함은 재해자 자신의 움직임・동작으로 인하여 기인물에 접촉 또는 부딪히거나, 물체가 고정부에서 이탈하지 않은 상태로 움직임(규칙, 불규칙) 등에 의하여 부딪히거나, 접촉한 경우
낙하, 비래	"맞음(날아오거나 떨어진 물체에 맞음)"이라 함은 구조물, 기계 등에 고정되어 있던 물체가 중력, 원심력, 관성력 등에 의하여 고정부에서 이탈하거나 또는 설비 등으로부터 물질이 분출되어 사람을 가해하는 경우
붕괴, 도괴	"무너짐(건축물이나 쌓여진 물체가 무너짐)"이라 함은 토사, 적재물, 구조물, 건축물, 가설물 등이 전체적으로 허물어져 내리거나 또는 주요 부분이 꺾어져 무너지는 경우
협착	"끼임(기계설비에 끼이거나 감김)"이라 함은 두 물체 사이의 움직임에 의하여 일어난 것으로 직선 운동하는 물체 사이의 끼임, 회전부와 고정체 사이의 끼임, 로울러 등 회전체 사이에 물리거나 또는 회전체・돌기부 등에 감긴 경우
절단, 베임, 찔림	절단, 베임, 찔림
감전	"감전"이라 함은 전기설비의 충전부 등에 신체의 일부가 직접 접촉하거나 유도 전류의 통전으로 근육의 수축, 호흡곤란, 심실세동 등이 발생한 경우 또는 특별고압 등에 접근함에 따라 발생한 섬락 접촉, 합선・혼촉 등으로 인하여 발생한 아크에 접촉된 경우
폭발, 파열	"폭발"이라 함은 건축물, 용기 내 또는 대기 중에서 물질의 화학적, 물리적 변화가 급격히 진행되어 열, 폭음, 폭발압이 동반하여 발생하는 경우
화재	"화재"라 함은 가연물에 점화원이 가해져 비의도적으로 불이 일어난 경우를 말하며, 방화는 의도적이기는 하나 관리할 수 없으므로 화재에 포함시킴
무리한 동작	불균형 및 무리한 동작
이상온도접촉	"이상온도 노출・접촉"이라 함은 고・저온 환경 또는 물체에 노출・접촉된 경우
화학물질 노출	"유해・위험물질 노출접촉"이라 함은 유해・위험물질에 노출・접촉 또는 흡입하였거나 독성 동물에 쏘이거나 물린 경우
산소결핍	"산소결핍・질식"이라 함은 유해물질과 관련 없이 산소가 부족한 상태・환경에 노출되었거나 이물질 등에 의하여 기도가 막혀 호흡기능이 불충분한 경우

핵심예제

2-1. 재해 원인을 불안전한 행동과 불안전한 상태로 구분할 때 다음 설명 중 틀린 것은? [09년 1회]

① 불안전한 행동과 불안전한 상태로 직접원인이라 한다.
② 재해조사 시 재해의 원인은 불안전한 행동이나 불안전한 상태 중 한 가지로 분류한다.
③ 보호구의 결함은 불안전한 상태, 보호구의 미착용은 불안전한 행동으로 분류한다.
④ 하인리히는 재해예방을 위해 불안전한 행동과 불안전한 상태의 제거가 가장 중요하다고 보았다.

2-2. 다음 중 산업안전보건법령상 재해발생시 작성하여야 하는 산업재해조사표에서 재해의 발생 형태에 따른 재해 분류가 아닌 것은? [14년 3회]

① 폭 발   ② 협 착
③ 진 폐   ④ 감 전

|해설|

2-1
산업재해는 불안전한 상태와 불안전한 행동이 단독 또는 중복되어 발생하므로 한 가지로 분류할 수 없다.

2-2
진폐는 발생형태가 아니라 상해종류별 분류이다.

정답 2-1 ② 2-2 ③

핵심이론 03 산업재해 분석도구

① 파레토도
  ㉠ 관리대상이 많은 경우 최소의 노력으로 최대의 효과를 얻을 수 있는 방법
  ㉡ 분류항목을 큰 값에서 작은 값의 순서로 도표화

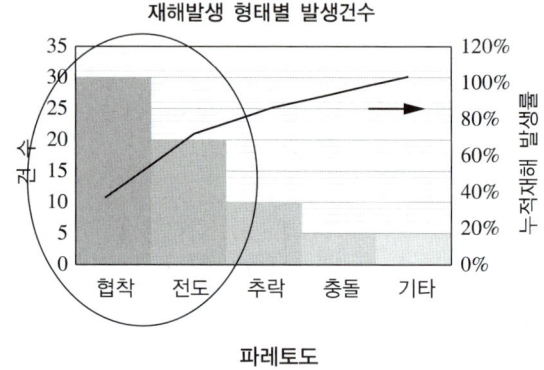

파레토도

② 특성요인도
  ㉠ 특성과 요인관계를 어골상으로 세분하여 연쇄관계를 나타내는 방법
  ㉡ 재해와 원인의 관계를 도표화하여 재해 발생원인을 분석

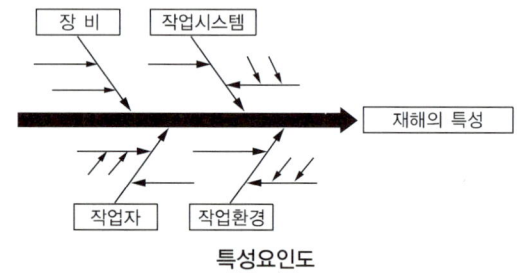

특성요인도

③ 클로즈(Close) 분석
  ㉠ 2개 이상의 문제관계를 분석하는 데 사용
  ㉡ 데이터를 집계하고 요인별 결과 내역을 교차한 클로즈도를 작성
   • T : 전 재해 건수
   • A : 불안전한 상태에 의한 재해 건수
   • B : 불안전한 행동에 의한 재해 건수
   • C : 불안전한 상태와 불안전한 행동이 겹쳐서 발생한 건수
   • D : 불안전한 상태 및 불안전한 행동에 아무런 관계없이 발생한 재해 건수

  ㉢ C의 재해가 A와 B에 의해 발생할 확률

$$PC = \frac{A}{T} \times \frac{B}{T} = \frac{AB}{T^2}$$

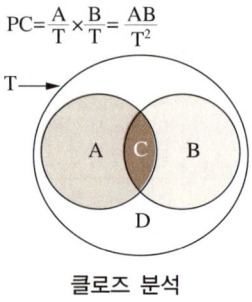

클로즈 분석

④ 관리도
  ㉠ 재해 발생건수 등의 추이를 파악하고 목표관리를 행하는 데 필요한 발생건수를 그래프화하여 관리한계를 설정
  ㉡ 재해발생건수 등의 추이파악 → 목표관리를 행하는 데 필요한 월별재해발생수의 그래프화 → 관리구역 설정 → 관리

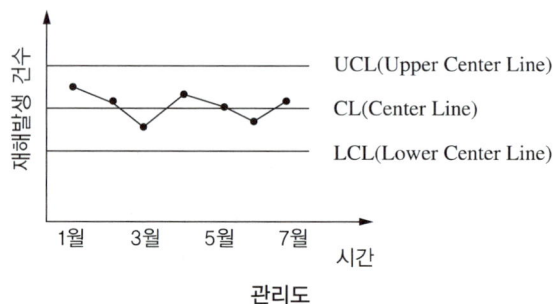

관리도

평균 재해율 p_n

$$UCL = p_n + 3\sqrt{\frac{p_n(1-p_n)}{n}}$$

$$LCL = p_n - 3\sqrt{\frac{p_n(1-p_n)}{n}}$$

⑤ 산업재해비용 산출
  ㉠ 하인리히 방식
   • 총재해비 = 직접비(1) + 간접비(4)
   • 1대4의 원칙 : 간접비용의 정확한 산출이 어려운 경우에는 직접비용의 4배를 간접비용으로 추산
   • 직접비 : 요양급여, 휴업급여, 장해급여, 간병급여, 유족급여, 상병보상연금, 장의비
   • 간접비 : 인적손실, 물적손실, 생산손실, 임금손실, 시간손실, 기타손실
  ㉡ 시몬즈 방식
   • 미국 미시건 주립대학의 교수인 시몬즈는 하인리히의 1 : 4의 직간접손실 비용의 방식 대신 평균치 계산방식을 제시함
   • 전체 재해비용 = 보험비용 + 비보험비용
   • 비보험비용 = A × 휴업상해건수 + B × 통원치료상해건수 + C × 응급조치건수 + D × 무상해건수
   • A, B, C, D : 상수로 휴업상해, 통원치료 상해, 응급처치, 무상해 사고에 대한 평균 비보험 비용
   • 보험비용
    – 보험금 총액
    – 보험회사의 보험에 관련된 제 경비와 이익금
   • 비보험비용
    – 작업중지에 따른 임금손실
    – 기계설비 및 재료의 손실비용
    – 신규 근로자의 교육훈련비용
    – 기타 제 경비

시몬즈 방식의 재해코스트

구 분	내 용
휴업상해(A)	영구 부분노동 불능, 일시적 노동 불능
통원치료 상해(B)	일시 일부노동불능, 의사의 조치를 요하는 통원치료 상해
응급처치(C)	20달러 미만의 손실 또는 8시간 미만의 휴업손실 상해
무상해사고(D)	의료조치를 필요로 하지 않는 경미한 상해, 사고 및 무상해 사고

  ㉢ 버드 방식
   • 총재해비 = 직접비(1) + 간접비(5)
   • 직접비 : 상해사고와 관련되는 의료비, 보상비
   • 간접비 = 비보험 재산손실비용 + 비보험 기타손실비용
   • 비보험 재산손실비용(쉽게 측정) : 건물손실, 기구 및 장비손실, 제품 및 재료손실, 조업중단 및 지연
   • 비보험 기타손실비용(쉽게 측정곤란) : 시간조사, 교육, 임대 등

구 분	직접비	간접비	
	보험비	비보험 재산손실비용	비보험 기타손실비용
구성비율	1	5~50	1~3

  ㉣ 콤패스 방식
   • 총재해비 = 개별 비용비 + 공용 비용비
   • 개별비용비 : 직접손실
   • 공용비용비 : 보험료, 안전보건유지비, 기업명예비 등의 추상적 비용

핵심예제

3-1. 재해의 발생 원인을 분석하는 방법에 관한 설명으로 틀린 것은? [16년 3회]

① 특성요인도 - 재해와 원인의 관계를 도표화하여 재해 발생 원인을 분석한다.
② 파레토도 - Flow Chart에 의한 분석방법으로, 원인 분석 중 원점으로 돌아가 재검토하면서 원인을 찾는다.
③ 관리도 - 재해 발생건수 등의 추이를 파악하고 목표관리를 행하는 데 필요한 발생건수를 그래프화하여 관리한계를 설정한다.
④ 크로스도 - 2개 이상의 문제관계를 분석하는 데 사용하는 것으로, 데이터를 집계하고 표로 표시하여 요인별 결과 내역을 교차시켜 분석한다.

3-2. 다음 중 하인리히(Heinrich) 재해코스트 평가방식에서 "1 : 4"의 원칙에 관한 설명으로 옳은 것은? [15년 1회]

① 간접비용의 정확한 산출이 어려운 경우에는 직접비용의 4배를 간접비용으로 추산한다.
② 직접비용의 정확한 산출이 어려운 경우에는 간접비용의 4배를 직접비용으로 추산한다.
③ 인적비용의 정확한 산출이 어려운 경우에는 물적비용의 4배를 인적비용으로 추산한다.
④ 물적비용의 정확한 산출이 어려운 경우에는 인적비용의 4배를 물적비용으로 추산한다.

|해설|

3-1
파레토 : 관리대상이 많은 경우 최소의 노력으로 최대의 효과를 얻을 수 있는 방법으로 분류항목을 큰 값에서 작은 값의 순서로 도표화 한 것이다.

3-2
1대 4의 원칙 : 간접비용의 정확한 산출이 어려운 경우에는 직접비용의 4배를 간접비용으로 추산

정답 3-1 ② 3-2 ①

핵심이론 04 산업재해 통계

① 재해율 = 재해자수 × 100/근로자수

② 연천인율(1,000명을 기준으로 한 재해발생건수)
= 재해건수 × 1,000/근로자수 = 도수율 × 2.4

③ 종합재해지수 = $\sqrt{도수율 \times 강도율}$

④ 도수율(100만 시간당 재해발생건수)
= 백만 시간당 재해건수/총연근로시간수

⑤ 강도율(1,000시간당 근로손실일수)
= 근로손실일수 × 1,000/총연근로시간수
㉠ 산업재해로 인한 근로손실일수의 정도를 나타냄
㉡ 사망/영구장애 : 7,500일(1~3급)
㉢ 영구 일부노동불능 신체장해등급 : 4~14급(5,500일~50일)

구분	사망	신체장해자 등급										
		1~3	4	5	6	7	8	9	10	11	12	13	14
근로손실일수(일)	7,500	7,500	5,500	4,000	3,000	2,200	1,500	1,000	600	400	200	100	50

㉣ 일시 전노동 불능 재해 : 휴업일수 × 300/365
㉤ 근로손실일수의 영구 일부 노동불능상해는 휴무일수에 연간 일할비율(300/365)을 곱하여 산출함

⑥ 환산강도율과 환산도수율
㉠ 환산강도율(S) = [평생(10만 시간) 동안 재해로 인한 근로손실일수] = 강도율 × 100
㉡ 환산도수율(F) = [평생(10만 시간) 동안 재해를 입을 수 있는 건수] = 도수율 × 0.1
㉢ 평균강도율(재해 1건당 근로손실일수) = 환산강도율(S)/환산도수율(F) = 강도율/도수율 × 1,000
㉣ 평균강도율 = 강도율 / 도수율 × 1,000

⑦ 안전활동률 = 도수율 = 백만시간당 안전활동건수/(연평균근로자수 × 연근로시간수)

⑧ Safe T Score = [도수율(현재) - 도수율(과거)]/[$\sqrt{과거도수율/현재근로총시간수 \times 백만}$]

⑨ 산업재해 : 사망 또는 3일 이상의 요양을 요하는 재해

핵심예제

4-1. 연간 1,000명의 근로자가 근무하는 사업장에서 연간 24건의 재해가 발생하고, 의사진단에 의한 총휴업일수는 8,760일이었다. 이 사업장의 도수율과 강도율은 각각 얼마인가? [11년 1회]

① 도수율 : 10, 강도율 : 6
② 도수율 : 15, 강도율 : 3
③ 도수율 : 15, 강도율 : 6
④ 도수율 : 10, 강도율 : 3

4-2. 다음 중 강도율(Severity Rate of Injury)에 관한 설명으로 옳은 것은? [14년 1회]

① 연간근로시간 1,000,000시간당 발생한 재해발생건수를 말한다.
② 개인이 평생 근무 시 발생할 수 있는 근로손실일수를 말한다.
③ 재해 사건 당 발생한 평균근로손실일수를 말한다.
④ 연간 근로시간 1,000시간당 발생한 근로손실일수를 말한다.

|해설|

4-1
- 도수율(100만시간당 재해발생건수) = 백만시간당 재해건수/총 연근로시간수 = (24 × 백만)/(1,000 × 2,400) = 10
- 강도율(1,000시간당 근로손실일수) = 근로손실일수 × 1,000/총 연근로시간수 = [8,760 × (300/365) × 1,000]/(1,000 × 2,400) = 3
- 근로손실일수 = 휴업일수 × $\dfrac{근로일수}{365}$, 근로일수가 주어지지 않았다면 근로법정시간을 고려하여 300일로 간주

4-2
강도율은 1,000시간당 근로손실일수로 근로손실일수 × 1,000/총 연근로시간수로 표현한다.

정답 4-1 ④ 4-2 ④

CHAPTER 04 근골격계질환 예방을 위한 작업관리

제1절 | 근골격계질환

1. 근골격계질환의 종류

핵심이론 01 근골격계질환의 정의 및 유형

① 근골격계질환 정의
  ㉠ 반복적이고 누적되는 특정한 일 또는 동작과 연관되어 신체의 일부를 무리하게 사용하면서 나타나는 질환
  ㉡ 신경, 근육, 인대, 관절 등에 문제가 생겨, 통증과 이상감각, 마비 등의 증상이 나타남
  ㉢ 외부의 스트레스에 의하여 오랜 시간을 두고 반복적인 작업이 누적되어 질병이 발생
  ㉣ 누적외상병, 누적손상장애(CTD ; Cumulative Trauma Disorders)라 불리기도 함
  ㉤ 반복성 작업에 기인하여 발생하므로 RTS(Repetitive Trauma Syndrome)로도 알려져 있음

② 근골격계질환의 단계
  ㉠ 1단계 : 작업시간 동안에 통증이나 피로감을 호소, 하룻밤 지나거나 휴식을 취하면 증상이 없어짐
  ㉡ 2단계 : 작업초기부터 통증이 발생되어 하룻밤이 지나도 통증이 지속됨. 통증 때문에 잠을 설치게 되며 작업수행 능력도 감소
  ㉢ 3단계 : 작업을 수행할 수 없을 정도로 작업시간이나 휴식시간에도 계속하여 통증을 느끼며, 통증으로 잠을 잘 수 없을 정도로 고통이 계속됨

③ 근골격계질환의 유형
  ㉠ 요부염좌(Strain, Sprain)
    • 인대나 근육이 늘어나거나 부분적으로 찢어진 상태
    • 무거운 물건을 갑자기 들어올리거나 허리를 비틀었을 때 요부염좌가 발생
    • 염증반응과 부종이 동반되기도 함
    • 염좌가 일어난 주위의 근육은 딱딱하게 굳어져 있는 경우가 많음
    • 근막통 증후군, 디스크를 유발
  ㉡ 근막통 증후군(MPS ; Myofascial Pain Syndrome)
    • 반복되는 근섬유의 누적손상으로 근육을 싸고 있는 근막에 통증을 유발하는 유발통점(Trigger Point)이 생기는 질환
    • 근육의 무리한 사용
    • 유발통점 : 지속적이고 무리한 근수축에 의하여 근육조직이 국소적으로 파괴된 것으로 근육속에 딱딱하게 굳은 작은 덩어리가 생기는 질환
    • 목, 어깨, 허리 근육에 주로 발생
  ㉢ 추간판 탈출증
    • 추간판(디스크) 내부에 있는 수핵이 섬유륜을 뚫고 탈출해 신경을 압박하고 신경학적 증상을 유발하는 질환
    • 허리를 갑자기 비틀거나 허리에 지나치게 높은 압력이 가해지는 경우 발생
  ㉣ 척추분리증(전방 전위증)
    • 척추후방관절의 일부분에 금이 가거나 뼈가 분리되는 질환
    • 선천적 또는 척추외상을 당하거나 과도한 하중을 받아서 생김

부위	질환	내용
팔꿈치	외상과염	• 팔관절과 손목에 무리한 힘을 반복적으로 주었을 경우 팔꿈치 바깥쪽의 통증이 일어남 • 팔목이나 손가락의 신전 또는 통증유발자세 피하기, 주기적인 스트레칭
	내상과염	• 팔을 뒤틀거나 짜기, 팔꿈치의 반복적인 스트레스로 인한 팔꿈치 안쪽의 국소적인 통증 • 안정, 거상, 압박, 운동요법
손, 손목	수근관 증후군	• 지속적이고 빠른 손동작, 검지 엄지로 집는 자세, 컴퓨터작업, 계산, 제조업 근로자에서 발생 • 1,2,3 손가락전체와 4지의 내측 부분의 손저림 또는 찌릿거림 • 물건을 쥐기 힘들어서 자주 떨어뜨림 • 규칙적인 휴식시간, 손목보호대 사용, 스트레칭, 부드러운 물체 손목착용
	방아쇠 수지	• 임팩트 작업 및 반복 작업으로 유발되며 손가락이나 엄지의 기저부에 불편함이 생기고, 손가락이 굽혀진 상태에서 움직이지 않음 • 규칙적인 스트레칭, 약물치료
	건활막염	• 손목관절의 과다한 사용, 통증이 심하고 운동시에 악화됨 • 안정, 주기적인 스트레칭
발, 발목 손, 손목 어깨(견관절)	건 염	• 손이나 손목, 발이나 발목의 과다 사용이나 지속적인 과부하시 건초 또는 건주위의 조직의 염증이 유발되어 발꿈치의 통증, 건의 움직임에 저항성의 증상발현 • 극상근 건염 : 어깨를 이루는 근육 중 극상근 부위에 염증이 유발되어 심한 통증이 발생하는 질환 • 급성일 경우 부목 또는 고정, 만성일 경우 근력강화운동 및 수술

핵심예제

1-1. 다음 중 건염(Tendinitis)에 대한 정의로 가장 적절한 것은? [12년 1회]

① 장시간 진동에 노출되어 촉각 저하를 야기하는 질환
② 인대나 근육이 늘어나거나 찢어진 질환
③ 근육과 뼈를 연결하는 건에 염증이 발생한 질환
④ 근육조직이 파괴되어 작은 덩어리가 발생한 질환

1-2. 다음 중 팔꿈치 부위에 발생하는 근골격계질환의 유형에 해당되는 것은? [08년 3회]

① 수근관 증후군
② 바를텐베르그 증후군
③ 외상 과염
④ 추간판 탈출증

1-3. 다음 중 어깨(견관절) 부위에서 발생할 수 있는 근골격계 질환 유형은? [21년 3회]

① 외상 과염
② 회내근 증후군
③ 극상근 건염
④ 추간판 탈출증

|해설|

1-1
③ 건이란 근육과 뼈를 연결하는 부위이며, 건염이란 이 부위에 발생하는 염증으로 인한 질병이다.
① 건염은 장시간 진동에 노출되어 발생하는 질병이 아니라 손목이나 발목 등을 과다하게 사용하여 발생하는 질병이다.
② 인대나 근육이 늘어나거나 찢어져 발생하는 질병이 아니라 염증의 유발로 인한 것이다.
④ 건염은 근육조직이 파괴되어 발생하는 질병이 아니다.

1-2
외상 과염은 팔관절과 손목에 무리한 힘을 반복적으로 주었을 경우 팔꿈치 바깥쪽의 통증이 일어나는 질병이다.

1-3
극상근 건염은 어깨를 이루는 근육 중 극상근 부위에 염증이 유발되어 심한 통증이 발생하는 질환이다.

정답 1-1 ③ 1-2 ③ 1-3 ③

2. 근골격계질환의 원인

핵심이론 01 근골격계질환의 발생원인

① 작업환경(특성) 요인
  ㉠ 과도한 반복작업
  ㉡ 과도한 힘의 사용
  ㉢ 접촉스트레스, 진동
  ㉣ 부적절한 자세
  ㉤ 온도, 조명, 기타 요인

② 개인적 요인
  ㉠ 작업경력
  ㉡ 생활습관, 작업습관
  ㉢ 과거병력, 나이, 성별, 음주, 흡연

③ 작업관련 요인
  ㉠ 근무조건
  ㉡ 휴식시간
  ㉢ 작업방식, 노동강도
  ㉣ 직무스트레스

④ 사회심리적요인
  ㉠ 직무 만족도
  ㉡ 노동강도 강화
  ㉢ 단조로운 작업
  ㉣ 직무 재량
  ㉤ 사회적 지지

⑤ 근골격계부담작업(산업안전보건법 고용노동부고시)
  ㉠ 하루에 4시간 이상 집중적으로 자료입력 등을 위해 키보드 또는 마우스를 조작하는 작업
  ㉡ 하루에 총 2시간 이상 목, 어깨, 팔꿈치, 손목 또는 손을 사용하여 같은 동작을 반복하는 작업
  ㉢ 하루에 총 2시간 이상 머리 위에 손이 있거나, 팔꿈치가 어깨 위에 있거나, 팔꿈치를 몸통으로부터 들거나, 팔꿈치를 몸통 뒤쪽에 위치하도록 하는 상태에서 이루어지는 작업
  ㉣ 지지되지 않은 상태이거나 임의로 자세를 바꿀 수 없는 조건에서, 하루에 총 2시간 이상 목이나 허리를 구부리거나 트는 상태에서 이루어지는 작업
  ㉤ 하루에 총 2시간 이상 쪼그리고 앉거나 무릎을 굽힌 자세에서 이루어지는 작업
  ㉥ 하루에 총 2시간 이상 지지되지 않은 상태에서 1kg 이상의 물건을 한 손의 손가락으로 집어 옮기거나, 2kg 이상에 상응하는 힘을 가하여 한 손의 손가락으로 물건을 쥐는 작업
  ㉦ 하루에 총 2시간 이상 지지되지 않은 상태에서 4.5kg 이상의 물건을 한 손으로 들거나 동일한 힘으로 쥐는 작업
  ㉧ 하루에 10회 이상 25kg 이상의 물체를 드는 작업
  ㉨ 하루에 25회 이상 10kg 이상의 물체를 무릎 아래에서 들거나, 어깨 위에서 들거나, 팔을 뻗은 상태에서 드는 작업
  ㉩ 하루에 총 2시간 이상, 분당 2회 이상 4.5kg 이상의 물체를 드는 작업
  ㉪ 하루에 총 2시간 이상 시간당 10회 이상 손 또는 무릎을 사용하여 반복적으로 충격을 가하는 작업

핵심예제

1-1. 다음 중 근골격계질환의 원인과 가장 거리가 먼 것은?
[10년 1회]

① 반복적인 동작
② 고온의 작업환경
③ 과도한 힘의 사용
④ 부적절한 작업자세

1-2. 근골격계질환의 발생원인 중 작업특성 요인이 아닌 것은?
[05년]

① 작업경력
② 반복적인 동작
③ 무리한 힘의 사용
④ 동력을 이용한 공구 사용 시 진동

|해설|
1-1
근골격계질환의 원인은 작업환경 요인, 개인적 요인, 사회적 요인이 있다. 근골격계질환을 유발하는 것은 고온의 작업환경이 아니라 저온의 작업환경이다.
작업환경 요인
• 과도한 반복작업   • 과도한 힘의 사용
• 접촉스트레스, 진동   • 부적절한 자세
• 온도, 조명, 기타 요인

1-2
작업경력은 작업특성 요인이 아니라 개인적 요인에 해당한다.

정답 1-1 ② 1-2 ①

3. 근골격계질환의 관리 방안

핵심이론 01 근골격계질환의 예방원리

① 근골격계질환의 예방원리
- ㉠ 예방이 최선의 정책
- ㉡ 신체적 특징을 고려하여 작업장을 설계
- ㉢ 공학적 개선을 통한 해결방법 모색
- ㉣ 사업장 근골격계 예방정책에 노사 참여가 중요

② 근골격계질환 예방을 위한 관리적 대책 7가지
- ㉠ 작업의 다양성 제공
- ㉡ 작업일정, 속도 조절
- ㉢ 회복시간 제공
- ㉣ 작업습관변화
- ㉤ 작업공간, 공구, 장비의 주기적인 청소, 유지보수
- ㉥ 작업자 적정배치
- ㉦ 직장체조 강화

③ 근골격계질환의 단기적 관리방안
- ㉠ 안전한 작업방법의 교육
- ㉡ 작업자에 대한 휴식시간의 배려
- ㉢ 휴게실, 운동시설 등 기타 관리시설의 확충
- ㉣ 작업장구조, 공구, 작업방법 개선

④ 근골격계질환의 장기적 관리방안
- ㉠ 작업적 유해요인의 발견 및 조정을 통한 노동강도의 조절
- ㉡ 근골격계질환 예방관리프로그램의 도입

⑤ 근골격계질환의 대책
- ㉠ 작업방법과 작업공간을 재설계
- ㉡ 작업 순환(Job Rotation)을 실시
- ㉢ 단순 반복적인 작업은 기계를 사용

⑥ 근골격계질환 예방관리 프로그램
- ㉠ 정 의
  - 모든 직원들이 참여하여 근골격계질환의 유해요인을 제거하고 감소
  - 체계적, 경제적, 지속적인 근골격계질환의 종합적인 예방활동
  - 유해요인 조사, 작업환경개선, 의학적 관리, 교육 등으로 구성됨
  - 예방관리 추진팀의 구성 : 근로자 대표가 위임하는 자, 관리자, 정비보수담당자, 보건안전담당자, 구매담당자 등
- ㉡ 시행시기
  - 정기조사 : 3년마다 실시(최초교육은 6개월 이내 실시, 근골격계질환의 증상과 징후 식별방법 및 보고방법에 대한 교육은 매년 1회 이상 실시)
  - 수시조사
    - 임시건강진단에서 근골격계 환자가 발생
    - 산업재해보상보험법에 의한 근골격계질환의 요양승인자 발생
    - 근골격계 부담작업에 해당하는 새로운 작업, 설비를 도입한 경우
    - 근골격계 부담작업에 해당하는 업무의 양과 작업공정 등 작업환경이 변경된 경우
- ㉢ 시행대상
  - 근골격계질환으로 요양결정을 받은 근로자가 연간 10명 이상 발생한 사업장
  - 근골격계질환이 5명 이상 발생한 사업장으로서 발생비율이 그 사업장 근로자수의 10% 이상인 사업장
  - 근골격계질환 예방과 관련하여 노사 간 이견이 지속되는 사업장으로서 고용노동부장관이 필요하다고 인정하여 수립·시행을 명령한 사업장
- ㉣ 주요내용
  - 유해요인조사(기본조사 → 근골격계질환 증상조사)
  - 유해도 평가
  - 개선우선순위결정
  - 개선대책수립 및 실시
- ㉤ 작업환경개선
  - 공학적 개선(Engineering Control)
    - 현장에서 직접적인 설비나 작업방법, 작업도구 등을 작업자가 편하고, 쉽고, 안전하게 사용할 수 있도록 유해·위험요인의 원인을 제거하거나 개선
    - 공구, 장비, 작업장, 포장, 부품, 제품 등에 대한 재설계, 재배열, 수정, 교체(Substitution) 등
  - 관리적 개선(Administrative Control)
    - 회사조직 차원에서 교육이나 작업자 선발, 작업순환 및 교대근무 등의 관리적 측면에서의 변화를 통하여 작업위험을 예방

- 작업절차 또는 작업노출을 수정·관리
- 작업의 다양성 제공
- 작업일정 및 작업 속도 조절
- 회복시간 제공
- 작업 습관 변화
- 작업공간, 공구 및 장비의 주기적인 청소 및 유지보수
- 작업자 적정배치
- 직장체조 강화 등

⑦ 올바른 작업방법의 설계
　㉠ 동작을 천천히 하여 최대 근력을 얻도록 함
　㉡ 동작의 중간범위에서 최대한의 근력을 얻도록 함
　㉢ 가능하다면 중력방향으로 작업을 수행하도록 함
　㉣ 최대한 발휘할 수 있는 힘의 15% 이하로 유지
　㉤ 힘을 요구하는 작업에는 큰 근육을 사용
　㉥ 짧고 간헐적인 작업을 통해 휴식 주기를 갖도록 함
　㉦ 대부분의 근로자들이 그 작업을 할 수 있도록 작업을 설계함
　㉧ 정확하고 세밀한 작업을 위해서는 적은 힘을 사용하도록 함
　㉨ 힘든 작업을 한 직후 정확하고 세밀한 작업을 하지 않도록 함
　㉩ 눈동자의 움직임을 최소화

핵심예제

1-1. 다음 중 근골격계질환의 예방에서 단기적 관리방안으로 볼 수 없는 것은? [14년 1회]

① 안전한 작업방법의 교육
② 작업자에 대한 휴식시간의 배려
③ 근골격계질환 예방관리 프로그램의 도입
④ 휴게실, 운동시설 등 기타 관리시설의 확충

1-2. 다음 중 근골격계질환 예방관리 프로그램에 대한 설명으로 옳은 것은? [14년 3회]

① 사업주와 근로자는 근골격계질환의 조기 발견과 조기 치료 및 조속한 직장복귀를 위하여 가능한 한 사업장 내에서 재활프로그램 등의 의학적 관리를 받을 수 있다고 한다.
② 사업주는 효율적이고 성공적인 근골격계질환의 예방·관리를 위하여 사업장 특성에 맞게 근골격계질환 예방관리추진팀을 구성하되 예방관리추진팀에는 예산 등에 대한 결정권한이 있는 자가 참여하는 것을 권고할 수 있다.
③ 근골격계질환 예방·관리 최초교육은 예방·관리 프로그램이 도입된 후 1년 이내에 실시하고 이후 3년마다 주기적으로 실시한다
④ 유해요인 개선 방법 중 작업의 다양성 제공, 작업속도 조절 등은 공학적 개선에 속한다.

1-3. 근골격계질환 예방관리 프로그램상 예방·관리 추진팀의 구성원으로 옳지 않은 자는? [21년 3회]

① 관리자
② 근로자 대표
③ 사용자 대표
④ 보건담당자

|해설|

1-1
근골격계질환 예방관리 프로그램의 도입은 장기적 방안이다.

1-2
② 반드시 참여하도록 한다.
③ 6개월 이내에 실시
④ 관리적 개선에 속한다.

1-3
예방관리 추진팀의 구성은 근로자 대표가 위임하는 자, 관리자, 정비보수담당자, 보건안전담당자, 구매담당자 등이며 사용자대표는 해당되지 않는다.

정답 1-1 ③ 1-2 ① 1-3 ③

제2절 | 작업관리 개요

1. 작업관리의 정의

핵심이론 01 작업관리

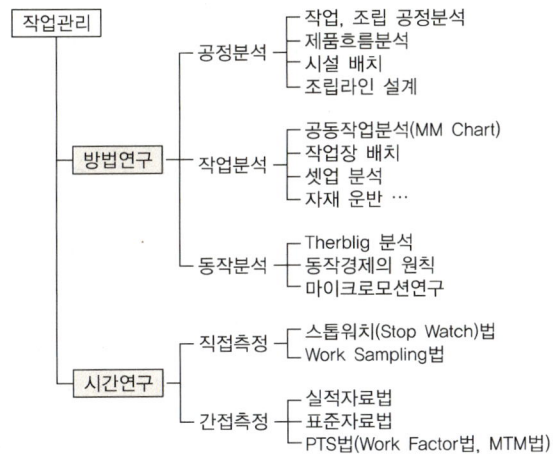

① 개 요
  ㉠ 작업에 있어 더 효율적이고, 더 안전하고, 편안하게 할 수 있는지 방법을 연구
  ㉡ 작업을 전반적으로 검토하여 작업에 영향을 미치는 모든 요인을 체계적으로 조사
  ㉢ 작업관리는 방법연구(Method Study)와 시간연구(Time Study)로 이루어짐
  ㉣ 작업관리는 생산성향상과 함께 작업장의 안전을 추구함
  ㉤ 작업관리는 생산과정에서 인간이 관여하는 작업을 주로 연구함
  ㉥ 작업의 구분 : 공정 → 단위작업 → 요소작업 → 동작요소 → 서블릭

② 작업연구의 목적
  ㉠ 작업방법의 개선, 생산성 향상, 편리성 향상
  ㉡ 표준시간의 설정을 통한 작업효율 관리
  ㉢ 최선의 작업방법 개발, 재료와 방법의 표준화
  ㉣ 비능률적인 요소 제거, 최적 작업방법에 의한 작업자 훈련

③ 방법연구(Method Study)
  ㉠ 공정분석 : 작업 및 조립 공정분석, 제품흐름분석, 시설배치, 조립라인설계
  ㉡ 작업분석 : 공동작업분석, 작업장 배치
  ㉢ 동작분석 : 서블릭분석, 동작경제원칙

④ 시간연구(Time Study)
  ㉠ 연속적으로 작업대상을 직접 관측하여 작업시간을 측정
  ㉡ 표준화된 작업방법에 의해 작업수행 시 소요되는 표준시간 측정, 작업측정(Work Measurement)으로 불림
  ㉢ 측정대상 작업의 시간적 경과를 스톱워치, 전자식 타이머나 VTR 카메라 등의 기록장치를 이용하여 직접 관측하여 산출
  ㉣ 작업측정(Work Measurement) : 작업개선 → 피로감소 → 생산량증가 → 생산비감소 → 경쟁력 향상

직접측정법	스톱워치, 워크샘플링
간접측정법	실적 자료법(과거자료, 경험), 표준자료법, PTS법

요소작업	자재물림	가 공	자재 꺼냄	검 사
관측 평균	1.20	5.40	0.80	1.50
레이팅	0.80	1.00	1.10	1.20
정미시간 관측평균+레이팅	0.96	5.40	0.88	1.80
여유율	0.10	0.15	0.10	0.20
표준시간 정미시간 (1+여유율)	1.056	6.21	0.968	2.16

핵심예제

1-1. 작업구분을 큰 것에서부터 작은 것 순으로 나열한 것은?
[15년 3회]

① 공정 → 단위작업 → 요소작업 → 동작요소 → 서블릭
② 공정 → 요소작업 → 단위작업 → 서블릭 → 동작요소
③ 공정 → 단위작업 → 동작요소 → 요소작업 → 서블릭
④ 공정 → 단위작업 → 요소작업 → 서블릭 → 동작요소

1-2. 작업연구에 대한 설명으로 옳지 않은 것은? [21년 3회]

① 작업연구는 보통 동작연구와 시간연구로 구성된다.
② 시간연구는 표준화된 작업방법에 의하여 작업을 수행할 경우에 소요되는 표준시간을 측정하는 분야이다.
③ 동작연구는 경제적인 작업방법을 검토하여 표준화된 작업방법을 개발하는 분야이다.
④ 동작연구는 작업측정으로, 시간연구는 방법연구라고도 한다.

|해설|

1-1
작업의 구분 : 공정 → 단위작업 → 요소작업 → 동작요소 → 서블릭

1-2
작업연구는 시간연구와 방법연구로 구성되며 시간연구는 작업측정으로, 방법연구는 동작분석 등으로 구성된다.

정답 1-1 ① 1-2 ④

핵심이론 02 작업관리절차(문제 해결절차 5단계)

① 연구대상 선정 → 분석과 기록 → 자료의 검토 → 개선안의 수립 → 개선안의 도입

㉠ 연구대상의 선정
- 경제적 측면 : 애로공정, 물자이동이 많은 공정, 이동거리가 긴 공정, 노동집약적인 공정
- 기술적 측면 : 기술적으로 개발이 가능한 방법 선정
- 인간적 측면 : 작업자의 사용환경 고려

㉡ 분석과 기록
- 공정순서를 표시하는 차트 : 작업공정도, 유통공정도, 작업자공정도
- 시간눈금을 사용하는 차트 : 다중활동분석표, 사이모차트

다중활동 분석표 (Multiple activity chart)	• 제조공정상의 작업자 및 기계의 작업전체과정을 분석하기 위한 기법 • 작업조의 재편성, 작업방법 개선을 목적(유휴시간 단축, 작업자와 기계의 활용도 제고) • 한 개의 작업부서에서 발생하는 한 사이클 동안의 작업현황을 MM 사이의 상호관계를 중심으로 표현한 도표
사이모차트 (SIMO chart)	• 서어블릭의 요소동작으로 분리하여 양손의 동작을 시간축에 나타낸 도표 • 17가지 서어블릭을 이용하여 좀 더 상세하게 작업내용을 분석하고 시간까지 도시

- 흐름을 표시하는 도표 : 유통선도, 사이클그래프, 클로노사이클그래프, 이동빈도도

㉢ 자료의 검토
- 5W1H의 설문방식 도입 : 작업의 필요성, 목적, 장소, 순서, 작업자, 작업방법 등을 6하 원칙에 의해 설문하는 방식
- 개선의 ECRS
  - Eliminate : 제거, 꼭 필요한가?
  - Combine : 결합, 다른 작업과 결합하면 나은 결과를 얻을 수 있는가?
  - Rearrange : 재배열, 작업순서를 바꾸면 효율적인가?
  - Simplify : 단순화, 좀 더 단순화할 수는 없는가?

㉣ 개선안의 수립
- 자료의 검토를 통해 도출된 내용을 바탕으로 개선안 작성
- 발견된 개선점을 공정도에 기록하여 누락방지

ⓜ 개선안의 도입
- 현재방법과 비교하여 개선된 요소를 측정하여 기록
- 개선안을 보고하고 승인

핵심예제

2-1. 다음 중 [보기]의 작업관리절차 순서를 올바르게 나열한 것은? [10년 3회]

|보기|
① 개선안 도입
② 연구대상의 선정
③ 개선안 수립
④ 분석 자료의 검토
⑤ 작업방법의 분석
⑥ 확인과 재발방지

① ② → ⑤ → ④ → ③ → ① → ⑥
② ② → ④ → ⑤ → ③ → ① → ⑥
③ ④ → ② → ⑤ → ③ → ① → ⑥
④ ④ → ⑤ → ④ → ③ → ① → ⑥

2-2. 작업개선을 위한 개선의 ECRS로 옳지 않은 것은? [21년 3회]

① Eliminate
② Combine
③ Redesign
④ Simplify

|해설|

2-1
작업관리절차(문제 해결절차 5단계)
연구대상 선정 → 분석과 기록 → 자료의 검토 → 개선안의 수립 → 개선안의 도입

2-2
ECRS
- Eliminate : 제거, 꼭 필요한가?
- Combine : 결합, 다른 작업과 결합하면 나은 결과를 얻을 수 있는가?
- Rearrange : 재배열, 작업순서를 바꾸면 효율적인가?
- Simplify : 단순화, 좀 더 단순화할 수는 없는가?

정답 2-1 ① 2-2 ③

핵심이론 03 디자인 프로세스

① 작업관리절차로 새로운 작업방법 디자인 불가 시 디자인 개념의 문제해결방식이 필요함

② 문제의 특성을 파악하기 위한 척도
 ㉠ 대안(Alternatives)
 ㉡ 제약조건(Restrictions)
 ㉢ 판단기준(Criteria)
 ㉣ 연구시한(Time Limit)

③ 절 차
 ㉠ 문제의 정의(Define the Problem) : 해결하고자 하는 것이 무엇인가?
 ㉡ 문제의 분석(Analyze) : 해결하고자 하는 문제의 본질에 대한 개념이나 원인, 관련요인
 ㉢ 대안의 도출(Make Search) : 보다 많은 대안을 창출하는 것이 좋은 해답을 얻음
 ㉣ 대안의 평가(Evaluate Alternative) : 평가기준에 따라 도출된 대안의 장단점 파악
 ㉤ 선정안의 제시(Specify and Sell Solution) : 선정된 대안을 제안서로 표현

④ 대안의 도출 방법들

ECRS 원칙	• Eliminate : 제거, 꼭 필요한가? • Combine : 결합, 다른 작업과 결합하면 나은 결과를 얻을 수 있는가? • Rearrange : 재배열, 작업순서를 바꾸면 효율적인가? • Simplify : 단순화, 좀 더 단순화할 수는 없는가?
SEARCH 원칙	• Simplify Operation : 작업의 단순화 • Eliminate Unnecessary Work & Materials : 불필요한 작업이나 자재의 제거 • Alter Sequence : 순서의 변경 • Requirement : 요구조건 • Combine Operations : 작업의 결합 • How Often : 얼마나 자주, 몇 번?
브레인스토밍 (Brain-Storming)	• 자유분방 : 유연한 사고를 유도 • 질보다 양 : 질은 나중에 생각하고 무조건 많이 쏟아냄 • 비판금지 : 기존의 틀로 외부자극에 대한 방어자세를 취하지 말 것 • 결합과 개선 : 양을 질로 변화시키는 게 결합과 개선이다. 지식에 지식을 더하기

마인드멜딩 (Mind Melding)	• 구성원들의 창조적인 생각을 살려서 많은 대안을 도출하기 위한 방법 • 구성원 각자가 검토할 문제에 대하여 메모지에 서술 • 각자가 작성한 메모지를 우측사람에게 전달 • 메모지를 받은 사람은 해법을 생각하여 서술하고 다시 우측으로 전달 • 가능한 해가 나열된 종이가 본인에게 올 때까지 3단계를 반복
5W1H분석	작업의 필요성, 목적, 장소, 순서, 작업자, 작업방법 등을 6하 원칙에 의해 설문하는 방식
델파이법 (Delphi Method)	전문가들에게 개별적으로 설문을 전하고, 의견을 받아서 반복수정하는 절차를 거쳐 의사결정을 내리는 방식

핵심예제

3-1. 디자인 프로세스의 과정을 바르게 나열한 것은?

[06년 3회]

① 문제 분석 → 대안 도출 → 문제 형성 → 대안 평가 → 선정안 제시
② 문제 형성 → 대안 도출 → 선정안 제시 → 문제 분석 → 대안 평가
③ 문제 형성 → 대안 도출 → 대안 평가 → 문제 분석 → 선정안 제시
④ 문제 형성 → 문제 분석 → 대안 도출 → 대안 평가 → 선정안 제시

3-2. 디자인 프로세스 단계 중 대안의 도출을 위한 방법이 아닌 것은?

[09년 3회]

① 개선의 ECRS
② 5W1H분석
③ SEARCH원칙
④ Network Diagram

3-3. 다음 중 디자인 개념의 문제 해결 방식에 있어서 문제의 특성을 파악하기 위한 척도로서 가장 거리가 먼 것은?

[14년 1회]

① 체크리스트
② 제약조건
③ 연구기간
④ 평가 기준

|해설|

3-1
디자인프로세스의 절차 : 문제의 정의 → 문제 분석 → 대안 도출 → 대안 평가 → 선정안 제시

3-2
대안의 도출 방법
ECRS 원칙, SEARCH원칙, 브레인스토밍, 마인드멜딩, 5W1H분석, 델파이법

3-3
문제의 특성을 파악하기 위한 척도
• 대안(Alternatives)
• 제약조건(Restrictions)
• 판단기준(Criteria)
• 연구시한(Time Limit)

정답 3-1 ④ 3-2 ④ 3-3 ①

제3절 | 작업분석

1. 문제분석도구

핵심이론 01 문제의 분석도구

① 파레토 차트(Pareto Chart)
  ㉠ 20%의 항목이 전체의 80%를 차지한다는 파레토 법칙에 근거
  ㉡ 문제의 인자를 파악하고 그것들이 차지하는 비율을 누적분포의 형태로 표현
  ㉢ 가로축에 항목, 세로축에 항목별 점유비율과 누적비율로 막대-꺾은선 혼합 그래프를 사용
  ㉣ 빈도수가 큰 항목부터 차례대로 항목들을 나열한 후에 항목별 점유비율과 누적비율을 구함
  ㉤ 재고관리에서 ABC곡선으로 부르기도 하며 20% 정도에 해당하는 불량이나 사고원인이 되는 중요한 항목을 찾아내는 것이 목적임

② 특성 요인도(Fishbone Diagram)
  ㉠ 원인 결과도라 불리며 결과를 일으킨 원인을 5~6개의 주요 원인에서 시작하여 세부원인으로 점진적으로 찾아가는 기법
  ㉡ 바람직하지 못한 사건이나 문제의 결과를 물고기의 머리로 표현하고 그 결과를 초래하는 원인을 인간, 기계, 방법, 자재, 환경 등의 종류로 구분하여 표시
  ㉢ 어떤 결과에 영향을 미치는 크고 작은 요인들을 계통적으로 파악하기 위한 작업분석 도구로 적합

③ 마인드 맵핑(Mind Mapping)
  ㉠ 원과 직선을 이용하여 아이디어, 문제, 개념 등을 개괄적으로 빠르게 설정할 수 있도록 도와주는 연역적 추론기법
  ㉡ 가운데 원에 중요한 개념이나 문제를 설정한 후에 문제를 발생시키는 중요 원인이나 개념에 관련된 핵심 요인들을 주변에 열거하고 원에서 직선으로 연결한 후에 선 위에 서술

④ 간트 차트(Gantt Chart)
  ㉠ 여러 가지 활동 계획의 시작시간과 예측 완료시간을 병행하여 시간 축에 표시
  ㉡ 전체 공정시간, 각 작업의 완료시간, 다음 작업시간 등을 알 수 있으나 각 과제간의 상호연관사항을 파악하기 힘듦

⑤ PERT(Program Evaluation & Review Technique) Chart
  ㉠ 프로젝트가 얼마나 완성되었는지 평가
  ㉡ 전체 일정을 관리하기 위해 사용되기 시작
  ㉢ 단위활동의 시작시간과 완료시간, 여유시간을 계산하여 주 공정경로, 주 공정시간을 파악
  ㉣ 전개단계
    • 제1단계 : 프로젝트에서 수행되어야 할 모든 활동 파악
    • 제2단계 : 활동 간의 선행관계를 결정하고, 각 활동 및 활동 간의 선행관계를 네트워크로 표시
    • 제3단계 : 각 활동에 소요되는 시간의 추정
    • 제4단계 : 프로젝트의 최단완료시간과 주공정 발견

⑥ 다중활동분석
  ㉠ 작업자와 작업자 간, 작업자와 기계 간의 상호관계를 분석하여 가장 경제적인 작업자 편성
  ㉡ 작업자의 활동도표(Activity Chart) : 작업공정을 세분한 작업활동을 시간과 함께 나타냄
  ㉢ 작업기계 분석도표(Man-Machine Chart) : 기계 혹은 작업자의 유휴시간 단축
  ㉣ 작업자 복수기계분석도표(Man-Multi-Machine Chart) : 한 명의 작업자가 담당할 수 있는 기계 대수의 선정
  ㉤ 복수작업자 분석표(Multiman Chart) : 조작업분석표, 또는 Gang Process Chart라고도 하며 두 명 이상의 작업자가 조를 이루어 협동적으로 하나의 작업을 하는 경우 사용

핵심예제

1-1. 다음 중 간트차트(Gantt Chart)에 관한 설명으로 옳지 않은 것은?
[21년 3회]

① 각 과제 간의 상호 연관사항을 파악하기에 용이하다.
② 계획 활동의 예측완료시간은 막대모양으로 표시된다.
③ 기계의 사용에 대한 필요시간과 일정을 표시할 때 이용되기도 한다.
④ 예정사항과 실제 성과를 기록 비교하여 작업을 관리하는 계획도표이다.

1-2. 다음 중 문제분석도구에 관한 설명으로 틀린 것은?
[16년 1회]

① 파레토 차트(Pareto Chart)는 문제의 인자를 파악하고 그것들이 차지하는 비율을 누적분포의 형태로 표현한다.
② 특성요인도는 바람직하지 못한 사건이나 문제의 결과를 물고기의 머리로 표현하고 그 결과를 초래하는 원인을 인간, 기계, 방법, 자재, 환경 등의 종류로 구분하여 표시한다.
③ 간트 차트(Gantt Chart)는 여러 가지 활동 계획의 시작시간과 예측 완료시간을 병행하여 시간축에 표시하는 도표이다.
④ PERT(Program Evaluation and Review Technique)는 어떤 결과의 원인을 역으로 추적해 나가는 방식의 분석도구이다.

1-3. 어떤 결과에 영향을 미치는 크고 작은 요인들을 계통적으로 파악하기 위한 작업분석 도구로 적합한 것은?
[17년 3회]

① PERT/CPM
② 간트 차트
③ 파레토 차트
④ 특성요인도

1-4. 다음 중 다중활동도표 작성의 주된 목적으로 가장 적절한 것은?
[11년 3회]

① 작업자나 기계의 유휴시간 단축
② 설비의 유지 및 보수 작업 분석
③ 기자재의 소통상 혼잡지역 파악 및 시설 재배치
④ 제조 과정의 순서와 자재의 구입 및 조립 여부 파악

|해설|

1-1
각 과제 간의 상호 연관사항을 파악하기에 용이하지 않다.

1-2
PERT는 최단기간에 목표를 달성하기 위해 확률적인 추정치를 이용하여 단계 중심의 확률적 모델을 전개하여 프로젝트가 얼마나 완성되었는지 분석하는 기법이다.

1-3
특성 요인도
- 원인 결과도라 불리며 결과를 일으킨 원인을 5~6개의 주요 원인에서 시작하여 세부원인으로 점진적으로 찾아가는 기법이다.
- 바람직하지 못한 사건이나 문제의 결과를 물고기의 머리로 표현하고, 그 결과를 초래하는 원인을 인간, 기계, 방법, 자재, 환경 등의 종류로 구분하여 표시한다.
- 어떤 결과에 영향을 미치는 크고 작은 요인들을 계통적으로 파악하기 위한 작업분석 도구로 적합

1-4
다중활동분석 방법 중 작업기계 분석도표(Man-Machine Chart)는 기계 혹은 작업자의 유휴시간 단축에 사용된다.

정답 1-1 ① 1-2 ④ 1-3 ④ 1-4 ①

2. 공정분석

핵심이론 01 공정효율

① 작업과 분석단위 : 작업을 동작, 작업, 공정으로 구분
  ㉠ 동작(Motion) : Task보다 작은 범주로 더 이상 세분화되기 힘들 정도로 분할된 동작요소
  ㉡ 작업(Task) : 실제작업을 행하는 작업자가 주관적으로 경험하게 되는 업무의 최소단위
  ㉢ 공정(Process) : 단위 Task들이 역할에 따라 새로운 작업단위와 절차를 가지고 모인 단위

② 공정분석 : 작업대상물이 가공되어 제품으로 완성되기까지의 전체작업경로를 처리되는 순서에 따라 각 공정의 조건과 함께 분석하는 기법

③ 공정분석의 목적
  ㉠ 공정이나 작업방법의 개선
  ㉡ 공정상호 간의 관계개선 및 설계
  ㉢ 생산관리(생산계획, 시설배치)의 기초 자료제공

④ 라인생산방식
  ㉠ 제품을 만드는 순서별로 생산설비와 작업자를 배치하는 생산방식
  ㉡ 생산물이 라인설치비용을 부담할 수 있을 만큼 충분해야 함
  ㉢ 한번 시동되면 라인은 계속 흘러가기 때문에 각 작업에 필요한 시간이 비슷해야 함
  ㉣ Bottle Neck작업 : 작업시간이 길어 전체 작업시간을 지연시킬 수 있는 작업

⑤ 시설배치
  ㉠ 제품별 배치(라인별 배치)
    • 특정 제품을 만드는 데 필요한 작업을 순서에 따라 배치
    • 재고와 재공품이 적어 저장 면적이 작음
    • 운반거리가 짧고 가공물의 흐름이 빠름
    • 작업 기능이 단순화되며 작업자의 작업 지도가 용이
    • 공정의 변경이 어렵고 많은 투자비가 필요
  ㉡ 공정별 배치(기능별 배치)
    • 기능별로 공정을 분류하고 같은 종류의 작업을 한 곳에 모음
    • 작업 할당에 융통성이 있음
    • 전문적인 작업지도가 용이
    • 작업자가 다루는 품목의 종류가 다양
    • 설비의 보전이 용이하고 가동률이 높기 때문에 자본투자가 적음
    • 운반거리가 길어짐

⑥ 라인밸런싱
  ㉠ 작업자의 유휴시간을 최소화시키고 각 작업장의 부하가 균등하게 되도록 요소작업들을 작업장에 적절히 분할하는 것
  ㉡ 라인생산방식에서 컨베이어를 설치할 때에는 목표로 하는 주기시간을 정하고 각 작업을 주기시간에 맞추어 배치
  ㉢ 필요한 작업시간과 목표로 하는 주기시간을 고려하여 어떻게 하면 라인의 공정효율을 높일 수 있는가를 찾음

⑦ 주기시간(Cycle Time)
  ㉠ 제품이나 작업대상물이 한 개 생산되는 데 걸리는 시간(작업시간이 가장 긴 시간)
  ㉡ 시간당 생산량 = 60분/주기시간
  ㉢ 애로작업 : 작업시간이 가장 긴 작업으로 주기시간이 됨
  ㉣ 균형손실(Balancing Loss) 또는 공정손실
    = 총 유휴시간/(작업수 × 주기시간)
  ㉤ 균형효율(공정효율) = 총 작업시간/(작업수 × 주기시간)
  ㉥ 균형손실 + 균형효율 = 1
  ㉦ 총유휴시간(균형지연)
    = 작업수 × 주기시간 – 각 작업시간의 합

⑧ 준비시간의 단축방법
  ㉠ 생산준비작업을 내준비 작업과 외준비 작업으로 나눔
    • 내준비 작업 : 기계가 정지된 상태에서만 가능한 작업
    • 외준비 작업 : 기계가 가동 중에서 가능한 작업
  ㉡ 가능한 내작업을 외작업으로 전환
  ㉢ 내준비 작업보다 외준비 작업을 먼저 개선하고 외준비 작업을 표준화
  ㉣ 조정작업을 제거
  ㉤ 생산준비작업 자체를 없앰
  ㉥ 작업이 개선되면 표준작업조합표도 변경

핵심예제

1-1. 설비의 배치 방법 중 제품별 배치의 특성에 대한 설명 중 틀린 것은? [19년 1회]

① 재고와 재공품이 적어 저장면적이 작다.
② 운반거리가 짧고 가공물의 흐름이 빠르다.
③ 작업 기능이 단순화되며 작업자의 작업 지도가 용이하다.
④ 설비의 보전이 용이하고 가동률이 높기 때문에 자본투자가 적다.

1-2. 시설배치방법 중 공정별 배치방법의 장점에 해당하는 것은? [17년 3회]

① 운반 길이가 짧아진다.
② 작업진도의 파악이 용이하다.
③ 전문적인 작업지도가 용이하다.
④ 제공품이 적고, 생산길이가 짧아진다.

1-3. 4개의 작업으로 구성된 조립공정의 주기시간(Cycle Time)이 40초일 때 공정효율은 얼마인가? [21년 3회]

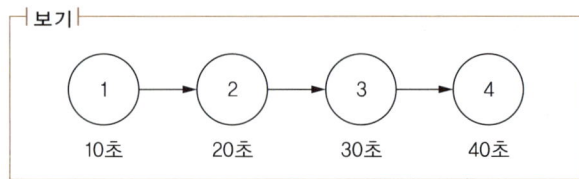

① 40.0%
② 57.5%
③ 62.5%
④ 72.5%

1-4. 어느 회사의 컨베이어 라인에서 작업순서가 다음 표의 번호와 같이 구성되어 있을 때, 설명 중 맞는 것은? [18년 3회]

작업	조립	납땜	검사	포장
시간(초)	10초	9초	8초	7초

① 공정손실은 15%이다.
② 애로 작업은 검사작업이다.
③ 라인의 주기시간은 7초이다.
④ 라인의 시간당 생산량은 6개이다.

1-5. 각 한 명의 작업자가 배치되어 있는 세 개의 라인으로 구성된 공정의 공정시간이 각각 3분, 5분, 4분일 때, 공정효율은 얼마인가? [11년 1회]

① 60%
② 70%
③ 80%
④ 90%

|해설|

1-1
설비의 보전이 용이하고 가동률이 높기 때문에 자본투자가 적은 것은 공정별 배치이다.

1-2
공정별 배치(기능별 배치)
• 기능별로 공정을 분류하고 같은 종류의 작업을 한 곳에 모음
• 작업 할당에 융통성이 있음
• 전문적인 작업지도가 용이

1-3
공정효율(균형효율) = 총 작업시간/(작업수 × 주기시간)
= 100초/(4 × 40초) = 62.5%

1-4
공정손실 = 총 유휴시간/(작업수 × 주기시간)
= (0 + 1 + 2 + 3)/(4 × 10) = 0.15
• 유휴시간 : 주기시간 − 각 작업시간
• 주기시간 : 작업시간이 가장 긴 조립작업으로 10초 = 애로작업
• 시간당생산량 = 60분/주기시간 = 60/(1/6분) = 360개

1-5
공정효율(균형효율) = 총 작업시간/(작업자수 × 주기시간) = 12/(3 × 5) = 80%

정답 1-1 ④ 1-2 ③ 1-3 ③ 1-4 ① 1-5 ③

핵심이론 02 공정도

① **제품공정분석**
  ㉠ 작업공정도(Operation Process Chart) : 원재료로부터 완제품이 나올 때까지 공정에서 이루어지는 작업과 검사의 모든 과정을 순서대로 표현한 도표로 재료와 시간정보를 함께 나타냄
  ㉡ 유통공정도(Flow Process Chart)
    • 공정 중에 발생하는 모든 작업, 검사, 운반, 저장, 정체 등을 자재나 작업자의 관점에서 흘러가는 순서에 따라 표현한 도표로 소요시간, 운반, 거리 등의 정보를 나타냄
    • 소요시간과 운반거리도 함께 표현하고, 생산 공정에서 발생하는 잠복비용을 감소시키며, 사고의 원인을 파악하는 데 사용
  ㉢ 유통선도, 흐름도표(Flow Diagram, Flow Chart)
    • 제조과정에서 발생하는 운반, 정체, 검사, 보관 등의 사항이 생산현장의 어느 위치에서 발생하는가를 알 수 있도록 부품의 이동경로를 배치도상에 선으로 표시한 것
    • 작업장 시설의 재배치
    • 기자재 소통상 혼잡지역 파악
    • 공정과정의 역류현상 발생유무 점검
    • 시설물의 위치나 배치관계 파악

② **작업자공정분석** : 작업공정도(Operation Process Chart)

③ **사무공정분석** : 사무작업의 공정분석에 가장 적합한 분석은 시스템차트(System Chart)

④ **다중활동도표(Multi-Activity Chart)**
  ㉠ 한 개의 작업부서에서 발생하는 한 사이클 동안의 작업현황을 작업자와 기계 사이의 상호관계를 중심으로 표현한 도표
  ㉡ 작업자와 기계 사이의 상호관계를 대상으로 작성한 다중활동도표를 Man-Machine Chart라고도 한다.
  ㉢ 작업자가 담당할 수 있는 이론적 기계대수 $n = (a+t)/(a+b)$
    • a : 작업자와 기계의 동시작업시간
    • b : 독립적인 작업자 활동시간
    • t : 기계가동시간
  ㉣ 최적의 기계대수 $n = a/b$
    • a : 제품 1개당 기계작업시간
    • b : 제품 1개당 작업자 작업시간
  ㉤ Man-Machine Chart
    • Man-Machine으로 이루어진 작업의 현황을 체계적으로 파악하여 기계와 작업자의 유휴시간을 단축하고 작업효율을 높이는 데 이용
    • 작업자가 동종의 기계를 여러 대 담당하는 경우 몇 대를 담당하는 것이 경제적인가 하는 문제를 해결
    • 기본가정
      - 기계가 가동 중인 경우에는 작업자가 기계를 돌보지 않아도 됨
      - 가공이 끝난 부품은 그대로 기계에 방치시켜도 문제가 발생하지 않음
      - 각 작업의 작업시간은 상수로 알려져 있음

⑤ **공정도의 표준기호**

공정분류	기호 명칭	기 호	의 미
가 공	가 공	○	원료, 재료, 부품 또는 제품의 형상 및 품질에 변화를 주는 과정
운 반	운 반	○ or ⇨	원료, 재료, 부품 또는 제품의 위치에 변화를 주는 과정
검 사	수량검사	□	원료, 재료, 부품 또는 제품의 양 또는 개수를 측정하여 결과를 기준과 비교하는 과정
검 사	품질검사	◇	원료, 재료, 부품 또는 제품의 품질특성을 시험하고 결과를 기준과 비교하는 과정
정 체	저 장	▽	원료, 재료, 부품 또는 제품을 계획에 따라 저장하는 과정
정 체	지 체	D	원료, 재료, 부품 또는 제품이 계획과는 달리 정체되어 있는 상태

기호	의미
◇ 안에 □	품질검사 주로 하며 수량검사
□ 안에 ◇	수량검사 주로 하며 품질검사
○ 안에 □	가공을 주로 하며 수량검사
○ 안에 ⇨	가공을 주로 하며 운반작업
✡	작업 중의 정체
▽	공정 간에서 정체
●	정보기록
◎	기록완선

핵심예제

2-1. 작업자-기계, 작업분석 시 작업자와 기계의 동시작업 시간이 1.8분, 기계와 독립적인 작업자의 활동시간이 2.5분, 기계만의 가동시간이 4.0분일 때, 동시성을 달성하기 위한 이론적 기계대수는 얼마인가? [15년 1회]

① 0.28　　② 0.74
③ 1.35　　④ 3.61

2-2. 공정 중 발생하는 모든 작업, 검사, 운반, 저장, 정체 등을 자재나 작업자의 관점에서 흘러가는 순서에 따라 표현한 분석방법으로 옳은 것은? [21년 3회]

① Man-machine Chart
② Operation Process Chart
③ Assembly Chart
④ Flow Process Chart

2-3. 다음 중 공정도의 기호와 명칭이 잘못 연결된 것은? [10년 1회]

① + : 가공　　② □ : 검사
③ ▽ : 저장　　④ D : 정체

|해설|
2-1
n = (a + t)/(a + b) = (1.8 + 4)/(1.8 + 2.5) = 1.35

2-2
유통공정도(Flow Process Chart)는 공정 중에 발생하는 모든 작업, 검사, 운반, 저장, 정체 등을 자재나 작업자의 관점에서 흘러가는 순서에 따라 표현한 도표로 소요시간, 운반, 거리 등의 정보를 나타낸다.

2-3
가공(Operation) 기호 : ○

정답 2-1 ③　2-2 ④　2-3 ①

3. 동작분석

핵심이론 01 동작분석과 서블릭(Therblig)

① 개요
　㉠ 작업을 수행하고 있는 신체 각 부위의 동작을 분석
　㉡ 위험요소 작업은 제거, 비능률적인 동작은 개선하여 최선의 동작을 발견

② 서블릭(Therblig) 분석
　㉠ 인간이 행하는 손동작에서 분해 가능한 최소한의 기본단위동작으로 구분
　㉡ 초기에는 손동작의 목적에 따라 기본동작을 18가지로 구분하였는데 현재는 17가지만 이용
　㉢ 효율적 서블릭(Therblig)
　　• 작업의 진행과 직접적인 연관이 있는 동작
　　• 동작분석을 통해 시간의 단축은 가능하나 동작은 완전하게 배제하기는 어려움
　　• 기본동작(TTGRP) : 빈손이동(TE)→ 운반(TL) → 쥐기(G) → 내려놓기(RL) → 미리놓기(PP)
　　　- TE : 빈손이동, 빈손을 이동하는 동작
　　　- TL : 운반, 물건을 쥐고 이동하는 동작
　　　- G : 쥐기, 물건을 잡는 동작
　　　- RL : 내려놓기, 잡고 있던 물건을 놓는 동작
　　　- PP : 미리놓기, 다음 동작에 대비하여 물건을 미리 놓는 동작
　　• 동작목적을 가진 동작(UAD) : 사용(U)하여, 조립(A)하고 분해(DA)
　　　- U : 사용
　　　- A : 조립
　　　- DA : 분해
　㉣ 비효율적 서블릭(Therblig)
　　• 작업을 진행시키는 데 도움이 되지 못하는 동작들로 동작분석을 통해 제거
　　• 정신적/반정신적 동작 : SS PIP (찾고, 고르고, 바로 놓아서, 검사하고, 계획)
　　　- Sh : 찾기
　　　- St : 고르기
　　　- P : 바로 놓기
　　　- I : 검사
　　　- Pn : 계획

- 정체적인 동작 : UA RH(잡고, 있고, 놀고, 있으니, 지연됨)
  - UD : 불가피한 지연
  - AD : 피할 수 있는 지연
  - R : 휴식
  - H : 잡고 있기
ⓒ 서블릭 분석기호

구분	기호	명칭	약호 (영어명칭)	기호 설명	내용
제1종	⌣	빈손이동	TE(Transport Empty)	빈 손바닥 모양	아무 것도 없는 빈손의 이동
	⌒	잡는다	G(Grasp)	물건을 잡는 모양	물건을 잡는다든지 또는 쥐어서 잡는 것
	⌣	운반한다	TL(Transport Loaded)	손바닥에 올려놓은 모양	물건을 손 등으로 이동시키는 것
	୨	위치결정	P(Position)	물건을 손가락 끝에 둔 모양	다음 동작을 하기 위해서 위치를 맞추는 것
	#	조립한다	A(Assemble)	조립된 모양	물건을 조립하는 것
	∪	사용한다	U(Use)	영어 Use의 머리글자 모양	공구 등을 사용하기 위하여 조작하는 것
	++	분해한다	DA (Disassemble)	조립된 것으로부터 하나가 분리된 모양	조립되어 있는 것을 분해하는 것
	⌒	놓는다	RL(Release Load)	물건을 올려 놓은 손바닥을 역으로 한 모양	잡고 있던 것을 놓는 것
	⌀	검사한다	I(Inspect)	렌즈의 모양	대상물의 수량이나 품질을 검사하는 것
제2종	⌀	찾는다	Sh(Search)	눈으로 물건을 찾아 놓은 모양	물건이 어디에 있는지 눈이나 손으로 찾는 것
	→	선택한다	St(Select)	선택된 물건을 찾아 놓은 모양	여러 개의 물건으로부터 하나를 선택하는 것
	ꝯ	생각한다	Pn(Plan)	머리에 대고 생각하는 모양	다음에 해야 할 일을 결정하는 것
	ꝑ	자세를 고친다	PP (Preposition)	볼링핀의 모양	사용하기 좋은 방향으로 위치를 바꾸는 것
제3종	⌐∩	잡고 있다	H(Hold)	자석이 철판에 붙은 모양	대상물을 움직이지 않도록 지지하는 것
	ꝃ	쉰다	R(Rest for over coming fatigue)	사람이 의자에 기댄 모양	피로를 회복하기 위해 쉬고 있는 모양
	⌂	피할 수 없는 지연	UD(Unavoidable Delay)	사람이 넘어진 모양	피할 수 없는 원인에 의해 지연되는 것
	⌐	피할 수 있는 지연	AD (Avoidable Delay)	사람이 누워 잠자는 모양	없애려는 의지만 있다면 피할 수 있는 지연

③ 비디오 분석
  ㉠ 고도의 반복동작
  ㉡ 장기간 동안 같은 방법으로 수행될 동작을 대상으로 분석
  ㉢ 미세동작분석(Micro Analysis)
    - 주기가 짧고 반복적인 작업을 대상으로 동작의 최소단위까지 자세하게 촬영하는 것으로 타분석법에 비해 시간과 비용이 많이 듦
    - 작업내용과 작업자세, 작업시간 등을 상세하고 정확하게 분석
  ㉣ 메모 모션 분석(Memo Motion Analysis)
    - 초당 프레임 수를 적게 촬영한 후에 보통속도로 재생
    - 장시간의 실제 작업을 빠르게 검토하는 분석방법

핵심예제

1-1. 다음의 서블릭을 이용한 분석에서 비효율적인 동작으로 개선을 검토해야 할 동작은? [07년 3회]

① 분해(DA)
② 잡고 있기(H)
③ 운반(TL)
④ 사용(U)

1-2. 다음 중 서블릭(Therblig) 기호의 심볼과 영문이 잘못 연결된 것은? [09년 3회]

①  : TL   ②  : DA

③ 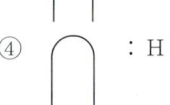 : Sh   ④ ⌐⌐ : H

|해설|

1-1
잡고 있기(H)는 비효율적 Therblig이다.

1-2
"선택한다"로 TL이 아니라 St이다.

정답 1-1 ② 1-2 ①

핵심이론 02 동작 경제원칙

① 동작의 효율성과 작업자 공정도
  ㉠ 반스(Barnes)의 동작경제의 원칙 : 길브레스(Gilbreth) 부부의 동작의 경제성과 능률 제고를 위한 20가지 원칙을 수정한 것
    - 신체 사용에 관한 원칙(Use of Human Body) 9가지
      – 탄도동작 : 탄도동작은 제한된 동작보다 더 신속, 용이, 정확
      – 초점작업 : 초점작업은 가능한 한 없애고, 불가피한 경우 초점 간의 거리를 짧게 함
      – 리듬 : 자연스러운 리듬이 작업동작에 생기도록 배치
      – 연속 : 손의 동작은 자연스러운 연속동작이 되도록 하며, 갑작스럽게 방향이 바뀌는 직선동작은 피함
      – 낮은 : 가장 낮은 동작등급을 사용
      – 동시 : 두 손의 동작은 동시에 시작하고 동시에 끝남
      – 관성 : 관성을 이용하여 작업하되 억제하여야 하는 최소한도로 줄임
      – 휴식 : 휴식시간을 제외하고는 두 손이 동시에 쉬지 않음
      – 대칭방향 : 두 손의 동작은 서로 대칭방향으로 움직이도록 함
    - 작업장의 배치에 관한 원칙(Workplace Arrangement) 8가지
      – 낙하식 운반방법(Drop Delivery)을 사용
      – 중력이송원리를 사용하여 부품을 사용위치에 가깝게 보냄
      – 적절한 조명을 사용
      – 작업대, 의자높이를 조정
      – 디자인도 좋아야 함
      – 공구, 재료, 제어장치는 사용위치에 가까이 함
      – 공구, 재료는 지정된 위치에 둠
      – 공구, 재료는 그 위치를 정해줌
    - 공구 및 설비 디자인에 관한 원칙(Design of Tools and Equipment) 5가지
      – 치구나 족답장치를 활용하여 양손이 다른 일을 할 수 있도록 함
      – 공구의 기능을 결합하여 사용
      – 공구, 재료는 미리 위치(Pre-Position)를 잡아줌

- 각 손가락이 서로 다른 작업을 할 때는 손가락의 능력에 맞게 작업량을 분배
- 레버, 핸들 등의 제어장치는 자세를 바꾸지 않더라도 조작하기 용이하도록 배치

ⓒ 작업자 공정도(Operator Process Chart)
- 주로 수작업을 대상으로 양손의 움직임을 관찰하여 작업을 분석하는 공정도
- Left & Right Hand Process Chart라 부르기도 함
- 작업의 개괄적인 순서 8가지 Therblig : TTGRP(기본동작), UAD(동작목적), H(정체동작)
- 작업자 공정도를 작성한 후에는 개선안을 도출하기 위하여 동작의 지침(Guideline), 점검표(Checklist) 등을 이용
- 개선을 위한 ECRS질문 필요

핵심예제

2-1. 다음 중 동작경제의 원칙에 해당되지 않는 것은?
[15년 1회]

① 작업장의 배치에 관한 원칙
② 신체 사용에 관한 원칙
③ 공정 및 작업개선에 관한 원칙
④ 공구 및 설비 디자인에 관한 원칙

2-2. 동작경제원칙 중 신체 사용에 관한 원칙으로 옳지 않은 것은?
[21년 3회]

① 두 손의 동작은 같이 시작하고 같이 끝나도록 한다.
② 휴식시간을 제외하고는 양손이 같이 쉬지 않도록 한다.
③ 손의 동작은 완만하게 연속적인 동작이 되도록 한다.
④ 두 팔의 동작은 같은 방향으로 비대칭적으로 움직이도록 한다.

|해설|

2-1
동작경제의 원칙 중 공정 및 작업개선에 관한 원칙은 없다.

2-2
신체사용에 관한 원칙에서 대칭방향의 원칙은 두 팔의 동작이 서로 대칭방향으로 움직이도록 한다는 것이다.

정답 2-1 ③ 2-2 ④

제4절 | 작업측정

1. 작업측정의 개요

핵심이론 01 표준시간

① 작업측정
  ㉠ 제품을 생산하는 작업시스템을 과학적으로 관리하기 위함
  ㉡ 작업활동에 소요되는 시간과 자원을 측정하고 추정함

② 작업측정의 목적
  ㉠ 표준시간의 설정
  ㉡ 유휴시간의 제거
  ㉢ 작업성과의 측정

③ 작업측정의 방법
  ㉠ 직접측정 : 스톱워치, 워크샘플링
  ㉡ 간접측정 : 실적자료법, 표준자료법, PTS법

④ 시간연구
  ㉠ 측정대상 작업의 시간적 경과를 스톱워치, 전자식 타이머나 VTR 카메라 등의 기록장치를 이용하여 직접 관측하여 산출
  ㉡ 연속적으로 작업대상을 직접 관측하여 작업시간을 측정
  ㉢ 전체작업시간에 대한 평균 추정치를 구함
  ㉣ 누구를 대상으로 관측할 것인가? → 충분한 숙련도를 가진 작업자를 측정대상으로 함
  ㉤ 어떻게 작업시간을 구분하여 측정할 것인가? → 작업 전체를 하나로 묶어 측정하면 안되고 요소작업으로 구분하여 측정
  ㉥ 요소작업의 분할원칙
    - 작업 진행순서에 따라 측정 범위 내에서 가능한 한 작게 분할
    - 규칙적 요소작업과 불규칙적 요소작업으로 분할
    - 작업자작업과 기계요소작업으로 구분하여 분할
    - 상수 요소작업과 변수 요소작업으로 구분하여 분할
  ㉦ 몇 번을 관측할 것인가? → 충분한 관측횟수를 확보해야 함

⑤ 표준시간(Standard Time)
  ㉠ 보통숙련도를 가진 작업자가, 보통의 속도로 작업을 할 때의 시간
  ㉡ 표준화된 작업조건하에서 일정한 방법에 따라 작업할 때 걸리는 시간
  ㉢ 보통 정도의 작업자가 정상적인 속도로 작업을 수행하는 데 필요한 시간
  ㉣ 제품 한 개를 생산하는 데 걸리는 시간을 평균개념으로 환산한 추정치
  ㉤ 공정성(일관성), 적정성(신뢰성), 보편성이 있어야 함

⑥ 표준시간의 용도
  ㉠ 단위당 생산에 필요한 소요시간을 제공
  ㉡ 생산일정 계획의 기본 자료로 이용
  ㉢ 보통 속도에 대한 기준을 제시함으로써 노동 표준으로 이용
  ㉣ 능률급을 결정하는데 이용

⑦ 표준시간 계산
  ㉠ 표준시간 = 정미시간 + 여유시간
  ㉡ 표준시간 = 정미시간 × (1 + 여유율)
      = (관측시간 × 레이팅) × (1 + 여유율)

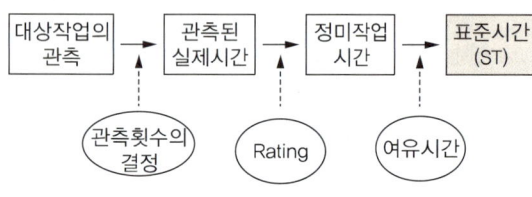

표준시간의 산정절차

⑧ 관측횟수의 결정
  ㉠ 모집단으로부터 무작위로 추출한 표본자료는 정규분포로 가정함
  ㉡ 그 크기만 충분하다면 표본의 분포특징은 모집단의 분포와 거의 일치
  ㉢ 표준편차수(Z) : 신뢰도 95%와 허용오차 5% 시, 표준정규분포(Z) = 1.96
  ㉣ 필요한 관측수(N) = $[(t \times S)/(e \times \bar{x})]^2$
    • t = 신뢰도 계수
    • S = 표준편차
    • e = 허용오차
    • $\bar{x}$ = 관측평균시간
  ㉤ t분포도 값이 주어졌을 경우
    • N = $[t(n-1, 0.05) \times S/(e \times \bar{x})]^2$
    • t(n − 1, 0.025) : 문제에서 주어지는 t분포값
    • t(n − 1, 0.05) : 문제에서 주어지는 t분포값
    • n = 시험관측치
    • S = 표준편차
    • e = 허용오차
    • $\bar{x}$ = 관측평균시간

핵심예제

1-1. 요소작업을 20번 측정한 결과 관측평균시간은 0.20분, 표준편차는 0.08분이었다. 신뢰도 95%, 허용오차 ±5%를 만족시키는 관측횟수는 얼마인가? [단, t(0.025, 19)는 2.09이다] [15년 1회]

① 260회 ② 270회
③ 280회 ④ 290회

1-2. 요소작업이 여러 개인 경우의 관측횟수를 결정하고자 한다. 표본의 표준편차는 0.6이고, 신뢰도 계수는 2인 경우 추정의 오차범위 ±5%를 만족시키는 관측회수(N)는 몇 번인가? [09년 3회]

① 476번 ② 576번
③ 676번 ④ 776번

1-3. 표준시간 설정을 위하여 작업을 요소작업으로 분할하여야 한다. 다음 중 요소작업으로 분할 시 유의 사항으로 가장 적절하지 않은 것은? [13년 1회]

① 작업의 진행 순서에 따라 분할한다.
② 상수 요소작업과 변수 요소작업으로 구분한다.
③ 측정 범위 내에서 요소작업을 크게 분할한다.
④ 규칙적인 요소작업과 불규칙적인 요소작업으로 구분한다.

| 해설 |

1-1
필요한 관측수(N) = $[(t \times S)/(e \times \bar{x})]^2$
= $[(2.09 \times 0.08)/(0.05 \times \overline{0.2})]^2$ = 279.55 ≒ 280

1-2
필요한 관측수(N) = $[(t \times S)/(e \times \bar{x})]^2$ = $[(2 \times 0.6)/(0.05 \times \bar{1})]^2$ = 576

1-3
요소작업은 측정 가능한 범위 내에서 작게 분할한다.

정답 1-1 ③ 1-2 ② 1-3 ③

핵심이론 02 시간연구

① 표준시간의 산정절차 : 측정준비 → 관측치 산출 → 정미시간 산출 → 표준시간 산출

측정준비	• 표준시간 측정을 위한 작업내용을 검토, 표준작업방법을 정의 • 생산수량, 작업환경, 조건 등을 고려 • 어떤 방법으로 측정할 것인가를 정함 • 정해진 방법에 필요한 자료나 장비들을 준비
관측시간치의 산출단계	• 정해진 방법에 따라 관측시간치의 산술평균값이나 작업시간의 추정치를 구함 • 동작분석에 의해 요소작업으로 분할된 작업들에 대하여 작업측정 및 분석과정이나 표준자료의 적용 등을 통하여 시간치를 산출
정미시간의 산출단계	• 관측이나 표준자료 등으로 부터 레이팅(Rating)을 고려하여 정미시간을 정함 • 관측시간치의 평균에 해당하는 값을 보통속도로 변환한 정미시간을 구하는 단계 • 표준시간의 산출단계에서는 정미시간에 여유율을 고려한 표준시간을 구함

② 정미시간(Normal Time)
  ㉠ 정미시간은 기본시간으로 관측치의 대표치 × 레이팅 계수로 계산함
  ㉡ 관측시간치의 평균값을 레이팅계수로 보정하여 보통 속도로 변환시켜준 개념
  ㉢ 정미시간
     = (총작업시간 × 실제작업비율/총생산량) × 레이팅계수
     = 개당실제 생산시간 × 레이팅계수
     = 관측시간의 평균치 × 레이팅계수
     = 관측시간의 평균치 × 속도평가계수 × (1 + 2차 조정계수)
  ㉣ 레이팅(Rating)
     • 시간연구자가 자기 자신의 머릿속에 갖고 있는 올바른 작업 동작의 개념과 대상작업자가 작업하는 동작을 비교하여, 그것을 정량화 하는 것
     • 이 정량치를 레이팅치(Rating Value) 또는 레이팅계수(Rating Factor)라고 함
     • 관측시간치를 정상속도시간으로 수정하기 위함
     • 평준화(Leveling), 정상화작업(Normalizing)이라 함
     • 레이팅 = 기준작업시간/실제작업시간(1 이상 표준보다 빠름, 1 이하 표준보다 느림)

• 레이팅의 종류
  – 기준 동작과 비교하여 평가를 하는 방법
  – 이미 개발된 표준 자료를 이용하는 방법(MTM, WF)
  – 대표적인 작업을 몇 개 선택한 후 전문가의 의견을 종합하여 정하는 방법
• 레이팅의 방법
  – Speed Rating : 정미시간 = 관측시간치의 평균 × Rating

핵심예제

2-1. 다음 중 작업측정에 관한 설명으로 틀린 내용은?
[12년 1회]

① TV 조립공정과 같이 짧은 주기의 작업은 시간연구법이 좋다.
② 레이팅은 측정작업을 보통속도로 변환해 주는 과정이다.
③ 정미시간은 반복생산에 요구되는 여유시간을 포함한다.
④ 인적여유는 생리적 욕구에 의해 작업이 지연되는 시간을 포함한다.

2-2. A 작업의 관측평균시간이 15초, 제1평가에 의한 속도평가계수는 120%이며, 제2평가에 의한 2차 조정계수가 10%일 때 객관적 평가법에 의한 정미시간은 몇 초인가?
[13년 1회]

① 19.8   ② 23.8
③ 26.1   ④ 28.8

|해설|

2-1
정미시간은 관측시간치의 평균값을 레이팅계수로 보정하여 보통속도로 변환시켜준 것이다. 정미시간과 여유시간을 합한 것을 표준시간이라 한다.

2-2
정미시간 = 관측시간의 평균치 × 속도평가계수 × (1 + 2차 조정계수)
        = 15 × 120% × (1 + 10%) = 19.8

정답 2-1 ③ 2-2 ①

핵심이론 03 수행도 평가(Performance Rating) 또는 레이팅(Rating)

① 수행도 평가
  ㉠ 기준속도에 비해 작업이 얼마나 빨리 진행되었는가를 평가함
  ㉡ 레이팅(Rating)계수(기준작업시간/실제작업시간)로 표현됨

② 수행도 평가의 종류
  ㉠ 속도 평가법
    • 속도라는 한 가지 요소만을 평가
    • 간단하여 많이 사용
  ㉡ 객관적 평가법
    • 1차 조정계수 : 실제동작속도와 표준속도를 비교
    • 2차 조정계수 : 작업의 난이도와 특성을 고려
  ㉢ 합성 평가법
    • 작업을 요소작업으로 구분한 후 시간연구를 통해 개별시간을 구함
    • 요소작업 중 임의로 작업자 조절이 가능한 요소를 정함
    • 선정된 작업 중 PTS시스템 중 하나를 적용하여 대응되는 시간치를 구함
    • PTS법에 의한 시간치와 관측시간 간의 비율을 구하여 레이팅계수를 구함
  ㉣ 웨스팅하우스(Westinghouse) 시스템
    • 평준화법(Leveling) : 작업의 수행도를 숙련도, 노력, 작업환경, 일관성의 4가지 측면에서 각각 평가
      - 숙련도(Skill) : 경험, 적성 등의 숙련된 정도
      - 노력 : 마음가짐
      - 작업환경 : 작업자의 환경
      - 일관성 : 작업시간의 일관성 정도
    • 각 평가에 해당하는 평가계수(Leveling계수)를 합산하여 레이팅계수를 구함
    • 정미시간 = 관측시간의 평균치 × (1 + Leveling 계수의 합)
    • 평가계수는 네 가지 측면에서 보통을 0, 보통보다 높은 경우 +, 보통보다 나쁜 경우 −

핵심예제

3-1. 다음 설명은 수행도 평가의 어느 방법을 설명한 것인가? [12년 3회]

| 보기 |
• 작업을 요소작업으로 구분한 후, 시간연구를 통해 개별시간을 구한다.
• 요소작업 중 임의로 작업자 조절이 가능한 요소를 정한다.
• 선정된 작업 중 PTS 시스템 중 한 개를 적용하여 대응되는 시간치를 구한다.
• PTS법에 의한 시간치와 관측시간 간의 비율을 구하여 레이팅계수를 구한다.

① 객관적 평가법
② 합성평가법
③ 속도평가법
④ 웨스팅하우스시스템

3-2. 다음 중 수행도 평가기법이 아닌 것은? [14년 1회]

① 속도 평가법
② 평준화 평가법
③ 합성 평가법
④ 사이클 그래프 평가법

| 해설 |

3-1
합성평가법
• 작업을 요소작업으로 구분한 후 시간연구를 통해 개별시간을 구함
• 요소작업 중 임의로 작업자 조절이 가능한 요소를 정함
• 선정된 작업 중 PTS시스템 중 하나를 적용하여 대응되는 시간치를 구함
• PTS법에 의한 시간치와 관측시간 간의 비율을 구하여 레이팅계수를 구함

3-2
수행도 평가법에는 속도 평가법, 합성 평가법, 웨스팅하우스(Westinghouse) 시스템의 평준화 평가법이 있다.

정답 3-1 ② 3-2 ④

핵심이론 04 여유시간(Allowance Time)

① 여유시간 : 불규칙적으로 발생하는 여러가지 요소에 의한 지연시간

② 인적여유
  ㉠ 생리여유(Personal allowance) : 작업 중 용변, 물마시기 등 생리적 여유
  ㉡ 피로여유 : 작업으로 인한 피로의 회복에 소요되는 여유

③ 물적여유
  ㉠ 지연여유 : 작업 중 발생하는 예상치 못한 지연을 보상하기 위한 여유
  ㉡ 직장여유 : 직장관리상의 불비에 의해 발생하는 지연을 보상하기 위한 여유

④ 비인적여유(특수여유)
  ㉠ 기계간섭여유 : 기계유휴에 의한 생산량 감소를 보상하기 위한 여유
  ㉡ 조(組, group)여유 : 조작업의 보조를 맞추기 위한 여유
  ㉢ 소로트(소량의 lot)여유 : 소량의 lot로 생산할 경우 작업지연을 보상하기 위한 여유

⑤ 특수여유 : 기계간섭 여유, 조(Group) 여유, 소로트 여유

⑥ ILO 여유율 : 인적여유율 = 생리 여유 + 고정피로 여유 + 변동피로 여유

인적여유	생리여유(Personal Allowance)
	피로여유(Fatigue Allowance)
물적여유	지연여유(Delay Allowance)
	직장여유(Job Allowance)
특수여유	조(그룹)여유, 소로트여유, 기계간섭여유, 장려여유

⑦ 여유율의 계산
  ㉠ 작업여유율 = 여유시간/정미시간
  ㉡ 근무여유율 = 여유시간/근무시간
  ㉢ 근무시간 = 정미시간 + 여유시간
  ㉣ 외경법
    • 정미시간에 대한 비율을 사용하여 산정
    • 여유율 = 여유시간의 총계/정미시간의 총계
    • 표준시간 = 정미시간 × (1 + 작업여유율)
  ㉤ 내경법
    • 실동시간에 대한 비율을 사용하여 산정
    • 여유율 = 여유시간의 총계/(정미시간의 총계 + 여유시간의 총계)
    • 표준시간 = 정미시간/(1 − 근무여유율)

핵심예제

4-1. 평균관측시간이 1분, 레이팅계수가 110%, 여유시간이 하루 8시간 근무 중에서 24분일 때 외경법을 적용하면 표준시간은 약 얼마인가? [14년 1회]

① 1.235분　② 1.135분
③ 1.255분　④ 1.158분

4-2. 평균 관측시간 0.9분, 레이팅계수가 120%, 여유시간이 하루 8시간 근무시간 중에 28분으로 설정되었다면 표준시간은 약 몇 분인가? [09년 3회]

① 0.926　② 1.080
③ 1.147　④ 1.151

|해설|

4-1
• 외경법 : 표준시간 = 1.1 × [1 + 24/(480−24)] = 1.1578분
• 내경법 : 표준시간 = 1.1 / [1 − (24/480)] = 1.1578분

4-2
표준시간 = 정미시간/(1 − 근무여유율)
= (0.9 × 120%)/(1 − 28/480) = 1.147

정답 4-1 ④　4-2 ③

2. 워크샘플링(Work Sampling)

핵심이론 01 워크샘플링의 원리

① 표본의 크기가 충분히 크다면 모집단의 분포와 일치한다는 통계적 이론에 근거

② 관측대상을 무작위로 선정하고, 연구대상을 순간적으로 관측하여 상태를 기록·집계

③ 집계한 데이터를 기초로 작업자나, 기계의 가동상태 등을 통계적으로 분석

④ 샘플수를 증가시키면 비용이 증가하므로 경제성과 신뢰도를 고려하여 샘플수를 정해야 함

⑤ 샘플은 편기성이 없이 모집단을 구성하고 있는 각 요소에 대하여 추출기회가 균등해야 함

장 점	단 점
• 순간적 관측으로 작업에 방해가 적음 • 평상시의 작업상황이 그대로 반영 • 1인이 여러 명의 작업자나 기계를 동시에 관측가능 • 자료수집 및 분석시간이 적음 • 특별한 측정장치가 필요 없음 • 관측결과의 오차한계를 검증할 수 있음 • 관측결과에 대한 신뢰도가 높음	• 연속관찰법인 시간관측법보다 덜 자세함 • 짧은 주기나 반복작업인 경우 부적합 • 작업방법이 변화되는 경우에는 전체적인 연구를 새로 해야 함 • 개개의 작업(개인의 작업)에 대한 깊은 연구는 곤란 • 작업자가 작업장을 떠났을 때의 행동을 알 수 없음 • 연속관찰이 아니므로 작업동작의 발생순서를 관측결과만으로는 알 수 없음

⑥ 용 어

㉠ 모델링오차 : 현상을 수학적 표현식으로 모델링하는 과정에서 수반되는 오차

㉡ 수치해석오차 : 수학적 표현식을 컴퓨터를 이용하여 푸는 과정에 수반되는 수치해석 오차

㉢ 상대오차 : 상대적인 개념으로 계산된 오차

㉣ 허용오차 : 표본비율 × 상대오차

㉤ 이항분포(Biniminal Disribution)
  • 정규분포와 마찬가지로 모집단이 가지는 이상적인 분포형
  • 정규분포가 연속변량인데 비하여 이항분포는 이산변량임

핵심예제

1-1. 간헐적으로 랜덤한 시점에서 연구대상을 순간적으로 관측하여 대상이 처한 상황을 파악하고 이를 토대로 관측시간 동안에 나타난 항목별로 차지하는 비율을 추정하는 방법은? [14년 1회]

① PIS법
② 워크샘플링
③ 웨스팅하우스법
④ 스톱워치를 이용한 시간연구

1-2. 일반적인 시간연구방법과 비교한 워크샘플링방법의 장점으로 옳지 않은 것은? [21년 3회]

① 분석자에 의해 소비되는 총 작업시간이 훨씬 적은 편이다.
② 특별한 시간 측정 장비가 별도로 필요하지 않는 간단한 방법이다.
③ 관측항목의 분류가 자유로워 작업현황을 세밀히 관찰할 수 있다.
④ 한 사람의 평가자가 동시에 여러 작업을 측정할 수 있다.

1-3. 다음 중 작업측정 방법의 성격이 다른 하나는? [14년 3회]

① PTS법
② 표준자료법
③ 실적기록법 및 통계적 표준
④ 워크샘플링

|해설|

1-1
워크샘플링은 관측대상을 무작위로 선정하고, 연구대상을 순간적으로 관측하여 상태를 기록·집계하는 방법이다.

1-2
워크샘플링은 관측항목의 분류가 어렵고, 개개의 작업에 대한 깊은 연구가 곤란하여 작업현황을 세밀히 관찰할 수 없다.

1-3
PTS법, 표준자료법, 실적기록법 등은 간접측정방식이고, 워크샘플링은 직접측정방식이다.

정답 1-1 ② 1-2 ③ 1-3 ④

핵심이론 02 워크샘플링의 절차 및 관측횟수

① 워크샘플링의 절차

문제 정의	조사의 목적을 확실히 하여 측정할 내용을 명확하게 함
직장책임자의 승인	작업자에게 연구의 취지를 설명하고 협력을 얻도록 함
결과에 기대하는 정도를 정함	바람직한 정도 또는 절대오차를 정하는 신뢰도 생각
예비분석 및 관측계획	• 작업내용을 이해하고 분석단위로 작업을 분해 • 구하는 정도로부터 총관측수를 구함 • 관측일수, 관측시간, 순회경로를 정함
계획에 의해 관측	계획에 의해 관측, 관측위치를 준수
결과를 분석 및 정도 체크	관측결과 정리, 이상치 삭제, 정도확인
결과 정리 및 보고	-

② 관측횟수

㉠ 모수가 클 때 필요한 관측수(N) = $(z/e)^2 \times p(1-p)$

㉡ 허용오차(e) = $z \times \sqrt{p(1-p)/N}$

- p : 표본비율 = 발생횟수/관측횟수
- e : 허용오차 = 상대오차 × 관측비율
- z : 표준편차수

㉢ 모수가 작을 때 필요한 관측수(N) = $(\dfrac{t \times s}{e \times \bar{x}})^2$

- t : 신뢰도계수
- s : 표준편차
- e : 허용오차
- $\bar{x}$: 관측평균시간

㉣ 관리한계선

- 상한선(UCL ; Upper Control Limit)
- 하한선(LCL ; Lower Control Limit)
- 상한선과 하한선을 벗어나는 점은 이상치가 되므로 제거

  상한선(UCL) = $P + \sqrt{\dfrac{P(1-P)}{n}}$

  하한선(LCL) = $P - \sqrt{\dfrac{P(1-P)}{n}}$

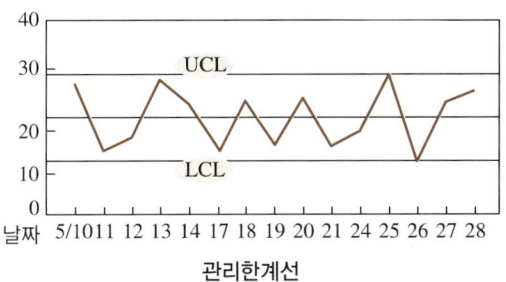

관리한계선

핵심예제

워크샘플링 조사에서 초기 Idle Rate가 0.05라면, 99% 신뢰도를 위한 워크샘플링 회수는 약 몇 회인가? (단, u0.995는 2.58이다) [15년 3회]

① 1,232 ② 2,557
③ 3,060 ④ 3,162

|해설|

필요한 관측수(N) = $(z/e)^2 \times p(1-p)$
= $(2.58/0.01)^2 \times (0.05 \times 0.95)$ = 3,162

- e : 허용오차 = 상대오차 × 관측비율 = 1%
- z : 표준편차수 = 2.58
- p : 표본비율 = 발생횟수/관측횟수 = 0.05
- N : 필요한 관측횟수

정답 ④

핵심이론 03 워크샘플링의 응용과 종류

① 워크샘플링의 응용
  ㉠ 여유율 산정
  ㉡ 중요설비의 가동률 분석
  ㉢ 작업자의 근무상황파악
  ㉣ 표준시간의 설정
  ㉤ 업무개선과 정원 설정

② 워크샘플링의 종류
  ㉠ 퍼포먼스 워크샘플링
    • 워크샘플링에 의해 관측과 동시에 레이팅을 함
    • 사이클이 매우 긴 작업그룹으로 수행되는 표준시간 설정이 힘든 경우에 적용
  ㉡ 체계적 워크샘플링
    • 작업에 주기성이 없는 경우 사용
    • 작업에 주기성이 있어도 관측간격이 작업요소 주기보다 짧은 경우
    • 작업시간의 산포가 클 경우에 작용
    • 관측시간을 균등한 시간간격으로 만들어 시행
  ㉢ 층별 워크샘플링
    • 각 작업활동이 현저히 다른 경우
    • 층별로 연구를 실시한 후 가중 평균치를 구함

3. 표준자료

핵심이론 01 표준자료법

① 표준자료의 개요
  ㉠ 과거의 시간연구로부터 얻어진 데이터를 이용하여 표준시간을 설정하는 방법
  ㉡ 작업시간을 새로이 측정하기보다는 과거에 측정한 기록들을 이용하며, 과거자료를 통해 동작에 영향을 미치는 요인들을 검토하여 만든 함수식, 표, 그래프 등으로 동작시간을 예측

② 표준자료법의 장점
  ㉠ 레이팅이 필요 없음
  ㉡ 현장에서 직접 측정하지 않아도 표준시간 산정가능
  ㉢ 표준자료의 사용법이 정확하다면 누구라도 일관성 있게 표준시간을 산정할 수 있음

③ 표준자료법의 단점
  ㉠ 표준시간의 정도가 떨어짐
  ㉡ 작업개선의 기회나 의욕이 없어짐
  ㉢ 초기비용이 크기 때문에 생산량이 적거나, 제품이 큰 경우 부적합

핵심예제

1-1. 작업시간을 새로이 측정하기보다는 과거에 측정한 기록들을 기준으로 동작에 영향을 미치는 요인들을 검토하여 만든 함수식, 표, 그래프 등으로 동작시간을 예측하는 방법은?
[09년 1회]

① 워크샘플링(Work Sampling)
② 표준자료법(Standard Data)
③ MTM(Methods Time Measurement)
④ WF(Work Factor)

1-2. 다음 중 표준자료법의 특징에 관한 설명으로 관계가 가장 먼 것은?
[07년 3회]

① 레이팅이 필요없다.
② 현장에서 직접 측정하지 않더라도 표준시간을 산정할 수 있다.
③ 표준자료작성의 초기비용이 저렴하다.
④ 표준자료의 사용법이 정확하다면 누구라도 일관성 있게 표준시간을 산정할 수 있다.

1-3. 다음 작업관리 용어 중 그 성격이 다른 것은?
[08년 3회]

① 공정분석 ② 동작연구
③ 표준자료 ④ 경제적인 작업방법

| 해설 |

1-1
표준자료법에 대한 설명이다.

1-2
초기비용이 크다.

1-3
①·②·④ 작업방법연구에 대한 설명이고, ③ 표준자료는 시간연구에 대한 설명이다.

정답 1-1 ② 1-2 ③ 1-3 ③

핵심이론 02 PTS(Predetermined Time Standards)법

① PTS법의 개요
  ㉠ 직무를 기본 동작으로 분해한 다음, 각 기본 동작에 소요되는 시간을 사전에 스톱워치나 모션 픽처에 의해 결정되어 있는 표에서 찾아 이들을 합산하여 정상시간을 구하고 여유율을 적용하여 표준시간을 구함
  ㉡ 표준자료법에서 요소동작이 Therbig의 기본 동작에 해당하는 경우에 해당함
  ㉢ NT(기본동작) = f(동작성질, 동작조건)로 표시할 수 있음
  ㉣ PTS에는 여러가지 방법이 있으나 Work Factor와 MTM 방법이 가장 많이 알려짐

② PTS의 장점
  ㉠ 작업방법만 알면 시간 산출이 가능하며 표준자료를 쉽게 작성할 수 있음
  ㉡ 평정이 요구되지 않고, 스톱워치의 사용이 불필요
  ㉢ 작업방법에 대한 상세 기록이 남음
  ㉣ 작업자에게 최적의 작업방법을 훈련할 수 있음

③ PTS의 단점
  ㉠ 분석자에 따라 기본 동작의 구성과 각 기본 동작에 부여되는 난이도의 정도가 달라지기 때문에 상세한 분석방법을 마스터 하지 않으면 안됨
  ㉡ 대단히 세밀하게 분할해야 하므로 분석에 긴 시간을 필요로 함
  ㉢ 전문가의 자문이 필요하고 교육 및 훈련비용이 큼

④ PTS의 종류
  ㉠ WC(Work Factor)
  ㉡ MTM(Methods-Time Measurement)
  ㉢ MODAPTS(Moduler Arrangement of Predetermined Time Standards)
  ㉣ BMT(Basic Motion Time Study)
  ㉤ DMT(Dimensional Motion Times)

핵심예제

2-1. 다음 중 PTS법과 관련이 가장 적은 것은? [11년 1회]

① Methods-Time Measurement
② MODAPTS
③ Work Factor
④ Standard Time Study

2-2. PTS법의 특징이 아닌 것은? [21년 3회]

① 직접 작업자를 대상으로 작업시간을 측정하지 않아도 된다.
② 표준시간의 설정에 논란이 되는 Rating의 필요가 없어 표준시간의 일관성이 증대된다.
③ 실제 생산현장을 보지 않고도 작업대의 배치와 작업방법을 알면 표준시간의 산출이 가능하다.
④ 표준자료 작성의 초기비용이 적기 때문에 생산량이 적거나 제품이 큰 경우에 적합하다.

|해설|

2-1
PTS의 종류
- MTM(Methods-Time Measurement)
- WC(Work Factor)
- MODAPTS(Moduler Arrangement of Predetermined Time Standards)
- BMT(Basic Motion Time Study)
- DMT(Dimensional Motion Times)

2-2
PTS(Predetermined Time Standards)법은 분석에 긴 시간이 소요되며, 비용이 상당하다.

정답 2-1 ④ 2-2 ④

핵심이론 02 Work Factor

① Work Factor 개요
  ㉠ 신체 부위에 따른 동작시간을 움직인 거리와 작업요소인 중량, 동작의 난이도에 따라 기준 시간치를 결정
  ㉡ 주어진 신체부위로 주어진 거리를 가장 빠르고 편하게 행할 수 있는 기초 동작과 동작의 난이도를 고려함
  ㉢ 작업자가 수행하는 작업을 작업 조절의 정도와 중량에 따라 특정 신체부위가 얼마나 움직이는지 기록하여 작업시간을 결정
  ㉣ 동작 신체부위와 동작거리를 기본동작(Basic Motion)이라고 하며, 중량 또는 저항과 인위적 조절을 Work Factor라고 함
  ㉤ 동작의 난이도를 나타내는 인위적 조절정도는 S, P, U, D로 나타냄

S(Steering)	좁은 간격통과, 동작의 유도 조절 동작
P(Precaution)	파손이나 상해를 막기 위한 조절 동작
U(Change of direction)	장애물을 피하기 위한 방향변경
D(Definite stop)	의식적으로 일정한 정지를 요하는 동작

② 적용범위
  ㉠ DWF(Detailed Work Factor) : 0.15분 이하의 주기가 짧은 반복작업을 대상으로 상세하게 분석. 사용시간 단위는 1WFU(Work Factor Unit) = 1/10,000분
  ㉡ RWF(Ready Work Factor) : 0.1분 이상의 동작을 대상으로 대략적으로 분석. 사용시간단위는 1RU(Ready WF Unit) = 1/1,000분

③ WF(Work Factor)법의 표준요소
  ㉠ 모든 작업을 8개의 표준요소 중 하나로 구분한 후, 표준요소별로 작업시간에 영향을 주는 4개 변동요인으로 시간을 결정함

ⓒ 8개의 표준요소

1	동작(Transport, T)	5	사용(Use, U)
2	쥐기(Grasp, Gr)	6	분해(Disassemble, Dsy)
3	미리 놓기(Preposion, PP)	7	내려놓기(Release, Rl)
4	조립(Assemble, Asy)	8	정신과정(Mental Process, MP)

ⓓ 4개의 변동요인

1	사용하는 신체부위	손가락과 손, 팔, 앞 팔회전, 몸통, 발, 다리, 머리 회전
2	이동거리	-
3	중량 또는 저항	-
4	동작의 인위적 조절	• 방향조절(Steering) : 좁은 간격통과, 동작의 유도 조절 동작 • 주의(Precaution) : 파손이나 상해를 막기 위한 조절 동작 • 방향의 변경(U) : Change of Direction : 장애물을 피하기 위한 방향변경 • 일정한 정지(D) : Definite Stop : 의식적으로 일정한 정지를 요하는 동작

핵심예제

3-1. WF(Work Factor)법의 표준요소가 아닌 것은?

[15년 3회]

① 쥐기(Grasp, Gr)
② 결정(Decide, Dc)
③ 조립(Assemble, Asy)
④ 정신과정(Mental Process, MP)

3-2. 다음 중 Work Factor(WF)에서 동작의 인위적 조절정도를 나타낸 것으로 틀린 것은?

[13년 3회]

① 방향 변경 - U   ② 주의 - P
③ 일정한 정지 - D   ④ 조절 - W

|해설|

3-1
WF의 표준요소는 8가지이다(상기참조).

3-2
WF에서 동작의 난이도를 나타내는 인위적 조절정도는 S, P, U, D로 나타낸다.

정답 3-1 ② 3-2 ④

핵심이론 04 MTM(Method Time Measurement)

① Westinghouse의 Maynard가 드릴, 프레스의 기계공작 작업을 대상으로 한 시간자료를 분석하여 개발

② MTM 중에서 가장 정확하고 세밀한 작업분석이 가능하며 작업수행방법을 파악한 후 시간치를 결정하기 때문에 Methods Time이라는 이름이 붙음

③ 작업동작은 손, 눈, 팔, 다리, 몸통 동작 등 14개의 기본동작으로 분류

④ 사람이 행하는 동작을 기본동작으로 분석하고, 각 기본동작의 성질과 조건에 따라 미리 정해진 시간치를 적용하여 정미시간을 구함

⑤ TMU(Time Measurement Unit)
= 0.00001시간 = 0.0006분 = 0.036초

⑥ MTM 표기법 : 기본동작 + 이동거리 + 목표물의 조건(Case A, B, C, D, E) + 중량(저항)
   예 5파운드의 물건을 대략적인 위치로 10인치 운반 = M10B5

⑦ MTM 용도
   ㉠ 현행 작업방법의 개선
   ㉡ 표준시간 산정으로 표준시간에 대한 불만 처리
   ㉢ 작업착수 전에 능률적인 설비와 기계류의 선택 및 작업방법 결정

⑧ MTM 기본동작

손을 뻗음 R : Reach	방치, 놓음 Rl : Release
운반 M : Move	떼어놓음 D : Disengage
회전 T : Turn	크랭크 K : Crank
누름 AP : Apply Pressure	눈의 이동 ET : Eye Travel
잡음 G : Grasp	눈의 초점맞추기 EF : Eye Focus
정치 P : Position	신체의 동작 BM : Body Motion

핵심예제

4-1. 다음 중 MTM(Methods Time Measurement)법의 용도로 적절하지 않은 것은? [10년 1회]
① 표준시간에 대한 불만 처리
② 능률적인 설비, 기계류의 선택
③ 현상의 발생비율 파악
④ 작업개선의 의미를 향상시키기 위한 교육

4-2. 다음 중 MTM(Method Time Measurement)법에서 12 lb의 물건을 대략적인 위치로 20인치 운반하는 것을 올바르게 표시한 것은?
① M20B12　　② M12B20
③ M20B12/2　　④ M12B20/2

4-3. MTM(Method Time Measurement)법에서 사용되는 기호와 기본 동작의 연결이 올바른 것은? [12년 1회]
① R – 손뻗침　　② R – 회전
③ P – 잡음　　④ P – 누름

|해설|

4-1
MTM의 용도는 현행 작업방법의 개선, 표준시간의 산정, 능률적인 기계류의 선택 및 작업방법 결정이다.

4-2
MTM표기법
기본동작 + 이동거리 + 목표물의 조건(Case A,B,C,D,E) + 중량(저항) = 운반(M) + 이동거리(20) + CaseB + 중량(12)

4-3
② 회전 : T
③ 잡음 : G
④ 누름 : AP

정답 4-1 ③　4-2 ①　4-3 ①

제5절 | 유해요인 평가

1. 유해요인 평가원리

핵심이론 01 유해요인조사

① 유해요인조사 방법

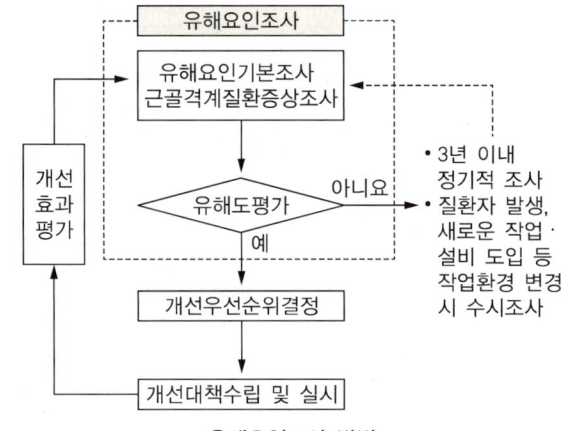

유해요인조사 방법

② 조사내용
 ㉠ 설비・작업공정・작업량・작업속도 등 작업장 상황
 ㉡ 작업시간・작업자세・작업방법 등 작업조건
 ㉢ 작업과 관련된 근골격계질환 징후와 증상 유무 등

③ 유해요인조사 항목
 ㉠ 작업장 상황조사
  • 작업공정
  • 작업설비
  • 작업속도
  • 작업량
  • 최근업무의 변화
 ㉡ 작업조건 조사
  • 진 동
  • 접촉 스트레스
  • 반복성
  • 과도한 힘
  • 부자연스런 또는 취하기 어려운 자세

ⓒ 근골격계질환 증상조사
- 증상과 징후
- 직업력(근무력)
- 근무형태(교대제 여부 등)
- 취미생활
- 과거질병력 등

④ 근골격계 부담작업을 하는 경우 사업주가 근로자에게 알려야 하는 사항
  ㉠ 근골격계 부담작업의 유해요인
  ㉡ 근골격계질환의 징후 및 증상
  ㉢ 근골격계질환 발생시 대처요령
  ㉣ 올바른 작업자세 및 작업도구, 작업시설의 올바른 사용방법
  ㉤ 그밖의 근골격계질환 예방에 필요한 사항

핵심예제

1-1. 근골격계 부담작업의 유해요인조사의 내용 중 작업장 상황조사 항목에 해당되지 않는 것은? [14년 3회]

① 근무형태
② 작업량
③ 작업설비
④ 작업공정

1-2. 다음 중 산업안전보건법령에 따라 사업주가 근골격계 부담작업 종사자에게 반드시 주지시켜야 하는 내용과 가장 거리가 먼 것은? [13년 1회]

① 근골격계 부담작업의 유해요인
② 근골격계질환의 징후 및 증상
③ 근골격계질환의 요양 및 보상
④ 근골격계질환 발생시 대처요령

1-3. 다음 빈칸 안에 들어갈 말로 옳은 것은? [21년 3회]

|보기|
산업안전보건법령상 사업주는 근로자가 근골격계부담작업을 하는 경우에 (   )마다 유해요인조사를 하여야 한다. 다만, 신설되는 사업장의 경우에는 1년 이내에 최초의 유해요인조사를 하여야 한다.

① 1년
② 2년
③ 3년
④ 4년

|해설|

1-1
작업장 상황조사 항목에는 작업공정, 작업설비, 작업속도, 작업량, 최근업무의 변화 등이 있다. 근무형태는 근골격계질환 증상조사 항목에 해당한다.

1-2
근골격계질환의 요양 및 보상은 사업주가 주지시켜야 하는 사항에 해당되지 않는다.

1-3
모든 사업장은 정기 유해요인조사를 매 3년마다 주기적으로 실시해야 한다. 다만 신설 사업장의 경우 1년 이내에 실시해야 한다.

정답 1-1 ① 1-2 ③ 1-3 ③

2. 중량물취급 작업

핵심이론 01 중량물취급 방법

① 안전작업범위
  ㉠ 몸의 무게중심에 가장 가까운 부분으로 허리에 부담이 적음
  ㉡ 팔을 몸체부에 붙이고 손목만 위아래로 움직일 수 있는 범위
  ㉢ 허리에 가해지는 압력은 나뭇가지가 떨어지는 정도

② 주의작업범위
  ㉠ 몸으로부터 조금 더 떨어진 범위
  ㉡ 팔을 완전히 뻗쳐서 손을 어깨까지 들어 올리고 허벅지까지 내리는 범위
  ㉢ 허리의 지탱한계에 도달한 상태로 40kg 정도

③ 위험작업범위
  ㉠ 몸이 안전작업범위로부터 완전히 벗어나 있는 범위
  ㉡ 중량물을 놓치기 쉽고, 허리가 안전하게 그 무게를 지탱할 수가 없음
  ㉢ 허리에 가해지는 압력이 매우 커서 벽돌 1톤 정도의 무게와 같음

④ NIOSH Lifting Equation
  ㉠ 미국산업안전보건원(NIOSH)에서 개발한 들기지수
  ㉡ RWL을 구하고 실제 들려고 하는 중량물의 무게를 RWL로 나누어 1보다 낮도록 관리
  ㉢ RWL의 각 계수들은 0~1 사이의 값들로, 각 계수가 모두 1일 때 들기에 최적의 조건이 됨
  ㉣ 들기지수(LI ; Lifting Index)
    • LI = 중량물의 무게/RWL
    • 취급하는 물건의 중량이 RWL의 몇 배인가를 나타냄
    • LI가 작을수록 좋으며 1보다 크면 요통의 발생위험이 높음
  ㉤ 권장무게한계(RWL ; Recommended Weight Limit)
    • 건강한 작업자들이 요통 위험 없이 들 수 있는 작업무게
    • RWL = 23kg × HM × VM × DM × AM × FM × CM
    • 6가지 계수들이 작으면 들기에 불편하므로 들 수 있는 권장무게 한계가 줄어듦
    • 계수들이 클수록 들기 편함을 나타냄(RWL이 클수록 좋음)
  ㉥ 수평계수(HM ; Horizontal Multiplier) : HM = 25/H
    • 하완의 길이 25cm 이하이면 모두 1
    • 63cm를 초과할 경우의 HM은 0이 됨
    • 63cm는 체구가 작은 사람이 물체를 최대한 멀리 잡고 들 수 있는 수평거리
    • 시점과 종점 두 군데에서 측정
  ㉦ 수직계수(VM ; Vertical Multiplier) = 1 − 0.003(V−75)
    • 75cm : 키가 165cm인 사람이 들기 작업에서 가장 적합한 높이인 팔을 편안하게 늘어뜨렸을 때의 손의 높이
    • 75cm일 때 최대 1이며, 그보다 높거나 낮으면 수직계수는 작아짐
    • 지면에서 어깨 높이(150cm)로 들 때에는 최대 힘의 77.5%의 힘만으로 가능
    • 75cm 이하 → 몸 전체로 듦, 75cm 이상 → 상체를 이용한 들기
    • 시점, 종점 두 군데서 측정
  ㉧ 거리계수(DM ; Distance Multiplier) = 0.82 + 4.5/D
    • 물체를 수직이동시킨 거리
    • 25cm 이하 → 1
    • 175cm 이상 → 0
  ㉨ 비대칭성 계수(AM ; Asymmetric Multiplier)
    = 1 − 0.0032A
    • A : 신체중심에서 물건중심까지 비틀린 각도
    • 90도의 비틀림에서 허용 중량이 30% 정도 감소되도록 설정
    • 비틀림이 없으면 → 1
    • 비틀림이 135도가 넘으면 → 0
    • 시점, 종점 두 군데에서 측정

ㅊ 빈도계수(FM ; Frequency Multiplier)
- 1분 동안 반복한 횟수
- 표에서 찾음

빈도수 (회/분)	작업시간					
	1h 이하		2h 이하		8h 이하	
	V<75	V>75	V<75	V>75	V<75	V>75
1	0.94	0.94	0.88	0.88	0.75	0.75
2	0.91	0.91	0.84	0.84	0.65	0.65
3	0.88	0.88	0.79	0.79	0.55	0.55

ㅋ 결합계수(CM ; Coupling Multiplier)
- 잡기편한 손잡이의 유무를 반영
- Good(들기 편함) : 손잡이가 있거나 없어도 편한 경우
- Fair(손목의 각도를 90도 정도 유지 가능) : 손잡이가 있지만 적당하지 않은 경우
- Bad(불편함) : 손잡이가 없고 불편, 끝이 날카로움
- 시점, 종점 두 군데에서 측정

커플링 상태	수직거리	
	V < 75	V > 75
Good	1	1
Fair	0.95	1
Bad	0.9	0.9

핵심예제

1-1. NIOSH 들기 작업 지침상 권장 무게 한계(RWL)를 구할 때 사용되는 계수의 기호와 정의로 옳지 않은 것은?
[21년 3회]

① HM - 수평 계수
② DM - 비대칭 계수
③ FM - 빈도 계수
④ VM - 수직 계수

1-2. 다음의 조건에서 NIOSH Lifting Equation(NLE)에 의한 들기지수(LI)와 작업의 위험도 평가를 올바르게 나타낸 것은?
[13년 3회]

┤보기├
- 현재 취급물의 하중 = 14kg
- 수평계수 = 0.4   • 수직계수 = 0.95
- 거리계수 = 1.0   • 대칭계수 = 0.8
- 빈도계수 = 0.8   • 손잡이계수 = 0.9

① LI = 2.78, 개선이 요구되는 작업
② LI = 0.36, 개선이 요구되지 않는 작업
③ LI = 0.77, 개선이 요구되는 작업
④ LI = 2.01, 요통 위험이 낮은 작업

1-3. 다음 조건에서 NIOSH Lifting Equation(NLE)에 의한 권장무게한계(RWL)와 들기지수(LI)는 각각 얼마인가?
[15년 3회]

┤보기├
- 현재 취급물의 하중 = 10kg
- 수평계수 = 0.4   • 수직계수 = 0.95
- 거리계수 = 0.6   • 비대칭계수 = 1
- 빈도계수 = 0.8   • 커플링계수 = 0.9

① RWL = 1.64jkg, LI = 6.1
② RWL = 2.65, LI = 3.78
③ RWL = 3.78, LI = 2.65
④ RWL = 6.4jkg, LI = 1.64

|해설|

1-1
DM은 거리 계수(Distance Multiplier)이며, AM이 비대칭계수(Asymmetric Multiplier)이다.

1-2
- RWL = 23kg × HM × VM × DM × AM × FM × CM
  = 23 × 0.4 × 0.95 × 1 × 0.8 × 0.8 × 0.9 = 5.03
- LI = 중량물의 무게/RWL = 14/5.03 = 2.78(LI가 1보다 크므로 요통발생위험이 높으므로 개선이 요구됨)

1-3
- RWL = 23kg × HM × VM × DM × AM × FM × CM
  = 23 × 0.4 × 0.95 × 0.6 × 1 × 0.8 × 0.9 = 3.78
- LI = 중량물의 무게/RWL = 10/3.78 = 2.65

정답 1-1 ② 1-2 ① 1-3 ③

3. 유해요인 평가방법

핵심이론 01 OWAS(Ovako Working Posture Analysis System)

① 작업자세로 인한 작업부하를 평가하는 데 초점

② 작업자세는 허리, 팔, 다리, 하중으로 구분하여 각 부위의 자세를 코드로 표현

③ OWAS는 신체부위의 자세뿐만 아니라 중량물의 사용도 고려하여 평가

④ OWAS 활동점수표는 4단계의 조치단계로 분류

⑤ 장 점
   ㉠ 특별한 기구 없이도 관찰에 의해서만 작업자세를 평가
   ㉡ 현장성이 강하여 현장에서 기록, 해석이 용이
   ㉢ 평가기준을 완비하여 분명하고 간편하게 평가
   ㉣ 상지와 하지의 작업분석이 가능
   ㉤ 작업대상물의 무게를 분석요인에 포함

⑥ 단 점
   ㉠ 몸통과 팔의 자세분류가 상세하지 못함
   ㉡ 자세의 지속시간, 팔목과 팔꿈치에 관한 정보가 반영되지 못함
   ㉢ 상지, 하지의 움직임이 적으면서 반복하여 사용하는 작업에서는 차이를 파악하기 어려움
   ㉣ 지속시간을 검토할 수 없으므로 보관 유지자세의 평가는 어려움
   ㉤ 분석결과가 구체적이지 못함
   ㉥ 세밀한 분석이 어려움

⑦ 자세평가에 의한 조치수준
   ㉠ 수준1 : 근골격계에 특별한 해를 끼치지 않음(작업자세에 아무런 조치도 필요치 않음)
   ㉡ 수준2 : 근골격계에 약간의 해를 끼침(가까운 시일 내에 작업자세의 교정이 필요함)
   ㉢ 수준3 : 근골격계에 직접적인 해를 끼침(가능한 한 빨리 작업자세를 교정해야 함)
   ㉣ 수준4 : 근골격계에 매우 심각한 해를 끼침(즉각적인 작업자세의 교정이 필요함)

OWAS Checklist

부위	자세		점수
등	똑바로 선 자세		1점 □
	구부린 자세		2점 □
	비틀어진 자세		3점 □
	구부리고 비틀어진 자세		4점 □
팔	양팔이 어깨 아래		1점 □
	한쪽이 어깨 위		2점 □
	양팔이 어깨 위		3점 □
다리	앉은 자세		1점 □
	양다리로 선 자세		2점 □
	한쪽 다리로 선 자세		3점 □
	양쪽 무릎을 굽히고 서있는 자세		4점 □
	한쪽 무릎을 굽히고 서있는 자세		5점 □
	무릎을 바닥에 대고 있는 자세		6점 □
	걷고 있는 자세		7점 □
하중	10kg 이하		1점 □
	10~20kg		2점 □
	20kg 이상		3점 □
자세코드	허리	팔	다리	하중

핵심예제

1-1. 유해요인 조사방법 중 OWAS(Ovako Working Posture Analysis System)에 관한 설명으로 틀린 것은?
[05년 3회]

① OWAS는 작업자세로 인한 작업부하를 평가하는데 초점이 맞추어져 있다.
② 작업자세에는 허리, 팔, 손목으로 구분하여 각 부위의 자세를 코드로 표현한다.
③ OWAS는 신체부위의 자세 뿐만 아니라 중량물의 사용도 고려하여 평가한다.
④ OWAS 활동점수표는 4단계의 조치단계로 분류된다.

1-2. 다음 중 OWAS(Ovako Working Posture Analysis System)에 관한 설명으로 틀린 것은? [10년 1회]

① 관찰에 의해서 작업자세를 평가할 수 있다.
② 들기 작업 시 안전하게 작업할 수 있는 작업물의 중량을 계산할 수 있다.
③ 작업자세를 단순화하여 세밀한 분석에 어려움이 있다.
④ 현장에서 기록 및 해석의 용이함 때문에 많은 작업장에서 작업 자세를 평가한다.

|해설|

1-1
작업자세는 허리, 팔, 다리, 하중으로 구분하여 각 부위의 자세를 코드로 표현한다.

1-2
들기 작업 시 안전하게 작업할 수 있는 작업물의 중량을 계산할 수 평가방법은 NIOSH Lifting Equation(NLE)이다.

정답 1-1 ② 1-2 ②

핵심이론 02 RULA(Rapid Upper Limb Assessment)

① 상지(Upper Limb)에 초점을 맞춰 작업부하를 평가
② 분석자가 관찰을 통해 작업자세를 분석
③ OWAS보다 접근방식이 합리적
④ 작업으로 인한 근육 부하를 평가하는 데 이용
⑤ 나쁜 작업자세 비율이 어느 정도인지를 쉽고 빠르게 파악 가능
⑥ 단 점
　㉠ 세밀한 분석결과를 제시하지 못함
　㉡ 상지분석에만 초점
　㉢ 전신 작업자세 분석에는 한계
⑦ 평가방법
　㉠ A그룹(상완, 전완, 손목)과 B그룹(목, 몸통, 다리)으로 나누어 미리 주어진 코드 체계를 이용하여 자세 점수를 부여
　㉡ 그룹별 자세 점수는 근육과 힘을 고려하여 그룹별 점수가 되고 이들을 종합하여 총점을 구함
⑧ 총점에 따라 4개의 조치단계(Action Level)로 평가
　㉠ 조치수준1(점수1~2) : 작업이 오랫동안 지속적으로 반복적으로만 행해지지 않는다면 작업자세에 별 문제가 없음
　㉡ 조치수준2(점수3~4) : 작업자세에 대한 추적관찰이 필요하고, 작업 자세를 변경할 필요가 있음
　㉢ 조치수준3(점수5~6) : 작업자세를 되도록 빨리 변경해야 함
　㉣ 조치수준4(점수7) : 작업자세를 즉각 바꾸어야 함

RULA Checklist

부위				
상완 ( )	1	2	3	4
	어깨 상승 +1　외전 +1　팔지지대 -1			
전완 ( )	1	2	+1	
손목 ( )	1	2	3	+1
손목 비틀림 ( )	1	2		

근육 사용	☐ 1분 이상 유지하는 정적인 자세 ☐ 분량 4회 이상 반복되는 작업	+1
힘/ 부하량	☐ 부하량이 없거나 2kg 이하의 간헐적인 부하량 힘	+0
	☐ 2~10kg의 간헐적인 부하량	+1
	☐ 2~10kg의 정적 부하량 ☐ 2~10kg의 반복적인 부하량, 힘	+2
	☐ 10kg 이상의 정적인 부하량 ☐ 10kg이나 이상의 반복적인 부하, 힘 ☐ 충격적이거나 갑작스런 힘의 사용	+3

핵심예제

2-1. 다음 중 유해요인 조사방법에 관한 설명으로 틀린 것은?
[13년 1회]

① NIOSH Guideline은 중량물 작업의 분석에 이용된다.
② RULA, OWAS는 자세 평가를 주목적으로 한다.
③ REBA는 상지, RULA는 하지자세를 평가하기 위한 방법이다.
④ JSI(Job Strain Index)는 작업의 재설계 등을 검토할 때에 이용한다.

2-2. 근골격계질환의 위험을 평가하기 위하여 유해요인 평가도구 중 하나인 RULA(Rapid Upper Limb Assessment)를 적용하여 작업을 평가한 결과, 최종 점수가 4점으로 평가되었다면 결과에 대한 해석으로 옳은 것은?
[21년 3회]

① 수용가능한 안전한 작업으로 평가됨
② 계속적 추적관찰을 요하는 작업으로 평가됨
③ 빠른 작업개선과 작업위험요인의 분석이 요구됨
④ 즉각적인 개선과 작업위험요인의 정밀조사가 요구됨

|해설|

2-1
RULA는 상지, REBA는 신체 전반의 자세를 평가한다.

2-2
RULA는 총점에 따라 4가지 조치단계로 나뉘는데 최종점수가 4이면 조치수준2에 해당한다.
• 조치수준1(점수1~2) : 작업자세에 별문제 없음
• 조치수준2(점수3~4) : 추적관찰이 필요함, 작업자세를 변경할 필요가 있음
• 조치수준3(점수5~6) : 되도록 빨리 작업자세를 변경해야 함
• 조치수준4(점수7) : 즉시 작업자세를 변경해야 함

정답 2-1 ③ 2-2 ②

핵심이론 03 REBA(Rapid Entire Body Assessment)

① RULA의 단점을 보완하여 개발된 평가기법
② RULA가 상지작업을 중심으로 하는 것이라면, REBA는 하지 분석을 자세히 할 수 있음
③ 병원의 간호사 또는 간호조무사, 수의사 등의 근골격계 부담작업의 유해요인 조사시 작업분석, 평가도구로 가장 적절
④ 평가 대상이 되는 주요 작업요소 : 반복성, 정적작업, 힘, 작업자세, 연속작업시간
⑤ 신체 부위별로 A, B 그룹으로 나누면 A, B 각각의 그룹별로 작업자세, 근육과 힘을 평가

REBA의 사후조치수준에 따른 관리지침

조치단계	REBA 점수	위험 단계	조치(추가정보조사포함)
0	1	무시해도 좋음	필요 없음
1	2~3	낮 음	필요할지도 모름
2	4~7	보 통	필요함
3	8~10	높 음	곧 필요함
4	11~15	매우 높음	지금 즉시 필요함

REBA Checklist

A군			
	작업자세	점 수	추가점수
허 리	곧바로 선자세	1	허리가 옆으로 틀어진 경우나, 옆으로 굽힌 경우 : +1점
	0~20° 굽힘, 0~20° 뒤로 젖힘	2	
	20~60° 굽힘, 20° 이상 뒤로 젖힘	3	
	60° 이상 굽힘	4	
목	0~20° 굽힘	1	비틀거나 옆으로 숙임 : +1점
	20° 이상 굽힘/뒤로 젖힘	2	
다 리	양쪽에 잘 지지됨/걷거나 앉은 경우	1	무릎이 30°와 60° 사이로 굽혀진 경우 : +1점 무릎이 60° 이상 굽혀진 경우 : +2점(앉은 자세 제외)
	한 발로 서 있는 경우/불안정한 자세	2	

 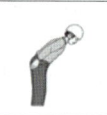  

허 리

목

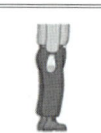  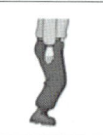 

다 리

핵심예제

3-1. 유해요인 조사방법에 관한 설명으로 틀린 것은?
[06년 3회]

① NIOSH Guideline은 중량물 작업의 분석에 이용된다.
② RULA, OWAS는 자세 평가를 주목적으로 한다.
③ REBA는 상지, RULA는 하지자세를 평가하기 위한 방법이다.
④ JSI는 작업의 재설계 등을 검토할 때에 이용한다.

3-2. 다음 중 병원의 간호사 또는 간호조무사, 수의사 등의 근골격계 부담작업의 유해요인 조사시 작업분석·평가도구로 가장 적절한 것은?
[12년 3회]

① JSI(Job Strain Index)
② ACGIH Hand/Arm Vibration TLV
③ REBA(Rapid Entire Body Assessment)
④ NIOSH 들기작업지침(Revised NIOSH Lifting Equation)

|해설|

3-1
RULA가 상지작업을 중심으로 하는 것이라면, REBA는 하지분석뿐만 아니라 전신자세를 분석할 수 있다.

3-2
REBA는 병원의 간호사 또는 간호조무사, 수의사 등의 근골격계 부담작업의 유해요인 조사시 작업분석, 평가도구로 가장 적절하다.

정답 3-1 ③   3-2 ③

핵심이론 04 JSI(Job Strain Index)

① 생리학, 생체역학, 상지질환에 대한 병리학을 기초로 한 정량적 평가기법

② 상지질환의 원인이 되는 위험요인들이 작업자에게 노출되어 있는지 검사

③ 6가지 평가항목
  ㉠ 힘을 발휘하는 강도(Intensity of Exertion)
  ㉡ 힘을 발휘하는 지속시간(Duration of Exertion)
  ㉢ 분당 힘의 발휘(Efforts per Minute)
  ㉣ 손/손목의 자세(Hand/Wrist Posture)
  ㉤ 작업 속도(Speed of Work)
  ㉥ 1일 작업의 지속시간(Duration of Task per Day)

④ Operation Process Chart
원재료로부터 완제품이 나올때까지 공정에서 이루어지는 작업과 검사의 모든 과정을 순서대로 표현한 도표로, 재료와 시간정보를 함께 나타냄

핵심예제

다음 중 JSI(Job Strain Index)가 작업을 평가하는 기준 여섯 가지에 해당하지 않는 것은? [21년 3회]

① 손/손목의 자세
② 1일 작업의 생산량
③ 힘을 발휘하는 강도
④ 힘을 발휘하는 지속시간

|해설|
1일 작업의 지속시간(Duration of Task per Day)이다.

정답 ②

핵심이론 05 사무/VDT 작업

① VDT(Video Display Terminal) 증후군의 발생요인
  ㉠ 컴퓨터, 책상, 의자
  ㉡ 작업장의 조명, 소음, 온도
  ㉢ 작업시간, 작업강도, 휴식시간
  ㉣ 작업자의 나이, 시력, 경력, 작업자세

② VDT 작업 설계 지침
  ㉠ 창과 벽면은 반사되지 않는 재질을 사용
  ㉡ 실내의 온도는 18~24℃, 습도는 40~70%를 유지
  ㉢ 화면상의 문자와 배경과의 휘도비(Contrast)를 낮춤
  ㉣ VDT 작업화면과 인접주변 간에는 1 : 3, 화면과 화면에서 먼 주위 간에는 1 : 10
  ㉤ 화면의 바탕 색상이 흰색 계통일 때 500~700lux를 유지
  ㉥ 화면의 바탕 색상이 검정색 계통일 때 300~500lux를 유지
  ㉦ 단색화면일 경우 색상은 일반적으로 어두운 배경에 밝은 황·녹색 또는 백색문자를 사용
  ㉧ 적색 또는 청색의 문자는 가급적 사용하지 않을 것
  ㉨ 창문에 차광망, 커튼 등을 설치하여 밝기 조절이 가능하도록 함
  ㉩ 화면, 키보드, 서류 등의 주요 표면 밝기를 가능한 한 같도록 유지
  ㉪ 좌판의 높이는 대퇴부를 압박하지 않도록 의자 앞부분은 오금보다 높지 않도록 함

③ VDT 작업자세
  ㉠ 작업자의 시선은 화면상단과 눈높이가 일치하도록 함
  ㉡ 화면상의 시야범위는 수평선상에서 10~15° 밑에 오도록 함
  ㉢ 화면과의 최소거리는 40cm 이상 확보, 위팔은 자연스럽게 늘어뜨리고, 팔꿈치의 내각은 90° 이상이 되도록 함

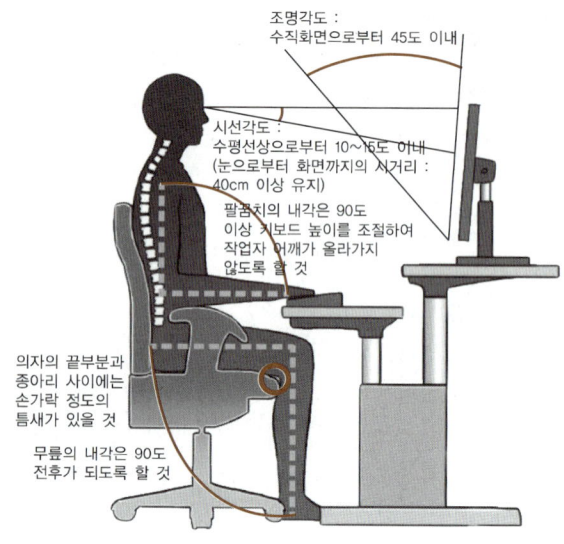

바람직한 컴퓨터 작업자세

④ VDT의 취급
  ㉠ 키보드와 키 윗부분의 표면은 무광택으로 할 것
  ㉡ 빛이 작업 화면에 도달하는 각도는 화면으로부터 45° 이내일 것
  ㉢ 화면을 바라보는 시간이 많은 작업일수록 밝기와 작업대 주변 밝기의 차를 줄이도록 할 것
  ㉣ 작업자의 손목을 지지해 줄 수 있도록 작업대 끝면과 키보드의 사이는 15cm 이상을 확보할 것

⑤ 키보드 & 마우스
  ㉠ 키보드의 경사는 5~15°, 두께는 3cm 이하
  ㉡ 작업대 끝면과 키보드사이의 간격은 15cm 이상
  ㉢ 키보드와 키 윗부분의 표면은 눈이 부시지 않는 무광택으로 할 것

⑥ VDT 증후군 예방 5대 수칙
  ㉠ 허리는 의자 등받이에 지지되도록 하며, 곧게 펴고 바르게 앉음
  ㉡ 모니터는 화면상단과 눈높이가 일치하도록 맞춤
  ㉢ 키보드와 작업대 높이는 팔꿈치 높이 정도로 조절
  ㉣ 키보드와 마우스는 손목이 꺾이지 않고 곧은 자세를 유지할 수 있도록 위치시킴
  ㉤ 1시간 이상 일한 경우 10분씩 휴식을 꼭 취함

핵심예제

5-1. 다음 중 VDT(Visual Display Terminal) 작업 설계지침으로 적절하지 않은 것은? [10년 3회]

① 화면상의 문자와 배경과의 휘도비(Contrast)를 낮춘다.
② 화면과 인접 주변의 광도비는 1 : 10, 화면과 먼 주위 간의 광도비는 1 : 3으로 한다.
③ 좌판의 높이는 대퇴부를 압박하지 않도록 의자 앞부분은 오금보다 높지 않도록 한다.
④ 작업장 주변 환경의 조도는 화면의 바탕 색상이 검정색 계통일 때에는 300~500lux 정도를 유지하도록 한다.

5-2. 다음 중 영상표시단말기(VDT ; Visual Display Terminal) 취급의 작업 관리 지침으로 틀린 것은? [90년 3회]

① 작업장 주변 환경의 조도를 화면의 바탕 색상이 검정색 계통일 때 300~500lux를 유지하도록 하여야 한다.
② 영상표시단말기 작업을 주목적으로 하는 작업실내의 온도를 18~24℃, 습도는 40~70%를 유지하여야 한다.
③ 작업대는 가운데 서랍이 없는 것을 사용하도록 하며, 공간을 확보하도록 하여야 한다.
④ 작업 면에 도달하는 빛의 각도를 화면으로부터 45° 이상이 되도록 조명 및 채광을 제한하여 눈부심이 발생하지 않도록 하여야 한다.

5-3. 다음 중 영상표시단말기(VDT) 취급 근로자의 작업자세로 적절하지 않은 것은? [08년 3회]

① 화면상단보다 눈높이가 낮아야 한다.
② 화면상의 시야범위는 수평선상에서 10~15° 밑에 오도록 한다.
③ 화면과의 거리는 최소 40cm 이상이 확보되어야 한다.
④ 위팔(Upper Arm)은 자연스럽게 늘어뜨리고, 팔꿈치의 내각은 90° 이상이 되어야 한다.

5-4. 다음 중 VDT(Video Display Terminal) 증후군의 발생요인이 아닌 것은? [05년]

① 인간의 과오를 중요하게 생각하지 않은 직장분위기
② 나이, 시력, 경력, 작업수행도 등
③ 책상, 의자, 키보드(Key Board) 등에 의한 작업자세
④ 반복적인 작업, 휴식시간의 문제

| 해설 |

5-1
VDT 작업화면과 인접주변 간에는 1 : 3, 화면과 화면에서 먼 주위 간에는 1 : 10이다.

5-2
빛이 작업 화면에 도달하는 각도는 화면으로부터 45° 이내이어야 한다.

5-3
화면상단과 눈높이가 일치하여야 한다.

5-4
VDT 증후군의 발생요인으로는 컴퓨터, 책상, 의자, 조명, 소음, 온도, 작업시간, 작업강도, 작업자의 신체 조건 등이 있다.

정답 5-1 ② 5-2 ④ 5-3 ① 5-4 ①

제6절 | 작업설계 및 개선

1. 작업방법

핵심이론 01 작업방법 및 작업대

① 작업장 설계 시 고려사항
 ㉠ 여유공간
 ㉡ 접근가능성
 ㉢ 유지/보수 편의성
 ㉣ 조절가능성
 ㉤ 시 야
 ㉥ 요소배열

② 작업방법
 ㉠ 서 있을 때는 등뼈가 S 곡선을 유지
 ㉡ 섬세한 작업 시 Power Grip보다 Pinch Grip을 이용
 ㉢ 적절한 자세는 신체 부위들이 중립적인 위치를 취하는 자세
 ㉣ 부적절한 자세는 강하고 큰 근육들을 이용하여 작업하는 것을 방해함

③ 작업대
 ㉠ 작업점의 높이는 작업정면을 보면서 팔꿈치 각도가 90도를 이루는 자세
 ㉡ 근로자와 작업면의 각도 등을 적절히 조절할 수 있는 구조로 함
 ㉢ 작업대의 작업면은 팔꿈치 높이 또는 약간 아래에 있도록 함
 ㉣ 팔꿈치 이하 부위는 수평이거나 약간 아래로 기울게 함
 ㉤ 정밀한 작업인 경우에는 팔꿈치 높이보다 높게 하고 팔걸이를 제공
 ㉥ 입식작업대
  • 팔꿈치 높이를 기준으로 하되 큰 사람을 기준으로 설계
  • 키가 작은 사람에게는 높이 조절식 발판이나 적당한 높이의 발판을 제공
  • 평균치를 기준으로 할 경우 키가 작은 사람에게만 발판 제공
  • 작업대의 높이는 조절이 가능해야 하고, 다리의 근육피로를 분산시킬 수 있어야 함

ⓐ 좌식작업대
- 높이 조절용 의자를 고려하여 키가 작은 사람 기준으로 설계
- 등받침 사용이 용이하도록 하고 다리 여유공간을 확보, 팔 지지대 및 발 받침대 제공
- 등받이를 이용할 수 있는 여유 공간을 확보
- 발을 편하게 올려놓을 수 있는 각도와 높이를 조절할 수 있는 발받침 이용
- 연약한 팔목 주변의 피부는 반복되는 압박에 약하므로 손목 지지대를 이용하는 것이 바람직
- 작업대에서 자주 하는 작업은 가급적 팔꿈치를 몸에 붙이고 자연스럽게 움직일 수 있는 거리인 정상 작업역(25cm)에 두도록 함
- 가끔 하는 작업은 최대한 팔을 뻗친 거리 최대 작업역(50cm)을 벗어나지 않도록 배치함
- 자주 사용하는 부품상자 및 작업도구는 가깝고 잡기 편리하게 배치함
- 가급적 어깨 위와 몸 뒤쪽으로 뻗치는 동작은 피하는 것이 중요
- 몸은 작업 대상물에 가깝게 유지하도록 노력하고, 대상물을 바로 보고 작업하도록 함
- 작업자세를 편하게 바꿀 수 있게 충분한 공간을 가질 수 있도록 작업장을 조절
- 좌식작업대의 높이는 동작이 큰 작업에는 팔꿈치의 높이보다 약간 낮게 설계

작업대의 높이

구 분	입식작업대	좌식작업대
정밀작업	5~20cm 높게	5~10cm 높게
경작업	0~10cm 낮게	3~5cm 낮게
중작업	10~30cm 낮게	5~10cm 낮게

※ 기준은 팔꿈치 높이다.

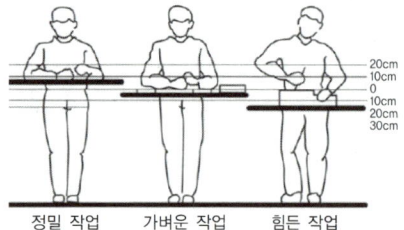

작업종류에 따른 권장 작업높이

입식작업대의 높이 설계

작업구분	조절식(조절범위)	고정식(높이)	
		발판 사용	발판 없음
정밀작업	97.5~125cm	125cm	110cm
경작업	90~118cm	118cm	105cm
중량물작업	75~105cm	105cm	90cm

좌식작업대의 높이 설계

작업구분	조절식(조절범위)	고정식(조절식 의자 사용)
정밀작업	67~85cm	85cm
경작업	57.5~72.5cm	72.5cm
수작업	52.5~70cm	70cm

핵심예제

1-1. 다음 중 작업대의 개선방법으로 옳은 것은? [07년 3회]
① 입식작업대의 높이는 경작업의 경우 팔꿈치의 높이보다 5~10cm 정도 높게 설계한다.
② 입식작업대의 높이는 중작업의 경우 팔꿈치 높이보다 10~20cm 정도 낮게 설계한다.
③ 입식작업대의 높이는 정밀작업의 경우 팔꿈치의 높이보다 5~10cm 정도 낮게 설계한다.
④ 좌식작업대의 높이는 동작이 큰 작업에는 팔꿈치의 높이보다 약간 높게 설계한다.

1-2. 다음 중 작업방법에 관한 설명으로 틀린 것은? [15년 3회]
① 서 있을 때는 등뼈가 S 곡선을 유지하는 것이 좋다.
② 섬세한 작업 시 Power Grip보다 Pinch Grip을 이용한다.
③ 부적절한 자세는 신체 부위들이 중립적인 위치를 취하는 자세이다.
④ 부적절한 자세는 강하고 큰 근육들을 이용하여 작업하는 것을 방해한다.

|해설|

1-1
입식작업대의 높이
- 정밀작업 : 팔꿈치 높이보다 5~20cm 높게
- 경작업 : 팔꿈치 높이보다 0~10cm 낮게
- 중작업 : 팔꿈치 높이보다 10~30cm 낮게

1-2
적절한 자세는 신체 부위들이 중립적인 위치를 취하는 자세이다.

정답 1-1 ② 1-2 ③

핵심이론 02 작업공간

① 작업공간

　㉠ 사람이 작업하는 데 사용하는 공간 : 포락면(Work-space Envelope)이란 사람이 작업하는 데 사용하는 공간

　㉡ 사람이 몸을 앞으로 구부리거나 구부리지 않고 도달할 수 있는 전방의 3차원 공간

　㉢ 수평 작업면 영역에서 팔 뻗치는 동작에 의한 도달영역
- 정상작업역(Normal Area) : 상완을 자연스럽게 몸에 붙인 채로 전완을 움직일 때 도달하는 영역(40cm 이내)
- 최대작업역(Maximum Area) : 어깨에서부터 팔을 뻗쳐 도달하는 최대영역(60cm 이내)

　㉣ 일반적으로 즉각적으로 혹은 빈번하게 취급해야 하는 물건은 정상작업역 안에 위치해야 함

　㉤ 실행하는 작업의 유형에 따라 작업공간 포락면의 경계는 달라짐

　㉥ 단순히 누름단추나 토글스위치를 작동시키는 일이면 손 끝 측정치가 적절

　㉦ 노브를 사용하거나 레버를 잡아야 할 경우에는 엄지 끝 측정치가 적절

　㉧ 손 끝과 엄지 끝 측정치는 5~6cm 정도의 차이가 있음

　㉨ 쥐기(Hand-grasp Action)와 같은 경우에서는 그립센타 측정치를 사용하는데 이때 미치는 거리가 5cm 정도 더 줄어듦

　㉪ 접근가능거리 설계 : 필요한 인체 치수의 5퍼센타일 치수를 이용하는 것이 바람직함

　㉫ 여유공간(Clearance) : 작업장을 사용하는 사람들 중에서 체구가 가장 큰 작업자에게도 적합해야 함(95퍼센타일 값을 이용)

정상작업역과 최대작업역

② 공간배치의 원리

　㉠ 중요도 원리 : 시스템 목적을 달성하는 데 상대적으로 더 중요한 요소들은 사용하기 편리한 지점에 위치

　㉡ 사용빈도의 원리 : 빈번하게 사용되는 요소들은 가장 사용하기 편리한 곳에 배치

　㉢ 사용순서의 원리 : 연속해서 사용하여야 하는 구성요소들은 서로 옆에 놓여야 하고, 조작순서를 반영하여 배열

　㉣ 일관성 원리 : 동일한 구성요소들은 기억이나 찾는 것을 줄이기 위하여 같은 지점에 위치

　㉤ 양립성 원리 : 서로 근접하여 위치, 조종장치와 표시장치들의 관계를 쉽게 알아볼 수 있도록 배열 형태를 반영

　㉥ 기능성 원리 : 비슷한 기능을 갖는 구성요소들끼리 한데 모아서 서로 가까운 곳에 위치시킴, 색상으로 구분

핵심예제

다음 중 작업대 및 작업공간에 관한 설명으로 틀린 것은?

[11년 1회]

① 가능하면 작업자가 작업 중 자세를 필요에 따라 변경할 수 있도록 작업대와 의자 높이를 조절식을 사용한다.
② 가능한 한 낙하식 운반방법을 사용한다.
③ 작업점의 높이는 팔꿈치 높이를 기준으로 설계한다.
④ 정상작업역이란 작업자가 위팔과 아래팔을 곧게 펴서 파악할 수 있는 구역으로 조립작업에 적절한 영역이다.

|해설|

정상작업역(Normal Area)은 상완을 자연스럽게 몸에 붙인 채로 전완을 움직일 때 도달하는 영역을 말한다(40cm 이내).

정답 ④

핵심이론 03 작업공간의 개선원리

① 작업개선에 대한 우선순위
  ㉠ 불편, 증상, 상해의 빈도 및 정도
  ㉡ 위험요소의 확인여부
  ㉢ 작업자들이 개선에 대한 아이디어를 갖고 있는지 여부
  ㉣ 개선안의 적용 용이성
  ㉤ 시간제약
  ㉥ 생산성, 효율성, 품질의 개선 효과
  ㉦ 배치에 따른 기술적, 금전적 자원 정도

② 작업개선을 위한 정보
  ㉠ 사내 인력자원 이용 : 기술자, 유지보수자, 생산자, 관리자
  ㉡ 설계명세서의 원본을 검토 : 설비, 도구, 원재료, 작업, 작업변경
  ㉢ 설비 카탈로그
  ㉣ 설비 공급자에게 문의
  ㉤ 노조와 접촉하여 공동으로 해결
  ㉥ 동종업종의 다른 회사와 접촉
  ㉦ 인간공학자와 접촉
  ㉧ 관련 자료들을 이용

③ 개선안의 평가기준
  ㉠ 위험요소와 원인이 감소, 제거되었는가?
  ㉡ 과거에 인지되지 않았던 위험요소가 첨가되지는 않았는가?
  ㉢ 생산성이나 효율성을 증가 또는 감소시켰는가?
  ㉣ 공학적으로 가능한 방안인가?
  ㉤ 개선에 필요한 요구조건이 수용가능한가?
  ㉥ 같은 효과를 내면서 더 적은 비용이 드는 대안은 없는가?
  ㉦ 작업자들이 받아들일 수 있는 대안인가?
  ㉧ 작업자의 정서에 긍정적으로 작용하는가?
  ㉨ 적합한 시간에 적용 가능한가?
  ㉩ 적용에 필요한 훈련시간은 적당하고 가능한가?

④ 작업개선의 원리
  ㉠ 자연스러운 작업자세를 취함
  ㉡ 과도한 힘을 줄임
  ㉢ 손이 닿기 쉬운 곳에 둠
  ㉣ 적절한 높이에서 작업
  ㉤ 반복동작을 줄임
  ㉥ 피로와 정적부하를 최소화
  ㉦ 신체가 압박받지 않도록 함
  ㉧ 충분한 여유공간을 확보
  ㉨ 적절히 움직이고 운동과 스트레칭을 함
  ㉩ 쾌적한 작업환경을 유지
  ㉪ 표시장치와 조종장치를 이해할 수 있도록 함
  ㉫ 작업조직을 개선

핵심예제

3-1. 다음 중 작업개선에 관한 설명으로 적절하지 않은 것은?
[11년 1회]

① 가능한 고정자세를 취하고 작업한다.
② 신체 부위의 압박을 피한다.
③ 반복 동작을 줄이거나 제거한다.
④ 표시장치와 조종장치를 사용자 중심으로 조정한다.

3-2. 작업 개선의 일반적 원리에 대한 내용으로 옳지 않은 것은?
[21년 3회]

① 충분한 여유 공간
② 단순동작의 반복화
③ 자연스러운 작업 자세
④ 과도한 힘의 사용 감소

|해설|

3-1
자연스러운 작업자세를 취한다.

3-2
작업개선의 원리는 과도한 힘의 사용과 반복동작을 줄이고, 자연스러운 작업자세를 취하는 것으로 단순동작을 반복할 것이 아니라 줄여야 한다.

정답 3-1 ① 3-2 ②

핵심이론 04 작업장 개선

① 공학적 개선(1차적 개선으로 관리적 개선보다 능동적)
  ㉠ 설비나 작업방법, 작업도구 등을 작업자가 편하고 쉽고 안전하게 작업할 수 있도록 개선
  ㉡ 다양한 신체 크기를 수용할 수 있어야 함

중량물을 드는 작업	신체적 압박 개선	작업설비 및 도구의 개선
• 몸에서 멀어질수록 더 큰 하중이 요추에 걸림 • 몸에서 25cm를 벗어나지 않도록 권장	• 날카롭고 단단한 면이나 물체가 신체와 접촉하는 경우 발생 • 작업장 개선을 통해 자세를 변경하는 것은 제한적 • 작업자 스스로가 본인에게 적합한 보조 도구들을 선택할 수 있도록 함 • 낮은 위치에서 작업은 최대한 줄임 • 신체 압박에 의한 충격을 완화시키기 위해 신체 보호대 제공 • 반복적으로 쪼그려 앉는 것을 피하고 가급적이면 시간을 줄일 수 있도록 노력 • 작업자가 자세를 바꿀 수 있도록 하고 잠시 쉬는 시간을 자주 가짐	• 몸쪽에 최대한 가깝게 작업할 수 있도록 회전작업대나 경사작업대를 이용 • 작업도구 – 손잡이 직경을 너무 크거나 작게 하지 말것 – 손바닥 일부분의 압력을 줄이기 위하여 손잡이 길이가 충분히 길어야 함 • 무게가 2kg 이상 되는 작업도구는 공구의 무게를 줄이기 위한 보조 고정장치를 이용하거나 매다는 것이 바람직 • 수공구 손잡이 – 손바닥 전체에 압력이 분포되도록 설계 • 힘을 전달하여야 하는 경우 T형 손잡이로 설계 • 쥐고 작업하기에 너무 작은 작업도구들은 손바닥의 일부분에만 압박을 가하여 효율성이 떨어지므로 손잡이를 크게 만듦 • 두 손가락으로 집는 것은 감싸쥐기보다 5배나 많은 힘을 요구하므로 중량물에는 손으로 감싸쥘 수 있는 손잡이를 마련하는 것이 효율적 • 작업을 쉽고 편하게 할 수 있는 작업설비, 보조도구 사용 • 중량물 취급작업에서는 이동거리를 줄이는 것이 중요

② 관리적 개선(2차적 개선)
  ㉠ 작업자의 훈련
  ㉡ 작업자의 선발
  ㉢ 작업속도 조정
  ㉣ 작업관리부서
    • 작업 위험을 감소시키는 작업방법을 찾아냄
    • 개선된 작업방법을 작업자에게 훈련
    • 작업장과 작업도구, 설비들이 지속적으로 보수, 유지되어야 함
  ㉤ 위험이 잠재되어 있는 작업, 어려운 작업 : 순환근무나 교대근무를 하는 것이 바람직
  ㉥ 작업순환, 작업교대, 작업확대 : 작업에 사용되는 신체 부위와 근육 부위를 다양화함으로써 반복의 정도를 줄여주는 효과
  ㉦ 위험작업에 종사하는 작업자에게는 작업위험을 인지시키고 위험을 줄일 수 있도록 안전보호구 등을 지급하여 착용하도록 함
  ㉧ 초보자, 작업에 복귀한지 얼마 안되는 자 : 작업일정과 속도를 조절하여 점진적으로 늘려가는 것이 중요
  ㉨ 작업시작 시 신체움직임이 원활해지도록 스트레칭 체조들을 시행
  ㉩ 작업시간 중에 잠깐의 휴식이나 피로 회복을 도와주는 보조물을 이용하는 것은 피로 누적 방지에 도움

핵심예제

4-1. 다음 중 유해요인의 공학적 개선사례로 볼 수 없는 것은?
[11년 3회]

① 중량물 작업 개선을 위하여 호이스트를 도입하였다.
② 작업피로감소를 위하여 바닥을 부드러운 재질로 교체하였다.
③ 작업량 조정을 위하여 컨베이어의 속도를 재설정하였다.
④ 로봇을 도입하여 수작업을 자동화하였다.

4-2. 다음 중 위험작업의 공학적 개선에 속하는 것은?
[13년 1회]

① 적절한 작업자의 선발
② 작업자의 교육 및 훈련
③ 작업자의 작업속도 조절
④ 작업자의 신체에 맞는 작업장 개선

|해설|

4-1
작업량 조정을 위하여 컨베이어의 속도를 재설정하는 것은 관리적 개선에 해당한다.

4-2
나머지는 관리적 개선방법이다.

정답 4-1 ③ 4-2 ④

2. 작업설비/도구

핵심이론 01 공구 및 설비의 개선원리

① 수공구를 이용한 작업개선 원리
  ㉠ 손바닥 전체에 골고루 스트레스를 분포시키는 손잡이를 가진 수공구를 선택
  ㉡ 가능하면 손가락으로 잡는 Pinch Grip 보다는 손바닥으로 감싸 안아 잡는 Power Grip을 이용
  ㉢ 공구 손잡이의 홈은 손바닥의 일부분에 많은 스트레스를 야기하므로 손잡이 표면에 홈이 파진 수공구를 피함
  ㉣ 동력공구는 그 무게를 지탱할 수 있도록 매닮
  ㉤ 차단이나 진동패드, 진동장갑 등으로 손에 전달되는 진동효과를 줄임

② 수공구 설계
  ㉠ 손목을 곧게 유지
    • 손목의 수근관(Carpal Tunnel)에는 건, 신경, 동맥, 굴근건 등이 지나감
    • 손목을 굽히면 건이 계속 구부러지게 되어 건활막염이 생길 수 있음
    • 빨래를 비틀어 짜거나, 나사박기, 회전조절장치의 조작 등에서 많이 발생
    • 척골편향을 피해야 함
    • 손목을 굽히는 대신에 손을 굽히도록 하여 CTD 증상을 줄임
  ㉡ 조직 압박의 회피
    • 플라이어를 잡고 사용하는 경우처럼 수공구를 다룰 때 상당한 힘이 손바닥에 가해짐
    • 손잡이가 압력에 민감한 부분에 닿아 신경과 혈관을 압박하면 통증을 유발하고, 혈액의 흐름을 방해함
    • 손잡이의 접촉면적을 크게하여 압박이 손바닥 전체에 분배되도록 함
    • 공구손잡이에 홈이 파인 수공구 사용금지
  ㉢ 손가락 동작의 반복 회피
    • Trigger Finger : 방아쇠를 당기기 위해 식지를 과도하게 사용하는 경우 발생
    • 식지의 빈번한 사용을 피하고 되도록 엄지로 조작하는 제어장치를 사용
    • Finger Strip 제어장치를 장착하여 손가락의 부하를 분담
    • 물체의 모양을 적절하게 바꿈(공구 손잡이가 둥글 때는 최대 악력축이 작아짐)
  ㉣ 안전한 조작
    • 물림, 예리한 모서리, 끝이 없어야 함
    • 물림점에는 방호장치를 설치
    • 예리한 모서리나 끝은 뭉뚝하게 함
    • 동력공구는 제동장치 등을 즉시 조작할 수 있도록 설치
  ㉤ 여성과 왼손잡이
    • 수공구의 설계는 남성을 대상으로 이루어짐
    • 여성의 손길이는 남성보다 2cm 짧고 악력은 2/3 정도
    • 조작자가 잘 쓰는 손(왼손잡이도 고려)을 고려한 공구설계 필요
    • 여성을 고려한 공구설계가 필요
  ㉥ 설계 시 검토사항
    • Hand Tool(수공구)은 인간의 상지에 적합하도록 함
    • 수공구를 서투르게 잡는 경우, 작동압력이 지나친 경우, 손목이 굽혀지는 경우, 무게중심의 불균형, 진동시 문제가 됨
    • 수공구 취급 시 지지압력(Leverage Pressure), 제어압력(Control Pressure)을 고려
    • 정적인 근육수축 발생 시 피로유발
    • 작동 시 힘이 많이 드는 수공구를 피함
    • 손목이 젖혀지지 않도록 함
    • 수공구가 무겁지 않게 설계
    • 손잡이나 제어기기가 뾰족하지 않게 함
    • 장시간 진동 시 백색수지증(White Finger Disease)
  ㉦ 수공구 설계 원칙
    • 손잡이 길이 : 95%의 남성의 손, 폭을 기준(최소 11cm, 장갑을 사용 시 12.5cm)
    • 손바닥 부위에 압박을 주는 형태를 피함(손잡이 단면이 원형이 되어야 함)
    • 손잡이의 직경은 사용용도에 따라서 조정(힘을 요할 때 2.5~4cm, 정밀을 요할 때 0.75~1.5cm)
    • Plier 형태의 손잡이에는 스프링장치 설치
    • 양손잡이를 모두 고려한 설계
    • 손잡이 재질은 미끄러지지 않고, 비전도성, 열과 땀에 강한 소재 선택

- 손목을 꺾지 말고 손잡이를 꺾어야 함
- 가능한 한 수동공구 대신 동력공구 사용
- 동력공구는 한 손가락이 아닌 두 손가락 이상으로 작동
- 최대한 공구의 무게를 줄이고 사용 시 무게의 균형이 유지되도록 설계

핵심예제

1-1. 다음 중 수공구를 이용한 작업의 개선 원리에 관한 설명으로 틀린 것은? [13년 1회]

① 양손잡이를 모두 고려한 수공구를 선택한다.
② 동력공구는 그 무게를 지탱할 수 있도록 매달아서 사용한다.
③ 손바닥 전체에 골고루 부하를 분포시키는 손잡이를 가진 것이 바람직하다.
④ 손가락으로 잡는 Power Grip보다 손바닥으로 감싸 안아 잡는 Pinch Grip을 이용한다.

1-2. 다음 중 자세에 관한 수공구의 개선 사항으로 틀린 것은? [21년 3회]

① 손목을 곧게 펴서 사용하도록 한다.
② 반복적인 손가락 동작을 방지하도록 한다.
③ 지속적인 정적근육 부하를 방지하도록 한다.
④ 정확성이 요구되는 작업은 파워그립을 사용하도록 한다.

|해설|

1-1
손가락으로 잡는 Pinch Grip보다 손바닥으로 감싸 안아 잡는 Power Grip을 이용한다.

1-2
정확성이 요구되는 작업은 핀치그립을 사용한다.

정답 1-1 ④ 1-2 ④

제7절 | 예방관리 프로그램

1. 예방관리 프로그램 구성요소

핵심이론 01 예방관리 프로그램의 목표

① 근골격계질환 예방관리 프로그램의 기본원칙
  ㉠ 인식의 원칙
    - 근골격계질환자가 존재할 수밖에 없다는 현실을 노사 모두가 인정
    - 가장 중요한 것은 최고 경영자의 의지
  ㉡ 노사공동참여의 원칙
    - 노사의 신뢰성 확보가 필요하므로 반드시 공동참여와 공동운영이 중요
    - 직무순환, 휴식시간 등과 같이 관리대책의 상당부분이 노사 협의를 통해 결정되어야 함
  ㉢ 전사지원의 원칙
    - 설비, 인사, 총무 등 다양한 조직의 참여가 필요
    - 사업장에서는 전사적 품질 관리의 차원에서 예방활동 필요
  ㉣ 사업장 내 자율적 해결 원칙
    - 질환의 조기 발견 및 조기 치료를 위하여 사업장 내에 일상적 자율 예방관리 시스템이 있어야 함
    - 자율적 해결을 위해서는 사업장 내 인적 조직이 필요하고 인적 조직에 전문가가 필요
  ㉤ 시스템 접근의 원칙
    - 중독성 질환처럼 작업설비, 특정 물질 등을 관리 대상으로 할 수 없음
    - 발생 원인이 작업의 고유 특성 뿐 아니라 개인적 특성, 기타 사회 심리적인 요인 등 복합적인 특성을 가짐에 따라 시스템적 접근 필요
  ㉥ 지속성 및 사후 평가의 원칙 : 질환의 특성상 예방 사업의 효과가 단시간에 나타나지 않으므로 지속적 관리 및 평가에 따른 보완 과정이 반드시 필요
  ㉦ 문서화의 원칙
    - 일상적 예방관리를 위한 실행 결과의 기록 보존 및 이에 대한 환류 시스템이 있어야만 정확한 평가와 수정 보완이 가능

- 문서화를 통해서만이 일상적 관리가 제대로 수행되고 있는지에 대한 평가가 가능함

② 예방관리 프로그램
㉠ 개요
- 근골격계 부담작업에 종사하는 사업장은 3년마다 유해요인 조사를 정기적으로 실시
- 신규사업장은 1년 이내에 유해요인 조사를 받아야 함
- 근골격계질환자가 발생한 경우
- 근골격계 부담작업에 해당하는 새로운 작업설비를 도입한 경우
- 업무의 양과 작업공정 등 작업환경을 변경한 경우에도 1개월 이내에 유해요인 조사를 시행하도록 규정
- 유해요인 조사결과 근골격계질환의 가능성이 있는 경우에는 작업환경 개선 조치를 취하도록 규정

㉡ 근골격계질환 예방관리 프로그램 작성 시행
- 근골격계질환으로 요양결정을 받은 근로자가 연간 10인 이상 발생한 사업장 또는 5인 이상 발생한 사업장으로서 발생비율이 그 사업장 근로자수의 10% 이상인 경우
- 노동부 장관이 필요하다고 인정하여 명령한 경우

㉢ OSHA의 근골격계질환에 대한 접근방법 2가지
- 사전적 접근(Proactive Approach) : 근골격계질환 문제를 평가하고 관리하기 위한 목적으로 계획된 일련의 내용들을 실천해 나가는 방법
- 사후적 접근(Reactive Approach) : 작업장 내에 문제가 표면화되기 시작하면 이에 대한 정확한 실태를 파악하는 것을 목적으로 근골격계질환의 발생율과 강도율을 파악하는 방법

㉣ NIOSH의 인간공학 프로그램의 구성요소(Element of Ergonomics Program)의 실천방법 7단계
- 1단계 : 문제의 초기접근 – 근골격계질환 문제에 대한 징조 찾기
- 2단계 : 조직구성 등 각 단계별 활동전략 수립
- 3단계 : 교육, 훈련(작업자, 관리자, 노조 및 경영진)
- 4단계 : 건강장해 및 위험요인 평가와 기타 자료 수집
- 5단계 : 작업 개선의 우선 순위 수립 및 시행
- 6단계 : 질환자에 대한 의학적 관리
- 7단계 : 예방적 관리 프로그램 완성

③ 근골격계질환 예방관리 프로그램
㉠ 목적 : 근골격계질환 예방을 위한 유해요인 조사와 개선, 의학적 관리, 교육에 관한 근골격계질환 예방관리 프로그램의 표준을 제시함을 목적으로 함
㉡ 적용대상 : 유해요인 조사결과 근골격계질환이 발생할 우려가 있는 사업장으로서 예방관리 프로그램을 작성하여 시행하는 경우에 적용
㉢ 용어
- 관리감독자 : 사업장 내 단위 부서의 책임자를 말함
- 보건담당자 : 보건관리자가 선임되어 있지 않은 사업장에서 대내외적으로 산업 보건 관계 업무를 맡고 있는 자
- 보건 의료전문가 : 산업 보건 분야의 학식과 경험이 있는 의사, 간호사

㉣ 근골격계질환 예방관리 추진팀
- 사업주는 효율적이고 성공적인 근골격계질환의 예방관리를 추진하기 위하여 사업장 특성에 맞게 근골격계질환 예방관리 추진팀을 구성하되 예산 등에 대한 결정권한이 있는 자가 반드시 참여하도록 함
- 예방관리 추진팀은 사업장의 업종, 규모 등 사업장의 특성에 따라 적정 인력이 참여하도록 구성
- 중소규모 사업장
- 근로자 대표 또는 명예 산업 안전 감독관을 포함하여 그가 위임하는 자 : 관리자, 정비보수담당자, 보건안전담당자, 구매담당자
- 대규모 사업장 : 중소규모 사업장 추진팀원 이외 기술자, 노무 담당자 등의 인력을 추가함
- 대규모 사업장은 부서별로 예방, 관리 추진팀을 구성할 수 있으며, 이 경우 관리자는 해당 부서의 예산 결정권자 또는 부서장으로 할 수 있음
- 산업안전보건 위원회가 구성된 사업장은 예방관리 추진팀의 업무를 산업안전보건위원회에 위임할 수 있음

㉤ 예방관리 프로그램 실행을 위한 노사의 역할
- 사업주의 역할
  - 기본 정책을 수립하여 근로자에게 알려야 함
  - 근골격계질환의 증상, 유해 요인 보고 및 대응 체계를 구축
  - 예방관리 프로그램의 관리운영을 지속적으로 지원
  - 예방관리 추진팀에게 예방관리 프로그램의 운영 의무를 명시

- 예방관리 추진팀에게 예방관리 프로그램을 운영할 수 있도록 사내 자원을 제공
- 근로자에게 예방관리 프로그램의 개발·수행·평가에 참여 기회를 부여함
- 근로자의 역할
  - 작업과 관련된 근골격계질환의 증상 및 질병 발생, 유해 요인을 관리감독자에게 보고
  - 예방, 관리 프로그램의 개발 평가에 적극적으로 참여 준수
  - 근로자는 예방관리 프로그램의 시행에 적극적으로 참여
- 보건관리자의 역할
  - 주기적으로 작업장을 순회하여 근골격계질환을 유발하는 작업공정 및 작업유해 요인을 파악
  - 주기적인 근로자 면담을 통해 근골격계질환 증상 호소자를 조기에 발견
  - 7일 이상 지속되는 증상을 가진 근로자가 있을 경우 지속적인 관찰, 전문의 진단 의뢰 등의 조치 필요
  - 근골격계질환자를 주기적으로 면담하여 가능한 조기에 작업장에 복귀할 수 있도록 도움
  - 예방관리프로그램의 운영을 위한 정책 결정에 참여

④ 근골격계질환 예방관리 교육
  ㉠ 교육내용 : 모든 근로자, 관리감독자를 대상으로 다음 사항에 대한 기본 교육을 실시
   • 근골격계 부담작업에서의 유해요인
   • 작업도구와 장비 등 작업 시설의 올바른 사용방법
   • 근골격계질환의 증상과 징후 식별방법 및 보고방법
   • 근골격계질환 발생 시 대처 요령
   • 기타 근골격계질환 예방에 필요한 사항
  ㉡ 교육방법 및 시기
   • 최초교육은 예방관리 프로그램이 도입된 후 6개월 이내에 실시
   • 매 3년마다 주기적으로 실시
   • 근로자를 채용한 때와 이 프로그램의 적용대상 작업장에 처음으로 배치된 자 중 교육을 받지 아니한 자에 대하여는 작업 배치 전에 교육을 실시
   • 교육시간은 2시간 이상 실시하되 새로운 설비의 도입 및 작업방법에 변화가 있을 때에는 유해요인의 특성 및 건강 장해를 중심으로 1시간 이상의 추가교육을 실시

• 교육은 근골격계질환 전문 교육을 이수한 예방 관리 추진팀의 팀원이 실시하며 필요시 관계 전문가에게 의뢰

⑤ 예방관리 추진팀
  ㉠ 예방관리 추진팀에 참여하는 자는 다음 교육을 받아야 함
   • 근골격계 부담작업에서의 유해요인
   • 근골격계질환의 증상과 징후의 식별방법
   • 근골격계질환의 증상과 징후의 조기 보고의 중요성과 보고 방법
   • 예방관리 프로그램의 수립 및 운영방법
   • 근골격계질환의 유해요인 평가방법
   • 유해요인 제거의 원칙과 감소에 관한 조치
   • 예방관리 프로그램 및 개선 대책의 효과에 대한 평가방법
   • 해당 부서의 유해요인 개선 대책
   • 예방관리 프로그램에서의 역할
   • 기타 근골격계질환 예방관리를 위하여 필요한 사항

사업장의 특성에 맞는 예방·관리추진팀의 구성

중·소규모 사업장	대규모 사업장
• 근로자대표 또는 명예산업안전감독관을 포함하여 그가 위임하는 자 • 관리자(예산결정권자) • 정비·보수담당자 • 보건·안전담당자 • 구매담당자 등	중·소규모 사업장 추진팀원 이외 다음의 인력을 추가함 • 기술자(생산, 설계, 보수기술자) • 노무담당자 등

  ㉡ 교육방법
   • 내용을 습득하여 근로자 교육을 실시할 수 있을 만큼 충분한 시간 동안 실시
   • 전문교육은 전문 기관에서 실시하는 근골격계질환 예방 관련 전문 과정 교육으로 대체 가능
  ㉢ 예방관리 추진팀의 역할
   • 예방관리 프로그램의 수립 및 수정에 관한 사항 결정
   • 예방관리 프로그램의 실행 및 운영에 관한 사항 결정
   • 교육 및 훈련에 관한 사항을 결정하고 실행
   • 유해요인 평가, 개선계획의 수립 및 시행에 관한 사항을 결정하고 실행
   • 근골격계질환자에 대한 사후조치 및 근로자 건강보호에 관한 사항 등을 결정하고 실행

핵심예제

1-1. 다음 중 근골격계질환 예방·관리 프로그램의 실행을 위한 노·사의 역할에서 예방관리 추진팀의 역할과 가장 밀접한 관계가 있는 것은? [12년 1회]

① 기본 정책을 수립하여 근로자에게 알려야 한다.
② 주기적인 근로자 면담 등을 통하여 근골격계질환 증상 호소자를 조기에 발견하는 일을 한다.
③ 예방관리 프로그램의 개발평가에 적극적으로 참여하고 준수한다.
④ 예방관리 프로그램의 수립 및 수정에 관한 사항을 결정한다.

1-2. 대규모 사업장에서 근골격계질환 예방관리 추진팀을 구성함에 있어서 중·소규모 사업장 추진팀원 외에 추가로 참여되어야 할 인력은? [10년 1회]

① 예산결정권자
② 보건담당자
③ 노무담당자
④ 구매담당자

|해설|

1-1
① 사업주의 역할
② 보건관리자의 역할
③ 근로자의 역할

1-2
대규모 사업장은 노무담당자도 참여해야 한다.

정답 1-1 ④ 1-2 ③

핵심이론 02 예방관리 프로그램 구성요소

① 조직구성 : 예방관리 프로그램 추진팀, 역할분장
② 교육훈련 : 교육대상, 시간, 지침
③ 유해요인 조사

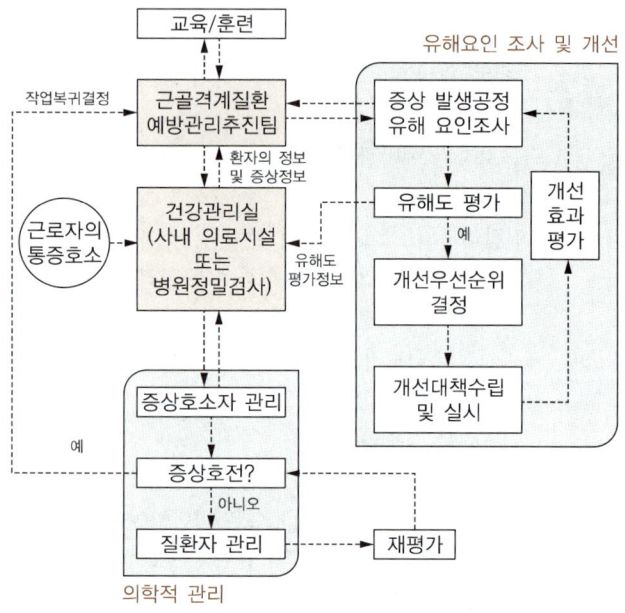

근골격계질환 예방관리 프로그램 흐름도

㉠ 유해요인의 개선방법
- 작업관찰을 통해 유해요인을 확인하고, 그 원인을 분석하여 그 결과에 따라 공학적 개선, 관리적 개선을 실시
- 공학적 개선 : 공구 장비, 작업장, 포장, 부품, 제품
- 관리적 개선 : 작업의 다양성 제공, 작업일정 및 작업속도 조절, 회복시간 제공, 작업습관 변화, 작업공간 및 장비의 주기적인 청소 및 유지보수, 작업자 적정배치, 직장체조 강화

㉡ 개선계획서의 작성과 시행
- 개선 우선순위 등을 고려하여 개선계획서를 작성하고 시행
- 개선계획서를 작성할 때에는 노조, 해당근로자의 의견을 수렴하고 관계 전문가의 자문을 받음
- 작업계획서를 작성하는 경우에는 공정명, 작업명, 문제점, 개선방안, 추진일정, 개선비용, 해당 근로자의 의견 또는 확인 등을 포함

- 수립된 개선 계획서가 일정대로 진행되지 않은 경우에 그 사유, 향후추진방안, 추진일정 등을 해당 근로자에게 알림
- 개선이 완료되었을 경우에 노조 또는 근로자가 참여하는 다음 사항의 평가를 실시하고 문제점이 있을 경우 보완
  - 유해요인 노출특성의 변화
  - 근로자의 증상 및 질환 발생 특성의 변화
  - 근로자의 만족도
- 문제되는 작업 중 개선이 불가능하거나 개선 효과가 없어 유해요인이 계속 존재하는 경우에는 유해요인 노출시간 단축, 작업시간 내 교대근무 실시, 작업 순환 등 작업 조건을 개선할 수 있음
- 개선 계획서의 수립과 평가를 문서화하여 보관

ⓒ 휴식시간
- 2시간 이상 연속작업이 이루어지지 않도록 적정한 휴식시간을 부여
- 1회의 장시간 휴식보다는 가능한 한 조금씩 자주 휴식 제공

ⓔ 신규시설 도입 시 유의사항 : 새로운 설비, 장비, 공구 등을 도입하는 경우에 근로자의 인체 특성과 유해요인 특성 등 인간공학적인 측면을 고려

④ 의학적 관리
ⓐ 절차 : 유해요인 조사 → 유해요인 예방과 관리 → 증상과 징후 → 증상 호소자 관리 → 증상 호전 → 질환자 관리 → 재평가

ⓑ 증상 호소자 관리 : 증상과 징후 호소자의 조기발견 체계 구축
- 조기발견을 위한 보고체계 구축
- 보고를 받은 경우 작업관련여부를 판단하여 보고일로부터 7일 이내에 적절한 조치
- 보고를 접수하고 적절한 조치를 할 수 있는 체계를 구축하고 필요시 관계 전문가를 위촉
- 근로자와의 면담을 통해 근골격계질환이 있는 근로자를 조기에 찾아냄

ⓒ 증상과 징후 보고에 따른 후속조치
- 신속한 조치를 취하고 필요한 경우 의학적 진단과 치료를 받도록 함
- 다음과 같은 신속한 해결방법을 확보하여 해당 업무를 개선
  - 신속하게 근골격계질환의 증상 호소자 관리 방법 확보
  - 해당 업무의 근로자와 애로사항에 대하여 상담하고 유해요인이 있는지 확인
  - 유해요인을 제거하기 위하여 근로자의 조언 청취

ⓓ 증상 호소자 관리의 위임
- 증상 호소자 관리를 위하여 필요한 경우에는 보건 의료 전문가에게 이를 위임 가능
- 위임한 보건 의료 전문가에게 다음의 정보와 기회를 제공
  - 근로자의 업무설명 및 그 업무에 존재하는 유해요인
  - 근로자의 능력에 적합한 업무와 업무제한
  - 사내 근골격계질환의 증상 호소자 관리방법
  - 작업장 순회점검
  - 기타 근골격계질환 관리에 필요한 사업장 내의 정보
- 보건의료 전문가에게 근골격계질환자 관리에 대하여 다음과 같은 내용의 소견서를 제출하도록 함
  - 근골격계질환 유해요인과 관련된 근로자의 역학적 상태에 관한 견해
  - 임시 업무제한 및 사후관리에 대한 권고사항
  - 치료를 요하는 근골격계질환자에 대한 검사 결과 및 의학적 상태를 근로자에게 통보한 내용
  - 근골격계질환을 악화시킬 수 있는 비업무적 활동에 대하여 근로자에게 통보한 내용

ⓔ 업무제한과 보호조치
- 질환 증상 호소자에 대한 조치가 완료될 때까지 그 작업을 제한하거나 근골격계에 부담이 적은 작업으로의 전환
- 증상 호소자는 근골격계 완화를 위한 작업제한, 작업전환을 사유없이 거부해서는 안됨

ⓕ 질환자 관리
- 질환자의 조치 : 판정된 자는 즉시 소견서에 따른 의학적 조치
- 질환자의 업무복귀
  - 질환자의 치료와 회복상태를 파악하여 근로자가 빠른 시일 내에 업무에 복귀하도록 함
  - 복귀 전에 근로자와 면담을 실시하여 업무 적응을 지원
  - 질환 재발방지를 위하여 필요한 경우 업무 복귀 후 일정기간 동안 업무를 제한

- 주기적으로 보건 상담을 실시하여 그 예후를 관찰하고 질환의 재발 방지 조치실시
• 건강증진 활동프로그램
  - 직장체조, 스트레칭 등 건강증진 활동을 제공하여 근골격계질환에 대한 근로자의 적응능력을 강화시킴
  - 스트레칭, 근력강화 등의 프로그램을 운영함으로써 근로자의 적응능력 증대 및 복귀를 지원
  - 사업주가 추진하는 건강증진 활동에 적극 참여

⑤ 예방관리 프로그램의 평가
  ㉠ 매년 해당부서 또는 사업장 전체를 대상으로 다음과 같은 평가지표를 활용하여 예방관리 프로그램 평가를 실시
    • 특정기간동안 보고된 사례 수를 기준으로 한 근골격계질환 증상자의 발생빈도
    • 근로자가 근골격계질환으로 일하지 못한 날을 기준으로 한 근로 손실일수의 비교
    • 작업 개선 전후의 유해요인 노출 특성의 변화
    • 새로운 발생 사례수를 기준으로 한 발생율의 비교
    • 근로자의 만족도 변화
    • 제품 불량율 변화
  ㉡ 예방관리프로그램의 평가결과 문제점이 발견된 경우에는 다음 연도 예방관리 프로그램에서 이를 보완하여 개선

⑥ 문서의 기록과 보존 : 다음의 내용을 기록 보존, 근로자의 신상에 관한 문서를 5년간 보존, 시설설비와 관련된 자료는 시설설비가 작업장 내에 존재하는 동안 보존
  ㉠ 증상보고서
  ㉡ 보건 의료 전문가의 소견서 또는 상담일지
  ㉢ 근골격계질환자 관리 카드
  ㉣ 사업장 예방관리 프로그램 내용

핵심예제

2-1. 다음 중 근골격계질환 예방을 위한 관리적 개선사항에 해당되지 않는 것은? [11년 3회]

① 작업속도 조절
② 작업의 다양성 제공
③ 인양 시 보조기구사용
④ 도구 및 설비의 유지관리

2-2. 다음 중 근골격계질환에 관한 설명으로 틀린 것은? [19년 3회]

① 미세한 근육이나 조직의 손상으로 시작된다.
② 초기에 치료하지 않으면 심각해질 수 있다.
③ 사전조사에 의하여 완전예방이 가능하다.
④ 신체의 기능적 장해를 유발할 수 있다.

2-3. 다음 중 근골격계질환 예방관리 프로그램의 일반적 구성요소로 볼 수 없는 것은? [08년]

① 유해요인 조사
② 작업환경 개선
③ 의학적 관리
④ 집단검진

|해설|

2-1
• 공학적 개선 : 공구 장비, 작업장, 포장, 부품, 제품
• 관리적 개선 : 작업의 다양성 제공, 작업일정 및 작업속도 조절, 회복시간 제공, 작업습관 변화, 작업공간 및 장비의 주기적인 청소 및 유지보수, 작업자 적정배치, 직장체조 강화

2-2
근골격계질환은 사전조사에 의한 완전예방이 불가능하다.

2-3
집단검진은 근골격계질환 예방관리 프로그램의 구성요소가 아니다.

정답 2-1 ③ 2-2 ③ 2-3 ④

2018~2025년 기출문제

PART 2

8개년 기출문제

Win-Q
인간공학기사

끝까지 책임진다! 시대에듀!

QR코드를 통해 도서 출간 이후 발견된 오류나 개정법령, 변경된 시험 정보, 최신기출문제, 도서 업데이트 자료 등이 있는지 확인해 보세요! 시대에듀 합격 스마트 앱을 통해서도 알려 드리고 있으니 구글 플레이나 앱 스토어에서 다운받아 사용하세요. 또한, 파본 도서인 경우에는 구입하신 곳에서 교환해 드립니다.

2018년 제1회 기출문제

01 청각의 특성 중 2개음 사이의 진동수 차이가 얼마 이상이 되면 울림(Beat)이 들리지 않고 각각 다른 두 개의 음으로 들리는가?

① 5Hz
② 11Hz
③ 22Hz
④ 33Hz

해설
33Hz 이하가 되면 같은 음처럼 들린다.

02 작업대 공간의 배치 원리와 가장 거리가 먼 것은?

① 기능성의 원리
② 사용순서의 원리
③ 중요도의 원리
④ 오류 방지의 원리

해설
배치의 원칙
계기판이나 제어장치는 '중요도 → 사용빈도 → 사용순서 → 일관성 → 양립성 → 기능성' 순으로 배치가 이루어져야 함
- 중요도 : 시스템 목표 달성에 중요한 구성요소를 편리한 위치에 두어야 한다.
- 사용빈도 : 자주 사용되는 구성요소를 편리한 위치에 두어야 한다.
- 사용순서 : 구성요소들 간의 관련 순서나 사용 패턴에 따라 배치해야 한다.
- 일관성 : 동일한 구성요소들은 기억이나 찾는 것을 줄이기 위하여 같은 지점에 위치한다.
- 양립성 : 조종장치와 표시장치들의 관계를 쉽게 알아볼 수 있도록 배열 형태를 반영한다.
- 기능성 : 비슷한 기능을 갖는 구성요소들끼리 한데 모아서 서로 가까운 곳에 위치한다.

03 사용자의 기억단계에 대한 설명으로 맞는 것은?

① 잔상은 단기기억(Short-Term Memory)의 일종이다.
② 인간의 단기기억(Short-Term Memory)용량은 유한하다.
③ 장기기억을 작업기억(Working Memory)이라고도 한다.
④ 정보를 수 초 동안 기억하는 것을 장기기억(Long-Term Memory)이라 한다.

해설
① 잔상은 감각기억이다.
③ 단기기억을 작업기억이라고도 한다.
④ 정보를 수 초 동안 기억하는 것은 감각기억이다.

04 시스템의 성능 평가척도의 설명으로 맞는 것은?

① 적절성-평가척도가 시스템의 목표를 잘 반영해야 한다.
② 실제성-기대되는 차이에 적합한 단위로 측정할 수 있어야 한다.
③ 무오염성-비슷한 환경에서 평가를 반복할 경우에 일정한 결과를 나타낸다.
④ 신뢰성-측정하려는 변수 이외의 다른 변수들의 영향을 받지 않아야 한다.

해설
시스템의 평가척도
- 적절성 : 기준이 의도된 목적에 적당하다고 판단되는 정도를 말함
- 무오염성 : 기준 척도는 측정하고자 하는 변수 외의 다른 변수들의 영향을 받아서는 안됨
- 신뢰성 : 평가를 반복할 경우 일정한 결과를 얻을 수 있음
- 실제성 : 현실성을 가지며, 실질적으로 이용하기 쉬움

정답 01 ④ 02 ④ 03 ② 04 ①

05 최소치를 이용한 인체 측정치 원리를 적용해야 할 것은?
① 문의 높이
② 안전대의 하중강도
③ 비상탈출구의 크기
④ 기구조작에 필요한 힘

해설
① 문의 높이 : 최대치로 설계해야 키가 큰 사람이나 작은 사람 모두 이용할 수 있다.
② 안전대의 하중강도 : 최대치로 설계해야 몸무게가 많은 사람이나 적은 사람 모두 이용할 수 있다.
③ 비상탈출구의 크기 : 최대치로 설계해야 몸집이 큰 사람이나 작은 사람 모두 이용할 수 있다.
④ 힘이 없는 사람도 사용가능하도록 최소치로 설계해야 한다.

06 그림은 인간-기계 통합 체계의 인간 또는 기계에 의해서 수행되는 기본 기능의 유형이다. 그림의 A부분에 가장 적합한 내용은?

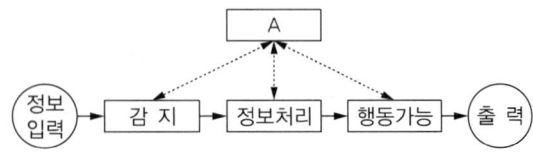

① 통 신
② 정보수용
③ 정보보관
④ 신체제어

해설
A는 장기기억을 보관하는 정보보관이다.

07 동적 표시장치에 해당하는 것은?
① 도 표
② 지 도
③ 속도계
④ 도로표지판

해설
표시장치의 유형
• 정적 표시장치 : 시간에 따라 변하지 않음(간판, 도표, 그래프, 인쇄물, 필기물)
• 동적 표시장치 : 시간에 따라 변함(기압계, 온도계, 레이다, 음파탐지기, 속도계)

08 조종장치에 대한 설명으로 맞는 것은?
① C/R비가 크면 민감한 장치이다.
② C/R비가 작은 경우에는 조종장치의 조종시간이 적게 필요하다.
③ C/R비가 감소함에 따라 이동시간은 감소하고, 조종시간은 증가한다.
④ C/R비가 반응장치의 움직인 거리를 조종장치의 움직인 거리로 나눈 값이다.

해설
① C/R비가 크면 둔감한 장치이다.
② C/R비가 작으면 조종시간이 증가한다.
④ C/R비는 조종장치의 움직인 거리를 반응장치의 움직인 거리로 나눈 값이다.

09 빛이 어떤 물체에 반사되어 나온 양을 지칭하는 용어는?
① 휘도(Brightness)
② 조도(Illumination)
③ 반사율(Reflectance)
④ 광량(Luminous Intensity)

해설
휘 도
• 빛이 어떤 물체에 반사되어 나온 양
• fL(foot-candle)로 표기

10 출입문, 탈출구, 통로의 공간, 줄사다리의 강도 등은 어떤 설계기준을 적용하는 것이 바람직한가?
① 조절식 원칙
② 최소치수의 원칙
③ 평균치수의 원칙
④ 최대치수의 원칙

해설
몸집이 큰 사람이나 작은 사람, 몸무게가 무거운 사람이나 적은 모두 이용가능하도록 최대치수의 원칙을 적용해야 한다.

11 음압수준이 100dB인 1,000Hz 순음의 sone값은 얼마인가?

① 32
② 64
③ 128
④ 256

해설
- 음압수준이 100dB인 1,000Hz 순음은 100phon
- sone $= 2^{(phon - 40)/10} = 64$

12 인간공학과 관련된 용어로 사용되는 것이 아닌 것은?

① Ergonomics
② Just In Time
③ Human Factors
④ User Interface Design

해설
Just In Time은 인간공학 용어가 아니라, 생산방식의 일종인 적시생산(Just in Time)시스템이다.

13 양립성에 관한 설명으로 틀린 것은?

① 직무에 알맞은 자극과 응답방식에 대한 것을 직무 양립성이라고 한다.
② 표시장치와 제어장치의 움직임에 관련된 것을 운동 양립성이라고 한다.
③ 코드와 기호를 인간들의 사고에 일치시키는 것을 개념적 양립성이라고 한다.
④ 제어장치와 표지장치의 물리적 배열이 사용자 기대와 일치하도록 하는 것을 공간적 양립성이라고 한다.

해설
직무 양립성은 없다.

14 반응시간이 가장 빠른 감각은?

① 미 각
② 후 각
③ 시 각
④ 청 각

해설
반응시간이 가장 빠른 감각기관은 청각이다.

15 시스템의 평가척도 유형으로 볼 수 없는 것은?

① 인간 기준(Human Criteria)
② 관리 기준(Management Criteria)
③ 시스템 기준(System-Descriptive Criteria)
④ 작업성능 기준(Task Performance Criteria)

해설
인간공학 연구에 사용되는 3가지 기준
- 인간 기준의 종류
- 시스템 기준
- 작업성능 기준

16 시각장치를 사용하는 경우보다 청각장치가 더 유리한 경우는?

① 전언이 복잡할 때
② 전언이 후에 재참조될 때
③ 전언이 즉각적인 행동을 요구할 때
④ 직무상 수신자가 한 곳에 머무를 때

정답 11 ② 12 ② 13 ① 14 ④ 15 ② 16 ③

해설

시각적 표시장치와 청각적 표시장치의 비교

시각적 표시장치	청각적 표시장치
• 메시지가 길고 복잡한 경우 • 메시지가 공간적 위치를 다룰 경우 • 메시지를 나중에 참고할 필요가 있는 경우 • 소음이 과도한 경우 • 작업자의 이동이 적은 경우 • 즉각적인 행동 불필요한 경우 • 수신장소가 너무 시끄러운 경우 • 수신자의 청각계통이 과부하 상태인 경우	• 메시지가 짧고 단순한 경우 • 메시지가 시간상의 사건을 다루는 경우(무선거리신호, 항로정보 등과 같이 연속적으로 변하는 정보를 제시할 때) • 메시지가 일시적으로 나중에 참고할 필요가 없는 경우 • 수신장소가 너무 밝거나 암조응 유지가 필요한 경우 • 수신자가 자주 움직이는 경우 • 즉각적인 행동이 필요한 경우 • 수신자의 시각계통이 과부하 상태인 경우

17 표시장치를 사용할 때 자극 전체를 직접 나타내거나 재생시키는 대신, 정보나 자극을 암호화하는 경우가 흔하다. 이와 같이 정보를 암호화하는 데 있어서 지켜야 할 일반적 지침으로 볼 수 없는 것은?

① 암호의 민감성
② 암호의 양립성
③ 암호의 변별성
④ 암호의 검출성

해설
민감성은 암호체계의 지침이 아니다.

18 암순응에 대한 설명으로 맞는 것은?

① 암순응 때에 원추세포는 감수성을 갖게 된다.
② 어두운 곳에서는 주로 간상세포에 의해 보게 된다.
③ 어두운 곳에서 밝은 곳으로 들어갈 때 발생한다.
④ 완전 암순응에는 일반적으로 5~10분 정도 소요된다.

해설
① 암순응 때에 간상세포가 감수성을 갖는다.
③ 밝은 곳에서 어두운 곳으로 들어갈 때 발생한다.
④ 완전 암순응에는 30~35분이 걸린다.

19 신호 검출이론에 의하면 시그널(Signal)에 대한 인간의 판정결과는 4가지로 구분되는데 이 중 시그널을 노이즈(Noise)로 판단한 결과를 지칭하는 용어는 무엇인가?

① 긍정(Hit)
② 누락(Miss)
③ 허위(False Alarm)
④ 부정(Correct Rejection)

해설

판 정	신호(Signal)	소음(Noise)
신호발생 (S)	Hit : P(S/S)	1종 오류(False Alarm) : P(S/N)
신호없음 (N)	2종 오류(Miss) : P(N/S)	Correct Rejection : P(N/N)

• 허위경보(False Alarm) : 소음을 신호로 판단(1종 오류)
• 정확한 판정(Hit) : 신호를 신호라고 판단
• 신호검출실패(Miss) : 신호를 소음으로 판단(2종 오류)
• 소음을 제대로 판정(CR) : 소음을 소음으로 판단

20 발생확률이 0.1과 0.9로 다른 2개의 이벤트의 정보량은 발생확률이 0.5로 같은 2개의 이벤트의 정보량에 비해 어느 정도 감소되는가?

① 51%
② 52%
③ 53%
④ 54%

해설

중복률(Redundancy)
• 대안의 발생확률이 같지 않기 때문에 정보량의 최대치로부터 정보량이 감소하는 비율
• 중복률 = (1 − 평균 정보량/최대 정보량) × 100%
 = (1 − Ha/Hmax) × 100%
• $Ha = \Sigma\ p_i \times \log_2(1/p_i) = -\Sigma\ p_i \times \log_2 p_i$
 $= 0.1 \times \log_2(1/0.1) + 0.9 \times \log_2(1/0.9) = 0.47$
• $Hmax = H = \log_2 2 = 1$
∴ (1 − Ha/Hmax) × 100% = (1 − 0.47)/1 × 100% = 53%

17 ① 18 ② 19 ② 20 ③

21 주파수가 가청영역 이하인 소음을 무엇이라고 하는가?

① 충격 소음　　② 초음파 소음
③ 간헐 소음　　④ 초저주파 소음

해설
- 가청주파수 : 20~20,000Hz
- 저주파 : 20Hz~70KHz
- 초저주파 : 20Hz 이하

22 한랭대책에 해당되지 않는 사항은?

① 과음을 피할 것
② 식염을 많이 섭취할 것
③ 더운 물과 더운 음식을 섭취할 것
④ 얼음 위에서 오랫동안 작업하지 말 것

해설
식염섭취는 한랭대책이 아니라 고열대책이다.

23 최대산소소비능력(Maximum, Aerobic Power, MAP)에 대한 설명으로 틀린 것은?

① 근육과 혈액 중에 축적되는 젖산의 양이 감소
② 이 수준에서는 주로 혐기성 에너지 대사가 발생
③ 20세 전후로 최고가 되었다가 나이가 들수록 점차로 줄어듦
④ 산소섭취량이 일정수준에 도달하면 더 이상 증가하지 않는 수준

해설
최대산소소비능력은 운동이 최대치에 도달했을 때 분당 소비되는 산소의 최대량을 말한다. 운동이 최대치도 도달하면 산소의 부족으로 글루코오스가 분해되어 혈액 중에 젖산이 축적된다.

24 정적 작업과 국소 근육피로에 대한 설명으로 적절하지 않은 것은?

① 근육이 발휘할 수 있는 힘의 최대치를 MVC라 한다.
② 국소 근육피로를 측정하기 위하여 산소소비량이 측정된다.
③ 국소 근육피로는 정적인 근육수축을 요구하는 직무들에서 자주 관찰된다.
④ MVC의 10퍼센트 미만인 경우에만 정적 수축이 거의 무한하게 유지될 수 있다.

해설
산소소비량 측정은 동적 작업와 전신 피로측정에 사용된다.

25 장기간 침상생활을 하던 환자의 뼈가 정상인의 뼈보다 쉽게 골절이 일어나는 이유는 뼈의 어떤 기능에 의해 설명되는가?

① 재형성 기능　　② 조혈기능
③ 지렛대 기능　　④ 지지 기능

해설
장기간 침상생활을 하면 뼈를 재형성(Remodeling)하는 조골세포가 뼈 안에 갇혀 골세포로 변하기 때문이다.

26 연축(Twitch)이 일어나는 일련의 과정이 맞는 것은?

① 근섬유의 자극 → 활동전압 → 흥분수축연결 → 근원섬유의 수축
② 활동전압 → 근섬유의 자극 → 흥분수축연결 → 근원섬유의 수축
③ 흥분수축연결 → 활동전압 → 근섬유의 자극 → 근원섬유의 수축
④ 근원섬유의 수축 → 근섬유의 자극 → 활동전압 → 흥분수축연결

정답 21 ④　22 ②　23 ①　24 ②　25 ①　26 ①

해설

연축(Twitch)
- 근육 운동에 있어 장력이 활발하게 생기는 동안 근육이 가시적으로 단축되는 것
- 단일자극에 의해 발생하는 1회의 수축과 이완과정으로 근육수축의 가장 간단한 형태
- 연축과정 : 근섬유의 자극 → 활동전압 → 흥분수축연결 → 근원섬유의 수축

27 허리부위의 요추는 몇 개의 뼈로 구성되어 있는가?

① 4개
② 5개
③ 6개
④ 7개

해설
요추는 허리뼈로 5개로 구성된다.

28 근력에 관한 설명으로 틀린 것은?

① 근력이란 수의적인 노력으로 근육이 등장성으로 낼 수 있는 힘의 최대치이다.
② 정적 근력의 측정은 피검자가 고정적 물체에 대하여 최대 힘을 내도록 하여 측정한다.
③ 동적 근력은 가속과 관절 각도변화가 힘의 발휘에 영향을 미치므로 측정에 어려움이 있다.
④ 근력의 측정은 자세, 관절각도, 동기 등의 인자가 영향을 미치므로 반복 측정이 필요하다.

해설
근력(Strength)
한 번의 수의적인 노력에 의하여 근육이 등척성(Isometric)으로 낼 수 있는 힘의 최댓값

29 힘에 대한 설명으로 틀린 것은?

① 능동적 힘은 근수축에 의하여 생성된다.
② 힘은 근골격계를 움직이거나 안정시키는 데 작용한다.
③ 수동적 힘은 관절 주변의 결합조직에 의하여 생성된다.
④ 능동적 힘과 수동적 힘은 근절의 안정길이에서 발생한다.

해설
안정길이(Resting Length)
- 근섬유를 외력의 작용이 없는 상태에서 측정했을 때의 길이
- 안정길이에서는 장력이 발생하지 않으며 장력도 측정되지 않음
- 능동적 힘은 안정길이보다 짧아진 상태에서 발생
- 수동적 힘은 안정길이보다 길어진 상태에서 발생

30 전신진동의 영향에 대한 설명으로 틀린 것은?

① 1~25Hz에서 시성능이 가장 저하된다.
② 5Hz 이하의 낮은 진동수에서 운동성능이 가장 저하된다.
③ 머리와 어깨 부위의 공명주파수는 20~30Hz이다.
④ 등이나 허리뼈에 가장 위험한 주파수는 60~90Hz이다.

해설
진동수 60~90Hz에서는 안구가 공명한다.

31 자율신경계의 교감, 부교감 신경에 대한 설명 중 틀린 것은?

① 교감 신경은 동공을 축소시키고, 부교감 신경은 동공을 확대시킨다.
② 교감 신경은 동공을 확대시키고, 부교감 신경은 동공을 축소시킨다.
③ 교감 신경은 심장 박동을 촉진시키고, 부교감 신경을 심장 박동을 억제시킨다.
④ 교감 신경은 소화 운동을 억제시키고, 부교감 신경은 소화 운동을 촉진시킨다.

해설
- 교감신경계(Sympathetic Nervous System) : 작업 시 활성화(동공확대, 심장박동 촉진)
- 부교감신경계(Parasympathetic Nervous System) : 휴식 시 활성화(소화운동 촉진)

27 ② 28 ① 29 ④ 30 ④ 31 ①

32 남성 작업자의 육체작업에 대한 에너지를 평가한 결과 산소소모량이 1.5L/min이 나왔다. 작업자의 4시간에 대한 휴식시간은 약 몇 분 정도인가? (단, Murrell의 공식을 이용한다)

① 75분
② 100분
③ 125분
④ 150분

해설
- 에너지소비량 = 5kcal/min × 1.5L/min = 7.5kcal/min
- 휴식시간(R) = T × (E − 5)/(E − 1.5)
  = 총작업시간 × (작업중E소비량 − 표준E소비량)/(작업중E소비량 − 휴식중E소비량)
  = 4 × (7.5 − 5)/(7.5 − 1.5) = 1.6h = 100min

33 근육이 수축할 때 생성 및 소모되는 물질(에너지원)이 아닌 것은?

① 글리코겐(Glycogen)
② CP(Creatine Phosphate)
③ 글리콜리시스(Glycolysis)
④ ATP(Adenosine Triphosphate)

해설
근육수축 시 에너지원 : 글리코겐(Glycogen), 크레아틴산(CP), 아데노신 삼인산(ATP)

34 인간이 휴식을 취하고 있을 때 혈액이 가장 많이 분포하는 신체부위는?

① 뇌
② 심장근육
③ 근 육
④ 소화기관

해설
혈류분포
- 휴식 시 : 소화기관의 혈류량이 가장 많음
- 운동 시 : 골격근의 혈류량이 가장 많음

35 일반적으로 소음계는 주파수에 따른 사람의 느낌을 감안하여 A, B, C 세 가지 특성에서 음압을 측정할 수 있도록 보정되어 있다. A특성치란 몇 phon의 등음량곡선과 비슷하게 주파수에 따른 반응을 보정하여 측정한 음압수준을 말하는가?

① 20
② 40
③ 70
④ 100

해설
- A특성치 : 40phon
- B특성치 : 70phon
- C특성치 : 100phon

36 공기정화시설을 갖춘 사무실에서의 환기기준으로 맞는 것은?

① 환기횟수는 시간당 2회 이상으로 한다.
② 환기횟수는 시간당 3회 이상으로 한다.
③ 환기횟수는 시간당 4회 이상으로 한다.
④ 환기횟수는 시간당 6회 이상으로 한다.

해설
공기정화시설을 갖춘 사무실의 환기기준
근로자 1인당 필요한 최소 외기량은 분당 $0.57m^3$ 이상이며, 환기횟수 4회/h 이상(고용노동부고시 제2020-45호)

37 실내표면에서 추천반사율이 낮은 것부터 높은 순서대로 나열한 것은?

① 벽 < 가구 < 천장 < 바닥
② 천장 < 벽 < 가구 < 바닥
③ 가구 < 바닥 < 벽 < 천장
④ 바닥 < 가구 < 벽 < 천장

해설
추천반사율이 높은 순서 : 천장 > 벽 > 가구 > 바닥

정답 32 ② 33 ③ 34 ④ 35 ② 36 ③ 37 ④

38 일반적인 성인 남성 작업자의 산소소비량이 2.5L/min일 때, 에너지소비량은 약 얼마인가?

① 7.5kcal/min
② 10.0kcal/min
③ 12.5kcal/min
④ 15.0kcal/min

해설
산소1L 당 5kcal를 소비하므로, 소모에너지 = 2.5L/min × 5kcal/ℓ = 12.5kcal/min

39 빛의 측정치를 나타내는 단위의 관계가 틀린 것은?

① 1fc = 10lux
② 반사율 = 휘도/조도
③ 1candela = 10lumen
④ 조도 = 광도/단위면적(m^2)

해설
칸델라는 광도의 단위이고 루멘은 광선속의 단위로 같지 않다.

40 신체의 작업부하에 대하여 작업자들이 주관적으로 지각한 신체적 노력의 정도를 6~20의 값으로 평가한 척도는 무엇인가?

① 부정맥지수
② 점멸융합주파수(VFF)
③ 운동자각도(Borg-RPE)
④ 최대산소소비능력(Maximum Aerobic Power)

해설
운동자각도(Borg-RPE) : 작업자들이 주관적으로 지각한 신체적 노력의 정도를 6~20 사이의 척도로 평가

41 제조물 책임법상 제조업자가 제조물에 대하여 제조·가공상의 주의의무를 이행하였는지에 관계없이 제조물이 원래 의도한 설계와 다르게 제조·가공됨으로써 안전하지 못하게 된 경우에 해당되는 결함은?

① 제조상의 결함
② 설계상의 결함
③ 표시상의 결함
④ 기타 유형의 결함

해설
제조상의 결함
제조과정의 부주의로 인해 제품의 설계사양이나 제조방법에 따르지 않고 제품이 제조되어 안전성이 결여된 경우

42 사고의 유형, 기인물 등 분류항목을 큰 순서대로 분류하여 사고방지를 위해 사용하는 통계적 원인분석 도구는?

① 관리도(Control Chart)
② 크로스도(Cross Diagram)
③ 파레토도(Pareto Diagram)
④ 특성요인도(Cause and Effect Diagram)

해설
파레토도
• 관리대상이 많은 경우 최소의 노력으로 최대의 효과를 얻을 수 있는 방법
• 분류항목을 큰 값에서 작은 값은 값의 순서로 도표화

43 리더십 이론 중 관리격자이론에서 인간에 대한 관심이 낮은 유형은?

① 타협형
② 인기형
③ 이상형
④ 무관심형

해설
블레이크와 머튼(Blake & Mouton)의 관리그리드 이론
• 무관심형(1, 1) : 인간과 과업 모두에 매우 낮은 관심, 자유방임, 포기형
• 인기형(1, 9) : 인간에 대한 관심은 높은데 과업에 대한 관심은 낮은 유형
• 과업형(9, 1) : 과업에 대한 관심은 높은데 인간에 대한 관심은 낮음, 과업상의 능력우선
• 중간형(5, 5) : 과업과 인간관계 모두 적당한 정도의 관심, 과업과 인간관계를 절충
• 팀형(9, 9) : 인간과 과업 모두에 매우 높은 관심, 리더는 상호의존관계 및 공동목표를 강조

44 알더퍼(P.Alderfer)의 ERG 이론에서 3단계로 나눈 욕구 유형에 속하지 않은 것은?
① 성취욕구
② 성장욕구
③ 존재욕구
④ 관계욕구

해설
알더퍼의 ERG
- 생존(존재)이론(Existence) : 유기체의 생존과 유지에 관한 욕구
- 관계이론(Relatedness) : 대인욕구
- 성장이론(Growth) : 개인발전과 증진에 관한 욕구

45 레빈(Lewin)의 인간행동에 관한 공식은?
① B = f(P・E)
② B = f(P・B)
③ B = E(P・f)
④ B = f(B・E)

해설
레빈의 법칙
- B = f(P・E), B : 행동(Behavior), P : 개성(Personality), E : 환경(Environment)
- 인간의 행동은 개성과 환경의 함수

46 Max Weber가 제시한 관료주의 조직을 움직이는 4가지 기본원칙으로 틀린 것은?
① 구 조
② 노동의 분업
③ 권한의 통제
④ 통제의 범위

해설
관료주의 4원칙
- 노동의 분업 : 작업의 단순화, 전문화
- 권한의 위임 : 관리자를 소단위로 분산
- 통제의 범위 : 관리자를 통제할 수 있는 직업자의 수
- 구조 : 조직의 높이와 폭

47 집단역학에 있어 구성원 상호 간의 선호도를 기초로 집단 내부에서 발생하는 상호관계를 분석하는 기법을 무엇이라 하는가?
① 갈등 관리
② 소시오메트리
③ 시너지 효과
④ 집단의 응집력

해설
소시오메트리(Sociometry) : 구성원 상호 간의 신뢰도를 기초로 집단 내부의 동태적 상호관계를 분석하는 기법

48 인간의 불안전행동을 예방하기 위해 Harvey에 의해 제안된 안전대책의 3E에 해당하지 않는 것은?
① Education
② Enforcement
③ Engineering
④ Environment

해설
하비(Harvey)의 3E(산업재해를 위한 안전대책)
- Education(안전교육)
- Engineering(안전기술)
- Enforcement(안전독려)

49 재해 발생에 관한 하인리히(H.W. Heinrich)의 도미노 이론에서 제시된 5가지 요인에 해당하지 않는 것은?
① 제어의 부족
② 개인적 결함
③ 불안전한 행동 및 상태
④ 유전 및 사회 환경적 요인

해설
제어의 부족은 버드의 주장이다.

정답 44 ① 45 ① 46 ③ 47 ② 48 ④ 49 ①

50 휴먼 에러로 이어지는 배경원인이 아닌 것은?
① 인간(Man) ② 매체(Media)
③ 관리(Management) ④ 재료(Material)

해설
4M : Man, Machine, Media, Management

51 선택반응시간(Hick의 법칙)과 동작시간(Fitts의 법칙)의 공식에 대한 설명으로 맞는 것은?

- 선택반응시간 = $a + b\log_2 N$
- 동작시간 = $a + b\log_2\left(\dfrac{2A}{W}\right)$

① N은 자극과 반응의 수, A는 목표물의 너비, W는 움직인 거리를 나타낸다.
② N은 감각기관의 수, A는 목표물의 너비, W는 움직인 거리를 나타낸다.
③ N은 자극과 반응의 수, A는 움직인 거리, W는 목표물의 너비를 나타낸다.
④ N은 감각기관의 수, A는 움직인 거리, W는 목표물의 너비를 나타낸다.

해설
- 선택반응시간 : 힉의 법칙(Hick's Law)
  RT(Response Time) = a + blog₂N (N : 발생가능한 자극의 수)
- 동작시간 : 피츠의 법칙(Fitts's Law)
  MT(Movement Time) = a + blog₂(2A/W) (A : 목표물까지의 거리, W : 목표물의 폭)

52 연 평균 근로자수가 2,000명인 회사에서 1년에 중상해 1명과 경상해 1명이 발생하였다. 연천인율은 얼마인가?
① 0.5 ② 1
③ 2 ④ 4

해설
연천인율(1,000명을 기준으로 한 재해발생건수) = 재해건수 × 1,000/근로자수 = 2 × 1,000/2,000 = 1

53 작업수행에 의해 발생하는 피로를 방지, 경감시키고 효율적으로 회복시키는 방법으로 틀린 것은?
① 동일한 작업을 될 수 있는 한 적은 에너지로 수행할 수 있도록 한다.
② 정적 근작업을 하도록 하여 작업자의 에너지소비를 될 수 있는 한 줄인다.
③ 작업속도나 작업의 정확도가 작업자에게 너무 과중하게 되지 않도록 한다.
④ 작업방법을 개선하여 무리한 자세로 작업이 진행되지 않도록 하고 특히 정적 근작업을 배제한다.

해설
동적인 작업을 늘리고 정적인 작업을 줄여야 한다.

54 리더십의 유형에 따라 나타나는 특징에 대한 설명으로 틀린 것은?
① 권위주의적 리더십 – 리더에 의해 모든 정책이 결정된다.
② 권위주의적 리더십 – 각 구성원의 업적을 평가할 때 주관적이기 쉽다.
③ 민주적 리더십 – 모든 정책은 리더에 의해 지원을 받는 집단토론식으로 결정된다.
④ 민주적 리더십 – 리더는 보통 과업과 그 과업을 함께 수행할 구성원을 지정해 준다.

해설
④ 권위적(독재형) 리더십에 대한 설명이다.

55 인간오류확률 추정 기법 중 초기 사건을 이원적(Binary) 의사결정(성공 또는 실패) 가지들로 모형화하고, 이 이후의 사건들의 확률은 모두 선행 사건에 대한 조건부 확률을 부여하여 이원적 의사결정 가지들로 분지해 나가는 방법은?

① 결함나무분석(Fault Tree Analysis)
② 조작자행동나무(Operator Action Tree)
③ 인간 오류 시뮬레이터(Human Acyion Tree)
④ 인간실수율 예측기법(Technique for Human Error Rate Prediction)

[해설]
THERP(Technique for Human Error Rate Prediction) : 휴먼 에러율 예측기법
- 1963년 Swain을 대표로 하는 미국 샌디아 국립연구소 연구팀에 의하여 개발된 정량적 분석기법
- 직무를 작업단위로 분해하여 휴먼 에러신뢰도 수목을 구성
- 확률론적 안전기법으로 인간의 과오율 추정법은 5개의 단계로 되어 있음
- 100만 운전시간당 과오도수를 기본 과오율로 하여 평가

57 인간신뢰도에 대한 설명으로 맞는 것은?

① 반복되는 이산적 직무에서 인간실수확률은 단위시간당 실패수로 표현한다.
② 인간신뢰도는 인간의 성능이 특정한 기간 동안 실수를 범하지 않을 확률로 정의된다.
③ THERP는 완전 독립에서 완전 정(正)종속까지의 비연속을 종속정도에 따라 3수준으로 분류하여 직무의 종속성을 고려한다.
④ 연속적 직무에서 인간의 실수율이 불변(Stationary)이고, 실수과정이 과거와 무관(Independent)하다면 실수과정은 베르누이 과정으로 묘사된다.

[해설]
HRA(Human Reliability Analysis) : 인간신뢰도 분석
- 기계신뢰도 : 어떤 부품, 기계, 설비 등이 일정한 시간 동안 고장나지 않고 작동할 확률
- 인간신뢰도 : 인간의 성능이 특정한 기간 동안 실수를 범하지 않을 확률
- 인간-기계시스템에서 기계신뢰도와 함께 전체 시스템의 신뢰도를 추정하기 위해 사용
- 휴먼 에러 확률(HEP ; Human Error Probability) : 인간신뢰도를 표현하는 기본단위
- HEP : 주어진 작업을 수행하는 동안 발생하는 오류의 확률
- HEP = 오류의 수/전체 오류발생 기회의 수
- 직무를 성공적으로 수행할 확률 = 1 − HEP

56 오류를 범할 수 없도록 사물을 설계하는 기법은?

① Fail-Safe 설계 ② Interlock 설계
③ Exclusion 설계 ④ Prevention 설계

[해설]
휴먼 에러의 3가지 설계기법
- 배타설계(Exclusion Design) : 휴먼 에러의 가능성을 근원적으로 제거
- 예방(보호)설계(Preventive Design) : Fool-proof 설계
- 안전설계(Fail-safe Design)

58 인간이 장시간 주의를 집중하지 못하는 것은 주의의 어떤 특성 때문인가?

① 선택성 ② 방향성
③ 변동성 ④ 배칭성

[해설]
주의 특징
- 선택성 : 주의는 동시에 2개의 방향에 집중할 수 없음
- 방향성 : 한 지점에 집중하면 다른 곳에서는 약해짐
- 변동성 : 주의는 장시간 지속할 수 없음, 리듬이 존재

정답 55 ④ 56 ③ 57 ② 58 ③

59 미국의 산업안전보건연구원(NIOSH)에서 직무스트레스 요인에 해당하지 않는 것은?

① 성능요인
② 환경요인
③ 작업요인
④ 조직요인

해설
직무스트레스 요인 : 작업요인, 조직요인, 환경요인

60 스트레스에 관한 설명으로 틀린 것은?

① 위협적인 환경특성에 대한 개인의 반응이라고 볼 수 있다.
② 스트레스 수준은 작업성과와 정비례의 관계에 있다.
③ 적정수준의 스트레스는 작업성과에 긍정적으로 작용할 수 있다.
④ 지나친 스트레스를 지속적으로 받으면 인체는 자기조절능력을 상실할 수 있다.

해설
스트레스 수준은 작업성과와 정비례하지 않는다.

61 파레토 차트에 관한 설명으로 틀린 것은?

① 재고관리에서는 ABC곡선으로 부르기도 한다.
② 20% 정도에 해당하는 중요한 항목을 찾아내는 것이 목적이다.
③ 불량이나 사고의 원인이 되는 중요한 항목을 찾아 관리하기 위함이다.
④ 작성 방법은 빈도수가 낮은 항목부터 큰 항목 순으로 차례대로 나열하고, 항목별 점유비율과 누적비율을 구한다.

해설
파레토 차트(Pareto Chart)
- 문제의 인자를 파악하고 그것들이 차지하는 비율을 누적분포의 형태로 표현
- 가로축에 항목, 세로축에 항목별 점유비율과 누적비율로 막대-꺾은선 혼합 그래프를 사용
- 빈도수가 큰 항목부터 차례대로 항목들을 나열한 후에 항목별 점유비율과 누적비율을 구함
- 재고관리에서 ABC곡선으로 부르기도 하며 20% 정도의 해당하는 불량이나 사고원인이 되는 중요한 항목을 찾아내는 것이 목적임

62 유해요인조사도구 중 JSI(Job Strain Index)의 평가 항목에 해당하지 않는 것은?

① 손/손목의 자세
② 1일 작업의 생산량
③ 힘을 발휘하는 강도
④ 힘을 발휘하는 지속시간

해설
1일 작업의 생산량이 아니라 1일 작업의 지속시간으로 평가한다.

63 근골격계질환 예방을 위한 바람직한 관리적 개선 방안으로 볼 수 없는 것은?

① 규칙적이고 적절한 휴식을 통하여 피로의 누적을 예방한다.
② 작업 확대를 통하여 한 작업자가 할 수 있는 일의 다양성을 넓힌다.
③ 전문적인 스트레칭과 체조 등을 교육하고 작업 중 수시로 실시하도록 유도한다.
④ 중량물 운반 등 특정 작업에 적합한 작업자를 선별하여 상대적 위험도를 경감시킨다.

해설
관리적 개선 : 작업의 다양성 제공, 작업일정 및 작업속도 조절, 회복시간 제공, 작업습관 변화, 작업공간 공간 및 장비의 주기적인 청소 및 유지보수, 작업자 적정배치, 직장체조 강화

64 적절한 입식작업대 높이에 대한 설명으로 맞는 것은?

① 일반적으로 어깨 높이를 기준으로 한다.
② 작업자의 체격에 따라 작업대의 높이가 조정 가능하도록 하는 것이 좋다.
③ 미세부품 조립과 같은 섬세한 작업일수록 작업대의 높이는 낮아야 한다.
④ 일반적인 조립라인이나 기계 작업 시에는 팔꿈치 높이보다 5~10cm 높아야 한다.

해설
① 팔꿈치 높이를 기준으로 한다.
③ 섬세한 작업일수록 높아야 한다.
④ 팔꿈치 높이보다 높아야 하는 작업은 정밀작업뿐이다.

65 손동작(Manual Operation)을 목적에 따라 효율적과 비효율적인 기본 동작으로 구분한 것은?

① Task
② Motion
③ Process
④ Therblig

해설
서블릭에 대한 설명이다.

66 SEARCH 원칙에 대한 내용으로 틀린 것은?

① Composition – 구성
② How Often – 얼마나 자주
③ After Sequence – 순서의 변경
④ Simplify Operation – 작업의 단순화

해설
Composition(구성)이 아니라 Combine Operations(작업의 결합)이다.

67 동작경계의 원칙 3가지 범주에 들어가지 않은 것은?

① 작업개선의 원칙
② 신체의 사용에 관한 원칙
③ 작업장의 배치에 관한 원칙
④ 공구 및 설비의 디자인에 관한 원칙

해설
동작경제의 3원칙
• 신체사용에 관한 원칙(9가지)
• 작업장 배치에 관한 원칙(8가지)
• 공구 및 설비 디자인에 관한 원칙(5가지)

68 작업관리에 관한 설명으로 틀린 것은?

① Gilbreth 부부는 적은 노력으로 최대의 성과를 짧은 시간에 이룰 수 있는 작업방법을 연구한 동작연구(Motion Study)의 창시자로 알려져 있다.
② Taylor(Frederick W. Taylor)는 벽돌쌓기 작업을 대상으로 작업방법과 작업도구를 개선하였으며 이를 발전시켜 과학적 관리법을 주장하였다.
③ 작업관리는 생산성 향상을 목적으로 경제적인 작업방법을 연구하는 작업연구와 표준작업시간을 결정하기 위한 작업측정으로 구분할 수 있다.
④ Hawthorn의 실험결과는 작업장의 물리적 조건보다는 인간관계와 같은 사회적 조건이 생산성에 더 큰 영향을 준다는 사실에 관심을 갖도록 한 시발점이 되었다.

해설
벽돌쌓기 작업을 대상으로 작업방법과 작업도구를 개선한 사람은 테일러가 아니라 길브레스 부부이다.

정답 64 ② 65 ④ 66 ① 67 ① 68 ②

69 워크샘플링 조사에서 초기 Idle Rate가 0.05라면, 99% 신뢰도를 위한 워크샘플링 회수는 약 몇 회인가? (단, $u_{0.995}$는 2.58이다)

① 1,232　　② 2,557
③ 3,060　　④ 3,162

해설

필요한 관측수(N) = $(z/e)^2 \times p(1-p)$
= $(2.58/0.01)^2 \times (0.05 \times 0.95)$ = 3,162

70 A공장의 한 컨베이어 라인에는 5개의 작업공정으로 이루어져 있다. 각 작업공정의 작업시간이 다음과 같을 때 이 공정의 균형효율은 약 얼마인가? (단, 작업은 작업자 1명이 맡고 있다)

㉠ → ㉡ → ㉢ → ㉣ → ㉤
5분　7분　6분　6분　3분

① 21.86%　　② 22.86%
③ 78.14%　　④ 77.14%

해설

- 공정효율(균형효율) = 총 작업시간/(작업 수 × 주기시간)
  = 27/(5 × 7) = 0.7714 = 77.14%
- 주기시간은 작업시간이 가장 긴 작업을 말한다.

71 관측 평균시간이 5분, 레이팅 계수가 120%, 여유시간이 0.4분인 작업에서 제품의 개당 표준시간과 여유율(%)을 내경법에 의하여 구하면 각각 얼마인가?

① 4.5분, 2.20%
② 6.4분, 6.25%
③ 8.5분, 7.25%
④ 9.7분, 10.25%

해설

내경법
- 실동시간에 대한 비율을 사용하여 산정
- 여유율 = 여유시간의 총계/(정미시간의 총계 + 여유시간의 총계)
  = 0.4/(5 × 1.2 + 0.4) = 6.25%
- 표준시간 = 정미시간/(1 − 근무여유율) = 6/(1 − 0.0625) = 6.4

72 공정도에 사용되는 공정도 기호인 "○"으로 표시하기에 가장 적합한 것은?

① 작업 대상물을 다른 장소로 옮길 때
② 작업 대상물을 분해하거나 조립할 때
③ 작업 대상물을 지정된 장소에 보관할 때
④ 작업 대상물이 올바르게 시행되었는지를 확인할 때

해설

"○" (Operation) : 작업대상물의 특성이 변화하는 것(사전준비작업, 작업대상물분해, 조립작업)

73 사람이 행하는 작업을 기본 동작으로 분류하고, 각 기본 동작들을 동작의 성질과 조건에 따라 이미 정해진 기준 시간을 적용하여 전체 작업의 정미시간을 구하는 방법은?

① PTS법　　② Rationg 법
③ Therbling 분석　　④ Work Sampling 법

해설

PTS(Predetermined Time Standards) 법
사람이 행하는 작업을 기본 동작으로 분류하고, 각 기본 동작들은 동작의 성질과 조건에 따라 이미 정해진 기준 시간치를 적용하여 전체 작업의 정미시간을 구하는 방법

정답 69 ④　70 ④　71 ②　72 ②　73 ①

74 근골격계질환 예방관리 프로그램의 기본 원칙에 속하지 않는 것은?

① 인식의 원칙
② 시스템 접근의 원칙
③ 일시적인 문제 해결의 원칙
④ 사업장 내 자율적 해결 원칙

[해설]
근골격계질환 예방관리 프로그램의 기본 원칙
- 인식의 원칙
- 노사공동참여의 원칙
- 전사지원의 원칙
- 사업장 내 자율적 해결원칙
- 시스템 접근의 원칙
- 지속성 및 사후 평가의 원칙
- 문서화의 원칙

75 상완, 전완, 손목을 그룹 A로 목, 상체, 다리를 그룹 B로 나누어 측정, 평가하는 유해요인의 평가방법은?

① RULA(Rapid Upper Limb Assessment)
② REBA(Rapid Entire Body Assessment)
③ OWAS(Ovako Working Posture Analysis System)
④ NIOSH 들기작업지침(Revised NIOSH Lifting Equation)

[해설]
RULA(Rapid Upper Limb Assessment)
A그룹(상완, 전완, 손목)과 B그룹(목, 몸통, 다리)으로 나누어 미리 주어진 코드 체계를 이용하여 자세 점수를 부여

76 NIOSH Lifting Equation(NLE) 평가에서 권장무게한계 (Recommended Weight Limit)가 20kg이고 현재 작업물의 무게가 23kg일 때, 들기지수(Lifting Index)의 값과 이에 대한 평가가 맞는 것은?

① 0.87, 요통의 발생위험이 낮다.
② 0.87, 작업을 재설계할 필요가 있다.
③ 1.15, 요통의 발생위험이 높다.
④ 1.15, 작업을 재설계할 필요가 없다.

[해설]
- 들기지수(LI ; Lifting Index) = 중량물의 무게 ÷ 권장무게한계
- 취급하는 물건의 중량이 권장무게한계(RWL)의 몇 배인가를 나타냄
- LI가 작을수록 좋으며 1보다 크면 요통의 발생위험이 높음

77 근골격계질환 중 어깨 부위 질환이 아닌 것은?

① 외상과염(Lateral Epicondlitis)
② 극상근 건염(Supraspinatus Tendinitis)
③ 견봉하 점액낭염(Subacromial Bursitis)
④ 상완이두 건막염(Biciptal Tenosynovitis)

[해설]
외상과염은 테니스엘보우라고도 하며 팔꿈치에서 발생한다.

78 근골격계질환의 예방에서 단기적 관리방안으로 볼 수 없는 것은?

① 안전한 작업방법의 교육
② 작업자의 대한 휴식시간의 배려
③ 근골격계질환 예방·관리 프로그램의 도입
④ 휴게실, 운동시설 등 기타 관리시설의 확충

해설
근골격계질환 예방관리프로그램의 도입은 장기적 관리방안이다.

79 다음 설명은 수행도 평가의 어느 방법을 설명한 것인가?

- 작업을 요소작업으로 구분한 후, 시간연구를 통해 개별시간을 구한다.
- 요소작업 중 임의로 작업자 조절이 가능한 요소를 정한다.
- 선정된 작업에서 PTS시스템 중 한 개를 적용하여 대응되는 시간차를 구한다.
- PTS법에 의한 시간치와 관측시간 간의 비율을 구하여 레이팅계수를 구한다.

① 속도평가법
② 객관적 평가법
③ 합성평가법
④ 웨스팅하우스법

해설
합성평가법
- 작업을 요소작업으로 구분한 후 시간연구를 통해 개별시간을 구함
- 요소작업 중 임의로 작업자 조절이 가능한 요소를 정함
- 선정된 작업 중 PTS시스템 중 하나를 적용하여 대응되는 시간치를 구함
- PTS법에 의한 시간치와 관측시간 간의 비율을 구하여 레이팅계수를 구함

80 근골격계질환을 유발시킬 수 있는 주요 부담작업에 대한 설명으로 맞는 것은?

① 충격 작업의 경우 분당 2회를 기준으로 한다.
② 단순 반복 작업은 대개 4시간을 기준으로 한다.
③ 들기 작업의 경우 10kg, 25kg이 기준무게로 사용된다.
④ 쥐기(Grip)작업의 경우 쥐는 힘과 1kg과 4.5kg을 기준으로 사용한다.

해설
근골격계부담작업(고용노동부고시)
- 하루에 4시간 이상 집중적으로 자료입력 등을 위해 키보드 또는 마우스를 조작하는 작업
- 하루에 총 2시간 이상 목, 어깨, 팔꿈치, 손목 또는 손을 사용하여 같은 동작을 반복하는 작업
- 하루에 총 2시간 이상 머리 위에 손이 있거나, 팔꿈치가 어깨위에 있거나, 팔꿈치를 몸통으로부터 들거나, 팔꿈치를 몸통 뒤쪽에 위치하도록 하는 상태에서 이루어지는 작업
- 지지되지 않은 상태이거나 임의로 자세를 바꿀 수 없는 조건에서, 하루에 총 2시간 이상 목이나 허리를 구부리거나 트는 상태에서 이루어지는 작업
- 하루에 총 2시간 이상 쪼그리고 앉거나 무릎을 굽힌 자세에서 이루어지는 작업
- 하루에 총 2시간 이상 지지되지 않은 상태에서 1kg 이상의 물건을 한손의 손가락으로 집어 옮기거나, 2kg 이상에 상응하는 힘을 가하여 한손의 손가락으로 물건을 쥐는 작업
- 하루에 총 2시간 이상 지지되지 않은 상태에서 4.5kg 이상의 물건을 한 손으로 들거나 동일한 힘으로 쥐는 작업
- 하루에 10회 이상 25kg 이상의 물체를 드는 작업
- 하루에 25회 이상 10kg 이상의 물체를 무릎 아래에서 들거나, 어깨 위에서 들거나, 팔을 뻗은 상태에서 드는 작업
- 하루에 총 2시간 이상, 분당 2회 이상 4.5kg 이상의 물체를 드는 작업
- 하루에 총 2시간 이상 시간당 10회 이상 손 또는 무릎을 사용하여 반복적으로 충격을 가하는 작업

2018년 제3회 기출문제

01 시스템 평가 척도의 요건에 대한 설명으로 적절하지 않은 것은?

① 신뢰성 – 평가를 반복할 경우 일정한 결과를 얻을 수 있다.
② 실제성 – 현실성을 가지며, 실질적으로 이용하기 쉽다.
③ 타당성 – 측정하고자 하는 평가 척도가 시스템의 목표를 반영한다.
④ 무오염성 – 측정하고자 하는 변수 이외의 외적 변수에 영향을 받는다.

해설
무오염성 : 기준 척도는 측정하고자 하는 변수 외의 다른 변수들의 영향을 받아서는 안됨

02 광도(Luminous Intensity)를 측정하는 단위는?

① lux ② Candela
③ Lummen ④ Lambert

해설
광 도
- 광원에서 특정 방향으로 발하는 빛의 세기
- 칸델라(Candela)로 표기

03 정신 작업부하를 측정하는 척도로 적합하지 않은 것은?

① 심박수
② Cooper-Harper 축척(Scale)
③ 주임무(Primary Task) 수행에 소요된 시간
④ 부임무(Secondary Task) 수행에 소요된 시간

해설
심박수는 정신 작업부하가 아니라 육체적 작업부하이다.

04 기계가 인간보다 더 우수한 기능이 아닌 것은? (단, 인공지능은 제외한다)

① 자극에 대하여 연역적으로 추리한다.
② 이상하거나 예기치 못한 사건들을 감지한다.
③ 장시간에 걸쳐 신뢰성 있는 작업을 수행한다.
④ 암호화된 정보를 신속하고, 정확하게 회수한다.

해설
인간의 기능 장·단점

인간의 장점	인간의 단점
• 오감의 작은 자극도 감지가능	• 어떤 한정된 범위 내에서만 자극을 감지
• 각각으로 변화하는 자극 패턴을 인지	• 드물게 일어나는 현상을 감지할 수 없음
• 예기치 못한 자극을 탐지	• 수 계산을 하는 데 한계
• 기억에서 적절한 정보를 꺼냄	• 신속 고도의 신뢰도로 대량의 정보를 꺼낼 수 없음
• 결정 시에 여러가지 경험을 꺼내 맞춤	• 운전작업을 정확히 일정한 힘으로 할 수 없음
• 귀납적으로 추리, 관찰을 통한 일반화	• 반복작업을 확실하게 할 수 없음
• 원리를 여러 문제해결에 응용	• 자극에 신속 일관된 반응을 할 수 없음
• 주관적인 평가를 함	• 장시간 연속해서 작업을 수행할 수 없음
• 아주 새로운 해결책을 생각	
• 조작이 다른 방식에도 몸으로 순응	

05 버스의 의자 앞뒤 사이의 간격을 설계할 때 적용하는 인체치수 적용원리로 가장 적절한 것은?

① 평균치 원리 ② 최대치 원리
③ 최소치 원리 ④ 조절식 원리

해설
덩치가 큰 사람이나 작은 사람 모두가 사용할 수 있도록 최대치로 설계한다.

정답 01 ④ 02 ② 03 ① 04 ② 05 ②

06 제어장치와 표시장치의 일반적인 설계원칙이 아닌 것은?

① 눈금이 움직이는 동침형 표시장치를 우선 적용한다.
② 눈금을 조절 노브와 같은 방향으로 회전시킨다.
③ 눈금 수치는 왼쪽에서 오른쪽으로 돌릴 때 증가하도록 한다.
④ 증가량을 설정할 때 제어장치를 시계방향으로 돌리도록 한다.

해설
②·③·④ 모두가 양립성의 원칙을 근거로 한다. 동침형 표시장치를 우선 적용하는 설계원칙은 없다.

07 촉각적 표시장치에 대한 설명으로 맞는 것은?

① 시각 및 청각 표시장치를 대체하는 장치로 사용할 수 없다.
② 3점 문턱값(Three-Point Threshold)을 척도로 사용한다.
③ 세밀한 식별이 필요한 경우 손가락보다 손바닥 사용을 유도해야 한다.
④ 촉감은 피부온도가 낮아지면 나빠지므로, 저온환경에서 촉감 표시장치를 사용할 때는 아주 주의하여야 한다.

해설
촉각 표시장치
• 시각, 청각 표시장치를 대체하는 장치로 사용
• 세밀한 식별이 필요한 경우 손바닥보다는 손가락이 유리
• 촉감은 피부온도가 낮아지면 나빠짐
• 저온환경에서 촉감 표시장치를 사용할 때는 주의가 필요

08 소리의 은폐효과(Masking)에 관한 설명으로 맞는 것은?

① 주파수별로 같은 소리의 크기를 표시한 개념
② 하나의 소리가 다른 소리의 판별에 방해를 주는 현상
③ 내이(Inner Ear)의 달팽이관(Cochlea) 안에 있는 섬모(Fiber)가 소리의 주파수에 따라 민감하게 반응하는 현상
④ 하나의 소리의 크기가 다른 소리에 비해 몇 배나 크게(또는 작게) 느껴지는 지를 기준으로 소리의 크기를 표시하는 개념

해설
은폐효과(Masking Effect)
2개의 소음이 동시에 존재할 때 낮은 음의 소음이 높은 음에 가려 들리지 않는 현상

09 정상조명하에서 100m 거리에서 볼 수 있는 원형 시계탑을 설계하고자 한다. 시계의 눈금단위를 1분 간격으로 표시하고자 할 때 원형문자판의 직경은 약 몇 cm인가?

① 250
② 300
③ 350
④ 400

해설
정상 시 거리인 71cm를 기준으로 정상조명에서는 1.3mm, 낮은 조명에서는 1.8mm가 권장
$71 : 1.3 = 10,000 : X$, $X = 183mm$
∴ $183 \times 60/\pi = 3,495mm$

10 시각의 기능에 대한 설명으로 틀린 것은?

① 밤에는 빨강색보다는 초록색이나 파란색이 잘 보인다.
② 눈이 초점을 맞출 수 있는 가장 가까운 거리를 근점이라 한다.
③ 근시인 사람은 수정체가 얇아져 가까운 물체를 제대로 볼 수 없다.
④ 간상체나 원추체가 빛을 흡수하면 화학반응이 일어나 뇌로 전달된다.

해설
근시는 수정체가 두꺼워져 먼 물체를 볼 수 없기 때문에 오목렌즈의 안경을 쓴다.

정답 06 ① 07 ④ 08 ② 09 ③ 10 ③

11 작업환경 측정법이나 소음 규제법에서 사용되는 음의 강도의 척도는?

① dB(A) ② dB(B)
③ sone   ④ phpn

해설
소음계
- 소음계는 주파수에 따른 사람의 느낌을 감안하여 세 가지 특성인 A, B, C로 나눔
- A는 대략 40phon, B는 70phon, C는 100phon의 등감곡선과 비슷하게 주파수의 반응을 보정하여 측정한 음압수준을 의미하며 각각 dB(A), dB(B), dB(C)로 표시하며 소음규제법에서는 dB(A)를 사용

12 구성요소 배치의 원칙에 관한 기술 중 틀린 것은?

① 사용빈도를 고려하여 배치한다.
② 작업공간의 활용을 고려하여 배치한다.
③ 기능적으로 관련된 구성요소들을 한데 모아서 배치한다.
④ 시스템의 목적을 달성하는 데 중요한 정도를 고려하여 배치한다.

해설
배치의 원칙
계기판이나 제어장치는 중요도 → 사용빈도 → 사용순서 → 일관성 → 양립성 → 기능성 순으로 배치가 이루어져야 함
- 중요도 : 시스템 목표 달성에 중요한 구성요소를 편리한 위치에 두어야 한다.
- 사용빈도 : 자주 사용되는 구성요소를 편리한 위치에 두어야 한다.
- 사용순서 : 구성 요소들 간의 관련 순서나 사용 패턴에 따라 배치해야 한다.
- 일관성 : 동일한 구성요소들은 기억이나 찾는 것을 줄이기 위하여 같은 지점에 위치한다.
- 양립성 : 조종장치와 표시장치들의 관계를 쉽게 알아볼 수 있도록 배열 형태를 반영한다.
- 기능성 : 비슷한 기능을 갖는 구성요소끼리 한데 모아서 서로 가까운 곳에 위치한다.

13 정보이론의 응용과 가장 거리가 먼 것은?

① 정보이론에 따르면 자극의 수와 반응시간은 무관하다.
② 주의를 번갈아가며 두 가지 이상의 일을 돌보아야 하는 것을 시배분이라 한다.
③ 단일 차원의 자극에서 확인할 수 있는 범위는 Magic Number 7±2로 제시되었다.
④ 선택반응시간은 자극 정보량의 선형함수임을 나타내는 것이 Hick-Hyman 법칙이다.

해설
힉의 법칙(Hick's Law)에 의하면 선택반응시간은 자극과 반응의 수가 증가할수록 로그에 비례하여 증가한다.

14 회전운동을 하는 조종 장치의 레버를 25° 움직였을 때 표시장치의 커서는 1.5cm 이동하였다. 레버의 길이가 15cm일 때 이 조종 장치의 C/R비는 약 얼마인가?

① 2.09 ② 3.49
③ 4.36 ④ 5.23

해설
C/R비 = [(조정장치가 움직인 각도/360) × 2πL(원주)]/(표시장치의 이동거리) = 25/360 × 2π × 15/1.5 = 4.36

15 인체측정에 관한 설명으로 틀린 것은?

① 활동 중인 신체의 자세를 측정한 것을 기능적 치수라 한다.
② 일반적으로 구조적 치수는 나이, 성별, 인종에 따라 다르게 나타난다.
③ 인간-기계 시스템의 설계에서는 구조적 치수만을 활용하여야 한다.
④ 표준자세에서 움직이지 않는 상태를 인체측정기로 측정한 측정치를 구조적 치수라 한다.

해설
인간-기계 시스템의 설계에서는 구조적·기능적 치수 모두를 활용하여야 한다.

정답 11 ① 12 ② 13 ① 14 ③ 15 ③

16 Wickens의 인간의 정보처리체계(Human Information Processing) 모형에 의하면 외부자극으로 인한 정보가 처리될 때, 인간의 주의집중(Attention Resources)이 관여하지 않는 것은?

① 인식(Perception)
② 감각저장(Sensory Storage)
③ 작업기억(Working Memory)
④ 장기기억(Long-term Memory)

해설
감각저장이라는 용어는 없다. 자극이 사라진 후에도 잠시 동안 감각이 지속되는 임시 보관장치인 감각기억(SM ; Sensory Memory)이 있을 뿐이다.

17 인간공학의 정보이론에 있어 1bit에 관한 설명으로 가장 적절한 것은?

① 초당 최대 정보 기억 용량이다.
② 정보 저장 및 회송(Recall)에 필요한 시간이다.
③ 2개의 대안 중 하나가 명시되었을 때 얻어지는 정보량이다.
④ 일시에 보낼 수 있는 정보전달 용량의 크기로서 통신 채널의 Capacity를 의미한다.

해설
정 보
- 정보란 불확실성을 감소시켜주는 지식이나 소식
- 정보의 단위는 비트(Bit ; Binary Digit)
- 1bit : 동일하게 나타낼 수 있는 2가지의 대안 중에서 한 가지 대안이 명시되었을 때 얻을 수 있는 정보량

18 인간-기계 시스템의 설계원칙으로 적절하지 않은 것은?

① 인체의 특성에 적합하여야 한다.
② 인간의 기계적 성능에 적합하여야 한다.
③ 시스템의 동작은 인간의 예상과 일치되어야 한다.
④ 단독의 기계를 배치하는 경우 기계의 성능을 우선적으로 고려하여야 한다.

해설
단독의 기계를 배치하는 경우 인간의 심리와 기능을 우선적으로 고려하여야 한다.
인간-기계 시스템(MMS ; Man Machine System)
- 인간특성 : 인간의 신체적 특성에 적합
- 기계특성 : 인간의 기계적 성능에 적합
- 사용환경특성 : 사용환경의 특성을 고려해야 함
- 시스템은 인간의 예상과 양립해야 함

19 신호 및 정보 등의 경우 빛의 검출성에 따라서 신호, 경보 효과가 달라지는데, 빛의 검출성에 영향을 주는 인자에 해당되지 않는 것은?

① 색 광
② 배경광
③ 점멸속도
④ 신호등 유리의 재질

해설
빛의 검출성에 영향을 주는 인자
- 광원의 크기와 광속발산도
- 색광 : 효과척도가 빠른 순서는 백색, 황색, 녹색, 등색, 자색, 적색, 청색, 흑색 순
- 점멸속도 : 점멸속도는 불빛이 계속 켜진 것처럼 보이게 하는 점멸융합주파수보다 훨씬 작아야 하며 주의를 끌기 쉬운 속도는 초당 3~10회의 점멸속도에 지속시간 0.05초가 적당
- 배경광 : 배경광이 신호등과 비슷하여 식별이 힘듦, 점멸 배경광의 비율은 1/10 이상이 적합

20 인간공학의 목적과 가장 거리가 먼 것은?

① 생산성 향상　② 안전성 향상
③ 사용성 향상　④ 인간기능 향상

해설
인간공학의 목적
- 작업자의 안전, 작업능률을 향상
- 품위 있는 노동, 인간의 가치 및 안전성 향상
- 기계조작의 능률성과 생산성 향상
- 인간과 사물의 설계가 인간에게 미치는 영향에 중점
- 인간의 행동, 능력, 한계, 특성에 관한 정보를 발견
- 인간의 특성에 적합한 기계나 도구를 설계
- 인간의 특성에 적합한 작업환경, 작업방법 설계

21 신체부위를 움직이지 않으면서 고정된 물체에 힘을 가하는 상태의 근력을 의미하는 용어는?

① 등장성 근력(Isotonic Strength)
② 등척성 근력(Isometric Strength)
③ 등속성 근력(Isokinetic Strength)
④ 등관성 근력(Isioinertial Strength)

> **해설**
> 등척성 수축이란 신체부위를 움직이지 않으면서 고정된 물체에 힘을 가하는 것을 말한다.

22 어떤 들기 작업을 한 후 작업자의 배기를 3분간 수집한 후 60리터(ℓ)의 가스를 가스 분석기로 성분을 조사하였더니, 산소는 16%, 이산화탄소는 4%이었다. 분당 산소소비량과 에너지가(價)를 구한 것으로 맞는 것은? (단, 공기 중 산소는 21%, 질소는 79%를 차지하고 있다)

① 1.053ℓ/min, 5.265kcal/min
② 1.053ℓ/min, 10.525kcal/min
③ 2.105ℓ/min, 5.265kcal/min
④ 2.105ℓ/min, 10.525kcal/min

> **해설**
> • 배기량 = 60리터/3분 = 20ℓ/min
> • 흡기량 = 배기량 × (100% − O_2% − CO_2%)/79%
>   = 20(100 − 16 − 4)%/79% = 20.253
> • 산소소비량 = 21% × 흡기량 − O_2% × 배기량
>   = 21% × 20.253 − 16% × 20 = 1.053
> • 산소 1ℓ 당 5kcal를 소비하므로
>   소모에너지 = 1.053ℓ/min × 5kcal/ℓ = 5.2656kcal/min

23 휴식을 취할 때나 힘든 작업을 수행할 때 혈류량의 변화가 없는 기관은?

① 뼈
② 근육
③ 소화기계
④ 심장

> **해설**
> • 운동 시 비활동부위(소화기, 간)의 혈류량은 제한되고, 뼈나 근육에 분포된 혈관은 확장하여 혈류량이 증가한다.
> • 휴식 시 비활동부위의 혈류량은 증가되고, 뼈나 근육에 분포된 혈관은 수축하여 혈류량이 감소한다.

24 근육이 피로해질수록 근전도(EMG) 신호의 변화로 맞는 것은?

① 저주파 영역이 증가하고 진폭도 커진다.
② 저주파 영역이 감소하나 진폭은 커진다.
③ 저주파 영역이 증가하나 증폭은 작아진다.
④ 저주파 영역이 감소하고 진폭도 작아진다.

> **해설**
> 근육의 피로가 증가하면 신호의 저주파 영역의 활성이 증가, 고주파 영역의 활성이 감소한다.

25 척추를 구성하고 있는 뼈 가운데 요추의 수는 몇 개인가?

① 5개
② 6개
③ 7개
④ 8개

> **해설**
> 요추는 허리뼈로 5개로 구성되어 있다.

26 진동방지 대책으로 적합하지 않은 것은?

① 진동의 강도를 일정하게 유지한다.
② 작업자는 방진 장갑을 착용하도록 한다.
③ 공장의 진동 발생원을 기계적으로 격리한다.
④ 진동 발생원을 작동시키기 위하여 원격제어를 사용한다.

> **해설**
> 진동의 강도를 일정하게 유지하는 것이 아니라 감소시켜야 한다.

정답 21 ② 22 ① 23 ④ 24 ① 25 ① 26 ①

27 정신적 부하 측정치로 가장 거리가 먼 것은?
① 뇌전도
② 부정맥지수
③ 근전도
④ 점멸융합수파수

해설
근전도는 정신적 부하가 아니라 육체적 부하척도 방법이다.

28 환경요소와 관련한 복합지수 중 열과 관련된 것이 아닌 것은?
① 긴장지수(Strain Index)
② 습건지수(Oxford Index)
③ 열압박지수(Heat Stress Index)
④ 유효온도(Effective Temperature)

해설
긴장지수는 작업 부하지수로 열과 관련이 없다.

29 육체적인 작업을 수행할 때 생리적 변화에 대한 설명으로 틀린 것은?
① 작업부하가 지속적으로 커지면 산소 흡입량이 증가할 수 있다.
② 정적인 작업의 부하가 커지면 심박출량과 심박수가 감소한다.
③ 교대작업을 하는 작업자는 수면 부족, 식욕부진 등을 일으킬 수 있다.
④ 서서 하는 작업이 앉아서 하는 작업보다 심혈관계의 순환이 활발해질 수 있다.

해설
정적인 작업의 부하가 커지면 심박출량과 심박수가 증가한다.

30 기초대사량(BMR)에 관한 설명으로 틀린 것은?
① 기초대사량은 개인차가 심하여 나이에 따라 달라진다.
② 일상생활을 하는 데 필요한 단위 시간당 에너지양이다.
③ 일반적으로 체격이 크고 젊은 남성의 기초대사량이 크다.
④ 공복상태로 쾌적한 온도에서 신체적 휴식을 취하는 엄격한 조건에서 측정한다.

해설
기초대사량은 생명을 유지하는 데 필요한 최소한의 에너지량이다.

31 신체의 지지와 보호 및 조혈 기능을 담당하는 것은?
① 근육계
② 순환계
③ 신경계
④ 골격계

해설
골격계의 역할
- 신체 중요 부분 보호(내부 장기를 보호)
- 신체지지 및 형상유지
- 근육을 부착시켜 신체활동 수행
- 신체에 필요한 칼슘을 저장하고 피를 만드는 조혈기능

32 진동에 의한 영향으로 틀린 것은?
① 심박수가 감소한다.
② 약간의 과도(過度) 호흡이 일어난다.
③ 장시간 노출 시 근육 긴장을 증가시킨다.
④ 혈액이나 내분비의 화학적 성질이 변하지 않는다.

해설
심박수가 증가한다.

정답 27 ③ 28 ① 29 ② 30 ② 31 ④ 32 ①

33 실내표면의 추천 반사율이 높은 곳에서 낮은 순으로 맞게 나열된 것은?

① 창문 발(Blind) – 사무실 천장 – 사무용 기기 – 사무실 바닥
② 사무실 바닥 – 사무실 천장 – 창문 발(Blind) – 사무실 바닥
③ 사무실 천장 – 창문 발(Blind) – 사무용 기기 – 사무실 바닥
④ 사무용 기기 – 사무실 바닥 – 사무실 천장 – 창문 발(Blind)

해설
추천반사율이 높은 순서 : 천장 > 벽 > 가구 > 바닥

34 육체적 작업을 위하여 휴식시간을 산정할 때 가장 관련이 깊은 척도는?

① 눈 깜빡임 수(Blink Rate)
② 점멸 융합 주파수(Flicker Test)
③ 부정맥 지수(Cardiac Arrhythmia)
④ 에너지 대사율(Relative Metabolic Rate)

해설
에너지 대사율(RMR ; Relative Metabolic Rate) : 육체적 작업을 위해 휴식시간을 산정할 때 많이 사용

35 음식물을 섭취하여 기계적인 일과 열로 전환하는 화학적인 과정을 무엇이라 하는가?

① 에너지가 ② 산소 부채
③ 신진대사 ④ 에너지 소비량

해설
대사 : 음식물을 섭취하여 기계적인 일과 열로 전환되는 화학과정

36 작업장에서 8시간 동안 85dB(A)로 2시간, 90dB(A)로 3시간, 95dB(A)로 3시간 소음에 노출되었을 경우 소음노출지수는? (단, 국내의 관련 규정을 따른다)

① 0.975 ② 1.125
③ 1.25 ④ 1.5

해설
소음노출지수(%) = $C_1/T_1 + C_2/T_2 + \cdots + C_n/T_n$
(C_i : 노출된 시간, T_i : 허용노출기준)
= 3/8 + 3/4 = 1.125

소음의 허용노출기준

dB	허용노출시간(hr/day)
90dB	8
95dB	4
100dB	2
105dB	1
110dB	30분
115dB	15분

37 근육의 수축에 대한 설명으로 틀린 것은?

① 근육이 최대로 수축할 때 Z선이 A대에 맞닿는다.
② 근섬유(Muscle Fiber)가 수축하면 I대 및 H대가 짧아진다.
③ 근육이 수축할 때 근세사(Myofilament)의 원래 길이는 변하지 않는다.
④ 근육이 수축하면 굵은 근세사(Myofilament)가 가는 근세사 사이로 미끄러져 들어간다.

해설
근육이 수축하면 가는 근세사(Actin-filament)가 굵은 근세사(Myofilament) 사이로 미끄러져 들어간다.

38 교대작업에 대한 설명으로 틀린 것은?
① 일반적으로 야간 근무자의 사고 발생률이 높다.
② 교대작업은 생산설비의 가동률을 높이고자 하는 제도 중의 하나이다.
③ 교대작업 주기를 자주 바꿔주는 것이 근무자의 건강에 도움이 된다.
④ 상대적으로 가벼운 작업을 야간 근무조에 배치하고 업무 내용을 탄력적으로 조정한다.

해설
교대작업 주기를 자주 바꾸는 것은 근무자의 건강에 좋지 않다.

39 생체역학 용어에 대한 설명으로 틀린 것은?
① 힘을 3요소는 크기, 방향, 작용점이다.
② 벡터(Vector)는 크기와 방향을 갖는 양이다.
③ 스칼라(Scalar)는 벡터량과 유사하나 방향이 다르다.
④ 모멘트(Moment)란 변형시킬 수 있거나 회전시킬 수 있는 관절에 가해지는 힘이다.

해설
스칼라는 크기만 있고 방향이 없는 물리량이다.

40 눈으로 볼 수 있는 빛의 가시광선 파장에 속하는 것은?
① 250nm ② 600nm
③ 1,000nm ④ 1,200nm

해설
가시광선의 파장 범위는 380~780nm이다.

41 재해예방의 4원칙에 해당되지 않는 것은?
① 예방 가능의 원칙 ② 손실 우연의 원칙
③ 보상 분배의 원칙 ④ 대책 선정의 원칙

해설
재해예방의 원칙
• 손실 우연의 법칙 : 손실의 크기와 대소는 예측이 안 되고, 우연에 의해 발생하므로 사고 자체 발생의 방지 예방이 중요하다.
• 원인 연계의 원칙 : 사고는 항상 원인이 있고 원인은 대부분 복합적이다.
• 예방 가능의 원칙 : 천재지변을 제외하고 모든 사고와 재해는 원칙적으로 원인만 제거되면 예방이 가능하다.
• 대책 선정의 원칙 : 사고의 원인이나 불안전요소가 발견되면 반드시 대책을 선정하여 실시한다.

42 원자력발전소 주제어실의 직무는 4명의 운전원으로 구성된 근무조에 의해 수행되고 이들의 직무 간에는 서로 영향을 끼치게 된다. 근무조원 중 1차 계통의 운전원 A와 2차 계통의 운전원 B 간의 직무는 중간 정도의 의존성(15%)이 있다. 그리고 운전원 A의 기초 HEP Prob{A} = 0.001일 때 운전원 B의 직무 실패를 조건으로 한 운전원 A의 직무실패확률은? (단, THERP 분석법을 사용한다)
① 0.151 ② 0.161
③ 0.171 ④ 0.181

해설
$P(E) = P(N/N-1) = \%dep \times 1 + (1 - \%dep)P(N)$
$= 0.15 \times 1 + (1 - 0.15) \times 0.001 = 0.151$

43 작업자의 인지과정을 고려한 휴먼 에러의 정성적 분석방법이 아닌 것은?
① 연쇄적 오류모형
② GEMS(Generic Error Modeling System)
③ PHECA(Potential Human Error Cause Analysis)
④ CREMA(Cognitive Reliability Error Analysis Method)

해설
작업자의 인지과정을 고려한 휴먼 에러의 정성적 분석방법으로는 연쇄적 오류모형, GEMS(Generic Error Modeling System), CREMA(Cognitive Reliability Error Analysis Method)이 있으며, PHECA(Potential Human Error Cause Analysis)는 인지과정을 고려한 방법이 아니라 일반적인 방법에 속한다.

정답 38 ③ 39 ③ 40 ② 41 ③ 42 ① 43 ③

44 손과 발 등의 동작시간과 이동시간이 표적의 크기와 표적까지의 거리에 따라 결정된다는 법칙은?

① Fitts의 법칙
② Alderfer의 법칙
③ Rasmussen의 법칙
④ Hicks-Hymann의 법칙

해설
피츠의 법칙(Fitts's Law)
- 이동시간은 이동길이가 클수록, 폭이 작을수록 오래 걸린다는 법칙
- MT(Movement Time) = a + b log$_2$(2A/W) (A : 목표물까지의 거리, W : 목표물의 폭)

45 안전수단을 생략하는 원인으로 적합하지 않는 것은?

① 감 정
② 의식과잉
③ 피 로
④ 주변의 영향

해설
안전수단을 생략하는 원인 : 의식과잉, 주변의 영향, 피로, 과로

46 많은 동작들이 바뀌는 신호등이나 청각적 경계신호와 같은 외부자극을 계기로 하여 시작된다. 자극이 있은 후 동작을 개시할 때까지 걸리는 시간을 무엇이라 하는가?

① 동작시간
② 반응시간
③ 감지시간
④ 정보처리 시간

해설
외부로 받은 자극을 감각, 지각하여 이에 대하여 동작을 시작하기까지 걸리는 시간을 반응시간이라 한다. 반응시간(Reaction Time)과 동작시간(Movement Time)을 합한 것을 총반응시간(Response Time)이라 한다.

47 피로의 생리학적(Physiological) 측정방법과 거리가 먼 것은?

① 뇌파 측정(EEG)
② 심전도 측정(ECG)
③ 근전도 측정(EMG)
④ 변별역치 측정(촉각계)

해설
변별역치 측정은 심리학적 측정방법이다.

48 통제적 집단행동 요소가 아닌 것은?

① 관 습
② 유 행
③ 군 중
④ 제도적 행동

해설
군중은 비통제적 집단행동에 해당한다.

49 A상업장의 도수율이 2로 계산되었다면, 이에 대한 해석으로 가장 적절한 것은?

① 근로자 1,000명당 1년 동안 발생한 재해자 수가 2명이다.
② 근로자 1,000명당 1년간 발생한 사망자 수가 2명이다.
③ 연 근로시간 1,000시간당 발생한 근로손실일수가 2일이다.
④ 연 근로시간 합계 100만인시(man-hour)당 2건의 재해가 발생하였다.

해설
도수율(100만시간당 재해발생건수) = 백만시간당 재해건수/총연근로시간수

50 제조물 책임법에서 동일한 손해에 대하여 배상할 책임이 있는 사람이 최소한 몇 명 이상이어야 연대하여 그 손해를 배상할 책임이 있는가?

① 2인 이상 ② 4인 이상
③ 6인 이상 ④ 8인 이상

해설
연대책임 : 동일한 손해에 대하여 배상할 책임이 있는 자가 2인 이상인 경우에는 연대하여 그 손해를 배상할 책임이 있다.

51 동기를 부여하는 방법이 아닌 것은?

① 상과 벌을 준다.
② 경쟁을 자제하게 한다.
③ 근본이념을 인식시킨다.
④ 동기부여의 최적수준을 유지한다.

해설
경쟁을 촉진시켜야 한다.

52 정서노동(Emotional Labor)의 정의를 가장 적절하게 설명한 것은?

① 스트레스가 심한 사람을 상대하는 노동
② 정서적으로 우울 성향이 높은 사람을 상대하는 노동
③ 조직에 부정적 정서를 갖고 있는 종업원들의 노동
④ 자신이 느끼는 원래 정서와는 다른 정서를 고객에게 의무적으로 표현해야 하는 노동

해설
감정노동(정서노동, Emotional Labor)
자신이 느끼는 원래 정서와는 다른 정서를 고객에게 의무적으로 표현해야 하는 노동

53 다음은 인적 오류가 발생한 사례이다. Swain Guttman이 사용한 개별적 독립행동에 의한 오류 중 어느 것에 해당하는가?

> 컨베이어벨트 수리공이 작업을 시작하면서 동료에게 컨베이어벨트의 작동버튼을 살짝 눌러서 벨트를 조금만 움직이라고 이른 뒤 수리작업을 시작하였다. 그러나 작동버튼 옆에서 서성이던 동료가 순간적으로 중심을 잃으면서 작동버튼을 힘껏 눌러 컨베이어벨트가 전속력으로 움직이며 수리공의 신체일부가 끼이는 사고가 발생하였다.

① 시간 오류(Timing Error)
② 순서 오류(Sequence Error)
③ 부작위 오류(Omission Error)
④ 작위 오류(Commission Error)

해설
Swain과 Guttman의 분류(심리적 측면에서의 분류)
실행 에러(Commission Error) : 작업 내지 단계는 수행하였으나 잘못한 에러

54 재해 발생원인 중 불안전한 상태에 해당하는 것은?

① 보호구의 결함
② 불안전한 조작
③ 안전장치 기능의 제거
④ 불안전한 자세 및 위치

해설

불안전한 행동 - 인적요인	불안전한 상태 - 물적요인
• 위험한 장소의 접근 • 안전장치의 기능 제거 • 복장·보호구의 미착용, 잘못 사용 • 기계기구의 잘못 사용 • 운전 중인 기계의 손질 • 불안전 속도조작 • 위험물 취급부주의 • 불안전한 상태 방치 • 감독 및 연락 불충분 • 정리정돈 미실시 • 잡담, 장난	• 방호 미비, 방호조치의 결함 • 보호구의 결함 • 불안전한 방호장치(부적절한 설치) • 결함 있는 기계 설비 및 장비 • 부적절한 작업환경 • 숙련도 부족 • 불량상태(미끄러움, 날카로움, 거칠음, 깨짐, 부식됨 등)

정답 50 ① 51 ② 52 ④ 53 ④ 54 ①

55 호손(Hawthorne) 연구의 내용으로 맞는 것은?

① 종업원의 이적률을 결정하는 중요한 요인은 임금수준이다.
② 호손 연구의 결과는 맥그리거(McGreger)의 XY이론 중 X이론을 지지한다.
③ 작업자의 작업능률은 물리적인 작업조건보다는 인간관계의 영향을 더 많이 받는다.
④ 종업원의 높은 임금 수준이나 좋은 작업조건 등은 개인의 직무에 대한 불만족을 방지하고 직무 동기 수준을 높인다.

해설
호손 연구 : 물적 조건보다 인간관계 등의 심리적 조건이 작업에 더 큰 영향을 주는 것이 밝혀짐

56 전술적(Tacticaal) 에러, 전략적(Operational) 에러, 그리고 관리구조(Organizational) 결함 등의 용어를 사용하여 사고연쇄반응에 대한 이론을 제안한 사람은?

① 버드(Bird)
② 아담스(Adams)
③ 베버(Weber)
④ 하인리히(Heinrich)

해설
아담스의 연쇄성이론
관리구조 결함 → 작전적 에러(경영자, 감독자 행동) → 전술적 에러(불안전한 행동) → 사고(물적사고) → 재해(상해, 손실)

57 스트레스 수준과 수행(성능) 사이의 일반적 관계는?

① W형
② 뒤집힌 U형
③ U형
④ 증가하는 직선형

해설
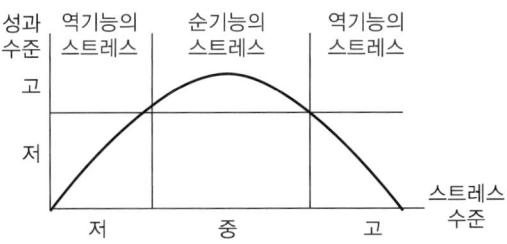
스트레스 수준과 성과수준과의 관계

58 리더십 이론 중 관리 그리드 이론에서 인간에 대한 관심이 높은 유형으로만 나열된 것은?

① 인기형, 타협형
② 인기형, 이상형
③ 이상형, 타협형
④ 이상형, 과업형

해설
블레이크와 머튼(Blake & Mouton)의 관리 그리드 이론
• 무관심형(1, 1) : 인간과 과업 모두에 매우 낮은 관심, 자유방임, 포기형
• 인기형(1, 9) : 인간에 대한 관심은 높은데 과업에 대한 관심은 낮은 유형
• 과업형(9, 1) : 과업에 대한 관심은 높은데 인간에 대한 관심은 낮음, 과업상의 능력우선
• 중간형(5, 5) : 과업과 인간관계 모두 적당한 정도의 관심, 과업과 인간관계를 절충
• 이상형, 팀형(9, 9) : 인간과 과업 모두에 매우 높은 관심, 리더는 상호의존관계 및 공동목표를 강조

59 미사일을 탐지하는 경보 시스템이 있다. 조작자는 한 시간마다 일련의 스위치를 작동해야 하는 데 휴먼 에러 확률(HEP)은 0.01이다. 2시간에서 5시간까지의 인간 신뢰도는 약 얼마인가?

① 0.9412
② 0.9510
③ 0.9606
④ 0.9704

해설
신뢰도 함수 $R(t) = e^{-\lambda t}$
에러발생확률 $\lambda = 0.01$
가동시간 $t = 5 - 2$
$R(t) = e^{-\lambda t} = e^{-0.01(5-2)} = 0.9704$

60 게슈탈트 지각원리에 해당하지 않은 것은?

① 근접성의 원리
② 유사성의 원리
③ 부분우세의 원리
④ 대칭성 원리

해설
게슈탈트의 지각원리에는 폐쇄성의 원리, 유사성의 원리, 근접성의 원리, 연속성의 원리, 단순성의 원리, 공통성의 원리, 대칭성의 원리 등이 있다.

61 어느 회사의 컨베이어 라인에서 작업순서가 다음 표의 번호와 같이 구성되어 있을 때, 설명 중 맞는 것은?

작 업	1. 조립	2. 납땜	3. 검사	4. 포장
시간(초)	10초	9초	8초	7초

① 공정 손실은 15%이다.
② 애로작업은 검사작업이다.
③ 라인의 주기 시간은 7초이다.
④ 라인의 시간당 생산량은 6개이다.

해설
① 공정손실 = 총유휴시간/(작업수 × 주기시간)
   = (0 + 1 + 2 + 3)/(10 × 4) = 0.15
② 애로작업은 검사작업이 아닌 주기시간을 말한다.
③ 주기시간 = 작업시간이 가장 긴 조립작업 = 10초
④ 시간당 생산량 = 60분/주기시간 = 3,600초/10초 = 360개

62 1시간을 TMU(Time Measurement Unit)로 환산한 것은?

① 0.036 TMU   ② 27.8 TMU
③ 1667 TMU   ④ 100,000 TMU

해설
1TMU = 0.00001시간
∴ 1시간 = 100,000TMU

63 들기 작업의 안전작업 범위 중 주의작업범위에 해당하는 것은?

① 팔을 몸체에 붙이고 손목만 위, 아래로 움직일 수 있는 범위
② 팔은 완전히 뻗쳐서 손을 어깨까지 올리고 허벅지까지 내리는 범위
③ 물체를 놓치기 쉽거나 허리가 안전하게 그 무게를 지탱할 수 있는 범위
④ 팔꿈치를 몸의 측면에 붙이고 손이 어깨높이에서 허벅지 부위까지 닿을 수 있는 범위

해설
중량물 취급 방법
• 안전작업범위
  - 몸의 무게중심에 가장 가까운 부분으로 허리에 부담이 적음
  - 팔을 몸체부에 붙이고 손목만 위아래로 움직일 수 있는 범위
  - 허리에 가해지는 압력은 나뭇가지가 떨어지는 정도
• 주의작업범위
  - 몸으로부터 조금 더 떨어진 범위
  - 팔을 완전히 뻗쳐서 손을 어깨까지 들어 올리고 허벅지까지 내리는 범위
  - 허리의 지탱한계에 도달한 상태로 40kg 정도
• 위험작업범위
  - 몸이 안전작업범위로부터 완전히 벗어나 있는 범위
  - 중량물을 놓치기 쉽고, 허리가 안전하게 그 무게를 지탱할 수가 없음
  - 허리에 가해지는 압력이 매우커서 벽돌 1톤 정도의 무게와 같음

64 근골격계질환의 예방원리에 관한 설명으로 가장 적절한 것은?

① 예방이 최선의 정책이다.
② 작업자의 정신적 특징 등을 고려하여 작업장을 설계한다.
③ 공학적 개선을 통해 해결하기 어려운 경우에는 그 공정을 중단한다.
④ 사업장 근골격계질환의 예방정책에 노사가 협의하면 작업자의 참여는 중요하지 않다.

해설
② 정신적이 아니라 육체적 특징을 고려한다.
③ 공학적 개선이 어려우면 관리적 개선을 한다.
④ 근골격계질환 예방정책에는 노사참여가 중요하다.

정답 60 ③ 61 ① 62 ④ 63 ② 64 ①

65 작업관리의 궁극적인 목적인 생산성 향상을 위한 대상 항목이 아닌 것은?

① 노동
② 기계
③ 재료
④ 세금

해설
세금과 생산성 향상과는 연관점을 찾기 힘들다.

66 NIOSH의 들기작업 지침에서 들기지수 값이 1이 되는 경우 대상 중량물의 무게는 얼마인가?

① 18kg
② 21kg
③ 23kg
④ 25kg

해설
들기지수가 1이 되는 대상 중량물의 무게는 23kg이다.

67 작업연구의 내용과 가장 관계가 먼 것은?

① 재고량 관리
② 표준시간의 산정
③ 최선의 작업방법 개발과 표준화
④ 최적 작업방법에 의한 작업자 훈련

해설
작업연구는 보통 동작연구와 시간연구로 구성된다. 시간연구는 표준화된 작업방법에 의하여 작업을 수행할 경우에 소요되는 표준시간을 측정하는 것이고, 동작연구는 경제적인 작업방법을 검토하여 표준화된 작업방법을 개발하는 분야이다.

68 배치설비를 분석하는 데 있어 가장 필요한 것은?

① 서블릭
② 유통선도
③ 관리도
④ 간트차트

해설
유통선도(Flow Diagram)
- 제조과정에서 발생하는 운반, 정체, 검사, 보관 등의 사항이 생산현장의 어느 위치에서 발생하는가를 알 수 있도록 부품의 이동경로를 배치도상에 선으로 표시한 것
- 배치설비를 분석하는 데 있어 가장 필요함

69 다음 중 작업 대상물의 품질 확인이나 수량의 조사, 검사 등에 사용되는 공정도 기호에 해당하는 것은?

① ○
② □
③ △
④ ⇨

해설
ASME의 5가지 표준기호
- 검사(Inspection) 기호(□) : 품질확인, 수량조사
- 정체(Delay) 기호(D) : 작업을 마친 뒤에 계획된 요소가 즉시 시작되지 않아 발생이 지연
- 운반(Transport) 기호(⇨) : 다른 장소로 옮김
- 저장(Storage) 기호(▽) : 허가가 있어야만 반출될 수 있는 상태
- 가공(Operation) 기호(○) : 작업대상물의 특성이 변화하는 것(사전준비작업, 작업대상물분해, 조립작업)

70 작업개선에 따른 대안을 도출하기 위한 사항과 가장 거리가 먼 것은?

① 다른 사람에게 열심히 탐문한다.
② 유사한 문제로부터 아이디어를 얻도록 한다.
③ 현재의 작업방법을 완전히 잊어버리도록 한다.
④ 대안탐색 시에는 양보다 질에 우선순위를 둔다.

해설
대안탐색은 브레인스톰방식이 적합하여 질은 나중에 생각하고 무조건 양을 많이 쏟아내야 한다.

정답 65 ④ 66 ③ 67 ① 68 ② 69 ② 70 ④

71 근골격계질환 중 손과 손목에 관련된 질환으로 분류되지 않는 것은?

① 결절종(Ganglion)
② 수근관증후군(Carpal Tunnel Syndrome)
③ 회전근개증후군(Rotator Cuff Syndrome)
④ 드퀘르뱅건초염(Dequervain's Syndrome)

해설
회전근개란 어깨관절 주위를 덮고 있는 4개의 근육(극상근, 극하근, 소원근, 견갑하근)으로 손목관련질환이 아니다.

72 근골격계질환 발생의 주요한 작업위험 요인으로 분류하기에 적절하지 않는 것은?

① 부적절한 휴식
② 과도한 반복 작업
③ 작업 중 과도한 힘의 사용
④ 작업 중 적절한 스트레칭의 부족

해설
스트레칭의 부족은 작업위험 요인에 해당하지 않는다.

73 근골격계질환 예방·관리 프로그램의 실행을 위한 보건 관리자의 역할과 가장 밀접한 관계가 있는 것은?

① 기본 정책을 수립하여 근로자에게 알린다.
② 예방·관리 프로그램의 수립 및 수정에 관한 사항을 결정한다.
③ 예방·관리 프로그램의 개발·평가에 적극적으로 참여하고 준수한다.
④ 주기적인 근로자 면담 등을 통하여 근골격계질환 증상 호소자를 조기에 발견하는 일을 한다.

해설
보건관리자의 역할
• 주기적으로 작업장을 순회하여 근골격계질환을 유발하는 작업공정 및 작업유해 요인을 파악
• 주기적인 근로자 면담을 통해 근골격계질환 증상 호소자를 조기에 발견

• 7일 이상 지속되는 증상을 가진 근로자가 있을 경우 지속적인 관찰, 전문의 진단 의뢰 등의 필요한 조치
• 근골격계질환자를 주기적으로 면담하여 가능한 조기에 작업장에 복귀할 수 있도록 도움
• 예방·관리프로그램의 운영을 위한 정책 결정에 참여

74 유해요인의 공학적 개선사례로 볼 수 없는 것은?

① 로봇을 도입하여 수작업을 자동화하였다.
② 중량물 작업 개선을 위하여 호이스트를 도입하였다.
③ 작업량 조정을 위하여 컨베이어의 속도를 재설정하였다.
④ 작업피로감소를 위하여 바닥을 부드러운 재질로 교체하였다.

해설
공학적 개선은 설비나 작업방법, 작업도구 등을 작업자가 편하고 쉽고 안전하게 작업할 수 있도록 개선하는 것으로 적극적이고 능동적인 것을 말한다. 작업량·작업속도 조절 등은 관리적 개선에 해당한다.

75 신체 사용에 관한 동작경제 원칙으로 틀린 것은?

① 두 손은 순차적으로 동작하도록 한다.
② 두 팔의 동작은 서로 반대방향에서 대칭적으로 움직이도록 한다.
③ 손과 신체의 동작은 작업을 원만하게 처리할 수 있는 범위 내에서 가장 낮은 동작등급을 사용한다.
④ 가능한 관성을 이용하여 작업을 하되, 작업자가 관성을 억제해야 하는 경우에는 발생하는 관성을 최소한으로 줄인다.

해설
반스(Barnes)의 동작경제 원칙 중 신체사용에 관한 원칙에 의하면 두 손의 동작은 동시에 시작하고 동시에 끝내야 한다.

76 정미시간이 0.177분인 작업을 여유율 10%에서 외경법으로 계산하면 표준시간이 0.195분이 된다. 이를 8시간 기준으로 계산하면 여유시간은 총 44분이 된다. 같은 작업을 내경법으로 계산할 경우 8시간 기준으로 총 여유시간은 약 몇 분이 되겠는가? (단, 여유율은 외경법과 동일하다)

① 12분   ② 24분
③ 48분   ④ 60분

해설
여유율이 외경법과 동일하므로 여유시간은 8시간 × 10% = 48분

77 작업측정에 관한 설명으로 틀린 내용은?
① 정미시간은 반복생산에 요구되는 여유시간을 포함한다.
② 인적 여유는 생리적 욕구에 의해 작업이 지연되는 시간을 포함한다.
③ 레이팅은 측정작업 시간을 정상작업 시간으로 보정하는 과정이다.
④ TV조립공정과 같이 짧은 주기의 작업은 비디오 촬영에 의한 시간연구법이 좋다.

해설
정미시간은 여유시간을 제외한다.

78 워크샘플링 방법 중 관측을 등간격 시점마다 행하는 것은?
① 랜덤 샘플링
② 층별 비례 샘플링
③ 체계적 워크샘플링
④ 퍼포먼스 워크샘플링

해설
워크샘플링의 종류
- 퍼포먼스 워크샘플링
  - 관측과 동시에 레이팅
  - 전형적인 시간측정방법으로는 표준시간 설정이 힘든 경우에 적용
  - 사이클이 긴 작업이나 그룹으로 수행되는 작업 등
- 체계적 워크샘플링
  - 관측시간을 균등한 시간간격으로 만들어 시행
  - 편의 발생염려가 없는 경우나 각 작업요소가 랜덤하게 발생하는 경우에 적용
  - 주기성이 있어도 관측간격이 작업요소의 주기보다 짧은 경우에 적용
- 층별 비례 샘플링 : 층별하여 연구를 실시한 후 가중평균치를 구하는 워크샘플링 방법

79 OWAS에 대한 설명이 아닌 것은?
① 핀란드에서 개발되었다.
② 중량물의 취급은 포함하지 않는다.
③ 정밀한 작업자세 분석은 포함하지 않는다.
④ 작업자세를 평가 또는 분석하는 checklist이다.

해설
중량물의 사용도 고려하여 평가한다.

80 문제분석을 위한 기법 중 원과 직선을 이용하여 아이디어 문제, 개념 등을 개괄적으로 빠르게 설정할 수 있도록 도와주는 연역적 추론 기법에 해당하는 것은?
① 공정도(Process Chart)
② 마인트 맵핑(Mind Maping)
③ 파레토 차트(Pareto Chart)
④ 특성요인도(Cause and Effect Diagram)

해설
마인드 맵핑(Mind Mapping)
- 원과 직선을 이용하여 아이디어, 문제, 개념 등을 개괄적으로 빠르게 설정할 수 있도록 도와주는 연역적 추론기법
- 가운데 원에 중요한 개념이나 문제를 설정한 후에 문제를 발생시키는 중요 원인이나 개념에 관련된 핵심 요인들을 주변에 열거하고 원에서 직선으로 연결한 후에 선위에 서술

2019년 제1회 기출문제

01 인간의 피부가 느끼는 3종류의 감각에 속하지 않는 것은?
① 압 각   ② 통 각
③ 온 각   ④ 미 각

해설
인간의 피부가 느끼는 종류에는 통각, 압각, 온각, 냉각, 진동 등이 있다.

02 각각의 변수가 다음과 같을 때, 정보량을 구하는 식으로 틀린 것은?

```
n : 대안의 수
p : 대안의 실현확률
pₖ : 각 대안의 실패확률
pᵢ : 각 대안의 실현확률
```

① $H = \log_2 n$
② $H = \log_2(1/p)$
③ $H = \sum_{i=1}^{n} p_i \log_2\left(\frac{1}{p_i}\right)$
④ $H = \sum_{k=0}^{n} p_k + \log_2\left(\frac{1}{p_k}\right)$

해설
④ 정보량을 구하는 식이 아님
① 발생확률이 모두 동일할 경우 정보량
② 발생확률이 모두 동일하지 않은 경우 정보량
③ 여러 개의 실현가능한 대안이 있을 경우에 평균정보량

03 물리적 공간의 구성요소를 배열하는데 적용될 수 있는 원리에 대한 설명으로 틀린 것은?
① 사용빈도 원리 – 자주 사용되는 구성요소를 편리한 위치에 두어야 한다.
② 기능성 원리 – 대표 기능을 수행하는 구성요소를 편리한 위치에 배치해야 한다.
③ 중요도 원리 – 시스템 목표 달성에 중요한 구성요소를 편리한 위치에 두어야 한다.
④ 사용순서 원리 – 구성요소들 간의 관련 순서나 사용 패턴에 따라 배치해야 한다.

해설
배치의 원칙
• 중요도 : 시스템 목표 달성에 중요한 구성요소를 편리한 위치에 두어야 한다.
• 사용빈도 : 자주 사용되는 구성요소를 편리한 위치에 두어야 한다.
• 사용순서 : 구성요소들 간의 관련 순서나 사용 패턴에 따라 배치해야 한다.
• 일관성 : 동일한 구성요소들은 기억이나 찾는 것을 줄이기 위하여 같은 지점에 위치한다.
• 양립성 : 조종장치와 표시장치들의 관계를 쉽게 알아볼 수 있도록 배열 형태를 반영한다.
• 기능성 : 비슷한 기능을 갖는 구성요소들끼리 한데 모아서 서로 가까운 곳에 위치한다.

04 어떤 시스템의 사용성을 평가하기 위해 사용하는 기준으로 적절하지 않은 것은?
① 효율성
② 학습용이성
③ 가격 대비 성능
④ 기억용이성

해설
사용자의 사용성은 학습용이성, 효율성, 기억용이성, 주관적 만족도와 관련이 크다.

정답 01 ④ 02 ④ 03 ② 04 ③

05 Fitts의 법칙에 관한 설명으로 맞는 것은?

① 표적이 작을수록, 이동거리가 짧을수록 작업의 난이도와 소요 이동시간이 증가한다.
② 표적이 작을수록, 이동거리가 길수록 작업의 난이도와 소요 이동시간이 증가한다.
③ 표적이 클수록, 이동거리가 길수록 작업의 난이도와 소요 이동시간이 증가한다.
④ 표적이 클수록, 이동거리가 짧을수록 작업의 난이도와 소요 이동시간이 증가한다.

해설
피츠의 법칙(Fitts's law)
표적이 작을수록, 이동거리가 길수록 작업의 난이도와 소요 이동시간이 증가한다는 법칙

06 귀의 청각 과정이 순서대로 올바르게 나열된 것은?

① 신경전도 → 액체전도 → 공기전도
② 공기전도 → 액체전도 → 신경전도
③ 액체전도 → 공기전도 → 신경전도
④ 신경전도 → 공기전도 → 액체전도

해설
소리의 전달과정 : 공기전도 → 액체전도 → 신경전도

07 신호검출이론을 적용하기에 가장 적합하지 않은 것은?

① 의료진단   ② 정보량 측정
③ 음파탐지   ④ 품질 검사과업

해설
신호검출이론은 지각적 자극에 적용되며 정보량 측정에는 적용되지 않는다.

08 회전운동을 하는 조종장치의 레버를 30° 움직였을 때 표시장치의 커서는 4cm 이동하였다. 레버의 길이가 20cm일 때, 이 조종장치의 C/R비는 약 얼마인가?

① 2.62   ② 5.24
③ 8.33   ④ 10.48

해설
C/R비 = [(조정장치가 움직인 각도/360) × 2π × 원주]/(표시장치의 이동거리)
= (30/360 × 2π × 20)/4 ≒ 2.62

09 밀러(Miller)의 신비의 수(Magic Number) 7±2와 관련이 있는 인간의 정보처리 계통은?

① 장기기억   ② 단기기억
③ 감각기관   ④ 제어기관

해설
작업기억(단기기억)에 유지할 수 있는 최대항목수(경로용량)는 7±2로 Miller의 Magic Number라고 함

10 인간공학연구에 사용되는 기준(Criterion, 종속변수) 중 인적 기준(Human Criterion)에 해당하지 않은 것은?

① 보전도   ② 사고빈도
③ 주관적 반응   ④ 인간 성능

해설
인간공학연구에 사용되는 기준
• 인간의 성능 : 인간의 감각활동, 정신활동, 근육활동
• 주관적 반응 : 인간의 주관적 지각도, 감각기관을 통한 정보의 판단
• 생리학적 지표 : 심박수, 혈압, 호흡수, 피부반응, 피부온도
• 사고빈도 : 사고나 상해의 적절한 발생빈도

정답 05 ② 06 ② 07 ② 08 ① 09 ② 10 ①

11 시력에 관한 설명으로 틀린 것은?
① 근시는 수정체가 두꺼워져 먼 물체를 볼 수 없다.
② 시력은 시각(Visual Angle)의 역수로 측정한다.
③ 시각(Visual Angle)은 표적까지의 거리를 표적두께로 나누어 계산한다.
④ 눈이 파악할 수 있는 표적 사이의 최소공간을 최소분간시력(Minimum Separable Acuity)이라고 한다.

해설
시각은 표적두께를 표적까지의 거리로 나누어 계산한다.

12 인간의 나이가 많아짐에 따라 시각 능력이 쇠퇴하여 근시력이 나빠지는 이유로 가장 적절한 것은?
① 시신경의 둔화로 동공의 반응이 느려지기 때문
② 세포의 팽창으로 망막에 이상이 발생하기 때문
③ 수정체의 투명도가 떨어지고 유연성이 감소하기 때문
④ 안구 내의 공막이 얇아져 영양 공급이 잘 되지 않기 때문

해설
노안의 원인은 수정체가 딱딱해지고, 탄력이 떨어져 이로 인해 수정체의 조절력이 감소하기 때문이다.

13 음 세기(Sound Intensity)에 관한 설명으로 맞는 것은?
① 음 세기의 단위는 Hz이다.
② 음 세기는 소리의 고저와 관련이 있다.
③ 음 세기는 단위시간에 단위 면적을 통과하는 음의 에너지이다.
④ 음압수준 측정 시에는 2,000Hz의 순음을 기준음압으로 사용한다.

해설
① 음의 세기 단위는 dB이다.
② 음의 세기는 진폭과 관련이 있다.
④ 음압수준(SPL) 측정 시에는 1,000Hz의 순음을 기준음압으로 사용한다.

14 청각적 코드화 방법에 관한 설명으로 틀린 것은?
① 진동수는 많을수록 좋으며, 간격은 좁을수록 좋다.
② 음의 방향은 두 귀 간의 강도차를 확실하게 해야 한다.
③ 강도(순음)의 경우는 1,000~4,000Hz로 한정할 필요가 있다.
④ 지속시간은 0.5초 이상 지속시키고, 확실한 차이를 두어야 한다.

해설
청각적 암호화
• 진동수가 적은 저주파가 좋다
• 음의 방향은 두 귀 간의 강도차를 확실하게 해야 한다.
• 강도(순음)의 경우는 1,000~4,000Hz로 한정할 필요가 있다.
• 지속시간은 0.5초 이상 지속시키고, 확실한 차이를 두어야 한다.

15 인체측정 자료의 유형에 대한 설명으로 틀린 것은?
① 기능적 치수는 정적 자세에서의 신체치수를 측정한 것이다.
② 정적 치수에 의해 나타나는 값과 동적 치수에 의해 나타나는 값은 다르다.
③ 정적 치수에는 골격 치수(Skeletal Dimension)와 외곽 치수(Contour Dimension)가 있다.
④ 우리나라에서는 국가기술표준원 주관하에 'SIZE KOREA'라는 이름으로 인체 치수조사 사업을 실시하여 인체측정에 관한 결과를 제공하고 있다.

해설
기능적 치수는 정적 자세가 아니라 활동 자세에서 측정한 것이다.

16 정량적 시각 표시장치의 기본 눈금선 수열로 가장 적당한 것은?
① 2, 4, 6···
② 3, 6, 9···
③ 8, 16, 24···
④ 0, 10, 20···

해설
십진수가 가장 보기 편하다.

17 인간공학을 지칭하는 용어로 적절하지 않은 것은?

① Biology
② Ergonomics
③ Human Factors
④ Human Factors Engineering

해설
②·③·④ 모두 인간공학을 지칭하는 말이며 Biology는 생물학을 지칭한다.

18 웹 네비게이션 설계 시 검토해야 할 인터페이스 요소로서 가장 적절하지 않은 것은?

① 일관성이 있어야 한다.
② 쉽게 학습할 수 있어야 한다.
③ 전체적인 문맥을 이해하기 쉬워야 한다.
④ 시각적 이미지가 최대한 많이 제공되어야 한다.

해설
시각적 이미지가 많이 제공되면 인지과정의 장애를 초래한다.

19 인간이 기계를 조종하여 임무를 수행해야 하는 직렬구조의 인간-기계 체계가 있다. 인간의 신뢰도가 0.9, 기계의 신뢰도 0.9이라면 이 인간-기계 통합 체계의 신뢰도는 얼마인가?

① 0.64
② 0.72
③ 0.81
④ 0.98

해설
$R = a \times b = 0.9 \times 0.9 = 0.81$

20 인체측정치의 응용원칙과 관계가 먼 것은?

① 극단치를 이용한 설계
② 평균치를 이용한 설계
③ 조절식 범위를 이용한 설계
④ 기능적 치수를 이용한 설계

해설
인체측정의 응용원칙의 순서는 조절식 설계 → 극단치 설계 → 평균치 설계 순이다.

21 점광원으로부터 어떤 물체나 표면에 도달하는 빛의 밀도를 나타내는 단위로 맞는 것은?

① nit
② lambert
③ candela
④ lumen/m²

해설
조도 : 점광원으로부터 몇 m 떨어진 어떤 물체표면에 도달하는 빛의 양(lumen/m²)

22 최대산소소비능력(MAP)에 관한 설명으로 틀린 것은?

① 산소섭취량이 일정하게 되는 수준을 말한다.
② 최대산소소비능력은 개인의 운동역량을 평가하는데 활용된다.
③ 젊은 여성의 평균 MAP는 젊은 남성의 평균 MAP 20~30% 정도이다.
④ MAP를 측정하기 위해서 주로 트레드밀(Treadmill)이나 자전거 에르고미터(Ergometer)를 활용한다.

해설
젊은 여성의 MAP는 남성의 65~75% 정도이다.

정답 17 ① 18 ④ 19 ③ 20 ④ 21 ④ 22 ③

23 정적 자세를 유지할 때의 떨림(Tremor)을 감소시킬 수 있는 방법으로 적당한 것은?
① 손을 심장 높이보다 높게 한다.
② 몸과 작업에 관계되는 부위를 잘 받친다.
③ 작업 대상물에 기계적인 마찰을 제거한다.
④ 시각적인 기준(Reference)을 정하지 않는다.

해설
몸과 작업에 관계되는 부위를 지지하는 것이 떨림 감소대책으로 가장 적합하다.

24 신경계에 관한 설명으로 틀린 것은?
① 체신경계는 피부, 골격근, 뼈 등에 분포한다.
② 자율신경계는 교감신경계와 부교감신경계로 세분된다.
③ 중추신경계는 척수신경과 말초신경으로 이루어진다.
④ 기능적으로는 체신경계와 자율신경계로 나눌 수 있다.

해설
중추신경계는 뇌와 척수이다.

25 어떤 작업자의 5분 작업에 대한 전체 심박수는 400회, 일박출량은 65mL/회로 측정되었다면 이 작업자의 분당 심박출량(L/min)은?
① 4.5L/min ② 4.8L/min
③ 5.0L/min ④ 5.2L/min

해설
심박출량(ℓ/min) = 심박수(Heart Rate) × 박출량(Stroke Volume) = 400 × 65/1,000/5 = 5.2

26 육체적인 작업을 할 경우 순환기계의 반응이 아닌 것은?
① 혈압의 상승
② 혈류의 재분배
③ 심박출량의 증가
④ 산소소모량의 증가

해설
산소소모량의 증가는 호흡계의 반응이다.

27 인체의 해부학적 자세에서 팔꿈치 관절의 굴곡과 신전 동작이 일어나는 면은?
① 시상면(Sagittal Plane)
② 정중면(Median Plane)
③ 관상면(Coronal Plane)
④ 횡단면(Transverse Plane)

해설
신전과 굴곡은 신체의 좌우를 분리하는 시상면을 따라 일어난다.

28 소음방지대책 중 다음과 같은 기법을 무엇이라 하는가?

| 감쇠대상의 음파와 동위상인 신호를 보내어 음파 간에 간섭현상을 일으키면서 소음이 저감되도록 하는 기법 |

① 음원 대책   ② 능동제어 대책
③ 수음자 대책 ④ 전파경로 대책

해설
② 능동제어 대책 : 감쇠대상의 음파와 동위상인 신호를 보내어 음파 간에 간섭현상을 일으켜 소음을 저감
① 음원 대책 : 소음원 제거, 경감
③ 수음자 대책 : 귀마개 착용
④ 전파경로 대책 : 소음원을 흡음재로 감쌈 등

29 기초대사량의 측정과 가장 관계가 깊은 자세는 무엇인가?

① 누워서 휴식을 취하고 있는 상태
② 앉아서 휴식을 취하고 있는 상태
③ 선 자세로 휴식을 취하고 있는 상태
④ 벽에 기대어 휴식을 취하고 있는 상태

해설
기초대사량은 공복상태로 쾌적한 온도에서 신체적 휴식을 취하는 조건에서 측정(누운 자세)한다.

30 소음에 의한 청력손실이 가장 크게 발생하는 주파수 대역은?

① 1,000Hz   ② 2,000Hz
③ 4,000Hz   ④ 10,000Hz

해설
청력손실
- 일시적 청력손실(TTS ; Temporary Threshold Shift) : 4,000~6,000Hz
- 영구적 청력손실(PTS, ; Permanent Threshold Shift) : 3,000~6,000Hz(4,000Hz 부근이 심각 – 사람의 귀는 4,000Hz에서 가장 민감함)
- C5 dip 현상 : 감음난청으로 초기에는 4000Hz에서 청력이 저하되는 현상

31 어떤 작업의 총 작업시간이 35분이고 작업 중 평균 에너지 소비량이 분당 7kcal라면 이 때 필요한 휴식시간은 약 몇 분인가? (단, Murrell의 공식을 이용하며, 기초대사량은 분당 1.5kcal, 남성의 권장 평균 에너지소비량은 분당 5kcal이다)

① 8분   ② 13분
③ 18분   ④ 23분

해설
휴식시간(R) = T × (E − S)/(E − W)
= 총작업시간 × (작업 중 E소비량 − 표준 E소비량)/(작업 중 E소비량 − 휴식 중 E소비량)
= 35 × (7 − 5)/(7 − 1.5) = 12.73 ≒ 13

32 정적 평형상태에 대한 설명으로 틀린 것은?

① 힘이 거리에 반비례하여 발생한다.
② 물체나 신체가 움직이지 않는 상태이다.
③ 작용하는 모든 힘의 총합이 0인 상태이다.
④ 작용하는 모든 모멘트의 총합이 0인 상태이다.

해설
정적 평형상태란 물체가 전혀 회전하지 않거나 일정한 각속도로 회전하는 것 모두를 의미한다.

33 정신활동의 부담척도로 사용되는 시각적 점멸융합주파수(VFF)에 대한 설명으로 틀린 것은?

① 연습의 효과는 적다.
② 암조응 시는 VFF가 증가한다.
③ 휘도만 같으면 색은 VFF에 영향을 주지 않는다.
④ VFF는 조명 강도의 대수치에 선형적으로 비례한다.

해설
암조응 시는 VFF가 감소한다.

34 근세포막에 전달된 흥분을 근세포 내부로 전달하는 통로 역할을 하는 것은?

① 근초(Sarcolemma)
② 근섬유속(Fasciculuse)
③ 가로세관(Transverse Tubules)
④ 근형질세망(Sarcoplasmic Reticulum)

해설
가로세관(Transverse Tubules) : 근세포막에 전달된 흥분을 근세포 내부로 전달하는 통로역할

정답 29 ① 30 ③ 31 ② 32 ① 33 ② 34 ③

35. 근육 대사작용에서 혐기성 과정으로 글루코오스가 분해되어 생성되는 물질은?

① 물
② 피루브산
③ 젖 산
④ 이산화탄소

해설
- 무기성대사 : 산소가 필요하지 않은 대사로 열·에너지 + 젖산 + 이산화탄소 + 물 배출
- 인체활동수준이 너무 높아 근육에 공급되는 산소가 부족할 경우 글루코오스가 분해되어 혈액 중에 젖산이 축적됨

36. 근(筋)섬유에 관한 설명으로 틀린 것은?

① 적근섬유(Slow Twitch Fiber)는 주로 작은 근육 그룹에서 볼 수 있다.
② 백근섬유(Fast Twitch Fiber)는 무산소 운동에 좋아 단거리 달리기 등에 사용된다.
③ 근섬유는 백근섬유(Fast Twitch Fiber)와 적근섬유(Slow Twitch Fiber)로 나눌 수 있다.
④ 운동이 격렬하여 근육에 산소공급이 원활하지 않은 경우에는 엽산이 생성되어 피곤함을 느낀다.

해설
엽산이 아니라 젖산이다.

37. 교대근무와 생체리듬과의 관계에서 야간근무를 하는 동안 근무시간이 길어질 때 졸음이 증가하고 작업능력이 저하되는 현상을 무엇이라 하는가?

① 항상성 유지기능
② 작업적응 유지기능
③ 생리적응 유지기능
④ 야간적응 유지기능

해설
수면욕구는 자동적으로 조절되는 신체 항상성 유지기능이다.

38. 수술실과 같이 대비가 아주 낮고, 크기가 작은 아주 특수한 시각적 작업의 실행에 가장 적절한 조도는?

① 500~1,000룩스
② 1,000~2,000룩스
③ 3,000~5,000룩스
④ 10,000~20,000룩스

해설
수술실의 조도는 최소 10,000룩스 이상이다.

39. 근력 및 지구력에 대한 설명으로 틀린 것은?

① 정적인 근력 측정치로부터 동적 작업에서 발휘할 수 있는 최대 힘을 정확히 추정할 수 있다.
② 근력 측정치는 작업 조건뿐만 아니라 검사자의 지시내용, 측정방법 등에 의해서도 달라진다.
③ 근육이 발휘할 수 있는 힘은 근육의 최대자율수축(MVC)에 대한 백분율로 나타난다.
④ 등척력(Isometric Strength)은 신체를 움직이지 않으면서 자발적으로 가할 수 있는 힘의 최댓값이다.

해설
정적 근력 측정치로는 동적 근력을 측정할 수 없다.

40. 고온 스트레스의 개인차에 대한 설명 중 틀린 것은?

① 나이가 들수록 고온 스트레스에 적응하기 힘들다.
② 남자가 여자보다 고온에 적응하는 것이 어렵다.
③ 체지방이 많은 사람일수록 고온에 견디기 어렵다.
④ 체력이 좋은 사람일수록 고온 환경에서 작업할 때 잘 견딘다.

해설
체지방이 많은 여자가 고온에 적응하기 힘들다.

정답 35 ③ 36 ④ 37 ① 38 ④ 39 ① 40 ②

41 검사작업자가 한 로트에 100개인 부품을 조사하여 6개의 부적합품을 발견했으나 로트에는 실제로 10개의 부적합품이 있었다면 이 검사 작업자의 휴먼 에러 확률은 얼마인가?

① 0.04
② 0.06
③ 0.1
④ 0.6

해설
- HEP(Human Error Probability) : 주어진 작업을 수행하는 동안 발생하는 오류의 확률
- HEP = 오류의 수/전체 오류발생 기회의 수 = 4/100 = 0.04

42 안전관리의 개요에 관한 설명으로 틀린 것은?

① 안전의 3요소는 Engineering, Education, Economy 이다.
② 안전의 기본원리는 사고방지차원에서의 산업재해 예방활동을 통해 무재해를 추구하는 것이다.
③ 사고방지를 위해서 현장에 존재하는 위험을 찾아내고, 이를 제거하거나 위험성(Risk)을 최소화한다는 위험통제의 개념이 적용되고 있다.
④ 안전관리란 생산성을 향상시키고 재해로 인한 손실을 최소화하기 위하여 행하는 것으로 재해의 원인 및 경과의 규명과 재해방지에 필요한 과학 기술에 관한 계통적 지식체계의 관리를 의미한다.

해설
하비(Harvey)의 3E(산업재해를 위한 안전대책)
- Education(안전교육)
- Engineering(안전기술)
- Enforcement(안전독려)

43 주의의 범위가 높고 신뢰성이 매우 높은 상태의 의식수준으로 맞는 것은?

① Phase 0
② Phase Ⅰ
③ Phase Ⅱ
④ Phase Ⅲ

해설
Phase Ⅲ
- β파의 의식수준으로서, 적당한 긴장감과 주의력이 작동하고 있음
- 사태의 분석, 예측능력이 가장 잘 발휘되고 있는 상태로 의식은 밝고 맑음
- 전두엽이 완전히(활발히) 활동하고 있고, 실수를 하는 일도 거의 없음

44 근로자가 400명이 작업하는 사업장에서 1일 8시간씩 연간 300일 근무하는 동안 10건의 재해가 발생하였다. 도수율(빈도율)은 얼마인가? (단, 결근율은 10%이다)

① 2.50
② 10.42
③ 11.57
④ 12.54

해설
도수율(100만시간당 재해발생건수) = 100만시간당 재해건수/총연근로시간수
= 10 × 100만/400 × 2400 × 0.9 ≒ 11.57

45 재해 발생 원인의 4M에 해당하지 않는 것은?

① Man
② Movement
③ Machine
④ Management

해설
휴먼 에러의 배후요인 4가지(4M) : Man, Machine, Media, Management

46 인간과오를 방지하기 위하여 기계설비를 설계하는 원칙에 해당되지 않는 것은?

① 안전설계(Fail-safe Design)
② 배타설계(Exclusion Design)
③ 조절설계(Adjustable Design)
④ 보호설계(Prevention Design)

해설
휴먼 에러의 3가지 설계기법
- 배타설계(Exclusion Design) : 휴먼 에러의 가능성을 근원적으로 제거
- 예방(보호)설계(Preventive Design) : 사람의 부주의로 인한 실수를 미연에 방지하도록 설계
- 안전설계(Fail-safe Design) : 기계나 그 부품에 고장이나 기능불량이 생겨도 항상 안전하게 작동하도록 설계

47 부주의를 일으키는 의식수준에 대한 설명으로 틀린 것은?

① 의식의 저하 – 귀찮은 생각에 해야 할 과정을 빠뜨리고 행동하는 상태
② 의식의 과잉 – 순간적으로 의식이 긴장되고 한 방향으로만 집중되는 상태
③ 의식의 단절 – 외부의 정보를 받아들일 수도 없고 의사결정도 할 수 없는 상태
④ 의식의 우회 – 습관적으로 작업을 하지만 머릿속엔 고민이나 공상으로 가득 차 있는 상태

해설
의식수준의 저하(의식수준 : Phase 1 이하 상태)
- 의식수준을 긴장한 상태로 장시간 유지할 수 없어 발생
- 혼미한 정신 상태에서 심신이 피로할 경우나 단조로운 작업 등의 경우에 일어나기 쉬움

48 조직을 유지하고 성장시키기 위한 평가를 실행함에 있어서 평가자가 저지르기 쉬운 과오 중, 어떤 사람에 관한 평가자의 개인적 인상이 피평가자 개개인의 특징에 관한 평가에 영향을 미치는 영향을 설명하는 이론은?

① 할로 효과(Halo Effect)
② 대비 효과(Contrast Effect)
③ 근접오차(Proximity Effect)
④ 관대화 경향(Centralization Tendency)

해설
후광 효과(Halo Effect)
- 특정인이 가진 지엽적인 특성만을 가지고 그 사람의 모든 측면을 긍정적으로 평가하는 오류
- 한 개인의 특정부분에 대한 인상으로 여러 특성을 전반적으로 파악하려고 함

49 집단 간 갈등원인과 이에 대한 대책으로 틀린 것은?

① 영역 모호성-역할과 책임을 분명하게 한다.
② 자원부족-계열사나 자회사로의 전직기회를 확대한다.
③ 불균형 상태-승진에 대한 동기를 부여하기 위하여 직급 간 처우에 차이를 크게 둔다.
④ 작업유동의 상호의존성-부서간의 협조, 정보교환, 동조, 협력체계를 견고하게 구축한다.

해설
불균형 상태-직급 간 처우에 차이를 작게 두어야 한다.

50 제조업자가 합리적인 대체설계를 채용하였더라면 피해나 위험을 줄이거나 피할 수 있었음에도 대체설계를 채용하지 아니하여 해당 제조물이 안전하지 못하게 된 경우를 지칭하는 결함의 유형은?

① 제조상의 결함
② 지시상의 결함
③ 경고상의 결함
④ 설계상의 결함

해설
설계상의 결함
제조업자가 합리적인 대체설계를 채용하였더라면 피해나 위험을 줄이거나 피할 수 있었음에도 대체설계를 채용하지 아니함

51 테일러(F.W. Taylor)에 의해 주장된 조직형태로서 관리자가 일정한 관리기능을 담당하도록 기능별 전문화가 이루어진 조직은?

① 위원회 조직 ② 직능식 조직
③ 프로젝트 조직 ④ 사업부제 조직

해설
조직의 종류
- 직계참모 조직 : 직능별 전문화의 원리와 명령 일원화의 원리를 조화시킬 목적으로 형성한 조직
- 위원회 조직 : 공동의사를 결정하는 회의체로서 현대에 많은 기업체에서 경영의 실천과정으로 도입하고 있는 조직
- 직능식 조직 : 테일러(F.W. Taylor)에 의해 주장된 조직 형태로서 관리자가 일정한 관리기능을 담당하도록 기능별 전문화가 이루어진 조직
- 직계식 조직 : 최고 상위에서부터 최하위의 단계에 이르는 모든 직위가 단일 명령권한의 라인으로 연결된 조직

52 어떤 사람의 행동이 "빨리빨리, 경쟁적으로, 여러 가지를 한꺼번에"한다고 하면 어떤 성격특성을 설명하는가?

① Type-A 성격 ② Type-B 성격
③ Type-C 성격 ④ Type-D 성격

해설
인간의 성격유형

A형 성격 (Type A Personality)	B형 성격 (Type B Personality)
• 참을성이 없음 • 성취욕망이 크고 완벽주의 특징 • 언제나 뭔가 하고 있음 • 성격이 급하고 시간에 쫓김 • 한 번에 많은 계획을 세우고 많은 일을 함 • 경쟁적이고 조급함 • 부하직원들에게 위임기보다는 자신이 스스로 일처리를 함 • 경쟁적이어서 팀의 화합을 도출하기 어려움 • 시간적 제약이 있거나 복수의 상충된 요구가 있는 일을 독자적으로 수행할 경우에 성과가 높음	• 언제나 차분하게 있음 • 유유자적하고 시간에 무관심함 • 한 번에 한 가지씩 계획하고 처리함 • 협조적이고 서두르지 않음 • 부하직원들을 신뢰하며 부하직원들에게 일을 위임함 • 부하직원을 배려하여 팀의 화합을 도출 • 시간이 걸리더라도 정확성이 요구되는 일이나 많은 변수들을 고려해야 하는 일에 성과가 높음

53 NIOSH 직무스트레스 모형에서 직무스트레스 요인과 성격이 다른 한 가지는?

① 작업 요인 ② 조직 요인
③ 환경 요인 ④ 상황 요인

해설
직무스트레스 요인 : 작업 요인, 조직 요인, 환경 요인

54 심리적 측면에서 분류한 휴먼 에러의 분류에 속하는 것은?

① 입력 오류 ② 정보처리 오류
③ 생략 오류 ④ 의사결정 오류

해설
Swain과 Guttman의 분류(심리적 측면에서의 분류)
- 실행 에러(Commission Error) : 작업 내지 단계는 수행하였으나 잘못한 에러
- 생략 에러(Omission Error) : 필요한 작업 내지 단계를 수행하지 않은 에러
- 순서 에러(Sequential Error) : 작업수행의 순서를 잘못한 에러
- 시간 에러(Timing Error) : 주어진 시간 내에 동작을 수행하지 못하거나 너무 빠르게 또는 너무 느리게 수행하였을 때 생긴 에러
- 불필요한 행동 에러(Extraneous Act Error) : 해서는 안 될 불필요한 작업의 행동을 수행한 에러

55 스트레스가 정보처리 수행에 미치는 영향에 대한 설명으로 거리가 가장 먼 것은?

① 스트레스 하에서 의사결정의 질은 저하된다.
② 스트레스는 효율적인 학습을 어렵게 할 수 있다.
③ 스트레스는 빠른 수행보다는 정확한 수행으로 편파시키는 경향이 있다.
④ 스트레스에 의해 인지적 터널링이 발생하여 다양한 가설을 고려하지 못한다.

해설
스트레스는 정확한 수행보다는 빠른 수행으로 편파시키는 경향이 있다.

정답 51 ② 52 ① 53 ④ 54 ③ 55 ③

56 여러 개의 자극을 제시하고 각각의 자극에 대하여 반응을 하는 과제를 준 후, 자극이 제시되어 반응할 때까지의 시간을 무엇이라 하는가?

① 기초반응시간 ② 단순반응시간
③ 집중반응시간 ④ 선택반응시간

해설
선택반응시간(Choice TR) : 여러 개의 자극을 제시하고 각각의 자극에 대하여 반응을 하는 과제를 준 후, 자극이 제시되어 반응할 때까지의 시간

57 재해 예방 원칙에 대한 설명 중 틀린 것은?

① 예방 가능의 원칙 – 천재지변을 제외한 모든 인재는 예방이 가능하다.
② 손실 우연의 원칙 – 재해손실은 우연한 사고원인에 따라 발생한다.
③ 원인 연계의 원칙 – 사고에는 반드시 원인이 있고 원인은 대부분 복합적 연계 원인이 있다.
④ 대책 선정의 원칙 – 사고의 원인이나 불안전요소가 발견되면 반드시 대책을 선정하여 실시하여야 한다.

해설
손실 우연의 법칙 : 손실의 크기와 대소는 예측이 안되고, 우연에 의해 발생하므로 사고 자체 발생의 방지·예방이 중요

58 휴먼 에러 확률에 대한 추정기법 중 Tree구조와 비슷한 그림을 이용하며, 사건들을 일련의 2지(Binary) 의사결정 분지(分枝)들로 모형화 하여 직무의 올바른 수행여부를 확률적으로 부여함으로 에러율을 추정하는 기법은?

① FMEA
② THERP
③ Fool Proof Method
④ Monte Carlo Method

해설
THERP(Technique for Human Error Rate Prediction) : 휴먼 에러율 예측기법
- 1963년 Swain을 대표로 하는 미국 샌디아 국립연구소 연구팀에 의하여 개발된 정량적 분석기법
- 직무를 작업단위로 분해하여 휴먼 에러 신뢰도 수목을 구성
- 확률론적 안전기법으로 인간의 과오율 추정법은 5개의 단계로 되어 있음
- 100만 운전시간 당 과오도수를 기본 과오율로 하여 평가

59 동기이론 중 직무 환경요인을 중시하는 것은?

① 기대이론 ② 자기조절이론
③ 목표설정이론 ④ 작업설계이론

해설
작업설계이론
- 동기를 유발하는 근원이 개인 내에 있는 것이 아니라 작업이 수행되는 환경에 있음
- 직무가 적절하게 설계되어 있다면 작업 자체가 개인의 동기를 촉진시킬 수 있음

60 리더가 구성원에 영향력을 행사하기 위한 9가지 영향 방략과 가장 거리가 먼 것은?

① 자 문 ② 무 시
③ 제 휴 ④ 합리적 설득

해설
리더가 구성원에 영향력을 행사하기 위한 9가지 전략
- 합리적 설득 : 일을 지시할 때 왜 그 일을 지시하는지에 대해 논리적으로 설명
- 고무적 호소 : 종업원의 가치나 이상에 호소하고 종업원 자신이 어떤 것을 이루어낼 수 있는 능력이 있는지 설득
- 자문 : 부하들의 참여가 중요한 일에 관해 부하의 도움을 구함
- 아부 : 리더가 어떤 요구를 하기 전에 부하직원들의 기분을 좋게 함
- 교환 : 부하들이 리더의 요구에 응할 경우 대가를 제공
- 개인적 호소 : 특정 부하직원의 개인적 충성심이나 우정과 같은 개인적 친밀관계에 호소
- 동맹 : 부하직원들이 요구에 응하도록 설득하기 위해 다른 사람을 동원하거나, 그런 요구를 받는 것이 얼마나 영광스러운 것인지를 다른 사람의 예를 통해 설명
- 합법화 : 자신이 요구를 할 수 있는 타당한 권위를 가지고 있음을 강조
- 압력 : 명령/협박 또는 감시/확인

56 ④ 57 ② 58 ② 59 ④ 60 ②

61 근골격계질환 예방·관리 프로그램에서 추진팀의 구성원이 아닌 것은?

① 관리자
② 근로자 대표
③ 사용자 대표
④ 보건담당자

해설
예방·관리 추진팀의 구성 : 근로자 대표가 위임하는 자, 관리자, 정비보수담당자, 보건안전담당자, 구매담당자 등

62 작업관리의 문제분석 도구로서, 가로축에 항목, 세로축에 항목별 점유비율과 누적비율로 막대-꺾은선 혼합 그래프를 사용하는 것은?

① 파레토 차트
② 간트 차트
③ 특성요인도
④ PERT 차트

해설
파레토 차트(Pareto Chart)
- 문제의 인자를 파악하고 그것들이 차지하는 비율을 누적분포의 형태로 표현
- 가로축에 항목, 세로축에 항목별 점유비율과 누적비율로 막대-꺾은선 혼합 그래프를 사용

63 작업분석에 사용되는 공정도나 차트가 아닌 것은?

① 유통선도(Flow Diagram)
② 활동분석표(Activity Chart)
③ 간접노동분석표(Indirect Labor Chart)
④ 복수작업자분석표(Gang Process Chart)

해설
간접노동분석표는 작업분석에 사용되는 공정도와 차트가 아니다.

64 근골격계질환을 예방하기 위한 대책으로 적절하지 않은 것은?

① 단순 반복 작업은 기계를 사용한다.
② 작업장법과 작업공간을 재설계한다.
③ 작업순환(Job Rotation)을 실시한다.
④ 작업속도와 작업강도를 점진적으로 강화한다.

해설
작업속도와 강도증가는 예방대책이 아니다.

65 요소작업이 여러 개인 경우의 관측횟수를 결정하고자 한다. 표본의 표준편차는 0.60이고, 신뢰도 계수는 2인 추정의 오차범위 ±5%를 만족시키는 관측횟수(N)는 몇 번인가?

① 24번
② 66번
③ 144번
④ 576번

해설
$N = [(t \times S)/(e \times \bar{x})]^2 = [2 \times 0.6/0.05]^2 = 576$

66 개정된 NIOSH 들기 작업 지침에 따라 권장 무게 한계(RWL)를 산출하고자 할 때, RWL이 최적이 되는 조건과 거리가 먼 것은?

① 정면에서 중량물 중심까지의 비틀림이 없을 때
② 작업자와 물체의 수평거리가 25cm 보다 작을 때
③ 물체를 이동시킨 수직거리가 75cm 보다 작을 때
④ 수직높이가 팔을 편안히 늘어뜨린 상태의 손 높이일 때

해설
- 이동시킨 수직거리가 25cm보다 작을 때 최적이 RWL이 된다.
- 거리계수(DM ; Distance Multiplier) = 0.82 + 4.5/D
  - 물체를 수직이동시킨 거리
  - 25cm 이하 → 1
  - 175cm 이상 → 0

67 셀(Cell) 생산방식에 가장 적합한 제품은?

① 의 류
② 가 구
③ 신 발
④ 컴퓨터

해설
셀(Cell) 생산방식
- 처음부터 최종공정까지 한 사람이 담당하여 완제품을 생산하는 방식
- 셀(Cell) 생산방식을 통해 세계 PC시장을 장악한 것이 컴팩(Compaq)으로 컴퓨터 생산에 가장 적합

68 근골격계질환 관련 위험작업에 대한 관리적 개선으로 볼 수 없는 것은?

① 작업의 다양성 제공
② 스트레칭 체조의 활성화
③ 작업도구나 설비의 개선
④ 작업일정 및 작업속도 조절

해설
작업도구나 설비의 개선은 공학적 개선이다.

69 다음 중 근골격계질환의 발생원인 중 작업 관련 요인에 해당하는 것은?

① 직장 경력
② 작업 만족도
③ 휴식 시간 부족
④ 작업의 자율적 조절

해설
① 개인적 요인
② 사회심리적 요인
④ 사회심리적 요인

70 간헐적으로 랜덤 한 시점에서 연구대상을 순간적으로 관측하여 대상이 처한 상황을 파악하고 이를 토대로 관측시간 동안에 나타난 항목별로 차지하는 비율을 추정하는 방법은?

① PTS법
② 워크샘플링
③ 웨스팅하우스법
④ 스톱워치를 이용한 시간연구

해설
워크샘플링(Work Sampling)
- 간헐적으로 랜덤 한 시점에서 연구대상을 순간적으로 관측하여 대상이 처한 상황을 파악하고 이를 토대로 관측시간 동안에 나타난 항목별로 차지하는 비율을 추정하는 방법
- 연속관측법의 단점을 보완한 이산적 샘플링 기법

71 1TMU(Time Measurement Unit)를 초단위로 환산한 것은?

① 0.0036초
② 0.036초
③ 0.36초
④ 1.667초

해설
1TMU = 0.00001시간 = 0.0006분 = 0.036초

72 동작경제원칙 중 신체의 사용에 관한 원칙이 아닌 것은?

① 두 손은 동시에 시작하고, 동시에 끝나도록 한다.
② 두 팔은 서로 반대 방향으로 대칭적으로 움직이도록 한다.
③ 가능하다면 쉽고 자연스러운 리듬이 생기도록 동작을 배치한다.
④ 타자 칠 때와 같이 각 손가락이 서로 다른 작업을 할 때에는 작업량을 각 손가락의 능력에 맞게 배분해야 한다.

해설

신체사용에 관한 원칙(Use of Human Body) 9가지
- 탄도동작 : 탄도동작은 제한된 동작보다 더 신속, 용이, 정확하다.
- 초점작업 : 초점작업은 가능한 없애고 불가피한 경우 초점 간의 거리를 짧게 한다.
- 리듬 : 자연스러운 리듬이 작업동작에 생기도록 배치한다.
- 연속 : 손의 동작은 자연스러운 연속동작이 되도록 하며 갑작스럽게 방향이 바뀌는 직선동작은 피한다.
- 낮은 : 가장 낮은 동작등급을 사용한다.
- 동시 : 두 손의 동작은 동시에 시작하고 동시에 끝난다.
- 관성 : 관성을 이용하여 작업하되 억제하여야 하는 최소한도로 줄인다.
- 휴식 : 휴식시간을 제외하고는 두 손이 동시에 쉬지 않는다.
- 대칭방향 : 두 손의 동작은 서로 대칭방향으로 움직이도록 한다.

73 설비의 배치 방법 중 제품별 배치의 특성에 대한 설명 중 틀린 것은?

① 재고와 재공품이 적어 저장면적이 작다.
② 운반거리가 짧고 가공물의 흐름이 빠르다.
③ 작업 기능이 단순화되며 작업자의 작업 지도가 용이하다.
④ 설비의 보전이 용이하고 가동률이 높기 때문에 자본투자가 적다.

해설

설비의 보전이 용이하고 가동률이 높기 때문에 자본투자가 적은 것은 공정별 배치이다.

74 작업분석의 활용 및 적용에 관한 사항 중 틀린 것은?

① 조업정지의 손실이 큰 작업부터 대상으로 한다.
② 주기기간이 짧은 작업의 동작분석은 서블릭 분석법을 이용한다.
③ 사람의 동작이 많은 작업을 개선하려는 경우에 적용하는 것이 바람직하다.
④ 반복 작업이 많은 작업의 동작개선은 미세한 동작개선을 중심으로 한다.

해설

주기기간이 긴 작업의 동작분석은 서블릭 분석법을 이용한다.

75 A작업의 관측평균시간이 25DM이고, 제1평가에 의한 속도평가계수는 120%이며, 제2평가에 의한 2차 조정계수가 10%일 때 객관적 평가법에 의한 정미시간은 몇 초인가? (단, 1DM = 0.6초이다)

① 19.8 ② 23.8
③ 26.1 ④ 28.8

해설

정미시간 = 관측시간의 평균치 × 속도평가계수 × (1 + 2차 조정계수)
= (25 × 0.6) × 1.2 × (1 + 0.1) = 19.8

76 보다 많은 아이디어를 창출하기 위하여 가능한 모든 의견을 비판 없이 받아들이고 수정 발언을 허용하며 대량 발언을 유도하는 방법은?

① Brainstorming ② SEARCH
③ Mind Mapping ④ ECRS 원칙

해설

브레인스토밍(Brainstorming)
- 자유분방 : 유연한 사고를 유도
- 질보다 양 : 질은 나중에 생각하고 무조건 많이 쏟아냄
- 비판금지 : 기존의 틀로 외부자극에 대한 방어자세를 취하지 말 것
- 결합과 개선 : 양을 질로 변화시키는 것, 지식에 지식을 더하기

77 작업관리의 목적에 부합하지 않는 것은?

① 안전하게 작업을 실시하도록 한다.
② 작업의 효율성을 높여 재고량을 확보한다.
③ 생산 작업을 합리적이고 효율적으로 개선한다.
④ 표준화된 작업의 실시과정에서 그 표준이 유지되도록 한다.

해설

작업관리의 목적은 재고량 확보가 아니다.
작업관리의 목적
- 작업방법의 개선, 생산성 향상, 편리성 향상
- 표준시간의 설정을 통한 작업효율 관리
- 최선의 작업방법 개발, 재료와 방법의 표준화
- 비능률적인 요소 제거, 최적 작업방법에 의한 작업자 훈련

정답 73 ④ 74 ② 75 ① 76 ① 77 ②

78 어느 병원의 간호사에 대한 근골격계질환의 위험을 평가하기 위하여 인간공학분야에서 많이 사용되는 유해요인 평가도구 중 하나인 RULA(Rapid Upper Limb Assessment)를 적용하여 작업을 평가한 결과, 최종 점수가 4점으로 평가되었다. 평가 결과에 대한 해석으로 맞는 것은?

① 수용가능한 안전한 작업으로 평가됨
② 계속적 추가관찰을 요하는 작업으로 평가됨
③ 빠른 작업개선과 작업위험요인의 분석이 요구됨
④ 즉각적인 개선과 작업위험요인의 정밀조사가 요구됨

해설

총점에 따라 4개의 조치단계(Action Level)로 평가
- 조치수준1(점수 1~2) : 작업이 오랫동안 지속적으로 반복적으로만 행해지지 않는다면 작업 자세에 별 문제가 없음
- 조치수준2(점수 3~4) : 작업 자세에 대한 추가적인 연구가 필요하고, 작업 자세를 변경할 필요가 있음
- 조치수준3(점수 5~6) : 작업 자세를 되도록 빨리 변경해야 함
- 조치수준4(점수 7) : 작업 자세를 즉각 바꾸어야 함

80 단위작업 장소 내에 4개, 8개의 동일 작업으로 이루어진 부담 작업이 있다. 이러한 작업장에 대한 유해요인 조사 시 표본 작업 수는 각각 얼마 이상인가?

① 2, 2
② 2, 3
③ 2, 4
④ 4, 8

해설

동일 작업에 대한 유해요인 조사방법으로 10개 이하이면 가장 높은 2개를 표본으로 선정하여 유해요인 조사를 실시하는 것을 인정한다.

79 근골격계질환에 관한 설명으로 틀린 것은?

① 신체의 기능적 장해를 유발할 수 있다.
② 사전조사에 의하여 완전 예방이 가능하다.
③ 초기에 치료하지 않으면 심각해질 수 있다.
④ 미세한 근육이나 조직의 손상으로 시작된다.

해설

사전조사에 의한 완전한 예방은 불가능하다.

2019년 제3회 기출문제

01 음량의 측정과 관련된 사항으로 적절하지 않은 것은?
① 물리적 소리강도는 지각되는 음의 강도와 비례한다.
② 소리의 세기에 대한 물리적 측정 단위는 데시벨(dB)이다.
③ 손(sone)과 폰(phon)은 지각된 음의 강약을 측정하는 단위이다.
④ 손(sone)의 값 1은 주파수가 1,000Hz이고, 강도가 40dB인 음이 지각되는 소리의 크기이다.

해설
물리적 소리강도와 지각되는 음의 강도가 비례하지 않기 때문에 SONE이라는 수치를 사용한다.

02 부품배치의 원칙이 아닌 것은?
① 중요성의 원칙
② 사용빈도의 원칙
③ 사용순서의 원칙
④ 크기별 배치의 원칙

해설
배치의 원칙
계기판이나 제어장치는 중요도 → 사용빈도 → 사용순서 → 일관성 → 양립성 → 기능성 순으로 배치가 이루어져야 함
- 중요도 : 시스템 목표 달성에 중요한 구성요소를 편리한 위치에 두어야 한다.
- 사용빈도 : 자주 사용되는 구성요소를 편리한 위치에 두어야 한다.
- 사용순서 : 구성요소들 간의 관련 순서나 사용 패턴에 따라 배치해야 한다.
- 일관성 : 동일한 구성요소들은 기억이나 찾는 것을 줄이기 위하여 같은 지점에 위치한다.
- 양립성 : 조종장치와 표시장치들의 관계를 쉽게 알아볼 수 있도록 배열 형태를 반영한다.
- 기능성 : 비슷한 기능을 갖는 구성요소들 끼리 한데 모아서 서로 가까운 곳에 위치한다.

03 산업현장에서 필요한 인체치수와 같이 움직이는 자세에서 측정한 인체치수는?
① 기능적 인체치수
② 정적 인체치수
③ 구조적 인체치수
④ 고정 인체치수

해설
움직이는 자세에서 측정한 인체치수는 기능적 인체치수이다.

04 청각적 표시장치에 적용되는 지침으로 적절하지 않은 것은?
① 신호음은 배경소음과 다른 주파수를 사용한다.
② 신호음은 최소한 0.5~1초 동안 지속시킨다.
③ 300m 이상 멀리 보내는 신호음은 1,000Hz 이하의 주파수가 좋다.
④ 주변 소음은 주로 고주파이므로 은폐효과를 막기 위해 200Hz 이하의 신호음을 사용하는 것이 좋다.

해설
주변 소음은 주로 저주파이며, 주변 소음에 대한 은폐효과를 막기 위해 500~1,000Hz 신호를 사용한다.

정답 01 ① 02 ④ 03 ① 04 ④

05 인간과 기계의 역할분담에 이어 인간은 시스템 설치와 보수, 유지 및 감시 등의 역할만 담당하게 되는 시스템은?

① 수동 시스템 ② 기계 시스템
③ 자동 시스템 ④ 반자동 시스템

해설
자동화 시스템에 대한 설명이다.
인간에 의한 제어정도에 따른 분류
- 수동 시스템(Manual System)
  - 인간 자신의 신체적인 에너지를 동력원으로 사용
  - 수공구나 다른 보조기구에 힘을 가하여 작업
- 기계화 시스템(Mechanical System)/반자동 시스템(Semiautomatic System)
  - 여러 종류의 동력 공작기계와 같이 고도로 통합된 부품들로 구성
  - 동력은 기계가 제공하고, 운전자는 조종장치를 사용하여 통제
  - 인간은 표시장치를 통하여 체계의 상태에 대한 정보를 받고 정보처리 및 의사결정
- 자동화 시스템(Automated System)
  - 인간이 전혀 또는 개입할 필요가 없음
  - 장비는 감지, 의사 결정, 행동기능의 모든 기능들을 수행
  - 모든 가능한 우발상황에 대해서 적절한 행동을 취하기 위해 완전하게 프로그램화되어 있어야 함

06 연구조사에서 사용되는 기준척도의 요건에 대한 설명으로 옳은 것은?

① 타당성 – 반복 실험 시 재현성이 있어야 한다.
② 민감도 – 동일단위로 환산 가능한 척도여야 한다.
③ 신뢰성 – 기준이 의도한 목적에 부합하여야 한다.
④ 무오염성 – 기준 척도는 측정하고자 하는 변수 이외에 다른 변수의 영향을 받아서는 안된다.

해설
시스템의 평가척도
- 적절성 : 기준이 의도된 목적에 적당하다고 판단되는 정도를 말함
- 무오염성 : 기준 척도는 측정하고자 하는 변수 외의 다른 변수들의 영향을 받아서는 안됨
- 신뢰성 : 평가를 반복할 경우 일정한 결과를 얻을 수 있음
- 실제성 : 현실성을 가지며, 실질적으로 이용하기 쉬움

07 인간의 감각기관 중 작업자가 가장 많이 사용하는 감각은?

① 시 각 ② 청 각
③ 촉 각 ④ 미 각

해설
인간은 눈을 통해 정보의 80%를 수집한다.

08 시각적 암호화(Coding) 설계 시 고려사항이 아닌 것은?

① 코딩 방법의 분산화
② 사용될 정보의 종류
③ 수행될 과제의 성격과 수행조건
④ 코딩의 중복 또는 결합에 대한 필요성

해설
시각적 암호화 설계 시 고려사항
- 사용될 정보의 종류
- 수행될 과제의 성격과 수행조건
- 코딩의 중복 또는 결합에 대한 필요성

09 시식별에 영향을 주는 인자에 대한 설명으로 옳은 것은?

① 휘도의 척도로는 Foot-candle과 lx가 흔히 쓰인다.
② 어떤 물체나 표면에 도달하는 광의 밀도를 휘도라고 한다.
③ 과녁이나 관측자(또는 양자)가 움직일 경우에는 시력이 감소한다.
④ 일반적으로 조도가 큰 조건에서는 노출시간이 작을수록 식별력이 커진다.

해설
① 휘도의 단위는 Lambert를 쓴다.
② 어떤 물체나 표면에 도달하는 광의 밀도를 조도라고 한다.
④ 조도가 큰 조건에서는 노출시간이 길수록 식별력이 커진다.

정답 05 ③ 06 ④ 07 ① 08 ① 09 ③

10 인체측정치의 응용원칙으로 적합한 것은?

① 침대의 길이는 5퍼센타일 치수를 적용한다.
② 비상버튼까지의 거리는 5퍼센타일 치수를 적용한다.
③ 의자의 좌판깊이는 95퍼센타일 치수를 적용한다.
④ 지하철의 손잡이 높이는 95퍼센타일 치수를 적용한다.

해설
퍼센타일 적용 사례
- 의자의 깊이는 작은 사람에게 맞춘다(5퍼센타일).
- 지하철 손잡이의 높이는 작은 사람에게 맞춘다(5퍼센타일).
- 비상버튼까지의 거리는 작은 사람에게 맞춘다(5퍼센타일).
- 의자의 너비는 큰 사람에게 맞춘다(95퍼센타일).
- 침대의 길이는 큰 사람에게 맞춘다(95퍼센타일).

11 인간공학의 목적에 관한 내용으로 틀린 것은?

① 사용편의성의 증대, 오류감소, 생산성 향상 등을 목적으로 둔다.
② 인간공학은 일과 활동을 수행하는 효능과 효율을 향상시키는 것이다.
③ 안전성 개선, 피로와 스트레스 감소, 사용자 수용성 향상, 작업 만족도 등대를 목적으로 한다.
④ Chapanis는 목적 달성을 위해 구체적 응용에서 가장 중요한 목표는 몇 가지뿐이며, 그들의 서로 상호 연관성은 없다고 했다.

해설
Chapanis는 상호연관성이 있다고 보았다.

12 신호검출이론(SDT)에 관한 설명으로 틀린 것은[단, β는 응답편견척도(Response Bias)이고, d는 감도척도(Sensitivity)이다]?

① β값이 클수록 '보수적인 판단자'라고 한다.
② d값은 정규분포를 이용하여 구할 수 있다.
③ 민감도는 신호와 잡음 평균 간의 거리로 표현한다.
④ 잡음이 많을수록, 신호가 약하거나 분명하지 않을수록 d값은 커진다.

해설
잡음이 많을수록, 신호가 약하거나 분명하지 않을수록 민감도(d값)는 작아진다.

13 제품의 행동 유도성에 대한 설명으로 적절하지 않은 것은?

① 사용자의 행동에 단서를 제공한다.
② 행동에 제약을 주지 않는 설계를 해야 한다.
③ 제품에 물리적 또는 의미적 특성을 부여함으로써 달성이 가능하다.
④ 사용 설명서를 별도로 읽지 않아도 사용자가 무엇을 해야 할지 알 수 있도록 설계해야 한다.

해설
행동에 제약을 주는 설계를 해야 한다.
Norman의 사용자 인터페이스 설계원칙
- 가시성(Visibility)의 원칙 : 현재 상태를 명확하게 표시
- 대응의 원칙, 양립성(Compatibility)의 원칙 : 인간의 기대와 일치시킴
- 행동유도성(Affordance)의 원칙 : 행동에 제약을 줌
- 피드백(Feedback)의 원칙 : 조작결과가 표시되도록 함

14 시식별 요소에 대한 설명으로 옳지 않은 것은?

① 표면으로부터 반사되는 비율을 반사율이라 한다.
② 단위면적당 표면에서 반사되는 광량을 광도라 한다.
③ 광원으로부터 나오는 빛 에너지의 양을 휘도라 한다.
④ 어떤 물체나 표면에 도달하는 빛의 단위면적당 밀도를 조도라 한다.

해설
광원으로부터 나오는 빛 에너지의 양은 광속이다.

15 Fitts의 법칙과 관련이 없는 것은?

① 표적의 폭
② 표적의 개수
③ 이동소요 시간
④ 표적 중심선까지의 이동거리

해설
피츠의 법칙(Fitts's law)
- 표적이 작을수록, 이동거리가 길수록 작업의 난이도와 소요 이동시간이 증가한다는 법칙
- MT(Movement Time) = a + b $\log_2$(2D/W) (a : 준비시간 상수, b : 로그함수 상수, D : 목표물까지의 거리, W : 목표물의 폭)

16 배경 소음 하에서 신호의 발생 유무를 판정하는 경우 4가지 반응 결과에 대한 설명으로 틀린 것은?

① 허위경보(False Alarm) - 신호가 없을 때 신호가 있다고 판단한다.
② 신호의 정확한 판정(Hit) - 신호가 있을 때 신호가 있다고 판단한다.
③ 신호검출실패(Miss) - 정보의 부족으로 신호의 유무를 판단할 수 없다.
④ 잡음을 제대로 판정(Correct Rejection) - 신호가 없을 때 신호가 없다고 판단한다.

해설
③ 신호검출실패(Miss) : 신호를 신호 없음으로 판단(2종 오류)
① 허위경보(False Alarm) : 소음을 신호로 판단(1종 오류)
② 정확한 판정(Hit) : 신호를 신호라고 판단
④ 소음을 제대로 판정(CR) : 소음을 소음으로 판단

17 하나의 소리가 다른 소리의 청각 감지를 방해하는 현상을 무엇이라 하는가?

① 기피(Avoid) 효과
② 은폐(Masking) 효과
③ 제거(Exclusion) 효과
④ 차단(Interception) 효과

해설
은폐(Masking) 효과
2개의 소음이 동시에 존재할 때 낮은 음의 소음이 높은 음에 가려 들리지 않는 현상

18 회전운동을 하는 조종 장치의 레버를 30° 움직였을 때 표시장치의 커서는 2cm 이동하였다. 레버의 길이가 15cm일 때 이 조종 장치의 C/R비는 약 얼마인가?

① 2.62
② 3.93
③ 5.24
④ 8.33

해설
C/R비 = [(조정장치가 움직인 각도/360) × 2π × 원주]/(표시장치의 이동거리) = 30/360 × 2π × 15/2 ≒ 3.93

19 기계화 시스템에 대한 설명으로 적절하지 않은 것은?

① 동력은 기계가 제공한다.
② 반자동화 시스템이라고도 부른다.
③ 인간은 조종장치를 통해 체계를 제어한다.
④ 무인공장이 기계화 시스템의 대표적 예이다.

해설
무인공장은 자동화 시스템의 대표적 예이다.
기계화 시스템(Mechanical System), 반자동 시스템(Semiautomatic System)
• 여러 종류의 동력 공작기계와 같이 고도로 통합된 부품들로 구성
• 동력은 기계가 제공하고, 운전자는 조종장치를 사용하여 통제
• 인간은 표시장치를 통하여 체계의 상태에 대한 정보를 받고 정보처리 및 의사결정

20 계기판에 등이 4개가 있고, 그중 하나에만 불이 켜지는 경우, 얻을 수 있는 정보량은 얼마인가?

① 2bits
② 3bits
③ 4bits
④ 5bits

해설
정보량(H) = $\log_2 n$ = $\log_2 4$ = 2bit

21 산업안전보건법령상 작업환경측정에 사용되는 단위로서 고열환경을 종합적으로 평가할 수 있는 지수는?

① 실효온도(ET)
② 열스트레스지수(HSI)
③ 습구흑구온도지수(WBST)
④ 옥스퍼드지수(Oxford Index)

해설
산업안전보건법령상 작업환경 측정에 사용되는 고열의 평가는 습구흑구온도지수(WBST)로 함

22 신체동작 유형 중 관절의 각도가 감소하는 동작에 해당하는 것은?

① 굽힘(Flexion)
② 내선(Medial Retation)
③ 폄(Extension)
④ 벌림(Abduction)

해설
시상면(Sagittal Plane)
• 신체를 좌우로 양분하는 면
• 신체를 내측(Medial)과 외측(Lateral)으로 구분
• 굴곡(Flexion) : 굽히기, 부위간의 각도가 감소
• 신전(Extension) : 펴기, 부위간의 각도가 증가

23 교대작업 근로자를 위한 교대제 지침으로 옳지 않은 것은?

① 4조 3교대보다 2조 2교대가 바람직하다.
② 잡업을 최소화한다.
③ 연속적인 야간교대작업은 줄인다.
④ 근무시간 종류 후 11시간 이상의 휴식시간을 둔다.

해설
2교대 근무 최소화
• 격일재, 2조 2교대, 3조 2교대 자제
• 3조 3교대, 4조 3교대 근무가 바람직(8시간 교대제가 적정)

24 지면으로부터 가벼운 금속조각을 줍는 일에 대하여 취하는 다음의 자세 중 에너지소비량(kcal/min)이 가장 낮은 것은?

① 한 팔을 대퇴부에 지지하는 등 구부린 자세
② 두 팔의 지지가 없는 등 구부인 자세
③ 손을 지면에 지지하면서 무릎을 구부린 자세
④ 두 손을 지면에 지지하지 않은 무릎을 구부린 자세

해설
에너지소비가 가장 적은 것은 손을 지면에 지지하는 자세이다.

25 다음 중 객관적으로 육체적 활동을 측정할 수 있는 생리학적 측정방법으로 옳지 않은 것은?

① EMG
② 에너지 대사량
③ RPE 척도
④ 심박수

해설
RPE(Ratings of Perceived Exertion) 척도는 주관적 부하측정방법이다.

26 산업안전보건법령상 영상표시 단말기(VDT) 취급 근로자의 건강장해를 예방하기 위한 방법으로 옳지 않은 것은?

① 작업물을 보기 쉽도록 주위 조명 수준을 1,000lux 이상으로 높인다.
② 저휘도형 조명기구를 사용한다.
③ 빛이 작업 화면에 도달하는 각도는 화면으로부터 45° 이내로 한다.
④ 화면상의 문자와 배경과의 휘도비를 낮춘다.

해설
VDT 취급 작업 시 조명과 채광
• 창과 벽면은 반사되지 않는 재질을 사용
• 창문에 차광망, 커튼 등을 설치하여 밝기 조절이 가능하도록 함
• 주위 조명수준은 화면과의 명암의 대조가 심하지 않아야 함
• 화면의 바탕 색상이 검정색 계통일 때 300~500lux를 유지
• 화면의 바탕 색상이 흰색 계통일 때 500~700lux를 유지

27 순환계의 기능 및 특성에 관한 설명으로 옳지 않은 것은?

① 심장으로부터 말초로 혈액을 운반하는 혈관을 정맥이라고 한다.
② 모세혈관은 소동맥과 소정맥을 연결하는 혈관이다.
③ 동맥은 혈액을 심장으로부터 직접 받아들이고 맥관계에서 가장 높은 압력을 유지한다.
④ 폐순환은 우심실, 폐동맥, 폐, 폐정맥, 좌심방순의 경로로 혈액이 흐르는 것을 말한다.

해설
심장으로부터 말초로 혈액을 운반하는 혈관을 동맥이라고 한다.

정답 22 ① 23 ① 24 ③ 25 ③ 26 ① 27 ①

28 다음 중 근육의 대사(Metabolism)에 관한 설명으로 적절하지 않은 것은?

① 대사과정에 있어 산소의 공급이 충분하면 젖산이 축적된다.
② 산소를 이용하는 유기성과 산소를 이용하지 않는 무기성 대사로 나눌 수 있다.
③ 음식물을 섭취하여 기계적인 일과 열로 전환하는 화학적 과정이다.
④ 활동수준이 평상시에 공급되는 산소 이상을 필요로 하는 경우, 순환계통은 이에 맞추어 호흡수와 맥박수를 증가시킨다.

해설
젖산은 대사과정 중 산소가 부족한 상태에서 발생한다.

29 다음 중 모멘트(Moment)에 관한 설명으로 옳지 않은 것은?

① 모멘트는 특정한 축에 관하여 회전을 일으키는 힘의 경향이다.
② 모멘트의 크기는 힘의 크기와 회전축으로부터 힘의 작용선까지의 거리에 의해 결정된다.
③ 모멘트의 단위는 N·m이다.
④ 힘의 방향과 관계없이 모멘트의 방향은 항상 일정하다.

해설
모멘트의 방향은 힘에 방향에 따라 바뀐다.

30 다음 중 인간의 근육에 관한 설명으로 옳지 않은 것은?

① 근조직은 형태와 기능에 따라 골격근, 평활근, 심근으로 분류된다.
② 골격근의 수축은 운동신경의 지배를 받으며 수의적 조절에 따라 일어난다.
③ 평활근의 수축은 자율신경계, 호르몬, 화학신호의 지배를 받으며, 불수의적 조절에 따라 일어난다.
④ 적근은 체표면 가까이에 존재하며 주로 급속한 동작을 하기 때문에 쉽게 피로해진다.

해설
- 백근 : 수축 속도가 빠르고, 피로해지기 쉬움
- 적근 : 수축 속도가 느리고, 잘 피로해지지 않음

31 다음 중 진동이 인체에 미치는 영향에 대한 설명으로 적절하지 않은 것은?

① 진동은 시력, 추적 능력 등의 손상을 초래한다.
② 시간이 경과함에 따라 영구 청력손실을 가져온다.
③ 레이노 증후군(Raynaud's Phenomenon)은 진동으로 인한 말초혈관운동의 장해로 발생한다.
④ 정확한 근육조절을 요구하는 작업의 경우 그 효율이 저하된다.

해설
영구적 청력손실은 진동이 아닌 소음으로 소음의 주파수 4,000Hz 부근에서 일어나는 PTS(Permanent Threshold Shift)이다.

32 작업장의 소음 노출정도를 측정한 결과가 다음과 같다면 이 작업장 근로자의 소음노출지수는 얼마인가?

소음수준[d(A)]	노출시간(h)	허용시간(h)
80	3	64
90	4	8
100	1	2

① 1.00 ② 1.05
③ 1.10 ④ 1.15

해설
소음노출지수(%) = $C_1/T_1 + C_2/T_2 + \cdots + C_n/T_n$ (C_i : 노출된 시간, T_i : 허용노출기준)
= 4/8 + 1/2 = 1

33 다음 인체해부학의 용어 중 몸을 전후로 나누는 가상의 면(Plane)을 뜻하는 것은?

① 정중면(Medial Plane)
② 시상면(Sagittal Plane)
③ 관상면(Coronal Plane)
④ 횡단면(Transverse Plane)

해설
관상면(Coronal/Frontal Plane)
- 신체를 전후로 양분하는 면
- 신체를 전측과 후측으로 구분함
- 외전(Abduction) : 벌리기, 몸의 중심선으로부터 바깥쪽으로 이동
- 내전(Adduction) : 모으기, 몸의 중심선으로 이동
- Z축 중심으로 회전

해설
뇌파의 종류

구 분	주파수 대역	뇌파의 형태	뇌의 상태
δ (Delta)	0.5~4 Hz		숙면상태
θ (Theta)	4~7 Hz		졸리는 상태, 산만함, 백일몽 상태
α (Alpha)	8~12 Hz		편안한 상태에서 외부 집중력이 느슨한 상태
SMR (Sensory Motor Rhythm)	12~15 Hz		움직이지 않는 상태에서 집중력을 유지
β (Beta)	15~18 Hz		사고를 하며, 활동적인 상태에서 집중력 유지
High Beta	18 Hz 이상		긴장, 불안

34 근수축 활동에 관한 설명으로 옳지 않은 것은?

① 근수축은 액틴과 미오신 필라멘트의 미끄러짐 작용에 의해 이루어진다.
② 액틴과 미오신 필라멘트는 미끄러짐 작용을 통해 길이 자체가 짧아진다.
③ ATP의 분해 시 유리된 에너지가 근육에 이용된다.
④ 운동 시 부족했던 산소를 운동이 끝나고 휴식시간에 보충하는 것을 산소부채라 한다.

해설
근길이 자체가 짧아지는 것이 아니라 Z선과 Z선 사이의 거리가 짧아진다.

35 일반적으로 눈을 감고 편안한 자세로 조용히 앉아 있는 사람에게 나타나며 안정파라고 불리는 뇌파 형태에 해당하는 것은?

① α파   ② β파
③ θ파   ④ δ파

36 작업자 A의 작업 중 평균 흡기량은 50L/min, 배기량은 40L/min이며 배기량 중 산소의 함량이 17%일 때 산소소비량은 얼마인가? (단, 공기 중 산소 함량은 21%이다)

① 2.7L/min   ② 3.7L/min
③ 4.7L/min   ④ 5.7L/min

해설
산소소비량 = 21% × 흡기부피 − O_2% × 배기부피
= 21% × 50 − 17% × 40 = 3.7

37 다음 중 작업부하 및 휴식시간 결정에 관한 설명으로 옳은 것은?

① 작업부하는 작업자 개인의 능력과 관계없이 산출된다.
② 정신적인 권태감은 주관적인 요소이므로 휴식시간 산정 시 고려할 필요가 없다.
③ 작업방법이나 설비를 재설계하는 공학적 대책으로는 작업부하를 감소시킬 수 없다.
④ 장기적인 전신피로는 직무 만족감을 낮추고, 건강상의 위험을 증가시킬 수 있다.

정답 33 ③ 34 ② 35 ① 36 ② 37 ④

해설

작업부하
- 작업부하는 작업자의 능력에 따라 상이함
- 산소소모량으로 에너지소비량을 결정하는 방식으로 산정
- 정신적인 권태감도 휴식시간 산정 시 고려해야 함
- 작업방법의 변경, 공학적 대책 등으로 작업부하를 감소
- 장기적인 전신피로는 직무만족감을 낮추고 위험을 증가시키는 요인이 됨

40 근육의 정적상태의 근력을 나타내는 용어는?

① 등속성 근력(Isokinetic Strength)
② 등장성 근력(Isotonic Strength)
③ 등관성 근력(Isoinertia Strength)
④ 등척성 근력(Isometric Strength)

해설
①·②·③ 동적상태의 근력이다.

38 다음의 산업안전보건법령상 "강렬한 소음작업" 정의에서 빈칸에 적합한 수치는?

> ( ) 데시벨 이상의 소음이 1일 30분 이상 발생하는 작업

① 80   ② 90
③ 100   ④ 110

해설

소음의 허용노출기준

dB	허용노출시간(hr/day)
90dB	8
95dB	4
100dB	2
105dB	1
110dB	30분
115dB	15분

41 산업안전보건법령상 유해요인 조사 및 개선 등에 관한 내용으로 옳지 않은 것은?

① 법에 의한 임시건강진단 등에서 근골격계질환자가 발생한 경우에는 지체 없이 유해요인 조사를 하여야 한다.
② 근골격계 부담 작업에 근로자를 종사하도록 하는 신설 사업장의 경우에는 지체 없이 유해요인 조사를 하여야 한다.
③ 근골격계 부담 작업에 해당하는 새로운 작업, 설비를 도입한 경우에는 지체 없이 유해요인 조사를 하여야 한다.
④ 근골격계 부담 작업에 해당하는 업무의 양과 작업공정 등 작업환경을 변경한 경우에는 지체 없이 유해요인 조사를 하여야 한다.

해설
신설 사업장의 경우 신설일로부터 1년 이내에 최초의 유해요인 조사를 실시하여야 한다.

수시조사
- 임시건강진단에서 근골격계환자가 발생
- 산업재해보상보험법에 의한 근골격계질환의 요양승인자 발생
- 근골격계 부담작업에 해당하는 새로운 작업, 설비를 도입한 경우
- 근골격계 부담작업에 해당하는 업무의 양과 작업공정 등 작업환경이 변경된 경우

39 조도(Illuminance)의 단위로 옳은 것은?

① m   ② lumen
③ lux   ④ candela

해설
조도의 단위는 룩스(lux)이다.

42 조직차원에서의 스트레스 관리방안과 가장 거리가 먼 것은?

① 직무재설계
② 긴장완화훈련
③ 우호적인 직장 분위기 조성
④ 경력계획과 개발 과정의 수립 및 상담 제공

해설
긴장완화훈련은 개인적 대책에 해당한다.

43 개인의 성격을 건강과 관련하여 연구하는 성격 유형 중 아래와 같은 행동 양식을 가지는 유형으로 옳은 것은?

- 항상 분주하고, 시간에 강박관념을 가진다.
- 동시에 많은 일을 하려고 한다.
- 공격적이고 경쟁적이다.
- 양적인 면으로 성공을 측정한다.

① A형 행동양식
② B형 행동양식
③ C형 행동양식
④ D형 행동양식

해설
인간의 성격유형

A형 성격(Type A Personality)	B형 성격(Type B Personality)
• 참을성이 없음 • 성취욕망이 크고 완벽주의 특징 • 언제나 뭔가 하고 있음 • 성격이 급하고 시간에 쫓김 • 한 번에 많은 계획을 세우고 많은 일을 함 • 경쟁적이고 조급함 • 부하직원들에게 위임기보다는 자신이 스스로 일처리를 함 • 경쟁적이어서 팀의 화합을 도출하기 어려움 • 시간적 제약이 있거나 복수의 상충된 요구가 있는 일을 독자적으로 수행할 경우에 성과가 높음	• 언제나 차분하게 있음 • 유유자적하고 시간에 무관심함 • 한 번에 한 가지씩 계획하고 처리함 • 협조적이고 서두르지 않음 • 부하직원들을 신뢰하며 부하 직원들에게 일을 위임함 • 부하직원을 배려하여 팀의 화합을 도출함 • 시간이 걸리더라도 정확성이 요구되는 일이나 많은 변수들을 고려해야 하는 일에 성과가 높음

44 산업안전보건법령상 산업재해조사에 관한 설명으로 옳은 것은?

① 재해 조사의 목적은 인적, 물적 피해 상황을 알아내고 사고의 책임자를 밝히는 데 있다.
② 재해 발생 시, 가장 먼저 조치할 사항은 직접 원인, 간접 원인 등의 재해원인을 조사하는 것이다.
③ 3개월 이상의 요양이 필요한 부상자가 동시에 2인 이상 발생했을 때 중대재해로 분류한다.
④ 사업주는 사망자가 발생했을 때에는 재해가 발생한 날로부터 10일 이내에 산업재해 조사표를 작성하여 관할 지방노동관서의 장에게 제출해야 한다.

해설
① 재해 조사의 목적은 재해원인과 결함을 규명하여 동종재해, 유사재해의 재발을 방지하는 것이다.
② 재해 발생 시, 가장 먼저 조치할 사항은 피재기계를 정지하고, 피재자를 구조하며 2차 재해를 방지하는 것이다.
④ 사업주는 사망자가 발생했을 때에는 재해가 발생한 날로부터 1개월 이내에 산업재해 조사표를 작성하여 관할 지방노동관서의 장에게 제출해야 한다.

45 인적요인 개선을 통한 휴먼 에러 방지 대책으로 적합한 것은?

① 작업자의 특성과 작업설비의 적합성 점검·개선
② 인간공학적 설계 및 적합화
③ 모의훈련으로 시나리오에 따른 리허설
④ 안전 설계(Fail-safe Design)

해설
인적요인에 대한 대책
- 모의훈련
- 작업에 관한 교육훈련과 작업 전 회의
- 소집단 활동으로 휴먼 에러에 관한 훈련 및 예방활동을 지속적으로 수행

정답 42 ② 43 ① 44 ③ 45 ③

46 작업자의 휴먼 에러 발생확률은 매 시간마다 0.05로 일정하고 다른 작업과 독립적으로 실수를 한다고 가정할 때, 8시간 동안 에러의 발생 없이 작업을 수행할 신뢰도는 약 얼마인가?

① 0.60　　　　② 0.67
③ 0.86　　　　④ 0.95

해설
$R(t) = e^{-\lambda t} = e^{-0.05(8)} = 0.67$

해설
독재적-민주적 리더십(Autocratic-Democratic Leadership)
- 리더의 행동을 독재적 리더십, 민주적 리더십, 자유방임적 리더십으로 구분
- 독재적 리더십 : 권위·지시·명령·과업에 높은 관심, 맥그리거의 X이론에 근거, 리더가 모든 정책을 결정
- 민주적 리더십 : 책임공유, 인간에게 높은 관심, 맥그리거의 Y이론에 근거, 집단 토론식 결정
- 자유방임적 리더십 : 최대한의 자유 허용, 리더십 기능이 발휘되지 않는 상태, 리더의 최소개입

47 반응시간(Reaction Time)에 관한 설명으로 옳은 것은?

① 자극이 요구하는 반응을 행하는 데 걸리는 시간을 의미한다.
② 반응해야 할 신호가 발생한 때부터 반응이 종료될 때까지의 시간을 의미한다.
③ 단순반응시간에 영향을 미치는 변수로는 자극 양식, 자극의 특성, 자극 위치, 연령 등이 있다.
④ 여러 개의 자극을 제시하고, 각각에 대한 서로 다른 반응을 할 과제를 준 후에 자극이 제시되어 반응할 때까지의 시간을 단순반응시간이라 한다.

해설
①·② 반응시간은 자극을 지각하여 동작을 시작하기까지 걸리는 시간이다.
④ 단순반응시간(Simple RT)은 하나의 자극 신호에 대하여 하나의 반응만을 요구할 때 측정되는 반응시간이다.

49 어느 사업장의 도수율은 40이고, 강도율은 4이다. 이 사업장의 재해 1건당 근로손실 일수는 얼마인가?

① 1　　　　② 10
③ 50　　　④ 100

해설
- 환산강도율 = 강도율 × 100 = 400
- 환산도수율 = 도수율 × 0.1 = 4
- 재해 1건당 근로손실 일수 = 환산강도율(S)/환산도수율(F) = 400/4 = 100

50 교육 프로그램에 대한 평가 준거 중 교육 프로그램이 회사에 주는 경제적 가치와 가장 밀접한 관련이 있는 것은?

① 반응 준거　　　② 학습 준거
③ 행동 준거　　　④ 결과 준거

해설
- 반응 준거
  - 훈련참가자들의 훈련 프로그램에 대한 즉각적인 반응
  - 프로그램에 대해 받은 인상은 무엇인지, 어느 정도 만족을 느꼈는지, 프로그램은 유용했는지와 같은 반응을 알아보는 것
- 학습 준거 : 참가자들이 훈련기간 동안 훈련받은 내용이나 지식을 얼마나 습득하고 이해하고 있는지를 알아보는 것
- 행동 준거 : 훈련을 받고 난 후 실제 직무행동에서 변화가 있었는지를 알아보는 것
- 결과 준거 : 훈련을 통해 얼마만큼의 생산량이 증가되었는지, 제품의 불량은 감소했는지, 출근율은 높아졌는지, 이직률은 줄어들었는지, 안전사고율이 감소했는지 등을 알아보는 것

48 민주적 리더십에 관한 내용으로 옳은 것은?

① 리더에 의한 모든 정책의 결정
② 리더의 지원에 의한 집단 토론식 결정
③ 리더의 과업 및 과업 수행 구성원 지정
④ 리더의 최소 개입 또는 개인적인 결정의 완전한 자유

51 부주의에 의한 사고방지를 위한 정신적 측면의 대책으로 옳지 않은 것은?

① 작업의욕의 고취
② 작업환경의 개선
③ 안전의식의 제고
④ 스트레스 해소 방안 마련

해설
작업환경의 개선은 설비 및 환경 측면의 대책이다.

52 다음 중 산업재해방지를 위한 대책으로 적절하지 않은 것은?

① 산업재해 감소를 위하여 안전관리체계를 자율화하고 안전관리자의 직무권한을 최소화하여야 한다.
② 재해와 원인 사이에는 인과관계가 있으므로 재해의 원인분석을 통한 방지대책이 필요하다.
③ 재해방지를 위해서는 손실의 유무와 관계없는 아차사고(near accident)를 예방하는 것이 중요하다.
④ 불안전한 행동의 방지를 위해서는 심리적 대책과 공학적 대책이 동시에 필요하다.

해설
안전관리자가 직무권한을 최소화하는 것은 산재예방대책에 해당되지 않는다.

53 호손(Hawthorn)실험의 결과에 따라 작업자의 작업능률에 영향을 미치는 주요 요인은?

① 작업장의 온도
② 물리적 작업조건
③ 작업장의 습도
④ 작업자의 인간관계

해설
호손연구에 의하면 작업능률에 영향을 미치는 주요 요인은 인간관계이다.

54 스웨인(Swain)의 휴먼 에러 분류 중 다음 사례에서 재해의 원인이 된 동료작업자 B의 휴먼에러로 적합한 것은?

> 컨베이어벨트 위에 앉아 있는 작업자 A가 동료 작업자 B에게 작동 버튼을 살짝 눌러서 벨트가 조금만 움직이다가 멈추게 하라고 요청했다. 동료 작업자 B는 버튼을 누르던 중 균형을 잃고 버튼을 과도하게 눌러서 벨트가 전속력으로 움직여 작업자 A가 전도되는 재해가 발생하였다.

① Time Error
② Sequential Error
③ Omission Error
④ Commission Error

해설
Swain과 Guttman의 분류(심리적 측면에서의 분류)
실행 에러(Commission Error) : 작업 내지 단계는 수행하였으나 잘못한 에러

55 뇌파의 유형에 따라 인간의 의식수준을 단계별로 분류할 때, 의식이 명료하여 가장 적극적인 활동이 이루어지고 실수의 확률이 가장 낮은 단계는?

① Ⅰ단계
② Ⅱ단계
③ Ⅲ단계
④ Ⅳ단계

해설
Phase Ⅲ
• β파의 의식수준으로서, 적당한 긴장감과 주의력이 작동하고 있음
• 사태의 분석, 예측능력이 가장 잘 발휘되고 있는 상태로 의식은 밝고 맑음
• 전두엽이 완전히(활발히) 활동하고 있고, 실수를 하는 일도 거의 없음

정답 51 ② 52 ① 53 ④ 54 ④ 55 ③

56 FTA(Fault Tree Analysis)에 관한 설명으로 옳은 것은?

① 연역적이며 톱다운(Top-Down) 접근방식이다.
② 귀납적이고, 위험 그 자체와 영향을 강조하고 있다.
③ 시스템 구상에 있어 가장 먼저 하는 분석으로 위험요소가 어떤 상태에 있는지를 정성적으로 평가하는 데 적합하다.
④ 한 사건에 대하여 실패와 성공으로 분개하고, 동일한 방법으로 분개된 각각의 가지에 대하여 실패 또는 성공의 확률을 구하는 것이다.

해설
FTA(Fault Tree Analysis)
- 사고의 원인을 찾아가는 연역적 톱다운(Top-Down)방식의 분석기법
- 의도하지 않은 사건이나 상황을 만들 수 있는 과정을 그림과 논리도로 표시
- 정상사상의 확률을 결정하기 위한 정량적인 계산에 활용될 수 있음
- 복잡한 공정을 결함수로 표현하기 위해서는 논리함수가 필요함
- 결함수 도표를 만들고 최소 컷셋을 이용
- 기본사상들의 발생확률을 알고 있으면 정상사상의 발생확률을 계산할 수 있음
- 기본사상이 정상사상에 미치는 영향을 정량적으로 구할 수 있음
- 단점 : 공정이 복잡하면 결함수가 너무 커져버림, 숙련된 기술자가 필요함, 수리, 정비정책이나 가용도 분석에는 유용하지 않음

57 직무스트레스 요인 중 역할 관련 스트레스 요인의 설명으로 옳지 않은 것은?

① 역할 모호성이 클수록 스트레스가 크다.
② 역할 부하가 적을수록 스트레스가 적다.
③ 조직의 중간에 위치하는 중간관리자 등은 역할갈등에 노출되기 쉽다.
④ 역할 과부하는 직무요구가 능력을 초과하는 경우의 스트레스 요인이다.

해설
역할 부하 : 부하가 너무 커도 안 되고, 너무 적어도 스트레스가 발생한다.

58 안전대책의 중심적인 내용이라 할 수 있는 3E에 포함되지 않는 것은?

① Education
② Engineering
③ Environment
④ Enforcement

해설
하비(Harvey)의 3E(산업재해를 위한 안전대책)
- Education(안전교육)
- Engineering(안전기술)
- Enforcement(안전독려)

59 매슬로우(Maslow)의 욕구위계설에서 제시한 인간 욕구들을 낮은 단계부터 높은 단계의 순서로 바르게 나열한 것은?

① 생리적 욕구 → 안전 욕구 → 사회적 욕구 → 존경 욕구 → 자아실현의 욕구
② 안전 욕구 → 생리적 욕구 → 사회적 욕구 → 존경 욕구 → 자아실현의 욕구
③ 생리적 욕구 → 사회적 욕구 → 존경 욕구 → 자아실현의 욕구 → 안전 욕구
④ 생리적 욕구 → 사회적 욕구 → 안전 욕구 → 존경 욕구 → 자아실현의 욕구

해설
매슬로우(Maslow)의 욕구 6단계
- 1단계 : 생리적 욕구(Physiological Needs)
- 2단계 : 안전의 욕구(Safety Security Needs)
- 3단계 : 사회적 욕구(Acceptance Needs)
- 4단계 : 존경의 욕구(Self-Esteem Needs)
- 5단계 : 자아실현의 욕구(Self-Actualization)
- 6단계 : 자아초월의 욕구(Self-Transcendence) : 자아초월 = 이타정신 = 남을 배려하는 마음

60 리더십의 이론 중, 경로-목표이론(Path-Goal Theory)에서 리더 행동에 따른 4가지 범주의 설명으로 옳은 것은?

① 후원적 리더는 부하들의 욕구, 복지문제 및 안정, 온정에 관심을 기울이고, 친밀한 집단 분위기를 조성한다.
② 성취지향적 리더는 부하들과 정보자료를 많이 활용하여 부하들의 의견을 존중하여 의사결정에 반영한다.
③ 주도적 리더는 도전적 목표를 설정하고, 높은 수준의 수행을 강조하여 부하들이 그러한 목표를 달성할 수 있다는 자신감을 갖게 한다.
④ 참여적 리더는 부하들의 작업을 계획하고 조정하며 그들에게 기대하는 바가 무엇인지 알려주고 구체적인 작업지시를 하며 규칙과 절차를 따르도록 요구한다.

해설
하우스의 경로-목표이론(Path-Goal Theory)
• 후원적 리더십(Supportive)
 - 부하의 욕구를 배려하고, 복지에 관심을 가짐
 - 만족스러운 인간관계를 강조하면서 후원적 분위기 조성에 노력하는 리더의 행동

61 위험작업의 관리적 개선에 속하지 않는 것은?

① 위험표지 부착
② 작업자의 교육 및 훈련
③ 작업자의 작업속도 조절
④ 작업자의 신체에 맞는 작업장 개선

해설
작업자의 신체에 맞는 작업장 개선은 관리적 개선이 아니라 공학적 개선이다.

62 작업관리에서 결과에 대한 원인을 파악할 목적의 문제분석 도구는?

① 브레인스토밍
② 공정도(Process Chart)
③ 마인트 맵핑(Mind Mapping)
④ 특성요인도

해설
특성요인도
• 원인 결과도라 불리며 결과를 일으킨 원인을 5~6개의 주요 원인에서 시작하여 세부원인으로 점진적으로 찾아가는 기법
• 바람직하지 못한 사건이나 문제의 결과를 물고기의 머리로 표현하고 그 결과를 초래하는 원인을 인간, 기계, 방법, 자재, 환경 등의 종류로 구분하여 표시
• 어떤 결과에 영향을 미치는 크고 작은 요인들을 계통적으로 파악하기 위한 작업분석 도구로 적합

63 NIOSH의 들기작업지침에 따른 중량물 취급작업에서 권장무게한계를 산정하는데 고려해야 할 변수로 옳지 않은 것은?

① 상체의 비틀림 각도
② 작업자의 평균보폭거리
③ 물체를 이동시킨 수직이동거리
④ 작업자의 손과 물체 사이의 수직거리

해설
작업자의 평균보폭거리는 고려변수가 아니다.

64 근골격계질환 발생단계 가운데 2단계에 해당하는 것은?

① 작업 수행이 불가능함
② 휴식시간에도 통증을 호소함
③ 통증이 하룻밤 지나면 없어짐
④ 작업을 수행하는 능력이 저하됨

해설
근골격계질환의 단계
• 1단계 : 작업시간 동안에 통증이나 피로감을 호소, 하룻밤 지나거나 휴식을 취하면 증상이 없어짐

정답 60 ① 61 ④ 62 ④ 63 ② 64 ④

- 2단계 : 작업초기부터 통증이 발생되어 하룻밤이 지나도 통증이 지속됨. 통증 때문에 잠을 설치게 되며 작업 수행능력도 감소
- 3단계 : 작업을 수행할 수 없을 정도로 작업시간이나 휴식시간에도 계속하여 통증을 느끼며, 통증으로 잠을 잘 수 없을 정도로 고통이 계속됨

65 손가락을 구부릴 때 힘줄의 굴곡운동에 장애를 주는 근골격계질환의 명칭으로 옳은 것은?

① 회전근개 건염
② 외상과염
③ 방아쇠 수지
④ 내상과염

해설
방아쇠 수지
- 임팩트 작업 및 반복작업으로 유발되며 손가락이나 엄지의 기저부에 불편함이 생기고, 손가락이 굽혀진 상태에서 움직이지 않음
- 규칙적인 스트레칭, 약물치료

66 워크샘플링에 대한 장·단점으로 적합하지 않은 것은?

① 시간연구법보다 더 자세하다.
② 특별한 측정 장치가 필요 없다.
③ 관측이 순간적으로 이루어져 작업에 방해가 적다.
④ 자료수집이나 분석에 필요한 순수시간이 다른 시간 연구방법에 비하여 짧다.

해설
연속관찰법인 시간관측법보다 덜 자세하다.

67 3시간 동안 작업 수행과정을 촬영하여 워크샘플링 방법으로 200회를 샘플링한 결과 30번의 손목꺾임이 확인되었다. 이 작업의 시간당 손목꺾임 시간은?

① 6분
② 9분
③ 18분
④ 30분

해설
- 꺾임율 = 30/200 = 0.15
- 작업시간당 꺾임시간 = 0.15 × 60분 = 9분

68 동작경제의 원칙에 해당되지 않는 것은?

① 신체 사용에 관한 원칙
② 작업장의 배치에 관한 원칙
③ 제품과 공정별 배치에 관한 원칙
④ 공구 및 설비 디자인에 관한 원칙

해설
동작경제의 원칙
- 신체 사용의 관한 원칙
- 작업장의 배치에 관한 원칙
- 공구 및 설비 디자인에 관한 원칙

69 근골격계질환을 예방하기 위한 대책으로 적절하지 않은 것은?

① 작업방법과 작업공간을 재설계한다.
② 작업 순환(Job Rotation)을 실시한다.
③ 단순 반복적인 작업은 기계를 사용한다.
④ 작업속도와 작업강도를 점진적으로 강화한다.

해설
작업속도와 강도증가는 예방대책이 아니다.

70 다음의 동작 중 주머니로 운반, 다시잡기, 볼펜회전은 동시에 수행되는 결합동작이다. 주머니로 운반의 시간은 15.2TMU, 다시잡기는 5.6TMU, 볼펜회전은 4.1TMU일 때 다음의 왼손작업 정미시간(Normal Time)은 얼마인가?

왼손작업	동 작	TMU	동 작	오른손작업
볼펜잡기	G3	5.6		
주머니로 운반	M12C	15.2		
다시잡기	G2	5.6	RL1	볼펜놓기
볼펜회전	T60S	4.1		
주머니에 넣기	PISE	5.6		

① 11.2TMU
② 26.4TMU
③ 32.0TMU
④ 36.1TMU

해설
- 정미시간 = 볼펜잡기(5.6) + 결합동작(15.2) + 주머니에 넣기(5.6) = 26.4
- 결합동작(주머니로 운반, 다시잡기, 볼펜회전) : 15.2

정답 65 ③ 66 ① 67 ② 68 ③ 69 ④ 70 ②

71 어느 작업시간의 관측평균시간이 1.2분, 레이팅 계수가 110%, 여유율이 25%일 때 외경법에 의한 개당 표준시간은 얼마인가?

① 1.32분 ② 1.50분
③ 1.53분 ④ 1.65분

해설
- 정미시간 = 1.2 × 1.1 = 1.32
- 작업여유율 = 0.25
- 외경법 표준시간 = 정미시간 × (1 + 작업여유율)
  = 1.32 × (1 + 0.25) = 1.65

74 시계 조립과 같이 정밀한 작업을 위한 작업대의 높이로 가장 적절한 것은?

① 팔꿈치 높이로 한다.
② 팔꿈치 높이보다 5~15cm 낮게 한다.
③ 팔꿈치 높이보다 5~15cm 높게 한다.
④ 작업면과 눈의 거리가 30cm 정도 되도록 한다.

해설
입식작업대의 높이
- 정밀작업 : 팔꿈치 높이보다 5~20cm 높게
- 경작업 : 팔꿈치 높이보다 0~10cm 낮게
- 중작업 : 팔꿈치 높이보다 10~30cm 낮게

72 설비의 배치 방법 중 공정별 배치의 특성에 대한 설명으로 틀린 것은?

① 작업 할당에 융통성이 있다.
② 운반거리가 직선적이며 짧아진다.
③ 작업자가 다루는 품목의 종류가 다양하다.
④ 설비의 보전이 용이하고 가동률이 높이 때문에 자본 투자가 적다.

해설
운반거리가 길어진다.

75 유해요인 조사 방법 중 OWAS(Ovako Working Posture Analysis System)에 관한 설명으로 옳지 않은 것은?

① OWAS의 작업자세 수준은 4단계로 분류된다.
② OWAS는 작업자세로 인한 부하를 평가하는 데 초점이 맞추어져 있다.
③ OWAS는 신체 부위의 자세뿐만 아니라 중량물의 사용도 고려하여 평가한다.
④ OWAS는 작업자세를 허리, 팔, 손목으로 구분하여 각 부위의 자세를 코드로 표현한다.

해설
OWAS는 몸통과 팔의 자세분류가 상세하지 못해 세밀한 분석이 어렵다.

73 작업구분을 큰 것에서부터 작은 것 순으로 나열한 것은?

① 공정 → 단위작업 → 요소작업 → 동작요소 → 서블릭
② 공정 → 요소작업 → 단위작업 → 서블릭 → 동작요소
③ 공정 → 단위작업 → 동작요소 → 요소작업 → 서블릭
④ 공정 → 단위작업 → 요소작업 → 서블릭 → 동작요소

해설
작업의 구분 : 공정 > 단위작업 > 요소작업 > 동작요소 > 서블릭

76 산업안전보건법령상 근로자가 근골격계 부담 작업을 하는 경우 유해요인조사의 실시주기는? (단, 신설되는 사업장은 제외한다)

① 6개월 ② 1년
③ 2년   ④ 3년

해설
정기조사는 3년마다 실시한다.

77 다음의 설명에 적합한 서블릭 용어는?

> 다음에 진행할 동작을 위하여 대상물을 정해진 장소에 놓는 동작

① 바로 놓기　② 놓 기
③ 미리 놓기　④ 운 반

해설
미리 놓기에 대한 설명이다.

78 표준시간의 산정 방법과 구체적인 측정기법의 연결이 옳지 않은 것은?

① 시간연구법 - 스톱워치법
② PTS법 - MTM법, Work Factor법
③ 워크 샘플링법 - 직접 관찰법
④ 실적자료법 - 전자식 자료 집적기

해설
① 시간연구법 : 직접측정 - 스톱워치 · 워크샘플링, 간접측정 - 실적자료법 · 표준자료법 · PTS법
② PTS법 : WC(Work Factor), MTM(Methods-Time Measurement) 등
③ 직접측정 : 스톱워치, 워크샘플링
④ 실적자료법 : 과거자료나 경험을 통한 방법

79 상세한 작업분석의 도구로 적합하지 않은 것은?

① 서블릭(Therblig)
② 파레토차트
③ 다중활동분석표
④ 작업자 공정도

해설
파레토는 상세한 작업분석 도구가 아니다.

80 공정도에 관한 설명으로 옳지 않은 것은?

① 작업을 기본적인 동작요소로 나눈다.
② 부품의 이동을 확인할 수 있다.
③ 역류 현상을 점검할 수 있다.
④ 작업과 검사 과정을 표시할 수 있다.

해설
작업을 기본적인 동작요소로 나누는 것은 서블릭이다.

2020년 제1회 기출문제

01 회전운동을 하는 조종장치의 레버를 20° 움직였을 때 표시장치의 커서는 2cm 이동하였다. 레버의 길이가 15cm일 때 이 조종장치의 C/R비는 약 얼마인가?

① 2.62
② 5.24
③ 8.33
④ 10.48

해설
C/R비 = [(조정장치가 움직인 각도/360) × 2πL(원주)] / (표시장치의 이동거리) = 20/360 × 2π × 15/2 ≒ 2.62

02 정보에 관한 설명으로 옳은 것은?

① 대안의 수가 늘어나면 정보량은 감소한다.
② 선택반응시간은 선택대안의 개수에 선형으로 반비례한다.
③ 정보이론에서 정보란 불확실성의 감소라 정의할 수 있다.
④ 실현가능성이 동일한 대안이 2가지일 경우 정보량은 2bit이다.

해설
① 대안의 수가 늘어나면 정보량도 증가한다.
② 선택반응시간은 선택대안의 개수에 로그에 비례하여 증가한다.
④ 2bit가 아니라 1bit이다.

03 인간-기계 시스템에서의 기본적인 기능으로 볼 수 없는 것은?

① 정보의 수용
② 정보의 생성
③ 정보의 저장
④ 정보처리 및 결정

해설
MMS의 기본적인 기능 : 정보의 수용, 저장, 정보처리, 결정

04 신호검출 이론(Signal Detection Theory)에서 판정기준을 나타내는 우도비(Likelihood Ratio) β와 민감도(Sensitivity) d에 대한 설명 중 옳은 것은?

① β가 클수록 보수적이고 d가 클수록 민감함을 나타낸다.
② β가 작을수록 보수적이고 d가 클수록 민감함을 나타낸다.
③ β가 클수록 보수적이고 d가 클수록 둔감함을 나타낸다.
④ β가 작을수록 보수적이고 d가 클수록 둔감함을 나타낸다.

해설
- $\beta > 1$: 반응기준이 오른쪽으로 이동, 판정자는 신호로 판정되는 기회가 줄어들며 신호가 나타났을 때 신호의 정확한 판정은 적어지나 허위경보는 덜하게 됨(보수적)
- 두 분포가 떨어져 있을수록(d가 클수록) 민감도는 커짐

05 다음 피부의 감각기 중 감수성이 제일 높은 것은?

① 온각
② 통각
③ 압각
④ 냉각

해설
피부감수성이 제일 높은 순서 : 통각 > 압각 > 촉각 > 냉각 > 온각

06 인간공학의 개념과 가장 거리가 먼 것은?

① 효율성 제고
② 심미성 제고
③ 안전성 제고
④ 편리성 제고

해설
인간공학의 목표
- 효율성 제고
- 쾌적성 제고
- 편리성 제고
- 안전성 제고

정답 01 ① 02 ③ 03 ② 04 ① 05 ② 06 ②

07 인체 측정 자료의 응용 시 평균치 설계에 관한 내용으로 옳지 않은 것은?
① 최소, 최대 집단값이 사용 불가능한 경우에 사용된다.
② 인체측정학적인 면에서 보면 모든 부분에서 평균인 인간은 없다.
③ 은행창구의 접수대는 평균값을 기준으로 한 설계의 좋은 예이다.
④ 일반적으로 평균치를 이용한 설계에는 보통 집단 특정치의 5%에서 95%까지의 범위가 사용된다.

[해설]
특정치 5~95%는 평균치가 아니라 조절식 설계에 대한 설명이다.

08 정량적인 표시장치에 대한 설명으로 옳은 것은?
① 표시장치 설계 시 둥근 지침이 권장된다.
② 계수형 표시장치 기본 형태는 지침이 고정되고 눈금이 움직이는 형이다.
③ 동침형 표시장치는 인식적 암시 신호를 나타내는데 적합하다.
④ 눈금이 고정되고 지침이 움직이는 표시장치를 동목형 표시장치라 한다.

[해설]
① 끝이 뾰족한 지침이 권장된다.
② 계수형은 미터기 요금과 같이 숫자가 표시되는 형이다.
④ 동목형이 아니라 동침형이다.

09 음량수준(phon)이 80인 순음의 sone 치는 얼마인가?
① 4 ② 8
③ 16 ④ 32

[해설]
sone $= 2^{(phon-40)/10}$
∴ $2^{(80-40)/10} = 16$

10 다음 눈의 구조 중 빛이 도달하여 초점이 가장 선명하게 맺히는 부위는?
① 동 공 ② 홍 채
③ 황 반 ④ 수정체

[해설]
황반은 시력이 가장 예민하여 초점이 가장 선명하게 맺히는 부위이다.

11 시감각 체계에 관한 설명으로 옳지 않은 것은?
① 동공은 조도가 낮을 때는 많은 빛을 통과시키기 위해 확대된다.
② 1디옵터는 1m 거리에 있는 물체를 보기 위해 요구되는 조절능이다.
③ 망막의 표면에는 빛을 감지하는 광수용기인 원추체와 간상체가 분포되어 있다.
④ 안구의 수정체는 공막에 정확한 이미지가 맺히도록 형태를 스스로 조절하는 일을 담당한다.

[해설]
스스로 조절하는 것이 아니라 모양체가 조절한다.

12 정적 인체 측정 자료를 동적 자료로 변환할 때 활용될 수 있는 크로머(Kroemer)의 경험법칙을 설명한 것으로 옳지 않은 것은?
① 키, 눈, 어깨, 엉덩이 등의 높이는 3% 정도 줄어든다.
② 팔꿈치 높이는 대개 변화가 없지만, 작업 중 5%까지 증가하는 경우가 있다.
③ 앉은 무릎 높이 또는 오금 높이는 굽 높은 구두를 신지 않는 한 변화가 없다.
④ 전방 및 측방 팔 길이는 편안한 자세에서 30% 정도 늘어나고, 어깨와 몸통을 심하게 돌리면 20% 정도 감소한다.

[해설]
전방 및 측방 팔 길이는 편안한 자세에서 30% 정도 줄고, 어깨와 몸통을 심하게 돌리면 20% 정도 늘어난다.

13 청각을 이용한 경계 및 경보 신호의 설계에 관한 내용으로 옳지 않은 것은?

① 500~3,000Hz의 진동수를 사용한다.
② 장거리용으로는 1,000Hz 이하의 진동수를 사용한다.
③ 신호가 칸막이를 통과해야 할 때는 500Hz 이상의 진동수를 사용한다.
④ 주의를 끌기 위해서 초당 1~3번 오르내리는 변조된 신호를 사용한다.

해설
신호가 장애물을 돌아가거나 칸막이를 통과해야 할 때는 500Hz 이하의 진동수를 사용한다.

14 사람이 일정한 시간에 두 가지 이상의 작업을 처리할 수 있도록 하는 것을 무엇이라 하는가?

① 시배분(Time Sharing)
② 변화감지(Variety Sense)
③ 절대식별(Absolute Judgment)
④ 비교식별(Comparative Judgment)

해설
시배분(Time Sharing)
• 두 가지 일을 함께 수행할 때 매우 빠르게 주위를 번갈아 가면서 일을 수행하는 것
• 인간은 여러 감각양식을 동시에 주의를 기울일 수 없고 한 곳에서 다른 곳으로 번갈아 가면서 주의를 기울여야 함
• 시각과 청각 등 두 가지 이상을 돌봐야 하는 상황에서는 청각이 시각보다 우월함
• 시배분 작업은 처리해야 하는 정보의 가짓수와 속도에 의하여 영향을 받음
• 시배분이 요구되는 경우 인간의 작업능률 저하

15 사용성 평가에 주로 사용되는 평가척도로 적합하지 않은 것은?

① 과제물 내용
② 에러의 빈도
③ 과제의 수행시간
④ 사용자의 주관적 만족도

해설
사용성 평가척도 3가지
• 에러의 빈도
• 과제의 수행시간
• 사용자들의 주관적인 만족도

16 키를 측정할 때 체중계가 아닌 줄자를 이용하는 것처럼 연구조사 시 측정하고자 하는 바를 얼마나 정확하게 측정하였는가를 평가하는 척도는?

① 타당성(Validity)
② 신뢰성(Reliability)
③ 상관성(Correlation)
④ 민감성(Sensitivity)

해설
타당성은 신장을 측정하는 데 체중계가 아닌 줄자를 사용해야 한다는 것처럼 측정도구나 방법에 관한 척도이고, 신뢰성은 타당성을 포함하는 포괄적인 측정을 말한다.

17 청각적 신호를 설계하는 데 고려되어야 하는 원리 중 검출성(Detectability)에 대한 설명으로 옳은 것은?

① 사용자에게 필요한 정보만을 제공한다.
② 동일한 신호는 항상 동일한 정보를 지정하도록 한다.
③ 사용자가 알고 있는 친숙한 신호의 차원과 코드를 선택한다.
④ 신호는 주어진 상황 하의 감지장치나 사람이 감지할 수 있어야 한다.

해설
청각적 신호의 검출성에서 가장 중요한 원리는 감지할 수 있는 능력에 초점을 맞추어야 한다.

18 동전 던지기에서 앞면이 나올 확률은 0.4이고, 뒷면이 나올 확률은 0.6일 경우 이로부터 기대할 수 있는 평균 정보량은 약 얼마인가?

① 0.65bit
② 0.88bit
③ 0.97bit
④ 1.99bit

해설
평균 정보량 $(H_a) = \Sigma p_i \times h_i = \Sigma p_i \times \log_2(1/p_i)$
$= 0.4 \times \log_2(1/0.4) + 0.6 \times \log_2(1/0.6) \fallingdotseq 0.97$

19 손잡이의 설계에 있어 촉각정보를 통하여 분별, 확인할 수 있는 코딩(Coding) 방법이 아닌 것은?

① 색에 의한 코딩
② 크기에 의한 코딩
③ 표면의 거칠기에 의한 코딩
④ 형상에 의한 코딩

해설
촉각적 암호화
위험기계의 조종장치를 암호화할 수 있는 3가지 차원
- 위치(크기)암호
- 형상암호
- 표면상태암호

20 다음 양립성의 종류 중 특정 사물들, 특히 표시장치(Display)나 조종장치(Control)에서 물리적 형태나 공간적인 배치의 양립성을 나타내는 것은?

① 양식(Modality) 양립성
② 공간적(Spatial) 양립성
③ 운동(Movement) 양립성
④ 개념적(Conceptual) 양립성

해설
공간적 양립성(Spatial)
- 물리적 형태나 공간적 배치가 사용자의 기대와 일치하도록 함
- 조종장치가 왼쪽에 있으면 왼쪽에 장치를 배치

21 영상표시단말기(VDT)를 취급하는 작업장 주변환경의 조도(lux)는 얼마인가? (단, 화면의 바탕색상은 검정색 계통이며 고용노동부 고시를 따른다)

① 100~300
② 300~500
③ 500~700
④ 700~900

해설
VDT 취급 작업 시 조명과 채광
- 창과 벽면은 반사되지 않는 재질을 사용
- 창문에 차광망, 커튼 등을 설치하여 밝기 조절이 가능하도록 함
- 조명은 화면과 명암의 대조가 심하지 않도록 함
- 화면의 바탕 색상이 검정색 계통일 때 300~500lux를 유지
- 화면의 바탕 색상이 흰색 계통일 때 500~700lux를 유지

22 인체활동이나 작업종류 후에도 체내에 쌓인 젖산을 제거하기 위해 산소가 더 필요하게 되는 것을 무엇이라 하는가?

① 산소 빚(Oxygen Debt)
② 산소 값(Oxygen Value)
③ 산소 피로(Oxygen Fatigue)
④ 산소 대사(Oxygen Metabolism)

해설
산소 부채(산소 빚) : 강도 높은 운동 시 산소섭취량이 산소수요량보다 적어지게 되므로 체내에 쌓인 젖산을 제거하기 위해 산소가 더 필요한 현상

23 다음 중 불수의근(Involuntary Muscle)과 관계가 없는 것은?

① 내장근
② 평활근
③ 골격근
④ 민무늬근

해설
근육계
- 수의근(Voluntary Muscle) : 중추신경계의 지배(자의적으로 움직임), 골격근
- 불수의근(Involuntary) : 자율신경계(교감 + 부교감)의 지배(자의적으로 움직이지 못함), 심장근, 내장근

정답 18 ③ 19 ① 20 ② 21 ② 22 ① 23 ③

24 시소 위에 올려놓은 물체 A와 B는 평형을 이루고 있다. 물체 A는 시소중심에서 1.2m 떨어져 있고 무게는 35kg이며, 물체 B는 물체 A와 반대방향으로 중심에서 1.5m 떨어져 있다고 가정하였을 때 물체 B의 무게는 몇 kg인가?

① 19
② 28
③ 35
④ 42

해설

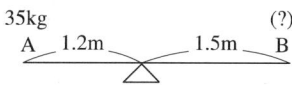

평형의 경우 1.2 × 35 = 1.5 × X
∴ X = 28

25 작업강도의 증가에 따른 순환기 반응의 변화로 옳지 않은 것은?

① 혈압의 상승
② 적혈구의 감소
③ 심박출량의 증가
④ 혈액의 수송량 증가

해설
순환기 반응
- 작업강도 증가 시 혈압이 상승, 심박출량 증가, 혈액 수송량 증가가 발생한다.
- 적혈구 감소는 순환기 반응과 관련이 없다.

26 어떤 물체 또는 표면에 도달하는 빛의 밀도는?

① 조 도
② 광 도
③ 반사율
④ 점광원

해설
조 도
어떤 물체의 표면에 도달하는 빛의 밀도로 단위는 룩스(lux)

27 시각적 점멸융합주파수(VFF)에 영향을 주는 변수에 대한 내용으로 옳지 않은 것은?

① 암조응 시는 VFF가 증가한다.
② 연습의 효과는 아주 적다.
③ 휘도만 같으면 색은 VFF에 영향을 주지 않는다.
④ VFF는 조명 강도의 대수치에 선형적으로 비례한다.

해설
점멸융합주파수에 영향을 주는 변수
- VFF는 조명 강도의 대수치에 선형적으로 비례한다.
- 시표와 주변의 휘도가 같을 때에 VFF는 최대로 된다.
- 휘도만 같으면 색은 VFF에 영향을 주지 않는다.
- 암조응 시는 VFF가 감소한다.
- VFF는 사람들 간에는 큰 차이가 있으나, 개인의 경우 일관성이 있다.
- 연습의 효과는 아주 적다.

28 인체의 척추 구조에서 경추는 몇 개로 구성되어 있는가?

① 5개
② 7개
③ 9개
④ 12개

해설
척 추
- 경추 : 목뼈, 7개로 구성
- 흉추 : 등뼈, 12개로 구성
- 요추 : 허리뼈, 5개로 구성
- 천골 : 골반뼈
- 미골 : 꼬리뼈

29 근육 운동에 있어 장력이 활발하게 생기는 동안 근육이 가시적으로 단축되는 것을 무엇이라 하는가?

① 연축(Twitch)
② 강축(Tetanus)
③ 원심성 수축(Eccentric Contraction)
④ 구심성 수축(Concentric Contraction)

정답 24 ② 25 ② 26 ① 27 ① 28 ② 29 ④

해설

구심성 수축

구심성(Concentric Activation) : 내적토크 > 외적토크
- 근육이 수축하면서 힘을 생산
- 근육이 생성해낸 힘이 외부의 저항보다 큼
- 근육이 수축하면 활성 된 근육의 방향으로 관절의 회전을 가속시키는 동작
- 근육 운동에 있어 장력이 활발하게 생기는 동안 근육이 가시적으로 단축
- 덤벨을 들어 올리는 순간의 상완 이두근

30 나이에 따라 발생하는 청력손실은 다음 중 어떤 주파수의 음에서 가장 먼저 나타나는가?

① 500Hz
② 1,000Hz
③ 2,000Hz
④ 4,000Hz

해설

청력손실
- 일시적 청력손실(TTS ; Temporary Threshold Shift) – 4,000~6,000Hz
- 영구적 청력손실(PTS ; Permanent Threshold Shift) – 3,000~6,000Hz(4,000Hz 부근이 심각, 사람의 귀는 4,000Hz에서 가장 민감함)
- C5 dip 현상 : 감음난청으로 초기에는 4,000Hz에서 청력이 저하되는 현상

31 어떤 작업자의 8시간 작업 시 평균 흡기량은 40L/min, 배기량은 30L/min로 측정되었다. 만일 배기량에 대한 산소함량이 15%로 측정되었다고 가정하면 이때의 분당 산소소비량(L/min)은 얼마인가? (단, 공기 중 산소함량은 21%이다)

① 3.3
② 3.5
③ 3.7
④ 3.9

해설

산소소비량 = 21% × 흡기부피 – O_2% × 배기부피
= 21% × 40 – 15% × 30 = 3.9

32 생리적 활동의 척도 중 Borg의 RPE(Ratings of Perceived Exertion) 척도에 대한 설명으로 옳지 않은 것은?

① 육체적 작업부하의 주관적 평가방법이다.
② NASA-TLX와 동일한 평가척도를 사용한다.
③ 척도의 양끝은 최소 심장 박동률과 최대 심장 박동률을 나타낸다.
④ 작업자들이 주관적으로 지각한 신체적 노력의 정도를 6~20 사이의 척도로 평정한다.

해설

Borg의 RPE(Ratings of Perceived Exertion) 척도
- 주관적 부하측정
- 자신의 작업부하가 어느 정도 힘든지를 주관적으로 평가하여 언어적으로 표현할 수 있도록 척도화한 것
- 작업자들이 주관적으로 지각한 신체적 노력의 정도를 6~20 사이의 척도로 평가
- 척도의 양끝은 최소 심장박동률과 최대 심장 박동률을 나타냄
- 생리적(육체적), 심리적(정신적) 작업부하 모두 측정

33 신경계 중 반사(Reflex)와 통합(Integration)의 기능적 특징을 갖는 것은?

① 중추신경계
② 운동신경계
③ 교감신경계
④ 감각신경계

해설

중추신경계(뇌, 척수)
- 뇌와 척추의 신경세포가 포함
- 통합하고 결정을 내리는 신경계

34 근력의 상태 중 물체를 들고 있을 때처럼 신체부위를 움직이지 않으면서 고정된 물체에 힘을 가하는 상태는?

① 정적 상태(Static Condition)
② 동적 상태(Dynamic Condition)
③ 등속 상태(Isokinetic Condition)
④ 가속 상태(Acceleration Condition)

해설

정적 상태-정적 근력
- 신체를 움직이지 않으면서 자발적으로 가할 수 있는 최대 힘(등척적으로 낼 수 있는 최대 힘)
- 고정된 물체에 대해 최대 힘을 발휘하도록 하고, 일정 시간 휴식하는 과정을 반복하여 처음 3초 동안 발휘된 근력의 평균을 계산하여 측정
- 근육의 정적 수축, 즉 근육의 길이를 변화시키지 않고 힘을 발휘하는 방법을 사용
- 동작은 정지한 상태에서 이루어짐

35 다음 중 추천반사율(IES)이 가장 높은 것은?
① 벽
② 천 정
③ 바 닥
④ 책 상

해설
추천반사율이 높은 순서 : 천정 > 벽 > 가구 > 바닥

36 사업장에서 발생하는 소음의 노출기준을 정할 때 고려해야 될 경정요인과 가장 거리가 먼 것은?
① 소음의 크기
② 소음의 높낮이
③ 소음의 지속시간
④ 소음 발생체의 물리적 특성

해설
소음 노출기준을 정할 때 고려대상
- 소음의 크기
- 소음의 높낮이
- 소음의 지속시간

37 특정과업에서 에너지 소비량에 영향을 미치는 인자로 가장 거리가 먼 것은?
① 작업속도
② 작업자세
③ 작업순서
④ 작업방법

해설
- 에너지 소비량 측정 : 산소 1리터가 몸속에서 소비될 때 5kcal의 에너지가 소모됨
- 표준 에너지 소비량 × 총작업시간 = 작업에너지 × 작업시간 + 휴식에너지 × 휴식시간
- 에너지 소비량에 영향을 미치는 인자 : 작업속도, 작업자세, 작업방법

38 진동이 인체에 미치는 영향으로 옳지 않은 것은?
① 심박수가 증가한다.
② 시성능은 1~25Hz 대역의 경우 가장 심하게 영향을 받는다.
③ 진동수와 추적 작업과의 상호연관성이 적어 운동성능에 영향을 미치지 않는다.
④ 중앙 신경계의 처리 과정과 관련되는 과업의 성능은 진동의 영향을 비교적 덜 받는다.

해설
전신진동
- 진동수 5Hz 이하 : 운동성능이 가장 저하됨
- 진동수 5~10Hz : 흉부와 복부의 고통
- 진동수 1~25Hz : 시성능이 가장 저하됨
- 진동수 20~30Hz : 두개골이 공명하기 시작하여 시력 및 청력장애를 초래
- 진동수 60~90Hz : 안구의 공명유발
- 전신진동은 진폭에 비례하여 추적 작업에 대한 효율을 떨어뜨림
- 전신진동은 차량, 선박, 항공기, 등에서 발생하며 어깨 뭉침, 요통, 관절통증을 유발
- 중앙신경계의 처리과정과 관련되는 과업의 성능은 진동의 영향을 비교적 덜 받음

정답 35 ② 36 ④ 37 ③ 38 ③

39 다음 중 고온 작업장에서의 작업 시 신체 내부의 체온조절계통의 기능이 상실되어 발생하며, 체온이 과도하게 오를 경우 사망에 이를 수 있는 고열장해는?

① 열소모 ② 열사병
③ 열발진 ④ 참호족

해설
열사병
고온작업 시 체온조절계통의 기능이 상실되어 갑자기 의식상실에 빠지고 심하면 사망에 이름

40 작업생리학 분야에서 신체활동의 부하를 측정하는 생리적 반응치가 아닌 것은?

① 심박수(Heart Rate)
② 혈류량(Blood Flow)
③ 폐활량(Lung Capacity)
④ 산소소비량(Oxygen Consumption)

해설
생리적(육체적) 부담척도 : 심박수, 혈류량, 산소소비량

41 산업재해의 발생형태 중 상호자극에 의하여 순간적(일시적)으로 재해가 발생하는 유형은?

① 복합형 ② 단순 자극형
③ 단순 연쇄형 ④ 복합 연쇄형

해설
재해발생 형태
단순 자극형(집중형) : 상호자극에 의해 순간적으로 재해가 발생. 사고 원인이 독립적으로, 재해 발생 장소에 일시적으로 집중되는 형태

42 단순반응시간을 a, 선택반응시간을 b, 움직인 거리를 A, 목표물의 넓이를 W라 할 때, 동작시간 예측에 관한 피츠 법칙(Fitts's Law)으로 옳은 것은?

① 동작시간 = $a + b\log_2(\frac{2A}{W})$

② 동작시간 = $b + a\log_2(\frac{2A}{W})$

③ 동작시간 = $a + b\log_2(\frac{2W}{A})$

④ 동작시간 = $b + a\log_2(\frac{2W}{A})$

해설
피츠의 법칙(Fitts's Law)
• 이동시간은 이동길이가 클수록, 폭이 작을수록 오래 걸린다는 법칙
• MT(Movement Time) = a + b log₂(2A/W) (A : 목표물까지의 거리, W : 목표물의 폭)

43 보행신호등이 바뀌었지만 자동차가 움직이기까지는 아직 시간이 있다고 주관적으로 판단하여 신호등을 건너는 경우는 어떤 상태인가?

① 억측판단 ② 근도반응
③ 초조반응 ④ 의식의 과잉

해설
억측판단은 자기 멋대로 주관적인 판단이나 희망적인 관찰에 의한 행위이다.

44 갈등 해결방안 중 자신의 이익이나 상대방의 이익에 모두 무관심한 것은?

① 경쟁 ② 순응
③ 타협 ④ 회피

해설
회피 : 자신과 상대방 모두를 무시함으로써 갈등 관계에서 탈출하고자 하는 방식

45 스트레스에 관한 설명으로 옳지 않은 것은?

① 스트레스 수준은 작업 성과와 정비례의 관계에 있다.
② 위협적인 환경특성에 대한 개인의 반응이라고 볼 수 있다.
③ 적정수준의 스트레스는 작업성과에 긍정적으로 작용한다.
④ 지나친 스트레스를 지속적으로 받으면 인체는 자기 조절능력을 상실할 수 있다.

해설
스트레스 수준은 작업 성과와 정비례하지 않는다.

46 재해예방의 4원칙에 해당하지 않는 것은?

① 손실우연의 원칙
② 조직구성의 원칙
③ 원인계기의 원칙
④ 대책선정의 원칙

해설
재해예방의 4원칙
- 손실우연의 법칙 : 손실의 크기와 대소는 예측이 안되고, 우연에 의해 발생하므로 사고 자체 발생의 방지 및 예방이 중요
- 원인연계의 원칙 : 사고는 항상 원인이 있고 원인은 대부분 복합적임
- 예방가능의 원칙 : 천재지변을 제외하고 모든 사고와 재해는 원칙적으로 원인만 제거되면 예방이 가능
- 대책선정의 원칙 : 사고의 원인이나 불안전요소가 발견되면 반드시 대책을 선정하여 실시함

47 제조물 책임법에서 손해배상책임에 대한 설명으로 옳지 않은 것은?

① 해당 제조물 결함에 의해 발생한 손해가 그 제조물 자체만에 그치는 경우에는 제조물책임대상에서 제외한다.
② 피해자가 제조물의 제조업자를 알 수 없는 경우 그 제조물을 영리 목적으로 판매한 공급자가 손해를 배상하여야 한다.
③ 제조자가 결함 제조물로 인하여 생명, 신체 또는 재산상의 손해를 입은 자에게 손해를 배상할 책임을 의미한다.
④ 제조업자가 제조물의 결함을 알면서도 필요한 조치를 취하지 아니하면 손해를 입은 자에게 발생한 손해의 2배 범위 내에서 배상책임을 진다.

해설
2배가 아니라 3배이다.

48 리더십(Leadership)과 비교한 헤드십(Headship)의 특징으로 옳은 것은?

① 민주주의적 지휘형태
② 개인능력에 따른 권한 근거
③ 구성원과의 사회적 간격이 넓음
④ 집단의 구성원들에 의해 선출된 지도자

해설
헤드십은 외부로부터 임명된 경우로 구성원과의 사회적 간격이 넓다.

정답 45 ① 46 ② 47 ④ 48 ③

49 하인리히는 재해연쇄론에서 재해가 발생하는 과정을 5단계 요인으로 나누어 설명하였다. 그 중 사고를 예방하기 위한 관리활동들이 가장 효과적으로 적용될 수 있는 단계는 무엇이라고 주장하였는가?

① 개인적 결함
② 사고 그 자체
③ 사회적 환경(분위기)
④ 불안전행동 및 불안전상태

[해설]
불안전한 상태와 불안전한 행동의 근원적 원인은 관리(Management)에 있다.

50 다음 소시오그램에서 B의 선호신분지수로 옳은 것은?

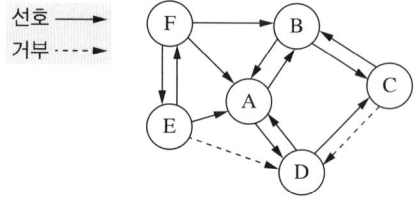

① $\dfrac{1}{5}$ ② $\dfrac{2}{5}$
③ $\dfrac{3}{5}$ ④ $\dfrac{4}{5}$

[해설]
선호신분지수(Choice Status Index) = 선호총계/(구성원수 − 1) = 3/(6 − 1) = 3/5

51 FTA(Fault Tree Analysis)에 대한 설명으로 옳지 않은 것은?

① 해설하고자 하는 정상사상(Top Event)과 기본사상(Basic Event)과의 인과관계를 도식화하여 나타낸다.
② 고장이나 재해요인의 정성적 분석뿐만 아니라 정량적 분석이 가능하다.
③ "사건이 발생하려면 어떤 조건이 만족되어야 하는가?"에 근거한 연역적 접근방법을 이용한다.
④ 정성적 결함나무(FT ; Fault Tree)를 작성하기 전에 정상사상이 발생할 확률을 계산한다.

[해설]
FTA는 정량적 분석방법으로 각 사상이 발생할 확률에 기반하여 정상사상이 발생할 가능성을 평가하는 기법이다.

52 다음 중 민주적 리더십과 관련된 이론이나 조직형태는?

① X이론
② Y이론
③ 라인형 조직
④ 관료주의 조직

[해설]
민주적 리더십 : 책임공유, 인간에게 높은 관심, 맥그리거의 Y이론에 근거

53 피로의 생리학적(Physiological) 측정방법과 거리가 먼 것은?

① 뇌파 측정(EEG)
② 심전도 측정(ECG)
③ 근전도 측정(EMG)
④ 변별역치 측정(촉각계)

[해설]
변별역치 측정은 심리학적 측정방법이다.

54 어느 작업자가 평균적으로 100개의 부품을 검사하여 불량품 5개를 검출해 내었으나 실제로는 15개의 불량품이 있었다. 이 작업자가 100개가 1로트로 구성된 로트 2개를 검사하면서 2개의 로트 모두에서 휴먼 에러를 범하지 않을 확률은?

① 0.01   ② 0.1
③ 0.81   ④ 0.9

해설
- HEP = 오류의 수/전체 오류발생 기회의 수 = (15 − 5)/100 = 0.1
- 이산적 직무에서의 인간신뢰도(R) = $(1 - HEP)^n$ = $(1 - 0.1)^2$ = 0.81

55 상시근로자가 1,000명이 근무하는 사업장의 강도율이 0.6이었다. 이 사업장에서 재해발생으로 인한 연간 총 근로손실일수는 며칠인가? (단, 근로자 1인당 연간 2,400시간을 근무하였다)

① 1,220일   ② 1,320일
③ 1,440일   ④ 1,630일

해설
- 강도율(1,000시간당 근로손실일수) = 근로손실일수 × 1,000/총연근로시간수
- 근로손실일수 = 강도율 × 총연근로시간수/1,000
  = 0.6 × 1,000 × 2,400/1,000 = 1,440

56 라스무센(Rasmussen)은 인간행동의 종류 또는 수준에 따라 휴먼 에러를 3가지로 분류하였는데 이에 속하지 않는 것은?

① 숙련기반 에러(Skill-Based Error)
② 기억기반 에러(Memory-Based Error)
③ 규칙기반 에러(Rule-Based Error)
④ 지식기반 에러(Knowledge-Based Error)

해설
라스무센(Rasmussen)의 3가지 휴먼 에러
- 지식기반 에러(Knowledge-Based Mistake) : 무지로 발생하는 착오
- 규칙기반 에러(Rule-Based Mistake) : 규칙을 알지 못해 발생하는 착오
- 숙련기반 에러(Skill-Based Mistake) : 숙련되지 못해 발생하는 착오

57 휴먼 에러 방지대책을 설비요인, 인적요인, 관리요인 대책으로 구분할 때 인적요인에 관한 대책으로 볼 수 없는 것은?

① 소집단 활동
② 작업의 모의훈련
③ 인체측정치의 적합화
④ 작업에 관한 교육훈련과 작업 전 회의

해설
인적요인에 대한 대책
- 작업의 모의훈련
- 작업에 관한 교육훈련과 작업 전 회의
- 소집단 활동으로 휴먼 에러에 관한 훈련 및 예방활동을 지속적으로 수행

58 관리그리드 모형(Management Grid Model)에서 제시한 리더십의 유형에 대한 설명으로 옳지 않은 것은?

① (9, 1)형은 인간에 대한 관심은 높으나 과업에 대한 관심은 낮은 인기형이다.
② (1, 1)형은 과업과 인간관계 유지 모두에 관심을 갖지 않는 무관심형이다.
③ (9, 9)형은 과업과 인간관계 유지의 모두에 관심이 높은 이상형으로서 팀형이다.
④ (5, 5)형은 과업과 인간관계 유지에 모두 적당한 정도의 관심을 갖는 중도형이다.

해설
블레이크와 머튼(Blake & Mouton)의 관리그리드 이론
- 무관심형(1, 1) : 인간과 과업 모두에 매우 낮은 관심, 자유방임, 포기형
- 인기형(1, 9) : 인간에 대한 관심은 높은데 과업에 대한 관심은 낮은 유형
- 과업형(9, 1) : 과업에 대한 관심은 높은데 인간에 대한 관심은 낮음, 과업상의 능력우선
- 중간형(5, 5) : 과업과 인간관계 모두 적당한 정도의 관심, 과업과 인간관계를 절충
- 팀형(9, 9) : 인간과 과업 모두에 매우 높은 관심, 리더는 상호의존관계 및 공동목표를 강조

59 NIOSH의 직무스트레스 모형에서 직무스트레스 요인에 해당하지 않는 것은?

① 작업요인 ② 개인적 요인
③ 조직요인 ④ 환경요인

해설
개인적 요인은 직무스트레스 요인이 아니라 간접적 요인이다.

60 Herzberg의 동기위생 이론에서 위생요인에 대한 설명으로 옳지 않은 것은?

① 위생요인이 갖추어지지 않으면 구성원들은 불만족해진다.
② 위생요인이 갖추어지지 않으면 조직을 떠날 수 있다.
③ 위생요인이 갖추어지지 않으면 성과에 좋지 않은 영향을 준다.
④ 위생요인이 잘 갖추어지게 되면 구성원들에게 열심히 일하도록 동기를 자극하게 된다.

해설
위생요인(유지욕구) : 개인적 불만족을 방지해주지만 동기부여가 안됨

61 어떤 한 작업의 25회 시험관측치가 평균 0.35, 표준편차가 0.08일 때, 오차확률 5%에서 필요한 최소 관측횟수는 얼마인가? [단, t(25, 0.05) = 2.069, t(24, 0.05) = 2.064, t(26, 0.05) = 2.056이다]

① 89 ② 90
③ 91 ④ 92

해설
$N = [t(n-1, 0.05) \times S/(e \times \bar{x})]^2$
$= [t(25-1, 0.05) \times 0.08/(0.05 \times 0.35)]^2$
$= [(2.064 \times 0.08)/(0.05 \times 0.35)]^2 ≒ 89.027 = 90$
∴ 최소관측 횟수는 90이다.

62 동작경제의 3원칙 중 신체 사용 원칙에 해당하지 않는 것은?

① 가능하다면 중력을 이용한 운반 방법을 사용한다.
② 두 손의 동작은 같이 시작하고 같이 끝나도록 한다.
③ 휴식시간을 제외하고는 양손이 동시에 쉬지 않도록 한다.
④ 두 팔의 동작은 동시에 서로 반대방향으로 대칭적으로 움직이도록 한다.

해설
중력을 이용한 방법은 작업장의 배치에 관한 원칙이다.

63 작업장 시설의 재배치, 기자재 소통상 혼잡지역 파악, 공정과정 중 역류현상 점검 등에 가장 유용하게 사용할 수 있는 공정도는?

① Gantt Chart
② Flow Diagram
③ Man-Machine Chart
④ Operation Process Chart

해설
유통선도, 흐름도표(Flow Diagram, Flow Chart)
• 제조과정에서 발생하는 운반, 정체, 검사, 보관 등의 사항이 생산현장의 어느 위치에서 발생하는가를 알 수 있도록 부품의 이동경로를 배치도상에 선으로 표시한 것
• 작업장 시설의 재배치, 기자재 소통상 혼잡지역 파악, 공정과정 중 역류현상 점검 등에 가장 유용하게 사용

64 산업안전보건법령상 근골격계 부담작업 유해요인 조사에 관한 설명으로 옳지 않은 것은?

① 사업주는 유해요인 조사에 근로자 대표 또는 해당 작업근로자를 참여시켜야 한다.
② 사업주는 근로자가 근골격계 부담작업을 하는 경우 3년마다 유해요인 조사를 하여야 한다.
③ 신규입사자가 근골격계 부담작업에 배치되는 경우 즉시 유해요인 조사를 실시해야 한다.
④ 신설되는 사업장의 경우 신설일로부터 1년 이내에 최초의 유해요인 조사를 실시해야 한다.

정답 59 ② 60 ④ 61 ② 62 ① 63 ② 64 ③

해설
신규입사자가 배치되는 경우가 아니라 근골격계 부담작업에 해당하는 새로운 작업, 설비를 도입한 경우이다.

65 표본의 크기가 충분히 크다면 모집단의 분포와 일치한다는 통계적 이론에 근거하여 인간 활동이나 기계의 가동상황 등을 무작위로 관측하여 측정하는 표준시간 측정방법은?

① Work Sampling법
② Work Factor법
③ PTS(Predetermined Time Standards)법
④ MTM(Methods Time Measurement)법

해설
워크샘플링(Work Sampling)
표본의 크기가 충분히 크다면 모집단의 분포와 일치한다는 통계적 이론에 근거하여 관측대상을 무작위로 선정하고, 일정시간을 관측하여 상태를 기록·집계

66 문제분석 도구 중 빈도수가 큰 항목부터 차례대로 나열하는 방법으로 불량이나 사고의 원인이 되는 항목을 찾아내는 기법은?

① 간트 차트
② 특성요인도
③ PERT 차트
④ 파레토 차트

해설
파레토 차트(Pareto Chart)
• 20%의 항목이 전체의 80%를 차지한다는 파레토 법칙에 근거
• 문제의 인자를 파악하고 그것들이 차지하는 비율을 누적분포의 형태로 표현
• 가로축에 항목, 세로축에 항목별 점유비율과 누적비율로 막대-꺾은선 혼합 그래프를 사용
• 빈도수가 큰 항목부터 차례대로 항목들을 나열한 후에 항목별 점유비율과 누적비율을 구함

67 근골격계질환 예방·관리 교육에서 사업주가 모든 근로자 및 관리감독자를 대상으로 실시하는 기본교육 내용에 해당되지 않는 것은?

① 근골격계질환 발생 시 대처요령
② 근골격계부담작업에서의 유해요인
③ 예방·관리 프로그램의 수립 및 운영방법
④ 작업도구와 장비 등 작업시설의 올바른 사용방법

해설
근골격계질환 예방·관리 기본교육
• 근골격계부담작업에서의 유해요인
• 작업도구와 장비 등 작업시설의 올바른 사용방법
• 근골격계질환의 증상과 징후 식별방법 및 보고방법
• 근골격계질환 발생 시 대처요령
• 기타 근골격계질환 예방에 필요한 사항

68 근골격계질환의 발생원인을 개인적 특성요인과 작업 특성요인으로 구분할 때, 개인적 특성요인에 해당하는 것은?

① 반복적인 동작
② 무리한 힘의 사용
③ 작업방법 및 기술수준
④ 동력을 이용한 공구 사용 시 진동

해설
개인적 요인
• 작업경력, 작업방법, 기술수준
• 생활습관, 작업습관
• 과거병력, 나이, 성별, 음주, 흡연

69 근골격계질환의 예방원리에 관한 설명으로 옳은 것은?

① 예방보다는 신속한 사후조치가 더 효과적이다.
② 작업자의 신체적 특징 등을 고려하여 작업장을 설계한다.
③ 공학적 개선을 통해 해결하기 어려운 경우에는 그 공정을 중단해야 한다.
④ 사업장 근골격계 예방정책에 노사가 협의하면 작업자의 참여는 중요하지 않다.

정답 65 ① 66 ④ 67 ③ 68 ③ 69 ②

해설

근골격계질환의 예방원리
- 예방이 최선의 정책
- 작업장의 신체적 특징을 고려하여 작업장을 설계

70 작업관리에 관한 내용으로 옳지 않은 것은?

① 작업연구에는 시간연구, 동작연구, 방법연구가 있다.
② 방법연구는 테일러에 의해 시작, 길브레스에 의해 더욱 발전되었다.
③ 작업관리는 생산과정에서 인간이 관여하는 작업을 주 연구대상으로 한다.
④ 작업관리는 생산 활동의 여러 과정 중 작업요소를 조사, 연구하여 합리적인 작업 방법을 설정하는 것이다.

해설

작업방법연구의 선구자는 테일러가 아니라 길브레스이다.

71 입식작업대에서 무거운 물건을 다루는 작업(중작업)을 할 때 다음 중 작업대의 높이로 가장 적절한 것은?

① 작업자의 팔꿈치 높이로 한다.
② 작업자의 팔꿈치 높이보다 10~20cm 정도 높게 한다.
③ 작업자의 팔꿈치 높이보다 5~10cm 정도 낮게 한다.
④ 작업자의 팔꿈치 높이보다 10~30cm 정도 낮게 한다.

해설

입식작업대의 높이는 중작업의 경우 팔꿈치 높이보다 10~30cm 낮게 설치하는 것이 좋다.

72 작업관리의 문제해결방법으로 전문가 집단의 의견과 판단을 추출하고 종합하여 집단적으로 판단하는 방법은?

① 브레인스토밍(Brainstorming)
② 마인드 맵핑(Mind Mapping)
③ 마인드 멜딩(Mind Melding)
④ 델파이 기법(Delphi Technique)

해설

델파이 기법(Delphi Method)
전문가들에게 개별적으로 설문을 전하고, 의견을 받아서 반복수정하는 절차를 거쳐 의사결정을 내리는 방식

73 Work Factor에서 고려하는 4가지 시간 변동요인이 아닌 것은?

① 동작 타임
② 신체 부위
③ 인위적 조절
④ 중량이나 저항

해설

동작시간 결정 시 4가지 고려사항
- 사용하는 신체 부위 : 손가락과 손, 팔, 앞팔회전, 몸통, 발, 다리, 머리회전
- 이동거리
- 중량 또는 저항
- 동작의 인위적 조절

74 영상표시단말기(VDT) 취급근로자 작업 관리지침상 취급근로자의 작업자세로 적절하지 않은 것은?

① 손목은 일직선이 되도록 한다.
② 화면과의 거리는 최소 40cm 이상이 확보되어야 한다.
③ 화면상의 시야범위는 수평선상에서 10~15° 위에 오도록 한다.
④ 윗팔(Upper Arm)은 자연스럽게 늘어뜨리고, 팔꿈치의 내각은 90° 이상이 되어야 한다.

해설

화면상의 시야범위는 수평선상에서 10~15° 밑에 오도록 한다.

70 ② 71 ④ 72 ④ 73 ① 74 ③

75 각 한 명의 작업자가 배치되어 있는 3개의 라인으로 구성된 공정의 공정시간이 각각 3분, 5분, 4분일 때 공정효율은?

① 65% ② 70%
③ 75% ④ 80%

해설
균형효율(공정효율) = 총 작업시간/(작업수 × 주기시간)
= 12/(3 × 5) = 0.8

76 어느 회사가 외경법을 기준으로 10%의 여유율을 제공한다. 8시간 동안 한 작업자를 워크샘플링한 결과가 다음 표와 같다. 이 작업자의 수행도 평가결과 110%였다. 청소작업의 표준시간은 약 얼마인가?

요소작업	관측 횟수
적 재	15
이 동	15
청 소	5
유 휴	15
합 계	50

① 7분 ② 58분
③ 74분 ④ 81분

해설
- 청소작업의 평균시간 = 8hr × 1hr × 5/50 = 48분
- 정미시간 = 관측시간의 평균치 × Rating = 48분 × 110% = 52.8분
- 표준시간 = 정미시간 × (1 + 작업여유율) = 52.8 × 1.1 = 58.08분

77 NIOSH Lifting Equation의 변수와 결과에 대한 설명으로 옳지 않은 것은?

① 수평거리 요인이 변수로 작용한다.
② 권장무게한계(RWL)의 최대치는 23kg이다.
③ LI(들기지수) 값이 1 이상이 나오면 안전하다.
④ 빈도계수의 들기빈도는 평균적으로 분당 들어 올리는 횟수(회/분)를 나타낸다.

해설
1보다 크면 요통발생위험이 높다.

78 비효율적인 서블릭(Therblig)에 해당하는 것은?

① 계획(Pn) ② 조립(A)
③ 사용(U) ④ 쥐기(G)

해설
비효율적 Therblig
- 작업을 진행시키는 데 도움이 되지 못하는 동작들로 동작분석을 통해 제거함
- 정신적/반정신적 동작 : SS PIP(찾고, 고르고 바로 놓아서, 검사하고, 계획)
  - Sh : 찾기
  - St : 고르기
  - P : 바로 놓기
  - I : 검사
  - Pn : 계획
- 정체적인 동작 : UA RH(잡고, 있고, 놓고, 있으니, 지연되지)
  - UD : 불가피한 지연
  - AD : 피할 수 있는 지연
  - R : 휴식
  - H : 잡고 있기

79 작업방법설계 시 고려해야 할 사항으로 옳지 않은 것은?

① 눈동자의 움직임을 최소화한다.
② 동작을 천천히 하여 최대 근력을 얻도록 한다.
③ 최대한 발휘할 수 있는 힘의 30% 이하로 유지한다.
④ 가능하다면 중력 방향으로 작업을 수행하도록 한다.

해설
최대한 발휘할 수 있는 힘의 15% 이하로 유지한다.

80 근골격계 부담작업에 해당하지 않는 작업은?

① 하루에 10회 이상 25kg 이상의 물체를 드는 작업
② 하루에 총 2시간 이상, 분당 2회 이상 4.5kg 이상의 물체를 드는 작업
③ 하루에 2시간 이상 집중적으로 자료입력 등을 위해 키보드 또는 마우스를 조작하는 작업
④ 하루에 총 2시간 이상 목, 어깨, 팔꿈치, 손목 또는 손을 사용하여 같은 동작을 반복하는 작업

해설
하루 4시간 이상 집중적으로 키보드 또는 마우스를 조작하는 작업

정답 75 ④ 76 ② 77 ③ 78 ① 79 ③ 80 ③

2020년 제3회 기출문제

01 회전운동을 하는 조종장치의 레버를 40° 움직였을 때 표시장치의 커서는 3cm 이동하였다. 레버의 길이가 15cm일 때 이 조종장치의 C/R비는 약 얼마인가?

① 2.62
② 3.49
③ 8.33
④ 10.48

해설
C/R비 = [(조정장치가 움직인 각도/360) × 2πL(원주)]/(표시장치의 이동거리)
= 40/360 × 2π × 15/3 = 3.49

02 사용자의 기억 단계에 대한 설명으로 옳은 것은?

① 잔상은 단기기억(Short-Term Memory)의 일종이다.
② 인간의 단기기억(Short-Term Memory)용량은 유한하다.
③ 장기기억을 작업기억(Working Memory)이라고도 한다.
④ 정보를 수 초 동안 기억하는 것을 장기기억(Long-Term Memory)이라 한다.

해설
① 감각기억이다.
③ 단기기억이 작업기억이다.
④ 장기기억이 아닌 감각기억이다.

03 정량적 표시장치(Quantitative Display)에 대한 설명으로 옳지 않은 것은?

① 시력이 나쁜 사람이나 조명이 낮은 환경에서 계기를 사용할 때는 눈금 단위(Scale Unit) 길이를 크게 하는 편이 좋다.
② 기계식 표시장치에는 원형, 수평형, 수직형 등의 아날로그 표시장치와 디지털 표시장치로 구분된다.
③ 아날로그 표시장치의 눈금 단위(Scale Unit) 길이는 정상 가시거리를 기준으로 정상 조명 환경에서는 1.3mm 이상이 권장된다.
④ 아날로그 표시장치는 눈금이 고정되고 지침이 움직이는 동목(Moving Pointer)형으로 구분된다.

해설
지침이 움직이는 것이 동침형, 눈금이 움직이는 것이 동목형이다.

04 작업장에서 인간공학을 적용함으로써 얻게 되는 효과로 볼 수 없는 것은?

① 회사의 생산성 증가
② 작업손실시간의 감소
③ 노·사 간의 신뢰성 저하
④ 건강하고 안전한 작업조건 마련

해설
노·사 간의 신뢰성이 증가한다.

정답 01 ② 02 ② 03 ④ 04 ③

05 다음 중 기능적 인체치수(Functional Body Dimension) 측정에 대한 설명으로 가장 적합한 것은?

① 앉은 상태에서만 측정하여야 한다.
② 5~95%tile에 대해서만 정의된다.
③ 신체 부위의 동작범위를 측정하여야 한다.
④ 움직이지 않는 표준자세에서 측정하여야 한다.

해설
기능적 인체치수는 활동자세에서 측정하므로 동작범위를 측정한다.

06 음의 한 성분이 다른 성분의 청각 감지를 방해하는 현상은?

① 은폐효과
② 밀폐효과
③ 소멸효과
④ 도플러효과

해설
은폐효과(Masking Effect)
2개의 소음이 동시에 존재할 때 낮은 음의 소음이 높은 음에 가려 들리지 않는 현상

07 조종장치에 대한 설명으로 옳은 것은?

① C/R비가 크면 민감한 장치이다.
② C/R비가 작은 경우에는 조종장치의 조종시간이 적게 필요하다.
③ C/R비가 감소함에 따라 이동시간은 감소하고, 조종시간은 증가한다.
④ C/R비는 반응장치의 움직인 거리를 조종장치의 움직인 거리로 나눈 값이다.

해설
조종-반응비율(C/R비, Control/Response비)
- 낮은 C/R비 : 조금만 움직여도 반응이 큼, 이동시간 최소화, 원하는 위치에 갖다놓기 힘듦
- 높은 C/R비 : 많이 움직여도 반응이 작음, 미세조정이 가능, 정확하게 맞출 수 있음

08 연구 자료의 통계적 분석에 대한 설명으로 옳지 않은 것은?

① 최빈값은 자료의 중심 경향을 나타낸다.
② 분산은 자료의 퍼짐 정도를 나타내 주는 척도이다.
③ 상관계수 값 +1은 두 변수가 부의 상관관계임을 나타낸다.
④ 통계적 유의수준 5%는 100번 중 5번 정도는 판단을 잘못하는 확률을 말한다.

해설
상관계수는 +1과 -1 사이의 값을 취하며 +1일 때 정의 상관도가 강하고 -1일 때 부의 상관도가 강하고 0일 때 무상관이 된다.

09 시각적 표시장치와 청각적 표시장치 중 청각적 표시장치를 사용하는 것이 더 유리한 경우는?

① 수신장소가 너무 시끄러운 경우
② 직무상 수신자가 한 곳에 머무르는 경우
③ 수신자의 청각 계통이 과부하 상태일 경우
④ 수신장소가 너무 밝거나 암조응이 요구될 경우

해설
시각적 표시장치와 청각적 표시장치의 비교

시각적 표시장치	청각적 표시장치
• 메시지가 길고 복잡한 경우 • 메시지가 공간적 위치를 다룰 경우 • 메시지를 나중에 참고할 필요가 있는 경우 • 소음이 과도한 경우 • 작업자의 이동이 적은 경우 • 즉각적인 행동 불필요한 경우 • 수신장소가 너무 시끄러운 경우 • 수신자의 청각계통이 과부하 상태인 경우	• 메시지가 짧고 단순한 경우 • 메시지가 시간상의 사건을 다루는 경우(무선거리신호, 항로정보 등과 같이 연속적으로 변하는 정보를 제시할 때) • 메시지가 일시적으로 나중에 참고할 필요가 없는 경우 • 수신장소가 너무 밝거나 암조응 유지가 필요한 경우 • 수신자가 자주 움직이는 경우 • 즉각적인 행동이 필요한 경우 • 수신자의 시각계통이 과부하 상태인 경우

정답 05 ③ 06 ① 07 ③ 08 ③ 09 ④

10 신호검출이론(SDT)에서 신호의 유무를 판별함에 있어 4가지 반응 대안에 해당하지 않는 것은?

① 긍정(Hit)
② 누락(Miss)
③ 채택(Acceptation)
④ 허위(False Alarm)

해설

판 정	신호(Signal)	소음(Noise)
신호발생 (S)	Hit : P(S/S)	1종 오류(False Alarm) : P(S/N)
신호없음 (N)	2종 오류(Miss) : P(N/S)	Correct Rejection : P(N/N)

11 암조응(Dark Adaptation)에 대한 설명으로 옳은 것은?

① 적색 안경은 암조응을 촉진한다.
② 어두운 곳에서는 주로 원추세포에 의하여 보게 된다.
③ 완전한 암조응을 위해 보통 1~2분 정도의 시간이 요구된다.
④ 어두운 곳에 들어가면 눈으로 들어오는 빛을 조절하기 위하여 동공이 축소된다.

해설
② 원추세포가 아닌 간상세포
③ 30~35분
④ 동공 확대

12 다음에서 설명하고 있는 것은?

> 모든 암호 표시는 다른 암호 표시와 구별될 수 있어야 한다. 인접한 자극들 간에 적당한 차이가 있어 전부 구별 가능하다 하더라도, 인접 자극의 상이도는 암호 체계의 효율에 영향을 끼친다.

① 암호의 검출성(Detectability)
② 암호의 양립성(Compatibility)
③ 암호의 표준화(Standardization)
④ 암호의 변별성(Discriminability)

해설
암호화 원칙
• 암호의 검출성 : 정보를 코드화한 자극은 식별이 용이하고 검출이 가능해야 한다.
• 다차원 암호의 사용 : 2가지 이상의 코드차원을 조합해서 사용하면 정보전달이 촉진된다.
• 부호의 양립성 : 자극과 반응 간의 관계가 인간의 기대와 모순되지 않아야 한다.
• 암호의 변별성 : 모든 코드 표시는 감지장치에 의하여 다른 코드표시와 구별되어야 한다.
• 암호의 표준화 : 암호는 일관성을 위해 반드시 표준화해야 한다.
• 부호의 의미 : 사용자가 그 뜻을 분명히 알아야 한다.

13 다음 그림은 Sanders와 McCormick이 제시한 인간-기계 통합 체계의 인간 또는 기계에 의해서 수행되는 기본 기능의 유형이다. 그림의 A 부분에 가장 적합한 것은?

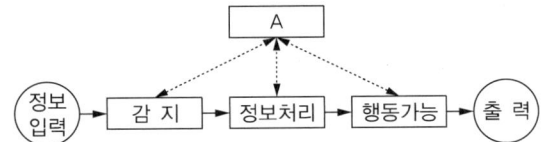

① 통 신
② 정보수용
③ 정보보관
④ 신체제어

해설
정보처리의 기본기능

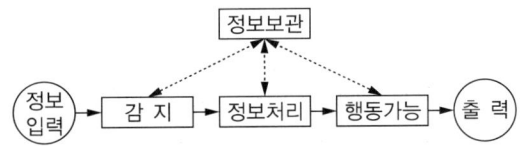

A는 장기기억을 보관하는 '정보보관'이다.

14 인간공학적 설계에서 사용하는 양립성(Compatibility)의 개념 중 인간이 사용한 코드와 기호가 얼마나 의미를 가진 것인가를 다루는 것은?

① 개념적 양립성
② 공간적 양립성
③ 운동 양립성
④ 양식 양립성

해설
개념적 양립성(Conceptual)
인간이 가지고 있는 개념적 연상(의미)에 관한 기대와 일치
[예] 빨간색-온수, 파랑색-냉수

15 지하철이나 버스의 손잡이 설치 높이를 결정하는 데 적용하는 인체 지수 적용원리는?

① 평균치 원리 ② 최소치 원리
③ 최대치 원리 ④ 조절식 원리

해설
퍼센타일 적용 사례
- 의자의 깊이는 작은 사람에게 맞춘다(5퍼센타일-최소치 설계).
- 지하철 손잡이의 높이는 작은 사람에게 맞춘다(5퍼센타일-최소치 설계).
- 비상버튼까지의 거리는 작은 사람에게 맞춘다(5퍼센타일-최소치 설계).
- 의자의 너비는 큰 사람에게 맞춘다(95퍼센타일-최대치 설계).
- 침대의 길이는 큰 사람에게 맞춘다(95퍼센타일-최대치 설계).

16 시스템의 평가척도 유형으로 볼 수 없는 것은?

① 인간 기준(Human Criteria)
② 관리 기준(Management Criteria)
③ 시스템 기준(System-Descriptive Criteria)
④ 작업성능 기준(Task Performance Criteria)

해설
인간공학 연구에 사용되는 3가지 기준
- 인간 기준
- 시스템 기준
- 작업성능 기준

17 실현 가능성이 같은 N개의 대안이 있을 때 총 정보량(H)을 구하는 식으로 옳은 것은?

① $H = \log N^2$ ② $H = \log_2 N$
③ $H = 2\log_2 N^2$ ④ $H = \log 2N$

해설
정보량의 종류
- 대안의 수가 N개 이고 그 발생확률이 모두 동일한 경우
  정보량(H) = $\log_2 N$
- 발생확률이 동일하지는 않는 사건에 대한 정보량(Hi)
  = $Pi \log_2(1/pi)$ (Hi 각 대안에 대한 정보량, pi 대안의 발생확률)
- 실현 확률이 다른 일련의 사건이 가지는 평균정보량(Ha)
  = $\Sigma pi \times hi = \Sigma pi \times \log_2(1/pi) = -\Sigma pi \times \log_2 pi$

18 인간의 후각 특성에 대한 설명으로 옳지 않은 것은?

① 훈련을 통하면 식별 능력을 향상시킬 수 있다.
② 특정한 냄새에 대한 절대적 식별 능력은 떨어진다.
③ 후각은 특정 물질이나 개인에 따라 민감도의 차이가 있다.
④ 후각은 훈련을 통하여 구별할 수 있는 일상적인 냄새의 수는 최대 7가지 종류이다.

해설
후 각
- 특정 물질이나 개인에 따라 민감도에 차이가 있음
- 특정 냄새에 대한 절대적 식별능력은 떨어지나 상대적 식별능력은 우수
- 훈련을 통해 식별능력을 60종까지도 식별가능
- 특정자극을 식별하는데 사용하기보다는 냄새의 존재여부를 탐지하는 데 효과적
- 후각의 순응은 빠른 편임, 감각기관 중 가장 예민하나 빨리 피로해지기 쉬움
- 전달경로 : 기체의 화학물질 → 후각상피세포 → 후신경 → 대뇌

19 작업 중인 프레스기로부터 50m 떨어진 곳에서 음압을 측정한 결과 음압 수준이 100dB이었다면, 100m 떨어진 곳에서의 음압 수준은 약 몇 dB인가?

① 90 ② 92
③ 94 ④ 96

해설
$SPL_2 = SPL_1 - 20\log(d_2/d_1)$
$SPL_2 = 100 - 20\log(100/50) = 93.9dB$

20 종이의 반사율이 70%이고, 인쇄된 글자의 반사율이 15%일 경우 대비(Contrast)는?

① 15% ② 21%
③ 70% ④ 79%

해설
대비 = (배경의 휘도 - 표적의 휘도)/배경의 휘도
= (70 - 15)/70 = 79%

정답 15 ② 16 ② 17 ② 18 ④ 19 ③ 20 ④

21 물체가 정적 평형상태(Static Equilibrium)를 유지하기 위한 조건으로 작용하는 모든 힘의 총합과 외부 모멘트의 총합이 옳은 것은?

① 힘의 총합 : 0, 모멘트의 총합 : 0
② 힘의 총합 : 1, 모멘트의 총합 : 0
③ 힘의 총합 : 0, 모멘트의 총합 : 1
④ 힘의 총합 : 1, 모멘트의 총합 : 1

해설
정적 평형(Static Equilibrium)
- 물체가 정지하고 있는 상태
- 물체가 일정한 속도로 직선운동을 하고 있는 상태
- 물체가 회전하고 있지 않는 상태
- 물체가 일정한 각속도로 회전하고 있는 상태
- 정적 평형을 유지하기 위한 조건 : 힘의 총합과 모멘트의 총합이 zero(0)

22 전신의 생리적 부담을 측정하는 척도로 가장 적절한 것은?

① 뇌전도(EEG) ② 산소소비량
③ 근전도(EMG) ④ Fliker 테스트

해설
EMG도 생리적 부담을 측정하는 척도이나 전신의 생리적 부담을 측정하는 척도로는 산소소비량이 적절하다.
① EEG : 정신적 작업부하 측정
③ EMG : 생리적 작업부하 측정
④ 플리커(Fliker) 테스트 : 정신적 작업부하 측정

23 최대산소소비능력(MAP ; Maximum Aerobic Power)에 대한 설명으로 옳은 것은?

① MAP는 실제 작업현장에서 작업 시 측정한다.
② 젊은 여성의 MAP는 남성의 40~50% 정도이다.
③ MAP란 산소소비량이 최대가 되는 수준을 의미한다.
④ MAP는 개인의 운동역량을 평가하는 데 널리 활용된다.

해설
① 실제 작업현장이 아니라 낮은 단계에서 운동을 시작하여 피험자가 완전히 지칠 때까지 부하를 증가시켜 측정한다.
② 젊은 여성의 MAP는 남성의 65~75% 정도이다.
③ 운동이 최대치에 도달했을 때 소비되는 분당 산소의 최대량이다.

최대산소소비능력(MAP ; Maximum Aerobic Power)
- 운동이 최대치에 도달했을 때 분당 소비되는 산소의 최대량
- 흡기량 = 배기량 × (100% − O_2% − CO_2%)/79%
- 최고기량의 운동선수의 MAP는 83㎖/(kg × min) 일반인은 44 ㎖/(kg × min)
- 젊은 여성의 MAP는 남성의 65~75% 정도
- 트레드밀(Treadmill)이나 자전거 에르고미터(Ergometer)를 활용하여 측정

24 교대작업 운영의 효율적인 방법으로 볼 수 없는 것은?

① 고정적이거나 연속적인 야간근무 작업은 줄인다.
② 교대 일정은 정기적이고 근로자가 예측 가능하도록 해 주어야 한다.
③ 교대작업은 주간근무 → 야간근무 → 저녁근무 → 주간근무 식으로 진행하여 피로를 빨리 회복할 수 있다.
④ MAP는 개인의 운동역량을 평가하는 데 널리 활용된다.

해설
교대작업은 전진근무방식이 좋다(주간 → 저녁 → 야간 → 주간).

25 생리적 측정을 주관적 평점 등급으로 대체하기 위하여 개발된 평가척도는?

① Fitts Scale ② Likert Scale
③ Garg Scale ④ Borg-RPE Scale

해설
Borg-RPE(Ratings of Perceived Exertion) Scale
- 주관적 부하측정
- 자신의 작업부하가 어느 정도 힘든지를 주관적으로 평가하여 언어적으로 표현할 수 있도록 척도화한 것
- 작업자들이 주관적으로 지각한 신체적 노력의 정도를 6~20 사이의 척도로 평가
- 생리적(육체적), 심리적(정신적) 작업부하 모두 측정

26 시각연구에 오랫동안 사용되어 왔으며, 망막의 함수로 정신피로의 척도에 사용되는 것은?

① 부정맥
② 뇌파(EEG)
③ 전기피부반응(GSR)
④ 점멸융합주파수(VFF)

해설

점멸융합주파수(CFF, VFF)
- CFF : Critical Flicker Fusion Frequency
- VFF : Visual Flicker Fusion Frequency
- 중추신경계의 정신피로의 척도로 사용
- 시각연구에 오랫동안 사용, 망막의 함수로 정신피로의 척도로 사용
- 빛을 일정한 속도로 점멸시키면 깜박거려 보이나, 점멸의 속도를 빨리하면 융합되고 연속된 광으로 보이는 현상
- 피로 시 주파수 값이 내려감

27 광도와 거리를 이용하여 조도를 산출하는 공식으로 옳은 것은?

① 조도 = $\dfrac{광도}{거리}$

② 조도 = $\dfrac{광도}{거리^2}$

③ 조도 = $\dfrac{거리}{광도}$

④ 조도 = $\dfrac{거리}{광도^2}$

해설

- 조도(Illuminance)의 단위 : lux(lx)
- lux = 광선속/단위면적(m^2), 광도/거리^2

28 육체적으로 격렬한 작업 시 충분한 양의 산소가 근육 활동에 공급되지 못해 근육에 축적되는 것은?

① 젖 산
② 피루브산
③ 글리코겐
④ 초성포도산

해설

- 무기성대사 : 산소가 필요하지 않은 대사로 열에너지 + 젖산 + 이산화탄소 + 물 배출
- 인체활동수준이 너무 높아 근육에 공급되는 산소가 부족할 경우 혈액 중에 젖산이 축적됨

29 K작업장에서 근무하는 근로자가 90dB(A)에 6시간, 95dB(A)에 2시간 동안 노출되었다. 음압 수준별 허용시간이 다음 표와 같을 때 소음노출지수(%)는 얼마인가?

음압 수준 dB(A)	노출 허용시간/일
90	8
95	4
100	2
105	1
110	0.5
115	0.25
–	0.125

① 55%
② 85%
③ 105%
④ 125%

해설

음압수준 노출시간
- 소음노출지수 : 여러 종류의 소음이 여러 시간 동안 복합적으로 노출된 경우의 소음지수
- 소음노출지수(%) = C1/T1 + C2/T2 + … + Cn/tn (Ci : 노출된 시간, Ti : 허용노출기준) = 6/8 + 2/4 = 125%

30 조명에 관한 용어의 설명으로 옳지 않은 것은?

① 조도는 광도에 비례하고 광원으로부터의 거리의 제곱에 반비례한다.
② 휘도는 단위 면적당 표면에 반사 또는 방출되는 빛의 양을 의미한다.
③ 조도는 점광원에서 어떤 물체나 표면에 도달하는 빛의 양을 의미한다.
④ 광도(Luminous Intensity)는 단위 입체각당 물체나 표면에 도달하는 광속으로 측정하며, 단위는 램버트(Lambert)이다.

해설

광도(Luminous Intensity) 단위 : 칸델라(Candela)
- 단위 면적당 표면에서 반사 또는 방출되는 광량(Luminous Intensity)
- 단위 시간당 한 발광점으로부터 투광되는 빛의 세기
- 1칸델라(Candela)는 촛불 하나의 밝기

31 어떤 작업자에 대해서 미국 직업 안전위생관리국(OSHA)에서 정한 허용소음 노출의 소음 수준이 130%로 계산되었다면 이때 8시간 시간 가중평균(TWA)값은 약 얼마인가?

① 89.3dB(A)
② 90.7dB(A)
③ 91.9dB(A)
④ 92.5dB(A)

해설

TWA(Time-Weighted Average)
- 누적소음노출지수를 8시간 동안의 평균소음 수준값으로 변환한 것
- 시간가중평가지수 TWA(dB) = 16.61 log(D/100) + 90 (D : 누적소음노출지수) = 16.61 log(130/100) + 90 = 91.9

32 척추동물의 골격근에서 1개의 운동신경이 지배하는 근섬유군을 무엇이라 하는가?

① 신경섬유
② 운동단위
③ 연결조직
④ 근원섬유

해설

근육(Muscle)
- 구성 : 근섬유(Muscle Fiber) > 근원섬유(Myofibrils) > 근섬유분절(Sarcomere)
- 운동단위(Motor Unit) : 하나의 신경세포와 그 신경세포가 지배하는 근육섬유(Muscle Fiber)군을 총칭

33 관절의 움직임 중 모음(내전, Adduction)을 설명한 것으로 옳은 것은?

① 정중면 가까이로 끌어들이는 운동이다.
② 신체를 원형으로 또는 원추형으로 돌리는 운동이다.
③ 굽혀진 상태를 해부학적 자세로 되돌리는 운동이다.
④ 뼈의 긴 축을 중심으로 제자리에서 돌아가는 운동이다.

해설

- 외전(Abduction) : 벌리기, 몸의 중심선으로부터 바깥쪽으로 이동
- 내전(Adduction) : 모으기, 몸의 중심선으로 이동

34 격심한 작업 활동 중에 혈류분포가 가장 높은 신체 부위는?

① 뇌
② 골격근
③ 피부
④ 소화기관

해설

혈류분포
- 휴식 시 : 소화기관의 혈류량이 가장 많음
- 운동 시 : 골격근의 혈류량이 가장 많음

35 전신진동에 있어 안구에 공명이 발생하는 진동수의 범위로 가장 적합한 것은?

① 8~12Hz
② 10~20Hz
③ 20~30Hz
④ 60~90Hz

해설

전신진동
- 진동수 5Hz 이하 : 운동성능이 가장 저하됨
- 진동수 5~10Hz : 흉부와 복부의 고통
- 진동수 1~25Hz : 시성능이 가장 저하됨
- 진동수 20~30Hz : 두개골이 공명하기 시작하여 시력 및 청력장애를 초래
- 진동수 60~90Hz : 안구의 공명유발
- 전신진동은 진폭에 비례하여 추적작업에 대한 효율을 떨어뜨림
- 전신진동은 차량, 선박, 항공기, 등에서 발생하며 어깨 뭉침, 요통, 관절통증을 유발

36 근육의 수축원리에 관한 설명으로 옳지 않은 것은?

① 근섬유가 수축하면 I대와 H대가 짧아진다.
② 액틴과 미오신 필라멘트의 길이는 변하지 않는다.
③ 최대로 수축했을 때는 Z선이 A대에 맞닿는다.
④ 근육 전체가 내는 힘은 비활성화된 근섬유 수에 의해 결정된다.

해설

근육의 수축
- 근섬유가 수축하면 I대와 H대가 짧아짐
- 액틴이 미오신 사이로 미끄러져 들어감
- 최대로 수축하면 Z선이 A대와 맞닿고 I대는 사라짐
- 각 섬유는 일정한 힘으로 수축
- 근육 전체가 내는 힘은 활성화된 근섬유 수에 의해 결정
- 근전도(EMG ; Electromyogram) : 근육에서의 전기적 신호를 기록, 국부근육활동의 척도

37 해부학적 자세를 기준으로 신체를 좌우로 나누는 면(Plane)은?

① 횡단면
② 시상면
③ 관상면
④ 전두면

해설

시상면(Sagittal Plane)
- 신체를 좌우로 양분하는 면
- 신체를 내측(Medial)과 외측(Lateral)으로 구분
- 굴곡(Flexion) : 굽히기, 부위 간의 각도가 감소
- 신전(Extension) : 펴기, 부위 간의 각도가 증가
- X축 중심으로 회전

38 정적 근육 수축이 무한하게 유지될 수 있는 최대자율수축(MVC)의 범위는?

① 10% 미만
② 25% 미만
③ 40% 미만
④ 50% 미만

해설

MVC
근육이 발휘할 수 있는 최대 힘은 약 30초 정도, 50%에서는 1분 정도이며, 15% 이하에서는 상당히 오래 유지할 수 있고, 10% 미만에서는 무한하게 유지될 수 있음

39 인간과 주위와의 열교환 과정을 올바르게 나타낸 열균형 방정식은? (단, S는 열 축적, M은 대사, E는 증발, R은 복사, C는 대류, W는 한 일이다)

① $S = M - E \pm R - C + W$
② $S = M - E - R \pm C + W$
③ $S = M - E \pm R \pm C - W$
④ $S = M \pm E - R \pm C - W$

해설

열균형 방정식
열평형 : $S = M - W \pm Cnd \pm Cnv \pm R - E$ (S : 열축적, M : 대사, E : 증발, R : 복사, Cnd : 전도, Cnv : 대류, W : 일)
- 열평형 : S = 0
- 열이득 : S > 0
- 열손실 : S < 0

40 생명을 유지하기 위하여 필요로 하는 단위 시간당 에너지양을 무엇이라 하는가?

① 산소소비량
② 에너지 소비율
③ 기초대사율
④ 활동에너지가

해설

기초대사율
- 생명을 유지하는 데 필요한 최소한의 에너지량
- 개인차가 심하며 체중, 나이, 성별에 따라 다름
- 체격이 크고 젊을수록 큼(남자 1kcal/kg·h, 여자 0.9kcal/kg·h)
- 공복상태로 쾌적한 온도에서 신체적 휴식을 취하는 조건에서 측정(누운 자세)

41 Herzberg의 2요인론(동기-위생이론)을 Maslow의 욕구단계설과 비교하였을 때, 동기요인과 거리가 먼 것은?

① 존경욕구
② 안전욕구
③ 사회적욕구
④ 자아실현욕구

해설

안전욕구는 허즈버그의 위생요인에 해당된다.

42 직무행동의 결정요인이 아닌 것은?

① 능력
② 수행
③ 성격
④ 상황적 제약

해설

직무행동의 결정요인 : 능력, 성격, 상황적 제약

정답 37 ② 38 ① 39 ③ 40 ③ 41 ② 42 ②

43 결함나무분석(Fault Tree Analysis ; FTA)에 대한 설명으로 옳지 않은 것은?

① 고장이나 재해요인의 정성적 분석뿐만 아니라 정량적 분석이 가능하다.
② 정성적 결함나무를 작성하기 전에 정상사상(Top Event)이 발생할 확률을 계산한다.
③ "사건이 발생하려면 어떤 조건이 만족되어야 하는가?"에 근거한 연역적 접근방법을 이용한다.
④ 해석하고자 하는 정상사상(Top Event)과 기본사상(Basic Event)의 인과관계를 도식화하여 나타낸다.

해설
FTA는 정량적 분석방법으로 각 사상이 발생할 확률에 기반하여 정상사상이 발생할 가능성을 평가하는 기법이다.

44 버드의 신 연쇄상이론에서 불안전한 상태와 불안전한 행동의 근원적 원인은?

① 작업(Media)
② 작업자(Man)
③ 기계(Machine)
④ 관리(Management)

해설
버드는 사업주의 관리(Management)의 부재를 사고의 근원적 원인으로 봄으로써 오늘날의 산업안전의 기틀을 마련하였다.

45 부주의의 발생원인과 이를 없애기 위한 대책의 연결이 옳지 않은 것은?

① 내적 원인 - 적성배치
② 정신적 원인 - 주의력 집중 훈련
③ 기능 및 작업적 원인 - 안전의식 제고
④ 설비 및 환경적 원인 - 표준작업 제도의 도입

해설
안전의식 제고는 기능 및 작업적 원인이 아니라 정신적 원인이다.

46 중복형태를 갖는 2인 1조 작업조의 신뢰도가 0.99 이상이어야 한다면 기계를 조종하는 임무를 수행하기 위해 한 사람이 갖는 신뢰도의 최댓값은 얼마인가?

① 0.99
② 0.95
③ 0.90
④ 0.85

해설
병렬시스템의 신뢰도 : $R = 1 - (1 - a)(1 - a) \geq 0.99$
∴ $a = 0.9$

47 직무 스트레스의 요인 중 자신의 직무에 대한 책임 영역과 직무 목표를 명확하게 인식하지 못할 때 발생하는 요인은?

① 역할과소
② 역할갈등
③ 역할모호성
④ 역할과부하

해설
역할모호성
개인이 특정상황에서 어떤 역할을 해야 할지 모를 경우 발생

48 최고 상위에서부터 최하위의 단계에 이르는 모든 직위가 단일 명령권한의 라인으로 연결된 조직형태는?

① 직능식 조직
② 프로젝트 조직
③ 직계식 조직
④ 직계·참모 조직

해설
직계식 조직
최고 상위에서부터 최하위의 단계에 이르는 모든 직위가 단일 명령권한의 라인으로 연결된 조직

정답 43 ② 44 ④ 45 ③ 46 ③ 47 ③ 48 ③

49. 재해의 발생형태에 해당하지 않는 것은?
① 화 상
② 협 착
③ 추 락
④ 폭 발

해설
- 재해의 발생형태 : 협착, 추락, 폭발
- 상해의 종류 : 화상, 골절, 질식 등

50. 주의를 기울여 시선을 집중하는 곳의 정보는 잘 받아들여지지만 주변의 정보는 놓치기 쉽다. 이것은 주의의 어떠한 특성 때문인가?
① 주의의 선택성
② 주의의 변동성
③ 주의의 연속성
④ 주의의 방향성

해설
주의 특징
- 선택성 : 주의는 동시에 2개의 방향에 집중할 수 없음
- 방향성 : 한 지점에 집중하면 다른 곳에서는 약해짐
- 변동성 : 주의는 장시간 지속할 수 없음, 리듬이 존재

51. 인간행동에 대한 Rasmussen의 분류에 해당되지 않는 것은?
① 숙련기반 행동(Skill-Based Behavior)
② 규칙기반 행동(Rule-Based Behavior)
③ 능력기반 행동(Ability-Based Behavior)
④ 지식기반 행동(Knowledge-Based Behavior)

해설
라스무센(Rasmussen)의 3가지 휴먼 에러
- 지식기반 착오(Knowledge-Based Mistake) : 무지로 발생하는 착오
- 규칙기반 착오(Rule-Based Mistake) : 규칙을 알지 못해 발생하는 착오
- 숙련기반 착오(Skill-Based Mistake) : 숙련되지 못해 발생하는 착오

52. 연평균 근로자수가 2,000명인 회사에서 1년에 중상해 1명과 경상해 1명이 발생하였을 때 연천인률은 얼마인가?
① 0.5
② 1
③ 2
④ 4

해설
연천인율(1,000명을 기준으로 한 재해발생건수)
= 재해건수 × 1,000/근로자수 = 2 × 1,000/2,000 = 1

53. NIOSH의 직무 스트레스 관리모형 중 중재 요인(Moderating Factors)에 해당하지 않는 것은?
① 개인적 요인
② 조직 외 요인
③ 완충작용 요인
④ 물리적 환경 요인

해설
중재 요인은 간접적 요인으로 개인적 요인, 비직무적 요인, 완충 요인 등이 있고, 물리적 환경 요인은 직무 스트레스 요인에 해당한다.

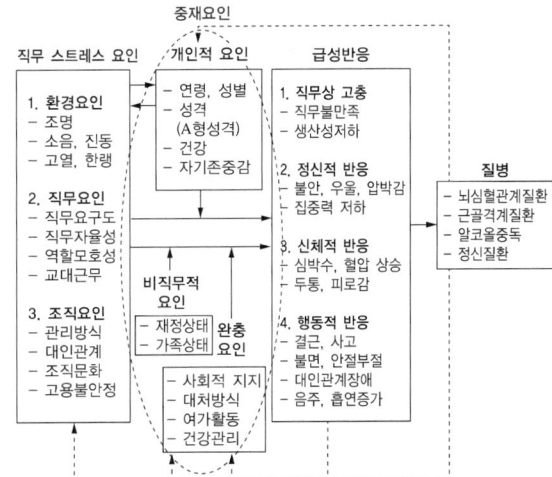

NIOSH의 직무 스트레스 모형

54. 리더십 이론 중 경로-목표이론에서 리더들이 보여주어야 하는 4가지 행동유형에 속하지 않는 것은?
① 권위적
② 지시적
③ 참여적
④ 성취지향적

해설
경로-목표이론에는 지시적, 후원적, 참여적, 성취지향적 리더십 등이 있다.

정답 49 ① 50 ④ 51 ③ 52 ② 53 ④ 54 ①

55
하인리히(Heinrich)의 사고예방대책의 5가지 기본원리를 순서대로 올바르게 나열한 것은?

① 사실의 발견 → 안전조직 → 분석평가 → 시정책 선정 → 시정책 적용
② 안전조직 → 사실의 발견 → 분석평가 → 시정책 선정 → 시정책 적용
③ 안전조직 → 분석평가 → 사실의 발견 → 시정책 선정 → 시정책 적용
④ 사실의 발견 → 분석평가 → 안전조직 → 시정책 선정 → 시정책 적용

해설
하인리히(Heinrich)의 사고예방대책 5단계
안전조직 → 사실의 발견 → 분석평가 → 시정책 선정 → 시정책 적용

56
헤드십(Headship)과 리더십에 대한 설명으로 옳지 않은 것은?

① 헤드십은 부하와의 사회적 간격이 넓다.
② 리더십에서 책임은 리더와 구성원 모두에게 있다.
③ 리더십에서 구성원과의 관계는 개인적인 영향에 따른다.
④ 헤드십은 권한부여가 구성원으로부터 동의에 의한 것이다.

해설
헤드십의 권한은 구성원으로부터 동의된 것이 아니라 위로부터 임명된 것이다.

57
제조물 책임법령상 제조업자가 제조물에 대해 충분한 설명, 지시, 경고 등 정보를 제공하지 않아 피해가 발생하였다면 이것은 어떤 결함 때문인가?

① 표시상의 결함 ② 제조상의 결함
③ 설계상의 결함 ④ 고지의무의 결함

해설
표시상의 결함은 표시된 경고 내지 지시의 내용이 불충분한 경우를 말한다.

58
인간의 정보처리과정 측면에서 분류한 휴먼 에러(Human Error)에 해당하는 것은?

① 생략 오류(Omission Error)
② 순서 오류(Sequential Error)
③ 작위 오류(Commission Error)
④ 의사결정 오류(Decision Making Error)

해설
①·②·③ 심리적 측면에서의 분류이다.

59
다음 인간의 감각기관 중 신체 반응 시간이 빠른 것부터 느린 순서대로 나열된 것은?

① 청각 → 시각 → 미각 → 통각
② 청각 → 미각 → 시각 → 통각
③ 시각 → 청각 → 미각 → 통각
④ 시각 → 미각 → 청각 → 통각

해설
신체 반응 시간이 빠른 순서대로 나열하면 청각 > 시각 > 미각 > 통각 순이다.

60
집단 간 갈등의 원인과 가장 거리가 먼 것은?

① 제한된 자원
② 조직구조의 개편
③ 집단 간 목표 차이
④ 견해와 행동 경향 차이

해설
집단 간 갈등요인
- 집단 간의 목표차이
- 제한된 자원
- 동일한 사안을 바라보는 집단 간의 인식·지각차이
- 과업목적과 기능에 따른 집단 간 견해와 행동 경향의 차이

정답 55 ② 56 ④ 57 ① 58 ④ 59 ① 60 ②

61 적절한 입식작업대 높이에 대한 설명으로 옳은 것은?

① 일반적으로 어깨 높이를 기준으로 한다.
② 작업자의 체격에 따라 작업대의 높이가 조정 가능하도록 하는 것이 좋다.
③ 미세부품 조립과 같은 섬세한 작업일수록 작업대의 높이는 낮아야 한다.
④ 일반적인 조립라인이나 기계 작업 시에는 팔꿈치 높이보다 5~10cm 높아야 한다.

해설
① 팔꿈치를 기준
③ 정밀작업은 자세히 보아야 하므로 높아야 함
④ 팔꿈치 높이보다 높아야 하는 작업은 정밀작업 밖에 없음

62 NIOSH의 들기작업지침에서 들기지수(LI)를 산정하는 식에서 반영되는 변수가 아닌 것은?

① 표면계수   ② 수평계수
③ 빈도계수   ④ 비대칭계수

해설
- 들기지수에서 반영되는 변수는 6가지가 있다.
- HM(수평계수) × VM(수직계수) × DM(거리계수) × AM(비대칭성계수) × FM(빈도계수) × CM(결합계수)

63 사람이 행하는 작업을 기본 동작으로 분류하고, 각 기본 동작들은 동작의 성질과 조건에 따라 이미 정해진 기준 시간을 적용하여 전체 작업의 정미시간을 구하는 방법은?

① PTS법
② Rating법
③ Therblig분석
④ Work Sampling법

해설
PTS(Predetermined Time Standards)법
사람이 행하는 작업을 기본동작으로 분류하고, 각 기본 동작들은 동작의 성질과 조건에 따라 이미 정해진 기준 시간치를 적용하여 전체 작업의 정미시간을 구하는 방법

64 공정도(Process Chart)에 사용되는 기호와 명칭이 잘못 연결된 것은?

① ⇨ : 운반   ② □ : 검사
③ ○ : 가공   ④ D : 저장

해설
ASME의 5가지 표준기호
- 검사(Inspection) 기호(□) : 품질확인, 수량조사
- 정체(Delay) 기호(D) : 작업을 마친 뒤에 계획된 요소가 즉시 시작되지 않아 발생이 지연
- 운반(Transport) 기호(⇨) : 다른 장소로 옮김
- 저장(Storage) 기호(▽) : 허가가 있어야만 반출될 수 있는 상태
- 가공(Operation) 기호(○) : 작업대상물의 특성이 변화하는 것(사전준비작업, 작업대상물분해, 조립작업)

65 다음 근골격계질환의 발생원인 중 작업요인이 아닌 것은?

① 작업강도   ② 작업자세
③ 직무만족도   ④ 작업의 반복도

해설
직무만족도는 사회심리적 요인에 해당한다.
근골격계질환의 원인

작업환경 요인	과도한 반복작업, 과도한 힘의 사용, 접촉스트레스, 진동, 부적절한 자세, 온도·조명, 기타 요인
개인적 요인	작업경력, 작업방법, 기술수준, 생활습관, 작업습관, 과거병력, 나이, 성별, 음주, 흡연 등
사회심리적 요인	근무조건, 휴식시간, 대인관계, 작업만족도, 직무스트레스, 작업방식, 노동강도

정답 61 ② 62 ① 63 ① 64 ④ 65 ③

66 산업안전보건법령상 근골격계부담작업의 유해요인조사를 해야 하는 상황이 아닌 것은?

① 법에 따른 건강진단 등에서 근골격계질환자가 발생한 경우
② 근골격계부담작업에 해당하는 기존의 동일한 설비가 도입된 경우
③ 근골격계부담작업에 해당하는 업무의 양과 작업공정 등 작업환경이 바뀐 경우
④ 근로자가 근골격계질환으로 관련 법령에 따라 업무상 질환으로 인정받는 경우

해설
근골격계부담작업에 해당하는 새로운 작업·설비를 도입한 경우

67 근골격계질환 예방·관리프로그램 실행을 위한 보건관리자의 역할로 볼 수 없는 것은?

① 사업장 특성에 맞게 근골격계질환의 예방·관리 추진팀을 구성한다.
② 주기적으로 작업장을 순회하여 근골격계질환 유발 공정 및 작업유해요인을 파악한다.
③ 주기적인 근로자 면담을 통하여 근골격계질환 증상 호소자를 조기에 발견할 수 있도록 노력한다.
④ 7일 이상 지속되는 증상을 가진 근로자가 있을 경우 지속적인 관찰, 전문의 진단의뢰 등의 필요한 조치를 한다.

해설
추진팀 구성은 사업주의 역할이다.
보건관리자의 역할
• 주기적으로 작업장을 순회하여 근골격계질환을 유발하는 작업공정 및 작업유해 요인을 파악
• 주기적인 근로자 면담을 통해 근골격계질환 증상 호소자를 조기에 발견
• 7일 이상 지속되는 증상을 가진 근로자가 있을 경우 지속적인 관찰, 전문의 진단 의뢰 등의 필요한 조치
• 근골격계질환자를 주기적으로 면담하여 가능한 조기에 작업장에 복귀할 수 있도록 도움
• 예방·관리프로그램의 운영을 위한 정책 결정에 참여

68 작업자-기계 작업 분석 시 작업자와 기계의 동시작업 시간이 1.8분, 기계와 독립적인 작업자의 활동시간이 2.5분, 기계만의 가동시간이 4.0분일 때, 동시성을 달성하기 위한 이론적 기계 대수는 약 얼마인가?

① 0.28
② 0.74
③ 1.35
④ 3.61

해설
작업자가 담당할 수 있는 이론적 기계대수(n)
= (a + t)/(a + b) = (1.8 + 4)/(1.8 + 2.5) = 1.35

69 문제해결 절차에 관한 설명으로 옳지 않은 것은?

① 작업방법의 분석 시에는 공정도나 시간차트, 흐름도 등을 사용한다.
② 선정된 개선안은 작업자나 관련 부서의 이해와 협조 과정을 거쳐 시행하도록 한다.
③ 개선절차는 "연구대상 선정 → 현 작업방법 분석 → 분석 자료의 검토 → 개선안 선정 → 개선안 도입" 순으로 이루어진다.
④ 개선 분석 시 5W1H의 What은 작업 순서의 변경, Where, When, Who는 작업 자체의 제거, How는 작업의 결합 분석을 의미한다.

해설
5W1H의 설문방식 도입
작업의 필요성, 목적, 장소, 순서, 작업자, 작업방법 등을 6하원칙에 의해 설문하는 방식이다. 작업순서의 변경은 What이 아니라 How이다.

70 동작경제(Motion Economy)의 원칙에 해당하지 않는 것은?

① 가능한 기본 동작의 수를 많이 늘린다.
② 공구의 기능을 결합하여 사용하도록 한다.
③ 두 손의 동작은 같이 시작하고 같이 끝나도록 한다.
④ 공구, 재료 및 제어 장치는 사용 위치에 가까이 두도록 한다.

해설
가능한 기본동작의 수를 줄인다.

정답 66 ② 67 ① 68 ③ 69 ④ 70 ①

71 산업안전보건법령상 사업주가 근골격계 부담작업 종사자에게 반드시 주지시켜야 하는 내용에 해당되지 않는 것은?

① 근골격계 부담작업의 유해요인
② 근골격계질환의 요양 및 보상
③ 근골격계질환의 징후 및 증상
④ 근골격계질환 발생 시의 대처요령

해설
근골격계 부담작업을 하는 경우 사업주가 근로자에게 알려야 하는 사항
• 근골격계 부담작업의 유해요인
• 근골격계질환의 징후 및 증상
• 근골격계질환 발생 시 대처요령
• 올바른 작업자세 및 작업도구, 작업시설의 올바른 사용방법
• 그밖에 근골격계질환 예방에 필요한 사항

72 평균 관측시간이 0.9분, 레이팅 계수가 120%, 여유시간이 하루 8시간 근무시간 중에 28분으로 설정되었다면 표준시간은 약 몇 분인가?

① 0.926 ② 1.080
③ 1.147 ④ 1.151

해설
표준시간 = 정미시간/(1 − 근무여유율)
정미시간 = 관측시간의 평균치 × 레이팅 계수
근무여유율 = 여유시간/근무시간
∴ (0.9 × 1.2)/[1 − (28/480)] = 1.147

73 손과 손목 부위에 발생하는 작업관련성 근골격계질환이 아닌 것은?

① 방아쇠 손가락(Trigger Finger)
② 외상과염(Lateral Epicondylitis)
③ 가이언 증후군(Canal of Guyon)
④ 수근관 증후군(Carpal Tunnel Syndrome)

해설
외상과염은 테니스엘보우라고도 하며 팔꿈치에서 발생한다.

74 근골격계질환 예방을 위한 바람직한 관리적 개선방안으로 볼 수 없는 것은?

① 규칙적이고 적절한 휴식을 통하여 피로의 누적을 예방한다.
② 작업 확대를 통하여 한 작업자가 할 수 있는 일의 다양성을 넓힌다.
③ 전문적인 스트레칭과 체조 등을 교육하고 작업 중 수시로 실시하도록 유도한다.
④ 중량물 운반 등 특정 작업에 적합한 작업자를 선별하여 상대적 위험도를 경감시킨다.

해설
작업자를 변경시키는 것이 아니라 중량물의 무게를 변경시켜야 한다.

75 상완·전완·손목을 그룹 A로, 목·상체·다리를 그룹 B로 나누어 측정, 평가하는 유해요인의 평가기법은?

① RULA(Rapid Upper Limb Assessment)
② REBA(Rapid Entire Body Assessment)
③ OWAS(Ovako Working posture Analysis System)
④ NIOSH 들기작업지침(Revised NIOSH Lifting Equation)

해설
RULA(Rapid Upper Limb Assessment)
A그룹(상완, 전완, 손목)과 B그룹(목, 몸통, 다리)으로 나누어 평가

정답 71 ② 72 ③ 73 ② 74 ④ 75 ①

76 서블릭(Therblig) 기호의 심볼과 영문이 잘못된 것은?

①  : TL

②  : DA

③ ⬭ : Sh

④ ⌂ : h

해설
①의 명칭은 '선택하다'이고 약호는 St를 사용한다.

77 다음 중 수행도 평가기법이 아닌 것은?
① 속도 평가법
② 합성 평가법
③ 평준화 평가법
④ 사이클 그래프 평가법

해설
수행도 평가방법에는 속도 평가법, 객관적 평가법(평준화 평가법), 합성 평가법, 웨스팅하우스법 등이 있다.

78 파레토 원칙(Pareto Principle : 80-20원칙)에 대한 설명으로 옳은 것은?
① 20%의 항목이 전체의 80%를 차지한다.
② 40%의 항목이 전체의 60%를 차지한다.
③ 60%의 항목이 전체의 40%를 차지한다.
④ 80%의 항목이 전체의 20%를 차지한다.

해설
파레토 법칙은 20%의 항목이 전체의 80%를 차지한다는 것으로 파레토 차트의 근거가 된다.

79 다음 중 간헐적으로 랜덤한 시점에 연구대상을 순간적으로 관측하여 관측기간 동안 나타난 항목별로 차지하는 비율을 추정하는 방법은?
① Work Factor법
② Work Sampling법
③ PTS(Predetermined Time Standards)법
④ MTM(Methods Time Measurement)법

해설
워크샘플링(Work Sampling)법
- 표본의 크기가 충분히 크다면 모집단의 분포와 일치한다는 통계적 이론에 근거하여 관측대상을 무작위로 선정하고, 일정시간을 관측하여 상태를 기록, 집계
- 집계한 데이터를 기초로 작업자나 기계의 가동상태 등을 통계적으로 분석하며 관측이 순간적으로 이루어져 작업에 방해가 적음

80 ECRS의 4원칙에 해당되지 않는 것은?
① Eliminate - 꼭 필요한가?
② Simplify - 단순화할 수 있는가?
③ Control - 작업을 통제할 수 있는가?
④ Rearrange - 작업 순서를 바꾸면 효율적인가?

해설
개선의 ECRS
- Eliminate : 제거, 꼭 필요한가?
- Combine : 결합, 다른 작업과 결합하면 나은 결과를 얻을 수 있는가?
- Rearrange : 재배열, 작업순서를 바꾸면 효율적인가?
- Simplify : 단순화, 좀 더 단순화할 수는 없는가?

2021년 제1회 기출문제

01 표시장치와 제어장치를 포함하는 작업장을 설계할 때 고려해야 할 사항과 가장 거리가 먼 것은?
① 작업시간
② 제어장치와 표시장치와의 관계
③ 주 시각 임무와 상호작용하는 주 제어장치
④ 자주 사용되는 부품을 편리한 위치에 배치

해설
작업시간은 표시장치와 제어장치설계에 있어 고려사항이 아니다.

02 주의(Attention)의 종류에 포함되지 않는 것은?
① 병렬주의(Parallel Attention)
② 분할주의(Divided Attention)
③ 초점주의(Focused Attention)
④ 선택적 주의(Selective Attention)

해설
주의력의 종류에는 분할주의, 초점주의, 선택적 주의가 있다.

03 시스템의 사용성 검증 시 고려되어야할 변인이 아닌 것은?
① 경제성
② 낮은 에러율
③ 효율성
④ 기억용이성

해설
사용자의 사용성은 학습용이성, 효율성, 기억용이성, 에러 빈도, 주관적 만족도와 관련이 크다.

04 움직이는 몸의 동작을 측정한 인체치수를 무엇이라고 하는가?
① 조절 치수
② 파악한계 치수
③ 구조적 인체치수
④ 기능적 인체치수

해설
기능적 인체치수는 활동자세에서 측정하므로 동작범위를 측정한다.

05 인체측정 자료의 최대 집단값에 의한 설계원칙에 관한 내용으로 옳은 것은?
① 통상 1, 5, 10%의 하위 백분위수를 기준으로 정한다.
② 통상 70, 75, 80%의 상위 백분위수를 기준으로 정한다.
③ 문, 탈출구, 통로 등과 같은 공간의 여유를 정할 때 사용한다.
④ 선반의 높이, 조정 장치까지의 거리 등을 정할 때 사용한다.

해설
① 통상 상위 백분위수를 기준으로 정함
② 90, 95 혹은 99퍼센타일(백분위)까지 사용
④ 문, 탈출구, 통로 등과 같은 공간의 크기를 정할 때 사용

06 제어장치가 가지는 저항의 종류에 포함되지 않는 것은?
① 탄성 저항(Elastic Resistance)
② 관성 저항(Inertia Resistance)
③ 점성 저항(Viscous Resistance)
④ 시스템 저항(System Resistance)

정답 01 ① 02 ① 03 ① 04 ④ 05 ③ 06 ④

해설

제어장치의 저항의 종류로는 탄성 저항(Elastic Resistance), 관성 저항(Inertia Resistance), 점성 저항(Viscous Resistance), 정지 및 미끄럼마찰 등이 있다.

07 선형 표시장치를 움직이는 조종구(레버)에서의 C/R비를 나타내는 다음 식에서 변수 α의 의미로 옳은 것은? (단, L은 컨트롤러의 길이를 의미한다)

$$C/R비 = \frac{(\alpha/360) \times 2\pi L}{표시장치의 이동거리}$$

① 조종장치의 여유율
② 조종장치의 최대 각도
③ 조종장치가 움직인 각도
④ 조종장치가 움직인 거리

해설

회전운동하는 레버의 C/R비
= [(조종장치가 움직인 각도/360) × 2πL]/(표시장치의 이동거리)

08 신호 검출 이론(Signal Detection Theory)에서 판정기준을 나타내는 우도비(Likelihood Ratio) β와 민감도(Senstitivity) d에 대한 설명으로 옳은 것은?

① β가 클수록 보수적이고, d가 클수록 민감함을 나타낸다.
② β가 클수록 보수적이고, d가 클수록 둔감함을 나타낸다.
③ β가 작을수록 보수적이고, d가 클수록 민감함을 나타낸다.
④ β가 작을수록 보수적이고, d가 클수록 둔감함을 나타낸다.

해설

- $\beta > 1$: 반응기준이 오른쪽으로 이동, 신호가 나타났을 때 신호의 정확한 판정은 적어지나 허위경보는 덜하게 됨(보수적)
- 두 분포가 떨어져 있을수록(d가 클수록) 민감도는 커짐

09 인체의 감각기능 중 후각에 대한 설명으로 옳은 것은?

① 후각에 대한 순응은 느린 편이다.
② 후각은 훈련을 통해 식별능력을 기르지 못한다.
③ 후각은 냄새 존재 여부보다 특정 자극을 식별하는 데 효과적이다.
④ 특정 냄새의 절대 식별 능력은 떨어지나 상대적 비교 능력은 우수한 편이다.

해설

① 후각에 대한 순응은 빠른 편이다.
② 후각은 훈련을 통해 60종까지도 식별이 가능하다.
③ 특정 자극을 식별하는 데 사용하기보다는 냄새의 존재여부를 탐지하는 데 효과적이다.

10 인간-기계 체계(Man-Machine Syetem)의 신뢰도(RS)가 0.85 이상이어야 한다. 이때 인간의 신뢰도(RH)가 0.9라면 기계의 신뢰도(RE)는 얼마 이상이어야 하는가? (단, 인간-기계 체계는 직렬체계이다)

① RE ≥ 0.831
② RE ≥ 0.877
③ RE ≥ 0.915
④ RE ≥ 0.944

해설

- 직렬시스템의 신뢰도 : R = a × b × c
- 0.9 × RE ≥ 0.85 ∴ RE ≥ 0.944

11 인간공학에 관한 내용으로 옳지 않은 것은?

① 인간의 특성 및 한계를 고려한다.
② 인간을 기계와 작업에 맞추는 학문이다.
③ 인간 활동의 최적화를 연구하는 학문이다.
④ 편리성, 안정성, 효율성을 제고하는 학문이다.

해설

기계와 작업을 인간에게 맞추는 학문이다.

12 인간의 기억 체계에 대한 설명으로 옳지 않은 것은?

① 단위시간당 영구 보관할 수 있는 정보량은 7bit/sec 이다.
② 감각 저장(Sensory Storage)에서는 정보의 코드화가 이루어지지 않는다.
③ 장기 기억(Long-term Memory) 내의 정보는 의미적으로 코드화된 정보이다.
④ 작업 기억(Working Memory)은 현재 또는 최근의 정보를 잠시 동안 기억하기 위한 저장소의 역할을 한다.

해설
인간기억의 정보량
- 단위시간당 영구 보관(기억)할 수 있는 정보량 : 0.7bit/sec
- 인간의 기억 속에 보관할 수 있는 총 용량 : 약 1억bit/sec
- 신체 반응의 정보량(인간이 신체적 반응을 통하여 전송할 수 있는 정보량) : 10bit/sec

13 음 세기(Sound Intensity)에 관한 설명으로 옳은 것은?

① 음 세기의 단위는 Hz이다.
② 음 세기는 소리의 고저와 관련이 있다.
③ 음 세기는 단위시간에 단위면적을 통과하는 음의 에너지를 말한다.
④ 음압수준(Sound Pressure Level) 측정 시 주로 2,000Hz 순음을 기준 음압으로 사용한다.

해설
① 음의 세기 단위는 dB이다.
② 음의 세기는 진폭과 관련이 있다.
④ 음압수준(SPL) 측정 시에는 1,000Hz의 순음을 기준음압으로 사용한다.

14 시각 및 시각과정에 대한 설명으로 옳지 않은 것은?

① 원추체(Cone)는 황반(Fovea)에 집중되어 있다.
② 멀리 있는 물체를 볼 때는 수정체가 두꺼워진다.
③ 동공(Pupil)의 크기는 어두우면 커진다.
④ 근시는 수정체가 두꺼워져 원점이 너무 가까워진다.

해설
수정체는 먼 거리를 볼 때는 얇아지고, 가까운 거리를 볼 때는 두꺼워짐

15 시식별에 영향을 주는 인자로 적합하지 않은 것은?

① 조 도   ② 휘도비
③ 대 비   ④ 온·습도

해설
온·습도는 시신경에 영향을 주는 인자가 아니다.

16 실제 사용자들의 행동 분석을 위해 사용자가 생활하는 자연스러운 생활환경에서 조사하는 사용성 평가기법으로 옳은 것은?

① Heuristic Evaluation
② Usability Lab Testing
③ Focus Group Interview
④ Observation Ethnography

해설
Observation Ethnography(관찰 에쓰노그라피법)는 실제 사용자들의 행동을 분석하기 위하여 사용자가 생활하는 환경에서 비디오를 녹화한다.

17 다음과 같은 확률로 발생하는 4가지 대안에 대한 중복률(%)은 얼마인가?

결 과	확률(p)	$-\log_2 p$
A	0.1	3.32
B	0.3	1.74
C	0.4	1.32
D	0.2	2.32

① 1.8   ② 2.0
③ 7.7   ④ 8.7

해설
- $Ha = \Sigma pi \times \log_2(1/pi) = -\Sigma pi \times \log_2 pi$
- $Ha = 0.1 \times 3.32 + 0.3 \times 1.74 + 0.4 \times 1.32 + 0.2 \times 2.32 = 1.846$
- $Hmax = H = \log_2 4 = 2$
- 중복률 = $(1 - Ha/Hmax) \times 100\%$ = $1 - 1.846/2 = 7.7\%$
- 즉, 실현 확률의 차이로 인해 최대 정보량 2로 부터 7.7% 정보량이 감소

18 정량적 표시장치의 지침(Pointer) 설계에 있어 일반적인 요령으로 적합하지 않은 것은?

① 뾰족한 지침을 사용한다.
② 지침을 눈금면과 최대한 밀착시킨다.
③ 지침의 끝은 최소 눈금선과 맞닿고 겹치게 한다.
④ 원형눈금의 경우 지침의 색은 지침 끝에서 중앙까지 칠한다.

해설
지침의 끝을 최소 눈금선과 맞닿고 겹치게 하면 식별이 쉽지 않다.

19 암호체계의 사용에 관한 일반적 지침에서 암호의 변별성에 대한 설명으로 옳은 것은?

① 정보를 암호화한 자극은 검출이 가능하여야 한다.
② 자극과 반응 간의 관계가 인간의 기대와 모순되지 않아야 한다.
③ 두 가지 이상의 암호 차원을 조합하여 사용하면 정보전달이 촉진된다.
④ 모든 암호표시는 감지장치에 의하여 다른 암호 표시와 구별될 수 있어야 한다.

해설
① 검출성 : 정보를 암호화한 자극은 검출이 가능하여야 한다.
② 양립성 : 자극과 반응 간의 관계가 인간의 기대와 모순되지 않아야 한다.
③ 다차원 : 두 가지 이상의 암호 차원을 조합하여 사용하면 정보전달이 촉진된다.

20 통화 이해도 측정을 위한 척도로 적합하지 않은 것은?

① 명료도 지수
② 인식 소음 수준
③ 이해도 점수
④ 통화 간섭 수준

해설
통화 이해도 측정의 척도는 명료도 지수, 이해도 점수, 통화 간섭 수준이 있다.

21 어떤 작업에 대해서 10분간 산소소비량을 측정한 결과 100L 배기량에 산소가 15%, 이산화탄소가 6%로 분석되었다. 에너지소비량은 몇 kcal/min인가? (단, 산소 1L가 몸에서 소비되면 5kcal의 에너지가 소비되며, 공기 중에서 산소는 21%, 질소는 79%를 차지하는 것으로 가정한다)

① 2   ② 3
③ 4   ④ 6

해설
- 배기량 = 100리터/10분 = 10ℓ/min
- 흡기량 = 배기량 × (100% − O_2% − CO_2%)/79%
  = 10(100 − 15 − 6)/79 = 10
- 산소소비량 = 21% × 흡기부피 − O_2% × 배기부피
  = 21% × 10 − 15% × 10 = 0.6
- 에너지소비량 = 5 kcal/min × 0.6L/min = 3kcal/min

22 휴식 중의 에너지소비량이 1.5kcal/min인 작업자가 분당 평균 8kcal의 에너지를 소비한 작업을 60분 동안 했을 경우 총 작업시간 60분에 포함되어야 하는 휴식 시간은 약 몇 분인가? (단, Murrell의 식을 적용하며, 작업 시 권장 평균 에너지소비량은 5kcal/min으로 가정한다)

① 22분   ② 28분
③ 34분   ④ 40분

해설
휴식시간(R) = T × (E − 5)/(E − 1.5)
= 60(8 − 5)/(8 − 1.5) = 28

23 산업안전보건법령상 "소음작업"이란 1일 8시간 작업을 기준으로 얼마 이상의 소음이 발생하는 작업을 뜻하는가?

① 80데시벨   ② 85데시벨
③ 90데시벨   ④ 95데시벨

해설
1일 8시간 작업기준으로 하여 85데시벨 이상의 소음이 발생하는 작업

18 ③ 19 ④ 20 ② 21 ② 22 ② 23 ②

24 신체에 전달되는 진동은 전신진동과 국소진동으로 구분되는데 진동원의 성격이 다른 것은?

① 크레인
② 지게차
③ 대형 운송차량
④ 휴대용 연삭기

해설
- ①·②·③ 전신진동에 해당한다.
- 국소진동 : 주로 휴대용 연삭기 등의 동력 수공구를 잡고 일할 때 손과 팔을 통해 진동이 전달되는 경우로 수완진동이라고 한다.

25 수의근(Voluntary Muscle)에 대한 설명으로 옳은 것은?

① 민무늬근과 줄무늬근을 통칭한다.
② 내장근 또는 평활근으로 구분한다.
③ 대표적으로 심장근이 있으며 원통형 근섬유 구조를 이룬다.
④ 중추신경계의 지배를 받아 내 의지대로 움직일 수 있는 근육이다.

해설
①·②·③ 모두 불수의근이다.

26 다음 중 안정 시 신체 부위에서 공급하는 혈액 분배 비율이 가장 높은 곳은?

① 뇌
② 근 육
③ 소화기계
④ 심 장

해설
휴식 시에는 소화기관의 혈류량이 가장 많고 운동 시에는 골격근의 혈류량이 가장 많다.

27 신체부위의 동작 유형 중 관절에서의 각도가 증가하는 동작을 무엇이라고 하는가?

① 굴곡(Flexion)
② 신전(Extension)
③ 내전(Adduction)
④ 외전(Abduction)

해설
신전(Extension)은 시상면의 운동으로 부위 간의 각도가 증가하는 운동이다.

28 힘에 대한 설명으로 옳지 않은 것은?

① 능동적 힘은 근수축에 의하여 생성된다.
② 힘은 근골격계를 움직이거나 안정시키는 데 작용한다.
③ 수동적 힘은 관절 주변의 결합조직에 의하여 생성된다.
④ 능동적 힘과 수동적 힘의 합은 근절의 안정길이 50%에서 발생한다.

해설
능동적 힘과 수동적 힘의 합은 근절의 안정길이를 넘어 신장될 때 발생한다.

정답 24 ④ 25 ④ 26 ③ 27 ② 28 ④

29 다음 중 일정(Constant) 부하를 가진 작업 수행 시 인체의 산소소비량 변화를 나타낸 그래프로 옳은 것은?

①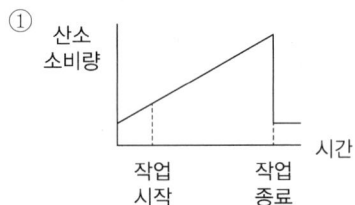

②

③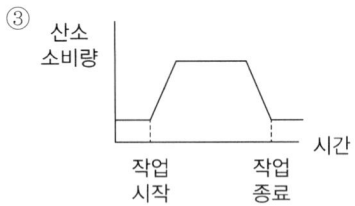

④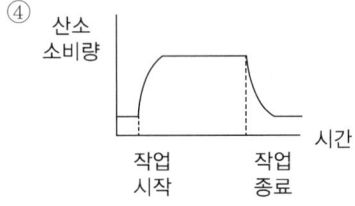

해설
작업수행 시 시간에 따라 산소소비량은 점차 증가하나 일정한 수준에 이르면 산소소모량에 비해 산소공급량이 부족하게 되고 작업이 종료된 후에도 부족한 산소량을 보충하기 위해 심박운동을 계속한다. 이러한 산소소비량의 변화를 나타낸 그림은 ④이다.

30 다음 생체신호를 측정할 때 이용되는 측정방법이 잘못 연결된 것은?
① 뇌의 활동 측정 - EOG
② 심장근의 활동 측정 - ECG
③ 피부의 전기 전도 측정 - GSR
④ 국부 골격근의 활동 측정 - EMG

해설
EOG는 뇌가 아니라 안전도 측정이다.

31 열교환에 영향을 미치는 요소와 가장 거리가 먼 것은?
① 기 압
② 기 온
③ 습 도
④ 공기의 유동

해설
열교환에 영향을 주는 4요소는 온도, 습도, 복사온도, 대류이다.

32 소음에 의한 회화 방해현상과 같이 한 음의 가청 역치가 다른 음 때문에 높아지는 현상을 무엇이라 하는가?
① 사정효과
② 차폐효과
③ 은폐효과
④ 흡음효과

해설
은폐효과(Masking Effect)
2개의 소음이 동시에 존재할 때 낮은 음의 소음이 높은 음에 가려 들리지 않는 현상

33 근력과 지구력에 관한 설명으로 옳지 않은 것은?
① 근력에 영향을 미치는 대표적 개인적 인자로는 성(姓)과 연령이 있다.
② 정적(Static) 조건에서의 근력이란 자의적 노력에 의해 등척적으로(Isometrically) 낼 수 있는 최대 힘이다.
③ 근육이 발휘할 수 있는 최대 근력의 50% 정도의 힘으로는 상당히 오래 유지할 수 있다.
④ 동적(Dynamic) 근력은 측정이 어려우며, 이는 가속과 관절 각도의 변화가 힘의 발휘와 측정에 영향을 주기 때문이다.

해설
근육이 발휘할 수 있는 최대 힘에서는 약 30초 정도 지속 가능하고, 50%에서는 1분 정도 지속 가능하다.

34 중추신경계(Central Nervous System)에 해당하는 것은?

① 신경절(Ganglia)
② 척수(Spinal Cord)
③ 뇌신경(Cranial Nerve)
④ 척수신경(Spinal Nerve)

해설
뇌와 척수를 중추신경계(CNS)라 하고, 이외의 신경은 말초신경계(PNS)라 한다.

35 다음 중 중추신경계의 피로, 즉 정신피로의 측정적도로 사용할 때 가장 적합한 것은?

① 혈압(Blood Pressure)
② 근전도(Electromyogram)
③ 산소소비량(Oxygen Consumption)
④ 점멸융합주파수(Flicker Fusion Frequency)

해설
점멸융합주파수(FFF ; Flicker Fusion Frequency)
• 중추신경계의 정신피로척도로 사용
• 빛을 일정한 속도로 점멸시키면 깜박거려 보이나 점멸의 속도를 빨리 하면 융합된 연속된 광으로 보이는 현상
• 시각연구에 오랫동안 사용됨

36 광도비(Luminance Ratio)란 주된 장소와 주변 광도의 비이다. 사무실 및 산업 상황에서의 일반적인 추천 광도비는 얼마인가?

① 1 : 1
② 2 : 1
③ 3 : 1
④ 4 : 1

해설
광도비는 주어진 장소와 주위의 광도의 비로 사무실이나 산업현장의 추천 광도비는 3 : 10l다.

37 강도 높은 작업을 마친 후 휴식 중에도 근육에 추가적으로 소비되는 산소량을 무엇이라 하는가?

① 산소부채
② 산소결핍
③ 산소결손
④ 산소요구량

해설
산소부채
강도 높은 작업을 일정시간 수행한 후 회복기에서 추가로 산소가 소비되는 것

38 중량물을 운반하는 작업에서 발생하는 생리적 반응으로 옳은 것은?

① 혈압이 감소한다.
② 심박수가 감소한다.
③ 혈류량이 재분배된다.
④ 산소소비량이 감소한다.

해설
① 혈압이 증가
② 심박수 증가
④ 산소소비량 증가

39 전체 환기가 필요한 경우로 볼 수 없는 것은?

① 유해물질의 독성이 적을 때
② 실내에 오염물 발생이 많지 않을 때
③ 실내 오염 배출원이 분산되어 있을 때
④ 실내에 확산된 오염물의 농도가 전체적으로 일정하지 않을 때

해설
오염물의 농도가 일정치 않을 때는 국소배기가 필요하다.

정답 34 ② 35 ④ 36 ③ 37 ① 38 ③ 39 ④

40 다음 중 작업장 실내에서 일반적으로 추천반사율이 가장 높은 곳은? (단, IES 기준이다)

① 천 정
② 바 닥
③ 벽
④ 책상면

해설
- 천정의 추천반사율 : 80~90%
- 벽의 추천반사율 : 40~60%
- 바닥의 추천반사율 : 20~40%

해설
블레이크와 머튼(Blake & Mouton)의 관리그리드 이론
- 무관심형(1, 1) : 인간과 과업 모두에 매우 낮은 관심, 자유방임, 포기형
- 인기형(1, 9) : 인간에 대한 관심은 높은데 과업에 대한 관심은 낮은 유형
- 과업형(9, 1) : 과업에 대한 관심은 높은데 인간에 대한 관심은 낮음, 과업상의 능력 우선
- 중간형(5, 5) : 과업과 인간관계 모두 적당한 정도의 관심, 과업과 인간관계의 절충 = 타협형
- 팀형(9, 9) : 인간과 과업 모두에 매우 높은 관심, 리더는 상호의존관계 및 공동목표를 강조 = 이상형

41 Rasmussen의 인간행동 분류에 기초한 인간오류에 해당하지 않는 것은?

① 규칙에 기초한 행동(Rule-Based Behavior) 오류
② 실행에 기초한 행동(Commission-Based Behavior) 오류
③ 기능에 기초한 행동(Skill-Based Behavior) 오류
④ 지식에 기초한 행동(Knowledge-Based Behavior) 오류

해설
라스무센(Rasmussen)의 3가지 휴먼 에러
- 지식기반 착오(Knowledge-Based Mistake) : 무지로 발생하는 착오
- 규칙기반 착오(Rule-Based Mistake) : 규칙을 알지 못해 발생하는 착오
- 숙련기반 착오(Skill-Based Mistake) : 숙련되지 못해 발생하는 착오

42 리더십 이론 중 관리격자이론에서 인간관계에 대한 관심이 낮은 유형은?

① 타협형
② 인기형
③ 이상형
④ 무관심형

43 다음 중 에러 발생 가능성이 가장 낮은 의식수준은?

① 의식수준 0
② 의식수준 Ⅰ
③ 의식수준 Ⅱ
④ 의식수준 Ⅲ

해설
의식수준 Ⅲ은 분명한 의식이 있는 상태로 신뢰도가 가장 높다.

44 작업자 한 사람의 성능 신뢰도가 0.95일 때, 요원을 중복하여 2인 1조로 작업을 할 경우 이 조의 인간신뢰도는 얼마인가? (단, 작업 중에는 항상 요원지원이 되며, 두 작업자의 신뢰도는 동일하다고 가정한다)

① 0.9025
② 0.9500
③ 0.9975
④ 1.0000

해설
병렬시스템의 신뢰도이므로
$R = 1 - (1 - 0.95)(1 - 0.95) = 0.9975$

45 시스템 안전 분석기법 중 정량적 분석 방법이 아닌 것은?

① 결함나무 분석(FTA)
② 사상나무 분석(ETA)
③ 고장모드 및 영향분석(FMEA)
④ 휴먼 에러율 예측기법(THERP)

해설
FMEA(Failure Mode & Effect Analysis)는 정성적, 귀납적 분석법이다.

46 조직의 리더(Leader)에게 부여하는 권한 중 구성원을 징계 또는 처벌할 수 있는 권한은?

① 보상적 권한
② 강압적 권한
③ 합법적 권한
④ 전문성의 권한

해설
강압적 권한은 처벌을 할 수 있는 능력에 근거하며 처벌에 대한 두려움 때문에 복종하는 권한이다.

47 인간의 불안전행동을 예방하기 위해 Harvey에 의해 제안된 안전대책의 3E에 해당하지 않는 것은?

① Education
② Enforcement
③ Engineering
④ Environment

해설
하비(Harvey)의 3E(산업재해를 위한 안전대책)
• Education(안전교육)
• Engineering(안전기술)
• Enforcement(안전독려)

48 재해 원인을 불안전한 행동과 불안전한 상태로 구분할 때 불안전한 상태에 해당하는 것은?

① 규칙의 무시
② 안전장치 결함
③ 보호구 미착용
④ 불안전한 조작

해설
• 불안전한 행동 : 규칙의 무시, 불안전한 조작, 권한 없이 행한 조작, 보호구 미착용, 안전장치의 기능 제거
• 불안전한 상태 : 안전장치의 결함, 방호조치의 결함, 보호구 및 복장의 결함, 작업환경의 결함, 숙련도 부족

49 재해 발생에 관한 하인리히(H. W. Heinrich)의 도미노 이론에서 제시된 5가지 요인에 해당하지 않는 것은?

① 제어의 부족
② 개인적 결함
③ 불안전한 행동 및 상태
④ 유전 및 사회 환경적 요인

해설
제어의 부족은 버드의 주장이다.

50 개인의 기술과 능력에 맞게 직무를 할당하고 작업환경 개선을 통하여 안심하고 작업할 수 있도록 하는 스트레스 관리 대책은?

① 직무 재설계
② 긴장 이완법
③ 협력관계 유지
④ 경력계획과 개발

해설
직무 재설계란 개인의 기술과 능력에 맞게 직무를 할당하고 작업환경을 개선하는 작업이다.

51 집단 응집력(Group Cohesiveness)을 결정하는 요소에 대한 내용으로 옳지 않은 것은?

① 집단의 구성원이 적을수록 응집력이 낮다.
② 외부의 위협이 있을 때에 응집력이 높다.
③ 가입의 난이도가 쉬울수록 응집력이 낮다.
④ 함께 보내는 시간이 많을수록 응집력이 높다.

해설
집단의 구성원이 많을수록 응집력이 낮다.

52 선택반응시간(Hick의 법칙)과 동작시간(Fitts의 법칙)의 공식에 대한 설명으로 옳은 것은?

- 선택반응시간 = a + b$\log_2 N$
- 동작시간 = a + b$\log_2 \left(\dfrac{2D}{W}\right)$

① N은 자극과 반응의 수, D는 목표물의 너비, W는 움직인 거리를 나타낸다.
② N은 감각기관의 수, D는 목표물의 너비, W는 움직인 거리를 나타낸다.
③ N은 자극과 반응의 수, D는 움직인 거리, W는 목표물의 너비를 나타낸다.
④ N은 감각기관의 수, D는 움직인 거리, W는 목표물의 너비를 나타낸다.

해설
- 선택반응시간 : 힉의 법칙(Hick's Law)
  RT(Response Time) = a + b$\log_2 N$ (N : 자극과 반응의 대안수)
- 동작시간 : 피츠의 법칙(Fitts's Law)
  MT(Movement Time) = a + b$\log_2(2D/W)$ (D : 목표물까지의 거리, W : 목표물의 폭)

53 제조물 책임법상 결함의 종류에 해당되지 않는 것은?

① 재료상의 결함
② 제조상의 결함
③ 설계상의 결함
④ 표시상의 결함

해설
제조물 책임법상의 결함의 종류는 설계, 제조, 표시상의 결함이다.

54 재해율과 관련된 설명으로 옳은 것은?

① 재해율은 근로자 100명당 1년 간에 발생하는 재해자 수를 나타낸다.
② 도수율은 연간 총 근로시간 합계에 10만 시간당 재해 발생 건수이다.
③ 강도율은 근로자 1,000명당 1년 동안에 발생하는 재해자 수(사상자 수)를 나타낸다.
④ 연천인율은 연간 총 근로시간에 1,000시간당 재해 발생에 의해 잃어버린 근로손실일수를 말한다.

해설
① 재해율은 근로자 100명당 연간 발생하는 재해자수로 '재해자수 × 100/근로자수'로 표현한다.
② 도수율은 100만시간당 재해발생건수로 '백만시간당 재해건수/총 연근로시간수'로 표현한다.
③ 강도율은 1,000시간당 근로손실일수로 '근로손실일수 × 1,000/총 연근로시간수'로 표현한다.
④ 연천인율은 1,000명을 기준으로 한 재해 발생건수를 말한다.

55 휴먼 에러의 배후요인 4가지(4M)에 속하지 않는 것은?

① Man
② Machine
③ Motive
④ Management

해설
휴먼 에러의 배후요인 4가지(4M) : Man, Media, Machine, Management

56 NIOSH의 직무 스트레스 모형에서 같은 직무 스트레스 요인에서도 개인들이 지각하고 상황에 반응하는 방식에 차이가 있는데 이를 무엇이라 하는가?

① 환경 요인
② 작업 요인
③ 조직 요인
④ 중재 요인

해설
NIOSH의 직무 스트레스 모형에서 중재 요인은 간접적 요인으로, 개인들이 지각하고 상황에 반응하는 방식의 차이를 말한다.

57 허즈버그(Herzberg)의 동기요인에 해당되지 않는 것은?

① 성 장
② 성취감
③ 책임감
④ 작업조건

해설
작업조건은 환경적 요소들로 위생요인에 해당한다.

58 사고발생에 있어 부주의 현상의 원인에 해당되지 않는 것은?

① 의식의 우회
② 의식의 혼란
③ 의식의 중단
④ 의식수준의 향상

해설
의식수준의 향상은 부주의를 초래하지 않는다.

59 레빈(Lewin. K)이 주장한 인간의 행동에 대한 함수식에서 개체(Person)에 포함되지 않는 변수는?

① 연 령
② 성 격
③ 심신 상태
④ 인간관계

해설
레빈의 법칙
• P(개성 ; Personality) : 연령, 성격, 경험, 지능, 심신 상태
• E(환경 ; Environment) : 인간관계, 작업환경

60 막스 베버(Max Weber)가 주장한 관료주의에 관한 설명으로 옳지 않은 것은?

① 노동의 분업화를 전제로 조직을 구성한다.
② 부서장들의 권한 일부를 수직적으로 위임하도록 했다.
③ 단순한 계층구조로 상위리더의 의사결정이 독단화되기 쉽다.
④ 산업화 초기의 비규범적 조직운영을 체계화시키는 역할을 했다.

해설
Max Weber의 관료주의는 크고 복잡한 구조에 적용되어 의사결정과정이 복잡하다.

61 팔꿈치 부위에 발생하는 근골격계질환 유형은?

① 결절종(Ganglion)
② 방아쇠 손가락(Trigger Finger)
③ 외상과염(Lateral Epicondylitis)
④ 수근관 증후군(Carpal Tunnel Syndrome)

해설
외상과염은 팔관절과 손목에 무리한 힘을 반복적으로 주었을 경우 팔꿈치 바깥 쪽에서 통증이 발생하는 질환이다.

정답 56 ④ 57 ④ 58 ④ 59 ④ 60 ③ 61 ③

62 산업안전보건법령상 근골격계 부담작업에 해당하는 기준은?

① 하루에 5회 이상 20kg 이상의 물체를 드는 작업
② 하루에 총 1시간 키보드 또는 마우스를 조작하는 작업
③ 하루에 총 2시간 이상 목, 허리, 팔꿈치, 손목 또는 손을 사용하여 다양한 동작을 반복하는 작업
④ 하루에 총 2시간 이상 지지되지 않은 상태에서 4.5kg 이상의 물건을 한 손으로 들거나 동일한 힘으로 쥐는 작업

해설
① 하루에 10회 이상 25kg 이상의 물체를 드는 작업
② 하루에 4시간 이상 집중적으로 자료입력 등을 위해 키보드 또는 마우스를 조작하는 작업
③ 하루에 총 2시간 이상 목, 어깨, 팔꿈치, 손목 또는 손을 사용하여 같은 동작을 반복하는 작업
※ 「근골격계부담작업의 범위 및 유해요인조사 방법에 관한 고시」 참고

63 NIOSH 들기 공식에서 고려되는 평가요소가 아닌 것은?

① 수평거리
② 목 자세
③ 수직거리
④ 비대칭 각도

해설
NIOSH 들기작업지침(Lifting Equation)에서 고려되는 평가요소는 수평, 수직, 거리, 비대칭, 빈도, 결합계수로 목 자세는 포함되지 않는다.

64 다음 서블릭(Therblig) 기호 중 효율적 서블릭에 해당하는 것은?

① Sh
② G
③ P
④ H

해설
효율적 서블릭에는 TE(빈손이동), TL(운반), G(쥐기), RL(내려놓기), PP(미리놓기) 등이 있다.

65 워크샘플링(Work Sampling)의 특징으로 옳지 않은 것은?

① 짧은 주기나 반복 작업에 효과적이다.
② 관측이 순간적으로 이루어져 작업에 방해가 적다.
③ 작업 방법이 변화되는 경우에는 전체적인 연구를 새로 해야 한다.
④ 관측자가 여러 명의 작업자나 기계를 동시에 관측할 수 있다.

해설
워크샘플링은 짧은 주기나 반복 작업에 부적합하다.

66 사업장 근골격계질환 예방관리 프로그램에 있어 예방·관리추진팀의 역할이 아닌 것은?

① 교육 및 훈련에 관한 사항을 결정하고 실행한다.
② 예방·관리 프로그램의 수립 및 수정에 관한 사항을 결정한다.
③ 근골격계질환의 증상·유해요인 보고 및 대응체계를 구축한다.
④ 유해요인 평가 및 개선계획의 수립과 시행에 관한 사항을 결정하고 실행한다.

해설
근골격계질환의 증상·유해요인 보고 및 대응체계의 구축은 사업주의 역할이다.

67 관측평균시간이 0.8분, 레이팅계수 120%, 정미시간에 대한 작업 여유율이 15%일 때 표준시간은 약 얼마인가?

① 0.78분
② 0.88분
③ 1.104분
④ 1.264분

해설
- 정미시간 = 관측시간치의 평균 × Rating = $0.8 \times 120\% = 0.96$
- 표준시간(외경법) = 정미시간 × (1 + 작업여유율)
  = $0.96 \times 1.15 = 1.104$

68 작업측정에 관한 설명으로 옳지 않은 것은?

① 정미시간은 반복생산에 요구되는 여유시간을 포함한다.
② 인적여유는 생리적 욕구에 의해 작업이 지연되는 시간을 포함한다.
③ 레이팅은 측정작업 시간을 정상작업 시간으로 보정하는 과정이다.
④ TV조립공정과 같이 짧은 주기의 작업은 비디오 촬영에 의한 시간연구법이 좋다.

해설
표준시간은 반복생산에 요구되는 여유시간을 포함한다.

69 다음 중 작업개선에 있어서 개선의 ECRS에 해당하지 않는 것은?

① 보수(Repair)
② 제거(Eliminate)
③ 단순화(Simplify)
④ 재배치(Rearrange)

해설
보수는 해당되지 않는다.
개선의 ECRS
- Eliminate : 제거, 꼭 필요한가?
- Combine : 결합, 다른 작업과 결합하면 나은 결과를 얻을 수 있는가?
- Rearrange : 재배열, 작업순서를 바꾸면 효율적인가?
- Simplify : 단순화, 좀 더 단순화할 수는 없는가?

70 근골격계질환 예방을 위한 방안과 거리가 먼 것은?

① 손목을 곧게 유지한다.
② 춥고 습기 많은 작업환경을 피한다.
③ 손목이나 손의 반복동작을 활용한다.
④ 손잡이는 손에 접촉하는 면적을 넓게 한다.

해설
손목이나 손의 반복동작을 피한다.

71 작업관리의 주목적과 가장 거리가 먼 것은?

① 생산성 향상
② 무결점 달성
③ 최선의 작업방법 개발
④ 재료, 설비, 공구 등의 표준화

해설
무결점 달성은 작업관리의 주목적에 해당되지 않는다.
작업관리의 목적
- 작업방법의 개선, 생산성 향상, 편리성 향상
- 표준시간의 설정을 통한 작업효율 관리
- 최선의 작업방법 개발, 재료와 방법의 표준화
- 비능률적인 요소 제거, 최적 작업방법에 의한 작업자 훈련

72 수공구를 이용한 작업 개선원리에 대한 내용으로 옳지 않은 것은?

① 진동 패드, 진동 장갑 등으로 손에 전달되는 진동 효과를 줄인다.
② 동력 공구는 그 무게를 지탱할 수 있도록 매달거나 지지한다.
③ 힘이 요구되는 작업에 대해서는 감싸쥐기(Power Grip)를 이용한다.
④ 적합한 모양의 손잡이를 사용하되, 가능하면 손바닥과 접촉면을 좁게 한다.

해설
가능하면 손바닥과 접촉면을 넓게 해야 압력이 집중되지 않는다.

73 동작분석(Motion Study)에 관한 설명으로 옳지 않은 것은?

① 동작분석 기법에는 서블릭법과 작업측정기법을 이용하는 PTS법이 있다.
② 작업과정에서 무리·낭비·불합리한 동작을 제거, 최선의 작업방법으로 개선하는 것이 목표이다.
③ 미세동작분석은 작업주기가 짧은 작업, 규칙적인 작업주기시간, 단기적 연구대상 작업 분석에는 사용할 수 없다.
④ 작업을 분해 가능한 세밀한 단위로 분석하고 각 단위의 변이를 측정하여 표준작업방법을 알아내기 위한 연구이다.

해설
미세동작분석(Micro Analysis)은 주기가 짧고 반복적인 작업을 대상으로 동작의 최소단위까지 자세하게 촬영하여 작업내용과 작업자세, 작업시간 등을 상세하고 정확하게 분석한다.

74 Work Factor에서 동작시간 결정 시 고려하는 4가지 요인에 해당하지 않는 것은?

① 수행도
② 동작거리
③ 중량이나 저항
④ 인위적 조절 정도

해설
Work Factor에서 동작시간을 결정하는 4가지 요인은 사용하는 신체부위, 이동거리, 중량 또는 저항, 동작의 인위적 조절이다.

75 작업 개선방법을 관리적 개선방법과 공학적 개선방법으로 구분할 때 공학적 개선방법에 속하는 것은?

① 적절한 작업자의 선발
② 작업자의 교육 및 훈련
③ 작업자의 작업속도 조절
④ 작업자의 신체에 맞는 작업장 개선

해설
공학적 개선
- 현장에서 직접적인 설비나 작업방법, 작업도구 등을 작업자가 편하고, 쉽고, 안전하게 사용할 수 있도록 유해·위험요인의 원인을 제거하거나 개선하는 것이다.
- 공학적 개선방법에는 작업방법·작업도구 개선, 다양한 신체의 수용, 신체적 압박의 개선 등이 있다.

76 어느 회사의 컨베이어 라인에서 작업순서가 다음 표의 번호와 같이 구성되어 있을 때, 다음 설명 중 옳은 것은?

작 업	1. 조립	2. 납땜	3. 검사	4. 포장
시간(초)	10초	9초	8초	7초

① 공정손실은 15%이다.
② 애로작업은 검사작업이다.
③ 라인의 주기시간은 7초이다.
④ 라인의 시간당 생산량은 6개이다.

해설
- 공정손실은 균형손실이라고도 한다.
- 공정손실 = 총 유휴시간/(작업수 × 주기시간)
  = (0 + 1 + 2 + 3)/(4 × 10) = 0.15

정답 73 ③ 74 ① 75 ④ 76 ①

77 유통선도(Flow Diagram)의 기능으로 옳지 않은 것은?

① 자재흐름의 혼잡지역 파악
② 시설물의 위치나 배치관계 파악
③ 공정과정의 역류현상 발생유무 점검
④ 운반과정에서 물품의 보관 내용 파악

해설
유통선도는 제조과정에서 발생하는 운반, 정체, 검사, 보관 등의 사항이 생산현장의 어느 위치에서 발생하는가를 알 수 있도록 부품의 이동경로를 배치도 상에 선으로 표시한 것으로 작업장 시설의 재배치, 혼잡지역 파악, 역류현상 발생유무 점검, 시설물의 위치나 배치관계 파악에 유용하다.

78 영상표시단말기(VDT) 취급근로자 작업관리지침상 작업기기의 조건으로 옳지 않은 것은?

① 키보드와 키 윗부분의 표면은 무광택으로 할 것
② 영상표시단말기 화면은 회전 및 경사조절이 가능할 것
③ 키보드의 경사는 3° 이상 20° 이하, 두께는 4cm 이하로 할 것
④ 단색화면일 경우 색상은 일반적으로 어두운 배경에 밝은 황·녹색 또는 백색문자를 사용하고 적색 또는 청색의 문자는 가급적 사용하지 않을 것

해설
키보드의 경사는 5~15°가 적당하다.

79 동작경제의 원칙에서 작업장 배치에 관한 원칙에 해당하는 것은?

① 각 손가락이 서로 다른 작업을 할 때 작업량을 각 손가락의 능력에 맞게 분배한다.
② 중력이송원리를 이용한 부품상자나 용기를 이용하여 부품을 사용 장소에 가까이 보낼 수 있도록 한다.
③ 손과 신체의 동작은 작업을 원만하게 처리할 수 있는 범위 내에서 가장 낮은 동작등급을 사용한다.
④ 눈의 초점을 모아야 할 수 있는 작업은 가능한 적게 하고, 이것이 불가피할 경우 두 작업간의 거리를 짧게 한다.

해설
작업장 배치의 원칙에는 중력이송원리 외에도 적절한 조명의 사용, 작업대와 의자의 높이조정 등이 있다.

80 산업안전보건법령상 근골격계 부담작업의 유해요인조사에 대한 내용으로 옳지 않은 것은? (단, 해당 사업장은 근로자가 근골격계 부담작업을 하는 경우이다)

① 정기 유해요인 조사는 2년마다 유해요인조사를 하여야 한다.
② 신설되는 사업장의 경우에는 신설일로부터 1년 이내 최초의 유해요인 조사를 하여야 한다.
③ 조사항목으로는 작업량, 작업속도 등의 작업장의 상황과 작업자세, 작업방법 등의 작업조건이 있다.
④ 근골격계 부담작업에 해당하는 새로운 작업·설비를 도입한 경우 지체 없이 유해요인 조사를 해야 한다.

해설
정기 유해요인 조사는 3년마다 실시한다.

2021년 제3회 기출문제

01 신호검출이론에서 판정기준(Criterion)이 오른쪽으로 이동할 때 나타나는 현상으로 옳은 것은?

① 허위경보(False Alarm)가 줄어든다.
② 신호(Signal)의 수가 증가한다.
③ 소음(Noise)의 분포가 커진다.
④ 적중 확률(실제 신호를 신호로 판단)이 높아진다.

해설
판정기준이 우측으로 이동하면 2종 오류(Miss)는 증가하고 1종 오류(False Alarm)는 감소한다.

02 인간공학의 연구 목적으로 가장 옳지 않은 것은?

① 인간오류의 특성을 연구하여 사고를 예방한다.
② 인간의 특성에 적합한 기계나 도구를 설계한다.
③ 병리학을 연구하여 인간의 질병퇴치에 기여한다.
④ 인간의 특성에 맞는 작업환경 및 작업방법을 설계한다.

해설
인간공학의 목적은 인간에 적합한 기계나 도구를 설계, 인간의 특성에 맞는 작업환경의 설계 등을 통해 휴먼 에러를 줄이고, 인간의 가치를 향상시키는 데 있다.

03 조종-반응 비율(C/R비)에 관한 설명으로 옳지 않은 것은?

① C/R비가 증가하면 이동시간도 증가한다.
② C/R비가 작으면(낮으면) 민감한 장치이다.
③ C/R비는 조종장치의 이동거리를 표시장치의 반응거리로 나눈 값이다.
④ C/R비가 감소함에 따라 조종시간은 상대적으로 작아진다.

해설
C/R비가 작으면 조금만 조종해도 크게 움직여 원하는 위치에 갖다놓기 힘들기 때문에 조종시간이 증가한다.

04 인간 기억의 여러 가지 형태에 대한 설명으로 옳지 않은 것은?

① 단기기억의 용량은 보통 7청크(Chunk)이며 학습에 의해 무한히 커질 수 있다.
② 단기기억에 있는 내용을 반복하여 학습(Research)하면 장기기억으로 저장된다.
③ 일반적으로 작업기억의 정보는 시각(Visual), 음성(Phonetic), 의미(Semantic) 코드의 3가지로 코드화된다.
④ 자극을 받은 후 단기기억에 저장되기 전에 시각적인 정보는 아이코닉 기억(Iconic Memory)에 잠시 저장된다.

해설
단기기억의 용량은 7±2청크이며, 학습에 의해서도 증가하기 힘들다.

05 시각적 표시장치에 관한 설명으로 옳은 것은?

① 정확한 수치를 필요로 하는 경우에는 디지털 표시장치보다 아날로그 표시장치가 더 우수하다.
② 온도, 압력과 같이 연속적으로 변하는 변수의 변화경향, 변화율 등을 알고자 할 때는 정량적 표시장치를 사용하는 것이 좋다.
③ 정성적 표시장치는 동침형(Moving Pointer), 동목형(Moving Scale) 등의 형태로 구분할 수 있다.
④ 정량적 눈금을 식별하는 데에 영향을 미치는 요소는 눈금 단위의 길이, 눈금의 수열 등이 있다.

정답 01 ① 02 ③ 03 ④ 04 ① 05 ④

해설
① 정확한 수치를 필요로 하는 경우에는 아날로그 표시장치보다 디지털 표시장치가 더 우수하다.
② 온도·압력과 같이 연속적으로 변하는 변수의 변화경향·변화율 등을 알고자 할 때는 정성적 표시장치를 사용하는 것이 좋다.
③ 정량적 표시장치는 동침형(Moving Pointer), 동목형(Moving Scale) 등의 형태로 구분할 수 있다.

06 소리의 은폐효과(Masking)를 나타내는 말로 옳은 것은?
① 주파수별로 같은 소리의 크기를 표시한 개념
② 하나의 소리가 다른 소리의 판별에 방해를 주는 현상
③ 내이(Inner Ear)의 달팽이관(Cochlea) 안에 있는 섬모(Fiber)가 소리의 주파수에 따라 민감하게 반응하는 현상
④ 하나의 소리의 크기가 다른 소리에 비해 몇 배나 크게(또는 작게) 느껴지는지를 기준으로 소리의 크기를 표시하는 개념

해설
은폐효과란 2개의 소음이 동시에 존재할 때 낮은 음의 소음이 들리지 않는 현상이다.

07 멀리 있는 물체를 선명하게 보기 위해 눈에서 일어나는 현상으로 옳은 것은?
① 홍채가 이완한다.
② 수정체가 얇아진다.
③ 동공이 커진다.
④ 모양체근이 수축한다.

해설
빛이 강할 때에는 홍채 주위의 근육이 힘을 풀어 홍채가 동공 안쪽으로 이완되어 늘어져서 빛이 적게 들어온다. 반대로 빛이 약할 때에는 눈으로 들어오는 빛을 확보하기 위해 홍채 주위의 근육이 수축되어 동공이 커진다. 멀리 있는 물체를 볼 때에는 수정체를 얇게 만들기 위해 모양체근이 이완된다.

08 인체측정을 구조적 치수와 기능적 치수로 구분할 때 기능적 치수 측정에 대한 설명으로 옳은 것은?
① 형태학적 측정을 의미한다.
② 나체 측정을 원칙으로 한다.
③ 마틴식 인체측정 장치를 사용한다.
④ 상지나 하지의 운동범위를 측정한다.

해설
구조적 치수는 고정자세를, 기능적 치수는 활동자세를 측정하므로 운동범위를 측정할 때에는 기능적 치수측정이 필요하다.

09 손의 위치에서 조종장치 중심까지의 거리가 30cm, 조종장치의 폭이 5cm일 때 Fitts의 난이도 지수(Index of Difficulty) 값은 약 얼마인가?
① 2.6
② 3.2
③ 3.6
④ 4.1

해설
두 목표지점 간의 거리와 목표물의 크기의 관계를 난이도 지수(Index of Difficulty ; ID)라고 하며, ID = $\log_2(2D/W)$로 표현한다. 따라서 ID = $\log_2(2D/W)$ = $\log_2(2 \times 30/5)$ = 3.6

10 인간의 신뢰도가 70%, 기계의 신뢰도가 90%이면 인간과 기계가 직렬체계로 작업할 때의 신뢰도로 옳은 것은?
① 30%
② 54%
③ 63%
④ 98%

해설
직렬시스템의 신뢰도(R) = a × b × c 과 같이 계산한다. 따라서 R = 0.7 × 0.9 = 0.63 = 63%이다.

정답 06 ② 07 ② 08 ④ 09 ③ 10 ③

11
1,000Hz, 40dB을 기준으로 음의 상대적인 주관적 크기를 나타내는 단위로 옳은 것은?

① sone
② siemens
③ bell
④ phon

해설
상대적으로 느끼는 주관적 소리 크기를 나타내는 단위는 sone이다. phon은 1,000Hz의 주파수를 기준으로 각 주파수별 동일한 음량을 주는 음압을 평가하는 척도이다. phon은 상이한 음의 상대적인 크기에 대한 정보는 표시할 수 없다.

12
직렬시스템과 병렬시스템의 특성에 대한 설명으로 옳은 것은?

① 직렬시스템에서 요소의 개수가 증가하면 시스템의 신뢰도도 증가한다.
② 병렬시스템에서 요소의 개수가 증가하면 시스템의 신뢰도는 감소한다.
③ 시스템의 높은 신뢰도를 안정적으로 유지하기 위해서는 병렬시스템으로 설계하여야 한다.
④ 일반적으로 병렬시스템으로 구성된 시스템은 직렬시스템으로 구성된 시스템보다 비용이 감소한다.

해설
직렬시스템에서는 요소의 개수가 증가하면 시스템의 신뢰도는 감소하고, 병렬시스템에서는 요소의 개수가 증가하면 시스템의 신뢰도도 증가한다. 따라서 높은 신뢰도의 시스템을 구성하기 위해서는 병렬시스템으로 설계해야 하며, 병렬시스템으로 구성된 시스템은 직렬시스템보다 비용이 증가한다.

13
시(視)감각 체계에 관한 설명으로 옳지 않은 것은?

① 동공은 조도가 낮을 때는 많은 빛을 통과시키기 위해 확대된다.
② 안구의 수정체는 모양체근으로 긴장을 하면 얇아져 가까운 물체만 볼 수 있다.
③ 망막의 표면에는 빛을 감지하는 광수용기인 원추체와 간상체가 분포되어 있다.
④ 1디옵터는 1m 거리에 있는 물체를 보기 위해 요구되는 수정체의 초점 조절능력을 나타낸 값이다.

해설
멀리 있는 물체를 볼 때는 모양체 근이 긴장하는 것이 아니라 이완되어 수정체가 얇아진다.

14
은행이나 관공서의 접수창구의 높이를 설계하는 기준으로 옳은 것은?

① 조절식 설계
② 최소집단치 설계
③ 최대집단치 설계
④ 평균치 설계

해설
평균치 설계란 평균적인 인체측정 자료들을 토대로 설계하는 것이다. 백화점이나 관공서의 접수창구는 불특정 다수의 사람들이 이용하므로 조절식, 극단치 설계 방법을 사용하기 어렵기 때문에 평균치 설계를 해야 한다.

15
정보 이론(Information Theory)에 대한 내용으로 옳은 것은?

① 정보를 정량적으로 측정할 수 있다.
② 정보의 기본 단위는 바이트(byte)이다.
③ 확실한 사건의 출현에는 많은 정보가 담겨있다.
④ 정보란 불확실성의 증가(Addition of Uncertainty)로 정의한다.

해설
정보란 불확실성을 감소시켜주는 지식이나 소식으로 단위는 bit이며, 확실한 사건일수록 정보량이 작다.

16
시각 표시장치보다 청각 표시장치를 사용하는 것이 유리한 경우는?

① 소음이 많은 경우
② 전하려는 정보가 복잡할 경우
③ 즉각적인 행동이 요구되는 경우
④ 전하려는 정보를 다시 확인해야 하는 경우

해설
청각적 표시장치는 즉각적인 행동이 요구되는 경우, 수신자가 자주 움직이는 경우, 전하려는 정보가 짧고 단순한 경우에 주로 사용된다.

정답 11 ① 12 ③ 13 ② 14 ④ 15 ① 16 ③

17 다음 중 반응시간이 가장 빠른 감각으로 옳은 것은?

① 청각 ② 미각
③ 시각 ④ 후각

해설
눈은 속여도 귀는 못 속인다는 말이 있듯이 시각은 초당 15~25번의 변화만 인식할 수 있지만, 청각적 정보는 초당 200회 이상의 변화도 쉽게 알아차릴 수 있다.

해설
대안의 발생확률이 같지 않기 때문에 정보량의 최대치로부터 정보량이 감소하는 비율을 중복률(Redundancy)이라 하며, 중복률은 다음과 같이 계산한다.
중복률 = (1 − 평균 정보량/최대 정보량) × 100%
= (1 − Ha/Hmax) × 100%
[여기서 Hi = 각 대안에 대한 정보량 = $\log_2(1/p_i)$, pi = 대안의 발생확률]
평균정보량(Ha) = $\Sigma p_i \times \log_2(1/p_i)$
= $0.1 \times \log_2(1/0.1) + 0.9 \times \log_2(1/0.9) = 0.47$
최대정보량(Hmax) = $\log_2 N = \log_2 2 = 1$
∴ 중복률 = (1 − Ha/Hmax) × 100% = (1 − 0.47/1) × 100% = 53%

18 인간-기계 시스템에서 인간의 과오나 동작상의 실패가 있어도 안전사고를 발생시키지 않도록 하는 설계 시스템으로 옳은 것은?

① Lock System
② Fail-safe System
③ Fool-proof System
④ Acciden-check System

해설
Fool-proof란 사람의 부주의로 인한 실수를 미연에 방지하거나, 발생된 실수를 검출해내어 주로 작업의 안전성을 유지하기 위해 고안된 방법을 말한다. Fool-proof의 2가지 기본원칙은 누가 하더라도 절대로 잘못되는 일이 없는 자연스러운 작업이 되는 것과 만일 잘못되어도 그것을 깨닫게만 하고 그 영향이 나타나지 않도록 하는 것이다.

19 발생 확률이 0.1과 0.9로 다른 2개의 이벤트의 정보량은 발생 확률이 0.5로 같은 2개의 이벤트의 정보량에 비해 어느 정도 감소되는가?

① 42% ② 45%
③ 50% ④ 53%

20 일반적으로 연구 조사에 사용되는 기준(Criterion)의 요건으로 옳지 않은 것은?

① 적절성 ② 사용성
③ 신뢰성 ④ 무오염성

해설
시스템의 평가척도
• 적절성 : 기준이 의도된 목적에 적당하다고 판단되는 정도를 말함
• 무오염성 : 기준 척도는 측정하고자 하는 변수 외의 다른 변수들의 영향을 받아서는 안됨
• 신뢰성 : 평가를 반복할 경우 일정한 결과를 얻을 수 있음
• 실제성 : 현실성을 가지며, 실질적으로 이용하기 쉬움

21 다음 중 유산소 대사의 하나인 크렙스 사이클(Krebs Cycle)에서 일어나는 반응으로 옳지 않은 것은?

① 산화가 발생한다.
② 젖산이 생성된다.
③ 이산화탄소가 생성된다.
④ 구아노신 3인산(GTP)의 전환을 통하여 ATP가 생성된다.

해설
크렙스 사이클은 TCA(Tricarboxylic Acid Cycle) 회로라고 하는 유산소 대사이다. 젖산(Latic Acid)은 무산소 대사과정에서 생성된다.

22 다음 그림과 같이 작업할 때 팔꿈치의 반작용력과 모멘트 값으로 옳은 것은? (단, CG_1은 물체의 무게중심, CG_2는 하박의 무게중심, W_1은 물체의 하중, W_2는 하박의 하중이다)

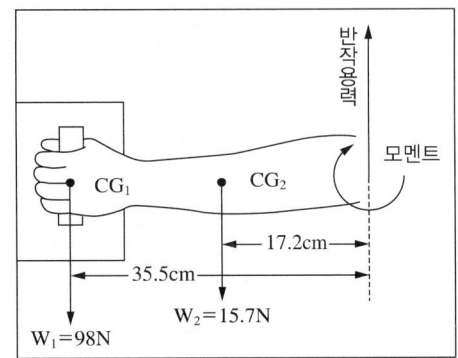

	반작용력	모멘트
①	79.3N	22.42N·m
②	79.3N	37.5N·m
③	113.7N	22.42N·m
④	113.7N	37.5N·m

해설
생체역학(Biomechanic)문제는 힘의 평형과 모멘트의 평형으로 답을 구한다.
힘의 평형은 $W_1 + W_2 - W = 0$이므로, $W = W_1 + W_2$
모멘트 평형은 팔꿈치를 기준으로 같은 방향이므로
$M = a \times W_1 + b \times W_2$
∴ 반작용력 = 98N + 15.7N = 113.7N
　모멘트 = 98 × 0.355 + 15.7 × 0.172 = 37.5N·m

23 다음 중 실내의 면에서 추천 반사율(IES)이 가장 낮은 곳으로 옳은 것은?

① 벽　　　② 천 장
③ 가 구　　④ 바 닥

해설
반사율은 표면에서 반사되는 빛의 양 ÷ 표면에 비치는 빛의 양으로 빛을 완전히 반사할 경우 반사율은 100%이다. 천장의 추천반사율은 80~90%, 벽의 추천반사율은 40~60%, 가구의 추천반사율은 25~45%, 바닥의 추천반사율은 20~40%이다.

24 교대작업의 주의사항으로 옳지 않은 것은?
① 12시간 교대제가 적정하다.
② 야간근무는 2~3일 이상 연속하지 않는다.
③ 야간근무의 교대는 심야에 하지 않도록 한다.
④ 야간근무 종료 후에는 48시간 이상의 휴식을 갖도록 한다.

해설
교대작업은 12시간이 아니라 8시간 교대제가 적합하다.

25 한랭대책으로서 개인위생으로 옳지 않은 것은?
① 과음을 피할 것
② 식염을 많이 섭취할 것
③ 따뜻한 물과 음식을 섭취할 것
④ 얼음 위에서 오랫동안 작업하지 말 것

해설
식염섭취는 한랭대책이 아니라 온열대책이다.

26 동일한 관절운동을 일으키는 주동근(Agonists)과 반대되는 작용을 하는 근육으로 옳은 것은?
① 박근(Gracilis)
② 장요근(Iliopsoas)
③ 길항근(Antagonists)
④ 대퇴직근(Rectus Femoris)

해설
주동근은 수축하여 동작을 만들어내는 근육이고, 길항근은 주동근이 동작할 때 반대편에서 늘어나는 근육이다.

27 윤활관절(Synovial Joint)인 팔굽관절(Elbow Joint)은 연결 형태를 기준으로 어느 관절에 해당되는가?

① 관절구(Condyloid)
② 경첩관절(Hinge Joint)
③ 안장관절(Saddle Joint)
④ 구상관절(Ball and Socket Joint)

해설
팔굽관절은 무릎관절, 손마디관절과 더불어 경첩관절이라 한다. 경첩관절이란 1축 관절이라고도 하며, 하나의 축 주위의 제한된 회전 운동만이 가능한 관절을 말한다.

28 사람의 근골격계와 신경계에 대한 설명으로 옳지 않은 것은?

① 신체골격구조는 206개의 뼈로 구성되어 있다.
② 관절은 섬유질관절, 연골관절, 활액관절로 구분된다.
③ 심장근은 수의근으로 민무늬의 원통형 근섬유구조를 가지고 있다.
④ 신경계는 구조적인 측면으로 중추신경계와 말초신경계로 나누어진다.

해설
수의근은 의식적으로 움직임을 조절할 수 있는 근육을 말한다. 심장근은 내 의지대로 움직일 수 없는 불수의근이다.

29 다음 중 근육이 움직일 때 나오는 미세한 전기신호를 측정하여 근육의 활동 정도를 나타낼 수 있는 것으로 옳은 것은?

① ECG(Electrocardiogram)
② EMG(Electromyograph)
③ GSR(Galvanic Skin Response)
④ EEG(Electroencephalogram)

해설
신경과 근육에서 발생하는 미세한 전기신호를 측정하여 근육의 활동정도를 기록하는 것을 근전도(EMG ; Electromyogram)라 한다. 사람의 근육에서 측정되는 근전도는 진폭이 0.01~5mV, 주파수는 1~3,000Hz의 특성을 갖는다.

30 남성 작업자의 육체작업에 대한 대사량을 측정한 결과, 분당 산소소모량이 1.5L/min으로 나왔다. 작업자의 4시간에 대한 휴식시간으로 옳은 것은? (단, Murrell의 공식을 이용한다)

① 75분 ② 100분
③ 125분 ④ 150분

해설
일반적으로 Murrell의 공식을 이용하는 문제에서는 표준 에너지소비량을 5kcal/min, 휴식 중 에너지소비량을 1.5kcal/min으로 계산한다.
작업 중 에너지소비량 = 권장 에너지소비량 × 분당 산소소모량
= 5kcal/min × 1.5L/min = 7.5kcal/min
휴식시간(R) = 총작업시간 × (작업 중 에너지소비량 − 표준 에너지소비량)/(작업 중 에너지소비량 − 휴식 중 에너지소비량)
= 4 × (7.5 − 5)/(7.5 − 1.5) = 1.6h = 100min

31 근력(Strength)과 지구력(Endurance)에 대한 설명으로 옳지 않은 것은?

① 동적근력(Dynamic Strength)을 등속력(Isokinetic Strength)이라 한다.
② 지구력(Endurance)이란 등척적으로 근육이 낼 수 있는 최대 힘을 말한다.
③ 정적근력(Static Strength)을 등척력(Isometric Strength)이라 한다.
④ 근육이 발휘하는 힘은 근육의 최대자율수축(MVC ; Maximum Voluntary Contraction)에 대한 백분율로 나타낸다.

해설
지구력이란 근력을 사용하여 특정 힘을 지속적으로 유지할 수 있는 능력을 말한다. 정적근력이란 등척적으로 근육이 낼 수 있는 최대 힘을 말한다.

32 정신피로의 척도로 사용되는 시각적 점멸융합주파수(VFF)에 영향을 주는 변수에 관한 내용으로 옳지 않은 것은?

① 암조응 시 VFF는 증가한다.
② 휘도만 같으면 색은 VFF에 영향을 주지 않는다.
③ 조명 강도의 대수치(對數値)에 선형적으로 비례한다.
④ 사람들 간에는 큰 차이가 있으나, 개인의 경우 일관성이 있다.

해설
암조응 시 VFF는 감소한다.

33 에너지 소비량에 영향을 미치는 인자 중 중량물 취급 시 쪼그려 앉아(Squat) 들기, 등을 굽혀(Stoop) 들기와 가장 관련이 깊은 것은?

① 작업 자세
② 작업 방법
③ 작업 속도
④ 도구 설계

해설
에너지 소비량에 영향을 미치는 요인으로는 작업 방법, 작업 자세, 작업 속도, 도구 설계가 있는데, 이중에서 쪼그려 앉아 들기와 등을 굽혀 들기는 작업 자세와 관련이 있다.

34 산업안전보건법령상 소음작업이란 1일 8시간 작업을 기준으로 얼마 이상의 소음(dB)이 발생하는 작업을 말하는가?

① 80
② 85
③ 90
④ 100

해설
산업안전보건기준에 관한 규칙 제512조에 의하면, 소음작업이란 1일 8시간 작업을 기준으로 85데시벨 이상의 소음이 발생하는 작업을 말한다.

35 다음 중 조도가 균일하고, 눈부심이 적지만 기구 효율이 나쁘며 설치비용이 많이 소요되는 조명방식은?

① 직접조명
② 국소조명
③ 반직접조명
④ 간접조명

해설
간접조명은 조도가 균일하며 눈부심이 덜하지만, 설치가 복잡하고 기구 효율이 나쁘며 실내의 입체감이 작아지기 때문에 실내의 활기를 죽이기 쉽다.

36 산소소비량에 관한 설명으로 옳지 않은 것은?

① 산소소비량과 심박수 사이에는 밀접한 관련이 있다.
② 산소소비량은 에너지 소비와 직접적인 관련이 있다.
③ 산소소비량은 단위 시간당 흡기량만 측정한 것이다.
④ 심박수와 산소소비량 사이의 관계는 개인에 따라 차이가 있다.

해설
산소소비량을 측정하기 위해서는 흡기량과 배기량을 모두 측정해야 한다.

37 다음 중 엉덩이 관절(Hip Joint)에서 일어날 수 있는 움직임으로 옳지 않은 것은?

① 굴곡(Flexion)과 신전(Extension)
② 외전(Abduction)과 내전(Adduction)
③ 내선(Internal Rotation)과 외선(External Rotation)
④ 내번(Inversion)과 외번(Eversion)

해설
내번은 발을 내측상방으로 들어올리는 운동이고, 외번은 발을 외측 바깥으로 들어올리는 운동으로 엉덩이 관절에서 일어나는 움직임이 아니다.

정답: 32 ① 33 ① 34 ② 35 ④ 36 ③ 37 ④

38 육체적 작업강도가 증가함에 따른 순환계(Circulatory System)의 반응으로 옳지 않은 것은?

① 혈압상승
② 백혈구 감소
③ 근혈류의 증가
④ 심박출량 증가

해설
백혈구 감소는 약물복용, 혈액질환, 영양결핍, 자가면역질환 등으로 생기는 것으로 육체적 작업강도와는 관련이 없다.

39 진동에 의한 인체의 영향으로 옳지 않은 것은?

① 심박수가 감소한다.
② 약간의 과도(過度) 호흡이 일어난다.
③ 장시간 노출 시 근육 긴장을 증가시킨다.
④ 혈액이나 내분비의 화학적 성질이 변하지 않는다.

해설
진동은 심박수 감소가 아닌 심박수 증가를 유발한다.

40 손-팔 진동 증후군의 피해를 줄이기 위한 방법으로 옳지 않은 것은?

① 진동수준이 최저인 연장을 선택한다.
② 진동 연장의 하루 사용시간을 줄인다.
③ 연장을 잡거나 조절하는 악력을 늘린다.
④ 진동 연장을 사용할 때는 중간 휴식시간을 길게 한다.

해설
손-팔 진동 증후군은 진동이 심한 기계를 오랫동안 사용했을 때 나타나는 질환이다. 손-팔 진동 증후군의 피해를 줄이기 위해서는 연장을 잡을 때 가급적이면 힘을 빼고 잡아야 한다.

41 사고의 유형, 기인물 등 분류항목을 큰 순서대로 분류하여 사고방지를 위해 사용하는 통계적 원인분석 도구로 옳은 것은?

① 관리도(Control Chart)
② 크로스도(Cross Diagram)
③ 파레토도(Pareto Diagram)
④ 특성요인도(Cause and Effect Diagram)

해설
파레토도란 중요한 문제점을 발견하고자 할 때, 문제점의 원인을 조사하고자 할 때, 개선과 대책의 효과를 알고자 할 때 중요 인자별로 서열화한 도표를 말한다.

42 다음 빈칸 안에 들어갈 말로 옳은 것은?

> 산업안전보건법령상 사업주는 근로자가 근골격계부담 작업을 하는 경우에 ( )마다 유해요인조사를 하여야 한다. 다만, 신설되는 사업장의 경우에는 1년 이내에 최초의 유해요인조사를 하여야 한다.

① 1년
② 2년
③ 3년
④ 4년

해설
모든 사업장은 정기 유해요인조사를 매 3년마다 주기적으로 실시해야 한다. 다만 신설 사업장의 경우 1년 이내에 실시해야 한다.

43 심리적 측면에서 분류한 휴먼 에러의 분류에 속하는 것은?

① 입력오류
② 정보처리오류
③ 의사결정오류
④ 생략오류

해설
입력오류, 정보처리오류, 의사결정오류는 정보처리과정상의 오류이다.
휴먼 에러의 종류(Swain과 Guttman의 심리적 측면에서의 분류)
• 실행오류 : 작업을 잘못 수행한 경우
• 생략오류 : 작업을 수행하지 않은 경우
• 순서오류 : 작업 순서를 잘못 수행한 경우
• 시간오류 : 작업을 너무 빠르게 혹은 느리게 수행한 경우
• 불필요한 행동오류 : 불필요한 작업을 수행한 경우

정답 38 ② 39 ① 40 ③ 41 ③ 42 ③ 43 ④

44 스트레스 상황에서 일어나는 현상으로 옳지 않은 것은?

① 동공이 수축된다.
② 혈당, 호흡이 증가하고 감각기관과 신경이 예민해진다.
③ 스트레스 상황에서 심장 박동수는 증가하나, 혈압은 내려간다.
④ 스트레스를 지속적으로 받게 되면 자기조절능력을 상실하게 되고 체내 항상성이 깨진다.

해설
스트레스가 발생하면 교감신경계가 활성화되어 동공은 확대되고, 호흡이 증가하고, 혈압과 심박수가 증가한다.
※ 이 문제는 답이 2개로 ①도 옳지 않은 설명이다.

45 Hick-Hyman의 법칙에 의하면 인간의 반응시간(RT)은 자극 정보의 양에 비례한다고 한다. 자극정보의 개수가 2개에서 8개로 증가한다면 반응시간은 몇 배로 증가하겠는가?

① 3배
② 4배
③ 16배
④ 32배

해설
힉-하이만(Hick-Hyman)의 법칙은 반응시간은 자극의 정보량에 로그에 비례하여 증가한다는 법칙이다. 힉-하이만의 법칙에서 RT(Response Time) = a + b$\log_2 N$이므로, 정보의 개수가 2개일 때는 $\log_2 2$, 정보의 개수가 8개일 때는 $\log_2 8$이다. $\log_2 8/\log_2 2 = 3$이므로 정답은 3배이다(a, b는 상수).

46 어느 사업장의 도수율은 40이고 강도율은 4일 때, 이 사업장의 재해 1건당 근로손실일수로 옳은 것은?

① 1
② 10
③ 50
④ 100

해설
재해 1건당 근로손실일수를 평균강도율이라 하며 구하는 방법은 다음과 같다.
평균강도율 = 강도율/도수율 × 1,000 = 4/40 × 1,000 = 100

47 인간오류확률 추정 기법 중 초기 사건을 이원적(Binary) 의사결정(성공 또는 실패) 가지들로 모형화하고, 이 이후의 사건들의 확률은 모두 선행 사건에 대한 조건부 확률을 부여하여 이원적 의사결정 가지들로 분지해나가는 방법으로 옳은 것은?

① 결함나무분석(Fault Tree Analysis)
② 조작자행동나무(Operator Action Tree)
③ 인간오류 시뮬레이터(Human Error Simulator)
④ 인간실수율 예측기법(Technique for Human Error Rate Prediction)

해설
인간실수율 예측기법(Technique for Human Error Rate Prediction; THERP)은 휴먼 에러를 정량적으로 평가하기 위해 미국 샌디아 국립연구소에 의하여 개발된 것으로 인간이 수행하는 작업을 상호배반적(Exclusive)사건으로 나누어 사건나무를 작성하고 각 작업의 성공 또는 실패확률을 부여하여 각 경로의 확률을 계산한다.

48 NIOSH 직무 스트레스 모형에서 직무 스트레스 요인과 성격이 다른 하나로 옳은 것은?

① 작업 요인
② 조직 요인
③ 환경 요인
④ 상황 요인

해설
NIOSH 직무 스트레스 모형은 스트레스의 요인을 직접 요인, 간접 요인(중재 요인), 급성반응으로 분류하는데 작업 요인·조직 요인·환경 요인은 직접 요인에 해당하고, 상황 요인은 간접 요인에 해당한다.

49 보행 신호등이 막 바뀌어도 자동차가 움직이기까지는 아직 시간이 있다고 스스로 판단하여 건널목을 건너는 것과 같은 부주의 행위와 가장 관계가 깊은 것은?

① 억측판단
② 근도반응
③ 생략행위
④ 초조반응

해설

남들이 볼 때 매우 위험한 일을 스스로 판단하여 위험을 수용하고 행동에 옮기는 것을 억측판단이라고 한다. 억측판단의 원인은 사람마다 사물을 보는 프레임(Frame)이 다르기 때문에 발생한다. 근도반응(지름길반응)은 심리적으로 무리하여 지름길을 택하는 반응이며, 생략행위는 근도반응과 유사한 행동으로 규칙을 무시하고 제멋대로 판단하는 행동이다. 초조반응은 감지 → 판단 → 행동의 순서에서 '판단' 없이 행동하는 것을 말한다.

50 다음 중 통제적 집단행동으로 옳지 않은 것은?

① 모브(Mob)
② 관습(Custom)
③ 유행(Fashion)
④ 제도적 행동(Institutional Behavior)

해설

모브는 비통제적 집단행동에 속한다. 비통제적 집단행동으로는 군중, 모브, 패닉, 심리적 전염이 있는데, 그 중 모브는 군중보다 합의성이 없고, 감정에 의해 행동하는 폭동이다.

51 막스 베버(Max Weber)의 관료주의에서 주장하는 4가지 원칙으로 옳지 않은 것은?

① 노동의 분업   ② 창의력 중시
③ 통제의 범위   ④ 권한의 위임

해설

베버의 관료제론에서 관료주의 4원칙은 노동의 분업, 권한의 위임, 통제의 범위, 구조이다. 관료주의가 강하면 창의력은 소멸된다.

52 조직을 유지하고 성장시키기 위한 평가를 실행함에 있어서 평가자가 저지르기 쉬운 과오 중 어떤 사람에 관한 평가자의 개인적 인상이 피평가자 개개인의 특징에 관한 평가에 영향을 미치는 것을 설명하는 이론으로 옳은 것은?

① 할로 효과(Halo Effect)
② 대비오차(Contrast Error)
③ 근접오차(Proximity Error)
④ 관대화 경향(Centralization Tendency)

해설

할로 효과에서 할로(Halo)는 사람의 머리나 몸 주위에 둥그렇게 그려진 후광을 말한다. 할로 효과(후광 효과)는 그 사람의 특정 부분이 뛰어나면 다른 부분들도 뛰어날 것이라고 생각하는 지각오류이다.

53 인간신뢰도에 대한 설명으로 옳은 것은?

① 반복되는 이산적 직무에서 인간실수확률은 단위시간당 실패수로 표현된다.
② 인간신뢰도는 인간의 성능이 특정한 기간 동안 실수를 범하지 않을 확률로 정의된다.
③ THERP는 완전 독립에서 완전 정(正)종속까지의 비연속을 종속정도에 따라 3수준으로 분류하여 직무의 종속성을 고려한다.
④ 연속적 직무에서 인간의 실수율이 불변(Stationary)이고, 실수과정이 과거와 무관(Independent)하다면 실수과정은 베르누이과정으로 묘사된다.

해설

① 이산적 직무에서 인간실수확률은 주어진 작업이 수행되는 동안 발생한 실패수로 표현된다.
③ THERP는 직무 사이의 의존성에 관해서 5수준(독립, 저의존성, 중간의존성, 고의존성, 완전의존성)으로 구분한다.
④ 이산적 직무에서 인간의 실수율이 불변(Stationary)이고, 실수과정이 과거와 무관(Independent)하다면 실수과정은 베르누이 과정으로 묘사된다.

54 작업에 수반되는 피로를 줄이기 위한 대책으로 적절하지 않은 것은?

① 작업부하의 경감
② 작업속도의 조절
③ 동적 동작의 제거
④ 작업 및 휴식시간의 조절

해설

작업의 수반되는 피로를 줄이기 위해서는 동적 동작을 늘리고 정적 동작을 줄여야 한다.

정답 50 ① 51 ② 52 ① 53 ② 54 ③

55 10명으로 구성된 집단에서 소시오메트리(Sociomerty) 연구를 사용하여 조사한 결과 실제 긍정적인 상호작용을 맺고 있는 관계의 수가 16일 때, 이 집단의 응집성지수로 옳은 것은?

① 0.222 ② 0.356
③ 0.401 ④ 0.504

[해설]
응집성지수란 구성원들의 친밀도를 나타내는 척도로, 응집성지수가 높은 집단은 효율성과 성과도 높다. 응집성지수를 구하는 공식은 다음과 같다.
응집성지수 = 실제 상호선호관계의 수/가능한 상호선호관계의 총수
(실제 상호선호관계 수 = 16, 가능한 상호선호관계 수 = nC_2 = $10C_2$ = 10 × 9/2 × 1 = 45)
응집성지수 = 16/45 = 0.356

56 다음 중 휴먼 에러(Human Error)를 예방하기 위한 시스템 분석기법의 설명으로 옳지 않은 것은?

① 예비위험분석(PHA) - 모든 시스템 안전프로그램의 최초 단계의 분석으로서 시스템 내의 위험요소가 얼마나 위험상태에 있는가를 정성적으로 평가하는 것이다.
② 고장형태와 영향분석(FMEA) - 시스템에 영향을 미치는 모든 요소의 고장을 형태별로 분석하여 그 영향을 검토하는 것이다.
③ 작업자공정도 - 위급직무의 순서에 초점을 맞추어 조작자행동나무를 구성하고, 이를 사용하여 사건의 위급경로에서의 조작자의 역할을 분석하는 기법이다.
④ 결함나무분석(FTA) - 기계설비 또는 인간-기계시스템의 고장이나 재해발생요인을 Fault Tree 도표에 의하여 분석하는 방법이다.

[해설]
작업자공정도가 아니라 조작자행동나무(Operator Action Tree ; OAT)에 대한 설명이다. 작업자공정도(Operator Process Chart)는 수작업을 대상으로 양손의 움직임을 관찰하여 작업을 분석하는 것으로 휴먼에러가 아니라 동작분석연구에 사용된다.

57 헤드십(Headship)과 리더십(Leadership)을 상대적으로 비교, 설명한 것 중 헤드십의 특징으로 옳은 것은?

① 민주주의적 지휘형태이다.
② 구성원과의 사회적 간격이 넓다.
③ 권한의 근거는 개인의 능력에 따른다.
④ 집단의 구성원들에 의해 선출된 지도자이다.

[해설]
헤드십은 내부적으로 선출되지 않고 외부로부터 임명된 형태로, 구성원 간의 사회적 간격이 넓고 공통의 감정이 생기기 어려우며, 자발적인 참여의 발생이 어렵다.

58 산업안전보건법령에서 정의한 중대재해의 범위 기준으로 옳지 않은 것은?

① 사망자가 1인 이상 발생한 재해
② 부상자가 동시에 10인 이상 발생한 재해
③ 직업성질병자가 동시에 5인 이상 발생한 재해
④ 3개월 이상 요양이 필요한 부상자가 동시에 2인 이상 발생한 재해

[해설]
중대재해는 1,32,10으로 암기하면 된다.
「산업안전보건법 시행규칙」 제3조
중대재해란 다음의 어느 하나에 해당하는 재해를 말한다.
• 사망자가 1명 이상 발생한 재해
• 3개월 이상의 요양이 필요한 부상자가 동시에 2명 이상 발생한 재해
• 부상자 또는 직업성 질병자가 동시에 10명 이상 발생한 재해

55 ② 56 ③ 57 ② 58 ③

59 인간의 본질에 대한 기본 가정을 부정적인 시각과 긍정적인 시각으로 구분하여 주장한 동기이론으로 옳은 것은?

① XY이론 ② 역할이론
③ 기대이론 ④ ERG이론

해설

맥그리거(McGregor)는 인간의 본질에 대한 기본적인 가정을 부정론(X이론)과 긍정론(Y이론)으로 구분하였다.

X이론	Y이론
• 인간불신 • 성악설 • 인간은 게으르고 태만하여 남의 지배를 받기를 즐김 • 물질 욕구(저차원 욕구)	• 상호신뢰 • 성선설 • 인간은 부지런하고 적극적이며 자주적 • 정신 욕구(고차원 욕구)

60 재해예방의 4원칙으로 옳지 않은 것은?

① 예방 가능의 원칙
② 보상 분배의 원칙
③ 손실 우연의 원칙
④ 대책 선정의 원칙

해설

재해예방의 4원칙은 손실 우연의 원칙, 원인 연계의 원칙, 예방 가능의 원칙, 대책 선정의 원칙이다.

61 작업 개선의 일반적 원리에 대한 내용으로 옳지 않은 것은?

① 충분한 여유 공간
② 단순 동작의 반복화
③ 자연스러운 작업 자세
④ 과도한 힘의 사용 감소

해설

작업개선의 원리는 과도한 힘의 사용과 반복동작을 줄이고, 자연스러운 작업자세를 취하는 것으로 단순동작을 반복할 것이 아니라 줄여야 한다.

62 유해요인조사도구 중 JSI(Job Strain Index)의 평가 항목으로 옳지 않은 것은?

① 손·손목의 자세
② 1일 작업의 생산량
③ 힘을 발휘하는 강도
④ 힘을 발휘하는 지속시간

해설

JSI는 유해요인평가방법 중에서 병리학을 기초로 한 정량적 평가기법으로 1일 작업의 생산량이 아니라 1일 작업의 지속시간으로 평가한다.
JSI 평가 항목
• 힘을 발휘하는 강도(Intensity of Exertion)
• 힘을 발휘하는 지속시간(Duration of Exertion)
• 분당 힘의 발휘(Efforts per Minute)
• 손·손목의 자세(Hand·Wrist Posture)
• 작업 속도(Speed of Work)
• 1일 작업의 지속시간(Duration of Task per Day)

63 산업안전보건법령상 근골격계부담작업 범위 기준으로 옳지 않은 것은? (단, 단기간작업 또는 간헐적인 작업은 제외한다)

① 하루에 5회 이상 25kg 이상의 물체를 드는 작업
② 하루에 4시간 이상 집중적으로 자료입력 등을 위해 키보드를 조작하는 작업
③ 하루에 총 2시간 이상 쪼그리고 앉거나 무릎을 굽힌 자세에서 이루어지는 작업
④ 하루에 총 2시간 이상, 분당 2회 이상 4.5kg 이상의 물체를 드는 작업

해설

하루에 5회 이상이 아니라 10회 이상 25kg 이상의 물체를 드는 작업이다. 근골격계 부담작업의 범위 기준은 「근골격계 부담작업의 범위 및 유해요인조사 방법에 관한 고시」 제3조에 명시되어 있다.

정답 59 ① 60 ② 61 ② 62 ② 63 ①

64 어깨(견관절) 부위에서 발생할 수 있는 근골격계질환으로 옳은 것은?

① 외상 과염
② 회내근 증후군
③ 극상근 건염
④ 수완진동 증후군

해설
극상근 건염이란 어깨를 이루는 근육 중 극상근 부위에 염증이 유발되어 심한 통증이 발생하는 질환이다. 외상 과염, 회내근 증후군은 팔꿈치, 수완진동 증후군은 손과 팔에서 발생할 수 있는 질환이다.

65 근골격계질환 예방관리 프로그램상 예방관리 추진팀의 구성원으로 옳지 않은 자는?

① 관리자
② 근로자 대표
③ 사용자 대표
④ 보건담당자

해설
예방관리 추진팀의 구성은 근로자 대표가 위임하는 자, 관리자, 정비보수담당자, 보건안전담당자, 구매담당자 등이며, 사용자 대표는 해당되지 않는다.

66 동작경제원칙 중 신체 사용에 관한 원칙으로 옳지 않은 것은?

① 두 손의 동작은 같이 시작하고 같이 끝나도록 한다.
② 휴식시간을 제외하고는 양손이 같이 쉬지 않도록 한다.
③ 손의 동작은 완만하게 연속적인 동작이 되도록 한다.
④ 두 팔의 동작은 같은 방향으로 비대칭적으로 움직이도록 한다.

해설
반스(Barnes)의 동작경제의 원칙은 Gilbreth 부부의 동작의 경제성과 능률 제고를 위한 20가지 원칙을 수정한 것이다. 신체 사용에 관한 원칙 9가지, 작업장 배치에 관한 원칙 8가지, 공구 및 설비 디자인에 관한 원칙 5가지가 있는데, 그 중 신체사용에 관한 원칙에서 대칭방향의 원칙은 두 팔의 동작이 서로 대칭방향으로 움직이도록 한다는 것이다.

67 4개의 작업으로 구성된 조립공정의 주기시간(Cycle Time)이 40초일 때 공정효율로 옳은 것은?

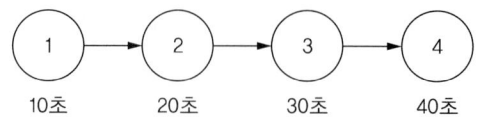

① 40.0%
② 57.5%
③ 62.5%
④ 72.5%

해설
필요한 작업시간과 목표로 하는 주기시간을 고려하여 '어떻게 하면 라인의 공정효율을 높일 수 있는가'를 찾는 것을 라인밸런싱이라 하며 공정효율은 다음과 같이 구한다.
공정효율(균형효율) = 총 작업시간/(작업 수 × 주기시간)
= 100초/(4 × 40초) = 62.5%

68 근골격계질환의 사전예방을 위한 관리대책으로 옳지 않은 것은?

① 적합한 노동강도에 대한 평가
② 작업장 구조의 인간공학적 개선
③ 산업재해보상 보험의 가입
④ 올바른 작업방법에 대한 작업자 교육

해설
산업재해보상 보험의 가입은 예방대책이 아니라 사후대책에 해당한다.

69 간트 차트(Gantt Chart)에 관한 설명으로 옳지 않은 것은?

① 각 과제 간의 상호 연관사항을 파악하기에 용이하다.
② 계획 활동의 예측완료시간은 막대모양으로 표시된다.
③ 기계의 사용에 대한 필요시간과 일정을 표시할 때 이용되기도 한다.
④ 예정사항과 실제 성과를 기록·비교하여 작업을 관리하는 계획도표이다.

해설
간트 차트(Gantt Chart)는 여러 가지 활동 계획의 시작시간과 예측완료시간을 병행하여 시간축에 표시하는 도표이다. 전체 공정시간, 각 작업의 완료시간, 다음 작업시간 등을 알 수 있지만, 각 과제 간의 상호 연관사항을 파악하는 것은 힘들다.

70 작업개선을 위한 개선의 ECRS로 옳지 않은 것은?

① Eliminate   ② Combine
③ Redesign   ④ Simplify

해설
ECRS
- Eliminate : 제거, 꼭 필요한가?
- Combine : 결합, 다른 작업과 결합하면 나은 결과를 얻을 수 있는가?
- Rearrange : 재배열, 작업순서를 바꾸면 효율적인가?
- Simplify : 단순화, 좀 더 단순화할 수는 없는가?

71 다음 표준시간 산정 방법 중 간접측정 방법으로 옳은 것은?

① PTS법   ② 스톱워치법
③ VTR 촬영법   ④ 워크 샘플링법

해설
작업측정 방법은 직접측정법과 간접측정법이 있는데 PTS법은 간접측정법이다. 직접측정법에는 스톱워치, 워크샘플링 등이 있고 간접측정법으로는 실적자료법, 표준자료법 등이 있다.

72 NIOSH 들기 작업 지침상 권장 무게 한계(RWL)를 구할 때 사용되는 계수의 기호와 정의로 옳지 않은 것은?

① HM - 수평 계수
② DM - 비대칭 계수
③ FM - 빈도 계수
④ VM - 수직 계수

해설
DM은 거리계수(Distance Multiplier)이며, AM이 비대칭계수(Asymmetric Multiplier)이다.

73 공정 중 발생하는 모든 작업, 검사, 운반, 저장, 정체 등을 자재나 작업자의 관점에서 흘러가는 순서에 따라 표현한 분석방법으로 옳은 것은?

① Man-machine Chart
② Operation Process Chart
③ Assembly Chart
④ Flow Process Chart

해설
유통공정도(Flow Process Chart)는 공정 중에 발생하는 모든 작업, 검사, 운반, 저장, 정체 등을 자재나 작업자의 관점에서 흘러가는 순서에 따라 표현한 도표로 소요시간, 운반, 거리 등의 정보를 나타낸다.

74 어느 조립작업의 부품 1개 조립당 관측 평균시간이 1.5분, Rating 계수가 110%, 외경법에 의한 일반 여유율이 20%라고 할 때, 외경법에 의한 개당 표준시간(A)과 8시간 작업에 따른 총 일반여유시간(B)은 얼마인가?

	A	B
①	1.98분	80분
②	1.65분	400분
③	1.65분	80분
④	1.98분	400분

해설
정미시간 = 관측시간의 평균치 × 레이팅계수 = 1.5분 × 1.1 = 1.65분
외경법에 의한 표준시간 = 정미시간 × (1 + 작업여유율)
= 1.65 × (1 + 0.2) = 1.98분
표준시간 = 정미시간 + 여유시간 = 1.65 + 0.33 = 1.98
∴ 여유시간 = 0.33분
총 일반여유시간 = 8시간 × 1시간 × 0.33/1.98 = 1.33시간 = 80분

75 근골격계질환의 위험을 평가하기 위하여 유해요인 평가 도구 중 하나인 RULA(Rapid Upper Limb Assessment)를 적용하여 작업을 평가한 결과, 최종 점수가 4점으로 평가되었다면 결과에 대한 해석으로 옳은 것은?

① 수용가능한 안전한 작업으로 평가됨
② 계속적 추적관찰을 요하는 작업으로 평가됨
③ 빠른 작업개선과 작업위험요인의 분석이 요구됨
④ 즉각적인 개선과 작업위험요인의 정밀조사가 요구됨

해설
RULA는 총점에 따라 4가지 조치단계로 나뉘는데 최종점수가 4이면 조치수준2에 해당한다.
- 조치수준1(점수1~2) : 작업자세에 별문제 없음
- 조치수준2(점수3~4) : 추적관찰이 필요함, 작업자세를 변경할 필요가 있음
- 조치수준3(점수5~6) : 되도록 빨리 작업자세를 변경해야 함
- 조치수준4(점수7) : 즉시 작업자세를 변경해야 함

정답 70 ③ 71 ① 72 ② 73 ④ 74 ① 75 ②

76 일반적인 시간연구방법과 비교한 워크샘플링방법의 장점으로 옳지 않은 것은?

① 분석자에 의해 소비되는 총 작업시간이 훨씬 적은 편이다.
② 특별한 시간 측정 장비가 별도로 필요하지 않는 간단한 방법이다.
③ 관측항목의 분류가 자유로워 작업현황을 세밀히 관찰할 수 있다.
④ 한 사람의 평가자가 동시에 여러 작업을 측정할 수 있다.

해설
워크샘플링은 관측항목의 분류가 어렵고, 개개의 작업에 대한 깊은 연구가 곤란하여 작업현황을 세밀히 관찰할 수 없다.

77 작업연구에 대한 설명으로 옳지 않은 것은?

① 작업연구는 보통 동작연구와 시간연구로 구성된다.
② 시간연구는 표준화된 작업방법에 의하여 작업을 수행할 경우에 소요되는 표준시간을 측정하는 분야이다.
③ 동작연구는 경제적인 작업방법을 검토하여 표준화된 작업방법을 개발하는 분야이다.
④ 동작연구는 작업측정으로, 시간연구는 방법연구라고도 한다.

해설
시간연구는 작업측정, 동작연구는 방법연구라고도 한다.

78 동작분석의 종류 중 미세 동작분석에 관한 설명으로 옳지 않은 것은?

① 복잡하고 세밀한 작업 분석이 가능하다.
② 직접 관측자가 옆에 없어도 측정이 가능하다.
③ 작업 내용과 작업 시간을 동시에 측정할 수 있다.
④ 타 분석법에 비하여 적은 시간과 비용으로 연구가 가능하다.

해설
미세동작분석은 주기가 짧고 반복적인 작업을 대상으로 동작의 최소단위까지 자세하게 촬영하여 정확하게 분석하는 것으로, 타 분석법에 비해 시간과 비용이 많이 든다.

79 PTS법의 특징이 아닌 것은?

① 직접 작업자를 대상으로 작업시간을 측정하지 않아도 된다.
② 표준시간의 설정에 논란이 되는 Rating의 필요가 없어 표준시간의 일관성이 증대된다.
③ 실제 생산현장을 보지 않고도 작업대의 배치와 작업방법을 알면 표준시간의 산출이 가능하다.
④ 표준자료 작성의 초기비용이 적기 때문에 생산량이 적거나 제품이 큰 경우에 적합하다.

해설
PTS(Predetermined Time Standards)법은 분석에 긴 시간이 소요되며, 비용이 상당하다.

80 자세에 관한 수공구의 개선 사항으로 옳지 않은 것은?

① 손목을 곧게 펴서 사용하도록 한다.
② 반복적인 손가락 동작을 방지하도록 한다.
③ 지속적인 정적근육 부하를 방지하도록 한다.
④ 정확성이 요구되는 작업은 파워그립을 사용하도록 한다.

해설
정확성이 요구되는 작업은 파워그립이 아니라 핀치그립을 사용한다.

2022년 제1회 기출문제

01 새로운 자동차의 결함원인이 엔진일 확률이 0.8, 프레임일 확률이 0.2라고 할 때 이로부터 기대할 수 있는 평균 정보량으로 옳은 것은?

① 0.26bit
② 0.32bit
③ 0.72bit
④ 2.64bit

해설
정보량(H) = $Log_2 N$ = $Log_2(1/p)$
정보량(엔진) = $Log_2(1/0.8)$ = 0.32bit
정보량(프레임) = $Log_2(1/0.2)$ = 2.32bit
총정보량 = 0.8 × 0.32 + 0.2 × 2.32 = 0.72bit

02 다음 중 시식별에 영향을 주는 정도가 가장 작은 것은?

① 시 력
② 물체 크기
③ 밝 기
④ 표적의 형태

해설
시식별 요소에는 시력, 시각, 물체의 크기, 밝기 등이 있다.

03 정보이론과 관련된 내용 중 옳지 않은 것은?

① 정보의 측정 단위는 bit를 사용한다.
② 두 대안의 실현 확률이 동일할 때 총 정보량이 가장 작다.
③ 실현 가능성이 같은 N개의 대안이 있을 때, 총 정보량 H는 존재하지 않는 이미지이다.
④ 1bit란 실현 가능성이 같은 2개의 대안 중 결정에 필요한 정보량이다.

해설
두 대안의 발생확률이 같을 때 정보량은 최대가 된다.

04 시력에 관한 내용으로 옳지 않은 것은?

① 눈의 조절능력이 불충분한 경우, 근시 또는 원시가 된다.
② 시력은 세부적인 내용을 시각적으로 식별할 수 있는 능력을 말한다.
③ 눈이 초점을 맞출 수 없는 가장 먼 거리를 원점이라 하는데 정상 시각에서 원점은 거의 무한하다.
④ 여러 유형의 시력은 주로 망막 위에 초점이 맞추어지도록 홍체의 근육에 의한 눈의 조절능력에 달려있다.

해설
망막 위에 초점이 맞추어지도록 하는 기능은 수정체의 역할이다. 홍체는 빛의 양을 조절한다.

정답 01 ③ 02 ④ 03 ② 04 ④

05 인체 각 부위에 대한 정적인 치수를 측정하기 위한 계측 장비는?

① 근전도(EMG)
② 마틴(Martin)식 측정기
③ 심전도(ECG)
④ 플리커(Flicker) 측정기

해설
신체의 정적인 치수를 측정하는 장비는 마틴식 측정기이다.

06 인간-기계 시스템의 분류에서 인간에 의한 제어정도에 따른 분류가 아닌 것은?

① 수동 시스템
② 기계화 시스템
③ 자동화 시스템
④ 감시제어 시스템

해설
MMS에서 인간에 의한 제어정도에 따라 수동, 기계화, 자동화시스템으로 분류한다.

07 인간의 기억체계에 대한 설명으로 옳지 않은 것은?

① 감각저장은 빠르게 사라지고 새로운 자극으로 대체된다.
② 단기기억을 장기기억으로 이전시키려면 리허설이 필요하다.
③ 인간의 기억은 감각저장, 단기기억, 장기기억으로 구분된다.
④ 단기기억의 정보는 일반적으로 시각, 음성, 촉각, 감각코드의 4가지로 코드화된다.

해설
단기기억의 정보는 시각(Visual), 음성(Phonetic), 의미(Semantic) 3가지로 코드화된다.

08 피부 감각의 종류에 해당되지 않는 것은?

① 압력 감각
② 진동 감각
③ 온도 감각
④ 고통 감각

해설
피부 감각의 종류는 통각, 압각, 촉각, 냉각, 온각이며 수용체 수는 다음과 같은 순으로 분포되어 있다. 통각 > 압각 > 촉각 > 냉각 > 온각

09 조작자와 제어버튼 사이의 거리 또는 조작에 필요한 힘 등을 정할 때 사용되는 인체측정 자료의 응용원칙은?

① 최소치 설계
② 평균치 설계
③ 조절식 설계
④ 최대치 설계

해설
조작자와 제어버튼 사이의 거리 또는 조작에 필요한 힘 등을 정할 때에는 모든 사람이 사용할 수 있도록 최소치 설계를 적용한다.

10 최적의 C/R비 설계 시 고려해야 할 사항으로 옳지 않은 것은?

① 조종장치와 조작시간 지연은 직접적으로 C/R비와 관계없다.
② 계기의 조절시간이 가장 짧게 소요되는 크기를 선택한다.
③ 작업자의 눈과 표시장치의 거리는 주행과 조절에 크게 관계된다.
④ 짧은 주행시간 내에서 공차의 인정범위를 초과하지 않는 계기를 마련한다.

해설
C/R비에 따라서 조종시간이 변화한다.

11 동작 거리가 멀고 과녁이 작을수록 동작에 걸리는 시간이 길어짐을 나타내는 법칙은?

① Fitts 법칙
② Hick-Hyman 법칙
③ Murphy 법칙
④ Schmidt 법칙

해설
피츠의 법칙에서 동작에 걸리는 시간은 이동길이가 길수록, 폭이 작을수록 증가한다.

12 비행기에서 20m 떨어진 거리에서 측정한 엔진의 소음수준이 130dB(A)이었다면, 100m 떨어진 위치에서의 소음수준은 약 얼마인가?

① 113.5dB(A)
② 116.0dB(A)
③ 121.8dB(A)
④ 130.0dB(A)

해설
$SPL_2 = SPL_1 - 20\log(d_2/d_1) = 130 - 20\log(100/20) = 116dB$

13 외이와 중이의 경계가 되는 것은?

① 기저막
② 고막
③ 정원창
④ 난원창

해설
고막은 외이와 중이의 경계이며 기저막, 정원창, 난원창은 모두 내이에 위치한다.

14 양립성에 적합하게 조종장치와 표시장치를 설계할 때 얻을 수 있는 결과로 옳지 않은 것은?

① 인간실수 증가
② 반응시간의 감소
③ 학습시간의 단축
④ 사용자 만족도 향상

해설
양립성이 높을수록 정보처리시 정보변환(암호화, 재암호화)이 줄어들게 되어 학습이 더 빨리 진행되며 반응시간이 더 짧아지고, 실수가 적어지며, 정신적 부하가 감소한다.

15 시각적 부호의 3가지 유형과 거리가 먼 것은?

① 임의적 부호
② 묘사적 부호
③ 사실적 부호
④ 추상적 부호

해설
시각적 부호의 종류
- 묘사적 부호
  - 사물이나 행동을 단순하고 정확하게 묘사한 것
  - 위험표지판의 걷는 사람, 해골과 뼈 등
- 추상적 부호
  - 전언의 기본 요소를 도시적으로 압축한 부호
  - 원개념과 약간의 유사성
- 임의적 부호
  - 부호가 이미 고안되어 있으므로 이를 배워야 하는 부분
  - 표지판의 삼각형 : 주의표지
  - 표지판의 사각형 : 안내표지

16 인간-기계 시스템에서의 기본적인 기능이 아닌 것은?

① 행동
② 정보의 수용
③ 정보의 제어
④ 정보처리 및 결정

해설
MMS의 기본적인 기능은 정보의 감지(수용)-보관-정보처리 및 결정-행동이다.

정답 11 ① 12 ② 13 ② 14 ① 15 ③ 16 ③

17 인간공학(Ergonomics)의 정의로 가장 거리가 먼 것은?

① 인간이 포함된 환경에서 그 주변의 환경조건이 인간에게 맞도록 설계·재설계되는 것이다.
② 인간의 작업과 작업환경을 인간의 정신적·신체적 능력에 적용시키는 것을 목적으로 하는 과학이다.
③ 건강, 안전, 복지, 작업성과 등의 개선을 요구하는 작업, 시스템, 제품, 환경을 인간의 신체적·정신적 능력과 한계에 부합시키기 위해 인간 과학으로부터 지식을 생성·통합한다.
④ 인간에게 질병, 건강장해, 심각한 불쾌감 및 능률저하 등을 초래하는 작업환경 요인과 스트레스를 예측, 인식(측정), 평가, 관리(대책)하는 과학인 동시에 기술이다.

해설
인간공학은 작업환경요인과 스트레스를 관리하는 협의적 의미보다는 인간에 맞는 작업환경을 구축하는 데 있다.

18 정량적 표시장치의 지침을 설계할 경우 고려하여야 할 사항으로 옳지 않은 것은?

① 끝이 뾰족한 지침을 사용할 것
② 지침의 끝이 작은 눈금과 겹치게 할 것
③ 지침의 색은 선단에서 눈금의 중심까지 칠할 것
④ 지침을 눈금 면과 밀착시킬 것

해설
지침의 끝은 눈금과 맞닿되 겹치게 되면 정확한 위치를 읽기가 어려워진다.

19 신호검출이론에 대한 설명으로 옳은 것은?

① 잡음에 실린 신호의 분포는 잡음만의 분포와 구분되지 않아야 한다.
② 신호의 유무를 판정함에 있어 반응대안은 2가지뿐이다.
③ 신호에 의한 반응이 선형인 경우 판별력은 좋아진다.
④ 신호검출의 민감도에서 신호와 잡음 간의 두 분포가 가까울수록 판정자는 신호와 잡음을 정확하게 판별하기 쉽다.

해설
① 잡음에 실린 신호의 분포는 잡음만의 분포와 구분되어야 한다.
② 신호의 유무를 판정함에 있어 반응대안은 4가지이다.
④ 신호검출의 민감도에서 신호와 잡음 간의 두 분포가 가까울수록 판정자는 신호와 잡음을 정확하게 판별하기 어렵다.

20 통계적 분석에서 사용되는 제1종 오류(α)를 설명한 것으로 옳지 않은 것은?

① $1-\alpha$를 검출력(Power)이라고 한다.
② 제1종 오류를 통계적 기각역이라고도 한다.
③ 발견한 결과가 우연에 의한 것일 확률을 의미한다.
④ 동일한 데이터의 분석에서 제1종 오류를 작게 설정할수록 제2종 오류가 증가할 수 있다.

해설
$1-\alpha$는 정기각으로 1종 오류가 발생하지 않을 확률이다.

21 소리 크기의 지표로서 사용하는 단위 중 8sone은 몇 phon인가?

① 60
② 70
③ 80
④ 90

해설
Sone = $2^{(Phon-40)/10}$
phon = 70

22 육체적 작업에서 생기는 우리 몸의 순환기 반응에 해당하지 않는 것은?

① 혈압상승
② 심박출량의 증가
③ 산소소비량의 증가
④ 신체에 흐르는 혈류의 재분배

해설
산소소비량 증가는 순환기 반응이 아니라 호흡기 반응이다.

23 어떤 작업의 평균 에너지값이 6kcal/min이라고 할 때 60분간 총 작업시간 내에 포함되어야 하는 휴식시간은 약 몇 분인가? (단, Murrell의 방법을 적용하여, 기초대사를 포함한 작업에 대한 권장 평균 에너지값의 상한은 4kcal/min이다)

① 6.7
② 13.3
③ 26.7
④ 53.3

해설
휴식시간(R) = T × (E − S)/(E − 1.5) = 60(6 − 4)/(6 − 1.5) = 26.7
T : 총 작업시간 E : 평균 에너지 소비량 S : 권장 평균 에너지 소비량

24 신체부위를 움직이지 않으면서 고정된 물체에 힘을 가하는 상태의 근력을 의미하는 것으로 옳은 것은?

① 등장성 근력(Isotonic Strength)
② 등척성 근력(Isometric Strength)
③ 등속성 근력(Isokinetic Strength)
④ 등관성 근력(Isoinertial Strength)

해설
등척성 근력
신체부위를 움직이지 않으면서 고정된 물체에 힘을 가할 때 관절의 각도나 근육의 길이가 변하지 않고 근육이 수축하는 것으로 벽밀기, 오래버티기 등이 있다.

25 남성근로자의 육체작업에 대한 에너지대사량을 측정한 결과 분당 작업 시 산소소비량이 1.2L/min, 안정 시 산소소비량이 0.5L/min, 기초대사량이 1.5kcal/min이었다면, 이 작업에 대한 에너지대사율(RMR)은 약 얼마인가? (단, 권장평균에너지소비량은 5kcal/min이다)

① 0.47
② 0.80
③ 1.25
④ 2.33

해설
노동시산소소비량 = 1.2−0.5 = 0.7 L/min
노동시대사율 = 0.7 × 5 = 3.5(산소 1리터당 5kcal에너지 방출)
∴ RMR = 노동시대사율/기초대사율 = (작업시 소비에너지−안정시 소비에너지)/기초대사율 = 3.5/1.5 = 2.33

26 사무실 공기관리 지침 상 공기정화시설을 갖춘 사무실의 시간당 환기횟수 기준은?

① 1회 이상
② 2회 이상
③ 3회 이상
④ 4회 이상

해설
사무실 환기횟수 = 4회/h
공기정화시설을 갖춘 사무실에서 근로자 1인당 필요한 최소 외기량은 0.57m³/min 이상이며, 환기횟수는 시간당 4회 이상으로 한다.

정답 21 ② 22 ③ 23 ③ 24 ② 25 ④ 26 ④

27 어떤 작업자가 팔꿈치 관절에서부터 30cm 거리에 있는 10kg 중량의 물체를 한 손으로 잡고 있으며 팔꿈치 관절의 회전중심에서 손까지의 중력중심 거리는 14cm이며 이 부분의 중량은 1.3kg이다. 이 때 팔꿈치에 걸리는 반작용(Re)의 힘은?

① 98.2N
② 105.5N
③ 110.7N
④ 114.9N

해설
힘의 평형(F) = W1 + W2 − W = 0, W = W1 + W2 = 110.74N
(10kg = 98N, 1.3kg = 12.74N)

28 작업면에 균등한 조도를 얻기 위한 조명방식으로 공장 등에서 많이 사용되는 조명방식은?

① 국소조명
② 전반조명
③ 직접조명
④ 간접조명

해설
배광방식의 종류 및 특징
- 직접조명
  - 벽, 천장의 색조에 좌우되지 않음
  - 조명기구가 간단
  - 기구의 효율이 좋음
  - 저렴함
  - 균일한 조도를 얻기 힘듦, 물체에 강한 음영을 만듦
- 간접조명
  - 눈부심이 덜함
  - 조도가 균일
  - 기구 효율이 나쁨
  - 설치가 복잡
  - 실내의 입체감이 작아짐
- 전반조명
  작업면에 균등한 조도를 얻기 위해 광원을 일정한 간격과 일정한 높이로 배치, 공장에서 많이 사용
- 국소조명
  - 작업면상의 필요한 장소에만 높은 조도를 취하는 방법
  - 일부만 밝음
  - 밝고 어둠의 차이가 많아 눈부심 발생으로 눈의 피로
- 전반과 국소조명의 혼합
  - 작업면 전반에 걸쳐 적당한 조도를 제공
  - 필요한 장소에 높은 조도를 줌

29 일반적으로 소음계는 주파수에 따른 사람의 느낌을 감안하여 A, B, C 세 가지 특성에서 음압을 측정할 수 있도록 보정되어 있는데, A특성치란 몇 phon의 등음량 곡선과 비슷하게 주파수에 따른 반응을 보정하여 측정한 음압수준을 말하는가?

① 20
② 40
③ 70
④ 100

해설
A특성치 40phon, B는 70phon, C는 100phon

30 뇌간(Brain Stem)에 해당되지 않는 것은?

① 간 뇌
② 중 뇌
③ 뇌 교
④ 연 수

해설
뇌간은 뇌를 받쳐주는 기둥으로 연수(Medulla oblongata), 뇌교(Pons), 중뇌(Midbrain)로 구성된다.

31 음식물을 섭취하여 기계적인 일과 열로 전환하는 화학적인 과정을 무엇이라 하는가?

① 신진대사
② 에너지가
③ 산소 부채
④ 에너지 소비량

해설
신진대사는 섭취한 음식물을 분해하여 에너지를 만드는 화학작용을 의미하며 물질대사라고도 한다.

32 정신적 작업부하를 측정하는 생리적 측정치에 해당하지 않는 것은?

① 부정맥 지수
② 산소소비량
③ 점멸융합 주파수
④ 뇌파도 측정치

해설
산소소비량은 육체적 작업부하 측정방법이다.

33 최대산소소비능력(MAP)에 관한 설명으로 옳지 않은 것은?

① 산소섭취량이 일정하게 되는 수준을 말한다.
② 최대산소소비능력은 개인의 운동역량을 평가하는 데 활용된다.
③ 젊은 여성의 평균 MAP는 젊은 남성의 평균 MAP의 20~30% 정도이다.
④ MAP를 측정하기 위해서 주로 트레드밀(Trademill)이나 자전거 에르고미터(Ergometer)를 활용한다.

해설
젊은 여성의 MAP는 남성의 65~75% 정도이다.

34 골격의 구조와 기능에 대한 설명으로 옳지 않은 것은?

① 신체에 중요한 부분을 보호하는 역할을 한다.
② 소화, 순환, 분비, 배설 등 신체 내부 환경의 조절에 중요한 역할을 한다.
③ 골격은 뼈, 연골, 관절로 이루어지며 사지 및 몸통을 움직이는 피동적 운동기관으로 작용한다.
④ 혈구세포를 만드는 조혈기능과 칼슘과 인 등의 무기질을 저장하여 몸이 필요할 때 공급해주는 역할을 한다.

해설
소화, 순환, 분비, 배설 등 신체 내부 환경의 조절은 골격계가 아니라 내분비계의 역할이다.

35 척추와 근육에 대한 설명으로 옳은 것은?

① 허리부위의 미골은 체중의 60% 정도를 지탱하는 역할을 담당한다.
② 인대는 근육과 뼈에 연결되어 있는 것으로 보통 힘줄이라고 한다.
③ 건은 뼈와 뼈를 연결하여 관절의 운동을 제한한다.
④ 척추는 26개의 뼈로 구성되어 경추, 흉추, 요추, 천골, 미골로 구성되어 있다.

해설
척 추
- 경추 : 목뼈 7개로 구성
- 흉추 : 등뼈 12개로 구성
- 요추 : 허리뼈 5개로 구성
- 천골 : 골반뼈
- 미골 : 꼬리뼈

36 저온환경이 작업수행에 미치는 영향으로 옳지 않은 것은?

① 근육강도와 내성이 감소하여 육체적 기능도가 줄어든다.
② 손 피부온도(HST)의 감소로 수작업 과업 수행능력이 저하된다.
③ 저온 환경에서는 체내 온도를 유지하기 위해 근육의 대사율이 증가된다.
④ 저온은 말초운동신경의 신경전도 속도를 감소시킨다.

해설
저온환경에서는 혈류제한으로 인해 산소공급이 감소되어 근육의 대사율이 저하된다.

37 다음 중 근육피로의 1차적 원인으로 옳은 것은?

① 젖산 축적
② 글리코겐 축적
③ 미오신 축적
④ 피루브산 축적

해설
대사과정에서 산소의 공급이 충분하지 못하면 젖산(Latic Acid)이 생성되며, 이는 근육피로의 1차적 원인으로 알려져 있다.

38 산소소비량과 에너지 대사를 설명한 것으로 옳지 않은 것은?

① 산소소비량은 에너지 소비량과 선형적인 관계를 가진다.
② 산소소비량이 증가한다는 것은 육체적 부하가 증가한다는 것이다.
③ 에너지가의 계산에는 2kcal의 에너지 생성에 1리터의 산소가 소모되는 관계를 이용한다.
④ 산소소비량은 육체활동에 요구되는 에너지 대사량을 활동 시 소비된 산소량으로 간접적으로 측정하는 것이다.

해설
산소 1리터에 5kcal의 에너지가 생성된다.

39 점광원으로부터 어떤 물체나 표면에 도달하는 빛의 밀도를 나타내는 단위로 옳은 것은?

① nit
② Lambert
③ candela
④ lumen/m²

해설
조도 : 어떤 물체의 표면에 도달하는 빛의 밀도(lumen/m²)

40 진동이 인체에 미치는 영향으로 옳지 않은 것은?

① 심박수 감소
② 산소소비량 증가
③ 근장력 증가
④ 말초혈관의 수축

해설
진동은 단기노출 시 심박수를 증가시킨다.

41 리더십은 교육 훈련에 의해서 향상되므로, 좋은 리더는 육성될 수 있다는 가정을 하는 리더십 이론으로 옳은 것은?

① 특성접근법
② 상황접근법
③ 행동접근법
④ 제한적 특질접근법

해설
행동접근법은 리더의 효과성은 행동패턴에 따라 결정된다는 이론으로 리더의 행동은 교육과 훈련을 통해 향상될 수 있다.
리더십 행동이론연구
• 아이오와대학 : 전제적, 민주적, 방임적 리더
• 미시간대학 : 직무중심, 부하중심 리더
• 오하이오대학 : 구조주도적, 배려적 리더
• 블레이크와 머튼의 관리격자이론 : 무관심형, 인기형, 과업형, 타협형, 이상형

42 R.House의 경로-목표이론(Path-Goal Theory) 중 리더 행동에 따른 4가지 범주에 해당하지 않는 것은?

① 방임적 리더
② 지시적 리더
③ 후원적 리더
④ 참여적 리더

해설
하우스의 경로-목표이론(Path-Goal Theory)
지시적(주도적) 리더십, 후원적 리더십, 참여적 리더십, 성취지향적 리더십

43 부주의에 대한 사고방지대책 중 정신적 측면의 대책으로 볼 수 없는 것은?

① 안전의식의 제고
② 작업의욕의 고취
③ 작업조건의 개선
④ 주의력 집중 훈련

해설
부주의 정신적 원인 대책
• 주의력 집중 훈련
• 스트레스 해소 대책
• 안전의식의 재고
• 작업의욕의 고취

44 집단행동에 있어 이성적 판단보다는 감정에 의해 좌우되며 공격적이라는 특징을 갖는 행동은?

① Crowd
② Mob
③ Panic
④ Fashion

해설
모브(Mob)
군중보다 합의성이 없고, 감정에 의해 행동하는 폭동이다.

45 제조물 책임법에서 정의한 결함의 종류에 해당하지 않는 것은?

① 제조상의 결함
② 기능상의 결함
③ 설계상의 결함
④ 표시상의 결함

해설
제조물 책임법에서 결함의 종류로는 설계상의 결함, 제조상의 결함, 표시상의 결함이 있다.

46 인간 오류에 관한 일반 설계기법 중 오류를 범할 수 없도록 사물을 설계하는 기법은?

① Fail-safe 설계
② Interlock 설계
③ Exclusion 설계
④ Prevention 설계

해설
배타설계(Exclusion Design)는 휴먼 에러를 범할 수 없도록 근원적으로 제거하는 방법이다.

47 집단을 공식집단과 비공식집단으로 구분할 때 비공식집단의 특성이 아닌 것은?

① 규모가 크다.
② 동료애의 욕구가 강하다.
③ 개인적 접촉의 기회가 많다.
④ 감정의 논리에 따라 운영된다.

해설
비공식집단은 규모가 작다.

48 작업자가 제어반의 압력계를 계속적으로 모니터링 하는 작업에서 압력계를 잘못 읽어 에러를 범할 확률이 100시간에 1회로 일정한 것으로 조사되었다. 작업을 시작한 후 200시간 시점에서의 인간신뢰도는 약 얼마로 추정되는가?

① 0.02
② 0.98
③ 0.135
④ 0.865

해설
$R(n) = (1 - HEP)^n = (1 - 0.01)^{200} = 0.134$

정답 43 ③ 44 ② 45 ② 46 ③ 47 ① 48 ③

49 미국 국립산업안전보건연구원(NIOSH)에서 제안한 직무 스트레스 요인에 해당하지 않는 것은?

① 성능 요인
② 환경 요인
③ 작업 요인
④ 조직 요인

해설
NIOSH에서는 직무 스트레스 요인을 작업 요인, 조직 요인, 환경 요인으로 구분하였다.

50 다음 조직에 의한 스트레스 요인으로 옳은 것은?

> 급속한 기술의 변화에 대한 적응이 요구되는 직무나 직무의 난이도나 속도를 요구하는 특성을 가진 업무와 관련하여 역할이 과부하되어 받게 되는 스트레스

① 역할 갈등
② 과업 요구
③ 집단 압력
④ 역할 모호성

해설
① 역할 갈등 : 역할과 관련된 기대의 불일치, 양립될 수 없는 두 가지 이상의 행위가 동시에 기대될 때 발생하는 스트레스
③ 집단 압력 : 조직 내 존재하는 집단들이 구성원에게 집단 압력이나 행동적 규범에 가하여 발생하는 스트레스
④ 역할 모호성 : 자신의 직무에 대한 책임영역과 직무목표를 명확하게 인식하지 못할 때 발생하는 스트레스

51 반응시간(Reaction Time)에 관한 설명으로 옳은 것은?

① 자극이 요구하는 반응을 행하는 데 걸리는 시간을 의미한다.
② 반응해야 할 신호가 발생한 때부터 반응이 종료될 때까지의 시간을 의미한다.
③ 단순반응시간에 영향을 미치는 변수로는 자극 양식, 자극의 특성, 자극 위치, 연령 등이 있다.
④ 여러 개의 자극을 제시하고, 각각에 대한 서로 다른 반응을 할 과제를 준 후에 자극이 제시되어 반응할 때까지의 시간을 단순반응시간이라 한다.

해설
반응시간이란 어떤 자극에 대하여 반응이 발생하기까지의 소요시간이며, 단순반응시간이란 하나의 특정자극에 대하여 반응을 하는데 걸리는 시간을 말한다.

52 재해의 발생원인 중 직접원인(1차 원인)으로 옳은 것은?

① 기술적 원인
② 교육적 원인
③ 관리적 원인
④ 물적 원인

해설
교육적, 기술적, 관리적 원인은 2차 원인이다.

53 다음에서 설명하는 것은?

> 집단을 이루는 구성원들이 서로에게 매력적으로 끌리어 그 집단 목표를 달성하는 정도를 나타내며, 소시오메트리 연구에서는 실제 상호선호관계의 수를 가능한 상호선호관계의 총 수로 나누어 지수(Index)로 표현한다.

① 집단 협력성
② 집단 단결성
③ 집단 응집성
④ 집단 목표성

해설
집단 응집성(Group Cohesiveness) : 구성원이 서로에게 매력적으로 끌리어 목표를 효율적으로 달성하는 정도

54 A사업장의 도수율이 2로 산출되었을 때 그 결과에 대한 해석으로 옳은 것은?

① 근로자 1,000명당 1년 동안 발생한 재해자수가 2명이다.
② 연근로시간 1,000시간당 발생한 근로손실일수가 2일이다.
③ 근로자 10,000명당 1년간 발생한 사망자수가 2명이다.
④ 연근로시간 1,000,000시간당 발생한 재해건수가 2건이다.

해설
도수율 : 100만 시간당 재해발생건수

55 원자력발전소 주제어실의 직무는 4명의 운전원으로 구성된 근무조에 의해 수행되고, 이들의 직무 간에는 서로 영향을 끼치게 된다. 근무조원 중 1차 계통의 운전원 A와 2차 계통의 운전원 B 간의 직무는 중간 정도의 의존성(15%)이 있다. 그리고 운전원 A의 기초 인간실수확률 HEP Prob{A} = 0.001일 때, 운전원 B의 직무실패를 조건으로 한 운전원 A의 직무실패확률은 약 얼마인가? (단, THERP 분석법을 사용한다)

① 0.151 ② 0.161
③ 0.171 ④ 0.181

해설
운전원 B의 직무실패를 조건으로 한 A의 실패확률
P[A/B] = P[N/(N−1)] = [15%×1]+[(85%)×0.001] = 0.15085 ≒ 0.151

56 다음 중 상해의 종류에 해당하지 않는 것은?

① 협 착 ② 골 절
③ 부 종 ④ 중독·질식

해설
협착은 상해의 종류별 분류가 아니라 산업재해 발생형태별 분류이다.

57 인간의 의식수준과 주의력에 대한 다음 관계 중 옳지 않은 것은?

구분	의식수준	의식모드	행동수준	신뢰성
A	IV	흥 분	감정흥분	낮 다
B	III	정상 (분명한 의식)	적극적 행동	매우 높다
C	II	정상 (느긋한 기분)	안정된 행동	다소 높다
D	I	무의식	수 면	높 다

① A
② B
③ C
④ D

해설
신뢰성이 높은 게 아니라 zero(0)이다.

58 하인리히의 도미노 이론을 순서대로 나열한 것은?

A. 유전적 요인과 사회적 환경
B. 개인의 결함
C. 불안전한 행동과 불안전한 상태
D. 사 고
E. 재 해

① A → B → D → C → E
② A → B → C → D → E
③ B → A → C → D → E
④ B → A → D → C → E

해설
하인리히(Heinrich)의 도미노이론
유전적 요인과 사회적 환경 → 개인의 결함 → 불안전한 행동과 불안전한 상태 → 사고 → 재해

정답 54 ④ 55 ① 56 ① 57 ④ 58 ②

59 다음은 인적 오류가 발생한 사례 Swain과 Guttman이 사용한 개별적 독립행동에 의한 오류 중 어느 것에 해당하는가?

> 컨베이어벨트 수리공이 작업을 시작하면서 동료에게 컨베이어벨트의 작동버튼을 살짝 눌러서 벨트를 조금만 움직이라고 이른 뒤 수리작업을 시작하였다. 그러나 작동버튼 옆에서 서성이던 동료가 순간적으로 중심을 잃으면서 작동버튼을 힘껏 눌러 컨베이어벨트가 전속력으로 움직이며 수리공의 신체일부가 끼이는 사고가 발생하였다.

① 시간 오류(Timing Error)
② 순서 오류(Sequence Error)
③ 부작위 오류(Omission Error)
④ 작위 오류(Commission Error)

해설
실행 에러(작위 에러) : 작업 내지 단계는 수행하였으나 잘못된 에러이다.

60 Maslow의 욕구단계 이론을 하위단계부터 상위단계로 나열한 것은?

> A - 사회적 욕구   B - 안전에 대한 욕구
> C - 생리적 욕구   D - 존경에 대한 욕구
> E - 자아실현의 욕구

① C → A → B → E → D
② C → A → B → D → E
③ C → B → A → E → D
④ C → B → A → D → E

해설
매슬로우(Maslow)의 욕구단계이론 : 생리적 → 안전 → 사회적 → 존경 → 자아실현

61 작업관리의 문제해결 방법으로 전문가 집단의 의견과 판단을 추출하고 종합하여 집단적으로 판단하는 방법은?

① SEARCH의 원칙
② 브레인스토밍(Brainstorming)
③ 마인드 맵핑(Mind Mapping)
④ 델파이 기법(Delphi Technique)

해설
델파이법(Delphi Method)
전문가들에게 개별적으로 설문을 전하고, 의견을 받아서 반복수정하는 절차를 거쳐 의사결정을 내리는 방식

62 시설배치방법 중 공정별 배치방법의 장점에 해당하는 것은?

① 운반 길이가 짧아진다.
② 작업진도의 파악이 용이하다.
③ 전문적인 작업지도가 용이하다.
④ 제공품이 적고, 생산길이가 짧아진다.

해설
공정별 배치
기능별로 공정을 분류하고 같은 종류의 작업을 한 곳에 모음으로 작업할당에 융통성이 있으며, 전문적인 작업지도가 용이하다.

63 동작경제의 원칙 중 작업장 배치에 관한 원칙으로 볼 수 없는 것은?

① 모든 공구나 재료는 지정된 위치에 있도록 한다.
② 공구의 기능을 결합하여 사용하도록 한다.
③ 가능하다면 낙하식 운반 방법을 이용한다.
④ 작업이 용이하도록 적절한 조명을 비춘다.

해설
공구의 기능을 결합하여 사용하는 것은 공구 및 설비 디자인에 관한 원칙(Design of Tools and Equipment)이다.

59 ④　60 ④　61 ④　62 ③　63 ②

64 다음 중 허리부위와 중량물취급 작업에 대한 유해요인의 주요 평가기법은?

① REBA
② JSI
③ RULA
④ NLE

해설
NIOSH Lifting Equation
중량물의 들기작업지침으로 허리부위와 중량물취급 작업에 대한 유해요인 평가기법이다.

65 NIOSH Lifting Equation 평가에서 권장무게한계가 20kg이고 현재 작업물의 무게가 23kg일 때, 들기 지수(Lifting Index)의 값과 이에 대한 평가가 옳은 것은?

① 0.87, 요통의 발생위험이 높다.
② 0.87, 작업을 재설계할 필요가 있다.
③ 1.15, 요통의 발생위험이 높다.
④ 1.15, 작업을 재설계할 필요가 없다.

해설
들기지수(Lifting Index) = 중량물의 무게/RWL = 23/20 = 1.15, LI가 1보다 크므로 요통의 발생위험이 높다.

66 다중활동분석표의 사용 목적과 가장 거리가 먼 것은?

① 작업자의 작업시간 단축
② 기계 혹은 작업자의 유휴시간 단축
③ 조 작업을 재편성 또는 개선하여 조 작업 효율 향상
④ 한 명의 작업자가 담당할 수 있는 기계 대수의 산정

해설
다중활동분석표(Multiple Activity Chart)
• 제조공정상의 작업자 및 기계의 작업전체과정을 분석하기 위한 기법
• 작업조의 재편성, 작업방법 개선을 목적(유휴시간 단축, 작업자와 기계의 활용도 제고)
• 한 개의 작업부서에서 발생하는 한 사이클 동안의 작업현황을 MM 사이의 상호관계를 중심으로 표현한 도표

67 작업관리에서 사용되는 한국산업표준 공정도시 기호와 명칭이 잘못 연결된 것은?

① ▽ – 이동
② ○ – 운반
③ □ – 수량 검사
④ ◇ – 품질 검사

해설
• 가공(Operation) 기호(○) : 원료, 재료, 부품 또는 제품의 형상 및 품질에 변화를 주는 과정(사전준비작업, 작업대상물분해, 조립작업)
• 운반(Transport) 기호(○ or ⇨) : 원료, 재료, 부품 또는 제품의 위치에 변화를 주는 과정
• 수량검사(Inspection) 기호(□) : 원료, 재료, 부품 또는 제품의 양 또는 개수를 측정하여 결과를 기준과 비교하는 과정
• 품질검사(Quality Inspection) 기호(◇) : 원료, 재료, 부품 또는 제품의 품질특성을 시험하고 결과를 기준과 비교하는 과정
• 저장(Storage) 기호(▽) : 원료, 재료, 부품 또는 제품을 계획에 따라 저장하는 과정
• 지체 기호(D) : 원료, 재료, 부품 또는 제품이 계획과는 달리 정체되어 있는 상태

68 작업관리에서 사용되는 기본 문제해결절차로 가장 적합한 것은?

① 연구대상 선정 → 분석과 기록 → 분석 자료의 검토 → 개선안의 수립 → 개선안의 도입
② 연구대상 선정 → 분석 자료의 검토 → 분석과 기록 → 개선안의 수립 → 개선안의 도입
③ 분석 자료의 검토 → 분석과 기록 → 개선안의 수립 → 연구대상 선정 → 개선안의 도입
④ 분석 자료의 검토 → 개선안의 수립 → 분석과 기록 → 연구대상 선정 → 개선안의 도입

해설
작업관리절차(문제해결절차 5단계) : 연구대상 선정 → 분석과 기록 → 자료의 검토 → 개선안의 수립 → 개선안의 도입

69 다음의 특징을 가지는 표준시간 측정법은?

> 연속적인 측정방법으로 스톱워치, 전자식 타이머, 비디오카메라 등이 사용되며 작업을 실제로 관측하여 표준시간을 산정한다.

① PTS법
② 시간연구법
③ 표준자료법
④ 워크 샘플링

해설

시간연구법
- 측정대상 작업의 시간적 경과를 스톱워치, 전자식 타이머나 VTR 카메라 등의 기록장치를 이용하여 직접 관측하여 산출
- 연속적으로 작업대상을 직접 관측하여 작업시간을 측정한다.

요소작업	자재물림	가 공	자재 꺼냄	검 사
관측 평균	1.20	5.40	0.80	1.50
레이팅	0.80	1.00	1.10	1.20
정미시간 관측평균+레이팅	0.96	5.40	0.88	1.80
여유율	0.10	0.15	0.10	0.20
표준시간 정미시간 (1+여유율)	1.056	6.21	0.968	2.16

- 작업측정(Work Measurement)
  작업개선 → 피로감소 → 생산량증가 → 생산비감소 → 경쟁력 향상

70 문제분석을 위한 기법 중 원과 직선을 이용하여 아이디어 문제, 개념 등을 개괄적으로 빠르게 설정할 수 있도록 도와주는 연역적 추론 기법에 해당하는 것은?

① 공정도(Process Chart)
② 마인드 맵핑(Mind Mapping)
③ 파레토 차트(Pareto Chart)
④ 특성요인도(Cause and Effect Diagram)

해설
① 공정도(Process Chart) : 공정이 이루어지는 순서를 흐름에 따라 기호로 표현한 것
③ 파레토 차트(Pareto Chart) : 몇 개의 분류 항목을 크기가 큰 순서대로 나열하여 비교하기 쉽게 도시한 통계 양식의 도표
④ 특성요인도(Cause and Effect Diagram) : 특성과 요인관계를 어골상으로 세분하여 연쇄관계를 나타낸 표

71 작업연구의 내용으로 가장 관계가 먼 것은?

① 표준 시간을 산정, 결정한다.
② 최선의 작업방법을 개발하고 표준화한다.
③ 최적 작업방법에 의한 작업자 훈련을 한다.
④ 작업에 필요한 경제적 로트(lot) 크기를 결정한다.

해설
작업연구의 내용 중 작업에 필요한 경제적 로트(lot) 크기는 없다.
작업연구의 목적
- 작업방법의 개선, 생산성 향상, 편리성 향상
- 표준시간의 설정을 통한 작업효율 관리
- 최선의 작업방법 개발, 재료와 방법의 표준화
- 비능률적인 요소 제거, 최적 작업방법에 의한 작업자 훈련

72 워크샘플링 조사에서 주요 작업의 추정비율(p)이 0.06이라면, 99% 신뢰도를 위한 워크샘플링 횟수는 몇 회인가? (단, $\mu_{0.005}$는 2.58, 허용오차는 0.01이다)

① 3,744
② 3,745
③ 3,755
④ 3,764

해설
필요한 관측수(N) = $(z/e)^2 \times p(1-p)$ = $(2.58/0.01)^2 \times (0.06 \times 0.94)$
= 3,754.2
- e : 허용오차 = 상대오차 $\times$ 관측비율 = 1%
- z : 표준편차수 = 2.58
- p : 표본비율 = 발생횟수/관측횟수 = 0.06
- N : 필요한 관측횟수

정답 69 ② 70 ② 71 ④ 72 ③

73 근골격계질환의 유형에 대한 설명으로 옳지 않은 것은?

① 외상 과염은 팔꿈치 부위의 인대에 염증이 생김으로써 발생하는 증상이다.
② 수근관 증후군은 손목이 꺾인 상태나 과도한 힘을 준 상태에서 반복적 손 운동을 할 때 발생한다.
③ 회내근 증후군은 과도한 망치질, 노젓기 동작 등으로 손가락이 저리고 손가락 굴곡이 약화되는 증상이다.
④ 결절종은 반복, 구부림, 진동 등에 의하여 건의 섬유질이 손상되거나 찢어지는 등의 건에 염증이 생기는 질환이다.

해설
- 결절종(Ganglion) : 관절액 또는 건막의 활액이 세어 나와 고이는 현상으로 신경이나 혈관을 눌러 통증을 유발하고 근력을 약화시킨다.
- 건염 : 반복, 구부림, 진동 등에 의하여 건의 섬유질이 손상되거나 찢어지는 등의 건에 염증이 생기는 질환이다.

74 3시간 동안 작업 수행과정을 촬영하여 워크샘플링 방법으로 200회를 샘플링한 결과 30번의 손목꺾임이 확인되었다. 이 작업의 시간당 손목꺾임 시간은?

① 6분　　② 9분
③ 18분　　④ 30분

해설
- 꺾임발생확률 = 관측된 횟수/총 관측횟수 = 30/200 = 0.15
- 손목당꺾임시간 = 발생확률×60분 = 0.15×60 = 9분

75 동작분석을 할 때 스패너에 손을 뻗치는 동작에 적합한 서블릭(Therblig) 문자기호는?

① H　　② P
③ TE　　④ SH

해설
TE : 빈손이동

76 작업수행도 평가 시 사용되는 레이팅 계수(Rating Scale)에 대한 설명으로 옳지 않은 것은?

① 관측시간치의 평균값을 레이팅 계수로 보정하여 보통속도로 변환시켜준 개념을 표준시간이라 한다.
② 정상기준 작업속도를 100%로 보고 100%보다 큰 경우 표준보다 빠르고, 100%보다 작은 경우 느린 것을 의미한다.
③ 레이팅 계수(%)가 125일 경우 동작이 매우 숙달된 속도, 장시간 계속 작업 시 피로할 것 같은 작업속도로 판정할 수 있다.
④ 속도 평가법에서의 레이팅 계수는 기준속도를 실제 속도로 나누어 계산하고 레이팅 시 작업속도만을 고려하므로 적용하기가 쉬워 보편적으로 사용한다.

해설
관측시간치의 평균값을 레이팅 계수로 보정하여 보통 속도로 변환시켜 준 것을 정미시간이라 한다. 표준시간은 정미시간과 여유시간을 합한 것이다.

77 근골격계질환 예방·관리추진팀 내 보건관리자의 역할로 옳지 않은 것은?

① 근골격계질환 예방·관리프로그램의 기본정책을 수립하여 근로자에게 알린다.
② 주기적으로 작업장을 순회하여 근골격계질환을 유발하는 작업공정 및 작업 유해 요인을 파악한다.
③ 7일 이상 지속되는 증상을 가진 근로자가 있을 경우 지속적인 관찰, 전문의 진단의뢰 등의 필요한 조치를 한다.
④ 주기적인 근로자 면담 등을 통하여 근골격계질환 증상 호소자를 조기에 발견하는 일을 한다.

해설
① 보건관리자가 아닌 사업주의 역할이다.

정답 73 ④　74 ②　75 ③　76 ①　77 ①

78 표준자료법의 특징으로 옳은 것은?

① 레이팅이 필요하다.
② 표준시간의 정도가 뛰어나다.
③ 직접적인 표준자료 구축 비용이 크다.
④ 작업방법의 변경 시 표준시간을 설정할 수 없다.

해설

표준자료법
- 레이팅이 필요 없고, 표준시간의 정도가 떨어지며, 작업변경시 표준시간을 설정할 수 있다.
- pts를 적용할 수 없는 사이클이 긴 작업이나 집단작업이 행해지는 작업을 측정 시 사용한다.
- 다품종 소량생산 시 사용된다.
- 작업이 유사한 반복작업에 유용하다.

79 산업안전보건법령상 근골격계부담작업에 해당하지 않는 것은? (단, 단기간작업 또는 간헐적인 작업은 제외한다)

① 하루에 10회 이상 25kg 이상의 물체를 드는 작업
② 하루에 총 2시간 이상, 분당 2회 이상 4.5kg 이상의 물체를 드는 작업
③ 하루에 총 1시간 이상 쪼그리고 앉거나 무릎을 굽힌 자세에서 이루어지는 작업
④ 하루에 4시간 이상 집중적으로 자료입력 등을 위해 키보드 또는 마우스를 조작하는 작업

해설

하루에 총 2시간 이상 쪼그리고 앉거나 무릎을 굽힌 자세에서 이루어지는 작업이다.

80 근골격계질환 예방대책으로 옳지 않은 것은?

① 단순 반복 작업은 기계를 사용한다.
② 작업순환(Job Rotation)을 실시한다.
③ 작업방법과 작업공간을 인간공학적으로 설계한다.
④ 작업속도와 작업강도를 점진적으로 강화한다.

해설

점진적이 아니라 바로 변경하여 개선해야 한다.

2023년 제3회 기출복원문제

※ 2022년 제3회 시험부터 CBT 시험형태로 변경됨에 따라 해당 기출복원문제는 실제 시험과 완전히 동일하지 않을 수 있습니다.

01 음량수준(phon)이 80인 순음의 sone 값은 얼마인가?

① 4
② 8
③ 16
④ 32

해설
Sone = $2^{(Phon-40)/10}$ = $2^{(80-40)/10}$ = 16

02 음의 한 성분이 다른 성분의 청각감지를 방해하는 현상은 무엇인가?

① 밀폐효과
② 은폐효과
③ 소멸효과
④ 도플러효과

해설
은폐효과(Masking Effect)는 2개의 소음이 동시에 존재할 때 낮은 음의 소음이 높은 음에 가려 들리지 않는 현상을 말한다.

03 시각적 표시장치와 청각적 표시장치 중 청각적 표시장치를 사용하는 것이 더 유리한 경우는?

① 수신장소가 시끄러운 경우
② 수신자가 한곳에 머무르는 경우
③ 수신자의 청각계통이 과부하 상태인 경우
④ 수신장소가 너무 밝거나 암조응이 요구되는 경우

해설
청각적 표시장치가 사용되는 경우
- 메시지가 짧고 단순한 경우
- 메시지가 시간상의 사건을 다루는 경우(무선거리신호, 항로정보 등과 같이 연속적으로 변하는 정보를 제시할 때)
- 메시지가 일시적으로 나중에 참고할 필요가 없음
- 수신장소가 너무 밝거나 암조응유지가 필요할 때
- 수신자가 자주 움직일 때
- 즉각적인 행동이 필요한 경우
- 수신자의 시각계통이 과부하 상태일 때

04 제어장치가 가지는 저항의 종류에 포함되지 않는 것은?

① 탄성 저항(Elastic Resistance)
② 관성 저항(Inertia Resistance)
③ 점성 저항(Viscous Resistance)
④ 시스템 저항(System Resistance)

해설
제어장치의 저항의 종류에는 탄성 저항, 관성 저항, 점성 저항, 정지 및 미끄럼 마찰 등이 있다.

05 주의(Attention)의 종류에 포함되지 않는 것은?

① 병렬주의(Parallel Attention)
② 분할주의(Divided Attention)
③ 초점주의(Focused Attention)
④ 선택적 주의(Selective Attention)

해설
주의력의 종류
- 분할주의 : 동시에 다양한 자극과 활동에 주의를 기울일 수 있는 능력
- 초점주의 : 한 자극에 집중적으로 주의를 시키는 능력
- 선택적 주의 : 정신을 산만하게 하는 여러 자극 중에서 구체적인 활동 또는 자극에 집중하는 능력

06 시각적 표시장치에 관한 설명으로 옳은 것은?

① 정확한 수치를 필요로 하는 경우에는 디지털 표시장치보다 아날로그 표시장치가 더 우수하다.
② 온도, 압력과 같이 연속적으로 변하는 변수의 변화 경향, 변화율 등을 알고자 할 때는 정량적 표시장치를 사용하는 것이 좋다.
③ 정성적 표시장치는 동침형(Moving Pointer), 동목형(Moving Scale) 등의 형태로 구분할 수 있다.
④ 정량적 눈금을 식별하는 데에 영향을 미치는 요소는 눈금 단위의 길이, 눈금의 수열 등이 있다.

정답 01 ③ 02 ② 03 ④ 04 ④ 05 ① 06 ④

해설
④ 정량적 눈금에 식별되는 눈금의 수열은 0, 1, 2, 3처럼 1씩 증가하는 수열이 사용하기 쉽다.
① 정확한 수치를 필요로 하는 경우에는 아날로그 표시장치보다 디지털 표시장치가 더 우수하다.
② 온도, 압력과 같이 연속적으로 변하는 변수의 변화경향, 변화율 등을 알고자 할 때는 정성적 표시장치를 사용하는 것이 좋다.
③ 정량적 표시장치는 동침형(Moving Pointer), 동목형(Moving Scale) 등의 형태로 구분할 수 있다.

07 직렬시스템과 병렬시스템의 특성에 대한 설명으로 옳은 것은?

① 직렬시스템에서 요소의 개수가 증가하면 시스템의 신뢰도도 증가한다.
② 병렬시스템에서 요소의 개수가 증가하면 시스템의 신뢰도는 감소한다.
③ 시스템의 높은 신뢰도를 안정적으로 유지하기 위해서는 병렬시스템으로 설계하여야 한다.
④ 일반적으로 병렬시스템으로 구성된 시스템은 직렬시스템으로 구성된 시스템보다 비용이 감소한다.

해설
직렬시스템에서는 요소의 개수가 증가하면 시스템의 신뢰도는 감소하고, 병렬시스템에서는 요소의 개수가 증가하면 시스템의 신뢰도도 증가한다. 따라서 높은 시스템을 구성하기 위해서는 병렬시스템으로 설계해야 하며, 병렬시스템으로 구성된 시스템은 직렬시스템보다 비용이 증가한다.

08 다음 중 시식별에 영향을 주는 정도가 가장 작은 것은?

① 시력
② 물체 크기
③ 밝기
④ 표적의 형태

해설
시식별 요소에는 시력 시각, 물체의 크기, 밝기 등이 있다.

09 조작자와 제어버튼 사이의 거리 또는 조작에 필요한 힘 등을 정할 때 사용되는 인체측정 자료의 응용원칙으로 옳은 것은?

① 최소치 설계
② 평균치 설계
③ 조절식 설계
④ 최대치 설계

해설
조작자와 제어버튼 사이의 거리 또는 조작에 필요한 힘 등을 정할 때에는 모든 사람이 사용할 수 있도록 최소치 설계를 적용한다. 최소치 설계는 선반의 높이, 조종장치까지의 거리 등을 정할 때 사용한다.

10 골격의 구조와 기능에 대한 설명으로 옳지 않은 것은?

① 신체에 중요한 부분을 보호하는 역할을 한다.
② 소화, 순환, 분비, 배설 등 신체 내부 환경의 조절에 중요한 역할을 한다.
③ 골격은 뼈, 연골, 관절로 이루어지며 사지 및 몸통을 움직이는 피동적 운동기관으로 작용한다.
④ 혈구세포를 만드는 조혈기능과 칼슘과 인 등의 무기질을 저장하여 몸이 필요할 때 공급해주는 역할을 한다.

해설
소화, 순환, 분비, 배설 등 신체 내부 환경의 조절은 골격계가 아니라 내분비계의 역할이다.

11 다음 중 근육피로의 1차적 원인으로 옳은 것은?

① 젖산 축적
② 글리코겐 축적
③ 미오신 축적
④ 피루브산 축적

해설
격렬한 활동 시 필요한 산소량보다 산소섭취량이 부족하면 산소를 필요로 하지 않는 혐기성 대사를 거치면서 젖산이 근육에 축적되어 피로를 유발한다.

07 ③ 08 ④ 09 ① 10 ② 11 ① **정답**

12 다음 중 인간의 제어정도에 따른 인간-기계 시스템의 일반적인 분류에 속하지 않는 것은?

① 수동 시스템
② 기계화 시스템
③ 자동화 시스템
④ 감시제어 시스템

해설
- 인간-기계 시스템(MMS)은 '인간에 의한 제어정도'에 따라 수동 시스템, 기계화 시스템, 자동화 시스템으로 분류한다.
- 인간-기계 시스템(MMS)은 '자동화의 정도'에 따라 수동제어 시스템, 감시제어 시스템, 자동제어 시스템으로 분류한다.

13 동작 거리가 멀고 과녁이 작을수록 동작에 걸리는 시간이 길어짐을 나타내는 법칙으로 옳은 것은?

① Fitts 법칙
② Hick-Hyman 법칙
③ Murphy 법칙
④ Schmidt 법칙

해설
피츠(Fitts)의 법칙에서 동작에 걸리는 시간은 이동길이가 길수록, 폭이 작을수록 증가한다.

14 4가지 대안이 일어날 확률이 다음과 같을 때 평균정보량(bit)은 얼마인가?

| 0.5 | 0.25 | 0.125 | 0.125 |

① 1.00
② 1.75
③ 2.00
④ 2.25

해설
실현확률이 다른 일련의 사건이 가지는 평균정보량(Ha)은 각 대안의 정보량에 실현확률(pi)을 곱하여 구한다.
$Ha = \Sigma pi \times \log_2(1/pi) = -\Sigma pi \times \log_2 pi$
$Ha = 0.5 \times \log_2(1/0.5) + 0.25 \times \log_2(1/0.25) + 0.125 \times \log_2(1/0.125) + 0.125 \times \log_2(1/0.125) = 1.75$

15 C/R비 공식으로 옳은 것은?

$$C/R비 = \frac{(\alpha/360) \times 2\pi L}{\text{표시장치의 이동거리}}$$

① C/R비 = (a/360 × 2πL) / 표시장치의 이동거리
② C/R비 = (a/360 × πL) / 표시장치의 이동거리
③ C/R비 = (a/180 × 2πL) / 표시장치의 이동거리
④ C/R비 = (a/180 × πL) / 표시장치의 이동거리

해설
회전운동하는 레버의 C/R비
[(조정장치가 움직인 각도/360) × 2πL(원주)] / 표시장치의 이동거리

16 인간이 지닌 주의력(Attention)의 특성에 해당하지 않는 것은?

① 선택성
② 변동성
③ 방향성
④ 대칭성

해설
주의력(Attention)은 정보처리를 직접 담당하지는 않으나 정보처리 단계에 관여하는 것으로, 선택성·변동성·방향성의 특성이 있다.

17 병렬구조의 인간-기계 체계가 있다. 인간의 신뢰도가 0.7%, 기계의 신뢰도가 0.9이면, 인간과 기계의 통합체계의 신뢰도는 얼마인가?

① 0.63
② 0.95
③ 0.97
④ 0.99

해설
병렬시스템의 신뢰도(R)
$R = 1-(1-a)(1-b) = 1-(1-0.7)(1-0.9) = 0.97$

정답 12 ④ 13 ① 14 ② 15 ① 16 ④ 17 ③

18 다음 중 정보 이론(Information Theory)에 대한 내용으로 옳은 것은?

① 정보란 불확실성의 감소로 정의한다.
② 선택반응 시간은 선택대안의 개수에 선형으로 반비례한다.
③ 대안의 수가 늘어나면 정보량은 감소한다.
④ 대안이 두 가지뿐이라면 정보량은 2bit이다.

> **해설**
> ① 정보란 불확실성을 감소시켜주는 지식이나 소식으로 단위는 bit이며, 확실한 사건일수록 정보량이 작다.
> ② 힉-하이만(Hick-Hyman)의 법칙에 의하면, 선택반응 시간은 로그함수의 정비례로 증가한다.
> ③ 대안의 수가 늘어나면 정보량은 증가한다.
> ④ 대안이 두 가지뿐이라면 정보량은 1bit이다.

19 두 가지 이상의 신호가 인접하여 제시되었을 때 이를 구별하는 것은 인간의 청각 신호 수신기능 중에서 어느 것과 관련이 있는가?

① 위치판별 ② 절대식별
③ 상대식별 ④ 청각신호 검출

> **해설**
> 두 자극을 비교하고 그 상대적 위치를 판단하는 것을 상대식별이라 한다.

20 비행기에서 20m 떨어진 거리에서 측정한 엔진의 소음이 130dB(A)이었다면, 100m 떨어진 위치에서의 소음수준은 약 얼마인가?

① 113.5dB(A) ② 116.0dB(A)
③ 121.8dB(A) ④ 130.0dB(A)

> **해설**
> $SPL_2 = SPL_1 - 20\log(d_2/d_1)$
> $SPL_2 = 130 - 20\log(100/20) = 116dB$

21 한랭대책으로서 개인위생으로 옳지 않은 것은?

① 과음을 피할 것
② 식염을 많이 섭취할 것
③ 따뜻한 물과 음식을 섭취할 것
④ 얼음 위에서 오랫동안 작업하지 말 것

> **해설**
> 식염섭취는 한랭이 아니라 온열대책이다.

22 교대작업에 관한 설명으로 옳지 않은 것은?

① 고정적이거나 연속적인 야간근무 작업은 줄인다.
② 교대일정은 정기적이고, 근로자가 예측 가능하도록 해야 한다.
③ 교대작업은 주간→야간→저녁→주간 순으로 하는 것이 좋다.
④ 2교대 근무는 최소화하며, 1일 2교대 근무가 불가피한 경우에는 연속 근무일이 2~3일 넘지 않도록 한다.

> **해설**
> 교대작업은 전진근무방식이 좋다(주간 → 저녁 → 야간 → 주간).

23 최대산소소비능력(MAP)에 관한 설명으로 옳은 것은?

① MAP는 실제 작업현장에서 작업시 측정한다.
② 젊은 여성의 MAP는 남성이 40~50% 정도이다.
③ MAP란 산소소비량이 최대가 되는 수준을 의미한다.
④ MAP는 개인의 운동역량을 평가하는 데 널리 활용된다.

> **해설**
> ① MAP는 주로 트레드밀(Treadmill)이나 자전거 에르고미터(Ergometer)를 활용한다.
> ② 젊은 여성의 MAP는 남성이 65~75% 정도이다.
> ③ MAP는 산소소비량이 더이상 증가하지 않는 수준을 의미한다.

24 해부학적 자세를 기준으로 신체를 좌우로 나누는 면은?

① 횡단면　② 시상면
③ 관상면　④ 전두면

해설
① 횡단면 : 인체의 해부학적 자세에서 횡단면은 없다.
③ 관상면 : 신체를 전후로 양분하는 면이다.
④ 전두면 : 관상면과 같다.

25 남성근로자의 8시간 조립작업에서 대사량을 측정한 결과 산소소비량이 1.5L/min으로 측정되었다. 휴식시간을 구하시오. (이 작업의 권장평균에너지소모량은 5kcal/min, 휴식시 에너지소비량은 1.5kcal/min이며, Murrel의 방법을 적용한다)

① 60분　② 72분
③ 144분　④ 200분

해설
- 휴식시간(R) = T × (E − S)/(E − 1.5) = (8h × 60분) × (7.5 − 5)/(7.5 − 1.5) = 200분
- 작업 중 에너지 소비량(E) = 1.5L/min × 5kcal/L = 7.5kcal/min
- 권장평균에너지소모량(S) = 5kcal/min

26 근력(Strength)과 지구력(Endurance)에 대한 설명으로 옳지 않은 것은?

① 동적근력(Dynamic Strength)을 등속력(Isokinetic Strength)이라 한다.
② 지구력(Endurance)이란 근육을 사용하여 간헐적인 힘을 유지할 수 있는 활동을 말한다.
③ 정적근력(Static Strength)을 등척력(Isometric Strength)이라 한다.
④ 근육이 발휘하는 힘은 근육의 최대자율수축(MVC ; Maximum Voluntary Contraction)에 대한 백분율로 나타낸다.

해설
지구력(Endurance)은 근력을 사용하여 특정한 힘을 유지할 수 있는 능력을 말한다.

27 산업안전보건법령상 소음작업이란 1일 8시간 작업을 기준으로 얼마 이상의 소음(dB)이 발생하는 작업을 말하는가?

① 80　② 85
③ 90　④ 100

해설
소음작업이란 1일 8시간 작업을 기준으로 85데시벨 이상의 소음이 발생하는 작업을 말한다.

28 격심한 작업활동 중에 혈류분포가 가장 높은 신체 부위는?

① 뇌　② 골격근
③ 피 부　④ 소화기관

해설
작업시 각 기관의 혈류분포
- 골격근 : 80~85%
- 심장 : 4~5%
- 소화기관, 간 : 3~5%
- 뇌 : 3~4%
- 신장 : 2~4%
- 뼈 : 0.5~1%
- 피부 : 거의 없음

29 육체적 작업강도가 증가함에 따른 순환계(Circulatory System)의 반응으로 옳지 않은 것은?

① 혈압상승
② 심박출량의 증가
③ 산소소비량의 증가
④ 신체에 흐르는 혈류의 재분배

해설
산소소비량의 증가는 순환기 반응이 아니라 호흡기의 반응이다.

30 다음 중 작업장 실내에서 일반적으로 추천 반사율이 가장 높은 곳은? (단, IES 기준이다)

① 천 장　② 바 닥
③ 벽　④ 책상면

해설
- 천장 : 80~90%
- 바닥 : 20~40%
- 벽 : 40~60%

정답 24 ② 25 ④ 26 ② 27 ② 28 ② 29 ③ 30 ①

31 다음중 평활근과 관련이 없는 것은?

① 민무늬근
② 내장근
③ 불수의근
④ 골격근

해설
근에는 크게 중추신경계의 지배를 받아 자의적으로 움직일 수 있는 '수의근'과 자율신경계의 지배를 받아 자의적으로 움직일 수 없는 '불수의근'으로 구분된다. 불수의근에는 평활근(민무늬근)이 있는데, 대표적인 평활근은 주로 내장의 벽을 구성하는 근이다.

32 다음 중 신체 부위가 몸의 중심선으로부터 바깥쪽으로 움직이는 동작을 일컫는 용어는 무엇인가?

① 신전(Extension)
② 외전(Abduction)
③ 내선(Internal Rotation)
④ 외선(External Rotation)

해설
① 신전(Extension) : 시상면을 기준으로 펴기
② 외전(Abduction) : 관상면을 기준으로 벌리기
③ 내선(Internal Rotation) : 수평면을 기준으로 앞쪽으로 회전
④ 외선(External Rotation) : 수평면을 기준으로 뒤쪽으로 회전

33 동일한 관절운동을 일으키는 주동근(Agonists)과 반대되는 작용을 하는 근육으로 옳은 것은?

① 박근(Gracilis)
② 장요근(Iliopsoas)
③ 길항근(Antagonists)
④ 대퇴직근(Rectus Femoris)

해설
주동근(Agonists)은 수축하여 동작을 만들어내는 근육이고, 길항근(Antagonists)은 주동근이 동작할 때 반대편에서 늘어나는 근육이다.

34 점광원으로부터 어떤 물체나 표면에 도달하는 빛의 밀도를 나타내는 단위로 맞는 것은?

① nit
② Lambert
③ candela
④ lumen/㎡

해설
조도(Illuminance)는 일정 면적당 들어오는 광속의 밀도(lumen/㎡)를 말한다.

35 유산소(Aerobic) 대사과정으로 인한 부산물이 아닌 것은?

① 젖 산
② CO_2
③ H_2O
④ 에너지

해설
젖산은 무산소 활동으로 인한 부산물이다.

36 근육이 수축할 때 발생하는 전기적 활성을 기록하는 것으로 옳은 것은?

① ECG(Electrocardiogram)
② EMG(Electromyograph)
③ GSR(Galvanic Skin Response)
④ EEG(Electroencephalogram)

해설
신경과 근육에서 발생하는 미세한 전기신호를 측정하여 근육의 활동정도를 기록하는 것을 근전도(EMG ; Electromyograph)라 하며, 사람의 근육에서 측정되는 근전도는 진폭이 0.01~5mV, 주파수는 1~3,000Hz의 특성을 갖는다.

37
강도 높은 작업을 마친 후 휴식 중에도 근육에 추가적으로 소비되는 산소량을 무엇이라 하는가?

① 산소결손
② 산소결핍
③ 산소부채
④ 산소요구량

해설
산소부채는 강도 높은 운동시 산소섭취량이 산소수요량보다 적어지게 되므로, 체내에 쌓인 젖산을 제거하기 위해 산소가 더 필요한 현상을 말한다.

38
다음 중 생명을 유지하기 위해 필요로 하는 단위시간당 에너지의 양을 무엇이라 하는가?

① 에너지소비율
② 활동에너지
③ 기초대사율
④ 산소소비량

해설
기초대사율
- 생명을 유지하는 데 필요한 최소한의 에너지량
- 개인차가 심하며 체중, 나이, 성별에 따라 다름
- 남자 1kcal/kg · h, 여자 0.9kcal/kg · h
- 공복상태로 쾌적한 온도에서 신체적 휴식을 취하는 조건에서 측정(누운 자세)

39
어떤 작업자가 팔꿈치 관절에서부터 30cm 거리에 있는 10kg 중량의 물체를 한 손으로 잡고 있으며, 팔꿈치 관절의 회전중심에서 손까지의 중력 중심거리 14cm이며, 이 부분의 중량은 1.3kg이다. 이때 팔꿈치에 걸리는 반작용의 힘은 얼마인가?

① 98.2N
② 105.5N
③ 110.7N
④ 1014.9N

해설
반작용력 = 10 × 9.8 + 1.3 × 9.8 = 110.7N

40
사무실 공기관리 지침상 공기정화시설을 갖춘 사무실의 시간당 환기횟수 기준으로 옳은 것은?

① 1회 이상
② 2회 이상
③ 3회 이상
④ 4회 이상

해설
- 사무실 환기횟수 = 4회/h
- 공기정화시설을 갖춘 사무실에서 근로자 1인당 필요한 최소 외기량은 0.57㎥/min 이상이며, 환기횟수는 시간당 4회 이상으로 한다.

41
결함나무분석(FTA)에 대한 설명으로 옳지 않은 것은?

① 고장이나 재해요인의 정성적 분석뿐만 아니라 정량적 분석이 가능하다.
② 정성적 결함나무를 작성하기 전에 정상사상이 발생할 확률을 계산한다.
③ 사건이 발생하려면 어떤 조건이 만족되어야 하는가에 근거한 연역적 접근방법을 이용한다.
④ 해석하고자 하는 정상사상(Top Event), 기본사상(Basic Event)과 인과관계를 나타낸다.

해설
결함나무분석(FTA)는 각 기본사상의 발생할 확률에 기반하여 정상사상이 발생할 가능성을 평가하는 기법이다.

42
인간의 불안정행동을 예방하기 위해 하비(Harvey)에 의해 제안된 안전대책의 3E에 해당하지 않는 것은?

① Education(안전교육)
② Engineering(안전기술)
③ Enforcement(안전독려)
④ Environment(환경)

해설
하비(Harvey)의 산업재해를 위한 안전대책 3E는 Education(안전교육), Engineering(안전기술), Enforcement(안전독려)이다.

정답 37 ③ 38 ③ 39 ③ 40 ④ 41 ② 42 ④

43 선택반응시간(Hick의 법칙)과 동작시간(Fitts의 법칙)의 공식에 대한 설명으로 옳은 것은?

$$\text{선택반응시간} = a + b\log_2 N$$
$$\text{동작시간} = a + b\log_2\left(\frac{2A}{W}\right)$$

① N은 자극과 반응의 수, A는 목표물의 너비, W는 움직인 거리를 나타낸다.
② N은 감각기관의 수, A는 목표물의 너비, W는 움직인 거리를 나타낸다.
③ N은 자극과 반응의 수, A는 움직인 거리, W는 목표물의 너비를 나타낸다.
④ N은 감각기관의 수, A는 움직인 거리, W는 목표물의 너비를 나타낸다.

[해설]
- 선택반응시간 : 힉의 법칙(Hick's Law), RT(Response Time) = a + blog₂N (N : 발생가능한 자극의 수)
- 동작시간 : 피츠의 법칙(Fitts law), MT(Movement Time) = a + blog₂(2D/W+1) (D : 목표물까지의 거리, W : 목표물의 폭)

44 제조물 책임법상 결함의 종류에 해당하지 않는 것은?

① 재료상의 결함   ② 제조상의 결함
③ 설계상의 결함   ④ 표시상의 결함

[해설]
제조물 책임법의 결함의 종류로는 제조상의 결함, 설계상의 결함, 표시·경고상의 결함이 있다.

45 막스 웨버(Max Weber)의 관료주의에 대한 설명으로 옳지 않은 것은?

① 노동의 분업화를 전제로 조직을 구성하였다.
② 산업화 초기의 비규범적 조직운영을 체계화시키는 역할을 하였다.
③ 단순한 계층구조로 상위리더의 의사결정이 독단화되기 쉽다.
④ 부서장의 권한 일부를 수직적으로 위임하도록 하였다.

[해설]
관료주의 4원칙은 노동의 분업, 권한의 위임, 통제의 범위, 구조이며, 관료주의는 단순한 계층구조가 아니라 규모가 크면서 복잡한 조직에 해당한다.

46 인간오류확률 추정 기법 중 초기 사건을 이원적(binary) 의사결정(성공 또는 실패) 가지들로 모형화하고, 이 이후의 사건들의 확률은 모두 선행 사건에 대한 조건부 확률을 부여하여 이원적 의사결정 가지들로 분지해나가는 방법은?

① 결함나무분석(Fault Tree Analysis)
② 조작자행동나무(Operator Action Tree)
③ 인간오류 시뮬레이터(Human Acyion Tree)
④ 인간실수율 예측기법(Technique for Human Error Rate Prediction)

[해설]
인간실수율 예측기법(THERP ; Technique for Human Error Rate Prediction)은 1963년 Swain을 대표로 하는 미국 샌디아 국립연구소 연구팀에 의하여 개발된 정량적 분석기법으로, 직무를 작업단위로 분해하여 휴먼 에러신뢰도 수목을 구성하고, 100만운전시간 당 과오도수를 기본 과오율로 하여 평가확률론적 안전기법으로, 인간의 과오율 추정법은 5개의 단계로 되어 있다.

47 헤드십(Headship)과 리더십(Leadership)을 상대적으로 비교·설명한 것 중 헤드십의 특징으로 옳은 것은?

① 민주주의적 지휘형태이다.
② 구성원과의 사회적 간격이 넓다.
③ 권한의 근거는 개인의 능력에 따른다.
④ 집단의 구성원들에 의해 선출된 지도자이다.

[해설]
헤드십(Headship)은 내부적으로 선출되지 않고 외부로부터 임명된 형태로, 구성원 간의 사회적 간격이 넓고 공통의 감정이 생기기 어려우며, 자발적인 참여의 발생이 어렵다.

정답 43 ③ 44 ① 45 ③ 46 ④ 47 ②

48 작업자가 제어반의 압력계를 계속적으로 모니터링 하는 작업에서 압력계를 잘못 읽어 에러를 범할 확률이 100시간에 1회로 일정한 것으로 조사되었다. 작업을 시작한 후 200시간 시점에서의 인간신뢰도 추정치로 옳은 것은?

① 0.02
② 0.98
③ 0.134
④ 0.865

해설
$R(n) = (1 - HEP)^n = (1 - 0.01)^{200} = 0.134$

49 산업안전보건법령상 사업주는 근로자가 근골격계부담작업을 하는 경우 유해요인조사의 실시주기는?

① 1년
② 2년
③ 3년
④ 4년

해설
유해요인조사는 신설 사업장은 1년 이내에 실시해야 하고, 모든 사업장은 3년마다 실시해야 한다.

50 다음 조직에 의한 스트레스 요인으로 옳은 것은?

> 급속한 기술의 변화에 대한 적응이 요구되는 직무나 직무의 난이도나 속도를 요구하는 특성을 가진 업무와 관련하여 역할이 과부하되어 받게 되는 스트레스

① 역할 갈등
② 과업 요구
③ 집단 압력
④ 역할 모호성

해설
② 과업 요구 : 급속한 기술의 변화에 대한 적응이 요구되는 직무나 직무의 난이도나 속도를 요구하는 특성을 가진 업무와 관련하여 역할이 과부하되어 받게 되는 스트레스
① 역할 갈등 : 역할과 관련된 기대의 불일치, 양립될 수 없는 두 가지 이상의 행위가 동시에 기대될 때 발생하는 스트레스
③ 집단 압력 : 조직 내 존재하는 집단들이 구성원에게 집단 압력이나 행동적 규범에 가하여 발생하는 스트레스
④ 역할 모호성 : 자신의 직무에 대한 책임영역과 직무목표를 명확하게 인식하지 못할 때 발생하는 스트레스

51 Rasmussen의 인간행동 분류에 기초한 인간오류에 해당하지 않는 것은?

① 규칙에 기초한 행동(Rule-Based Behavior) 오류
② 실행에 기초한 행동(Commission-Based Behavior) 오류
③ 기능에 기초한 행동(Skill-Based Behavior) 오류
④ 지식에 기초한 행동(Knowledge-Based Behavior) 오류

해설
라스무센(Rasmussen)의 3가지 휴먼 에러
• 지식기반 착오(Knowledge-Based Mistake) : 무지로 발생하는 착오
• 규칙기반 착오(Rule-Based Mistake) : 규칙을 알지 못해 발생하는 착오
• 숙련기반 착오(Skill-Based Mistake) : 숙련되지 못해 발생하는 착오

52 호손(Hawthorn)실험의 결과에 따라 작업자의 작업능률에 영향을 미치는 주요 요인은?

① 작업장의 온도
② 물리적 작업조건
③ 작업장의 습도
④ 작업자의 인간관계

해설
호손(Hawthorn)연구에 의하면, 작업능률에 영향을 미치는 주요 요인은 인간관계이다.

53 인간의 의식수준을 단계별로 분류할 때, 에러 발생 가능성이 낮은 것으로부터 높아지는 순서대로 연결된 것은?

① Ⅰ단계 - Ⅱ단계 - Ⅲ단계 - Ⅳ단계
② Ⅰ단계 - Ⅳ단계 - Ⅲ단계 - Ⅱ단계
③ Ⅱ단계 - Ⅰ단계 - Ⅳ단계 - Ⅲ단계
④ Ⅲ단계 - Ⅱ단계 - Ⅰ단계 - Ⅳ단계

해설
신뢰도는 의식수준 4단계가 1단계보다 오히려 더 낮다.

정답 48 ③ 49 ③ 50 ② 51 ② 52 ④ 53 ④

54 동작경제의 원칙이 아닌 것은?

① 공정개선의 원칙
② 신체사용의 원칙
③ 작업장 배치의 원칙
④ 공구 및 설비 설계에 관한 원칙

해설
동작경제의 원칙에는 신체사용의 원칙, 작업장 배치의 원칙, 공구 및 설비 설계의 원칙이 있다.

55 인간의 성향을 설명하는 맥그리거(McGregor)의 X, Y이론에 따른 관리처방으로 옳은 것은?

① Y이론에 의한 관리처방으로 경제적 보상체제를 강화한다.
② X이론에 의한 관리처방으로 자기 실적을 스스로 평가하도록 한다.
③ X이론에 의한 관리처방으로 여러 가지 업무를 담당하도록 하고, 권한을 위임하여 준다.
④ Y이론에 의한 관리처방으로 목표에 의한 관리방식을 채택한다.

해설
맥그리거(McGregor)는 인간의 본질에 대해 성악설을 강조한 X, 성선설을 강조한 Y으로, X이론은 인간의 저차원적 욕구를, Y이론은 인간의 고차원적 욕구를 나타낸다.

56 다음 중 상해의 종류로 옳지 않은 것은?

① 협 착
② 골 절
③ 부 종
④ 중독, 질식

해설
협착은 상해의 종류별 분류가 아니라 산업재해 발생 형태별 분류이다.

57 다음 중 실수(Slip)과 착오(Mistake)에 관한 설명으로 옳은 것은?

① 실수와 착오는 의식적인 행동에서 발생하는 오류이다.
② 실수와 착오는 불안전한 행동으로 인한 오류이다.
③ 실수는 의도는 올바른 것이지만 반응의 실행이 올바른 것이 아닌 경우이고, 착오는 부적합한 의도를 가지고 행동으로 옮긴 경우를 말한다.
④ 착오와 위반은 불완전한 행동으로 인한 오류이다.

해설
실수(Slip)와 달리, 착오(Mistake)는 부적합한 의도를 가지고 행동에 옮긴 것으로, 발견하기가 힘들어 더 큰 위험을 초래한다.

58 휴먼 에러(Human Error)와 기계의 고장과의 차이점을 설명한 것 중 틀린 것은?

① 인간의 실수는 우발적으로 재발하는 유형이다.
② 기계와 설비의 고장조건은 저절로 복구되지 않는다.
③ 인간은 기계와는 달리 학습에 의해 계속적으로 성능을 향상시킨다.
④ 인간 성능과 압박(Stress)은 선형관계를 가져 압박이 중간정도일 때 성능수준이 가장 높다.

해설
인간의 성능은 스트레스와 선형관계를 가지지 않아서, 스트레스가 너무 많거나 아주 없는 경우에도 휴먼 에러가 발생할 수 있다.

59 어느 사업장의 도수율은 40이고, 강도율은 4이다. 이 사업장의 재해 1건당 근로손실 일수는 얼마인가?

① 1
② 10
③ 50
④ 100

해설
- 환산강도율 = 강도율 × 100 = 400
- 환산도수율 = 도수율 × 0.1 = 4
- 재해 1건당 근로손실 일수 = 환산강도율(S)/환산도수율(F) = 400/4 = 100

60 NIOSH의 직무스트레스 모형에 관한 설명으로 틀린 것은?

① 직무스트레스 요인에는 크게 작업요인, 조직요인, 환경요인으로 구분한다.
② 조직요인에 의한 직무스트레스에는 역할모호성, 역할갈등, 의사결정의 참여도, 승진 및 직무의 불안전성 등이 있다.
③ 똑같은 작업환경에 노출된 개인들이라도 지각하고 그 상황에 반응하는 방식에서 차이를 가져 오는데, 이와 같이 개인적이고 상황적인 특성을 완충요인이라 한다.
④ 작업요인의 의한 직무스트레스에는 작업부하, 작업속도 및 작업과정에 대한 작업자의 통제정도, 교대근무 등이 포함된다.

해설
똑같은 작업환경에 노출된 개인들이라도 지각하고 그 상황에 반응하는 방식에서 차이를 가져오는 것은 완충요인이 아니라 개인요인이다. 완충요인은 사회적 지지, 업무숙달정도, 대응노력 등이 있다.

61 작업관리의 문제해결 방법으로 전문가 집단의 의견과 판단을 추출하고 종합하여 집단적으로 판단하는 방법으로 옳은 것은?

① SEARCH의 원칙
② 브레인스토밍(Brainstorming)
③ 마인드 맵핑(Mind Mapping)
④ 델파이 기법(Delphi Technique)

해설
델파이 기법(Delphi Method)은 전문가들에게 개별적으로 설문을 전하고, 의견을 받아서 반복수정하는 절차를 거쳐 의사결정을 내리는 방법이다.

62 사람이 행하는 작업을 기본동작으로 분류하고, 각 기본동작들은 동작의 성질과 조건에 따라 이미 정해진 기준시간치를 적용하여 전체 작업의 정미시간을 구하는 방법은 무엇인가?

① PTS법
② Rating법
③ Therblig법
④ Work Sampling법

해설
PTS(Predetermined Time Standards)란 직무를 기본 동작으로 분해한 다음, 각 기본 동작에 소요되는 시간을 사전에 스톱워치나 모션픽처에 의해 결정되어 있는 표에서 찾아 이들을 합산하여 정상시간을 구하고, 여유율을 적용하여 표준시간을 구하는 것이다.

63 서블릭(Therblig) 기호와 그 표시방법이 잘못 연결된 것은?

① ⬭ – Sh
② ∩ – G
③ ＃ – DA
④ ⌒ – H

해설
서블릭 기호(Therblig symbols)
① ⬭ : 찾음(Sh)
② ∩ : 쥐다(G)
③ ＃ : 분해(DA)
④ ⌒ : 잡고있기(H)

64 ECRS의 4원칙에 해당되지 않는 것은?

① Eliminate(제거)
② Control(통제)
③ Rearrange(재배열)
④ Simplify(단순화)

해설
개선의 ECRS
• Eliminate : 제거, 꼭 필요한가?
• Combine : 결합, 다른 작업과 결합하면 나은 결과를 얻을 수 있는가?
• Rearrange : 재배열, 작업순서를 바꾸면 효율적인가?
• Simplify : 단순화, 좀 더 단순화할 수는 없는가?

정답 60 ③ 61 ④ 62 ① 63 ③ 64 ②

65 사업장 근골격계질환 예방관리 프로그램에 있어 예방·관리추진팀의 역할이 아닌 것은?

① 교육 및 훈련에 관한 사항을 결정하고 실행한다.
② 예방·관리 프로그램의 수립 및 수정에 관한 사항을 결정한다.
③ 근골격계질환의 증상·유해요인 보고 및 대응체계를 구축한다.
④ 유해요인 평가 및 개선계획의 수립과 시행에 관한 사항을 결정하고 실행한다.

해설
근골격계질환 예방관리추진팀의 역할
- 교육 및 훈련에 관한 사항을 결정하고 실행
- 예방·관리 프로그램의 수립 및 수정에 관한 사항을 결정
- 예방·관리 프로그램의 실행 및 운영에 관한 사항을 결정
- 유해요인 평가 및 개선계획의 수립과 시행에 관한 사항을 결정하고 실행
- 근골격계질환자에 대한 사후 조치 및 작업자 건강보호에 관한 사항 등을 결정하고 실행

66 어깨(견관절) 부위에서 발생할 수 있는 근골격계질환으로 옳은 것은?

① 외상 과염   ② 회내근 증후군
③ 극상근 건염   ④ 수완진동 증후군

해설
극상근 건염이란 어깨를 이루는 근육 중 극상근 부위에 염증이 유발되어 심한 통증이 발생하는 질환이다.

67 동작경제원칙 중 신체의 사용에 관한 원칙이 아닌 것은?

① 두 손은 동시에 시작하고, 동시에 끝나도록 한다.
② 두 팔은 서로 반대 방향으로 대칭적으로 움직이도록 한다.
③ 가능하다면 쉽고 자연스러운 리듬이 생기도록 동작을 배치한다.
④ 타자 칠 때와 같이 각 손가락이 서로 다른 작업을 할 때에는 작업량을 각 손가락의 능력에 맞게 배분해야 한다.

해설
신체사용에 관한 원칙(Use of Human Body) 9가지
- 탄도동작 : 탄도동작은 제한된 동작보다 더 신속, 용이, 정확하다.
- 초점작업 : 초점작업은 가능한 한 없애고 불가피한 경우 초점 간의 거리를 짧게 한다.
- 리듬 : 자연스러운 리듬이 작업동작에 생기도록 배치한다.
- 연속 : 손의 동작은 자연스러운 연속동작이 되도록 하며, 갑작스럽게 방향이 바뀌는 직선동작은 피한다.
- 낮은 : 가장 낮은 동작등급을 사용한다.
- 동시 : 두 손의 동작은 동시에 시작하고 동시에 끝난다.
- 관성 : 관성을 이용하여 작업하되 억제하여야 하는 최소한도로 줄인다.
- 휴식 : 휴식시간을 제외하고는 두 손이 동시에 쉬지 않는다.
- 대칭방향 : 두 손의 동작은 서로 대칭방향으로 움직이도록 한다.

68 4개의 작업으로 구성된 조립공정의 조립시간은 다음과 같고, 주기시간(Cycle Time)은 40초일 때 공정효율은 얼마인가?

공정	A	B	C	D
시간(초)	10	20	30	40

① 52.5%   ② 62.5%
③ 72.5%   ④ 82.5%

해설
공정효율(균형효율) = 총 작업시간/(작업수 × 주기시간)
= 100초/4 × 40초 = 0.625
= 0.625 × 100 = 62.5%

69 공정 중 발생하는 모든 작업, 검사, 운반, 저장, 정체 등을 자재나 작업자의 관점에서 흘러가는 순서에 따라 표현한 분석방법으로 옳은 것은?

① Man-Machine Chart
② Operation Process Chart
③ Assembly Chart
④ Flow Process Chart

해설
유통공정도(Flow Process Chart)는 공정 중에 발생하는 모든 작업, 검사, 운반, 저장, 정체 등을 자재나 작업자의 관점에서 흘러가는 순서에 따라 표현한 도표로 소요시간, 운반, 거리 등의 정보를 나타낸다.

70 자세에 관한 수공구의 개선 사항으로 옳지 않은 것은?

① 손목을 곧게 펴서 사용하도록 한다.
② 반복적인 손가락 동작을 방지하도록 한다.
③ 지속적인 정적근육 부하를 방지하도록 한다.
④ 정확성이 요구되는 작업은 파워그립을 사용하도록 한다.

해설
힘이 요구되는 작업은 파워그립, 정확성이 요구되는 작업은 핀치그립을 사용한다.

71 근골격계질환 예방관리 교육에서 사업주가 모든 작업자 및 관리감독자를 대상으로 실시하는 기본교육 내용에 해당하지 않는 것은?

① 근골격계질환 발생시 대처요령
② 근골격계 부담작업에서의 유해요인
③ 예방관리 프로그램의 수립 및 운영방법
④ 작업도구와 장비 등 작업시설의 올바른 사용방법

해설
예방관리 프로그램의 수립 및 운영방법은 모든 작업자와 관리감독자가 아닌, 예방관리 추진팀에 참여하는 자에 대해 실시한다.

72 다음 중 근골격계질환 예방관리 프로그램의 일반적 구성 요소로 볼 수 없는 것은?

① 유해요인조사
② 작업환경 개선
③ 의학적 관리
④ 집단검진

해설
근골격계질환 예방관리 프로그램에는 유해요인조사, 작업환경개선, 의학적 관리, 예방교육 등이 있다.

73 3시간 동안 작업 수행과정을 촬영하여 워크샘플링 방법으로 200회를 샘플링한 결과 이 중에서 30번의 손목꺾임이 확인되었다. 이 작업의 시간당 손목꺾임 시간을 얼마인가?

① 6분
② 9분
③ 18분
④ 30분

해설
- 꺾임율 = 30/200 = 0.15
- 작업시간당 꺾임시간 = 0.15 × 60분 = 9분

74 다음 중 RULA에서 사용하는 그룹 A의 평가대상으로 옳은 것은?

① 목, 손목, 발목
② 목, 몸통, 다리
③ 목, 팔, 다리
④ 윗팔, 아래팔, 손목

해설
RULA는 A그룹(상완, 전완, 손목)과 B그룹(목, 몸통, 다리)으로 나누어, 미리 주어진 코드 체계를 이용하여 자세 점수를 부여한다.

75 동작분석을 할 때 스패너에 손을 뻗치는 동작에 적합한 서블릭(Therblig) 문자기호로 옳은 것은?

① H
② P
③ TE
④ Sh

해설
TE : 빈손이동

정답 70 ④ 71 ③ 72 ④ 73 ② 74 ④ 75 ③

76 근골격계질환의 유형에 관한 설명으로 틀린 것은?

① 외상과염은 팔꿈치 부위의 인대에 염증이 생김으로써 발생하는 증상이다.
② 수근관 증후군은 손의 손목뼈 부분의 압박이나 과도한 힘을 준 상태에서 발생한다.
③ 백색수지증은 손가락에 혈액의 원활한 공급이 이루어지지 않을 경우에 발생하는 증상이다.
④ 결정종은 반복, 구부림, 진동 등에 의하여 건의 섬유질이 손상되거나 찢어지는 등의 건에 염증이 생기는 질환이다.

해설
결절종은 세포의 퇴행변화로 인해 손목과 손에 콩알부터 알밤만한 크기의 것이 물주머니와 같은 모양으로 생기는 병이다. 나머지는 모두 근골격계의 대표적인 질환들이다.

77 근골격계질환 예방·관리추진팀 내 보건관리자의 역할로 옳지 않은 것은?

① 근골격계질환 예방·관리프로그램의 기본정책을 수립하여 근로자에게 알린다.
② 주기적으로 작업장을 순회하여 근골격계질환을 유발하는 작업공정 및 작업 유해요인을 파악한다.
③ 7일 이상 지속되는 증상을 가진 근로자가 있을 경우 지속적인 관찰, 전문의 진단의뢰 등의 필요한 조치를 한다.
④ 주기적인 근로자 면담 등을 통하여 근골격계질환 증상 호소자를 조기에 발견하는 일을 한다.

해설
근골격계질환 예방·관리프로그램의 기본정책을 수립은 보건관리자가 아닌 사업주의 역할이다.

78 평균 관측시간이 0.9분, 레이팅 계수가 120%, 여유시간이 하루 8시간 근무시간 중에 28분으로 설정되었다면 표준시간은 약 몇 분인가?

① 0.926
② 1.080
③ 1.147
④ 1.151

해설
- 외경법 : 표준시간 = 정미시간 × (1 + 외경법여유율)
  = 1.08 × [1 + 28/(480-28)] = 1.147
- 내경법 : 표준시간 = 정미시간 / (1 - 내경법여유율)
  = 1.08 / [1 - (28/480)] = 1.147

79 근골격계질환을 유발시킬 수 있는 주요부담작업에 대한 설명으로 옳은 것은?

① 충격 작업의 경우 분당 2회를 기준으로 한다.
② 단순 반복 작업은 대개 4시간을 기준으로 한다.
③ 들기 작업의 경우 10kg, 25kg이 기준무게로 사용된다.
④ 쥐기(grip) 작업의 경우 쥐는 힘과 1kg과 4.5kg을 기준으로 사용한다.

해설
근골격계부담작업(고용노동부고시)
- 하루에 10회 이상 25kg 이상의 물체를 드는 작업
- 하루에 25회 이상 10kg 이상의 물체를 무릎 아래에서 들거나, 어깨 위에서 들거나, 팔을 뻗은 상태에서 드는 작업

80 OWAS(Ovako Working Posture Analysis System)에 관한 설명으로 옳지 않은 것은?

① 워크샘플링에 기본을 두고 있다.
② 몸의 움직임이 적으면서 반복하여 사용하는 작업의 평가에 용이하다.
③ 정밀한 작업자세를 평가하기 어렵다.
④ 작업자세 측정간격은 작업의 특성에 따라 달라질 수 있다.

해설
상지나 하지 등 몸의 일부의 움직임이 적으면서도 반복하여 사용하는 작업 등에서는 차이를 파악하기 어렵다.

2024년 제1회 기출복원문제

01 회전운동을 하는 조종장치의 레버를 40° 움직였을 때 표시장치의 커서는 3cm 이동하였다. 레버의 길이가 15cm일 때 이 조종장치의 C/R비는 약 얼마인가?

① 2.62
② 3.49
③ 8.33
④ 10.48

해설
C/R비 = [조정장치가 움직인 각도/360) × 2π L(원주)]/(표시장치의 이동거리)
= 40/360 × 2π × 15/3 = 3.49

02 인간과 기계의 역할분담에 있어 인간은 시스템 설치와 보수, 유지 및 감시 등의 역할만 담당하게 되는 시스템은?

① 수동시스템
② 기계시스템
③ 자동시스템
④ 반자동시스템

해설
인간에 의한 제어정도에 따른 분류
- 수동시스템(Manual System)
  - 인간 자신의 신체적인 에너지를 동력원으로 사용
  - 수공구나 다른 보조기구에 힘을 가하여 작업
- 기계시스템(Mechanical System)/반자동시스템(Semiautomatic System)
  - 여러 종류의 동력 공작기계와 같이 고도로 통합된 부품들로 구성
  - 동력은 기계가 제공하고, 운전자는 조종장치를 사용하여 통제
  - 인간은 표시장치를 통하여 체계의 상태에 대한 정보를 받고 정보처리 및 의사결정
- 자동시스템(Automated System)
  - 인간은 시스템의 설치와 보수, 감시 및 장비기능만 유지
  - 센서를 통한 기계의 자동작동시스템
  - 인간요소를 고려해야 함

03 정량적 표시장치의 지침을 설계할 경우 고려해야 할 사항 중 틀린 것은?

① 끝이 뾰족한 지침을 사용할 것
② 지침의 끝이 작은 눈금과 겹치게 할 것
③ 지침의 색은 선단에서 눈금의 중심까지 칠할 것
④ 지침을 눈금의 면과 밀착시킬 것

해설
지침의 끝은 눈금과 맞닿되 겹치게 되면 정확한 위치를 읽기가 어려워진다.

04 비행기에서 20cm 떨어진 거리에서 측정한 엔진의 소음이 130dB(A)이었다면, 100m 떨어진 위치에서의 소음수준은 약 얼마인가?

① 113.5dB(A)
② 116.0dB(A)
③ 121.8dB(A)
④ 130.0dB(A)

해설
$SPL_2 = SPL_1 - 20\log(d_2/d_1) = 130 - 20\log(100/20) = 116dB(A)$

05 다음 중 신호검출이론에서 판정기준(Criterion)이 오른쪽으로 이동할 때 나타나는 현상으로 옳은 것은?

① 허위경보(False Alarm)가 줄어든다.
② 신호(Signal)의 수가 증가한다.
③ 소음(Noise)의 분포가 커진다.
④ 적중, 확률(실제 신호를 신호로 판단)이 높아진다.

해설
판정기준이 우측으로 이동하면 2종 오류(Miss)는 증가하고 1종 오류(False Alarm)는 감소한다.

정답 01 ② 02 ③ 03 ② 04 ② 05 ①

06 실체적인 체계나 장치의 설계 시 인간을 고려할 때 '보통사람'이라는 말을 흔히 쓰는데, 이와 관련된 '평균치의 모순(Average Person Fallacy)'에 대한 설명으로 가장 적절한 것은?

① 모든 치수가 평균범위에 드는 평균치 인간은 존재하지 않는다.
② 평균은 모집단분포의 치우침을 나타낸다.
③ 평균치를 기준으로 한 설계는 제품설계에서 제일 먼저 적용하는 원칙이다.
④ 신체치수는 평균주위에 많이 분포한다.

해설
평균치의 모순(Average Person Fallacy) : 모든 치수가 평균범위에 드는 평균치 인간은 없다.

07 다음 중 시각적 표시장치보다 청각적 표시장치를 사용해야 유리한 경우는?

① 정보의 내용이 긴 경우
② 정보의 내용이 복잡한 경우
③ 정보의 내용이 후에 재참조되는 경우
④ 정보의 내용이 시간적 사상을 다루는 경우

해설
메시지가 시간상의 사건을 다루는 경우(무선거리신호, 항로 정보 등과 같이 연속적으로 변하는 정보를 제시할 때)

08 제어-반응비율(C/R ratio)에 관한 설명으로 틀린 것은?

① C/R비가 증가하면 제어시간도 증가한다.
② C/R비가 작으면(낮으면) 민감한 장치이다.
③ C/R비가 감소함에 따라 이동시간은 감소한다.
④ C/R비는 제어장치의 이동거리를 표시장치의 이동거리로 나눈 값이다.

해설
C/R비가 증가하면 제어시간은 감소하고 이동시간이 증가한다.

09 암순응에 대한 설명으로 맞는 것은?

① 암순응 때에 원추세포는 감수성을 갖게 된다.
② 어두운 곳에서는 주로 간상세포에 의해 보게 된다.
③ 어두운 곳에서 밝은 곳으로 들어갈 때 발생한다.
④ 완전 암순응에는 일반적으로 5~10분 정도 소요된다.

해설
① 암순응 때에 간상세포가 감수성을 갖는다.
③ 밝은 곳에서 어두운 곳으로 들어갈 때 발생한다.
④ 완전 암순응에는 30~35분이 걸린다.

10 시감각 체계에 관한 설명으로 옳지 않은 것은?

① 동공은 조도가 낮을 때는 많은 빛을 통과시키기 위해 확대된다.
② 1디옵터는 1m 거리에 있는 물체를 보기 위해 요구되는 조절능이다.
③ 망막의 표면에는 빛을 감지하는 광수용기인 원추체와 간상체가 분포되어 있다.
④ 안구의 수정체는 공막에 정확한 이미지가 맺히도록 형태를 스스로 조절하는 일을 담당한다.

해설
스스로 조절하는 것이 아니라 모양체가 조절한다.

11 다음 중 시력의 척도와 그에 대한 설명으로 틀린 것은?

① Vernier시력 - 한 선과 다른 선의 측방향 범위(미세한 치우침)를 식별하는 능력
② 최소가분시력 - 대비가 다른 두 배경의 접점을 식별하는 능력
③ 최소인식시력 - 배경으로부터 한 점을 식별하는 능력
④ 입체시력 - 깊이가 있는 하나의 물체에 대해 두 눈의 망막에서 수용할 때 상이나 그림의 차이를 분간하는 능력

해설
최소가분시력은 눈이 파악할 수 있는 표적의 최소 공간을 식별하는 능력이다.

12 청각의 특성 중 2개 음 사이의 진동수 차이가 얼마 이상이 되면 울림(Beat)이 들리지 않고 각각 다른 두 개의 음으로 들리는가?

① 33Hz
② 50Hz
③ 81Hz
④ 101Hz

해설
울림으로 들리지 않고 두 개의 음으로 들리기 위해서는 두 음의 주파수 차이가 충분히 커야 한다. 20Hz 이하의 주파수 차이는 울림으로 인식되나 33Hz 이상의 주파수 차이는 울림으로 인식되지 않는다.

13 1,000Hz, 80dB인 음을 phon과 sone으로 환산한 것은?

① 40phon, 4sone
② 60phon, 3sone
③ 80phon, 16sone
④ 80phon, 2sone

해설
1,000Hz, 80dB인 음은 80phon이므로 sone = $2^{(phon-40)/10}$ = $2^{(80-40)/10}$ = 16

14 다음 피부의 감각기 중 감수성이 제일 높은 것은?

① 온 각
② 통 각
③ 압 각
④ 냉 각

해설
피부감수성이 제일 높은 순서 : 통각 > 압각 > 촉각 > 냉각 > 온각

15 지하철이나 버스의 손잡이 설치 높이를 결정하는 데 적용하는 인체치수 적용원리는?

① 평균치의 원리
② 최소치의 원리
③ 최대치의 원리
④ 조절식 원리

해설
퍼센타일 적용 사례
- 의자의 깊이는 작은 사람에게 맞춘다(5퍼센타일-최소치 설계).
- 지하철 손잡이의 높이는 작은 사람에게 맞춘다(5퍼센타일-최소치 설계).
- 비상버튼까지의 거리는 작은 사람에게 맞춘다(5퍼센타일-최소치 설계).
- 의자의 너비는 큰 사람에게 맞춘다(95퍼센타일-최대치 설계).
- 침대의 길이는 큰 사람에게 맞춘다(95퍼센타일-최대치 설계).

16 다음은 인간공학 연구에서 사용되는 기준척도(Criterion Measure)가 갖추어야 하는 조건을 나열한 것이다. 각 조건에 대한 설명으로 틀린 것은?

① 신뢰성 : 우수한 결과를 도출할 수 있는 정도
② 타당성 : 실제로 의도하는 바를 측정할 수 있는 정도
③ 민감도 : 실험 변수 수준 변화에 따라 척도의 값의 차이가 존재하는 정도
④ 순수성 : 외적 변수의 영향을 받지 않는 정도

해설
신뢰성 : 평가를 반복할 경우 일정한 결과를 얻을 수 있는 정도

정답 12 ① 13 ③ 14 ② 15 ② 16 ①

17 다음 중 직렬시스템과 병렬시스템의 특성에 대한 설명으로 옳은 것은?

① 직렬시스템에서 요소의 개수가 증가하면 시스템의 신뢰도도 증가한다.
② 병렬시스템에서 요소의 개수가 증가하면 시스템의 신뢰도는 감소한다.
③ 시스템의 높은 신뢰도를 안정적으로 유지하기 위해서는 병렬시스템으로 설계하여야 한다.
④ 일반적으로 병렬시스템으로 구성된 시스템은 직렬시스템으로 구성된 시스템보다 비용이 감소한다.

해설
직렬시스템에서는 요소의 개수가 증가하면 시스템의 신뢰도는 감소하고, 병렬시스템에서는 요소의 개수가 증가하면 시스템의 신뢰도도 증가한다. 따라서 높은 신뢰도의 시스템을 구성하기 위해서는 병렬시스템으로 설계해야 하며, 병렬시스템으로 구성된 시스템은 직렬시스템보다 비용이 증가한다.

18 음의 한 성분이 다른 성분의 청각감지를 방해하는 현상은?

① 은폐효과   ② 밀폐효과
③ 소멸효과   ④ 도플러효과

해설
은폐효과(Masking Effect)
2개의 소음이 동시에 존재할 때 낮은 음의 소음이 높은 음에 가려 들리지 않는 현상

19 Fitts의 법칙에 관한 설명으로 맞는 것은?

① 표적이 작을수록, 이동거리가 짧을수록 작업의 난이도와 소요이동시간의 증가한다.
② 표적이 작을수록, 이동거리가 길수록 작업의 난이도와 소요이동시간이 증가한다.
③ 표적이 클수록, 이동거리가 길수록 작업의 난이도와 소요이동시간이 증가한다.
④ 표적이 클수록, 이동거리가 짧을수록 작업의 난이도와 소요이동시간이 증가한다.

해설
피츠의 법칙(Fitts's Law)
표적이 작을수록, 이동거리가 길수록 작업의 난이도와 소요이동시간이 증가한다는 법칙

20 통화이해도 측정을 위한 척도로 사용되지 않는 것은?

① 명료도 지수   ② 통화간섭 수준
③ 이해도 점수   ④ 인식 소음 수준

해설
통화이해도 측정의 척도는 명료도 지수, 이해도 점수, 통화간섭 수준이 있다.

21 다음 중 지구력에 대한 설명으로 옳은 것은?

① 지구력은 근력과 상관관계가 높지 않다.
② 지구력은 근수축시간이 경과할수록 커진다.
③ 지구력이란 근육을 사용하여 특정한 힘을 유지할 수 있는 능력이다.
④ 지구력이란 특정 근육을 사용하여 고정된 물체에 대하여 최대한 발휘할 수 있는 힘의 크기를 말한다.

해설
① 지구력은 근력을 사용하여 특정 힘을 지속적으로 유지할 수 있는 능력이다.
② 지구력은 근수축시간이 경과할수록 작아진다.
④ 정적근지구력이란 특정 근육을 사용하여 고정된 물체에 대하여 최대한 발휘할 수 있는 힘의 크기를 말한다.

22 다음 중 정신활동의 척도로 사용되는 시각적 점멸융합주파수(VFF)에 관한 설명으로 틀린 것은?

① 연습의 효과는 매우 적다.
② 암조응 시에는 VFF가 감소한다.
③ 휘도만 같으면 색은 VFF에 영향을 주지 않는다.
④ VFF는 사람들 사이, 개인의 경우 모두 큰 차이를 가진다.

해설
VFF는 사람들 간에는 큰 차이가 있으나, 개인의 경우 일관성이 있다.

정답 17 ③ 18 ① 19 ② 20 ④ 21 ③ 22 ④

23 작업면에 균등한 조도를 얻기 위한 조명방식으로 공장 등에서 많이 사용되는 조명방식은?

① 국소조명
② 전반조명
③ 직접조명
④ 간접조명

해설
전반조명은 작업면에 균등한 조도를 얻기 위해 광원을 일정한 간격과 일정한 높이로 배치하고, 공장에서 많이 사용한다.

24 진동이 인체에 미치는 영향으로 옳지 않은 것은?

① 심박수가 증가한다.
② 시성능은 10~25Hz 대역의 경우 가장 심하게 영향을 받는다.
③ 진동과 추적작업과의 상호연관성이 적어 운동성능에 영향을 미치지 않는다.
④ 중앙 신경계의 처리 과정과 관련되는 과업의 성능은 진동의 영향을 비교적 덜 받는다.

해설
진동은 진폭에 비례해 추적능력을 손상시킨다.

25 다음 중 안정 시 신체 부위에 공급하는 혈액 분배 비율이 가장 높은 곳은?

① 뇌
② 근육
③ 소화기계
④ 심장

해설
안정 시 혈액은 주로 소화기관으로 이동하고, 운동 시 혈액은 주로 근육으로 이동한다.

26 광도비(Luminance Ratio)란 주된 장소와 주변 광도의 비이다. 사무실 및 산업 상황에서의 일반적인 추천 광도비는 얼마인가?

① 1:1
② 2:1
③ 3:1
④ 4:1

해설
광도비란 주어진 장소와 주위의 광도의 비로 사무실이나 산업현장의 추천 광도비는 3 : 1이다.

27 고열 작업장에서 방열복의 착용은 신체와 환경 사이의 열교환 경로 중 어떠한 경로를 차단하기 위한 것인가?

① 전도(Conduction)
② 대류(Convection)
③ 복사(Radiation)
④ 증발(Evaporation)

해설
방열복은 열전달에 있어서 가장 큰 복사열을 차단하기 위한 것이다.

28 남성작업자의 육체작업에 대한 에너지가를 평가한 결과 산소소모량이 1.5L/min이 나왔다. 작업자의 4시간에 대한 휴식 시간은 약 몇 분 정도인가? (단, Murrell의 공식을 이용한다)

① 75분
② 100분
③ 125분
④ 150분

해설
- 에너지소비량 = 5kcal/min × 1.5L/min = 7.5kcal/min
- 휴식시간(R) = T × (E − 5)/(E − 1.5)
  = 총작업시간 × (작업 중 E소비량 − 표준 E소비량)/(작업 중 E소비량 − 휴식 중 E소비량)
  = 4 × (7.5 − 5)/(7.5 − 1.5) = 1.6h = 100min

정답 23 ② 24 ③ 25 ③ 26 ③ 27 ③ 28 ②

29 다음 중 교대작업에 관한 설명으로 옳은 것은?

① 교대작업은 야간 → 저녁 → 주간의 순으로 하는 것이 좋다.
② 교대일정은 정기적이고, 근로자가 예측가능하도록 해야 한다.
③ 신체의 적응을 위하여 야간근무는 7일 정도로 지속되어야 한다.
④ 야간 교대시간은 가급적 자정 이후로 하고, 아침 교대시간은 오전 5~6시 이전에 하는 것이 좋다.

[해설]
① 교대작업은 전진근무방식이 좋다(주간 → 저녁 → 야간 → 주간).
③ 연속 3일 이상의 야간작업은 자제해야 한다.
④ 야간 교대시간은 자정 이전, 아침 교대시간은 7시 이후가 좋다.

30 전신의 생리적 부담을 측정하는 척도로 가장 적절한 것은?

① 뇌전도(EEG)
② 산소소비량
③ 근전도(EMG)
④ Flicker 테스트

[해설]
EMG도 생리적 부담을 측정하는 척도이나 전신의 생리적 부담을 측정하는 척도로는 산소소비량이 적절하다
① EEG : 정신적 작업부하 측정
③ EMG : 생리적 작업부하 측정
④ 플리커 테스트 : 정신적 작업부하 측정

31 작업장에서 8시간 동안 85dB(A)로 2시간, 90dB(A)로 3시간, 95dB(A)로 3시간 소음에 노출되었을 경우 소음노출지수는?

① 0.975
② 1.125
③ 1.25
④ 1.5

[해설]
소음노출지수(%) = $C_1/T_1 + C_2/T_2 + \cdots + C_n/T_n$
(C_i : 노출된 시간, T_i : 허용노출기준)
= 3/8 + 3/4 = 1.125
소음의 허용노출기준

dB	허용노출시간(hr/day)
90dB	8
95dB	4
100dB	2
105dB	1
110dB	30분
115dB	15분

32 근육의 수축에 대한 설명으로 틀린 것은?

① 근육이 최대로 수축할 때 Z선이 A대에 맞닿는다.
② 근섬유(Muscle Fiber)가 수축하면 I대 및 H대가 짧아진다.
③ 근육이 수축할 때 근세사(Myofilament)의 원래 길이는 변하지 않는다.
④ 근육이 수축하면 근세사(Myofilament)가 가는 근세사 사이로 미끄러져 들어간다.

[해설]
근육이 수축하면 가는 근세사(Actin-filament)가 굵은 근세사(Myofilament) 사이로 미끄러져 들어간다.

33 어떤 작업자의 5분 작업에 대한 전체 심박수는 400회, 일박출량은 65mL/회로 측정되었다면 이 작업자의 분당 심박출량(L/min)은?

① 4.5L/min
② 4.8L/min
③ 5.0L/min
④ 5.2L/min

해설
심박출량(L/min) = 심박수(Heart Rate) × 박출량(Stroke Volume)
= 400 × 65/1,000/5 = 5.2L/min

34 다음 중 산소소비량에 관한 설명으로 틀린 것은?

① 산소소비량은 단위 시간당 호흡량을 측정한 것이다.
② 산소소비량과 심박수 사이에는 밀접한 관련이 있다.
③ 심박수와 산소소비량 사이는 선형관계이나 개인에 따른 차이가 있다.
④ 산소소비량은 에너지 소비와 직접적인 관련이 있다.

해설
산소소비량을 측정하기 위해서는 흡기량과 배기량을 모두 측정해야 한다.

35 호흡계의 기본적인 기능과 가장 거리가 먼 것은?

① 가스교환 기능
② 산-염기조절 기능
③ 영양물질 운반 기능
④ 흡입된 이물질 제거 기능

해설
호흡기의 기본적인 기능은 가스교환, 영양물질 운반, 이물질 제거이다.

36 인체활동이나 작업종료 후에도 체내에 쌓인 젖산을 제거하기 위해 산소가 더 필요하게 되는 것을 무엇이라 하는가?

① 산소 빚(Oxygen Debt)
② 산소 값(Oxygen Value)
③ 산소 피로(Oxygen Fatigue)
④ 산소 대사(Oxygen Metabolism)

해설
산소 부채(산소 빚, Oxygen Debt)
강도 높은 운동 시 산소섭취량이 산소수요량보다 적어지게 되므로 체내에 쌓인 젖산을 제거하기 위해 산소가 더 필요한 현상

37 한랭대책으로서 개인위생에 해당되지 않는 사항은?

① 과음을 피할 것
② 식염을 많이 섭취할 것
③ 더운 물과 더운 음식을 섭취할 것
④ 얼음 위에서 오랫동안 작업하지 말 것

해설
식염섭취는 한랭대책이 아니라 고열대책이다.

38 공기정화시설을 갖춘 사무실에서의 환기기준으로 맞는 것은?

① 환기횟수는 시간당 2회 이상으로 한다.
② 환기횟수는 시간당 3회 이상으로 한다.
③ 환기횟수는 시간당 4회 이상으로 한다.
④ 환기횟수는 시간당 6회 이상으로 한다.

해설
공기정화시설을 갖춘 사무실의 환기기준 근로자 1인당 필요한 최소외기량은 분당 $0.57m^3$ 이상이며, 환기횟수 4회/h 이상이다.

39 실내표면에서 추천 반사율이 낮은 것부터 높은 순서대로 나열한 것은?

① 벽 < 가구 < 천장 < 바닥
② 천장 < 벽 < 가구 < 바닥
③ 가구 < 바닥 < 벽 < 천장
④ 바닥 < 가구 < 벽 < 천장

해설
추천반사율이 높은 순서 : 바닥<가구<벽<천장

40 신체의 작업부하에 대하여 작업자들이 주관적으로 지각한 신체적 노력의 정도를 6~20의 값으로 평가한 척도는 무엇인가?

① 부정맥지수
② 점멸융합주파수(VFF)
③ 운동자각도(Borg's RPE)
④ 최대산소소비능력(Maximum Aerobic Power)

해설
운동자각도(Borg-RPE) : 작업자들이 주관적으로 지각한 신체적 노력의 정도를 6~20 사이의 척도로 평가

41 다음 중 헤드십(Headship)과 리더십(Leadership)을 상대적으로 비교, 설명한 것으로 헤드십의 특징에 해당되는 것은?

① 민주주주의적인 지휘형태이다.
② 구성원과의 사회적 간격이 넓다.
③ 권한의 근거는 개인의 능력에 따른다.
④ 집단의 구성원들에 의해 선출된 지도자이다.

해설
헤드십은 외부로부터 임명된 경우로 구성원과의 사회적 간극이 넓다.

42 어느 사업장의 도수율은 40이고, 강도율은 4이다. 이 사업장의 재해 1건당 근로손실일수는 얼마인가?

① 1
② 10
③ 50
④ 100

해설
재해 1건당 근로손실일수를 평균강도율이라 하며 구하는 방법은 다음과 같다.
평균강도율 = 강도율/도수율 × 1,000 = 4/40 × 1,000 = 100

43 다음 중 집단행동에 있어 이성적 집단보다는 감정에 의해 좌우되며 공격적이라는 특징을 갖는 행동은?

① Crowd
② Mob
③ Panic
④ Fashion

해설
모브(Mob)
군중보다 합의성이 없고, 감정에 의해 행동하는 폭동이다.

44 다음 중 하인리히(Heinrich)가 제시한 재해발생 과정의 도미노 이론 5단계에 해당하지 않는 것은?

① 사 고
② 개인적 결함
③ 기본원인
④ 불안전한 행동 및 불안전한 상태

해설
기본원인(4M)을 주장한 사람은 버드이다.

45 다음 표는 동기부여와 관련된 이론의 상호 관련성을 서로 비교해 놓은 것이다. A~E에 해당하는 용어가 맞는 것은?

위생요인과 동기요인 (Herzberg)	ERG 이론(Alderter)	X이론과 Y이론(McGregor)
위생요인	A	D
	B	
동기요인	C	E

① A : 존재욕구, B : 관계욕구, D : X이론
② A : 관계욕구, C : 성장욕구, D : Y이론
③ A : 존재욕구, C : 관계욕구, E : Y이론
④ B : 성장욕구, C : 존재욕구, E : X이론

해설

동기 및 욕구이론의 비교

매슬로우 (Maslow) 욕구 6단계설	알더퍼 (Alderfer) ERG이론	허즈버그 (Herzberg) 2요인론	맥그리거 (McGregor) X, Y이론	데이비스 (K. Davis) 동기부여 이론
자아초월의 욕구 (Self-Trans endence)	Growth (성장욕구)	동기요인 (만족욕구)	Y이론	경영의 성과 = 인간의 성과 × 물질의 성과
자아실현 욕구 (Self-Actua lization)				
존경의 욕구 (Self- Esteem Needs)	Relatedness (관계욕구)	위생요인 (유지욕구)	X이론	인간의 성과 = 능력 × 동기유발 능력 = 지식 × 기술 동기유발 = 상황 × 태도
사회적 욕구 (Acceptance Needs)				
안전의 욕구 (Safety Security Needs)				
생리적 욕구 (Physiologi cal Needs)	Existence (생존욕구)			

46 다음 소시오그램에서 B의 선호산분지수로 옳은 것은?

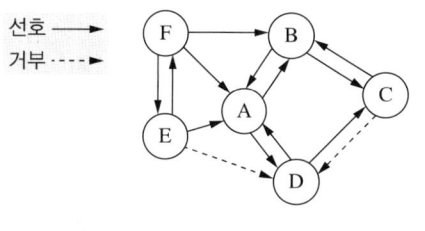

① 4/10
② 3/6
③ 4/15
④ 3/5

해설

선호신분지수(Choice Status Index) = 선호총계/(구성원수 – 1)
= 3/(6 – 1) = 3/5

47 주의력 수준은 주의의 넓이와 깊이에 따라 달라지는데 다음 [그림]의 A, B, C에 들어갈 가장 알맞은 내용은?

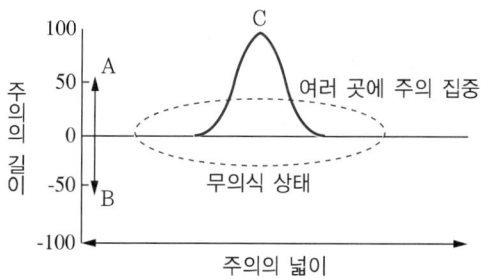

① A : 주의가 내향, B : 주의가 외향, C : 주의 집중
② A : 주의가 외향, B : 주의가 내향, C : 주의 집중
③ A : 주의 집중, B : 주의가 내향, C : 주의가 외향
④ A : 주의가 내향, B : 주의 집중, C : 주의가 외향

해설

주의의 깊이와 넓이에 대한 설명이다. 그래프에서 y축 주의의 깊이에서 외향이란 주의를 기울여 사물을 관찰하는 상태이고, 내향은 신경계가 활동하지 않는 공상이나 잡념을 가지고 있는 상태이다. x축의 주의의 넓이에서 넓게 퍼져 있는 것은 주의력이 분산되어 있음을 의미한다.

정답 45 ① 46 ④ 47 ②

48 직무 행동의 결정요인이 아닌 것은?

① 능 력
② 수 행
③ 성 격
④ 상황적 제약

해설
직무 행동의 결정요인 : 능력, 성격, 상황적 제약

49 인간의 불안전행동을 예방하기 위해 Harvey에 의해 제안된 안전대책의 3E에 해당하지 않는 것은?

① Education
② Enforcement
③ Engineering
④ Environment

해설
하비(Harvey)의 3E(산업재해를 위한 안전대책)
- Education(안전교육)
- Engineering(안전기술)
- Enforcement(안전독려)

50 작업자 한 사람의 성능 신뢰도가 0.95일 때, 요원을 중복하여 2인 1조로 작업을 할 경우 이 조의 인간 신뢰도는 얼마인가? (단, 작업 중에는 항상 요원지원이 되며, 두 작업자의 신뢰도는 동일하다고 가정한다)

① 0.9025
② 0.9500
③ 0.9975
④ 1.0000

해설
병렬시스템의 신뢰도이므로 R = 1 − (1 − 0.95)(1 − 0.95) = 0.9975

51 호손(Hawthorne)의 연구에 관한 설명으로 맞는 것은?

① 동기부여와 직무만족도 사이의 관계를 밝힌 연구이다.
② 집단 내에서의 인간관계의 중요성을 증명한 연구이다.
③ 조명 조건 등 물리적 작업환경은 생산성에 큰 영향을 끼친다.
④ 미국 Western Electric사를 대상으로 호손이 진행한 연구이다.

해설
호손연구에 의하면 작업능률에 영향을 미치는 주요요인은 인간관계이다.

52 휴먼에러 예방대책 중 인적요인에 대한 대책이 아닌 것은?

① 소집단 활동
② 작업의 모의훈련
③ 안전 분위기 조성
④ 작업에 관한 교육훈련

해설
인적요인에 대한 대책
- 작업의 모의훈련
- 작업에 관한 교육훈련과 작업 전 회의
- 소집단 활동으로 휴먼에러에 관한 훈련 및 예방활동을 지속적으로 수행

53 다음 중 에러 발생가능성이 가장 낮은 의식 수준은?

① 의식수준 0
② 의식수준 Ⅰ
③ 의식수준 Ⅱ
④ 의식수준 Ⅲ

해설
의식수준 Ⅲ은 분명한 의식이 있는 상태로 신뢰도가 가장 높다.

54 재해의 기본원인을 조사하는 데에는 관련 요인들을 4M 방식을 분류하는데, 다음 중 4M에 해당하지 않는 것은?

① Machine
② Material
③ Management
④ Media

해설
휴먼에러의 배후요인 4가지(4M) : Man, Media, Machine, Management

55 막스 웨버(Max Weber)가 주장한 관료주의에 관한 설명으로 옳지 않은 것은?

① 노동의 분업화를 전제로 조직을 구성한다.
② 부서장들의 권한 일부를 수직적으로 위임하도록 했다.
③ 단순한 계층구조로 상위리더의 의사결정이 독단화되기 쉽다.
④ 산업화 초기의 비규범적 조직운영을 체계화시키는 역할을 했다.

해설
베버의 관료주의는 단순한 계층구조가 아닌 복잡한 계층구조이다.

56 어떤 사업장의 생산라인에서 완제품을 검사하는데, 어느 날 5,000개의 제품을 검사하여 200개를 부적합품으로 처리하였으나, 이 로트에 실제로 1,000개의 부적합품이 있었을 때, 로트당 휴먼에러를 범하지 않을 확률은 약 얼마인가?

① 0.16 ② 0.20
③ 0.80 ④ 0.84

해설
- HEP = 오류의 수/전체 오류발생 기회의 수 = 800/5,000 = 0.16
- 이산적 직무에서의 인간신뢰도(R) = 1 − HEP = 1 − 0.16 = 0.84

57 선택반응시간(Hick의 법칙)과 동작시간(Fitts의 법칙)의 공식에 대한 설명으로 옳은 것은?

$$\text{선택반응시간} = a + b\log_2 N$$
$$\text{동작시간} = a + b\log_2\left(\frac{2A}{W}\right)$$

① N은 자극과 반응의 수, A는 목표물의 너비, W는 움직인 거리를 나타낸다.
② N은 감각기관의 수, A는 목표물의 너비, W는 움직인 거리를 나타낸다.
③ N은 자극과 반응의 수, A는 움직인 거리, W는 목표물의 너비를 나타낸다.
④ N은 감각기관의 수, A는 움직인 거리, W는 목표물의 너비를 나타낸다.

해설
- 선택반응시간 : 힉의 법칙(Hick's Law)
  RT(Response Time) = a + b$\log_2$N (N : 발생가능한 자극의 수)
- 동작시간 : 피츠의 법칙(Fitts's Law)
  MT(Movement Time) = a + b$\log_2$(2A/W) (A : 목표물까지의 거리, W : 목표물의 폭)

58 결함나무분석(Fault Tree Analysis ; FTA)에 대한 설명으로 옳지 않은 것은?

① 고장이나 재해요인의 정성적 분석뿐만 아니라 정량적 분석이 가능하다.
② 정성적 결함나무를 작성하기 전에 정상사상(Top Event)이 발생할 확률을 계산한다.
③ "사건이 발생하려면 어떤 조건이 만족되어야 하는가?"에 근거한 연역적 접근방법을 이용한다.
④ 해석하고자 하는 정상사상(Top Event)과 기본사상(Basic Event)과의 인과관계를 도식화하여 나타낸다.

해설
FTA는 정량적 분석방법으로 각 사상이 발생할 확률에 기반하여 정상사상이 발생할 가능성을 평가하는 기법이다.

59 물품의 중량과 무게중심에 대하여 작업장 주변에 안내표시를 해야 하는 중량물의 기준은?

① 5kg 이상
② 10kg 이상
③ 15kg 이상
④ 20kg 이상

해설
산업안전보건기준에 관한 규칙 제665조
사업주는 근로자가 5kg 이상의 중량물을 들어 올리는 작업을 하는 경우에 다음의 조치를 하여야 한다.
- 주로 취급하는 물품에 대하여 근로자가 쉽게 알 수 있도록 물품의 중량과 무게중심에 대하여 작업장 주변에 안내표시를 할 것
- 취급하기 곤란한 물품은 손잡이를 붙이거나 갈고리, 진공빨판 등 적절한 보조도구를 활용할 것

60 사고의 유형, 기인물 등 부류항목을 큰 순서대로 분류하여 사고방지를 위해 사용하는 통계적 원인분석 도구는?

① 관리도(Control Chart)
② 크로스도(Cross Diagram)
③ 파레토도(Pareto Diagram)
④ 특성요인도(Cause and Effect Diagram)

해설
파레토도
- 관리대상이 많은 경우 최소의 노력으로 최대의 효과를 얻을 수 있는 방법
- 분류항목을 큰 값에서 작은 값은 값의 순서로 도표화

61 다음 중 동작경제의 원칙에 해당하지 않는 것은?

① 신체의 사용에 관한 원칙
② 작업장의 배치에 관한 원칙
③ 공구 및 설비 디자인에 관한 원칙
④ 인간·기계시스템의 정합성의 원칙

해설
동작경제의 원칙
- 신체사용의 관한 원칙
- 작업장의 배치에 관한 원칙
- 공구 및 설비 디자인에 관한 원칙

62 산업안전보건법령상 근골격계 부담작업에 해당하는 기준은?

① 하루에 5회 이상 20kg 이상의 물체를 드는 작업
② 하루에 총 1시간 키보드 또는 마우스를 조작하는 작업
③ 하루에 총 2시간 이상 목, 허리, 팔꿈치, 손목 또는 손을 사용하여 다양한 동작을 반복하는 작업
④ 하루에 총 2시간 이상 지지되지 않은 상태에서 4.5kg 이상의 물건을 한 손으로 들거나 동일한 힘으로 쥐는 작업

해설
근골격계 부담작업(고용노동부고시)
하루에 총 2시간 이상 시간당 10회 이상 손 또는 무릎을 사용하여 반복적으로 충격을 가하는 작업
그 외의 근골격계 부담작업에 관한 기준은 근골격계 부담작업의 범위 및 유해요인조사 방법에 관한 고시 제3조에 나와 있다.

63 문제의 분석기법 중 원과 직선을 이용하여 아이디어, 문제, 개념을 개괄적으로 빠르게 설정할 수 있도록 도와주는 연역적 추론방법은?

① Brainstorming
② Mind Mapping
③ Mind Melding
④ Delphi-Technique

해설
마인드 맵핑(Mind Mapping)
- 원과 직선을 이용하여 아이디어, 문제, 개념 등을 개괄적으로 빠르게 설정할 수 있도록 도와주는 연역적 추론기법
- 가운데 원에 중요한 개념이나 문제를 설정한 후에 문제를 발생시키는 중요 원인이나 개념에 관련된 핵심 요인들을 주변에 열거하고 원에서 직선으로 연결한 후에 선위에 서술

정답 59 ① 60 ③ 61 ④ 62 ④ 63 ②

64 다음 중 ECRS의 4원칙에 해당하지 않는 것은?

① Eliminate
② Control
③ Rearrange
④ Simplify

해설

개선의 ECRS
- Eliminate : 제거, 꼭 필요한가?
- Combine : 결합, 다른 작업과 결합하면 나은 결과를 얻을 수 있는가?
- Rearrange : 재배열, 작업순서를 바꾸면 효율적인가?
- Simplify : 단순화, 좀 더 단순화할 수는 없는가?

65 다음 서블릭(Therblig) 기호 중 효율적 서블릭에 해당하는 것은?

① Sh   ② G
③ P   ④ H

해설

효율적 서블릭에는 TE(빈손이동), TL(운반), G(쥐기), RL(내려놓기), PP(미리놓기) 등이 있다.

66 팔꿈치 부위에 발생하는 근골격계질환의 유형에 해당되는 것은?

① 외상과염
② 수근관 증후군
③ 추간판 탈출증
④ 바르텐베르그 증후군

해설

근골격계질환의 유형

부위	유형	내용
팔꿈치	외상과염	• 팔관절과 손목에 무리한 힘을 반복적으로 주었을 경우 팔꿈치 바깥쪽의 통증이 일어남 • 팔목이나 손가락의 신전 또는 통증유발 자세 피하기, 주기적인 스트레칭
	내상과염	• 팔을 뒤틀거나 짜기, 팔꿈치의 반복적인 스트레스로 인한 팔꿈치 안쪽의 국소적인 통증 • 안정, 거상, 압박, 운동요법
손, 손목	수근관 증후군	• 지속적이고 빠른 손동작, 검지와 엄지로 집는 자세, 컴퓨터작업, 계산, 제조업 근로자에게서 발생 • 1,2,3 손가락 전체와 4지의 내측부분의 손 저림 또는 찌릿거림 • 물건을 쥐기 힘들어서 자주 떨어뜨림 • 규칙적인 휴식시간, 손목보호대 사용, 스트레칭, 부드러운 물체 손목 착용
	방아쇠 수지	• 임팩트 작업 및 반복작업으로 유발되며 손가락이나 엄지의 기저부에 불편함이 생기고, 손가락이 굽혀진 상태에서 움직이지 않음 • 규칙적인 스트레칭, 약물치료
	건활막염	• 손목관절의 과다한 사용, 통증이 심하고 운동 시에 악화됨 • 안정, 주기적인 스트레칭
발, 발목	건 염	• 발이나 발목의 과다 사용이나 지속적인 과부하로 건초 또는 건주위의 조직의 염증이 유발되어 발꿈치의 통증, 건의 움직임에 저항성의 증상발현 • 급성일 경우 부목 또는 고정, 만성일 경우 근력강화운동 및 수술

67 기계 가동시간이 25분, 적재(Load 및 Unloading)시간이 5분, 기계와 독립적인 작업자 활동시간이 10분일 때 기계 양쪽 모두의 유휴시간을 최소화하기 위하여 한 명의 작업자가 담당해야 하는 이론적인 기계대수는?

① 1대   ② 2대
③ 3대   ④ 4대

해설

작업자가 담당할 수 있는 이론적 기계대수(n) = (a + t)/(a + b)
= (5 + 25)/(5 + 10) = 30/15 = 2

68 Work Factor에서 고려하는 4가지 시간 변동 요인이 아닌 것은?

① 동작타임
② 신체 부위
③ 인위적 조절
④ 중량이나 저항

해설

동작시간 결정 시 4가지 고려사항
- 사용하는 신체 부위 : 손가락과 손, 팔, 앞팔회전, 몸통, 발, 다리, 머리회전
- 이동거리
- 중량 또는 저항
- 동작의 인위적 조절

69 동작경제의 원칙에서 작업장 배치에 관한 원칙에 해당하는 것은?

① 각 손가락이 서로 다른 작업을 할 때, 작업량을 각 손가락의 능력에 맞게 분배한다.
② 사용하는 장소에 부품이 가까이 도달할 수 있도록 중력을 이용한 부품 상자나 용기를 사용한다.
③ 손과 신체의 동작은 작업을 원만하게 처리할 수 있는 범위 내에서 가장 낮은 동작등급을 사용한다.
④ 눈의 초점을 모아야 할 수 있는 작업은 가능한 적게 하고, 이것이 불가피할 경우 두 작업 간의 거리를 짧게 한다.

해설

작업장의 배치에 관한 원칙(Workplace Arrangement) 8가지
- 낙하식 운반방법(Drop Delivery)을 사용한다.
- 중력이송원리를 사용하여 부품을 사용위치에 가깝게 보낸다.
- 적절한 조명을 사용한다.
- 작업대, 의자높이를 조정한다.
- 디자인도 좋아야 한다.
- 공구, 재료, 제어장치는 사용위치에 가까이한다.
- 공구, 재료는 지정된 위치에 둔다.

70 다음 중 수행도 평가기법이 아닌 것은?

① 속도 평가법
② 평준화 평가법
③ 합성 평가법
④ 사이클 그래프 평가법

해설

수행도 평가방법에는 속도 평가법, 객관적 평가법(평준화 평가법), 합성 평가법, 웨스팅하우스법 등이 있다.

71 워크샘플링 조사에서 초기 Idle Rate가 0.5라면, 99% 신뢰도를 위한 워크샘플링 횟수는 약 몇 회인가? (단, $Z_{0.005}$는 2.58, 허용오차는 ±1%이다)

① 1,232 ② 2,557
③ 3,060 ④ 3,162

해설

필요한 관측수(N) = $(z/e)^2 \times p(1-p)$
= $(2.58/0.01)^2 \times (0.5 \times 0.95)$ = 3162

72 A공장의 한 컨베이어 라인에는 5개의 작업공정으로 이루어져 있다. 각 작업공정의 작업시간이 다음과 같을 때 이 공정의 균형효율은 약 얼마인가? (단, 작업은 작업자 1명이 맡고 있다)

㉠ → ㉡ → ㉢ → ㉣ → ㉤
5분 7분 6분 6분 3분

① 21.86% ② 22.86%
③ 78.14% ④ 77.14%

해설

- 공정효율(균형효율) = 총 작업시간/(작업 수 × 주기시간)
  = 27/(5 × 7) = 0.7714 = 77.14%
- 주기시간은 작업시간이 가장 긴 작업을 뜻한다.

73 3시간 동안 작업 수행과정을 촬영하여 워크샘플링 방법으로 200회를 샘플링한 결과 이 중에서 30번의 손목꺾임이 확인되었다. 이 작업의 시간당 손목꺾임 시간은 얼마인가?

① 6분　② 9분
③ 18분　④ 30분

[해설]
- 꺾임율 = 30/200 = 0.15
- 작업시간당 꺾임시간 = 0.15 × 60분 = 9분

74 수공구를 이용한 작업 개선원리에 대한 내용으로 옳지 않은 것은?

① 진동 패드, 진동 장갑 등으로 손에 전달되는 진동 효과를 줄인다.
② 동력 공구는 그 무게를 지탱할 수 있도록 매달거나 지지한다.
③ 힘이 요구되는 작업에 대해서는 감싸쥐기(Power Grip)를 이용한다.
④ 적합한 모양의 손잡이를 사용하되, 가능하면 손바닥과 접촉면을 좁게 한다.

[해설]
가능하면 손바닥과 접촉면을 넓게 해야 압력이 집중되지 않는다.

75 어느 조립작업의 부품 1개 조립당 평균 관측시간이 1.5분, Rating 계수가 110% 외경법에 의한 일반 여유율이 20%라고 할 때, 외경법에 의한 개당 표준시간과 8시간 작업에 따른 총 일반여유시간은 얼마인가?

① 개당 표준시간 : 1.98분, 총 일반여유시간 : 80분
② 개당 표준시간 : 1.65분, 총 일반여유시간 : 400분
③ 개당 표준시간 : 1.65분, 총 일반여유시간 : 80분
④ 개당 표준시간 : 1.98분, 총 일반여유시간 : 400분

[해설]
- 정미시간 = 관측시간의 평균치 × 레이팅계수 = 1.5분 × 1.1 = 1.65분
- 외경법에 의한 표준시간 = 정미시간 × (1 + 작업여유율)
  = 1.65 × (1 + 0.2) = 1.98분
표준시간 = 정미시간 + 여유시간 = 1.65 + 0.33 = 1.98
∴ 여유시간 = 0.33분
총 일반여유시간 = 8시간 × 1시간 × 0.33/1.98 = 1.33시간 = 80분

76 유해요인조사 방법 중 OWAS(Ovako Working Posture Analysing System)에 관한 설명으로 틀린 것은?

① OWAS는 작업자세로 인한 작업부하를 평가하는 데 초점이 맞추어져 있다.
② 작업자세에는 허리, 팔, 손목으로 구분하여 각 부위의 자세를 코드로 표현한다.
③ OWAS는 신체 부위의 자세뿐만 아니라 중량물의 사용도 고려하여 평가한다.
④ OWAS 활동점수표는 4단계 조치단계로 분류된다.

[해설]
OWAS에서 손목은 자세코드로 분류되지 않는다.

정답 73 ② 74 ④ 75 ① 76 ②

77 근골격계질환의 유형에 관한 설명으로 틀린 것은?

① 외상과염은 팔꿈치 부위의 인대에 염증이 생김으로써 발생하는 증상이다.
② 수근관증후군은 손의 손목뼈 부분의 압박이나 과도한 힘을 준 상태에서 발생한다.
③ 백색수지증은 손가락에 혈액의 원활한 공급이 이루어지지 않을 경우에 발생하는 증상이다.
④ 결절종은 반복, 구부림, 진동 등에 의하여 건의 섬유질이 손상되거나 찢어지는 등의 건에 염증이 생기는 질환이다.

해설
결절종
세포의 퇴행변화로 인해 손목과 손에 콩알부터 알밤만 한 것이 물주머니와 같은 모양으로 생겨나는 병

78 사업장 근골격계질환 예방관리 프로그램에 있어 예방·관리추진팀의 역할이 아닌 것은?

① 교육 및 훈련에 관한 사항을 결정하고 실행한다.
② 예방·관리 프로그램의 수립 및 수정에 관한 사항을 결정한다.
③ 근골격계질환의 증상, 유해요인 보고 및 대응체계를 구축한다.
④ 유해요인 평가 및 개선계획의 수립과 시행에 관한 사항을 결정하고 시행한다.

해설
근골격계질환 예방관리추진팀의 역할
- 교육 및 훈련에 관한 사항을 결정하고 실행
- 예방·관리 프로그램의 수립 및 수정에 관한 사항을 결정
- 예방·관리 프로그램의 실행 및 운영에 관한 사항을 결정
- 유해요인 평가 및 개선계획의 수립과 시행에 관한 사항을 결정하고 실행
- 근골격계질환자에 대한 사후 조치 및 작업자 건강보호에 관한 사항 등을 결정하고 실행

79 표준자료법의 특징으로 옳은 것은?

① 레이팅이 필요하다.
② 표준시간의 정도가 뛰어나다.
③ 직접적인 표준자료 구축비용이 크다.
④ 작업방법의 변경 시 표준시간을 설정할 수 없다.

해설
표준자료법
- 레이팅이 필요 없고, 표준시간의 정도가 떨어지며, 작업변경 시 표준시간을 설정할 수 있다.
- PTS를 적용할 수 없는 사이클이 긴 작업이나 집단작업이 행해지는 작업을 측정 시 사용한다.
- 다품종 소량생산 시 사용된다.
- 작업이 유사한 반복작업에 유용하다.

80 다음 중 1TMU(Time Measurement Unit)를 초단위로 환산한 것은?

① 0.0036초
② 0.036초
③ 0.36초
④ 1.667초

해설
1TMU(Time Measurement Unit) = 0.00001시간
= 0.0006분 = 0.036초

2025년 제1회 기출복원문제

01 제어반응(C/R)비에 관한 설명으로 틀린 것은?
① C/R비가 증가하면 제어시간도 증가한다.
② C/R비가 작으면(낮으면) 민감한 장치이다.
③ C/R비가 감소함에 따라 이동시간은 감소한다.
④ C/R비는 제어장치의 이동거리를 표시장치의 이동거리로 나눈 값이다.

해설
C/R비가 증가하면 제어시간은 감소하고 이동시간이 증가한다.

02 코드화(coding) 시스템 사용상의 일반적 지침으로 적합하지 않은 것은?
① 양립성이 준수되어야 한다.
② 차원의 수를 최소화해야 한다.
③ 자극은 검출이 가능하여야 한다.
④ 다른 코드표시와 구별되어야 한다.

해설
차원의 수를 최대화해야 정보전달이 촉진된다.

03 양립성의 종류가 아닌 것은?
① 주의 양립성
② 공간 양립성
③ 운동 양립성
④ 개념 양립성

해설
양립성의 종류에는 운동적, 공간적, 개념적, 양식적 양립성이 있다.

04 인체 측정자료를 이용한 설계원칙 중 극단치 설계에 관한 설명으로 틀린 것은?
① 극단치 설계는 집단내의 사용자 대부분을 수용하고자 할 때 사용한다.
② 대상 집단 관련인체 측정 변수의 상위 혹은 하위 백분위수를 기준으로 한다.
③ 극단치 설계에 있어 대상 집단의 비율은 비용적인 면 등을 고려하여 결정한다.
④ 선반의 높이, 조작에 필요한 힘 등을 정할 때에는 최대집단치를 사용하여 설계한다.

해설
선반의 높이, 조작에 필요한 힘 등을 정할 때에는 모든 사람이 사용할 수 있도록 최소집단치를 사용하여 설계한다.

05 인간-기계 인터페이스를 설계할 때 편리성, 신뢰성 그리고 기능 등을 고려하는 설계 요소 중 가장 우선하여 설계되어야 하는 특성 항목은?
① 기계 특성
② 사용자 특성
③ 작업장 환경 특성
④ 운용 환경 특성

해설
인간-기계 인터페이스를 설계할 때는 사용자특성, 사용환경특성, 기계적 특성을 고려해야 하며 이중 가장 우선되는 것은 사용자 특성이다.

정답 01 ① 02 ② 03 ① 04 ④ 05 ②

06 다음 중 신호검출이론(SDT)과 관련이 없는 것은?

① 민감도는 신호와 소음분포의 평균 간의 거리이다.
② 신호검출이론 응용분야의 하나는 품질검사 능력의 측정이다.
③ 신호검출이론이 적용될 수 있는 자극은 시각적 자극에 국한된다.
④ 신호검출이론은 신호와 잡음을 구별할 수 있는 능력을 측정하기 위한 이론의 하나이다.

해설
신호검출이론은 시각적, 청각적 자극 모두에 적용된다.

07 피아노 건반 중 한 음의 주파수가 256Hz이다. 이 음이 1 옥타브가 올라가면 주파수는 얼마인가?

① 64Hz
② 128Hz
③ 512Hz
④ 1024Hz

해설
피아노의 음이 한 옥타브 높아질 때마다 진동수는 2배씩 증가한다.

08 인간의 눈이 완전 암조응(암순응) 되기까지 소요되는 시간은 어느 정도인가?

① 1~3분
② 10~20분
③ 30~40분
④ 60~90분

해설
인간의 눈이 완전 암조응(암순응) 되기까지 소요되는 시간은 30~40분이다.

09 다음 중 상완을 자연스럽게 수직으로 늘어뜨린 상태에서 전완을 뻗어 파악할 수 있는 영역을 무엇이라 하는가?

① 파악 한계 영역
② 정상 작업 영역
③ 작업 한계 영역
④ 공간 한계 영역

해설
정상작업역(Normal Area)
상완을 자연스럽게 몸에 붙인 채로 전완을 움직일 때 도달하는 영역(40cm 이내)이다.

10 다음 중 저온에서의 신체반응에 대한 설명으로 틀린 것은?

① 체표면적이 감소한다.
② 피부의 혈관이 수축된다.
③ 화학적 대사작용이 감소한다.
④ 근육긴장의 증가와 떨림이 발생한다.

해설
저온작업 시 열생산을 위해서 화학적 대사작용이 증가한다.

11 다음 중 장력이 생기는 근육의 실질적인 수축성 단위(Contractility unit)는?

① 근섬유(muscle fiber)
② 근원세사(myofilament)
③ 운동단위(motor unit)
④ 근섬유분절(sarcomere)

해설
근섬유는 근원섬유로 되어있고, 근원섬유의 실질적인 수축성 단위는 근섬유분절이다.

12 청각적 신호를 설계하는데 고려되어야 하는 원리 중 검출성(detectability)에 대한 설명으로 옳은 것은?

① 사용자에게 필요한 정보만을 제공한다.
② 동일한 신호는 항상 동일한 정보를 지정하도록 한다.
③ 사용자가 알고 있는 친숙한 신호의 차원과 코드를 선택한다.
④ 신호는 주어진 상황 하에서 감지장치나 사람이 감지할 수 있어야 한다.

해설
청각적 신호를 설계하는 데에 있어 검출성의 원리란 절대 역치보다 40~50dB 정도 높아서 쉽게 검출되어야 함을 의미한다.

13 다음 중 일반적으로 부품의 위치를 정하고자 할 때 활용되는 부품배치의 원칙을 올바르게 나열한 것은?

① 중요성의 원칙과 사용빈도의 원칙
② 중요성의 원칙과 기능별 배치의 원칙
③ 사용 빈도의 원칙과 사용 순서의 원칙
④ 기능별 배치의 원칙과 사용 빈도의 원칙

해설
부품배치의 원칙은 중요도 → 사용빈도 → 사용순서 → 일관성 → 양립성 → 기능성 순으로 배치가 이루어져야 한다.

14 시각적 부호의 3가지 유형과 거리가 먼 것은?

① 임의적 부호
② 묘사적 부호
③ 사실적 부호
④ 추상적 부호

해설
시각적 부호에는 묘사적 부호, 추상적 부호, 임의적 부호가 있다.

15 신호 검출이론에 의하면 시그널(Signal)에 대한 인간의 판정 결과는 4가지로 구분되는데 이 중 시그널을 노이즈(Noise)로 판단한 결과를 지칭하는 용어는 무엇인가?

① 누락(miss)
② 긍정(hit)
③ 허위(false Alarm)
④ 부정(correct rejection)

해설
신호를 소음으로 판단하는 것을 2종 오류인 누락(miss)이라 한다.

16 시스템의 사용성 검증 시 고려되어야 할 변인이 아닌 것은?

① 경제성
② 에러 빈도
③ 효율성
④ 기억용이성

해설
시스템의 사용성은 학습용이성, 효율성, 기억용이성, 에러 빈도, 주관적 만족도와 관련이 크다.

17 인간공학의 연구 목적과 가장 거리가 먼 것은?

① 인간오류의 특성을 연구하여 사고를 예방
② 인간의 특성에 적합한 기계나 도구의 설계
③ 병리학을 연구하여 인간의 질병퇴치에 기여
④ 인간의 특성에 맞는 작업환경 및 작업방법의 설계

해설
인간공학의 연구목적은 인간의 특성을 연구하여 인간에게 적합한 기계나 인간에게 적합한 환경을 설계하는 것이다.

18 Fitts의 법칙에 관한 설명으로 맞는 것은?

① 표적과 이동거리는 작업의 난이도와 소요 이동시간과 무관하다.
② 표적이 작을수록, 이동거리가 길수록 작업의 난이도와 소요 이동시간이 증가한다.
③ 표적이 클수록, 이동거리가 길수록 작업의 난이도와 소요 이동시간이 증가한다.
④ 표적이 작을수록, 이동거리가 짧을수록 작업의 난이도와 소요 이동시간이 증가한다.

해설
피츠의 법칙(Fitts's Law)은 표적이 작을수록, 이동거리가 길수록 작업의 난이도와 소요 이동시간이 증가한다는 법칙이다.

19 sone과 phon에 대한 설명으로 틀린 것은?

① 20phon은 0.5sone 이다.
② 10phon은 증가시마다 sone의 2배가 된다.
③ phon은 1000Hz 순음과의 상대적인 음량비교이다.
④ phon은 음량과 주파수를 동시에 고려하여 도출된 수치이다.

해설
1sone = 40phon

20 동전던지기에서 앞면이 나올 확률은 0.4이고, 뒷면이 나올 확률은 0.6이다. 이때 앞면이 나올 정보량은 1.32bit이고, 뒷면이 나올 정보량은 0.67bit이다. 총평균 정보량은 약 얼마인가?

① 0.65bit   ② 0.88bit
③ 0.93bit   ④ 1.99bit

해설
총정보량 = 0.4 × 1.32 + 0.6 × 0.67 = 0.93 bit

21 작업강도의 증가에 따른 순환기 반응의 변화에 대한 설명으로 틀린 것은?

① 혈압의 상승
② 적혈구의 감소
③ 심박출량의 증가
④ 혈액의 수송량 증가

해설
작업강도 증가에 따른 순환기의 반응으로는 혈압의 상승, 심박출량의 증가, 혈액의 수송량 증가 등이 있다.

22 반사휘광의 처리방법으로 적절하지 않은 것은?

① 간접조명 수준을 높인다.
② 무광택 도료 등을 사용한다.
③ 창문에 차양 등을 사용한다.
④ 휘광원 주위를 밝게 하여 광도비를 줄인다.

해설

직사휘광의 처리방법	• 광원의 휘도를 줄이고, 광원의 수를 높임 • 광원을 시선에서 멀리 위치시킴 • 휘광원 주위를 밝게 하여 광속 발산비(휘도)를 줄임 • 가리개나 갓, 차양 등을 사용
창문으로부터 직사휘광의 처리방법	• 창문을 높이 설치 • 창의 바깥쪽에 가리개를 설치 • 창의 안쪽에 수직날개를 설치 • 차양의 사용
반사휘광의 처리방법	• 발광체의 휘도를 줄임 • 간접조명의 수준을 높임(간접조명은 조도가 균일하고, 눈부심이 적음) • 산란광, 간접광 사용 • 창문에 조절판이나 차양을 설치 • 반사광이 눈에 비치지 않게 광원을 위치 • 무광택 도료, 빛을 산란시키지 않는 재질을 사용

23 생리적 활동의 척도 중 Borg의 RPE(Ratings of Perceived Exertion)척도에 대한 설명으로 틀린 것은?

① 육체적 작업부하의 주관적 평가방법이다.
② NASA-TLX와 동일한 평가척도를 사용한다.
③ 척도의 양끝은 최소 심장 박동수와 최대 심장 박동수를 나타낸다.
④ 작업자들이 주관적으로 지각한 신체적 노력의 정도를 6~20 사이의 척도로 평가한다.

해설
NASA-TLX는 0~100점 척도를 사용하고, Borg RPE는 6~20점 척도를 사용한다.

24 근육 운동에 있어 장력이 활발하게 생기는 동안 근육이 가시적으로 단축되는 것을 무엇이라 하는가?

① 연축(twitch)
② 강축(tenanus)
③ 원심성 수축(eccentric contraction)
④ 구심성 수축(concentric contraction)

해설
구심성 수축
구심성(Concentric activation) : 내적토크 〉 외적토크
- 근육이 수축하면서 힘을 생산
- 근육이 생성해낸 힘이 외부의 저항보다 큼
- 근육이 수축하면 활성된 근육의 방향으로 관절의 회전을 가속시키는 동작
- 근육 운동에 있어 장력이 활발하게 생기는 동안 근육이 가시적으로 단축
- 덤벨을 들어올리는 순간의 상완 이두근

25 윤환관절(synovial joint)인 팔굽관절(elbow joint)은 연결 형태를 기준으로 어느 관절에 해당되는가?

① 관절구(condyloid)
② 경첩관절(hinge joint)
③ 안장관절(saddle joint)
④ 구상관절(ball and socket joint)

해설
팔굽관절은 대표적인 경첩관절이다.

26 위치(positioning) 동작에 관한 설명으로 틀린 것은?

① 반응시간은 이동거리와 관계없이 일정하다.
② 위치동작의 정확도는 그 방향에 따라 달라진다.
③ 오른손의 위치동작은 우하-좌상 방향의 정확도가 높다.
④ 주로 팔꿈치의 선회로만 팔 동작을 할 때가 어깨를 많이 움직일 때보다 정확하다.

해설
오른손의 위치동작은 좌하-우상 방향의 정확도가 높다.

27 200cd 인 점광원으로부터의 거리가 2m 떨어진 곳에서의 조도는 몇 럭스인가?

① 50
② 100
③ 200
④ 400

해설
조도= cd/m^2 = 200/4 = 50 lux

28 최대산소소비능력(MAP)에 관한 설명으로 옳지 않은 것은?

① 산소섭취량이 일정하게 되는 수준을 말한다.
② 최대산소소비능력은 개인의 운동역량을 평가하는데 활용된다.
③ 젊은 여성의 평균 MAP는 젊은 남성의 평균 MAP의 20~30% 정도이다.
④ MAP를 측정하기 위해서 주로 트레드밀(treadmill)이나 자건거 에르고미터(ergometer)를 활용한다.

해설
젊은 여성의 MAP는 남성의 65~75% 정도이다.

정답 23 ② 24 ④ 25 ② 26 ③ 27 ① 28 ③

29 골격의 구조와 기능에 대한 설명으로 옳지 않은 것은?
① 신체에 중요한 부분을 보호하는 역할을 한다.
② 소화, 순환, 분비, 배설 등 신체 내부 환경의 조절에 중요한 역할을 한다.
③ 골격은 뼈, 연골, 관절로 이루어지며 사지 및 몸통을 움직이는 피동적 운동기관으로 작용한다.
④ 혈구세포를 만드는 조혈기능과 칼슘과 인 등의 무기질을 저장하여 몸이 필요할 때 공급해 주는 역할을 한다.

해설
소화, 순환, 분비, 배설 등 신체 내부 환경의 조절은 골격계가 아니라 내분비계의 역할이다.

30 진동이 인체에 미치는 영향으로 옳지 않은 것은?
① 심박수 감소
② 산소소비량 증가
③ 근장력 증가
④ 말초혈관의 수축

해설
진동은 단기 노출 시 심박수를 증가시킨다.

31 산업안전보건법령상 "소음작업"이란 1일 8시간 작업을 기준으로 얼마 이상의 소음이 발생하는 작업을 말하는가?
① 80데시벨
② 85데시벨
③ 90데시벨
④ 95데시벨

해설
산업안전보건기준에 관한 규칙 제 512조에 의하면 소음작업이란 1일 8시간 작업을 기준으로 85데시벨 이상의 소음이 발생하는 작업을 말한다.

32 다음 중 근력에 있어서 등척력(isometric strength)에 대한 설명으로 가장 적절한 것은?
① 신체부위가 동적인 상태에서 물체에 이동한 힘을 가하는 상태의 근력이다.
② 물체를 들어올려 일정시간 내에 일정거리를 이동시킬 때 힘을 가하는 상태의 근력이다.
③ 물체를 들어 올릴 때처럼 팔이나 다리의 신체부위를 실제로 움직이는 상태의 근력이다.
④ 물체를 들고 있을 때처럼 신체부위를 움직이지 않으면서 고정된 물체에 힘을 가하는 상태의 근력이다.

해설
등척력(Isometric Strength)
신체를 움직이지 않으면서 자발적으로 가할 수 있는 힘의 최댓값이다.

33 휴식 중의 에너지소비량이 1.5kcal/min인 작업자가 분당 평균 8kcal의 에너지를 소비한 작업을 60분 동안 했을 경우 총 작업시간 60분에 포함되어야 하는 휴식 시간은 몇 분인가? (단, Murrell의 식을 적용하며, 작업 시 권장 평균에너지 소비량은 5kcal/min으로 가정한다.)
① 22분
② 28분
③ 34분
④ 40분

해설
휴식시간(R) = T × (E-S) / (E-1.5) = 60(8-5)/(8-1.5) = 27.69분
S : 남성 5kcal/min, 여성 3.5kcal/min

34 다음 중 신체를 전·후로 나누는 면을 무엇이라 하는가?
① 시상면
② 관상면
③ 정중면
④ 횡단면

해설
관상면 (Frontal Plane) : 신체를 전후로 양분하는 면

35 다음 중 정신적 작업부하에 대한 생리적 측정 척도로 볼 수 없는 것은?

① 뇌전위(EEG) ② 동공지름
③ 눈꺼풀 깜빡임 ④ 폐활량

해설
폐활량은 육체적 작업부하에 대한 측정척도에 해당한다.

36 생명을 유지하기 위하여 필요로 하는 단위 시간당 에너지 양을 무엇이라 하는가?

① 산소소비량
② 에너지소비율
③ 기초대사율
④ 활동에너지가

해설
기초대사율(BMR ; Basic Metabolic Rate) : 생명을 유지하는 데 필요한 최소한의 에너지량이다.

37 조명에 관한 용어의 설명으로 옳지 않은 것은?

① 조도는 광도에 비례하고, 광원으로부터의 거리의 제곱에 반비례한다.
② 휘도는 단위 면적당 표면에 반사 또는 방출되는 빛의 양을 의미한다.
③ 조도는 점광원에서 어떤 물체나 표면에 도달하는 빛의 양을 의미한다.
④ 광도(Luminous intensity)는 단위 입체각 당 물체나 표면에 도달하는 광속으로 측정하며, 단위는 램버트 (Lambert)이다.

해설
광도(Luminous Intensity) 단위는 칸델라(Candela)이다.

38 교대작업 운영의 효율적인 방법으로 볼 수 없는 것은?

① 고정적이거나 연속적인 야간근무 작업은 줄인다.
② 교대일정은 정기적이고 작업자가 예측 가능하도록 해 주어야 한다.
③ 교대작업은 주간근무 → 야간근무 → 저녁근무 → 주간근무 식으로 진행해야 피로를 빨리 회복할 수 있다.
④ 2교대 근무는 최소화하며, 1일 2교대 근무가 불가피한 경우에는 연속 근무일이 2~3일이 넘지 않도록 한다.

해설
교대작업의 운영은 주간근무 → 저녁근무 → 야간근무 → 주간근무 등 전진근무방식으로 진행해야 피로를 빨리 회복할 수 있다.

39 근육의 수축원리에 관한 설명으로 옳지 않은 것은?

① 근섬유가 수축하면 I대와 H대가 짧아진다.
② 액틴과 미오신 필라멘트의 길이는 변하지 않는다.
③ 최대로 수축했을 때는 Z선이 A대에 맞닿는다.
④ 근육 전체가 내는 힘은 비활성화된 근섬유수에 의해 결정된다.

해설
근육 전체가 내는 힘은 활성화된 근섬유수에 의해 결정된다.

40 일반적인 성인 남성 작업자의 산소 소비량이 2.5L/min 일 때, 에너지소비량은 약 얼마인가?

① 7.5kcal/min
② 10.0kcal/min
③ 12.5kcal/min
④ 15.0kcal/min

해설
- 1리터의 산소는 5kcal/min의 에너지를 소비한다.
- 에너지소비량 = 5kcal/min × 2.5L/min = 12.5kcal/min

정답 35 ④ 36 ③ 37 ④ 38 ③ 39 ④ 40 ③

41 산업재해의 발생형태 중 상호 자극에 의하여 순간적(일시적)으로 재해가 발생하는 유형은?

① 복합형 ② 단순 자극형
③ 단순 연쇄형 ④ 복합 연쇄형

해설
단순자극형(집중형) : 상호자극에 의해 순간적으로 재해가 발생하며 사고원인이 독립적으로 재해 발생 장소에 일시적으로 집중되는 형태이다.

42 제조물 책임법에서 손해배상 책임에 대한 설명으로 옳지 않은 것은?

① 해당 제조물 결함에 의해 발생한 손해가 그 제조물 자체만에 그치는 경우에는 제조물 책임 대상에서 제외한다.
② 피해자가 제조물의 제조업자를 알 수 없는 경우 그 제조물을 영리 목적으로 판매한 공급자가 손해를 배상하여야 한다.
③ 제조자가 결함 제조물로 인하여 생명, 신체 또는 재산상의 손해를 입은 자에게 손해를 배상할 책임을 의미한다.
④ 제조업자가 제조물의 결함을 알면서도 필요한 조치를 취하지 아니하면 손해를 입은 자에게 발생한 손해의 2배 범위 내에서 배상책임을 진다.

해설
제조물책임법상 징벌적 손해배상
제조업자가 제조물의 결함을 알면서도 필요한 조치를 취하지 아니하면 손해를 입은 자에게 발생한 손해의 3배 범위 내에서 배상책임을 진다.

43 리더십(leadership)과 비교한 헤드십(headship)의 특징으로 옳은 것은?

① 민주주의적 지휘형태
② 개인능력에 따른 권한 근거
③ 구성원과의 사회적 간격이 넓음
④ 집단의 구성원들에 의해 선출된 지도자

해설
헤드십은 외부로부터 임명된 경우로 구성원과의 사회적 간격이 넓다.

44 다음 중 민주적 리더십과 관련된 이론이나 조직형태는?

① X이론
② Y이론
③ 라인형 조직
④ 관료주의 조직

해설
민주적 리더십은 맥그리거의 Y이론에 근거한 것으로 책임을 서로 공유하며 인간에게 높은 관심을 갖는 성향에 기초한 것이다.

45 피로의 생리학적(physiological) 측정방법과 거리가 먼 것은?

① 뇌파 측정(EEG)
② 심전도 측정(ECG)
③ 근전도 측정(EMG)
④ 변별역치 측정(촉각계)

해설
변별역치 측정은 심리학적 측정방법이다.

46 스트레스에 관한 설명으로 틀린 것은?

① 위협적인 환경특성에 대한 개인의 반응이라고 볼 수 있다.
② 스트레스 수준은 작업 성과와 정비례의 관계에 있다.
③ 적정수준의 스트레스는 작업성과에 긍정적으로 작용할 수 있다.
④ 지나친 스트레스를 지속적으로 받으며 인체는 자기 조절능력을 상실할 수 있다.

해설
스트레스의 수준은 작업성과에 정비례 관계에 있지 않다. 일정한 작업의 성과가 나오기 위해서는 스트레스가 너무 크거나 작아서는 안 된다.

정답 41 ② 42 ④ 43 ③ 44 ② 45 ④ 46 ②

47 어느 작업자가 평균적으로 100개의 부품을 검사하여 불량품 5개를 검출해 내었으나 실제로는 15개의 불량품이 있었다. 이 작업자가 100개가 1로트로 구성된 로트 2개를 검사하면서 2개의 로트 모두에서 휴먼에러를 범하지 않을 확률은?

① 0.01　　② 0.1
③ 0.81　　④ 0.9

해설
HEP(Human Error Probability)는 주어진 작업이 수행하는 동안 발생하는 오류의 확률이다.
HEP=오류의 수/ 전체 오류발생 기회의 수 = (15-5)/100 = 0.1
이산적 직무에서의 인간 신뢰도(R) = 1-HEP = 1-0.1 = 0.9
R = a × b = 0.9 × 0.9 = 0.81

49 스트레스가 정보처리 수행에 미치는 영향에 대한 설명으로 거리가 가장 먼 것은?

① 스트레스 하에서 의사결정의 질은 저하된다.
② 스트레스는 효율적인 학습을 어렵게 할 수 있다.
③ 스트레스는 빠른 수행보다는 정확한 수행으로 편파시키는 경향이 있다.
④ 스트레스에 의해 인지적 터널링이 발생하여 다양한 가설을 고려하지 못한다.

해설
스트레스는 정확한 수행보다는 빠른 수행으로 편파시키는 경향이 있다.

50 레빈(Lewin)의 인간행동에 관한 공식은?

① B=f(P・E)　　② B=f(P・B)
③ B=E(P・f)　　④ B=f(B・E)

해설
레빈의 법칙
・B = f(P・E)
[B : 행동(Behavior), P : 개성(Personality), E : 환경(Environment)]

48 인간오류확률 추정 기법 중 초기 사건을 이원적(binary) 의사결정(성공 또는 실패)가 지들로 모형화하고, 이 이후의 사건들의 확률은 모두 선행 사건에 대한 조건부 확률을 부여하여 이원적 의사결정 가지들로 분지해나가는 방법은?

① 결함 나무 분석(Fault Tree Analysis)
② 조작자 행동 나무(Operator Action Tree)
③ 인간 오류 시뮬레이터(Human Acyion Tree)
④ 인간실수율 예측기법(Technique for Human Error Rate Prediction)

해설
THERP(Technique for Human Error Rate Prediction)
초기 사건을 이원적 의사결정 가지들로 모형화하고, 이 이후의 사건들의 확률은 모두 선행 사건에 대한 조건부 확률을 부여하여 이원적 의사결정 가지들로 분지해나가는 방법이다.

51 인간 신뢰도에 대한 설명으로 맞는 것은?

① 반복되는 이산적 직무에서 인간실수확률은 단위시간당 실패수로 표현한다.
② 인간 신뢰도는 인간의 성능이 특정한 기간 동안 실수를 범하지 않을 확률로 정의된다.
③ THERP는 완전 독립에서 완전 정(正)종속까지의 비연속을 종속정도에 따라 3수준으로 분류하여 직무의 종속성을 고려한다.
④ 연속적 직무에서 인간의 실수율이 불변(stationary)이고, 실수과정이 과거와 무관(independent)하다면 실수과정은 베르누이 과정으로 묘사된다.

해설
인간신뢰도 : 인간이 특정한 작업을 수행하는 동안 에러를 범하지 않고 작업을 수행할 확률이다.

정답 47 ③　48 ④　49 ③　50 ①　51 ②

52 선택반응시간(Hick의 법칙)과 동작시간(Fitts의 법칙)의 공식에 대한 설명으로 맞는 것은?

$$\text{선택반응시간} = a + b\log_2 N$$
$$\text{동작시간} = a + b\log_2\left(\frac{2A}{W}\right)$$

① N은 자극과 반응의 수, A는 목표물의 너비, W는 움직인 거리를 나타낸다.
② N은 감각기관의 수, A는 목표물의 너비, W는 움직인 거리를 나타낸다.
③ N은 자극과 반응의 수, A는 움직인 거리, W는 목표물의 너비를 나타낸다.
④ N은 감각기관의 수, A는 움직인 거리, W는 목표물의 너비를 나타낸다.

해설
피츠의 법칙에서 동작시간에 관한 것으로 A는 목표물까지의 거리, W는 목표물의 너비를 가리킨다.

53 오류를 범할 수 없도록 사물을 설계하는 기법은?
① Fail-Safe 설계
② Interlock 설계
③ Exclusion 설계
④ Prevention 설계

해설
휴먼 에러의 3가지 설계기법 중 배타설계(Exclusion Design)는 휴먼 에러의 가능성을 근원적으로 제거하는 방법이다.

54 다음 인간의 감각기관 중 신체 반응시간이 빠른 것부터 느린 순서대로 나열된 것은?
① 청각 → 시각 → 미각 → 통각
② 청각 → 미각 → 시각 → 통각
③ 시각 → 청각 → 미각 → 통각
④ 시각 → 미각 → 청각 → 통각

해설
신체반응시간이 빠른 순서 : 청각 > 시각 > 미각 > 통각

55 NIOSH의 직무스트레스 관리모형 중 중재요인(Moderatiing factors)에 해당하지 않는 것은?
① 개인적 요인
② 조직 외 요인
③ 완충작용 요인
④ 물리적 환경 요인

해설
중재요인은 조직요인 외 개인적 요인 등 간접적 요인으로 다음과 같은 것이 있다.
• 개인적 요인 : 연령, 성별, 경력
• 비직무적 요인 : 가족상황, 교육상태, 결혼상태
• 완충요인 : 사회적 지지, 업무숙달정도, 대응노력

56 집단 간 갈등의 원인과 가장 거리가 먼 것은?
① 제한된 자원
② 조직구조의 개편
③ 집단간 목표 차이
④ 견해와 행동 경향 차이

해설
집단 간 갈등요인
• 집단 간의 목표차이
• 제한된 자원
• 동일한 사안을 바라보는 집단 간의 인식, 지각 차이
• 과업목적과 기능에 따른 집단 간의 견해와 행동 경향의 차이

57 Herzberg의 2요인론(동기-위생이론)을 Maslow의 욕구단계설과 비교하였을 때, 동기요인과 거리가 먼 것은?
① 존경 욕구
② 안전 욕구
③ 사회적 욕구
④ 자아실현 욕구

해설
허즈버그의 2요인 이론 중 동기요인은 매슬로우의 사회적 욕구, 존경의 욕구, 자아실현의 욕구, 자아초월의 욕구에 해당한다.

58 웨버(Max Weber)가 제창한 관료주의에 관한 설명으로 틀린 것은?

① 노동의 분업화를 전제로 조직을 구성한다.
② 부서장들의 권한 일부를 수직적으로 위임하도록 했다.
③ 단순한 계층구조로 상위리더의 의사결정이 독단화되기 쉽다.
④ 산업화 초기의 비규범적 조직운영을 체계화시키는 역할을 했다.

해설
규모가 크면서 복작합 계층구조로 부서장들의 권한 일부를 수직적으로 위임한다.

59 인간실수와 관련된 설명으로 틀린 것은?

① 생활변화 단위 이론은 사고를 촉진시킬 수 있는 상황인자를 측정하기 위하여 개발되었다.
② 반복사고자 이론이란 인간은 개인별로 불변의 특성이 있으므로 사고는 일으키는 사람이 계속 일으킨다는 이론이다.
③ 인간성능은 각성수준(arousal level)이 낮을수록 향상되므로 실수를 줄이기 위해서는 각성수준을 가능한 낮추도록 한다.
④ 피터슨의 동기부여-보상-만족모델에 따르면, 작업자의 동기부여에는 작업자의 능력과 작업분위기, 그리고 작업 수행에 따른 보상에 대한 만족이 큰 영향을 미친다.

해설
인간의 성능은 각성수준이 높을수록 향상된다.

60 물품의 중량과 무게중심에 대하여 작업장 주변에 안내표지를 해야 하는 중량물의 기준은?

① 5kg 이상   ② 10kg 이상
③ 15kg 이상 ④ 20kg 이상

해설
사업주는 근로자가 5kg 이상의 중량물을 들어올리는 작업을 하는 경우에 주로 취급하는 물품에 대하여 근로자가 쉽게 알 수 있도록 물품의 중량과 무게중심에 대하여 작업장 주변에 안내표시를 해야 한다.

61 표본의 크기가 충분히 크다면 모집단의 분포와 일치한다는 통계적 이론에 근거하여 인간 활동이나 기계의 가동상황 등을 무작위로 관측하여 측정하는 표준시간 측정방법은?

① Work Sampling 법
② Work Factor 법
③ PTS(Predetermined Time Standards) 법
④ MTM(Methods Time Measu

해설
워크샘플링 (work sampling)
표본의 크기가 충분히 크다면 모집단의 분포와 일치한다는 통계적 이론에 근거하여 관측대상을 무작위로 선정하고, 연구대상을 순간적으로 관측하여 상태를 기록하는 표준시간 측정방법이다.

62 어느 회사가 외경법을 기준으로 10%의 여유율을 제공한다. 8시간 동안 한 작업자를 워크샘플링한 결과가 다음 표와 같다. 이 작업자의 수행도 평가 결과 110%였다. 청소 작업의 표준 시간은 약 얼마인가?

요소 작업	관측 횟수
적재	15
이동	15
청소	5
유혹	15
합계	50

① 7분   ② 58분
③ 74분   ④ 81분

해설
청소작업의 평균시간 = 8hr × 60min × 5/50 = 48분
정미시간 = 관측시간의 평균치 × Rating = 48분 × 110% = 52.8분
표준시간 = 정미시간 × (1+작업여유율) = 52.8 × 1.1 = 58.08분

정답 58 ③ 59 ③ 60 ① 61 ① 62 ②

63 표준자료법에 대한 설명 중 틀린 것은?

① 표준 자료 작성은 초기 비용이 적기 때문에 생산량이 적은 경우에 유리하다.
② 일단 한번 작성되면 유사한 작업에 대한 신속한 표준시간 설정이 가능하다.
③ 작업조건이 불안정하거나 표준화가 곤란한 경우에는 표준자료 설정이 곤란하다.
④ 정미시간을 종속변수, 작업에 영향을 주는 요인을 독립변수를 취급하여 두 변수 사이의 함수관계를 바탕으로 표준시간을 구한다.

해설
표준자료법의 단점
- 표준시간의 정도가 떨어진다.
- 작업개선의 기회나 의욕이 없어진다.
- 초기비용이 크기 때문에 생산량이 적거나, 제품이 큰 경우 부적합하다.

64 작업방법 설계 시 고려해야 할 사항으로 옳지 않은 것은?

① 눈동자의 움직임을 최소화한다.
② 동작을 천천히 하여 최대 근력을 얻도록 한다.
③ 최대한 발휘할 수 있는 힘의 30% 이하로 유지한다.
④ 가능하다면 중력 방향으로 작업을 수행하도록 한다.

해설
최대한 발휘할 수 있는 힘의 15% 이하로 유지한다.

65 개선의 ECRS에 대한 내용으로 맞는 것은?

① Economic - 경제성
② Combine - 결합
③ Reduce - 절감
④ Specification - 규격

해설
개선의 ECRS
- Eliminate : 제거, 꼭 필요한가?
- Combine : 결합, 다른 작업과 결합하면 나은 결과를 얻을 수 있는가?
- Rearrange : 재배열, 작업순서를 바꾸며 효율적인가?
- Simplify : 단순화, 좀 더 단순화할 수는 없는가?

66 근골격계부담작업에 해당하지 않는 작업은?

① 하루에 10회 이상 25kg 이상의 물체를 드는 작업
② 하루에 총 2시간 이상, 분당 2회 이상 4.5kg 이상의 물체를 드는 작업
③ 하루에 2시간 이상 집중적으로 자료입력 등을 위해 키보드 또는 마우스를 조작하는 작업
④ 하루에 총 2시간 이상 목, 어깨, 팔꿈치, 손목 또는 손을 사용하여 같은 동작을 반복하는 작업

해설
하루에 4시간 이상 집중적으로 자료입력 등을 위해 키보드 또는 마우스를 조작하는 작업이 근골격계부담작업에 해당한다.

근골격계부담작업
1. 하루에 4시간 이상 집중적으로 자료입력 등을 위해 키보드 또는 마우스를 조작하는 작업
2. 하루에 총 2시간 이상 목, 어깨, 팔꿈치, 손목 또는 손을 사용하여 같은 동작을 반복하는 작업
3. 하루에 총 2시간 이상 머리 위에 손이 있거나, 팔꿈치가 어깨위에 있거나, 팔꿈치를 몸통으로부터 들거나, 팔꿈치를 몸통뒤쪽에 위치하도록 하는 상태에서 이루어지는 작업
4. 지지되지 않은 상태이거나 임의로 자세를 바꿀 수 없는 조건에서, 하루에 총 2시간 이상 목이나 허리를 구부리거나 트는 상태에서 이루어지는 작업
5. 하루에 총 2시간 이상 쪼그리고 앉거나 무릎을 굽힌 자세에서 이루어지는 작업
6. 하루에 총 2시간 이상 지지되지 않은 상태에서 1kg 이상의 물건을 한손의 손가락으로 집어 옮기거나, 2kg 이상에 상응하는 힘을 가하여 한손의 손가락으로 물건을 쥐는 작업
7. 하루에 총 2시간 이상 지지되지 않은 상태에서 4.5kg 이상의 물건을 한 손으로 들거나 동일한 힘으로 쥐는 작업
8. 하루에 10회 이상 25kg 이상의 물체를 드는 작업
9. 하루에 25회 이상 10kg 이상의 물체를 무릎 아래에서 들거나, 어깨 위에서 들거나, 팔을 뻗은 상태에서 드는 작업
10. 하루에 총 2시간 이상, 분당 2회 이상 4.5kg 이상의 물체를 드는 작업
11. 하루에 총 2시간 이상 시간당 10회 이상 손 또는 무릎을 사용하여 반복적으로 충격을 가하는 작업

정답 63 ① 64 ③ 65 ② 66 ③

67 작업 개선의 일반적 원리에 대한 내용으로 틀린 것은?

① 충분한 여유 공간
② 단순 동작의 반복화
③ 자연스러운 작업 자세
④ 과도한 힘의 사용 감소

해설
작업개선의 원리는 과도한 힘의 사용과 반복동작을 줄이고, 자연스러운 작업자세를 취하는 것으로 단순동작을 반복할 것이 아니라 줄여야 한다.

68 동작경제의 원칙에서 작업장 배치에 관한 원칙에 해당하는 것은?

① 각 손가락이 서로 다른 작업을 할 때 작업량을 각 손가락의 능력에 맞게 분배한다.
② 사용하는 장소에 부품이 가까이 도달할 수 있도록 중력을 이용한 부품 상자나 용기를 사용한다.
③ 손과 신체의 동작은 작업을 원만하게 처리할 수 있는 범위 내에서 가장 낮은 동작등급을 사용한다.
④ 눈의 초점을 모아야 할 수 있는 작업은 가능한 적게 하고, 이것이 불가피할 경우 두 작업간의 거리를 짧게 한다.

해설
작업장의 배치에 관한 원칙(Workplace Arrangement) 8가지
• 낙하식 운반방법(drop delivery)을 사용한다.
• 중력이송원리를 사용하여 부품을 사용위치에 가깝게 보낸다.
• 적절한 조명을 사용한다.
• 작업대, 의자높이 조정한다.
• 디자인도 좋아야 한다.
• 공구, 재료, 제어장치는 사용위치에 가까이 한다.
• 공구, 재료는 지정된 위치에 둔다.
• 공구, 재료는 그 위치를 정해준다.

69 NIOSH의 들기 지수에 관한 설명으로 틀린 것은?

① 들기 지수는 요추의 디스크 압력에 대한 기준치이다.
② 들기 횟수는 분당 들기 횟수를 기준으로 설정되어 있다.
③ 들기 지수가 1이상이 경우 추천 무게를 넘는 것으로 간주한다.
④ 들기 자세는 수평거리, 수직거리, 이동거리의 3개 요인으로 계산한다.

해설
3가지가 아니라 6가지(수평, 수직, 거리, 비대칭, 빈도, 결합)이다

70 다음 중 파레토 차트에 관한 설명으로 틀린 것은?

① 제고관리에서는 ABC 곡선으로 부르기도 한다.
② 20% 정도에 해당하는 중요한 항목을 찾아내는 것이 목적이다.
③ 불량이나 사고의 원인이 되는 중요한 항목을 찾아 관리하기 위함이다.
④ 작성 방법은 빈도수가 낮은 항목부터 큰 항목 순으로 차례대로 나열하고, 항목별 점유비율과 누적비율을 구한다.

해설
분류항목을 빈도가 큰 값에서 작은 값의 순서로 나열하여 도표화 한다.

71 다음 중 수공구의 설계관리로 적절하지 않은 것은?

① 손목 대신 손잡이를 굽히도록 한다.
② 지속적인 정적 근육부하를 피하도록 한다.
③ 측정 손가락의 반복동작을 피하도록 한다.
④ 손끝이 표면의 홈은 되도록 깊게 하고, 그 수는 가능한 많이 제작한다.

해설
공구 손잡이에 홈이 파인 수공구는 사용을 금지해야 한다.

정답 67 ② 68 ② 69 ④ 70 ④ 71 ④

72 각각 한 명의 작업자가 배치되어 있는 세 개의 라인으로 구성된 공정에서 각 공정시간이 2분, 3분, 4분일 때, 공정효율은 얼마인가?

① 85%
② 70%
③ 75%
④ 80%

해설
공정효율(균형효율) = 총작업시간/(작업수 × 주기시간) = 9분/3 × 4분 = 75%

73 문제해결 절차에 관한 설명으로 옳지 않은 것은?

① 작업방법의 분석 시에는 공정도나 시간차트, 흐름도 등을 사용한다.
② 선정된 개선안은 작업자나 관련 부서의 이해와 협조 과정을 거쳐 시행하도록 한다.
③ 개선절차는 "연구대상선정 → 현 작업방법 분석 → 분석 자료의 검토 → 개선안 선정 → 개선안 도입" 순으로 이루어진다.
④ 개선 분석 시 5W1H의 What은 작업 순서의 변경, Where, When, Who는 작업 자체의 제거, How는 작업의 결합 분석을 의미한다.

해설
5W1H의 설문방식은 작업의 필요성, 목적, 장소, 순서, 작업자, 작업방법 등을 육하원칙에 의해 설문하는 방식으로 이 중 작업순서의 변경에 해당하는 것은 What이 아니라 How이다.

74 MTM(Method Time Measurement)법에서 사용되는 기호와 동작이 맞는 것은?

① P – 누름
② M – 회전
③ R – 손뻗침
④ AP – 잡음

해설
MTM 기본동작

손 뻗음 R : Reach	방치, 놓음 RI : Release
운반 M : Move	떼어놓음 D : Disengage
회전 T : Turn	크랭크 K : Crank
누름 AP : Apply Pressure	눈의 이동 ET : Eye Travel
잡음 G : Grasp	눈의 초점 맞춤 EF : Eye Focus
정지 P : Position	신체의 동작 BM : Body Motion

75 다음 중 수행도 평가기법이 아닌 것은?

① 속도 평가법
② 평준화 평가법
③ 합성 평가법
④ 사이클 그래프 평가법

해설
수행도 평가기법에는 속도평가법, 객관적평가법, 합성평가법, 평준화법 등이 있다.

76 다음 중 손과 손목 부위에 발생하는 근골격계 질환이 아닌 것은?

① 결겸증
② 건초염
③ 외상과염
④ 수근관 증후근

해설
외상과염은 어깨가 아니라 팔꿈치 부위에 발생한다.
외상과염
- 팔관절과 손목에 무리한 힘을 반복적으로 주었을 경우 팔꿈치 바깥쪽의 통증이 일어난다.
- 팔목이나 손가락의 신전 또는 통증유발자세 피하기, 주기적인 스트레칭이 필요하다.

77 7TMU(Time Measurement Unit)를 초 단위로 환산하면 몇 초인가?

① 0.025초
② 0.252초
③ 1.26초
④ 2.52초

해설
TMU(Time Measurement Unit)
= 0.00001시간 = 0.0006분 = 0.036초
7TMU = 7 × 0.036 = 0.252

78 NIOSH의 RWL(recommended weight limit)를 계산하는데 필요한 계수에 대한 상수의 범위를 잘못 나타낸 것은?

① 비대칭계수 : 135° ~ 0°
② 수평계수 : 63cm ~ 25cm
③ 거리계수 : 175cm ~ 25cm
④ 수직계수 : 175cm ~ 50cm

해설
수직계수의 측정범위는 0~175cm이다.

79 워크샘플링법의 장점으로 볼 수 없는 것은?

① 특별한 시간 측정 설비가 필요하지 않다.
② 관측이 순간적으로 이루어져 작업에 방해가 적다.
③ 짧은 주기나 반복적인 작업의 경우에 적합하다.
④ 조사기간을 길게 하여 평상시의 작업현황을 그대로 반영 시킬 수 있다.

해설
워크샘플링은 짧은 주기나 반복작업인 경우에는 부적합하다.
워크샘플링의 장점
- 순간적 관측으로 작업에 방해가 적음
- 평상시의 작업상황이 그대로 반영
- 1人이 여러 명의 작업자나 기계를 동시에 관측가능
- 자료수집 및 분석시간이 적음
- 특별한 측정장치가 필요 없음
- 관측결과의 오차한계를 검증할 수 있음
- 관측결과에 대한 신뢰도가 높음

80 영상표시단말기(VDT) 취급에 관한 설명으로 틀린 것은?

① 키보드와 키 윗부분의 표면은 무광택으로 할 것
② 빛이 작업 화면에 도달하는 각도는 화면으로부터 45°이내일 것
③ 작업자의 손목을 지지해 줄 수 있도록 작업대 끝면과 키보드의 사이는 5cm이상을 확보할 것
④ 화면을 바라보는 시간이 많은 작업일수록 밝기와 작업대 주변 밝기의 차를 줄이도록 할 것

해설
작업자의 손목을 지지해 줄 수 있도록 작업대 끝면과 키보드의 사이는 15cm 이상을 확보할 것

정답 77 ② 78 ④ 79 ③ 80 ③

작은 기회로부터 종종 위대한 업적이 시작된다.

– 데모스테네스 –

2026 시대에듀 Win-Q 인간공학기사 필기 단기합격

개정5판1쇄 발행	2026년 01월 15일 (인쇄 2025년 09월 18일)
초 판 발 행	2021년 07월 05일 (인쇄 2021년 05월 14일)
발 행 인	박영일
책 임 편 집	이해욱
편 저	김 훈
편 집 진 행	장민영 · 이수지
표지디자인	조혜령
편집디자인	유가영 · 고현준
발 행 처	(주)시대고시기획
출 판 등 록	제10-1521호
주 소	서울시 마포구 큰우물로 75 [도화동 538 성지 B/D] 9F
전 화	1600-3600
팩 스	02-701-8823
홈 페 이 지	www.sdedu.co.kr
I S B N	979-11-434-0090-1 (13530)
정 가	28,000원

※ 이 책은 저작권법의 보호를 받는 저작물이므로 동영상 제작 및 무단전재와 배포를 금합니다.
※ 잘못된 책은 구입하신 서점에서 바꾸어 드립니다.

Win-Q 인간공학기사

필기·실기 단기합격

필기

실기

선택의 이유

01 주요 핵심이론 119개 수록
02 핵심이론을 바로 복습할 수 있는 핵심예제 수록
03 2018~2025년 최신 기출문제 수록

선택의 이유

01 시험에 실제로 출제되는 이론만을 간추린 핵심이론 수록
02 해당 이론의 출제 경향을 파악할 수 있는 핵심예제 수록
03 2015~2024년 기출복원문제 수록
04 별도의 답안 노트가 필요 없는 효율적인 구성

❖ 상기도서의 이미지와 구성은 변경될 수 있습니다.

한국산업인력공단 시행

현 화재조사관이 집필한 최고의 수험서!
화재감식평가기사 · 산업기사

화재조사론 · 화재감식론 · 증거물관리 및 법과학 · 화재조사보고 및 피해평가 · 화재조사 관계법규

- 저자의 오랜 경험을 통해 수험서이지만 현장실무에서도 유용하게 적용할 수 있는 가이드
- 기존의 화재조사관 시험의 철저한 분석을 바탕으로 최적의 이론과 문제를 과목별로 수록
- 1~3과목의 현장조사, 증거물 관련 사진 등을 컬러로 수록해 생생한 학습 유도

화재감식평가기사 · 산업기사
필기 | 한권으로 끝내기

- 출제율이 높은 핵심요약집
- 과목별 출제예상문제
- 과년도 기출변형문제

화재감식평가기사 · 산업기사
실기 | 필답형

- 출제율이 높은 핵심요약집
- 출제예상문제
- 최근 10개년 기사 · 산업기사 기출복원문제
- 2024년도 최신 기출복원문제

※ 상기 이미지는 변경될 수 있습니다.

시대에듀 소방 도서 LINE UP

소방승진
위험물안전관리법

소방승진
위험물안전관리법 최종모의고사

소방승진
소방전술 최종모의고사

화재감식평가기사 · 산업기사
필기 한권으로 끝내기

화재감식평가기사 · 산업기사
실기 필답형

화재감식평가기사 · 산업기사
필기 기출문제집

※ 상기 도서의 이미지 및 세부구성은 변경될 수 있습니다.

나는 이렇게 합격했다

자격명 : 위험물산업기사
구분 : 합격수기
작성자: 배*상

나는 할 수 있다
69년생 50중반 직장인입니다. 요즘 자격증을 2개 정도는 가지고 입사하는 젊은 친구들에게 일을 시키고 지시하는 역할이지만 정작 제 자신에게 부족한 점이 많다는 것을 느꼈기 때문에 자격증을 따야겠다고 결심했습니다. 처음 시작할 때는 과연 되겠냐? 하는 의문과 걱정이 한가득이었지만 시대에듀 인강을 우연히 접하게 되었고 잘 차려진 밥상과 같은 커리큘럼은 뒤늦게 시작한 늦깎이 수험생이었던 저를 합격의 길로 인도해주었습니다. 직장생활을 하면서 취득했기에 더욱 기뻤습니다.

합격은 시대에듀

감사합니다! ♥

당신의 합격 스토리를 들려주세요.
추첨을 통해 선물을 드립니다.

QR코드 스캔하고 ▶▶▶
이벤트 참여해 푸짐한 경품받자!

베스트 리뷰	상/하반기 추천 리뷰	인터뷰 참여
갤럭시탭/ 버즈 2	상품권/ 스벅커피	백화점 상품권

합격의 공식
시대에듀